U0495834

国家自然科学基金面上项目(52074120)(52074041)
十三五油气重大专项(2016ZX05067005-005) 资助

近距离突出煤层群煤与瓦斯安全高效共采关键技术

主　编　李进鹏　樊少武
副主编　马步才　侯水云　程志恒
杨建华　王凌鹤　李庆源

煤炭工业出版社
·北　京·

图书在版编目（CIP）数据

近距离突出煤层群煤与瓦斯安全高效共采关键技术/李进鹏，樊少武主编．--北京：煤炭工业出版社，2021
ISBN 978-7-5020-7414-2

Ⅰ．①近…　Ⅱ．①李…　②樊…　Ⅲ．①瓦斯煤层采煤法　Ⅳ．①TD823.82

中国版本图书馆 CIP 数据核字(2019)第 059573 号

近距离突出煤层群煤与瓦斯安全高效共采关键技术

主　　编　李进鹏　樊少武
责任编辑　刘永兴　赵金园
责任校对　赵　盼
封面设计　于春颖

出版发行　煤炭工业出版社（北京市朝阳区芍药居 35 号　100029）
电　　话　010-84657898（总编室）　010-84657880（读者服务部）
网　　址　www.cciph.com.cn
印　　刷　北京玥实印刷有限公司
经　　销　全国新华书店

开　　本　787mm×1092mm 1/16　**印张**　24　**字数**　573 千字
版　　次　2021 年 1 月第 1 版　2021 年 1 月第 1 次印刷
社内编号　20192224　　**定价**　158.00 元

编　委　会

序

沙曲矿隶属于华晋焦煤有限责任公司，其煤层间最小间距为5.61 m，且单井瓦斯涌出量高达113 m^3/min，是非常典型的近距离突出煤层群开采矿井。主采煤层3号、4号煤层的平均瓦斯含量为11.06 m^3/t，5号煤层平均瓦斯含量为11.16 m^3/t；3号、4号煤层透气性系数为3.52～3.70 $m^2/(MPa^2 \cdot d)$，5号煤层透气性系数为1.99～2.23 $m^2/(MPa^2 \cdot d)$，故沙曲煤层具有瓦斯含量高、透气差的特征。沙曲矿近距离煤层群在开采过程中存在着“一层开采多层卸压”的叠加效应，这将对于煤层瓦斯综合防控产生重大影响。基于以上因素，开展煤与瓦斯共采技术研究并形成近距离煤层群煤与瓦斯高效共采技术体系，是解决沙曲矿近距离煤层群开采及煤层气资源高效抽采利用的必然手段。

自2007年以来，华晋焦煤有限责任公司历任领导高度重视开展煤与瓦斯共采、瓦斯灾害防治理论研究及引进应用新技术新装备，通过采用“内引外联”的方式，加强与科研院所深度合作，从沙曲矿现有的开采技术条件出发，针对安全生产管理中面临的煤与瓦斯突出、抽掘采衔接失衡及稀缺资源和煤层气高效开采与利用存在的问题和不足，积极开展科技创新、技术攻关和工程示范，形成了“产、学、研”相结合的工程实践示范矿井，并取得了一系列卓有成效的科技成果，如“煤矿区煤层气立体抽采关键技术与产业化示范”获得国家科学技术进步奖二等奖；“4.2 m大采高沿空留巷及采空区瓦斯抽采关键技术与工程实践”“沙曲矿近距离突出煤层群无煤柱开采立体瓦斯抽采关键技术研究”获得中国煤炭工业协会一等奖；“沙曲矿瓦斯高效安全抽采技术装备研究与应用”“高瓦斯首采层三巷布置砌块留巷与瓦斯共采技术”获得中国煤炭工业协会二等奖；“沙曲矿瓦斯综合治理技术研究”“大孔径千米定向钻机抽采卸压瓦斯关键技术研究”“煤矿瓦斯地质灾害预警系统”获得中国煤炭工业协会三等奖；“沙曲矿突出煤层实施区域性瓦斯综合治理技术”获得国家安全生产监督管理总局三等奖，等等。这些研究成果为凝练沙曲矿瓦斯治理模式奠定了基础，成熟的技术和经验先后在山西焦煤集团和国内诸多煤矿企业得到推广和应用。

《近距离突出煤层群煤与瓦斯安全高效共采关键技术》是以华晋焦煤有限责任公司沙曲一矿、二矿为工程背景，旨在解决近距离煤层群开采时煤与瓦斯共采的理论和技术难题，为瓦斯灾害防治、煤层气抽采利用、稀缺资源开发等提供科学依据。

本书紧密结合了沙曲矿近距离煤层群资源赋存特征及近距离突出煤层群开采特点，深入分析了沙曲矿近距离煤层群叠加开采条件下采动应力演化、裂隙发育、瓦斯运移特征规律，逐步完善了沙曲矿近距离煤层群叠加开采条件下煤与瓦斯共采理论基础，并厘清了各种共采技术理论之间的关系，力求理论与工程实践相结合，以便使读者从大量的工程实践中提高分析问题、解决问题的能力，也有利于提高煤矿管理者的学习能力、实践能力和创新能力。

本书凝练形成的各项煤与瓦斯共采技术，改变了华晋焦煤有限责任公司近年来传统单一的煤炭资源开采模式，突破了以往“短兵相接”防治瓦斯灾害的思维定势，参照先抽后建、先抽后采的原则，树立了“一矿一策、一面一策”的瓦斯治理理念，并基于煤、气共采不同阶段的时空条件和消突要求，采取井地联合、抽采先行，做到地面抽采与井下抽采立体协同，实现采前、采中、采后“三区联动”的时空衔接，即在规划区采用常规井、防突压裂井与多分支水平井联合抽采煤层气；在准备区优先采用保护层开采+定向长钻孔群立体区域化抽采煤层气，可实现被保护层多层协同抽采，或者采用多分支水平井井孔对接抽采+定向长钻孔群立体化抽采；在生产区采用大采高沿空留巷以及大孔径定向钻孔群煤与瓦斯高效共采，进而确保开拓煤量、准备煤量、回采煤量和安全煤量（抽采达标煤量）即“四量”平衡，逐步形成多煤层→区域→局部三级精细化煤与瓦斯共采，最终达到煤炭和煤层气两种资源合理开发和利用的目的。

本书是华晋焦煤有限责任公司对煤与瓦斯共采理论、技术、方法的研究和工程实践的经验总结，凝聚了历任华晋焦煤领导、现场工程技术人员的心血和智慧，汲取了国内相关专家学者们的学术见解，它的出版将为从事煤炭行业采矿工程、安全工程等相关专业的科研、设计、管理及工程技术人员提供科学的理论支撑、成功的方法指导。

本书主要有以下几方面的技术特点：

(1) 随着煤矿开采深度的进一步延深，单一煤层资源逐渐枯竭，近距离突出煤层群的煤层瓦斯“两低三高”的赋存特征逐渐凸显，对现有的采矿技术和煤层瓦斯抽采技术理论提出了新的问题和新的挑战。

(2) 结合沙曲矿煤与瓦斯共采技术的科技创新和工程实践，吸收或借鉴一些前人的研究成果，完善了煤与瓦斯共采技术的理论和方法，借助现代计算机科学的理论、数值模拟和数值分析软件，使得对煤与瓦斯共采技术的设计、实施过程的模拟、分析以及研究水平得到了大幅度的提高，从而促进了近距离突出煤层群煤与瓦斯安全高效共采关键技术的进步。

(3) 本书提出并深入研究了近距离煤层群中通过采用保护层开采、无煤柱开采、大孔径定向长钻孔、上下井联合抽采 4 项煤与瓦斯关键共采技术，建立了一种煤与瓦斯共采模糊综合评价模型，使得近距离突出煤层群资源共采关键技术更加全面，为安全高效开采提供了可靠保障。

武维吉

2021 年 1 月

前　　言

煤层气（煤矿瓦斯）是指储存在煤层中以甲烷为主要成分、以吸附在煤基质颗粒表面为主、部分游离于煤孔隙中或溶解于煤层水中的烃类气体，是与煤共生共储的伴生矿产资源，属非常规天然气。煤层气的热值是通用煤的2~5倍，1 m^3纯煤层气的热值相当于1.13 kg汽油、1.21 kg标准煤，其热值与天然气相当，煤层气可以用作民用燃料、工业燃料、发电燃料、汽车燃料和重要的化工原料，用途非常广泛。煤层气直接排放到大气中，其温室效应约为二氧化碳的21倍，对生态环境破坏性极强。煤矿采取先抽后掘、先抽后采，实现煤与瓦斯共采，一方面，可使瓦斯爆炸率降低70%~85%，另一方面，煤层气的开发利用具有一举多得的功效，商业化能产生巨大的经济效益。

我国煤层气资源丰富，居世界第三位。据煤层气资源评价，我国埋深2000 m以浅的煤层气地质资源量约36万亿m^3，主要分布在华北和西北地区。其中，华北地区、西北地区、西南地区和东北地区赋存的煤层气地质资源量分别占全国煤层气地质资源总量的56.3%、28.1%、14.3%、1.3%。埋深1000 m以浅、1000~1500 m和1500~2000 m的煤层气地质资源量，分别占全国煤层气地质资源总量的38.8%、28.8%和32.4%。全国大于5000亿m^3的含煤层气盆地（群）共有14个，其中含气量在5000亿~10000亿m^3之间的有川南黔北、豫西、川渝、三塘湖、徐淮等盆地，含气量大于10000亿m^3的有鄂尔多斯盆地东缘、沁水盆地、准噶尔盆地、滇东黔西盆地群、二连盆地、吐哈盆地、塔里木盆地、天山盆地群、海拉尔盆地。

近年来，国家高度重视煤层气的开发利用和煤矿瓦斯防治工作，制定了一系列政策措施，强力推进煤层气的开发利用；根据“十三五”能源发展规划，2020年煤层气利用量将达160亿m^3，较2015年增长233%。

煤层气的开发和煤矿井下瓦斯抽采与煤矿瓦斯事故有密切关系，据统计，2010年与2005年相比，煤矿瓦斯事故起数、死亡人数分别下降65%、71.3%，10人以上瓦斯事故、死亡人数分别下降73.1%、83.5%；2015年，全国煤矿发生瓦斯事故45起、死亡171人，较2010年分别减少130起、422人，事故起数、死亡人数分别下降96.3%、71.2%。因此，实现煤与瓦斯共采不仅可大幅提高矿井的安全程度，降低煤矿瓦斯事故，减少人员伤亡，还对改善矿井安全条件和提高经济效益，减少温室气体排放，保护生态环境，构建清洁低碳、安全高效的能源体系，实施国民经济可持续发展战略等均具有十分重要的意义。

华晋焦煤沙曲矿位于鄂尔多斯盆地东缘河东煤田中部的离柳矿区，是煤层气开发的有利区块。沙曲矿原设计生产能力为300 万 t/a，矿井的服务年限达196 a，属于煤与瓦斯突出矿井，经国家发改委批复，2013 年实施“一矿变两矿”改扩建工程，以沙曲井田以北川河为界，北翼为沙曲一矿，设计生产能力为500 万 t/a，南翼为沙曲二矿，设计生产能力为300 万 t/a。井田内共有可采煤层8 层，分别为2 号、3 号、4 号、5 号、6 号、8 号、9 号、10 号煤层，可采煤层总厚15. 42 m，地质储量22. 52 亿 t，可采储量12. 76 亿 t。

沙曲一矿和二矿为典型的近距离煤层群，由于开采层自身瓦斯压力大、瓦斯含量高，回采落煤时瓦斯涌出量大，近距离邻近煤层受采动影响导致卸压瓦斯向采掘空间涌出严重，致使采煤工作面瓦斯涌出量巨大，矿井瓦斯治理难度加大。近距离煤层群开采时层间相互影响，上覆煤层或下伏煤层开采形成的采动围岩裂隙成为瓦斯扩散、聚集的通道，在采动卸压作用下邻近层处于吸附状态的瓦斯解析并沿采动裂隙在通风负压作用下向工作面及上隅角运移积聚，极易诱发瓦斯灾害；且多煤层叠加采动时，采动应力场的改变以及裂隙的发育和再发育进一步使得采场及采空区瓦斯运移规律更加复杂，严重制约了近距离突出煤层群煤与瓦斯安全高效共采。

近距离突出煤层群煤与瓦斯共采技术最大的特点是：充分利用煤炭开采时采动围岩的卸压作用促进瓦斯资源的抽采。以往由于对近距离煤层群采动破断煤岩体中裂隙分布及连通规律、采动瓦斯的解吸机理与卸压瓦斯的运移积聚及动态平衡机制的认识不足，造成煤与瓦斯共采工程技术缺乏科学性、针对性、协调性和时效性，进而导致瓦斯抽采滞后于煤炭开采，既降低了煤炭开采的安全性，制约了煤炭开采的高产高效，又阻碍了瓦斯的高效抽采利用。

本书基于近距离高突煤层群瓦斯赋存特征、采动裂隙时空演化及瓦斯运移特征，揭示了保护层卸压机理和贯穿裂隙的时空演化特征，科学利用近距离煤层群开采的优势和特点，结合煤层赋存条件和开采技术条件，针对性地实施“三区联动”“一面一策”“孔井联合”“多措并举”，凝练出保护层开采煤与瓦斯共采、超突变高度沿空留巷煤与瓦斯共采、大孔径定向长钻孔煤与瓦斯共采及多分支水平井与千米钻孔定向对接高效抽采4 项关键技术，建立了沙曲矿煤与瓦斯共采模糊综合评价模型，构建了一整套近距离突出煤层群资源安全高效共采关键技术体系，为近距离突出煤层群安全高效开采提供了可靠保障，进而解放了沙曲矿井的优质产能，使矿井产量得到有效的增加，同时推动了突出煤层群煤与瓦斯安全高效开采的技术进步，进一步完善了我国煤与瓦斯共采理论和技术体系。

在本书撰写过程中，参阅了大量国内外相关专业文献，他们的研究成果给予作者莫大启发，在此谨向文献作者表示感谢！现场工业试验期间，山西焦煤集团有限责任公司、华晋焦煤有限责任公司及华晋焦煤沙曲煤矿的管理人员和工程技术人员给予了大力支持和帮助，并提供了大量的资料和素材。书中还引用了一些前人的研究成果，在此一并表示感谢！

由于作者水平所限，书中难免有疏漏和欠妥之处，敬请读者不吝指正。

著　者

2020 年 1 月

目 录

1 绪 论

1.1 煤与瓦斯共采的客观背景

煤炭是我国的主要能源，在我国的一次能源生产和消费中比重分别为76%和69%，占据了主导地位。2005年国务院发布的《关于促进煤炭工业健康发展的若干意见》中也进一步强调了煤炭工业在国民经济中的重要战略地位，国家《能源中长期发展规划纲要(2004—2020年)》中明确提出“坚持以煤炭为主体、电力为中心、油气和新能源全面发展的能源战略”目标。因此，在未来相当长时期内，煤炭作为主体能源的地位不会有较大改变。

根据国土资源部《中国矿产资源报告（2016)》统计，我国煤炭资源储量为15663亿t，其中炼焦煤占全国保有储量的36%，储量较少，且优质资源稀缺，资源分布不均衡，主要集中在华北和华东地区，其中山西省炼焦煤资源储量最大，从国内炼焦煤资源储量以及产量分布看，山西省探明储量占全国的55.35%。

近10年来，全国煤炭产量发展趋势随国民经济发展总体平稳（图1-1)，自2015年11月10日习近平总书记提出供给侧结构性改革以来，全国原煤产量稳定在35亿t左右，从2017年起恢复小幅增长，同时随着先进产能置换、落后产能退出，核心产区晋陕蒙新四省产量保持着高于全国平均水平的增速，2019年1—9月的四省产量份额上升至76.46%，较2016年大幅上升7.36个百分点。

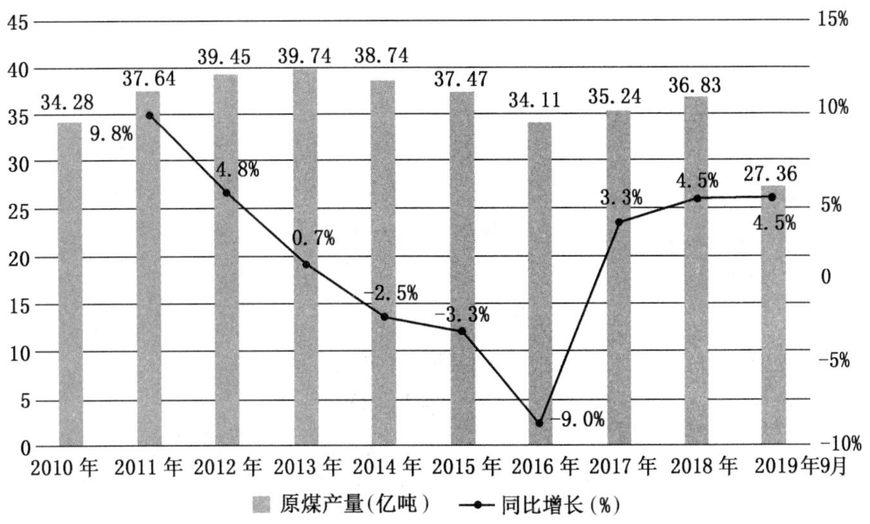

图1-1 2010—2019年中国原煤产量趋势图

煤与瓦斯共采是目前煤矿领域研究及讨论的热点之一。然而进入煤层群开采环境下，由于受到多重采动作用影响后，煤岩的能量被迅速释放、较大的压缩变形迅速恢复、更多的瓦斯迅速释放，这一变化必将导致含瓦斯煤岩力学性质演化过程、内部结构变化、瓦斯在煤岩内赋存、运移特性更为复杂。而由于多次采动作用下煤岩能量释放的叠加性、瓦斯释放的剧烈性，将更容易导致煤层的瓦斯压力与采动应力相互作用发生更加复杂的、较大幅度的变化，这又将引起煤岩内吸附态和游离态瓦斯所处的动态平衡发生变化，将有可能导致更多的矿井灾害发生。尤其是煤矿进入煤层群开采条件下，多次采动的扰动应力导致的动力灾害越发突出。

根据国家煤矿安全监察局煤矿企业安全生产基础数据管理平台信息，截止到 2019 年底，全国共有煤矿 5265 处，其中，井工煤矿 4873 处，露天煤矿 392 处。根据煤矿瓦斯等级鉴定结果，在井工煤矿中，煤与瓦斯突出矿井 710 处，占比为 14. 6% ；高瓦斯矿井 957 处，占比为 19. 6% ；低瓦斯矿井 3206 处，占比为 65. 8% 。

2016—2018 年，全国煤矿各类事故发生起数和死亡人数统计，见表 1-1。

表 1-1 2016—2018 年全国煤矿各类事故发生起数和死亡人数统计

年份	2016	2017	2018
事故类型	事故起数/死亡人数		
顶板	4/18	30/87	61/66
瓦斯	12/54	36/27	12/52
机电	0/0	8/36	19/19
运输	2/6	20/57	50/64
爆破	0/0	3/10	2/3
水害	4/17	6/8	5/13
火灾	0/0	2/2	0/0
其他	0/0	5/21	23/25
合计	22/95	110/248	172/242

根据分析可以看出，从事故发生起数看，2018 年与 2017 年相比不减反增，其中顶板事故 61 起排第一，运输事故 50 起位列第二；从事故死亡人数看，顶板和运输事故排第一、二位，瓦斯事故位列第三，因此，全国煤矿各类事故中顶板、运输和瓦斯事故总量仍最大，且具有“群死群伤”特点，仍然是控制事故总量的重点。

瓦斯作为煤的伴生产物，和页岩气一样属于非常规天然气，同时也是不可再生能源。据统计我国埋深 2000 m 以浅的煤层气（瓦斯）地质资源量约 36 万亿 m^3，与天然气总量相当，瓦斯资源在我国能源结构中的比例也将持续增加。瓦斯的有效开采和利用在我国国民经济发展中的重要地位日益凸显。我国有 50% 以上的煤层为高瓦斯煤层，瓦斯储量相对丰富。根据国家“十三五”煤层气产业发展规划，煤层气开发在我国总体上采取井上下联合、地面抽采“双管齐下”的方针，预计 2020 年我国煤层气产量达 240 亿 m^3，其中地面井原位抽采 100 亿 m^3、矿井抽采 140 亿 m^3。

与发达国家相比，我国煤层气储存条件具有“三低一高”（低饱和度、低渗透性、低储层压力，高变质程度）的特点，全国大部分矿区煤层渗透率在0.987×10⁻⁷～0.987×10⁻⁶ μm² （10⁻⁴～10⁻³mD），比美国等其他国家低3～4个数量级，此类条件下的煤层气开发是世界性难题，直接引进国外煤层气抽采技术难以奏效，目前国内地面成井技术稳定性差，尚有待发展，这是长期以来我国大多数矿区从地面抽采煤层气困难的主要原因。

1.2 煤与瓦斯共采的新进展

煤与瓦斯共采实质就是改变传统的单一固体煤炭资源开采模式，突破以往“短兵相接”防治瓦斯灾害的思维定式，遵循先抽后建、先抽后采的原则，树立“一矿一策、一面一策”的瓦斯治理理念，根据不同地质条件和开采技术条件，采取井地联合、抽采先行，做到地面抽采与井下抽采立体协同，实现采前、采中、采后“三区联动”的时空衔接，确保开拓煤量、准备煤量、回采煤量和安全煤量（抽采达标煤量）即“四量”平衡，最终达到煤炭和煤层气两种资源的合理开发和利用的目的。

“十二五”期间，深入开展晋城、两淮和松藻3个矿区典型地质条件的煤与瓦斯协调开发模式关键技术及关键参数的研究（表1-2）。分析煤与瓦斯共采的制约因素（图1-2），研究煤层气地面与井下联合、井下煤层气高效抽采等关键技术，编制针对不同地质条件的煤与瓦斯协调开发技术体系，制定相应的评价标准和规范，开发煤层气利用工程化评价技术，建立煤矿区煤层气产业化发展技术路线图（图1-3）。

表1-2 中国典型煤矿区煤与瓦斯共采模式与适应条件

典型矿区	模式类型	主要特点	适应条件
晋城矿区	单一煤层井上下联合抽采	三区联动井上下整体抽采煤层气开发	单一煤层，构造简单，地势平缓，煤质坚硬，气含量高，渗透率较大
两淮矿区	煤层群井上下联合抽采	保护层卸压井上下立体抽采煤层气开发	煤层群，地势平缓，煤层软低渗，构造煤发育
松藻矿区	煤层群/单一井下抽采	井下三区配套三超前增透抽采煤层气开发	地质条件复杂，地形起伏大，复杂地形，煤层松软低透

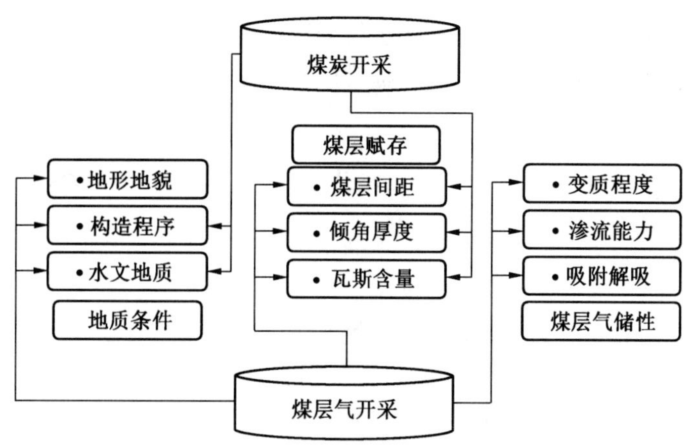

图1-2 煤与瓦斯共采的制约因素

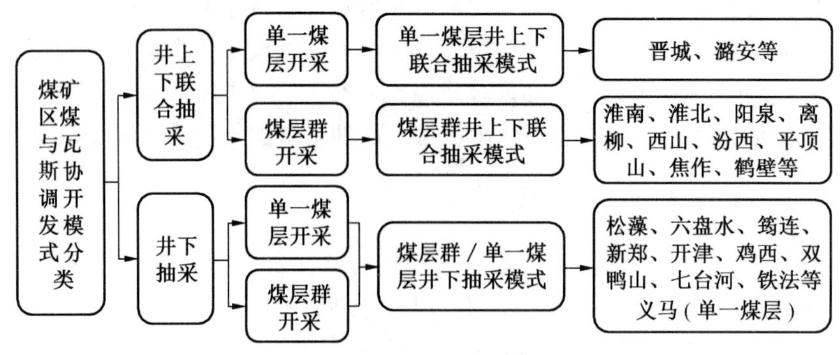

图1-3 煤层气产业化发展技术路线图

地面井抽采和井下抽采两者相互融合，取长补短将是未来煤层气开发的必由之路。一方面，井下煤层群卸压区域内煤层气抽采仅依靠井下工程将难以满足生产需要，迫切需要引入地面钻井抽采，将抽采钻井布置在工作面中部靠近回风巷的位置，可同时抽采卸压瓦斯和采空区瓦斯，实现“一井两用”；另一方面，将保护层开采和地面钻井抽采相结合，可扩大被保护范围，提升保护层开采效益。

煤与瓦斯共采技术是我国煤层气开发研究中的重要一环，也是我国非常规天然气开发工作的重要组成部分，是一套复杂的理论技术体系，虽经过十余年的发展完善，但仍然面临着工程领先于技术、技术领先于理论的尴尬局面。我国井下煤层气开发技术前期取得的突破所产生的经济和社会效益已经显现，但面对未来矿井不断延深，煤层气储存条件“三低一高”的特点将更为突出，因此，加大井下煤层气抽采和煤与瓦斯共采技术的理论研究，尤其是卸压增透技术的相关理论问题研究，将是当前乃至今后一个时期的主要工作。

当前，随着国家环保执法力度和环保标准日趋严格，在行业监管监察、环保监管、低碳减排压力日趋增加的大环境下，实施煤与瓦斯共采是必然趋势。煤与瓦斯共采实际上是在煤炭开采的准备、采中和采后等阶段，依据科学的安排，采取合理、有效的技术手段，通过实施相关工程，来实现煤与瓦斯的共同开采和综合利用。实施煤与瓦斯共采理论与技术研究，一方面，是缓解和消除煤矿瓦斯灾害、解决瓦斯问题的治本之策，为煤炭开采提供安全保障；另一方面，瓦斯抽采和利用也符合国家产业发展、环境保护、可持续发展等相关政策，对促进煤矿企业可持续发展，提升矿井安全高效生产水平，以及对减少温室气体排放、改善矿区环境具有重要意义。

1.3 近距离突出煤层群煤与瓦斯共采面临的关键问题

近年来，随着开采强度和开采深度的不断增加，单一煤层资源衰减较快，煤层群开采在我国越来越受重视，诸如离柳矿区、淮南矿区、平顶山矿区、松藻矿区等，与单一煤层开采相比，煤层群开采多次采动应力场及其控制下瓦斯运移规律更为复杂，导致近距离煤层群开采过程中巷道变形破坏严重、瓦斯超限频繁、煤与瓦斯突出及瓦斯事故频发，同时，还存在着井下瓦斯治理难度加大、抽采效果不佳等问题，严重制约了近距离煤层群开采条件下煤与瓦斯高效共采。

基于国内具有近距离煤层群条件的高瓦斯和煤与瓦斯突出矿井多年来在瓦斯抽采的工

程实践，分析总结煤与瓦斯共采面临以下几个关键问题。

1. 煤与瓦斯共采技术的理论和机理研究欠缺

煤与瓦斯共采技术体系最大的特点就是将采煤过程中产生的采动作用用来促进瓦斯资源的采集。仍然存在对卸压开采煤岩体孔隙-裂隙结构演化规律、卸压煤层内的瓦斯吸附-解吸规律、卸压煤岩体内瓦斯运移及分布规律、煤层增透高效抽采理论、煤与瓦斯共采时空协同机制等理论研究欠缺、机理分析不够深入的问题，导致煤与瓦斯共采技术经验性、试验性层面多，理论指导少。

2. 对瓦斯地质、构造地质、复杂应力等多因素耦合影响认识不清

由于我国的煤系地层成煤时期、沉积环境、地质构造及区域动力作用等非常特殊且极为复杂，造成我国许多煤层具有高应力、高瓦斯压力、高瓦斯含量、低透气性等“三高一低”的特点。此外，我国煤层赋存条件普遍复杂多变，对含瓦斯煤岩体破裂机制、特征不清楚，对采动导致的破断煤岩体中裂隙的密度、连通度等规律没有进行充分研究，对破断煤岩体中瓦斯解吸的机理、卸压瓦斯动态平衡的机制认识不清。

3. 煤与瓦斯共采技术的针对性不强、有效性不够、稳定性不足

由于对破断煤岩体中瓦斯的流动规律缺乏深入研究，对矿井不同区、不同破坏程度的破断煤岩体中瓦斯的富集程度不了解，导致抽采钻孔的布置缺乏足够的科学性、合理性和针对性，抽采瓦斯的有效时间短、浓度低、流量小，达不到安全生产和高效率、大流量、稳定采气的要求。

4. 煤与瓦斯共采技术的时空协同机制不完善，难以实现精准施策

由于对采动影响范围内破断煤岩体的形成机制、发育程度缺乏系统的研究，对相应范围破断煤岩体瓦斯卸压解吸、流动、富集的规律认识不足，瓦斯的抽采工程与煤炭的开拓开采不能实现时空协同，导致抽采滞后、采掘失衡，既制约了煤炭的安全高效开采，又阻碍了瓦斯的充分高效抽采和利用。因此，系统地进行煤与瓦斯共采的理论研究、机理探索、实验室模拟和工程示范，指导煤与瓦斯的精准开采，进而构建近距离突出群煤与瓦斯共采的理论和技术体系，显得更加迫切。

1.4 近距离突出煤层群煤与瓦斯共采理论与技术研究现状

1.4.1 煤与瓦斯共采理论研究进展

（1）“O”形圈理论。该理论为采空区周边空间裂隙的认识奠定了基础，并认为采空区瓦斯沿着采动裂隙发育路径流动，形成了“煤矿绿色开采”的概念。绿色开采技术的主要内容包括：保水开采、“三下”采煤、煤与瓦斯共采、煤巷支护与部分矸石的井下处理、煤炭地下气化等。由此可见，煤与瓦斯共采技术是煤矿绿色开采的重要分支，在开采高瓦斯煤层的同时，利用岩层运动的特点将瓦斯开采出来将是煤与瓦斯共采的一条重要途径。

（2）煤层瓦斯流动理论。基于煤矿瓦斯地质的8项基本因素，明确了“煤层瓦斯应力场”的概念，创造性地提出了“煤和瓦斯突出的流变假说”，从本质上阐明了煤矿中的瓦斯来源及赋存条件，将瓦斯流动理论推进到了固、气耦合的新阶段。

（3）卸压抽采瓦斯的技术原理。基于对高瓦斯矿井地应力与瓦斯压力、煤层透气性系数之间的关系及岩层移动时空规律的研究，得出煤层瓦斯压力与地应力呈线性关系、煤层透气性系数与地应力呈负指数关系。基于对低透气性煤层增透的实验室研究，发现采动卸

压能明显增加煤层透气性，且透气性系数与地应力相关；在煤层群选择安全可靠的煤层首先开采，通过煤体松动卸压，增加透气性，实现卸压开采抽采瓦斯，提出了由传统瓦斯治理“风排”为主变成高效“抽采”瓦斯的新构想。提出煤层群瓦斯高效抽采的“高位环形体”理论，打破传统自上而下的煤层开采设计，在淮南顾桥开展了无煤柱沿空留巷、Y形通风煤与瓦斯共采实验研究，根据 COSFLOW 提出采动覆岩卸压系数新概念，给出了“高位环形体”的定量描述，构建了首采层开采后应力场、裂隙场及其形成的应力降低区和裂隙发育区结构模型，为卸压解析瓦斯流动通道、形成瓦斯富集区创造条件。

(4) 完善了煤层群煤与瓦斯安全高效工程体系。提出煤层群煤与瓦斯安全高效共采的概念，在煤层群开采条件下，优化开采顺序，首先开采瓦斯含量低、无突出危险的首采煤层，同时进行卸压瓦斯高效抽采，这样不仅解决了由卸压煤层向首采煤层涌出瓦斯的问题，还保障了首采煤层实现安全高效开采，又大幅度地降低了卸压煤层的瓦斯含量，消除了煤与瓦斯突出危险性，为实现突出煤层巷道快速掘进与工作面高效回采提供了安全保障。针对上部卸压区域存在 3 种抽采方法：近程、中程与远程抽采。近程抽采主要采用顶板走向穿层钻孔、走向顺层长钻孔、低位抽放巷与采空区埋管，抽采来自首采煤层未开采分层、采空区遗煤、处在垮落带、裂隙带和弯曲下沉带内的煤层、底板变形较大区域内煤层的瓦斯，针对下部卸压区域主要采用底抽巷网络格式下向穿层钻孔，抽采来自下部卸压区域内煤层的瓦斯。中程抽采主要采用顶板走向高位抽放巷与地面钻井法抽采来自裂缝带与弯曲下沉带内煤层的瓦斯。远程抽采主要采用底抽巷网格式上向穿层钻孔法与地面钻井法，抽采来自弯曲下沉带内煤层的瓦斯。

(5) 基于岩石动力学和瓦斯增透理论的定量评价体系。分析了典型开采条件下工作面支承压力分布规律，获得工作面前方煤体所承受的采动力学应力环境条件。采取 3 种不同开采方式作用下的采动力学行为特征，研究不同开采方式对煤岩变形及其强度特征的影响规律，揭示开采方式对煤岩断裂机理的影响，对采动引起的裂隙网络所形成的增透性进行定义和分析，提出基于增透率的反映单位体积改变下煤体渗透率的变化，定量描述开采过程中覆岩和煤层中增透率的分布和演化，从而构建出卸压开采采场卸压增透的定量评价模型。

(6) 采动裂隙时空演化规律。开采导致上覆岩层变形和大范围移动，在采动和煤体瓦斯压力耦合影响下，上覆岩层中采动裂隙场与原生裂隙场叠加，时空演化规律极其复杂，实现对采动诱发煤岩体破断及演化更深层次的描述与建模，对煤与瓦斯共采具有十分重要的意义。采用分形几何理论进行了采动裂隙分形特性及演化规律研究；运用逾渗理论建立了以单元裂隙块体为基本格点的逾渗模型，分析了采动裂隙演化的逾渗特征；建立了采动裂隙演化的重正化群格子模型。研究成果表明：深部开采上覆岩层采动裂隙分布及演化具有分形特征，并受断层构造、煤层厚度等因素影响；采动裂隙演化过程具有逾渗特性，可通过重正化技术预测采动裂隙演化的相变临界性；通过室内外试验相结合的方法研究得到了典型深部开采上覆岩层移动破坏的一般规律。

1.4.2 煤与瓦斯共采的技术体系

目前，煤与瓦斯共采技术的难点主要集中于瓦斯的抽采，经过多年来的发展初步形成 3 种抽采技术体系：

(1) 卸压开采抽采瓦斯技术体系。

①首采层卸压增透消突技术：采用瓦斯抽采母巷钻孔法预抽瓦斯卸压消突。

②瓦斯含量法预测煤与瓦斯突出技术：基于首采层开展突出机理及规律、突出预测预报新技术研究，确定新的突出预测预报方法、指标体系和临界值，建立矿区防突预测预报指标体系。

③瓦斯富集区探测和精确定位技术：应用微震技术探测首采层采动覆岩裂隙发育区，从而确定高位环形体裂隙发育等瓦斯富集区，进一步优化瓦斯抽采工程设计，逐步实现瓦斯抽采工程准确化。

④松软底透气性煤层快速全程护孔筛管瓦斯抽采技术与高压水射流割缝增透煤层气抽采技术。

⑤低透气性煤层群卸压开采抽采瓦斯技术：根据煤层群特点综合集成了煤层顶板抽采富集区瓦斯技术、多重开采扰动条件下卸压增透瓦斯抽采技术、地面钻孔抽采采动卸压区煤层瓦斯技术。

⑥无煤柱护巷围岩控制和煤与瓦斯共采技术：提出采用Y形通风、采空区护巷、在留巷内布置钻孔连续抽采采空区卸压解析瓦斯的新思路。实现巷道整体强化锚索网注支护、巷内自移辅助加强支架和巷旁充填墙体支护等三位一体的围岩控制技术。集成高承载性能的巷旁充填墙体支护材料、快速构筑模板支架与巷旁充填一体化技术和装备，实现了无煤柱（护巷）+Y形通风+留巷钻孔法抽采瓦斯关键技术、采空区留巷钻孔法抽采瓦斯技术、留巷钻孔法上向钻孔抽采卸压煤层瓦斯技术、留巷钻孔法下向钻孔抽采下邻近层、卸压煤层瓦斯技术。

⑦保护层、开采卸压抽采技术：基于保护层采场内应力场、裂隙场分布及演化规律，针对首采层开采后顶底板不同层位存在4个瓦斯富集区，实现瓦斯抽采钻孔精准抽采。

（2）全方位立体式抽采瓦斯技术体系。主要技术包括：裂缝带钻孔抽采、高位抽采巷抽采、工作面下隅角综合抽采、采空区瓦斯抽采技术、采动煤岩移动卸压增透抽采瓦斯技术、原始煤层强化抽采瓦斯技术、区域性卸压开采消突技术、本煤层长钻孔抽采瓦斯技术、深部开采安全快速揭煤技术等。近距离突出煤层群顶板大直径千米定向钻孔实现“煤与瓦斯共采”技术，解决了多年来严重制约矿井发展的瓦斯难题，实现煤与瓦斯安全高效共采，解决了近距离高瓦斯煤层群开采过程中综采工作面上隅角和回风流中瓦斯超限这一难题，结合千米定向钻机技术，提出了高抽钻孔组和顶板裂隙钻孔组联合抽采瓦斯技术。

（3）深部薄厚煤层瓦斯抽采技术体系。针对深部薄煤层，采用Y形通风技术，并在留巷段施工网格立体式穿层钻孔，拦截抽采邻近突出煤层的卸压瓦斯，实现了无煤柱煤与瓦斯共采。针对特厚煤层：利用采动卸压增透增流效应，采用高抽巷或专用瓦斯巷与穿层钻孔的方法，可以使处于弯曲下沉带的远距离有煤与瓦斯突出危险煤层消除突出危险，也可实现对上覆采动裂缝带的中距离卸压瓦斯实施精准抽采，实现煤与瓦斯两种资源安全、高产、高效共采。

1.5 沙曲矿煤与瓦斯共采的现状及问题

1.5.1 沙曲矿瓦斯超限情况

沙曲矿年瓦斯抽采量从2016年的1.58亿 m^3 到2018年的1.56亿 m^3，抽采率达到76%，瓦斯超限次数虽然由2011年的1648次降低到2018年的1次，瓦斯治理工作取得了长足进展，瓦斯超限次数下降了99%，逐步向瓦斯零超限目标迈进，详见表1-3。

表1-3 沙曲矿2016—2018年瓦斯抽采量及瓦斯超限次数统计表

年份	2016	2017	2018
瓦斯抽采量/亿 m^3	1.58	1.56	1.56
瓦斯超限次数/次	0	2	1

1.5.2 沙曲矿瓦斯灾害特点

沙曲煤矿属于近距离煤层群开采，各煤层目前均为煤与瓦斯突出煤层。煤层瓦斯含量高，瓦斯压力大，煤层硬度较小，瓦斯放散初速度较大，煤层透气性较小，瓦斯抽采难度较大。瓦斯具体参数如下：利用间接法计算得到3号煤层瓦斯压力最大值为1.37 MPa，4号煤层瓦斯压力最大值为4.59 MPa；2号煤层的瓦斯含量为4.50～10.12 m^3/t，3号煤层的瓦斯含量为5.49～12.46 m^3/t，4号煤层的瓦斯含量为5.00～14.40 m^3/t，5号煤层的瓦斯含量为3.83～14.71 m^3/t。

结合煤系地层赋存条件，沙曲矿区瓦斯灾害存在以下特点：

（1）矿井吨煤瓦斯涌出量大，瓦斯涌出量控制难度极大。沙曲矿2号、3号、4号和5号主采煤层为中阶变质程度的焦煤，各煤层原始瓦斯含量较高，吨煤瓦斯涌出量极大。2010年矿井原煤产量为270万t，矿井绝对瓦斯涌出量达到了510 m^3/min，相对瓦斯涌出量为110 m^3/t。不论矿井绝对瓦斯涌出量还是相对瓦斯涌出量，在全国都处于前列，矿井瓦斯涌出量难以控制，导致瓦斯超限现象时有发生。

（2）主采煤层近距离赋存，煤层消突难度大。2号、3号、4号和5号主采煤层相邻煤层的层间距均小于20 m，属近距离煤层群赋存。而3号、4号和5号煤层已升级为煤与瓦斯突出煤层，由于层间距较小，在上层煤进行采掘活动时易误揭下伏突出煤层。因此，这种近距离煤与瓦斯突出煤层群赋存条件给煤与瓦斯突出防治带来较大困难。

（3）近距离邻近煤层卸压瓦斯底板涌出严重，首采煤层瓦斯治理难度大。由于3号、4号和5号煤层原始瓦斯含量较高，且相邻煤层的层间距较小，因此，回采上部首采煤层时，各下邻近煤层的卸压瓦斯从底板涌向采掘空间，给采掘空间的瓦斯治理带来极大压力。而对卸压瓦斯的底板涌出，高位钻孔和高抽巷等裂缝带瓦斯抽采措施作用不大，因此，首采层的瓦斯治理难度极大。

1.5.3 沙曲矿围岩控制灾害特点

在矿井实际生产过程中，由于沙曲矿煤层间距离小，上下煤层间开采的相互影响会逐渐增大，特别是当煤层间距很小时，下部煤层开采前顶板的完整程度已受上部煤层开采影响而损伤，其上又为上部煤层开采垮落的矸石，且上部煤层开采后残留的区段煤柱在底板形成的集中压力，导致下部煤层开采区域的顶板结构和应力环境发生变化。从而使下部煤层开采与单一煤层开采相比出现了许多新的矿山压力现象。主要表现在下部煤层开采时，工作面极易发生顶板冒、漏事故，与上部煤层采空区沟通，造成工作面漏风，回采巷道的矿山压力十分明显，压力传递规律特殊，巷道围岩移近量大，巷道支护困难。

2　近距离突出煤层群煤与瓦斯共采理论

近距离突出煤层群煤与瓦斯共采理论基础，是近距离突出煤层群煤与瓦斯共采技术的理论和现场应用基础，融合煤田地质学、瓦斯地质学、采煤学、岩石力学与工程、流体力学等学科，基于工作面开采对卸压开采后的覆岩移动及裂隙发育演化规律、卸压瓦斯运移规律的研究，分析采动应力场、瓦斯渗流场、采空区流动场等特征，从而指导沙曲矿近距离突出煤层群煤与瓦斯共采技术的现场工业实践。

2.1　下伏煤岩体卸压分析

随着工作面的推进和采空区时空演化，必然会引起采动空间内应力的重新分布，在采场周围一定范围内出现应力迁移和变化，形成局部应力增高区、应力降低区，相应回采煤层下方的煤岩层将发生一定程度的卸压、位移和变形。

2.1.1　煤层底板岩体应力状态

工作面回采后，采动空间的应力状态将重新分布，相应煤层底板的应力状态也将发生一系列的变化，工作面周围应力分布状态，如图 2-1 所示。

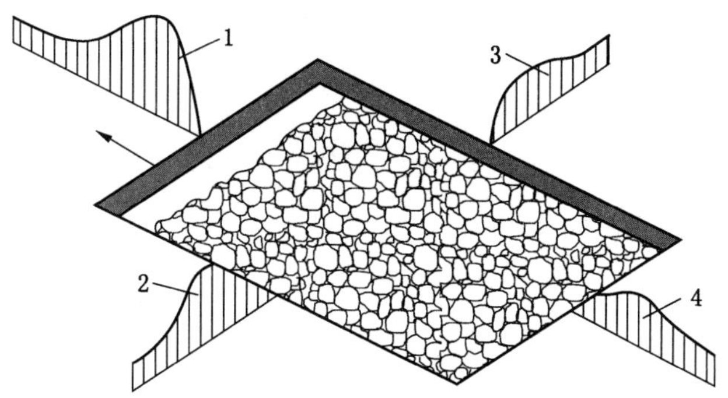

1—工作面前方超前支撑压力；2、3—工作面倾斜方向残余支撑压力；
4—工作面后方采空区支撑压力

图 2-1　工作面周围应力分布状态

工作面回采期间，工作面后方采空区一定范围内的顶板没有垮落或垮落不充分，造成底板应力降低，采煤工作面下方的煤岩层将产生卸压增透效果。为了研究 2 号煤层回采后底板的应力分布规律，将下伏煤岩体视为连续介质，采用弹性力学的理论建立工作面倾向方向上的力学模型（图 2-2）。根据采场应力的分布情况来分析下伏岩层的卸压情况。

为了分析方便，在模型的建立过程中对一些问题做了如下假设和简化：

（1）2 号煤层采煤工作面采空区底板应力为 0。

（2）2 号煤层回采后，采空区上部岩层的应力转移到支撑应力区，集中应力以线性关系变化。

(3) 开采前后，下伏煤岩体对应力变化的影响相同。

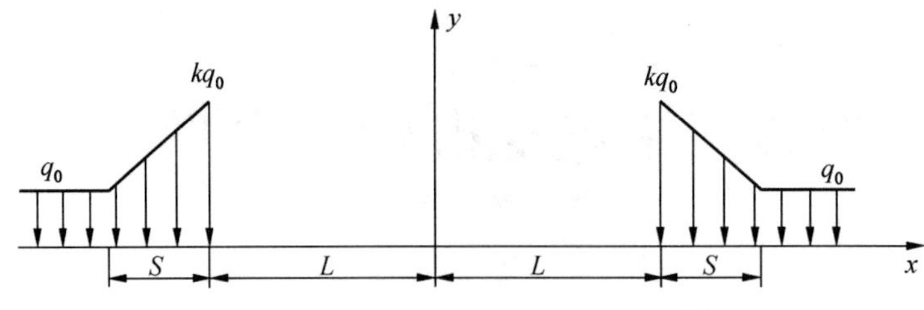

图 2-2 支撑应力分布计算力学模型

图 2-2 中 S 区域具有较大的应力集中，是由工作面回采后采空区上方岩层的自重转移而形成的，L 为采空区倾向长度的一半。

S 段的支撑压力 P 为

$$P = (L + S)\gamma H - L\gamma' h \tag{2-1}$$

则

$$\int_0^S \sigma_x \mathrm{d}x = P \Rightarrow \int_0^S \sigma_x \mathrm{d}x = \frac{1}{2}S(\sigma_{y_{\max}} - \sigma_{y_0}) + S\sigma_{y_0} = \frac{1}{2}S\sigma_{y_{\max}} + \frac{1}{2}\sigma_{y_0}$$

其中，$\sigma_{y_0}=q_0=\gamma H$ 为原始应力，则

$$\frac{1}{2}S\sigma_{y_{\max}} + \frac{1}{2}\sigma_{y_0} = (L + S)\gamma H - L\gamma' h$$

所以

$$\sigma_{y_{\max}} = \gamma H + \frac{2L}{S}(\gamma H - \gamma' h) \tag{2-2}$$

又因为

$$\sigma_{y_{\max}} = k\sigma_{y_0}$$

所以

$$k = \frac{\sigma_{y_{\max}}}{\sigma_{y_0}} = 1 + \frac{2L}{S}\left(1 - \frac{\gamma' h}{\gamma H}\right) \tag{2-3}$$

式中 γ——岩石的容重，$\mathrm{kN/m^3}$；

γ'——煤的容重，$\mathrm{kN/m^3}$；

H——开采深度，m；

S——应力集中分布范围，m；

h——开采厚度，m；

L——工作面倾向长度的一半，m。

根据沙曲一矿 2201 工作面的实际开采情况，经过现场观测应力集中范围约为 40 m，工作面长度的一半 L=75 m，又因为 h/H 可以忽略不计，因此 k 可近似取 4.75。

保护层工作面开采后应力增量如图 2-3 所示，应力增量最大值为 $(k-1)q_0$，计算时将已开采部分应力增量看作均布载荷。

2.1.2 采场底板破坏深度

煤层开采后在采动压力的影响下，不仅会引起顶板岩层的移动和破坏，也会引起底板岩层在一定范围的移动和破坏。上保护煤层开采后，横向方向上覆岩体形成的承受重力将转移到工作面前后方和两侧的煤体上，在采空区上下方形成卸压区。当处在卸压区的被保护煤层为急倾斜煤层时，上保护层开采对底板的影响范围比近水平和缓倾斜煤层的影响范

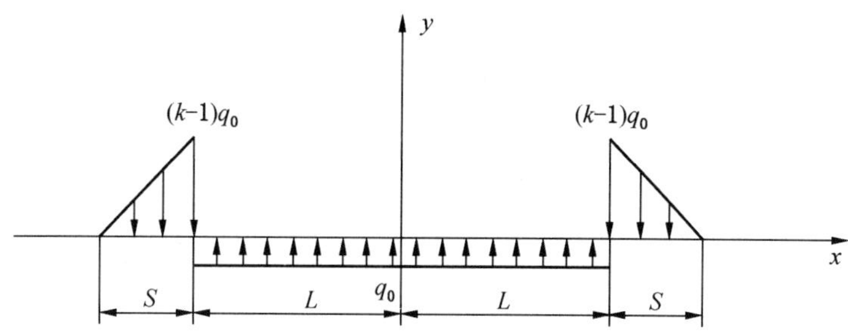

图 2-3　保护层开采后应力增量图

围大；当保护层与下被保护层之间存在坚硬岩层时，坚硬岩层在一定程度上限制了下被保护层的膨胀变形，相应也就减弱了对下被保护层的卸压保护作用。

底板破坏深度与煤层的采高、倾角、工作面长度、底板岩层抗压强度等多种因素有关，对底板破坏深度精确计算较难，国内外学者一般采用工程类比公式、统计分析、理论推导、相似模拟及数值模拟的方法进行研究，并获得了一些成果。

1. 力学分析

为了研究工作面超前支承压力对工作面底板岩层造成的采动破坏深度，建立如图 2-4 所示的沿煤层工作面走向的底板塑性破坏区剖面形态示意图，工作面超前支承压力为 $k\gamma H$，工作面后方采空区内垮落带的载荷为 γH_m（H_m 为垮落带的高度）。依据图 2-4 中极限塑性破坏区的几何尺寸可以确定出极限超前支承压力作用下底板破坏区的最大破坏深度及破坏位置。

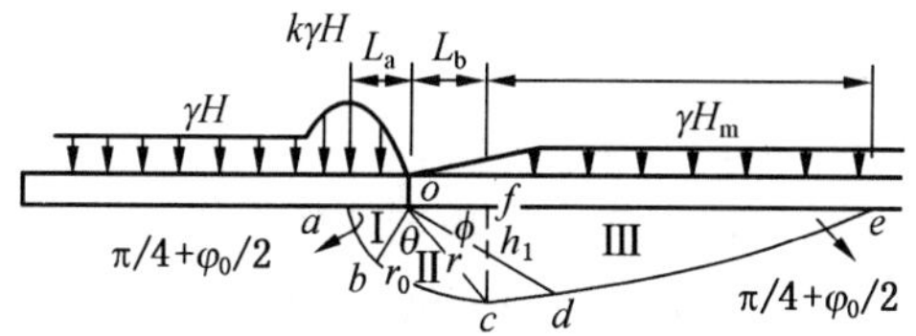

图 2-4　沿煤层工作面走向的底板塑性破坏区剖面形态示意图

如图 2-4 所示，在△oab 中，$ob = r_0 = \dfrac{L_a}{2\cos\left(\dfrac{\pi}{4} + \dfrac{\varphi_0}{2}\right)}$　　(2-4)

式中　φ_0——底板岩体内摩擦角，(°)；

L_a——工作面前方煤壁屈服宽度，m。

在△ocf 中，$h_1 = r\sin\phi$，$\phi = \angle cof$，而 $r = r_0 e^{\theta\tan\varphi_0}$。　　(2-5)

式 (2-5) 为对数螺线方程，θ 为 r 与 r_0 之间的夹角，φ_0 为极角。

$$\phi = \frac{\pi}{2} - \theta - \left(\frac{\pi}{4} - \frac{\varphi_0}{2}\right) \qquad \theta = \angle boc \tag{2-6}$$

将式 (2-4)、式 (2-5)、式 (2-6)，代入 $h_1 = r\sin\phi$ 中，得

$$h_1 = \frac{L_a}{2\cos\left(\dfrac{\pi}{4} + \dfrac{\varphi_0}{2}\right)} e^{\theta\tan\varphi_0} \cos\left(\theta + \frac{\varphi_0}{2} - \frac{\pi}{4}\right) \tag{2-7}$$

令$\frac{\mathrm{d}h_1}{\mathrm{d}\theta}=0$，推得$\tan\varphi_0=\tan\left(\theta+\frac{\varphi_0}{2}-\frac{\pi}{4}\right)$。所以，$\theta=\frac{\varphi_0}{2}+\frac{\pi}{4}$，代入式（2-7），得

$$h_{1\max}=\frac{L_{\mathrm{a}}\cos\varphi_0}{2\cos\left(\frac{\pi}{4}+\frac{\varphi_0}{2}\right)}\mathrm{e}^{\left(\frac{\pi}{4}+\frac{\varphi_0}{2}\right)\tan\varphi_0} \tag{2-8}$$

式（2-8）即为工作面底板岩体的最大破坏深度。底板岩体最大破坏深度距离工作面端部的水平距离L_{b}为

$$L_{\mathrm{b}}=h_{1\max}\tan\varphi_0=\frac{L_{\mathrm{a}}\sin\varphi_0}{2\cos\left(\frac{\pi}{4}+\frac{\varphi_0}{2}\right)}\mathrm{e}^{\left(\frac{\pi}{4}+\frac{\varphi_0}{2}\right)\tan\varphi_0} \tag{2-9}$$

对于工作面前方煤壁屈服宽度L_{a}的确定，主要有3种方法，一种是根据经验公式（2-10）计算获得；一种是由极限平衡条件（达到极限平衡条件时满足Mohr-Coulomb破坏准则）推导而获得，如式（2-11）所示；一种是由数值模拟得出。

$$L_{\mathrm{a}}=0.015H \tag{2-10}$$

$$L_{\mathrm{a}}=\frac{M}{2K_{\mathrm{m}}\tan\varphi_{\mathrm{m}}}\ln\frac{k\gamma H+C_{\mathrm{m}}\cot\varphi_{\mathrm{m}}}{K_{\mathrm{m}}C_{\mathrm{m}}\cot\varphi_{\mathrm{m}}} \tag{2-11}$$

$$K_{\mathrm{m}}=\frac{1+\sin\varphi_{\mathrm{m}}}{1-\sin\varphi_{\mathrm{m}}}$$

式中　M——开采煤层厚度，m；

k——工作面超前支承压力集中系数；

φ_{m}——煤层内摩擦角，(°)；

C_{m}——煤层内聚力，MPa；

γ——岩层平均容重，kN/m^3。

将L_{a}代入式（2-8）即可求得工作面底板岩体的最大破坏深度。

对于近水平煤层开采条件下，工作面前方底板岩体上的超前支承压力为$k\gamma H$，采空区底板破坏形态如图2-5所示，大致呈对称分布，且最大破坏深度位于工作面中部。

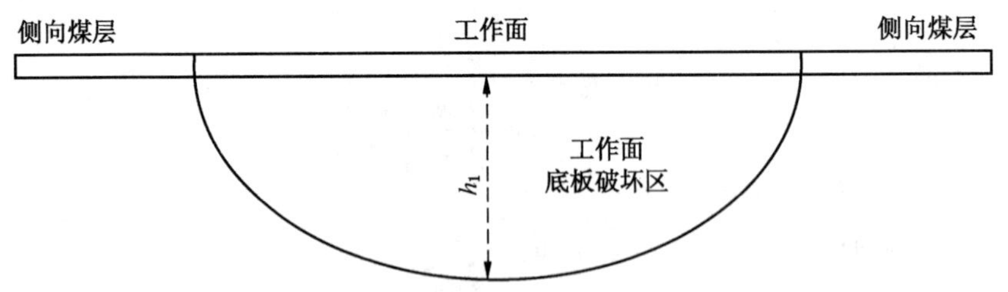

图2-5　沿工作面倾向水平煤层工作面底板破坏形态示意图

对于缓倾斜或倾斜煤层开采时，如图2-6所示，作用在工作面前方底板岩体上的超前支承压力$k\gamma H$可以分解为垂直于煤层的压力$k\gamma H\cos\alpha$（对底板岩层产生压破坏）及平行于煤层斜向下的剪切力$k\gamma H\sin\alpha$（该剪切力使底板岩层产生滑移，对底板岩层造成剪切破坏）。由于平行于煤层底板斜向下的剪切力的作用，使得倾斜煤层沿工作面倾向的破坏形态不再表现为工作面中部对称分布，最大破坏深度位置也将偏离工作面的中部向下移动，

同样，利用式（2-7）结合式（2-11）可以计算出沿工作面倾斜方向任一点底板的最大破坏深度。

在工作面后方底板岩体的最大破坏深度位置处（图 2-6），取一平行于工作面倾向的剖面，就可以显现整个工作面底板沿工作面倾向的最大破坏深度及破坏形态。

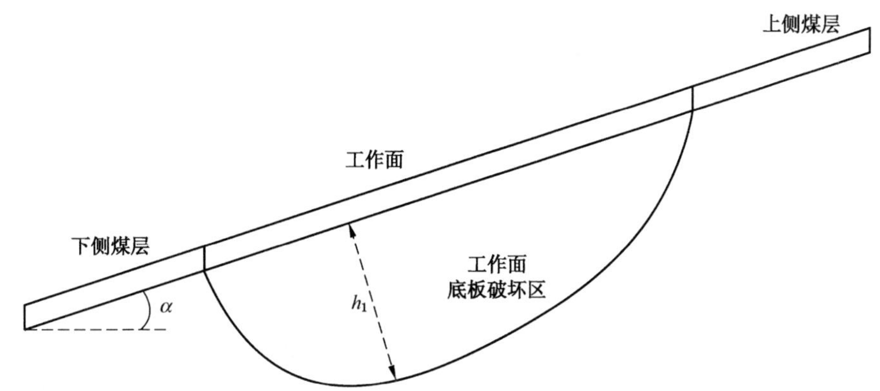

图 2-6　倾斜煤层工作面底板沿工作面倾向破坏形态示意图

根据经验公式（2-10）计算得出 $L_{a1}=8.25$ m，根据由极限平衡条件得出的公式（2-11）计算得出 $L_{a2}=12.1$ m，由数值模拟得出 $L_{a3}=12$ m，取三个平均值，$L_a=10.8$ m，$\varphi_0=30°$，代入式（2-8）得出 $h_{1\max}=17.1$ m。

2. 统计分析

根据现场试验考察及相关资料统计分析，一般破坏带深度下限为底板下方的 15～25 m，底板岩层位移和变形带深度下限为底板下方的 50～60 m。

根据对华北地区相似地质条件部分矿井的煤层底板最大破坏深度的数据统计，结合有限元分析、工作面突水实例及室内分析验证，采空区的底板破坏深度与工作面倾斜长度、埋深、采高有一定的相关关系。应用数理统计方法，可以得出底板破坏深度与上述诸因素的关系式为

$$h = 0.0113H + 6.25\ln\frac{L}{40} + 2.52\ln\frac{M}{1.48} \tag{2-12}$$

式中　h——煤层底板最大破坏深度，m；

H——煤层埋藏深度，m；

L——工作面倾斜长度，m；

M——煤层采高，m。

根据沙曲煤矿 2201 工作面地质资料和工作面参数，结合围岩物理力学参数数据（表 2-1），2 号煤层高约为 1.1 m，埋深 500 m，工作面采高 1.6 m，工作面斜长 150 m，将相应参数代入式（2-12），可得 2 号煤层开采后底板破坏深度为 14.7 m。

表 2-1　2201 工作面煤岩体力学参数

层号	岩性	密度/(kg · m^{-3})	体积模量/GPa	剪切模量/GPa	内聚力/MPa	抗拉强度/MPa	内摩擦角/(°)
覆岩	中砂岩	2500	6.2	4.9	10	4.5	42
基本顶	细砂岩	2600	2.6	2.0	5.6	1.2	30

表 2-1（续）

层号	岩性	密度/(kg·m^{-3})	体积模量/GPa	剪切模量/GPa	内聚力/MPa	抗拉强度/MPa	内摩擦角/(°)
直接顶	砂质泥岩	2560	2.26	1.2	3.2	1.5	28
2 号煤层	煤	1350	1.5	0.5	0.6	0.2	20
直接底 4	粉砂岩	2200	1.8	1.0	1.2	0.6	18
底板 5	中砂岩	2500	4.2	3.9	8	2.5	30
底板 3	泥岩	2200	2.0	1.2	1.4	0.8	19
3+4 号煤层	煤	1350	1.5	0.5	0.6	0.2	20
底板 2	泥质砂岩	2200	2.0	1.2	1.4	0.8	19
底板 1	砂质泥岩	2250	2.5	2.5	2.6	2.2	28
底板 0	细砂岩	2500	6.5	4.9	12	4.7	43

综合以上分析和计算可知，通过力学分析得出工作面底板破坏深度达 17.1 m，通过华北地区统计分析得出工作面底板破坏深度达 14.7 m，平均约为 16 m。

2.1.3 卸压开采采动应力场数值分析

2.1.3.1 模型的建立

基于沙曲煤矿 2 号煤层基本概况，采用 FLAC3D 数值软件，模拟工作面开采时采动应力场分布。结合煤层综合柱状图建立数值计算三维模型（图 2-7）。模型几何尺寸为 200 m×300 m×100 m（长×宽×高），分别对应开采煤层走向、倾向及煤岩体层面法向方向；模型建为水平煤层，模型共含 165500 个单元体和 227067 个节点。

图 2-7 几何模型网格示意图

1. 模型构建及参数选择

模型模拟煤层开采过程，开采空间围岩经应力集中、塑性破坏、变形卸压过程，为此模型需定义莫尔-库仑模型，以莫尔-库仑屈服准则判断煤岩体的破坏，通过强度折减系数控制煤岩体残余强度随变形发展逐步减小，莫尔-库仑强度准则如式（2-13）所示。

$$f_s = \sigma_1 - \sigma_3 \frac{1 + \sin\varphi}{1 - \sin\varphi} - 2c\sqrt{\frac{1 + \sin\varphi}{1 - \sin\varphi}} \tag{2-13}$$

式中 σ_1、σ_3——最大、最小主应力；

c、φ——材料内聚力、摩擦角。

若 $f_s>0$，材料将发生剪切破坏。在通常应力状态下，岩体的抗拉强度很低，因此可根据抗拉强度准则（$\sigma_3 \geqslant \sigma_T$）判断岩体是否产生拉破坏。FLAC3D 中规定拉应力为正，压应力为负。

2. 应力和位移约束边界条件

模型顶部为自由界面，以大小为 10 MPa 的均布荷载模拟模型顶部至地表（约 400 m）岩层产生的自重应力；模型底面沿 z 轴负方向为无限煤岩体，视为位移约束边界条件，定义位移 $zz=0$、$yy=0$、$xx=0$；模型在 x、y 方向亦为无限煤岩体，固在模型前后、左右侧面分别定义位移 $yy=0$、$xx=0$，模型边界条件如图 2-8 所示。

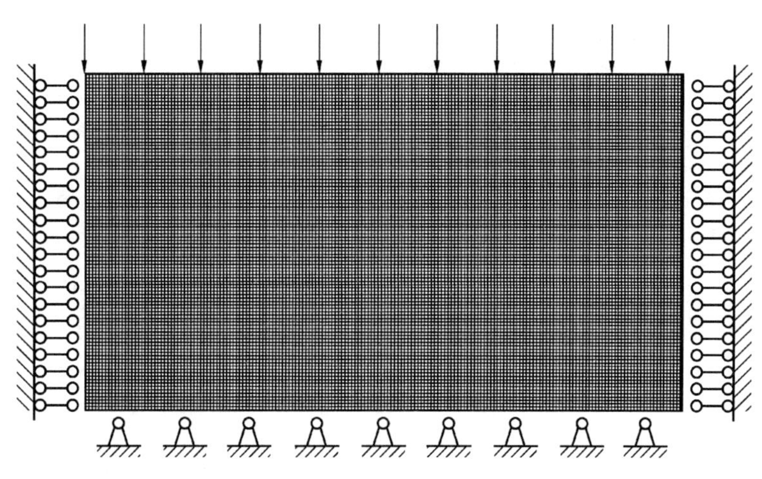

图 2-8 模型边界条件示意图

2.1.3.2 保护层开采卸压演化规律

1. 沙曲一矿 2201 工作面开采应力及位移变化规律

（1）沙曲一矿 2201 工作面开采应力分布规律。图 2-9 是沙曲一矿 2201 工作面开采不同推进距离下垂直应力场分布特征，图 2-10 是不同推进距离下煤壁前方支承压力曲线分布规律。

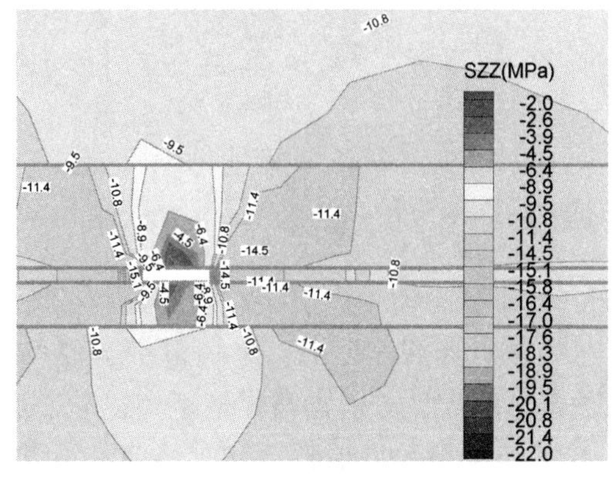

(a) 工作面开切眼 5 m 处

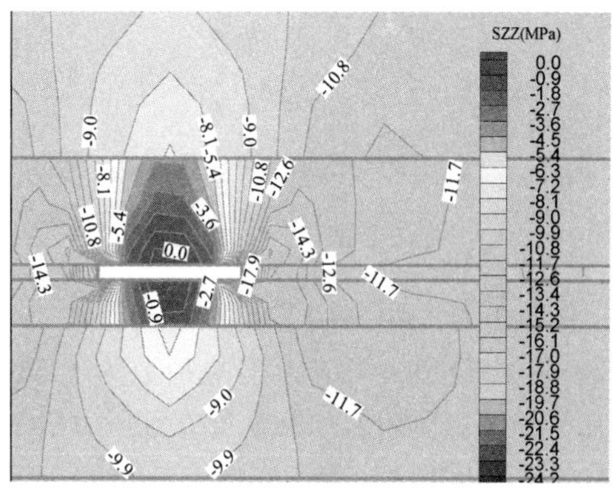

(b) 工作面推进 10 m

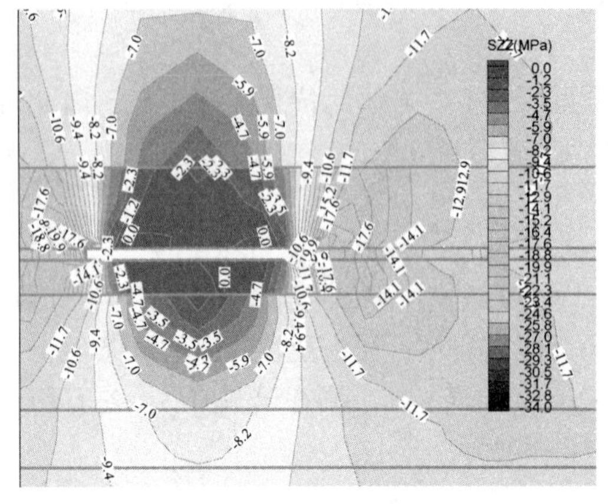

(c) 工作面开切眼 20 m 处

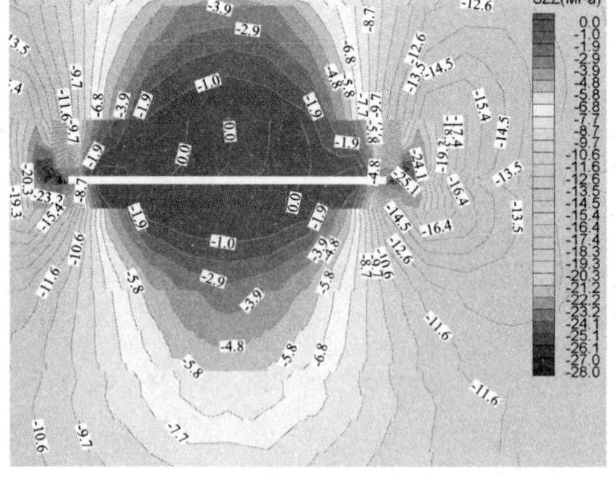

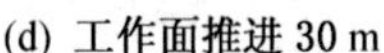

(d) 工作面推进 30 m

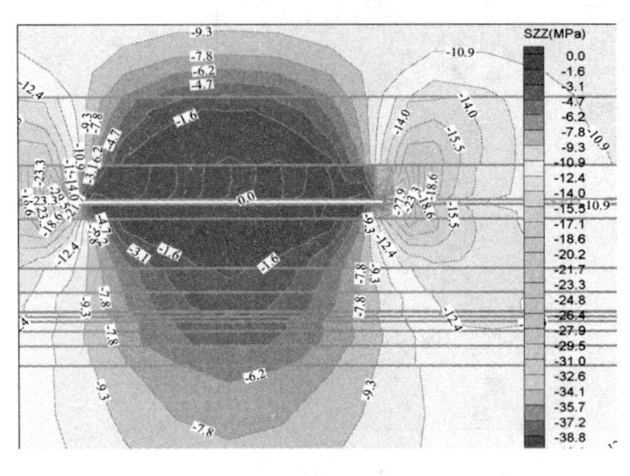

(e) 工作面开切眼 60 m 处

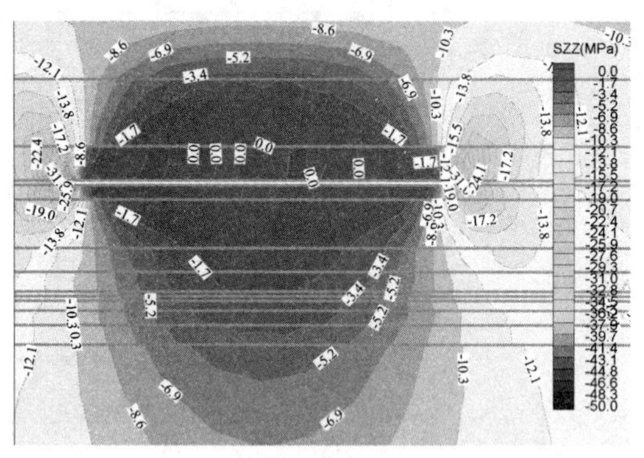

(f) 工作面推进 80 m

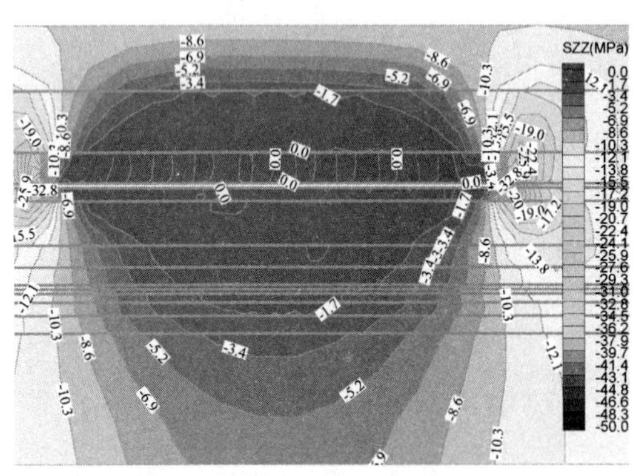

(g) 工作面开切眼 110 m 处

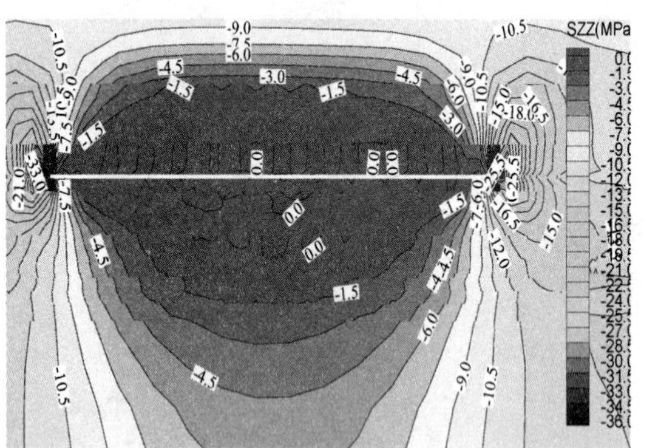

(h) 工作面推进 130 m

图 2-9　沙曲一矿 2201 工作面开采不同推进距离下垂直应力场分布

从图 2-9、图 2-10 中可以看出，在工作面开切眼处，由于煤层采高较小煤壁前方支承压力影响较小，当应力集中系数为 1.38 时，峰值点距煤壁 2 m，影响范围为煤壁前方 12～14 m；随着工作面推进支承压力集中系数逐渐增大，峰值点与煤壁距离逐渐增加，影响范围逐渐增大；当工作面推进到 30 m 时，应力集中系数增加到 2.32，峰值点距煤壁 4 m，影响范围为煤壁前方 23～25 m，这表明基本顶发生了初次来压；随着工作面不断地

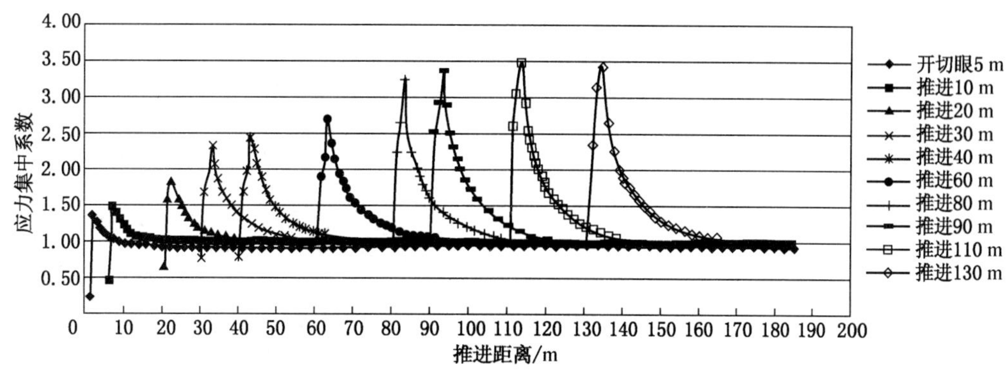

图 2-10 沙曲一矿 2201 工作面开采不同推进距离下煤壁前方支承压力分布

推进，当工作面推进到 40 m、60 m 时，支承压力集中系数分别为 2.45、2.65，峰值点距离煤壁基本保持 4 m 不变，影响范围也保持在 24～26 m 不变，表明基本顶周期来压步距在 10 m 左右；当工作面继续推进到 80 m，支承压力集中系数为 3.5 左右时，峰值点距煤壁 4～5 m，影响范围 28～30 m，这表明推进长度达到工作面见方时，基本顶发生周期来压，来压强度较明显；随着工作面继续推进，支承压力峰值集中系数、峰值点与煤壁距离、影响范围基本保持不变，支承压力达到稳定。

（2）沙曲一矿 2201 工作面开采位移分布规律。图 2-11 是不同推进距离下沙曲一矿 2201 工作面周围垂直位移场分布图。

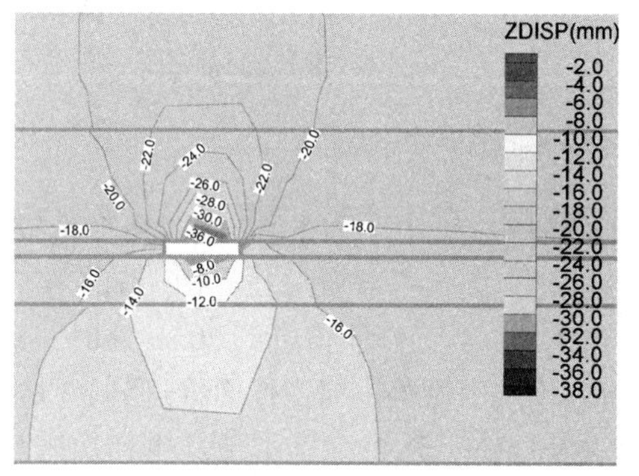

(a) 工作面开切眼 5 m 处

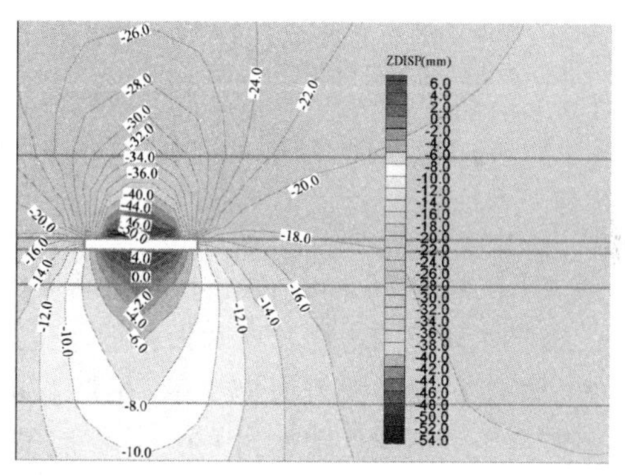

(b) 工作面推进 10 m

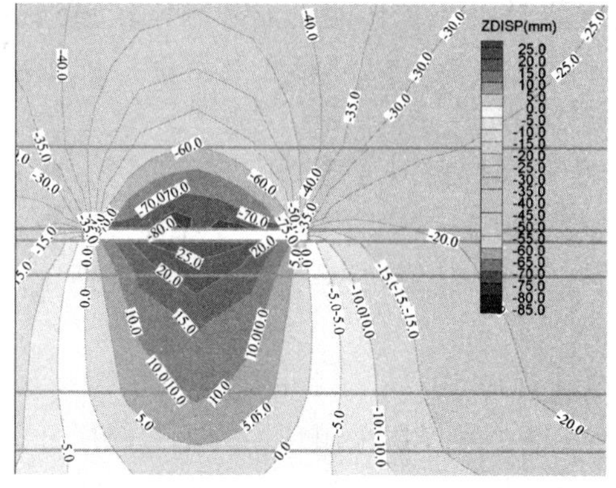

(c) 工作面开切眼 20 m 处

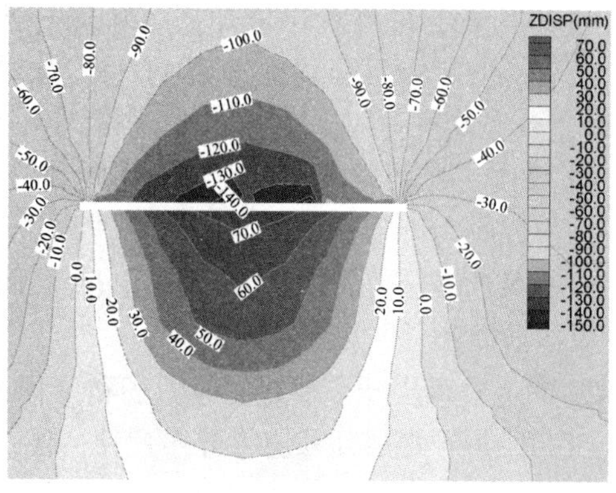

(d) 工作面推进 30 m

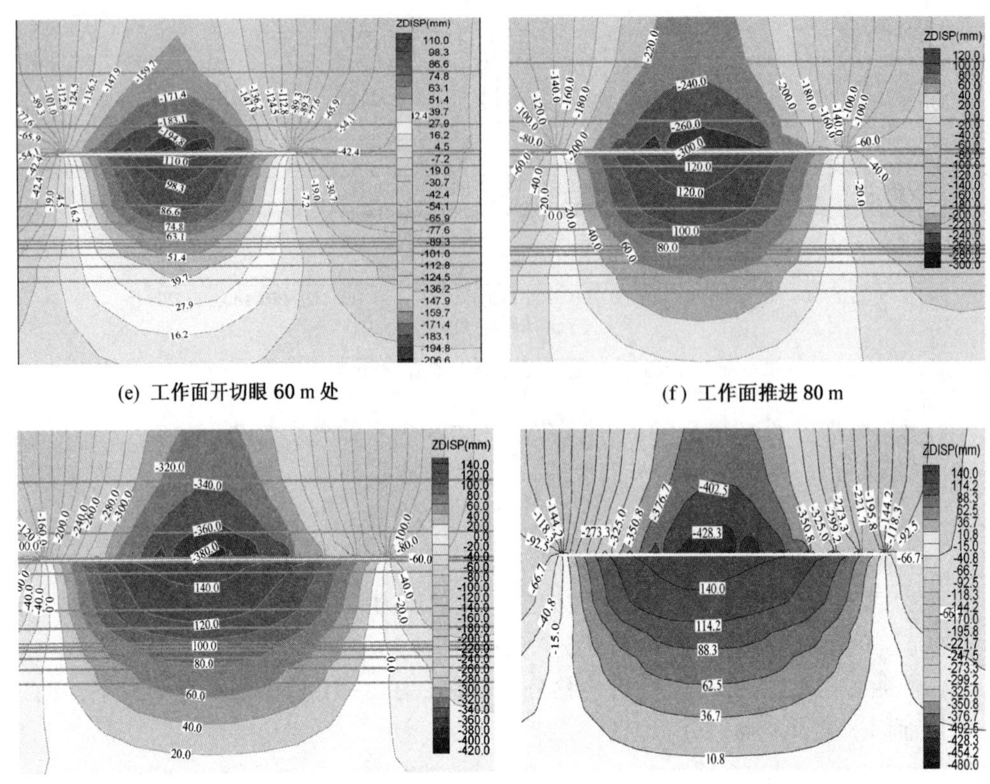

(e) 工作面开切眼 60 m 处

(f) 工作面推进 80 m

(g) 工作面开切眼 110 m 处

(h) 工作面推进 130 m

图 2-11 沙曲一矿 2201 工作面开采不同推进距离下垂直位移场分布

从图 2-11 可知：当工作面开切眼处，由于采高较小，开切眼时巷道围岩变形量较小，顶板最大下沉量为 36 mm，底板位移量基本没有变化，基本不需要加强支护。随着工作面推进，覆岩移动范围增加，顶底板移近量也逐渐增加。当工作面推进到 20 m 处时，采空区上方顶板下沉量最大值为 85 mm，此时直接顶应该发生垮落；当工作面推进到 30 m 处，顶板下沉量最大值突然增加到 150 mm，底鼓量为 70 mm，这也是基本顶发生初次来压的征兆。随着工作面继续推进，当工作面推进到 80 m 处时，采空区上方顶板下沉量最大值增加到 300 mm，底鼓量也增加到 120 mm，这主要是由于工作面见方来压比较强烈造成的。随后，当工作面继续推进到 110 m、130 m 时，顶板下沉量和底鼓量增加的幅度都很小。

当 2201 工作面回采结束后，开切眼和终采线两侧煤柱前方形成应力集中区，在采空区下方形成应力降低区，使采空区下方煤岩体得到卸压采空区下方 20 m 煤柱传递影响角范围内的煤岩体应力值都小于 1.5 MPa。从而为 3+4 号煤层和 5 号煤层开采中瓦斯压力释放提供了前提条件。

2. 3+4 号煤层开采引起的应力场和位移场变化规律

(1) 3+4 号煤层开采应力分布规律。图 2-12 是 2 号煤层采出后，3+4 号煤层开采过程中垂直应力场分布，图 2-13 是 3+4 号煤层开采过程中不同推进距离下煤壁前方 50 m 处支承压力分布曲线图。

3+4 号煤层工作面开切眼位于沙曲一矿 2201 工作面开切眼正下方，平行于沙曲一矿 2201 工作面布置。

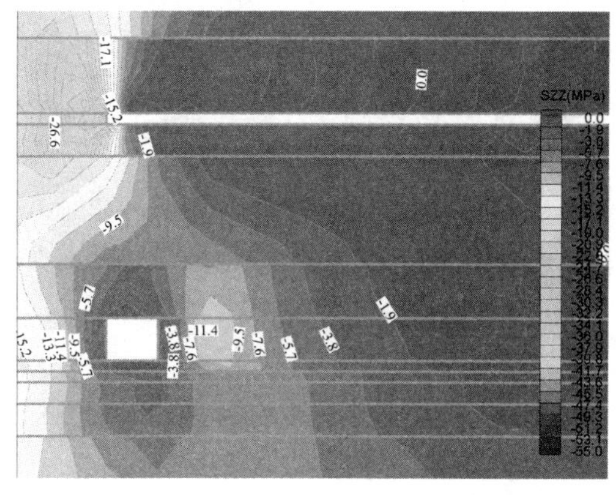

(a) 工作面开切眼 5 m 处

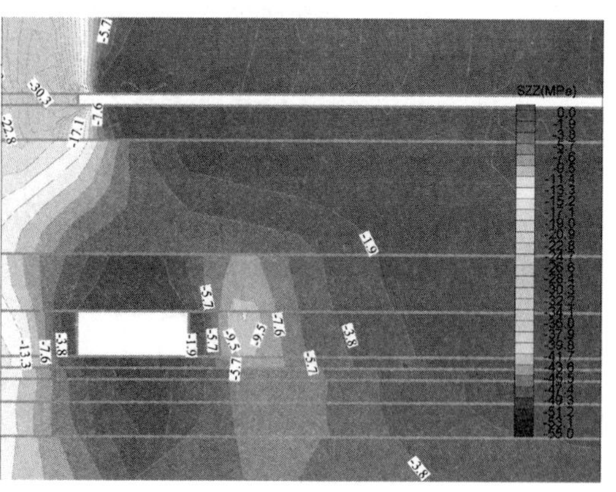

(b) 工作面推进 10 m

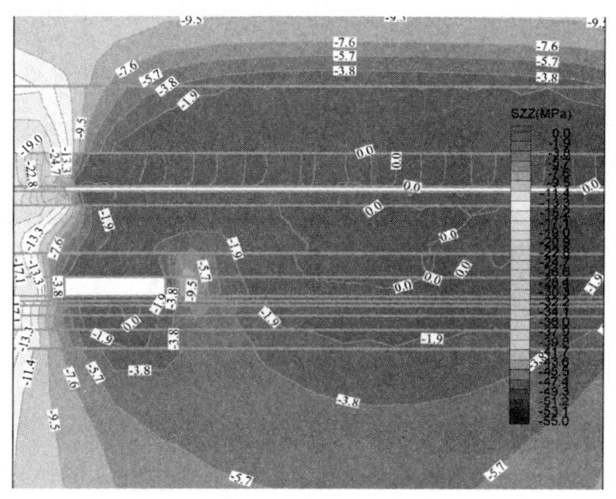

(c) 工作面开切眼 20 m 处

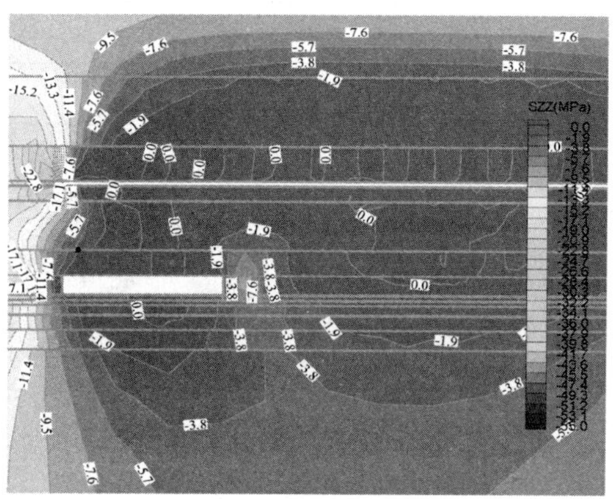

(d) 工作面推进 30 m

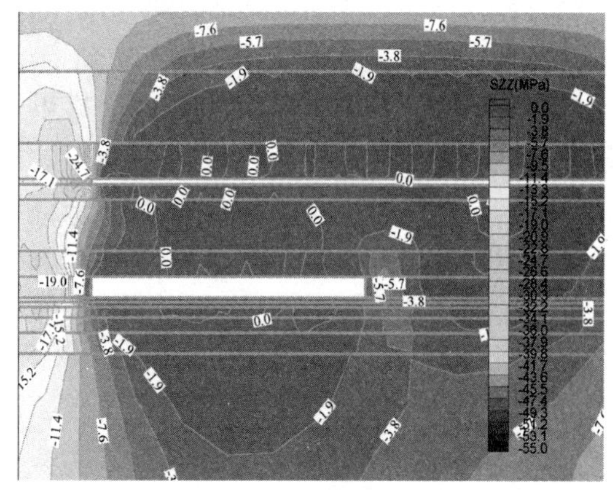

(e) 工作面开切眼 60 m 处

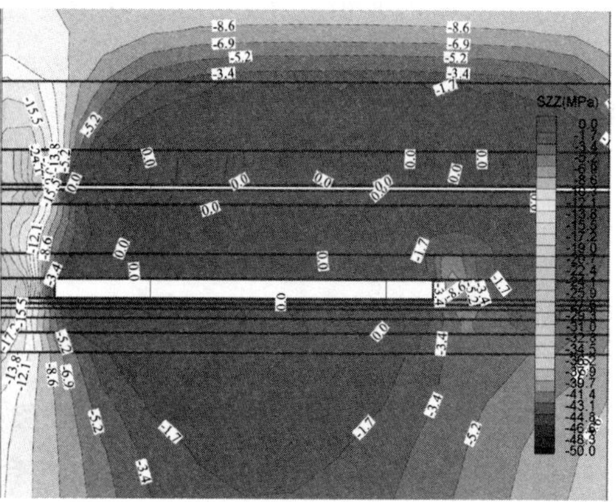

(f) 工作面推进 80 m

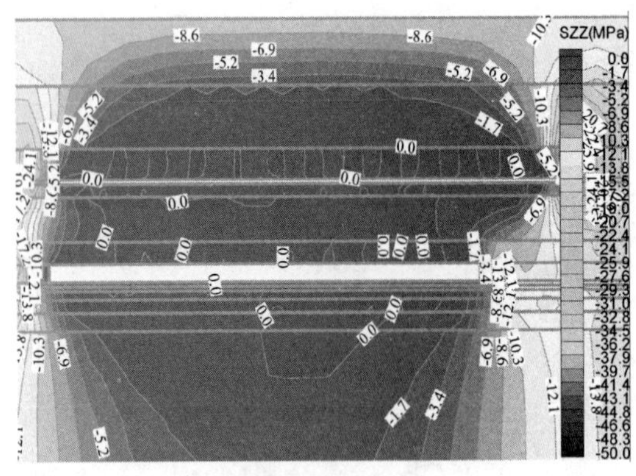

(g) 工作面开切眼 110 m 处

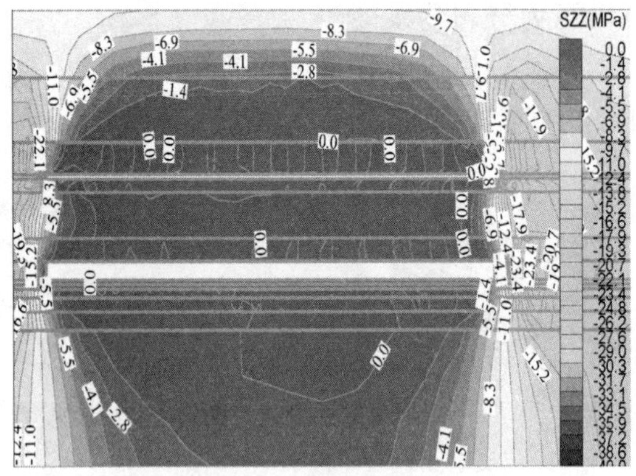

(h) 工作面推进 130 m

图 2-12　3+4 号煤层开采不同推进距离下垂直应力场分布

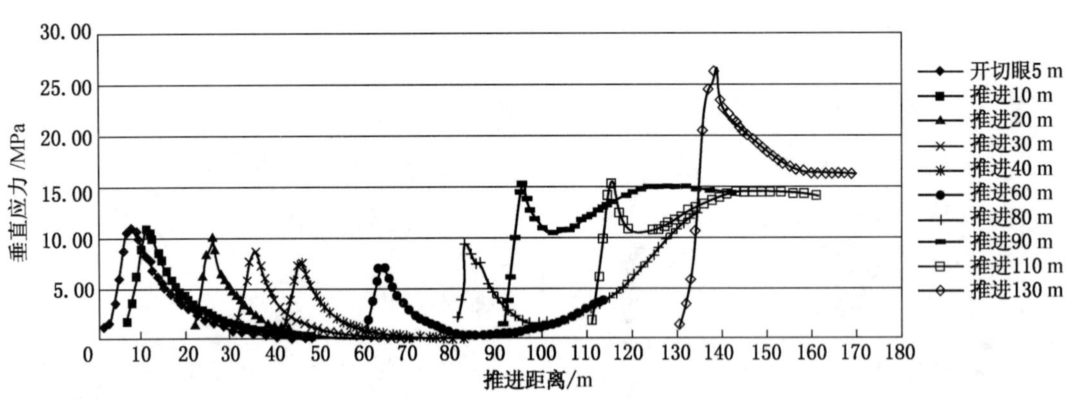

图 2-13　3+4 号煤层开采不同推进距离下煤壁前方支承压力分布

从图 2-12、图 2-13 可以得到，当工作面自开切眼由 5 m 处推进到 10 m 时，煤壁前方支承压力峰值为 10 MPa，峰值点距煤壁分别为 5 m、4 m；随着工作面继续推进，当工作面推进到 20 m、30 m、40 m、60 m 时，支承压力峰值分别下降到 10.1 MPa、8.7 MPa、7.6 MPa、6.7 MPa，峰值点与煤壁的距离基本保持不变；这是由于工作面开切眼处，工作面位于 2 号煤层开采后的残留煤柱下方，受煤柱应力集中的影响；随着工作面向前推进，逐渐远离煤柱，受煤柱影响程度变小，且逐渐处于采空区中部正下方，所以当工作面推进到 20 m、30 m、40 m、60 m 时，支承压力峰值逐渐降低。当工作面继续推进到 80 m 工作面见方时，基本顶来压较强烈，支承压力峰值有所增加。当工作面继续推进到 90 m、110 m 时，煤壁前方支承压力出现“双峰”状态，峰值点分别出现在采空区下方和终采线前方，这是由于受终采线前方煤柱应力集中的影响，造成工作面终采线附近也会出现支承压力峰值。当工作面继续推进到 130m 处，到沙曲一矿 2201 工作面终采线正下方时，受煤柱应力集中的影响，煤壁前方支承压力峰值突然增加到 25 MPa。

（2）3+4 号煤层开采位移分布规律。图 2-14 是不同推进距离下垂直位移场分布图。

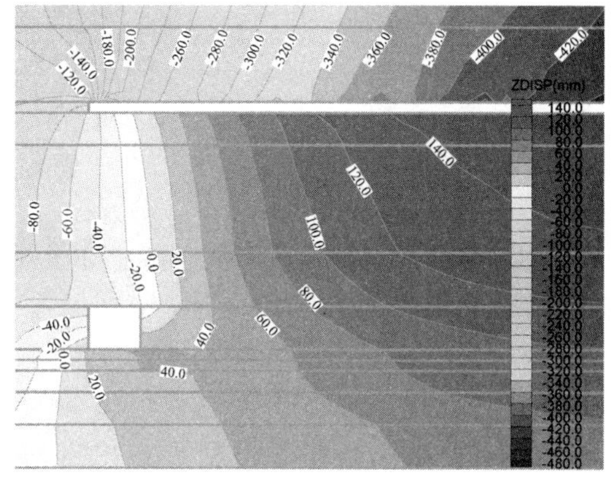

(a) 工作面开切眼 5 m 处

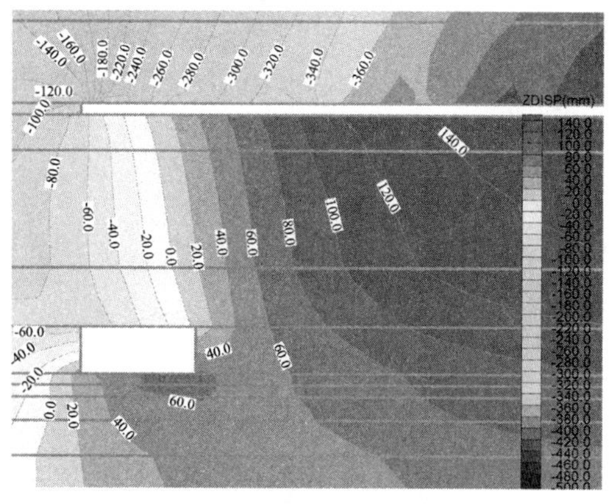

(b) 工作面推进 10 m

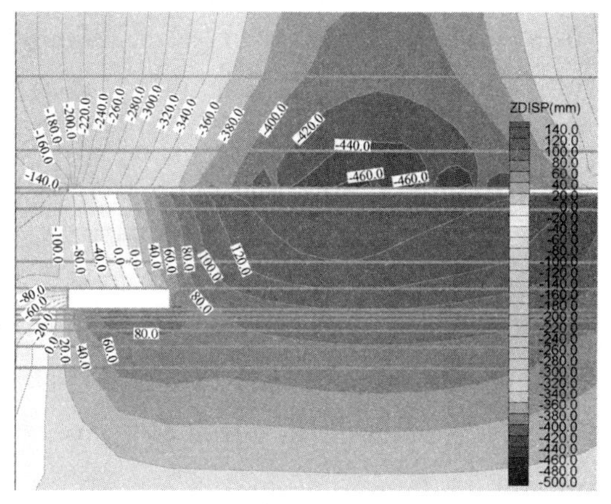

(c) 工作面开切眼 20 m 处

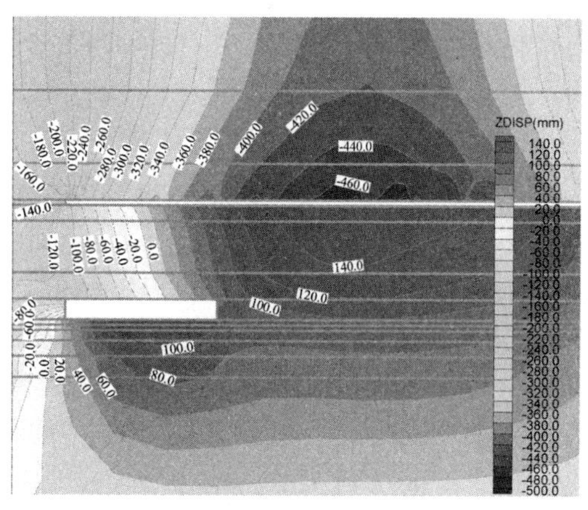

(d) 工作面推进 30 m

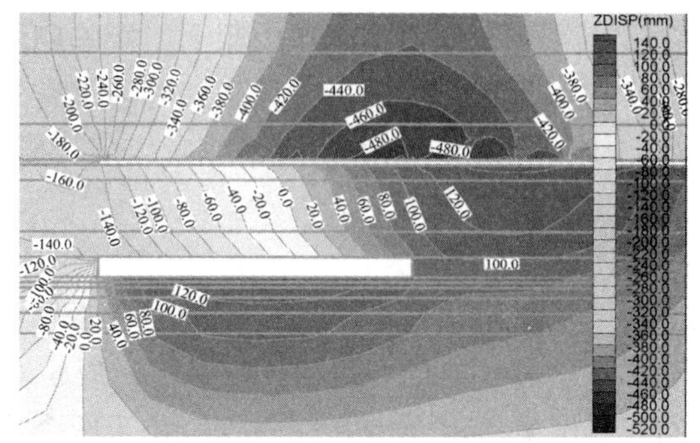

(e) 工作面开切眼 60 m 处

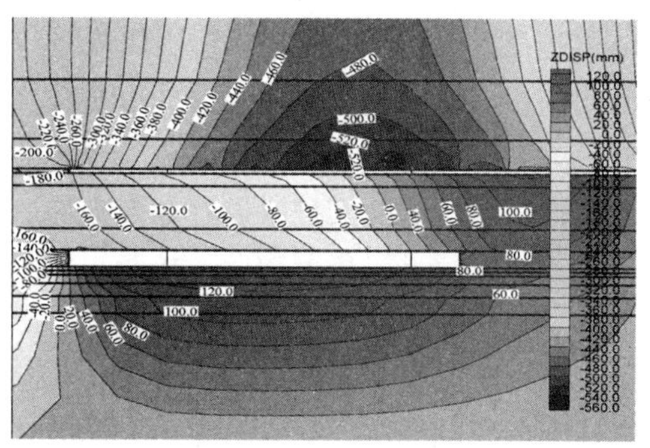

(f) 工作面推进 80 m

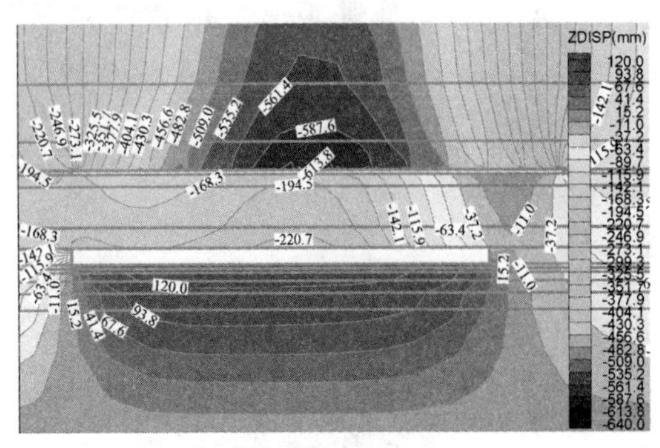

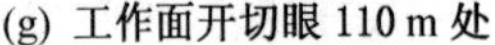
(g) 工作面开切眼 110 m 处

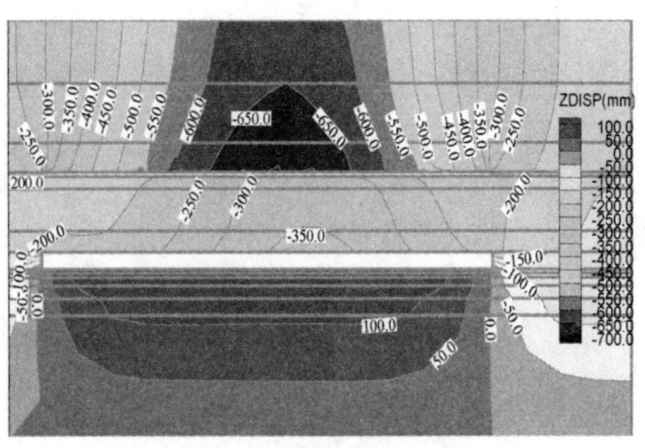

(h) 工作面推进 130 m

图 2-14　3+4 号煤层开采不同推进距离下垂直位移场分布

从图 2-14 可以看出，当工作面开切眼处，沿煤层走向顶板下沉量表现出不均匀分布的特征，靠近煤柱侧顶板最大下沉量为 60 mm，靠近采空区侧顶板下沉量较小，最小值为 0 mm，两帮变形量也分布不均匀，靠近煤柱侧巷帮最大位移量为 400 mm，而靠近采空区侧巷帮最大移近量为 20 mm。随着工作面向前推进，受上煤层残留煤柱的影响程度逐渐变小，当工作面推进到 10 m、20 m、30 m、60 m 时，顶板最大下沉量分别为 60 mm、80 mm、100 mm、140 mm，且都位于煤柱正下方，远离煤柱靠近采空区中部的顶板位移量很小、甚至不发生位移。随着工作面向前继续推进，覆岩移动范围增加，顶底板移近量也逐渐增加。当工作面推进到 80 mm 处时，受开切眼侧上方残留煤柱的影响大大减小，采空区上方顶板下沉量最大值为 160 mm；当工作面推进到 110 m 处，工作面见方时，顶板下沉量最大值突然增加到 220 mm，而且关于采空区中心成对称分布。随着工作面继续推进，当工作面推进到 130 m 处时，采空区上方顶板下沉量最大值增加到 350 mm，位于采空区中部，受终采线附近上方煤柱的影响，终采线附近顶板下沉量最大值为 200 mm，且煤壁的位移也达到 300 mm。

从以上对 3+4 号煤层开采工作面采完引起的应力场和位移场分布的规律分析可知，由于 2 号煤层与 3+4 号煤层间距很近，上位 2 号煤层开采使 3+4 号煤层开采前得到充分卸压。因此 3+4 号煤层工作面开采过程中煤壁前方支承压力峰值大大减小，影响范围也不大，但是在上煤层残留煤柱附近，受煤柱应力集中的影响，超前支承压力很大、影响剧烈范围增加，顶底板移近量及两帮变形量很大。3+4 号煤层工作面回采巷道布置时应该避开煤柱应力集中的影响，布置在煤柱传递影响角外，工作面推进到煤柱附近或者出煤柱时，应该对回采巷道超前支护段进行加强支护。

3. 5 号煤层开采引起的应力场和位移场变化规律

(1) 5 号煤层开采应力分布规律。图 2-15 是 2 号煤层和 3+4 号煤层采出后，5 号煤层开采过程中垂直应力场分布，图 2-16 是 5 号煤层开采不同推进距离下煤壁前方 50 m 处支承压力分布曲线图。5 号煤层工作面布置平行于 2 号和 3+4 号煤层工作面，位于两个工作面正下方。

从图 2-15、图 2-16 可以看出，由于 2 号煤层和 3+4 号煤层开采的双重卸压作用

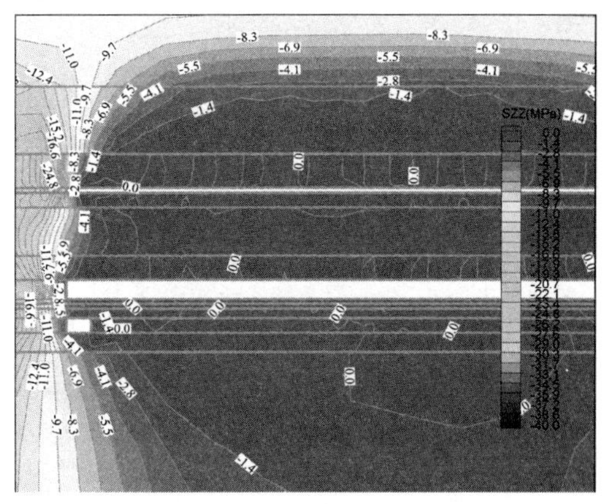

(a) 工作面开切眼 5 m 处

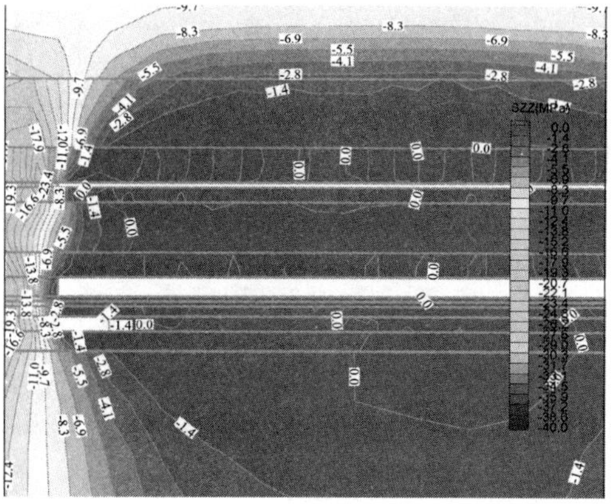

(b) 工作面推进 10 m

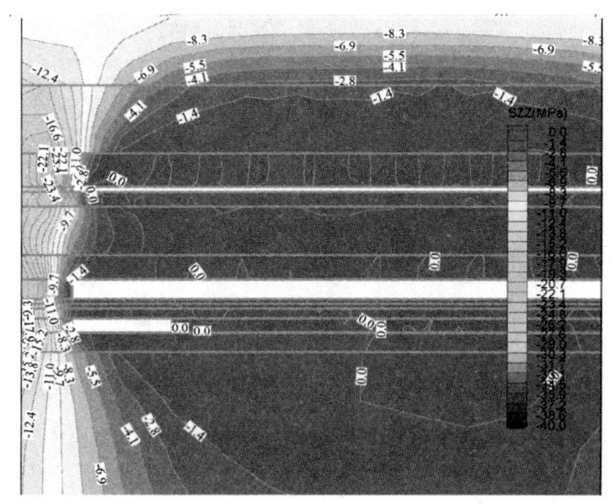

(c) 工作面开切眼 20 m 处

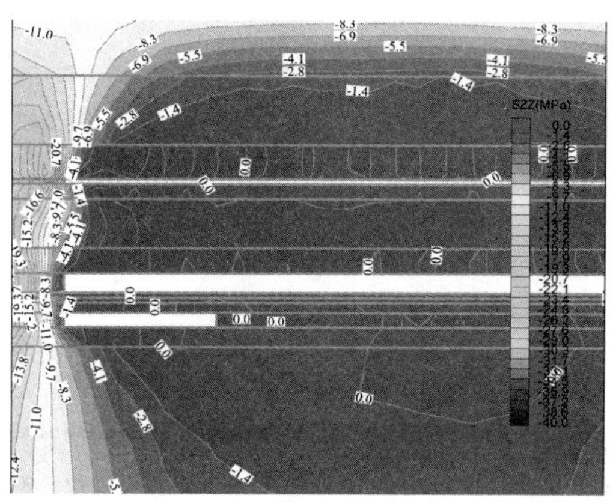

(d) 工作面推进 30 m

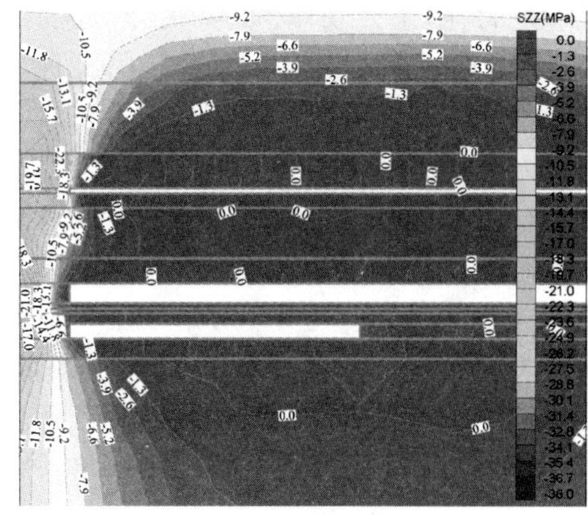

(e) 工作面开切眼 60 m 处

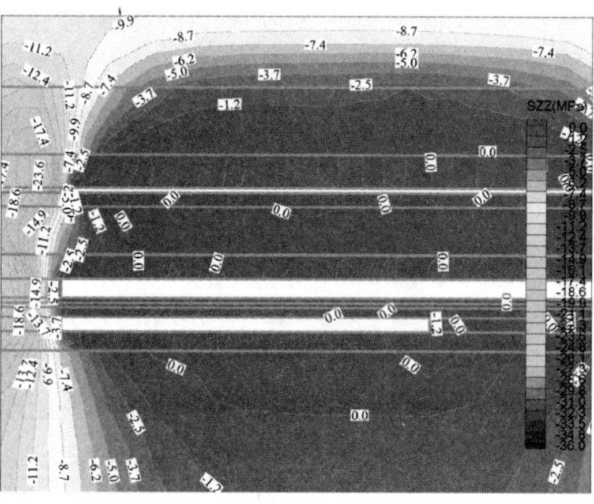

(f) 工作面推进 80 m

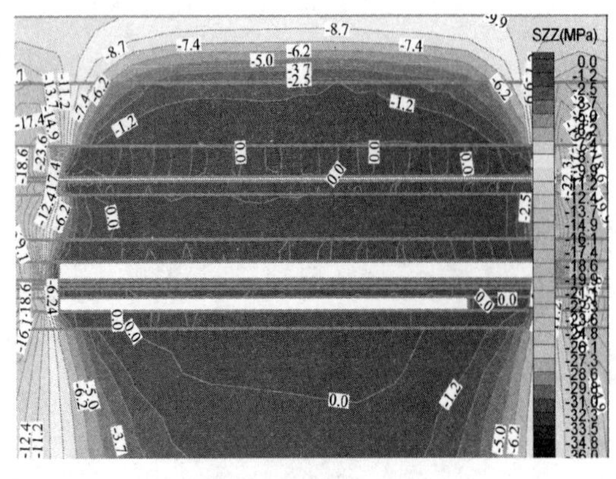

(g) 工作面开切眼 110 m 处

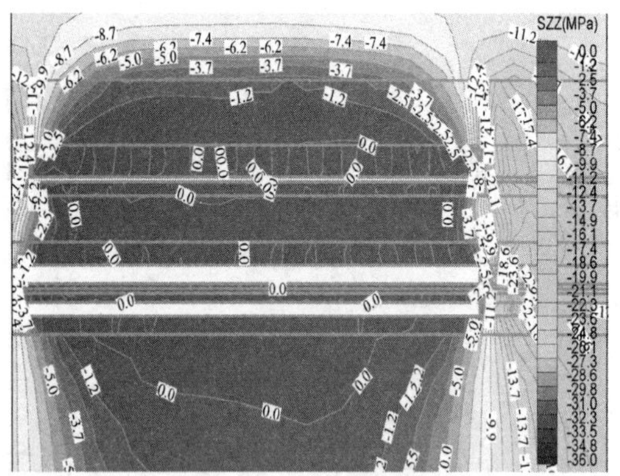

(h) 工作面推进 130 m

图 2-15　5 号煤层开采不同推进距离下垂直应力场分布

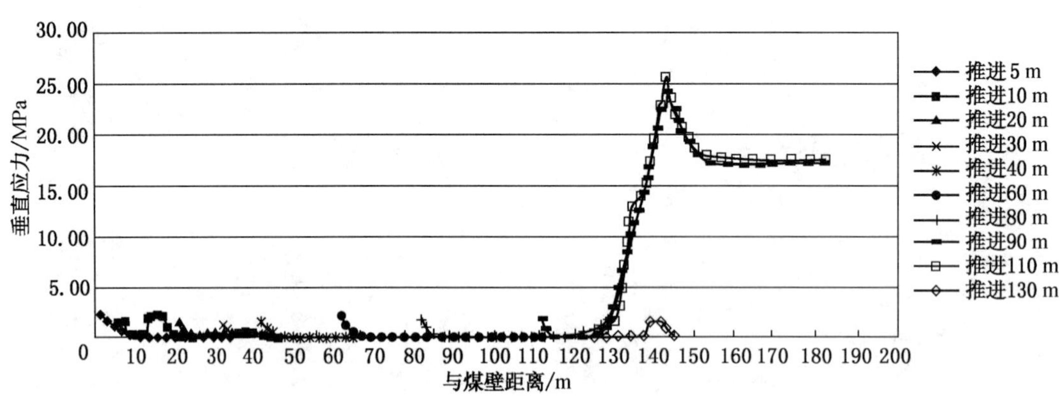

图 2-16　5 号煤层开采不同推进距离下煤壁前方支承压力分布

以及 3+4 号煤层距离 5 号煤层的距离极近为 4 ~ 6 m，除了开切眼和终采线附近受煤柱应力集中的影响，使得 5 号煤层开采过程中整个工作面都处于应力降低区内，且本煤层采动支承压力的影响较小，导致煤壁前方支承压力峰值很小，且没有形成完整的支承压力分布曲线。当工作面开切眼时，煤壁前方支承压力峰值为 2. 35 MPa，位于煤壁前方 1 m 处，随着工作面推进到 10 m、20 m、30 m 处，支承压力峰值分别为 1. 66 MPa、1. 51 MPa、1. 31 MPa，峰值距离基本不变；随着工作面推进到 60 m、80 m、90 m 处，支承压力峰值分别为 1. 45 MPa、1. 71 MPa、2. 10 MPa，峰值距离基本不变，这是由于工作面见方时支承压力峰值有所增大；当工作面推进到 110 m、130 m 时，支承压力峰值分别增加到 22. 98 MPa、25. 72 MPa，位于煤壁前方 13 m 处，主要是终采线煤柱应力叠加的影响。

(2) 5 号煤层开采位移分布规律。图 2-17 是 5 号煤层开采后不同推进距离下位移场分布规律。

从图 2-17 可以看出，由于 2 号煤层和 3+4 号煤层开采的双重卸压作用，使得 5 号煤

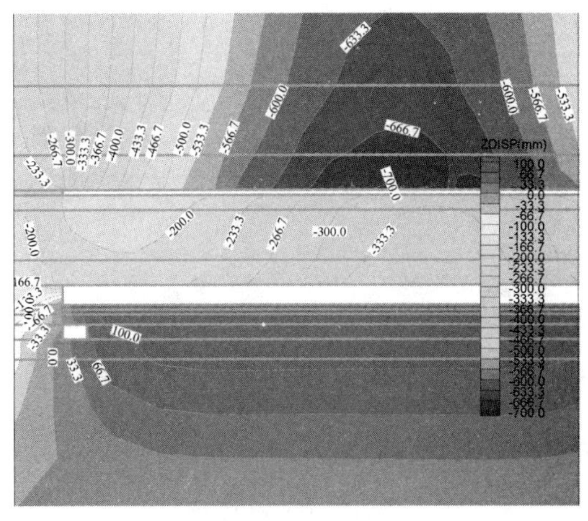

(a) 工作面开切眼 5 m 处

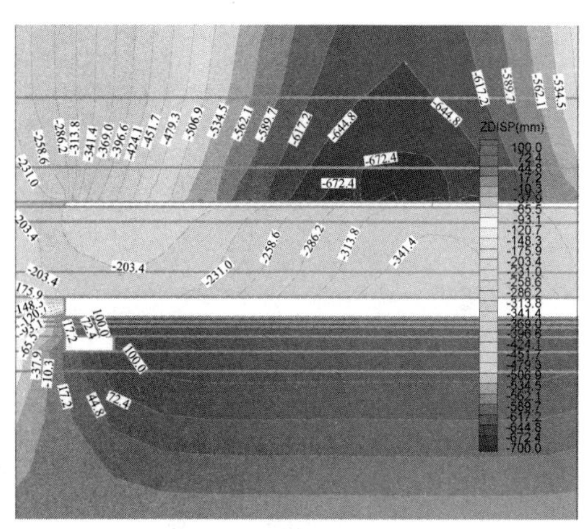

(b) 工作面推进 10 m

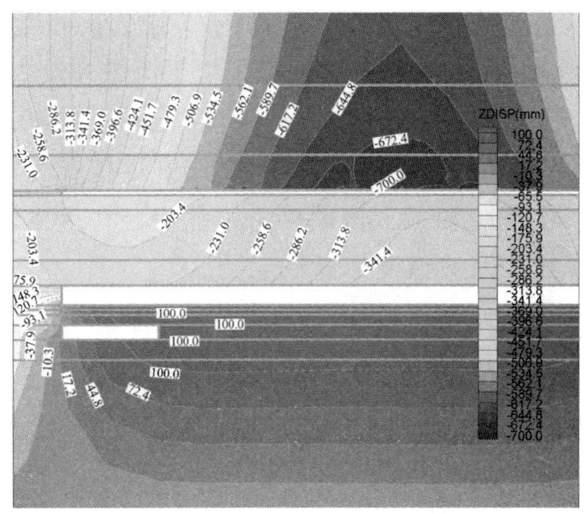

(c) 工作面开切眼 20 m 处

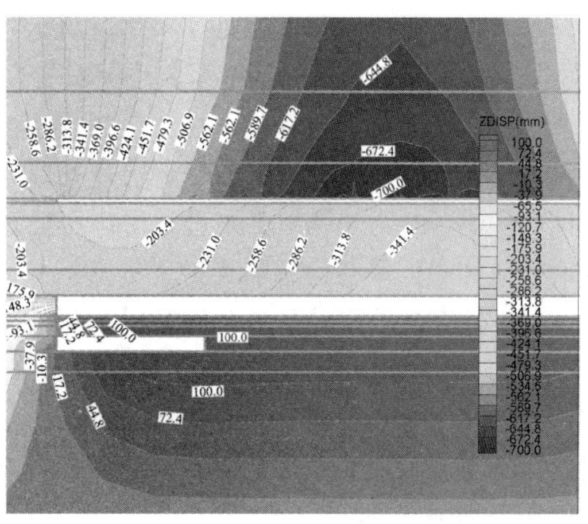

(d) 工作面推进 30 m

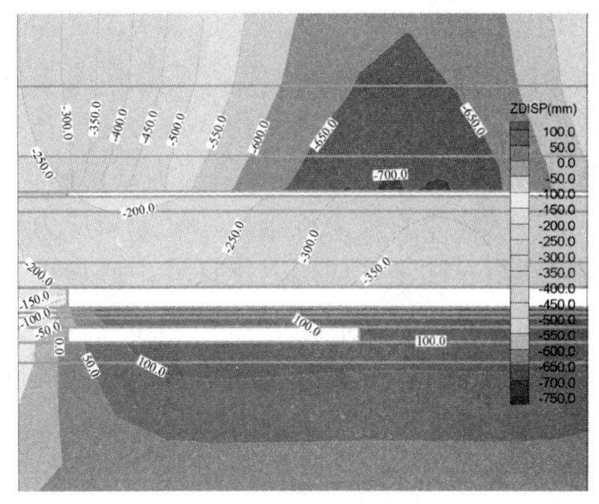

(e) 工作面开切眼 60 m 处

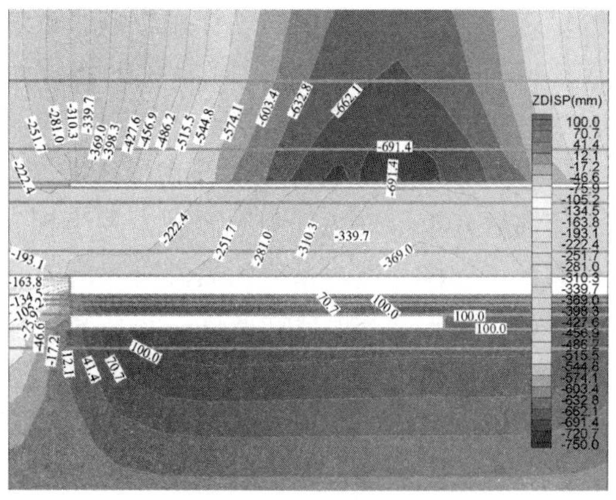

(f) 工作面推进 80 m

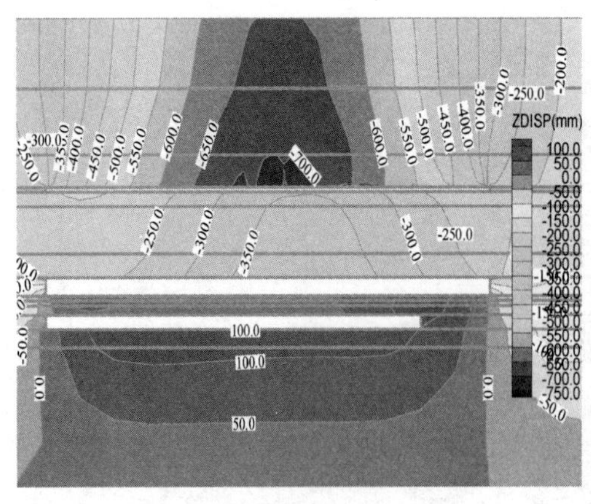

(g) 工作面开切眼 110 m 处

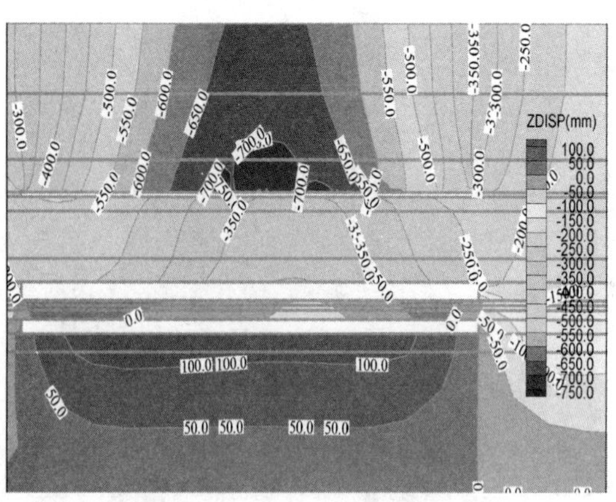

(h) 工作面推进 130 m

图 2-17　5 号煤层开采不同推进距离下垂直位移场分布

层开采过程中整个工作面都处于应力降低区内，且本煤层采动支承压力的影响较小，因此 5 号煤层开采过程中顶板下沉量较小，只有在两侧煤柱附近采空区上方顶板下沉量才较大。

通过以上分析可以知道，由于 2 号煤层的开采使得 3+4 号煤层开采前得到充分卸压，3+4 号煤层开采过程中处于 2 号煤层开采形成的底板应力降低区内，只要避开煤柱应力集中区的影响，3+4 号煤层开采过程中矿压显现会比较缓和。工作面推进过程中，在进出煤柱时，应加强回采巷道超前支护段的支护和支承压力及巷道变形量的监测。

3+4 号煤层采完后又对 5 号煤层的开采进行了充分卸压，使得 5 号煤层开采过程中处在 3+4 号煤层应力降低区的煤壁前方支承压力集中程度更低，几乎在 2～3 MPa，矿压显现特别缓和，来压强度很低，甚至几乎没来压。但是当工作面推进到上方残留煤柱附近时，受双重煤柱应力叠加的影响，煤壁前方支承压力集中程度高、影响范围广，来压强度大，需要加强支护。

2.1.4　工作面底板煤岩体应力变化规律及分区

根据沙曲一矿 2 号煤层保护层工作面开采过程的煤岩体应力、位移分布规律数值模拟研究结果表明，受工作面采动作用影响底板煤岩体应力会发生明显变化，以底板 5 m 深处煤岩体应力变化为例。垂直应力在工作面前方 40 m 处垂直应力较原始应力升高达到 1.04%，往后一直处于上升状态，在距工作面前方 8 m 左右处达到最大值，应力集中系数为 1.77，此区域内煤岩体处于三向受压状态形成压缩区；往采空区后垂直应力逐渐降低，在工作面后方 4 m 处达到与原岩应力大小相当，此区域内垂直应力逐渐减小至原岩应力形成过渡区；再往工作面采空区后部垂直应力逐渐降低至 0 甚至拉应力，此区域内底板煤岩体处于卸压膨胀状态形成膨胀区；再往采空区后部顶板垮落岩块将底板煤岩体压实，垂直应力逐渐恢复到原岩应力形成重新压实区（图 2-18a）。也就是说工作面正常回采期间底板煤岩体依次经历了增压（压缩区）→卸压（膨胀区）→恢复（重新压实区）的变化过程中，且随着工作面推进而重复出现。

可见工作面底板 5 m 处煤岩体沿工作面倾斜方向的应力即 *syy* 变化不大，在工作面前方维持在 $0.77\gamma H$，从工作面 12 m 左右往采空区后逐渐降低至 $0.45\gamma H$ 左右，然后慢慢恢复直到0.65γH；沿工作面推进方向的应力 *sxx* 受工作面支承压力变化的影响有先降低后恢复的趋势，在垂直应力升高区为0.74γH，在垂直应力峰值前12m处开始下降，在垂直应力峰值后12 m处有极小值为0.43γH，往后先升高，在工作面后方4 m处达到0.62 γH并逐渐稳定（图2-18b）。

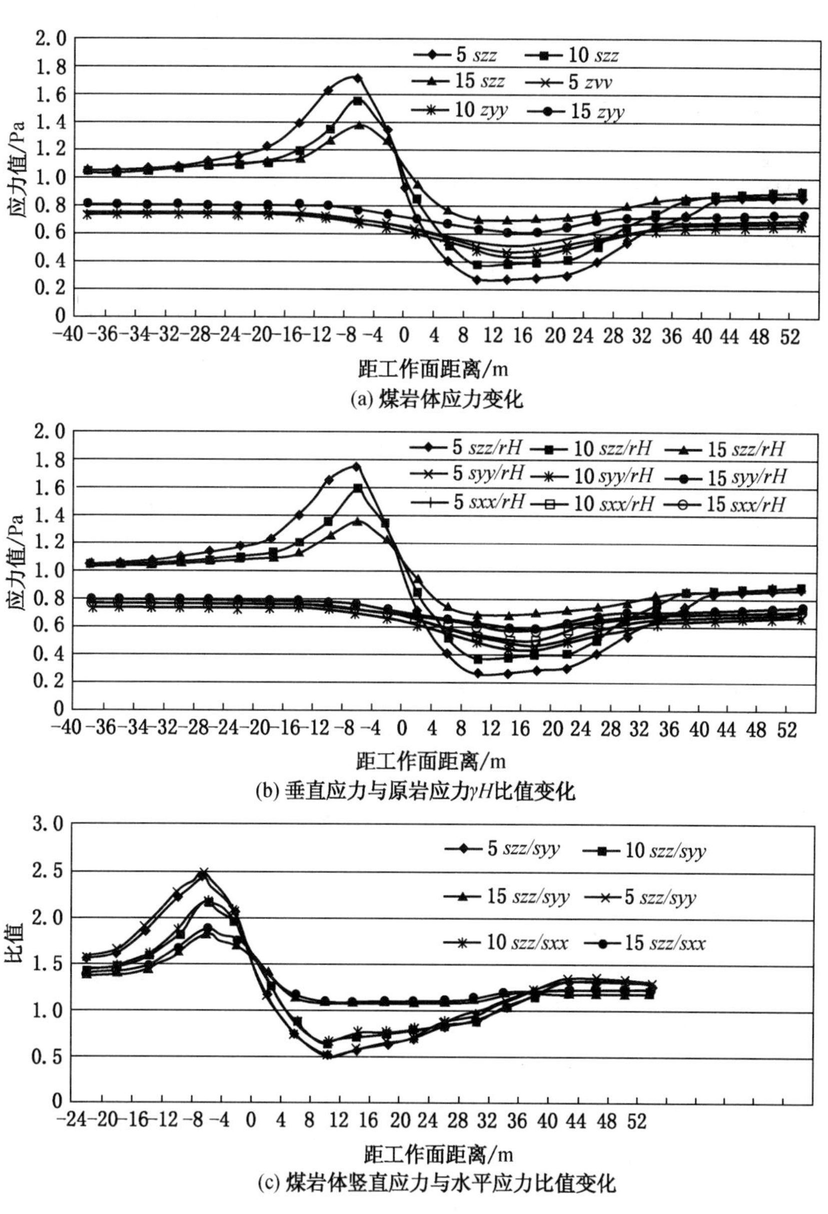

图2-18　煤层底板应力变化

从底板煤岩体5 m处垂直压力与水平应力的比值在压缩区范围内一直在增加，在工作面前方8 m处达到峰值，应力比值为2.54；往后逐渐降低，在工作面附近降低至1，到工作面后方8 m处降至最小为0.56，往采空区后方至40 m左右处比值逐渐恢复并稳定在1.2左右（图2-18c）。

由图 2-18 中可以分析出：从 5 m 到 15 m，越往底板深处，影响的效果越小，在 5 m 处的影响最大，在 15 m 处工作面开采的影响效果最差。工作面前方 8 m 以前为压力升高区，工作面前方 4 ~8 m 为支承压力峰值区，工作面前方 4 m 到工作面后方 8 m 处为过渡区，工作面后方 8 m 到工作面后方 40 m 左右处为应力恢复区。

2.2　卸压开采覆岩层移动及裂隙演化规律

2.2.1　卸压开采覆岩层移动规律理论分析

1. 岩层控制的关键层理论

在采场覆岩中存在厚度不等、强度不同的多个岩层时，对岩体活动全部或局部起控制作用的岩层称为关键层。关键层判别的主要依据是其变形和破断特征，在关键层破断时，其上部全部岩层或局部岩层的下沉变形是相互协调一致的，前者称为岩层活动的主关键层，后者称为亚关键层。也就是说，关键层的断裂将导致全部或相当部分的上覆岩层产生整体运动。显然，关键层的断裂步距即为上部岩体部分或全部岩层的断裂步距，从而引起明显的岩层运动和矿压显现。关键层由其岩层厚度、强度和载荷大小而定。

一般来说，关键层即为主承载层，在破断前以“板”（或简化为“梁”）结构的形式承受上部岩层的部分重量，断裂后则可以形成砌体梁结构，其结构形态即是岩层移动的形态。而各亚关键层之间或主关键层和亚关键层之间移动的不协调即形成了岩体内部的离层。

采动岩体中的关键层有如下特征：

（1）几何特征，相对于其他同类岩层而言厚度较大。

（2）岩性特征，相对于其他岩层而言较为坚硬，即弹性模量较大、强度较高。

（3）变形特征，在关键层下沉变形时，其上部全部或局部岩层的下沉量是同步协调的。

（4）破断特征，关键层的破断将导致全部或局部上部岩层的破断，从而引起较大范围岩层移动。

（5）支承特征，关键层破坏前以“板”（或简化为“梁”）结构的形式作为全部岩层或局部岩层的承载主体，断裂后则形成砌体梁结构，继续作为承载主体。

2. 关键层的判别

某一岩层是否为关键层取决于岩层厚度、强度、结构形态和载荷大小。根据关键层的定义与变形特征，在关键层变形过程中，其所控制上覆岩层随之同步变形，而其下部岩层不与之协调变形，因而它所承受的载荷已不再需要其下部岩层来承担，第一岩层为第一层关键层，它的控制范围达第 n 层，则第 $n+1$ 层成为第二关键层必然满足：

$$q_{n+1} < q_n \tag{2-14}$$

其中，q_{n+1}、q_n 分别为计算到第 $n+1$ 层与第 n 层时，第一层关键层所受载荷。

按照式（2-14）的原则，由下往上逐层判断，直至确定出最上一层可能成为关键层的硬岩层位置，设覆岩共有 k 层硬岩层满足式（2-14）要求。

按照式（2-14）确定出的硬岩层还需满足关键层的强度条件，即满足下层硬岩层的破断距小于上层硬岩层的破断距，即为第 j 层的破断距。

$$l_j < l_{j+1} \quad (j = 1,\ 2,\ \cdots,\ k) \tag{2-15}$$

式中　l_j——第 j 层的破断距，m；

k——由式（2-14）确定的硬岩层层数。

若第 j 层硬岩层不满足式（2-15），则应将第 $j+1$ 层硬岩层所控制的全部岩层载荷作用到第 k 层上，重新计算到第 k 层硬岩层破断距后再继续判断。

根据式（2-15）原则，由下往上逐层判别，最终确定出所有关键层位置。

设基本顶为第 1 层，基本顶的破断距 $L_1=31.66$ m。假设基本顶上方第 6 层岩层可能为关键层。

由公式（2-14）计算第 6 层岩层的载荷。

第 6 层岩层自身载荷为

$$q_6=\gamma_6 h_6=25\times 9.13=228.25(\mathrm{kPa})$$

考虑第 7 层对第 6 层的作用，则

$$(q_7)_6=\frac{E_6 h_6^{\ 3}(\gamma_6 h_6+\gamma_7 h_7)}{E_6 h_6^{\ 3}+E_7 h_7^{\ 3}}=\frac{2\times 9.13^3\times(25\times 9.13+25\times 4.3)}{2\times 9.13^3+2.2\times 4.3^3}=301.15(\mathrm{kPa})$$

考虑第 8 层对第 6 层的作用，则

$$\begin{aligned}(q_8)_6&=\frac{E_6 h_6^{\ 3}(\gamma_6 h_6+\gamma_7 h_7+\gamma_8 h_8)}{E_6 h_6^{\ 3}+E_7 h_7^{\ 3}+E_8 h_8^{\ 3}}\\&=\frac{(2.0\times 9.13^3)\times(25\times 9.13+25\times 4.3+26\times 2.7)}{2.0\times 9.13^3+2.2\times 4.3^3+3\times 2.7^3}=351.87(\mathrm{kPa})\end{aligned}$$

考虑第 9 层对第 6 层的作用，则

$$\begin{aligned}(q_9)_6&=\frac{E_6 h_6^{\ 3}(\gamma_6 h_6+\gamma_7 h_7+\gamma_8 h_8+\gamma_9 h_9)}{E_6 h_6^{\ 3}+E_7 h_7^{\ 3}+E_8 h_8^{\ 3}+E_9 h_9^{\ 3}}\\&=\frac{(2.0\times 9.13^3)\times(25\times 9.13+25\times 4.3+26\times 2.7+23\times 3.2)}{2.0\times 9.13^3+2.2\times 4.3^3+3\times 2.7^3+1.5\times 3.2^3}=404(\mathrm{kPa})\end{aligned}$$

考虑第 10 层对第 6 层的作用，则

$$\begin{aligned}(q_{10})_6&=\frac{E_6 h_6^{\ 3}(\gamma_6 h_6+\gamma_7 h_7+\gamma_8 h_8+\gamma_9 h_9+\gamma_{10} h_{10})}{E_6 h_6^{\ 3}+E_7 h_7^{\ 3}+E_8 h_8^{\ 3}+E_9 h_9^{\ 3}+E_{10} h_{10}^{\ 3}}\\&=\frac{(2.0\times 9.13^3)\times(25\times 9.13+25\times 4.3+26\times 2.7+23\times 3.2+25\times 7.8)}{2.0\times 9.13^3+2.2\times 4.3^3+3\times 2.7^3+1.5\times 3.2^3+2.2\times 7.8^3}\\&=360.36(\mathrm{kPa})\end{aligned}$$

由以上计算得出 $(q_{10})_6<(q_9)_6$，第 10 层由于本身强度大、岩层厚，对第 6 层不起作用，第 10 层可能为关键层。因此，第 6 层所受载荷大小为 404 kPa。

第 6 层的抗拉强度 $R_\mathrm{T}=5.4$ MPa，则

第 6 层岩层的初次来压步距为

$$L_6=h\sqrt{\frac{2R_\mathrm{T}}{q_6}}=9.13\sqrt{\frac{2\times 5400}{404}}=47.2(\mathrm{m})$$

第 6 层岩层的周期来压步距为

$$L_{6周}=h\sqrt{\frac{R_\mathrm{T}}{3q_6}}=9.13\sqrt{\frac{5400}{3\times 404}}=19.3(\mathrm{m})$$

由于 $L_6>L_1$，因此基本顶和第 6 层岩层皆为关键层。

由公式（2-14）继续计算第 10 层岩层的载荷。

第 10 层岩层自身载荷为

$$q_{10} = \gamma_{10}h_{10} = 25 \times 7.8 = 195(\text{kPa})$$

考虑第 11 层对第 10 层的作用，则

$$\begin{aligned}(q_{11})_{10} &= \frac{E_{10}h_{10}^{3}(\gamma_{10}h_{10} + \gamma_{11}h_{11})}{E_{10}h_{10}^{3} + E_{11}h_{11}^{3}} \\ &= \frac{(2.2 \times 7.8^{3}) \times (25 \times 7.8 + 24 \times 5.3)}{2.2 \times 7.8^{3} + 1.8 \times 5.3^{3}} = 256.4(\text{kPa})\end{aligned}$$

考虑第 12 层对第 10 层的作用，则

$$\begin{aligned}(q_{12})_{10} &= \frac{E_{10}h_{10}^{3}(\gamma_{10}h_{10} + \gamma_{11}h_{11} + \gamma_{12}h_{12})}{E_{10}h_{10}^{3} + E_{11}h_{11}^{3} + E_{12}h_{12}^{3}} \\ &= \frac{(2.2 \times 7.8^{3}) \times (25 \times 7.8 + 24 \times 5.3 + 26 \times 2.4)}{2.2 \times 7.8^{3} + 1.8 \times 5.3^{3} + 3.0 \times 2.4^{3}} = 296.6(\text{kPa})\end{aligned}$$

考虑第 13 层对第 10 层的作用，则

$$\begin{aligned}(q_{13})_{10} &= \frac{E_{10}h_{10}^{3}(\gamma_{10}h_{10} + \gamma_{11}h_{11} + \gamma_{12}h_{12} + \gamma_{13}h_{13})}{E_{10}h_{10}^{3} + E_{11}h_{11}^{3} + E_{12}h_{12}^{3} + E_{13}h_{13}^{3}} \\ &= \frac{(2.2 \times 7.8^{3}) \times (25 \times 7.8 + 24 \times 5.3 + 26 \times 2.4 + 25 \times 2.3)}{2.2 \times 7.8^{3} + 1.8 \times 5.3^{3} + 3.0 \times 2.4^{3} + 2 \times 2.3^{3}} = 335(\text{kPa})\end{aligned}$$

考虑第 14 层对第 10 层的作用，则

$$\begin{aligned}(q_{14})_{10} &= \frac{E_{10}h_{10}^{3}(\gamma_{10}h_{10} + \gamma_{11}h_{11} + \gamma_{12}h_{12} + \gamma_{13}h_{13} + \gamma_{14}h_{14})}{E_{10}h_{10}^{3} + E_{11}h_{11}^{3} + E_{12}h_{12}^{3} + E_{13}h_{13}^{3} + E_{14}h_{14}^{3}} \\ &= \frac{(2.2 \times 7.8^{3}) \times (25 \times 7.8 + 24 \times 5.3 + 26 \times 2.4 + 25 \times 2.3 + 27 \times 3.2)}{2.2 \times 7.8^{3} + 1.8 \times 5.3^{3} + 3.0 \times 2.4^{3} + 2 \times 2.3^{3} + 3.2 \times 3.2^{3}} = 372(\text{kPa})\end{aligned}$$

考虑第 15 层对第 10 层的作用，则

$$\begin{aligned}(q_{15})_{10} &= \frac{E_{10}h_{10}^{3}(\gamma_{10}h_{10} + \gamma_{11}h_{11} + \gamma_{12}h_{12} + \gamma_{13}h_{13} + \gamma_{14}h_{14} + \gamma_{15}h_{15})}{E_{10}h_{10}^{3} + E_{11}h_{11}^{3} + E_{12}h_{12}^{3} + E_{13}h_{13}^{3} + E_{14}h_{14}^{3} + E_{15}h_{15}^{3}} \\ &= \frac{(2.2 \times 7.8^{3}) \times (25 \times 7.8 + 24 \times 5.3 + 26 \times 2.4 + 25 \times 2.3 + 27 \times 3.2 + 26 \times 5)}{2.2 \times 7.8^{3} + 1.8 \times 5.3^{3} + 3.0 \times 2.4^{3} + 2 \times 2.3^{3} + 3.2 \times 3.2^{3} + 3.0 \times 5^{3}} \\ &= 370(\text{kPa})\end{aligned}$$

由以上计算得出 $(q_{15})_{10} < (q_{14})_{10}$，第 15 层由于本身强度大、岩层厚，对第 10 层不起作用，第 15 层可能为关键层。因此，第 10 层所受载荷大小为 372 kPa。

第 10 层的抗拉强度 R_{T}=7.4 MPa，则

第 10 层岩层的初次来压步距为

$$L_{10} = h\sqrt{\frac{2R_{\mathrm{T}}}{q_{10}}} = 7.8\sqrt{\frac{2 \times 7400}{372}} = 49.2(\text{m})$$

第 10 层岩层的周期来压步距为

$$L_{10周} = h\sqrt{\frac{R_{\mathrm{T}}}{3q_{10}}} = 7.8\sqrt{\frac{7400}{3 \times 372}} = 20.1(\text{m})$$

由于 $L_{10} > L_{6}$，因此第 10 层岩层为关键层。

通过以上计算得出，基本顶为 12.5 m 的泥岩，初次来压步距为 31.66 m，周期来压步距为 12.93 m，认为基本顶为第 1 亚关键层；基本顶上方第 6 层岩层为 9.13 m 的粉砂岩，初次来压步距为 47.2 m，周期来压步距为 19.3 m，认为第 6 层岩层为第 2 亚关键层；基本顶上方第 10 层岩层为 7.8 m 的细粒砂岩，初次来压步距为 49.2 m，周期来压步距为 20.1 m，认为第 10 层岩层为主关键层。

3. 关键层所控岩层高度

由关键层定义可知，关键层对采场上覆岩层局部或直至地表的全部岩层起着控制作用，当关键层产生破断时，其所控制的上覆岩层也将随其一起产生协调同步变形，而关键层所控制的岩层的高度也就是与其同步协调变形的上覆岩层的高度。

根据上述各岩层厚度分析，工作面基本顶为 12.5 m 的泥岩，其承受载荷包括自身载荷及其上方 4 层煤岩层对其产生的载荷，因此基本顶所控岩层高度为 12.5+1.92+4.5+5.05+4.43=28.4(m)。第二亚关键层所控岩层高度为 9.13+4.3+2.7+3.2=19.33(m)。主关键层所控岩层高度为 7.8+5.3+2.4+2.3+3.2=21(m)。

4. 覆岩“三带”的判别

水平定向长钻孔位置一般布置在上覆岩层中，上覆岩层的运移及其裂隙分布情况对合理布置钻孔位置起关键作用。

(1) “三带”划分和特点。回采工作面初次来压后，随着采煤面的继续推进，根据“砌体梁”理论一般缓倾斜岩层的破坏特征，按岩层破断程度的不同，对采动影响岩体移动规律的整体的“横三区”“竖三带”的认识，即在沿工作面推进方向上覆岩层可划分为煤壁支撑影响区、离层区、重新压实区，简称“横三区”，在垂直方向上可以划分为三带：垮落带、裂缝带和弯曲下沉带（图 2-19）。

垮落带（Ⅰ）：岩块呈不规则垮落，岩体碎胀系数比较大，一般可达 1.3～1.5，但压实后的碎胀系数只有 1.03～1.05。此区域与所开采的煤层相毗邻，很多情况是由直接顶岩层垮落后形成。

裂缝带（Ⅱ）：垮落带之上，裂隙比较发育，岩层虽然破断，但岩块仍然排列整齐。由于排列整齐，因此碎胀系数比较小。

弯曲下沉带（Ⅲ）：裂缝带之上直到地表，这部分岩层的裂隙更少。

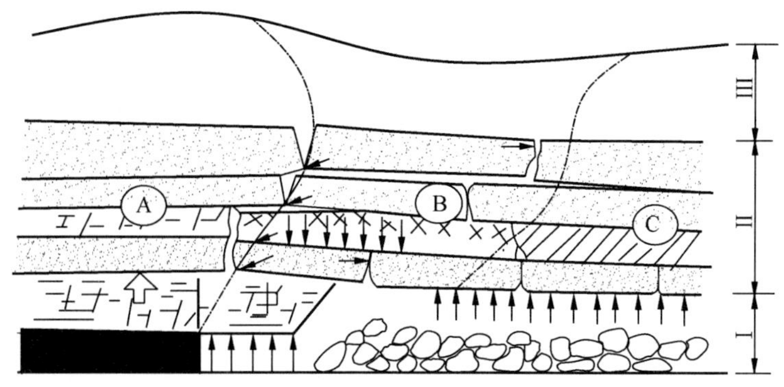

Ⅰ—垮落带；Ⅱ—裂缝带；Ⅲ—弯曲下沉带

图 2-19　开采后岩层移动概貌

由图 2-19 可知，岩层及地表移动开始于工作面前方，当采煤工作面推过一段距离后才趋于稳定。影响采场工作面顶板压力大小的岩层主要是垮落带及裂缝带，弯曲下沉带对工作面没有影响。钻孔布置在裂缝带中部瓦斯抽采效果最好。

（2）基于关键层理论的“三带”判别。根据以上分析可知，2 号煤层伪顶为 0.83 m 的泥岩，直接顶为 6.27 m 的砂质泥岩，将这两层岩层合为第 1 岩层组合，特点是比较软，且这两层岩层厚度较小，不能形成关键层，因其直接赋存于 2 号煤层之上，将随 2 号煤层工作面的推进而垮落，属于垮落带。

根据以上分析基本顶为第 1 亚关键层，其控制上方 1.92 m 的中粒砂岩、4.5 m 的粗砂岩、5.05 m 的砂质泥岩和 4.43 m 的泥岩，这 5 层岩层组成第 2 岩层组合，总计 28.4 m。在工作面推进 31.6 m 后，基本顶发生初次断裂，第 2 岩层组合将随基本顶的破断移动发生断裂下沉，由于采高为 1.5 m，以及顶板岩石碎涨性和不完全垮落，第 1 岩层组合垮落后留给第 2 岩层组合的垮落空间小于 1.5 m，空间较小，第 2 岩层组合破断规则整齐，形成裂缝带。基本顶上方第 6 层岩层是第 2 亚关键层，为厚 9.13 m 的粉砂岩，第 2 亚关键层控制上方 4.3 m 的粗砂岩、2.7 m 的中粒砂岩和 3.2 m 的泥岩，这 4 层组成第 3 岩层组合，总计 28.46 m，由于第 2 亚关键层比较厚，岩性坚硬，垮落空间非常小，岩性破坏非常弱，因此此处裂隙不发育，关键层破断后，上方岩层弯曲下沉，上部岩层形成弯曲下沉带。通过以上分析得出，第 2 岩层组合为裂缝带的范围，由于第 3 岩层组合及以上岩层裂缝发育很小，属于弯曲下沉带范围，因此，裂缝带高度为 28.4 m，处于 2 号煤层上方 7.1 ~ 35.5 m 的范围内。

（3）工程类比法确定裂缝带高度。为求出 2 号煤层的裂缝带高度，需先判断 2 号煤层的基本顶状况，2 号煤层的顶板岩层依次为泥岩、砂质泥岩、泥岩和中粒砂岩等，2 号煤层顶板属于软弱顶板。根据工程经验，煤层顶板覆岩内为坚硬、中硬、软弱、极软弱岩层或其互层时，裂缝带最大高度 H_1，可按表 2-2 中的公式计算。

表 2-2 裂缝带高度计算公式

覆岩岩性	单向抗拉强度/MPa	计算公式之一/m
坚硬	40 ~ 80	$H_1=\frac{100\Sigma M}{1.2\Sigma M+2.0}\pm 8.9$
中硬	20 ~ 40	$H_1=\frac{100\Sigma M}{1.6\Sigma M+3.6}\pm 5.6$
软弱	10 ~ 20	$H_1=\frac{100\Sigma M}{3.1\Sigma M+5.0}\pm 4.0$
极软弱	＜10	$H_1=\frac{100\Sigma M}{5.0\Sigma M+8.0}\pm 3.0$

注：ΣM 为累计采高；单层采高 1 ~ 3 m，累积采高不超过 15 m；±项为误差。

2 号煤层厚 1.1 m，采高 1.5 m，2 号煤层顶板属于软弱岩层，可按表 2-2 中的经验公式计算裂缝带的高度，则裂缝带的高度 H_1 计算如下：

$$H_1=\frac{100\sum M}{3.1\sum M+5.0}\pm 4.0=\frac{100\sum 1.5}{3.1\sum 1.5+5.0}\pm 4.0=15.5\pm 4.0 \tag{2-16}$$

从以上分析看出，基于关键层理论判别的裂缝带高度为28.4 m，工程类比法确定的裂缝带高度为（15.5±4）m，两者有一定的差距，结合现场观测，取两者的平均值，确定裂缝带高度为22 m左右。

2.2.2 卸压开采下伏煤岩体裂隙分布规律

上保护层开采后，采空区底板岩层的移动、变形与裂隙发育致使煤层卸压，透气性提高，进而产生煤层瓦斯“解吸—扩散—渗流”活化流动，并利用瓦斯有效汇集规律进行瓦斯抽采。而对采场下伏煤岩体移动、变形与裂隙发育及分布、渗透性变化等规律的研究进行的较少，目前国内已有的平面应变相似模型多用于研究巷道围岩稳定性及巷道支架与围岩相互作用关系，德国DMT支护研究所有一大型采场平面应变模拟试验台，但研究的对象也仅限于采场上覆岩体移动规律。国内许多学者从预防底板突水的角度对采场下伏煤岩体的破坏状态进行了分析，并取得了相应的成果，有的分为“下三带”，底板破裂带、隔水带和承压导水带，或称为底板导水破坏带、保护层带和承压水导升带；也有的分为“下四带”，矿压破坏带、新增损伤带、原始损伤带和原始导高带。虽然从防治底板突出方面对采场底板进行了分带研究，但底板分带种类较多，没有形成统一的认识，分带结果无法直接应用于保护层开采技术中。

出于对卸压瓦斯抽采、煤与瓦斯突出防治的需要，一些学者从保护层角度对底板进行分类，认为上保护层开采后，采空区底板一定范围的煤岩层发生底鼓破坏和膨胀变形，结合采场底板岩层不同深度的裂隙发育状况，在纵向方向上呈现一定的应力应变时空演化规律，将底板受到采动影响的煤岩层分为底板底鼓裂缝带和底板底鼓变形带两大类（图2-20）。

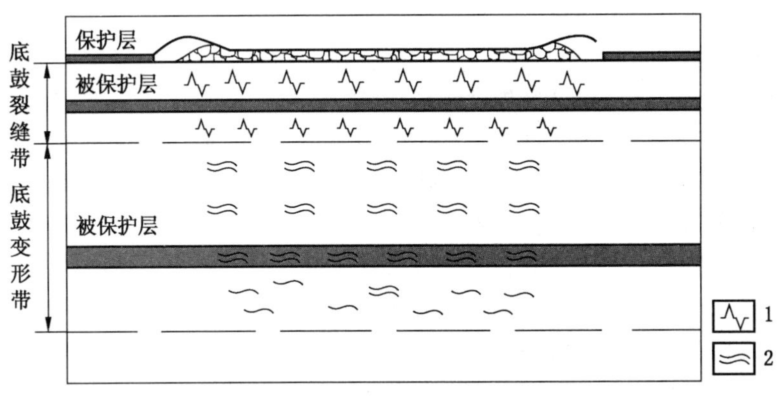

1—穿层、顺层裂隙；2—顺层裂隙

图2-20 下伏岩层裂隙分布及分带示意图

底鼓裂缝带受矿山压力对底板的破坏作用显著，底板岩石的弹性势能遭到明显破坏，岩石处于黏弹性状态；岩层的连续性彻底破坏，各种裂隙交织成网，贯通性好，带内的裂隙主要为煤岩层离层后形成的沿层理的顺层张裂隙和岩层破断后垂直、斜交层理形成的穿层裂隙，裂隙随层间距加大逐渐减少。处于该带的保护层、发生膨胀变形，加速瓦斯的解吸，同时，穿层裂隙将该带内的煤层与采空区导通，煤层瓦斯可沿穿层裂隙进入保护层采空区，瓦斯涌入采空区的阻力随深度的增加逐渐加大。

沿保护层工作面的推进方向，煤层底板前方处于支撑压力的作用下而受压缩，工作面推过后，应力释放，底板处于膨胀和应力降低状态。随着顶板岩层的垮落，采空区垮落岩石的压实，工作面后方一定距离的底板又部分恢复到原始应力状态。煤层底板始终处于采前应力集中、采后应力下降和应力恢复的动态变化，底板采动破坏在水平方向上呈现分段规律，即采前超前压力压缩段、采后卸压膨胀段、采后压力压缩稳定段；根据底板煤岩层应力的变化，可分为应力集中区、应力降低区和应力恢复区（图 2-21）。

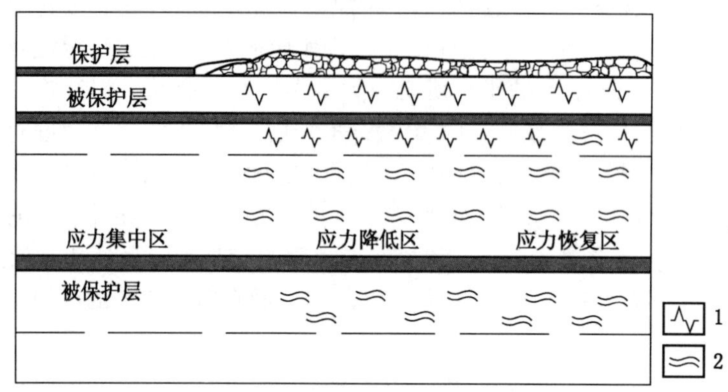

1—穿层、顺层裂隙；2—顺层裂隙

图 2-21　下伏岩层裂隙发育及走向分区示意图

应力集中区：工作面回采引起的支承压力经煤层传递到底板岩层，在靠近采空区的煤体下方形成的应力升高区，一般在保护层工作面前方 50 m 至后方 20 m 范围，其长度取决于工作面的开采厚度、开采深度、工作面长度、煤层倾角和层间距等。

应力降低区：开采后项板岩石离层、垮落，在采空区下方底板岩层中形成应力明显低于原始应力的卸压区。应力降低区内被保护层承受的应力明显小于原始应力。被保护层开始卸压的位置与层间距、层间岩性等有直接的关系。在此区域的被保护层的卸压程度有一个由小到大的过程，被保护层从保护层工作面后方 0 ~ 20 m，有时甚至从保护层工作面前开始出现卸压现象，最大卸压点在保护层工作面后方 20 ~ 130 m 处。

应力恢复区：随着工作面推进，采空区后部较远处，垮落带内矸石受上覆顶板岩层作用逐步压实，底板岩石进入应力恢复区，底板煤岩体的应力还是小于原始应力，被保护层的透气性与应力降低区相比有所降低，但还是远高于原始煤体的透气性。

底板岩石应力沿走向的三区划分为下被保护层卸压瓦斯抽采方法和工艺的确定提供了理论依据。在应力集中区，由于应力加大、煤层压缩，煤层裂隙闭合，造成该区煤层的透气性系数下降，该区的钻孔瓦斯抽采量低于原始煤体的瓦斯抽采量。在应力降低区，被保护层承受的应力远小于原始应力，煤层发生膨胀变形，原生裂隙张开，且随着煤体的移动形成次生裂隙，被保护层的透气性呈现几何级倍数增加，为被保护层的卸压瓦斯抽采提供了有利条件。在应力恢复区，由于在应力降低区对被保护层的瓦斯进行了有效抽采，进入该区后，钻孔瓦斯抽采量逐渐下降，直至煤层瓦斯枯竭，失去抽采价值。

2.2.3　卸压开采相似模拟

2.2.3.1　相似模拟模型的建立

针对沙曲矿近水平、近距离煤层群赋存特点，相似模拟模型建立时试验倾角为 0°，考虑到在实际铺设试验模型的时候可以对煤层底板进行简化。相似模拟试验铺设总高度应为 1800 mm。在铺设过程中，严格按照各煤岩层的实际尺寸来设计、实施。每次铺设厚度最大为 2 cm，尽量保证平稳均匀，每层之间加云母粉使模型层理分明，各煤岩层的具体用量见表 2-3。铺设物理模型及相应的应力、位移的测站布置如图 2-22 所示，位移共布置 8 条测线，每条测线有 15 个测点，应力共布置 3 条测线，每条测线有 11 个测点，其中 1-11 测线布置在 3+4 号煤层底板中，12-22 测线布置在 2 号煤层底板中，23-33 测线布置在 2 号煤层的顶板岩层中。

表 2-3 模型铺设分层材料用量表

序号	岩性	总厚/cm	分层厚/cm	分层数	配比号	分层总重/kg	分层砂重/kg	分层灰重/kg	分层膏重/kg	分层水重/kg
1	细砂岩	2.4	1.2	2	755	5.94	5.19	0.37	0.37	0.41
2	中砂岩	1.6	1.6	1	655	7.92	6.78	0.56	0.56	0.55
3	泥岩	2.25	1.2	2	864	5.94	5.22	0.39	0.26	0.41
4	2 号煤	1.46	1.5	1	873	7.43	6.53	0.57	0.24	0.52
5	粉砂岩	0.56	0.5	1	664	2.47	2.11	0.21	0.14	0.17
6	中砂岩	1.2	1.2	1	655	5.94	5.09	0.42	0.42	0.41
7	细砂岩	1.2	1.2	1	755	5.94	5.19	0.37	0.37	0.41
8	泥岩	1.1	0.5	2	864	2.47	2.19	0.16	0.1	0.17
9	粉砂岩	0.9	1	1	664	4.95	4.24	0.42	0.28	0.34
10	中砂	6.42	2.3	3	655	11.39	9.76	0.84	0.84	0.79
11	泥岩	3.16	1.5	2	864	7.43	6.53	0.49	0.32	0.52
12	3+4 号煤	4.37	2.2	2	846	10.89	9.58	0.47	0.71	0.76
13	泥岩	1	1	1	864	4.95	4.35	0.32	0.22	0.35
14	中砂岩	1.17	1	1	655	4.95	4.24	0.35	0.35	0.35
15	泥岩	1.9	1	2	864	4.95	4.35	0.32	0.22	0.35
16	5 号煤	3.29	3	1	873	14.86	13.19	1.14	0.48	1.04
17	泥岩	0.5	0.5	1	864	2.47	2.19	0.16	0.1	0.17

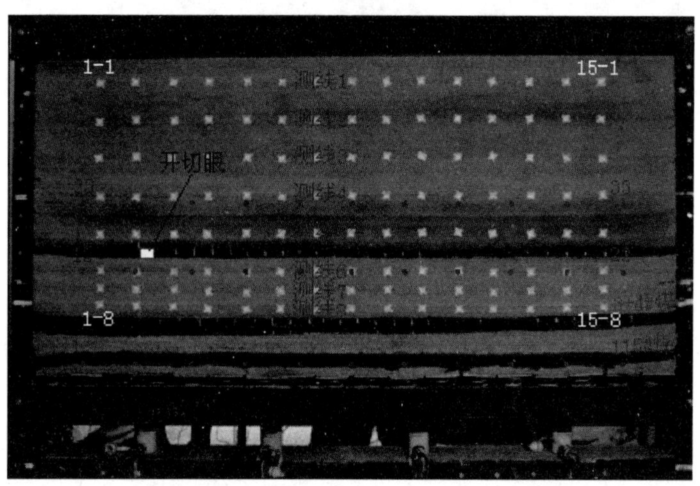

图 2-22 模型铺设及测点布置实物图

2.2.3.2 相似模拟结果分析

1. 2号煤层开挖分析

1）岩层移动特征

工作面推进40 m时，下位直接顶开始垮落，上位直接顶出现离层现象，如图2-23所示，工作面推进距离和采高均较小，直接顶垮落高度约3 m，垮落范围沿走向长度约37 m。

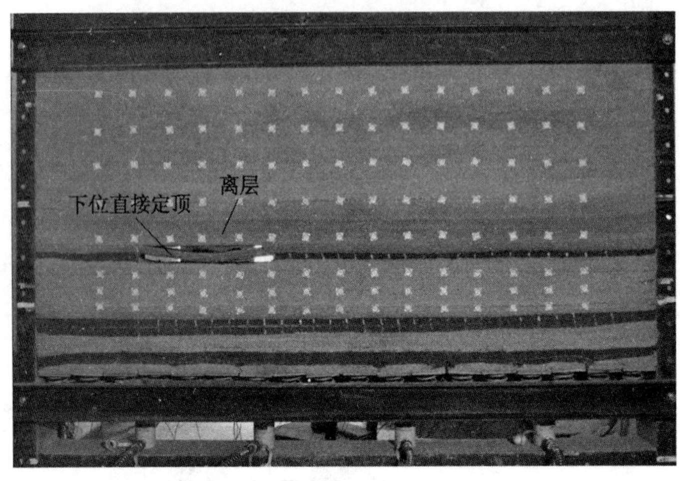

图2-23 工作面推进40 m

工作面推进至60 m时，基本顶断裂初次来压，此时直接顶全部垮落，直接顶全厚6 m，其上基本顶断裂形成砌体梁平衡结构，基本顶之上的软弱岩层出现离层现象，受采动影响的岩层范围增加（图2-24）。

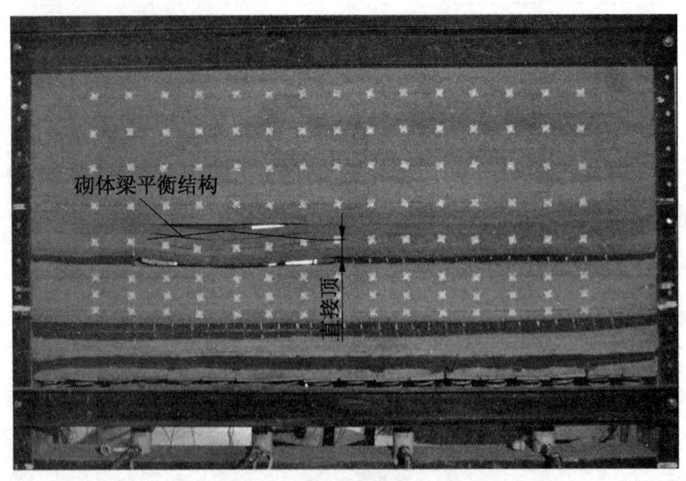

图2-24 工作面推进60 m

工作面推进至90 m时，采场第1次周期来压，基本顶断裂岩块形成双关键块砌体梁平衡结构，基本顶之上的软弱岩层充分下沉，其重力全部作用于基本顶平衡结构之上，软弱岩层同上位亚关键层之间存在张开度较大的离层裂缝（图2-25）。

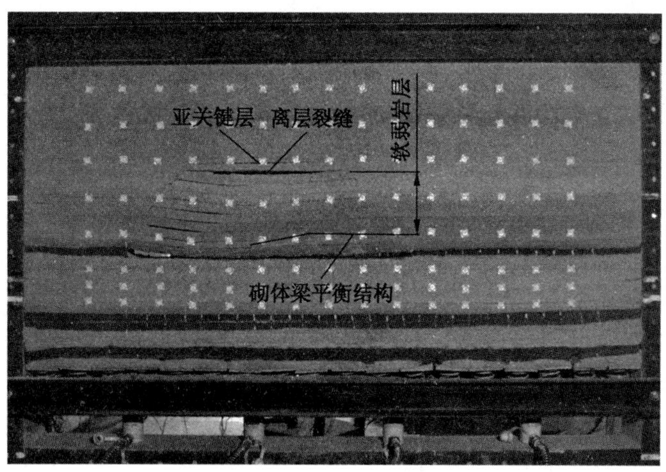

图 2-25 工作面推进 90 m

工作面推进至 120 m 时，基本顶再次断裂，采场第 2 次周期来压，如图 2-26 所示，此时基本顶仍然可形成砌体梁平衡结构，基本顶之上的第 2 层亚关键层同样发生破断形成平衡结构，基本顶承受荷载的仅为它同第 2 层亚关键层之间的岩层重量，更高位软弱岩层再和由第 2 层亚关键层形成的平衡结构承担。

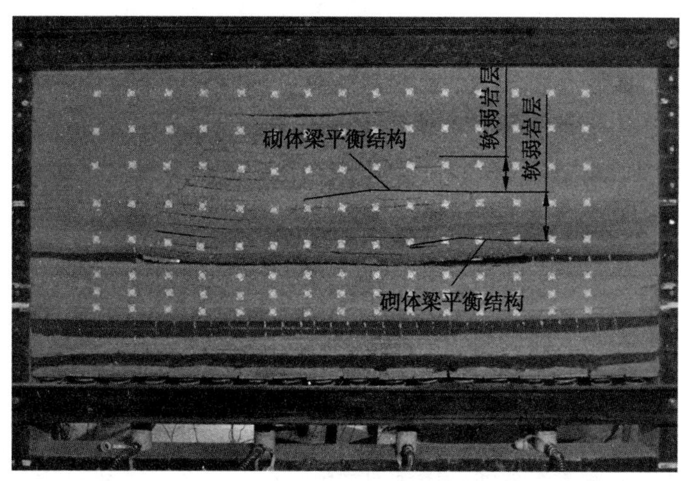

图 2-26 工作面推进 120 m

工作面推进至 120 m 时，覆岩垂直位移分布特征如图 2-27 所示。

模拟 2 号煤层开采时，由于煤层厚度较小，因此围岩下沉量很小，且底板以下的位移测线上的位移数据均接近于 0，2 号煤层之上的 5 条测线垂直位移变化规律为靠近采空区两侧的开切眼和工作面侧位移最小，靠近采空区中部覆岩的位移值最大，且通过图中曲线还可以看出，岩层破断垮落后体积增大，上覆岩层可以移动的空间减小，从下至上各层位的位移显著减小。随着时间的增长，岩层还会有少量地向下位移，并逐渐趋于稳定。

2）采动裂隙演化特征

为得到保护层开采过程中围岩裂隙场演化特征，将原图片转换成灰度图，对围岩中裂

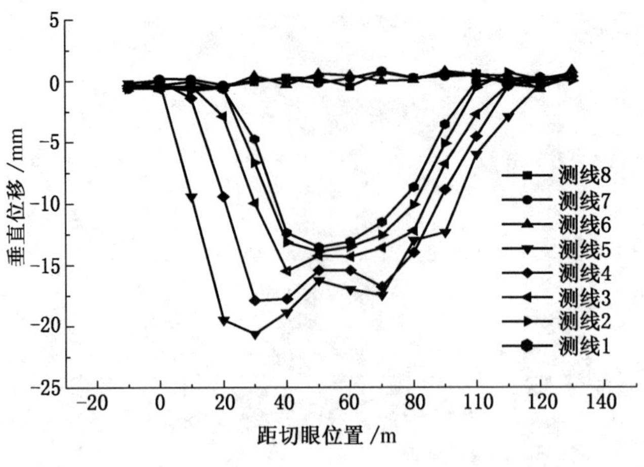

图 2-27　覆岩移动曲线

隙分布特征进行统计分析，如图 2-28 所示，将围岩中存在的宏观裂缝简化为理想椭圆形，以裂缝形心为坐标原点建立坐标系，裂缝长轴同横坐标轴的夹角定义为裂隙角度 θ，规定逆时针转动为正，顺时针为负，对围岩中不同倾角裂缝的条数及分布特征进行统计分析。

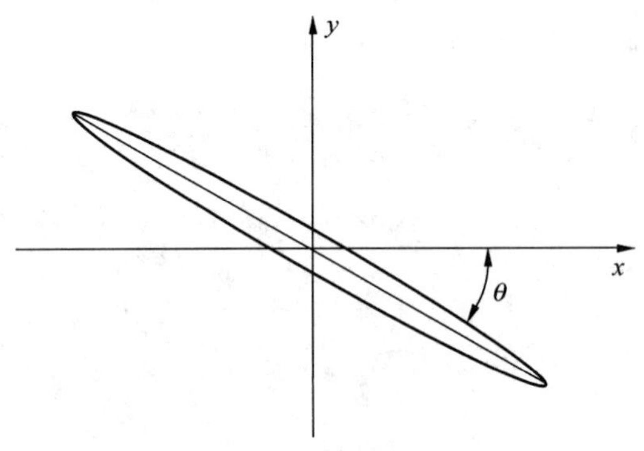

图 2-28　裂隙结构简化图

(1) 工作面初次来压时，围岩中裂隙分布形态及统计特征如图 2-29 所示，此时，覆岩基本呈现对称断裂形态，产生的裂缝同样对称分布，因此，不同角度裂缝的统计条数以 0°为对称轴对称分布。对比灰度图和柱状图可以看出，低角度（绝对值）裂缝主要为分布在采空区中部垮落带及裂缝带范围内的横向离层裂缝，由于采动影响岩层范围小，没有中低角度裂缝发育现象，高角度裂缝主要分布在工作面及开切眼上方，为纵向断裂裂缝，该类型裂缝导通低角度横向离层裂缝，是导致采空区表现出高导、高渗、高透特征的主要原因。

(2) 工作面第 1 次周期来压时，围岩中裂隙分布形态及统计特征如图 2-30 所示，随工作面推进距离的增加，受采动影响而断裂垮落的岩层范围增大，岩层断裂面分布特征使负高角度裂隙条数迅速增多，此时岩层中出现中低角度裂缝，主要分布在采空区中部上方，多为纵向发育的非贯通型裂缝，随着离层范围的增大，低角度、水平横向离层裂缝条数稳步增多。

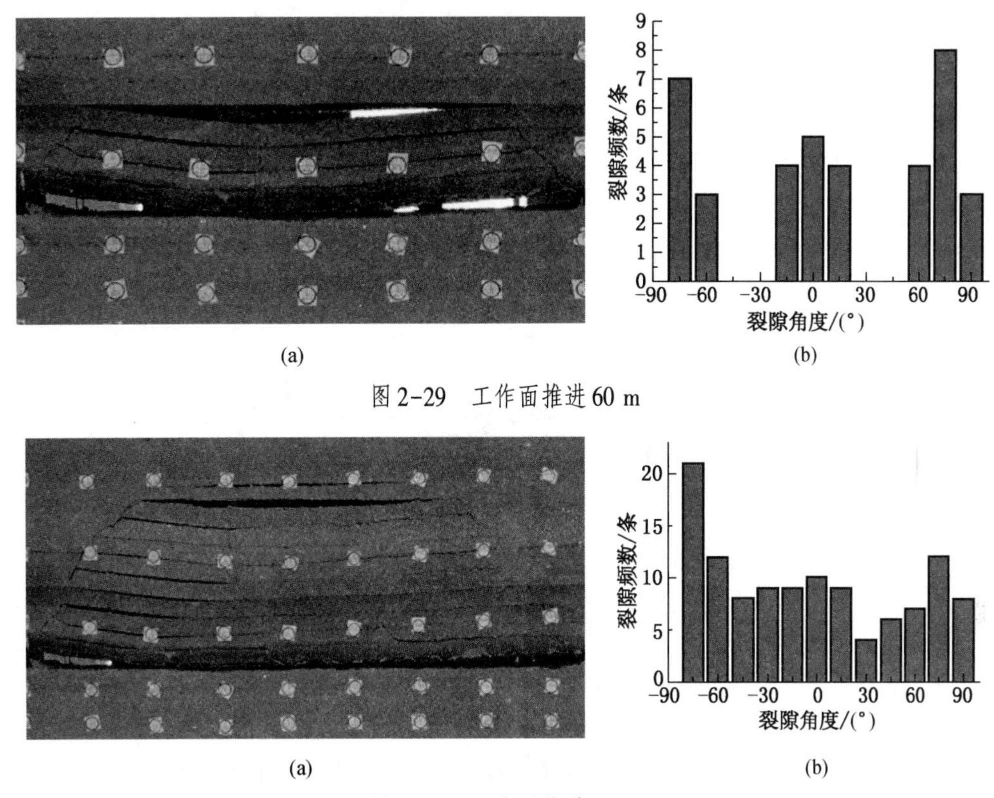

图 2-29 工作面推进 60 m

图 2-30 工作面推进 90 m

(3) 工作面第 2 次周期来压时，负高角度纵向断裂裂缝仍保持较快增长趋势，正高角度断裂裂缝增长趋势较之平缓，水平、低角度横向离层裂缝增长趋势基本保持一致，中低角度纵向非贯通裂缝增长较慢。由于工作面推进距离增加，下位岩层充分移动垮落和压实，位于采空区中部上方的水平横向离层裂缝、纵向断裂裂缝因断裂岩块的回转张开度逐渐降低甚至再次闭合（图 2-31）。

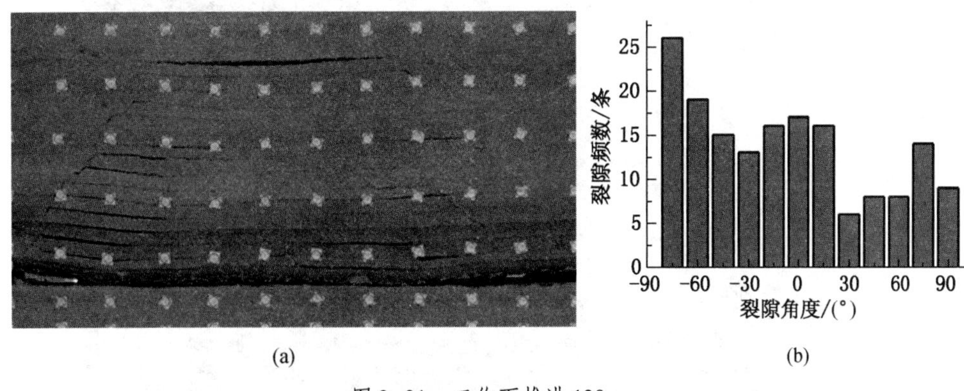

图 2-31 工作面推进 120 m

(4) 工作面推进距离对裂隙演化趋势的影响。覆岩中不同分布形态的裂隙总条数变化曲线如图 2-32 所示，可以看出裂隙总条数随工作面推进距离的增加而增多，且随工作面推进距离趋近于充分采动，裂隙总条数增长趋势趋于平缓。由不同工作面推进距离围岩裂隙分布特征灰度图（图 2-29～图 2-31）可以看出，保护层采动时，底板中没有出现宏观破坏裂隙，即底板岩层仅因卸荷后塑性屈服而损伤，并没有出现宏观破坏现象。

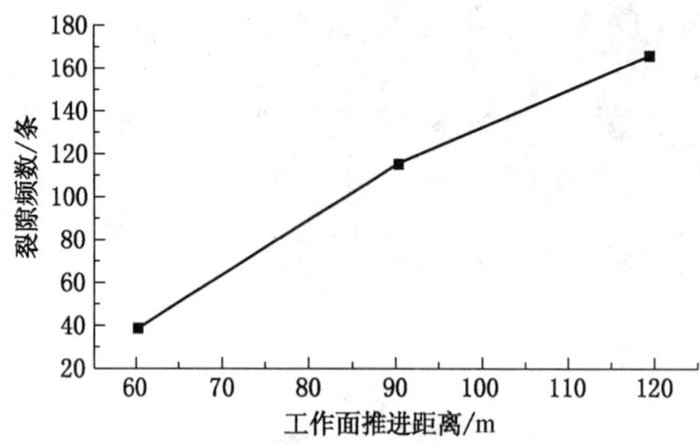

图 2-32　不同推进距离时裂隙条数统计

（5）覆岩裂隙演化分区特征。对比工作面初次来压、第 1 次周期来压和第 2 次周期来压期间覆岩不同区域的裂隙形态分布及统计特征对覆岩裂隙演化进行分区，可分为裂隙贯通区、裂隙压实区、裂隙发育区，如图 2-33 所示。裂隙贯通区：靠近煤层的下位覆岩受采动影响明显，岩层垮落后块度小，岩层碎胀系数大，裂隙纵横交错发育；靠近工作面和开切眼的采空区两侧，覆岩处于横向离层区，且纵向离层裂缝并没有因岩块的反向回转而闭合，裂缝贯通区瓦斯的运移属于裂隙流，瓦斯流动符合 S-T 方程，是瓦斯抽采的有效区域。

裂隙压实区：采空区中部上方的较高位岩层因岩块的反向回转和压实，裂缝张开度减小甚至闭合，渗透性再次降低，此区域瓦斯流动需要较高压力差，其运移规律符合 Dracy 方程。

裂隙发育区：更高位的弯曲带岩层因没有贯通的纵向断裂裂缝，渗透性最低，此区域岩层同其上位亚关键层之间存在张开度很大的自由空间，通常为瓦斯聚集区域，同样为注浆减沉的有效区域。

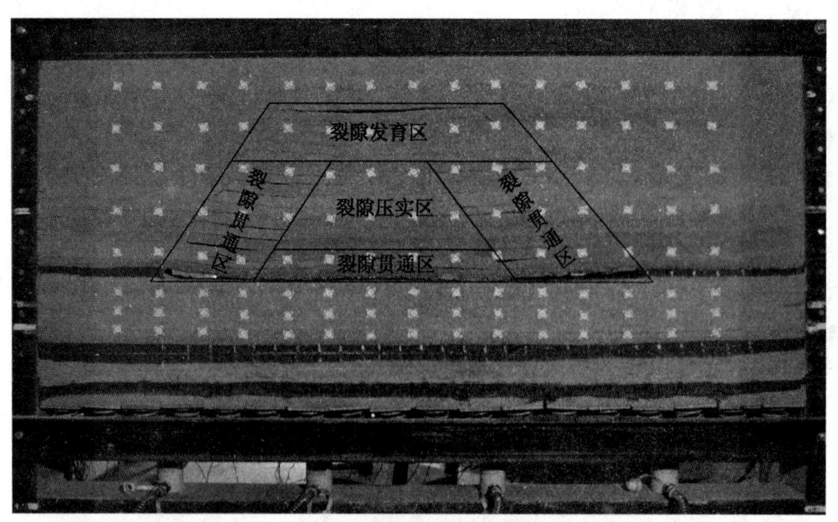

图 2-33　覆岩裂隙分区

2. 3+4 号煤层开挖分析

1）岩层移动特征

（1）直接顶垮落。工作面推进至 40 m 时，直接顶垮落，垮高 6 m，由于一次开采厚度增大，采空区垮落矸石之间同其上基本顶下表面之间存在较大自由空间，从图 2-34 可以看出，由于保护层开采时造成其底板岩层强度降低，3+4 号煤层直接顶垮落岩块块度降低，采动造成的裂隙更为发育。

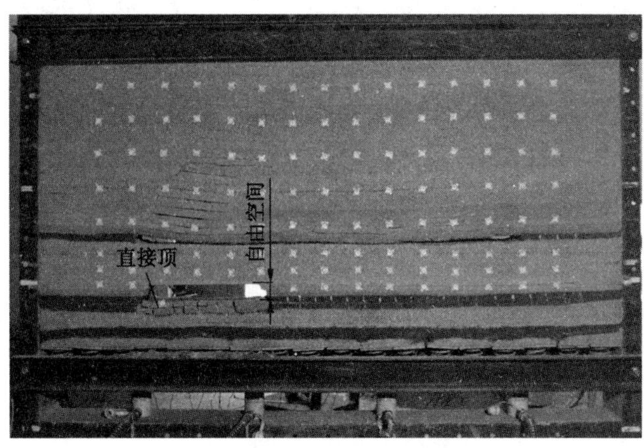

图 2-34　直接顶初次垮落

（2）基本顶初次来压。工作面推进至 60 m 时，基本顶初次来压，在重复采动影响下，受采动影响岩层范围明显增加，保护层开采时造成的断裂岩层再次发生沉降，并发生多次破断，其重力完全作用于保护层同 3+4 号煤层之间的坚硬岩层之上，加之保护层开采时对底板造成的损伤，层间岩层在采空区上方同样发生多次破断，仅工作面上方岩层断裂线位于煤壁前方，在煤壁支撑作用下发生复合破断，并形成平衡结构（图 2-35）。

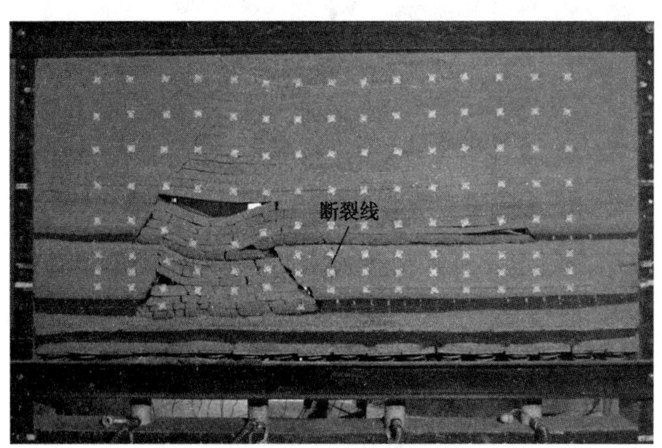

图 2-35　基本顶初次来压

（3）第 1 次周期来压。工作面推进至 75 m 时，基本顶第 2 次断裂，采场出现第 1 次周期来压，如图 2-36 所示，基本顶断裂后，下位基本顶在没有支架支撑作用下无法形成自平衡结构，上位基本顶可形成砌体梁平衡结构，在基本顶平衡结构的支撑作用下，覆岩并没有发生大范围垮落现象。

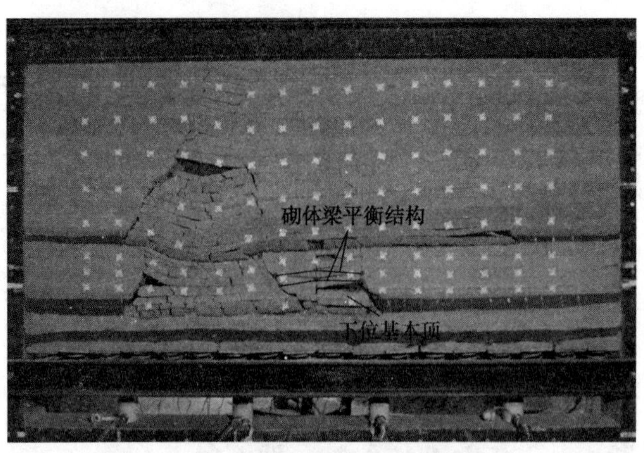

图 2-36　基本顶第 1 次周期来压

(4) 第 2 次周期来压。工作面推进至 90 m 时，采场基本顶发生第 2 次周期来压现象，基本顶断裂线位于煤壁后方，基本顶断裂后无法形成自平衡结构，断裂岩块落向采空区，更高位岩层在没有基本顶支撑条件下，迅速下沉，并再次出现断裂现象，覆岩中采动裂隙迅速增多（图 2-37）。

图 2-37　基本顶第 2 次周期来压

(5) 第 3 次周期来压。工作面推进至 105 m 时，基本顶再次断裂发生第 3 次周期来压现象，此时覆岩运动形态如图 2-38 所示，基本顶断裂后形成平衡结构，仅基本顶之下的直接顶出现垮落现象，基本顶及其上位岩层没有发生大规模沉陷（图 2-38）。

(6) 第 4 次周期来压。工作面推进至 120 m 时，基本顶发生第 4 次周期来压现象，下位基本顶断裂垮落，上位基本顶形成砌体梁平衡结构，由于基本顶下沉量较大，更高位岩层在二次采动作用下再次发生断裂现象（图 2-39）。

根据上述各次周期来压模拟结果，3+4 号煤层工作面回采期间周期来压步距大致为 15 m。

工作面推进至 120 m 时，覆岩水平位移和垂直位移分布特征如图 2-40 所示。

由图 2-40 中曲线可以看出，沿走向方向各测线位移值变化规律同 2 号煤层开采时相同，也为采空区中部最大，两侧最小。沿纵向方向，由于重复采动各测线的位移值为测线 5 >测线 4 >测线 3 >测线 8 >测线 7 >测线 6 >测线 1。

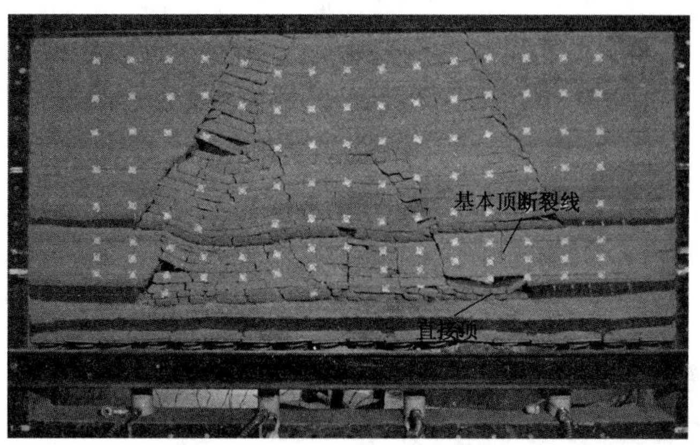

图 2-38　基本顶第 3 次周期来压

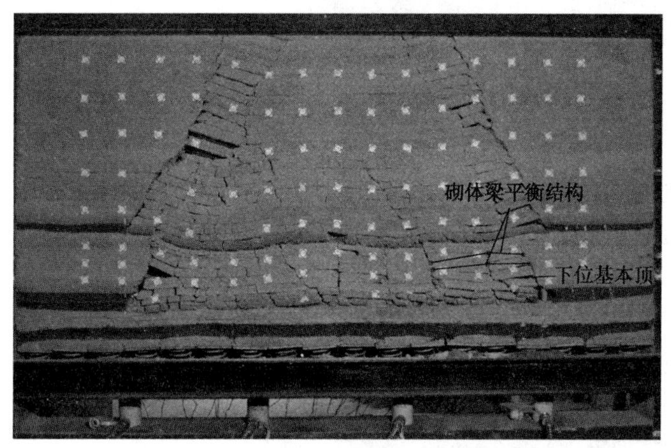

图 2-39　基本顶第 4 次周期来压

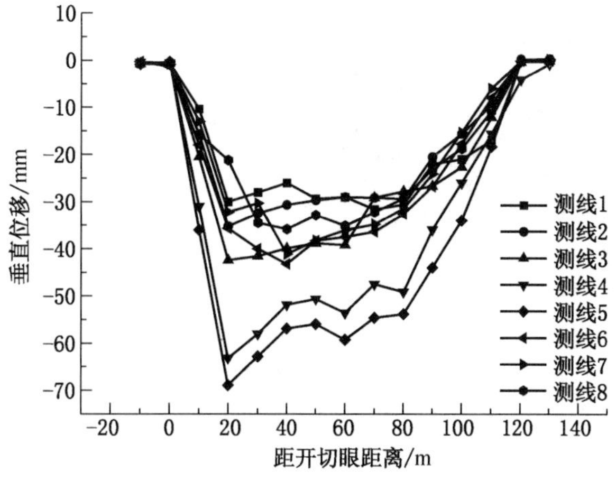

图 2-40　工作面推进 120 m 时覆岩垂直位移分布

2）采动裂隙演化特征

（1）工作面初次来压时裂隙特征。工作面推进至 55 m 时，围岩中裂隙分布形态及统计特征如图 2-41 所示，由于保护层开采过程中，底板岩层出现不同程度的塑性屈服，强度降低，底板垮落、岩层垮落后断裂岩块的块度明显降低，高角度纵向断裂裂缝和水平横向离层裂缝频数明显增多，中低角度纵向断裂裂缝频数较小。

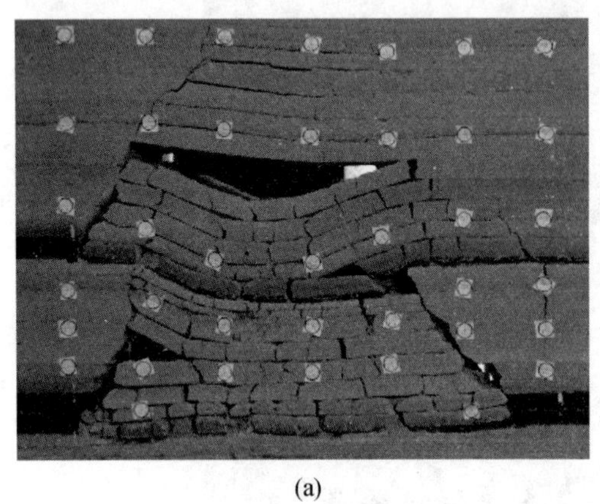
(a)

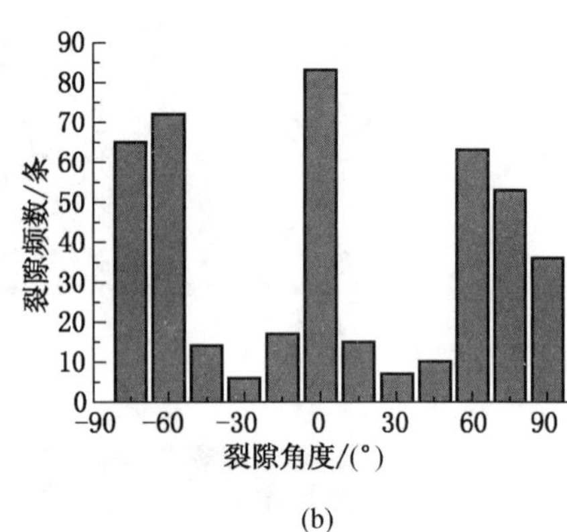

(b)

图 2-41　工作面推进 55 m

（2）第 1 次周期来压裂隙特征。工作面推进至 75 m 时，在二次采动影响下，发生第 1 次周期来压，受采动影响的岩层范围突然增大，同 2 号煤保护层开采时裂隙发育演化特征相比，高角度纵向断裂裂缝增长趋势更快，且表现为正负角度裂隙类型同步增加趋势，低角度裂缝仍保持较低增长速度，且基数很小，水平裂缝增长速度较高角度裂缝增长趋势较为缓和（图 2-42）。

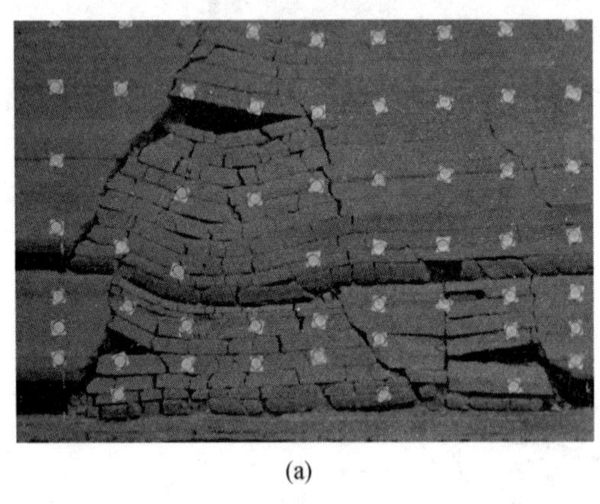
(a)

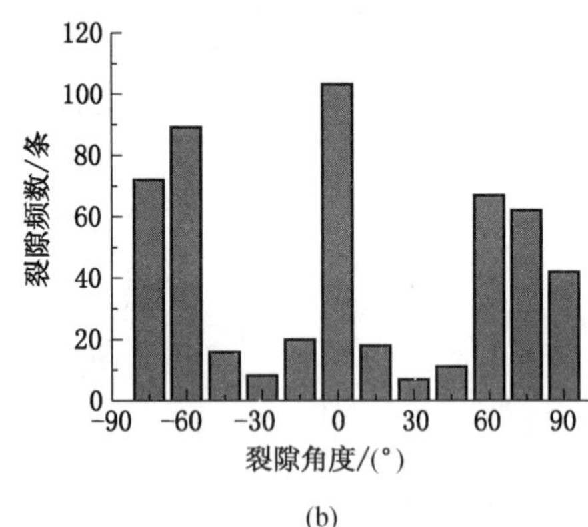

(b)

图 2-42　工作面推进 75 m

（3）第 2 次周期来压裂隙特征。工作面推进至 90 m 时，发生第 2 次周期来压，各形态裂隙增长趋势仍然是高角度纵向断裂裂缝>水平横向离层裂缝>中低角度裂缝，且负高角度断裂裂缝增长速度明显大于正高角度裂缝增长速度，这是由岩层断裂面特征决定的（图 2-43）。

（4）第 3 次周期来压裂隙特征。工作面推进至 105 m 时，发生第 3 次周期来压，2 号煤层、3+4 号煤层之间的岩层出现复合破断现象（图 2-44），形成稳定平衡结构，没有出现岩层大范围垮落现象，因此，岩层间没有横向离层裂缝出现，且纵向断裂裂缝条数明显

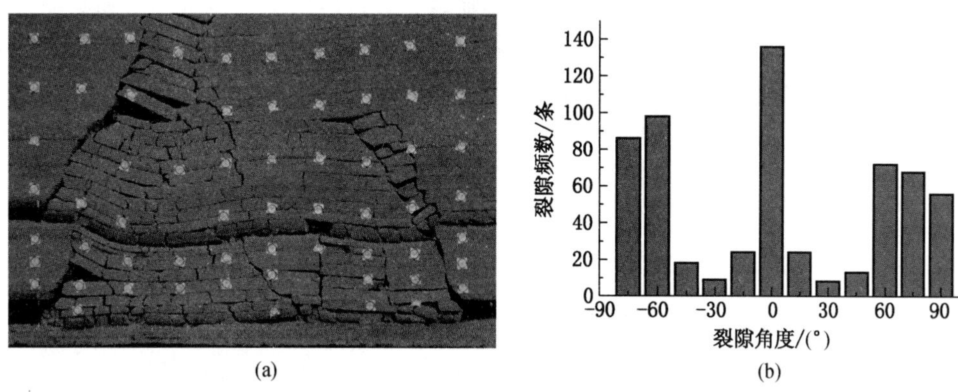

(a) (b)

图 2-43 工作面推进 90 m

降低，由图 2-44b 可以看出各种类型裂缝的增长速度明显降低。

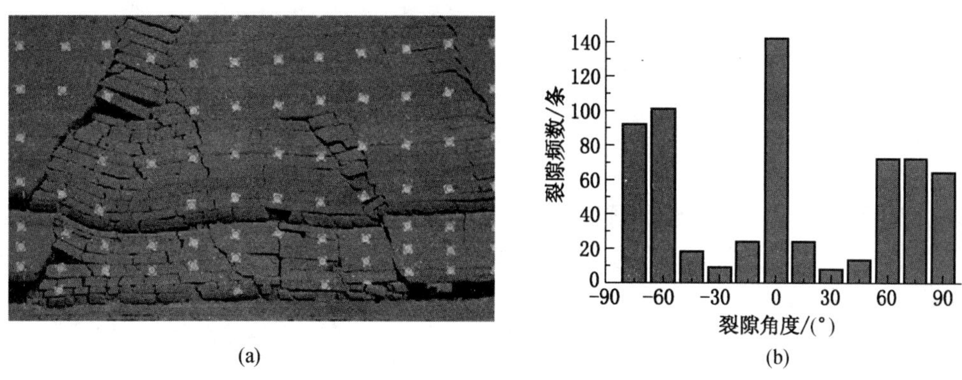

(a) (b)

图 2-44 工作面推进 105 m

（5）第 4 次周期来压裂隙特征。工作面推进至 120 m 时，发生第 4 次周期来压，顶板不能形成平衡结构，覆岩裂隙条数迅速增多，其增长趋势没有变化，仍然为高角度纵向断裂裂缝>水平横向离层裂缝>中低角度裂缝，负高角度断裂裂缝增长速度明显大于正高角度裂缝增长速度，由图 2-45 可以看出，同保护层开采相比，重复采动影响下垮落带范围增加，岩层断裂布局减小，靠近煤层的采空区中部上方裂隙贯通区范围增大，而靠近工作面和开切眼的裂缝贯通区横向范围减小，岩层全部进入裂缝带范围，覆岩中不再存在裂隙发育区。

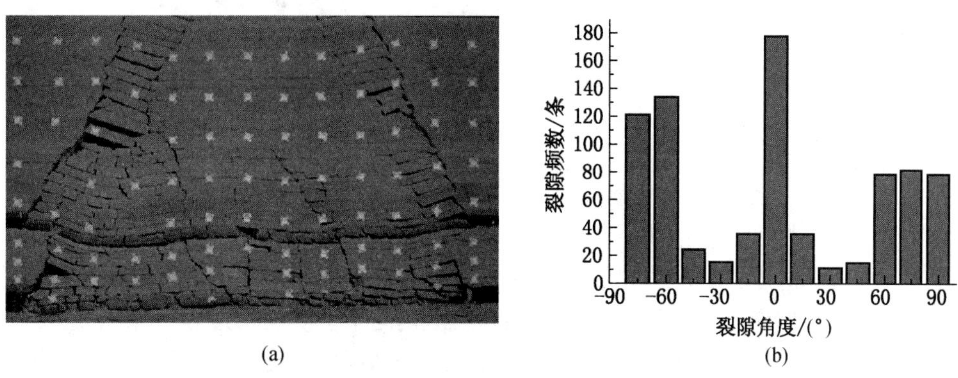

(a) (b)

图 2-45 工作面推进 120 m

对比 2 号煤层、3+4 号煤层开采过程中裂隙总条数可以看出，在重复采动影响下覆岩中裂缝总条数明显增加，若覆岩存在平衡结构，裂隙增长速度降低，由于顶板形成平衡结构的随机性，覆岩裂隙频数呈台阶式增长（图 2-46）。

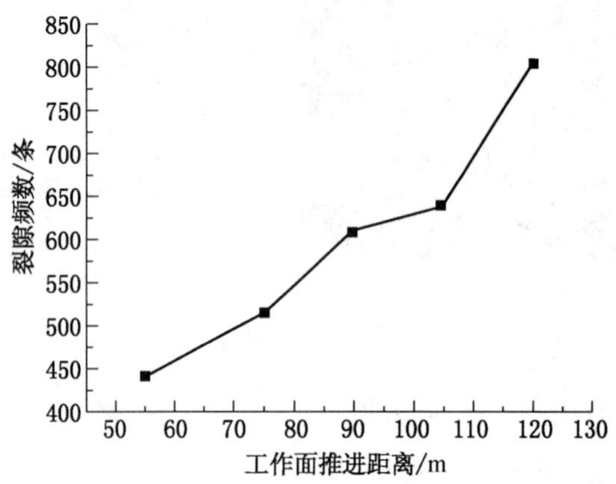

图 2-46　不同推进距离时裂隙条数统计

2.3　卸压瓦斯运移规律

2.3.1　卸压瓦斯在采场空间运移规律

工作面回采时破坏了煤岩层的原始应力场，引起了应力在煤岩层中在空间上的再分布，如图 2-47 所示。

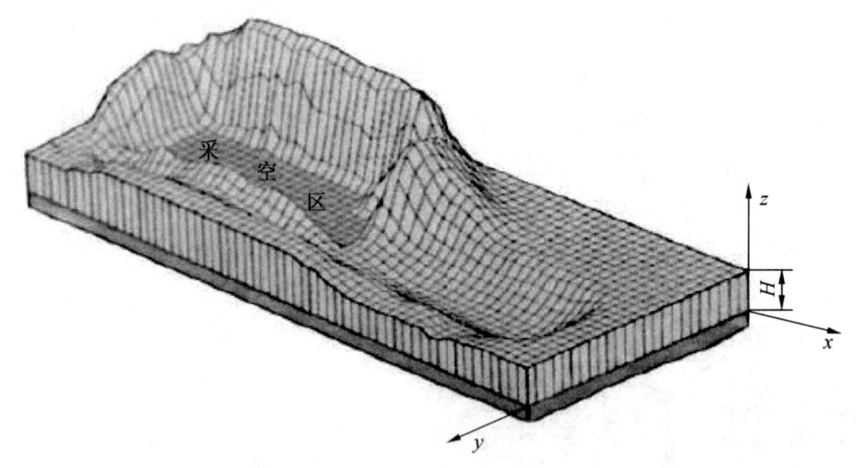

图 2-47　工作面围岩应力场在空间上的再分布

1. 卸压瓦斯沿 x 轴方向上的运移规律

经过前面的分析可知，沙曲一矿 2 号薄煤层开采时沿走向 x 轴（工作面煤壁）方向，下邻近煤岩层得到卸压，卸压的过程由开始卸压到充分卸压最后达到稳定期的 3 个区段组成，对应邻近层瓦斯涌出从开始期经活跃期到衰退期向采空区涌出过程，如图 2-48 所示。

研究分析表明：沙曲一矿 2 号煤层开采时，工作面煤壁前方 30 m 至工作面后方 40 m

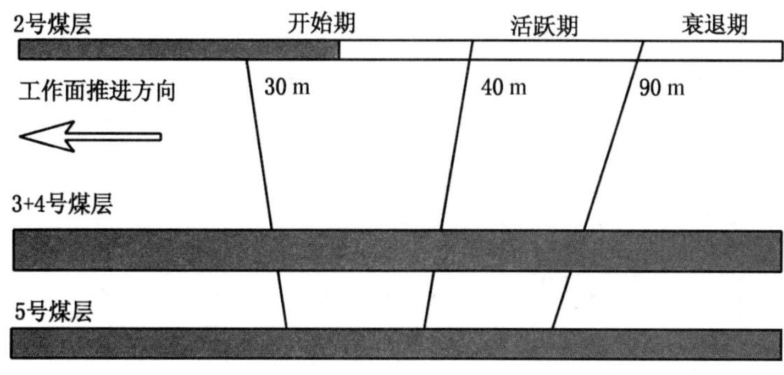

图 2-48　沿工作面 x 轴方向上卸压示意图

左右为瓦斯涌出的开始期；工作面后方 40 ~ 90 m 为瓦斯涌出的活跃期；工作面后方 90 m 以外为瓦斯涌出的衰退期。当抽放瓦斯的钻孔布置在活跃期时抽采瓦斯效果最好，一般瓦斯浓度在 80% 以上，且流量稳定。

2. 卸压瓦斯在 y 轴方向上的移动规律

在 y 轴方向上（沿工作面推进方向），岩层的移动范围受开采的影响，从而对邻近层卸压瓦斯的排放也存在一定的影响，形成一定的卸压范围。卸压范围通常以卸压角表示，卸压角的大小主要受煤层倾角和煤岩层的性质影响，倾角越大卸压角越大，煤岩层性质越软卸压角越大（图 2-49）。通过前述理论分析可知，沙曲一矿 2 号煤层开采后，卸压角 δ_1 约为 77°，卸压角 δ_2 约为 76°。下邻近 3+4 号、5 号煤层处于卸压保护范围内。

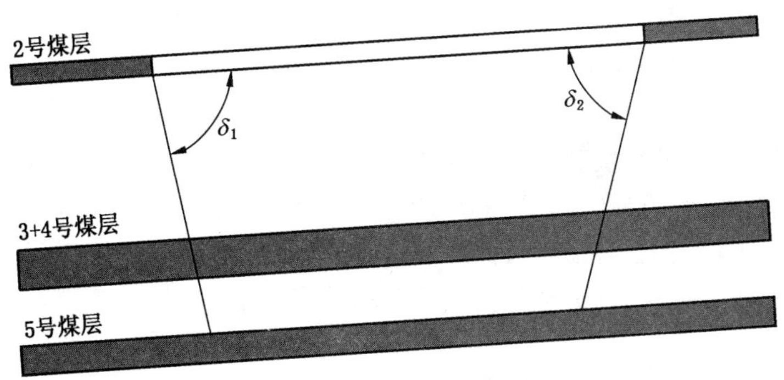

图 2-49　工作面倾向剖面卸压角示意图

3. 卸压瓦斯在 z 轴方向上的移动规律

当 2 号煤层回采时，上覆煤岩层发生不同程度的破坏和变形，工作面上部依次形成垮落带、裂缝带和弯曲下沉带，距离开采层越近裂隙发育越充分，解析出的瓦斯量越大。图 2-50 为垂直工作面方向 z 轴坐标上的顶板分带与瓦斯分布图。

（1）垮落带 H_1：位于开采层的上方，由直接顶垮落形成，与采空区的漏风带直接相通，难以采用钻孔抽采垮落带瓦斯。

（2）裂缝带 H_2：位于垮落带之上，靠近垮落带的为大裂缝带，越向上裂隙越小，裂缝带是抽采采空区上顶板瓦斯富集区域的最佳位置，而小裂缝带的抽采效果要好于大裂缝带，钻孔位置处于裂缝带中部时的抽采效果最好，层位为 $H=H_1+1/2H_2$。

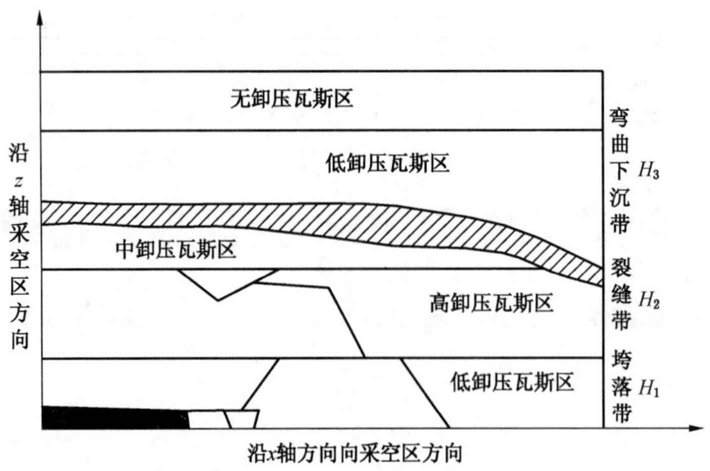

图 2-50　z 轴方向上顶板分带与瓦斯分布图

(3) 弯曲下沉带 H_3：裂缝带的上部为弯曲下沉带，其高度一般可达到地表，由于弯曲下沉带距离开采煤层的距离较远且卸压程度较低，岩层间穿层裂隙较少，沿层裂隙发育，故沿穿层裂隙到达此区域的瓦斯较少，瓦斯抽采率较低。

2.3.2　采动裂缝带内瓦斯的运移与储集

1. 下邻近被保护层卸压瓦斯涌出及其运移分析

采动卸压瓦斯从来源上分为两类：一类是来自开采煤层本身的卸压瓦斯，二类是来自开采层周围煤系地层（邻近层）中的卸压瓦斯。由于首采煤层为 2 号薄煤层，下邻近 14 m 处为 3+4 号煤层，煤层厚度为 4.62 m，煤层原始瓦斯含量 $X_4=11.42\ m^3/(t\cdot f)$；下方 22.1 m 处为 5 号煤层，煤层厚度为 3.6 m，煤层原始瓦斯含量 $X_5=12.08\ m^3/(t\cdot f)$。2 号薄煤层回采后，将会破坏 2 号薄煤层和相邻煤层中的原始应力的平衡状态，导致煤岩体的变形，裂隙增多，透气性增大，破坏了煤层中瓦斯压力平衡状态，形成瓦斯流动，3+4 号、5 号煤层卸压瓦斯沿裂隙涌向 2 号薄煤层保护层采煤工作面，造成 2 号薄煤层保护层回采过程中工作面瓦斯急剧增加，下邻近被保护层瓦斯的运移和储集如图 2-51 所示。

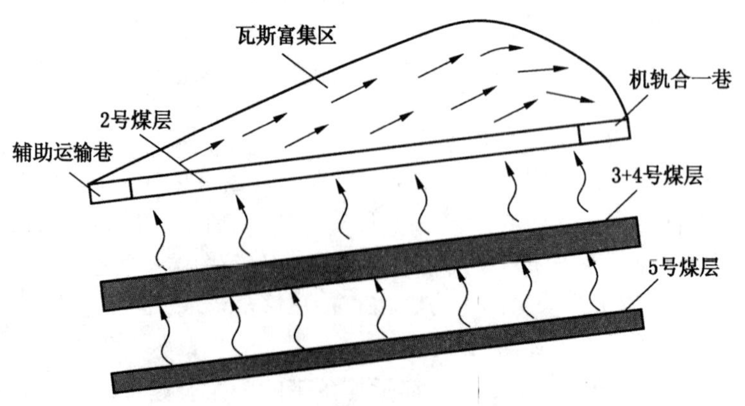

图 2-51　被保护层瓦斯的运移和储集

根据国内其他学者研究和现场实践，底鼓裂缝带下限为底板下方 15 ~ 25 m，该带煤岩层受到保护层采动作用的影响较大，裂隙发育充分，裂隙主要为煤岩层离层后形成的沿层理的顺层张裂隙和岩层破断后垂直、斜交层理形成的穿层裂隙。底鼓变形带下限为底板下方 50 ~ 60 m，该带内发育的裂隙以沿层理形成的顺层张裂隙为主，穿层裂隙发育不足。通过上述分析并结合保护层数值模拟结果，沙曲一矿 2 号薄煤层与下邻近 3+4 号被保护煤层间距为 14 m，因此 3+4 号煤层位于 2 号煤层开采后形成的底鼓裂缝带内，层间岩层裂隙发育充分，穿层裂隙将突出煤层 3+4 号煤层与上保护层 2201 工作面连通。即沙曲一矿 2 号薄煤层保护层开采时，保护层采煤工作面邻近层瓦斯涌出主要来自下邻近 3+4 号被保护煤层，卸压瓦斯在煤层瓦斯压力及保护层 2201 工作面通风负压作用下，沿层间穿层裂隙有涌入上保护层 2201 工作面的趋势，给保护层工作面的安全开采带来隐患。

2. 瓦斯在裂缝带的运移及其积聚分析

沙曲一矿 2 号薄煤层回采时瓦斯运移与储集主要有两大部分，一部分混在风流中通过通风系统排放到大气中，另一部分储存在采空区孔洞和采动岩层的孔隙或裂隙中，由于瓦斯与周围气体存在的密度差而升浮，同时由于本身浓度梯度作用下的扩散，形成高浓度的瓦斯储集在覆岩的裂缝带内。

如图 2-52 所示，当 2 号薄煤层开采时，煤层围岩的移动和地应力重新分布，在 2 号薄煤层的顶底板形成大量的穿层裂隙和离层裂隙，在邻近层和开采层之间通过大量的裂隙连通，提供了瓦斯运移的通道。同时 2 号薄煤层附近的煤岩层的透气性倍增，下邻近 3+4 号、5 号煤层以及岩层中的大量处于高压状态下的吸附瓦斯开始解吸转变为游离状态，邻近煤岩层裂隙内大量的游离瓦斯仍然保持在较高压力状态下，在邻近层和开采层之间的瓦斯流场存在相当大的压力梯度，大量邻近层的卸压瓦斯通过裂隙通道涌入保护层开采空间。

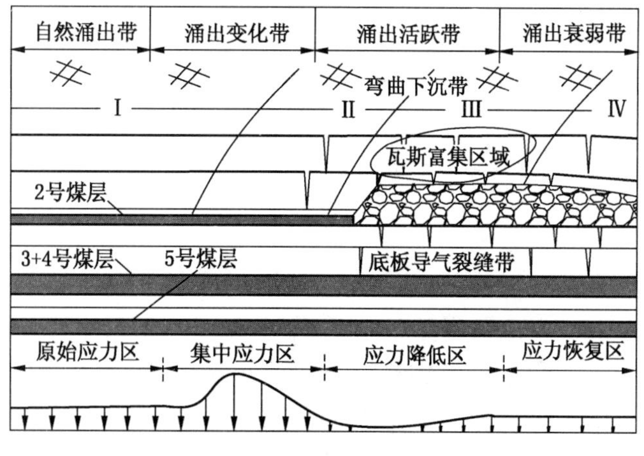

图 2-52 采动裂隙内瓦斯的运移与储集

2 号薄煤层上部岩层卸压变形区域排放瓦斯的范围是随着时间和空间而变化，而下邻近层的瓦斯流动情况与上邻近层有所不同。在工作面推进后，在强大的地应力作用下，开采层下方的地层即向采空区鼓起，通常鼓起量达到 10 cm 以上，并在层间形成大量的裂隙，为 3+4 号、5 号煤层中的大量卸压瓦斯向采场空间扩散创造了条件。

随着工作面的推进，在工作面后方采空区顶板上方 5. 33 ~ 13 m 处形成大量离层裂隙，为瓦斯的存储提供了空间，2 号薄煤层开采后，3+4 号、5 号煤层的部分瓦斯，在扩散和升浮的作用下沿穿层顶底板裂隙，向上扩散，最后聚集在 2 号煤层上方的离层裂隙中，形成瓦斯富集区域（图 2-52），为 2 号煤层采煤工作面顶板裂缝带实现瓦斯精准抽采和钻孔布置提供了依据。

2.3.3 采空区瓦斯涌出及其流场分析

广义的采空区是指地下固体矿床开采后的空间及其围岩失稳而产生位移、开裂、破碎垮落，直到上覆岩层整体下沉、弯曲所引起的地表变形和破坏的地区或范围。狭义的采空区指工作面开采空间。这里研究的对象是狭义的采空区。

1. 采空区瓦斯涌出及其规律分析

回采工作面采空区的最大特点是存在两种特性相差很大的空隙，即采动空隙和原有空隙。采动空隙的分布往往有很大的随机性，空隙的间距较大，且与工作面采高、垮落带岩块大小及其排列状况、本层和邻近煤岩层的岩性因素有关；而原有空隙则可被认为只与煤岩性质和原始应力因素有关，且在同一煤岩层的原有空隙相比之下可视为均匀分布。

沙曲一矿 2 号煤层上保护层工作面，受采动的影响，底板岩石底鼓、断裂或移动，使顶底板煤层透气性系数大幅增加，由于瓦斯密度比空气轻，来自本煤层和邻近层的大量卸压解吸瓦斯涌向采空区，主要富集在采空区周边顶板裂隙中。采空区瓦斯涌出形式可分解为两种形式：第一种是由于瓦斯密度比空气小，受气体流动场和瓦斯浓度梯度影响，瓦斯向上扩散，形成裂缝带、高垮区以及上隅角的瓦斯富集区，如图 2-53 所示；第二种是在矿井通风负压作用下，采空区瓦斯随工作面漏风运移至上隅角，如图 2-54 所示。通过对采空区瓦斯涌出及其规律的研究分析，可以为采空区瓦斯沿空留巷充填体墙内埋管抽采高浓度瓦斯提供依据，从而更有效地减小采空区涌入工作面瓦斯的量。

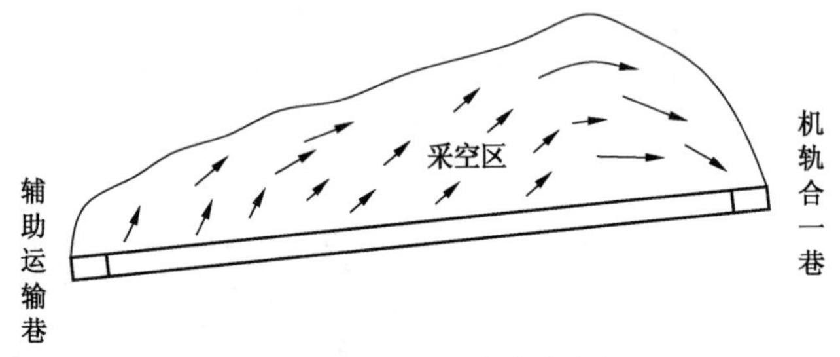

图 2-53 采空区瓦斯自然流向

2. 钻孔抽采采空区瓦斯流场分析

沙曲一矿 2 号煤层回采时采用全部垮落法管理顶板时，从开采煤层底板到采空区空间的顶部，所有裂隙通达之处，便构成了采空区气体的流动空间。在流动空间内，由于垮落带与裂缝带的透气性不同，渗流速度差别极大，为了分析问题方便，用均质流动来近似说明抽采与流场的关系。如果采煤工作面采空区没有顶板裂隙抽采钻孔、沿空留巷埋管抽采或其他漏风通道时，则平行于工作面的采空区某剖面上的流动状况，可用图 2-55a 近似表示。在该剖面上风压 H 是沿流线 Ψ 前进的方向递减的，即 $H_4 > H_3 > H_2 > H_1$。

如果将顶板裂缝带钻孔布置在采空区上部裂隙离层发育区，并在采空区沿空留巷充填体墙内埋管抽采采空区瓦斯，其中高浓度瓦斯可直接从钻孔、埋管或巷道中排出，其流场剖面如图 2-55b 所示。由于采空区气体流动状况的改变，沿流线 Ψ_0、Ψ_1、Ψ_2 的瓦斯直接

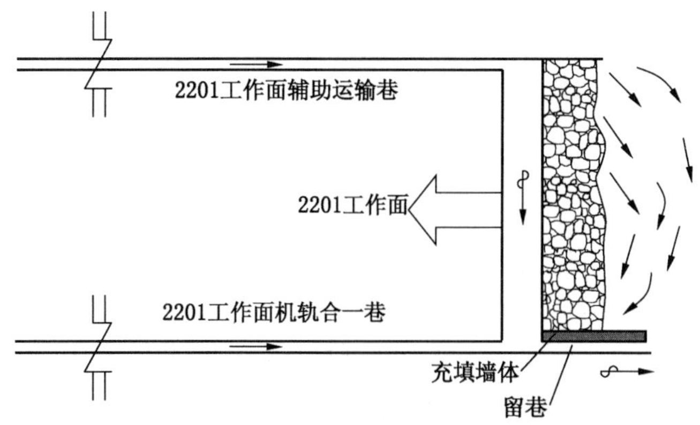

图 2-54　采空区瓦斯随漏风运移

流入顶板裂缝带抽采瓦斯钻孔，但滞留在采空区的大部分瓦斯会沿流线 Ψ_3、Ψ_4 流动，经过与垮落带孔隙中的气体混合后，再部分通过岩石的裂隙通道流入抽采瓦斯钻孔。

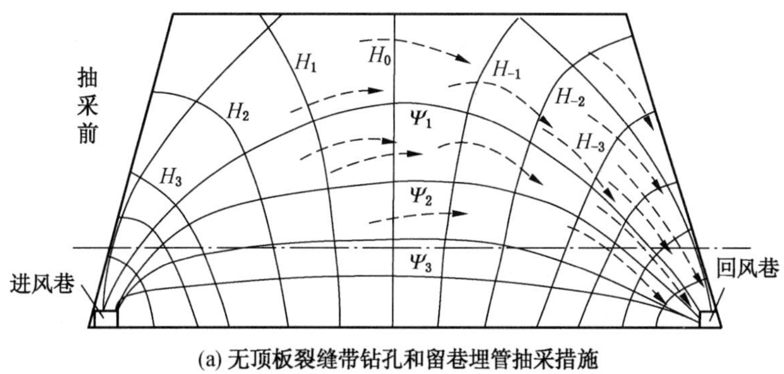

(a) 无顶板裂缝带钻孔和留巷埋管抽采措施

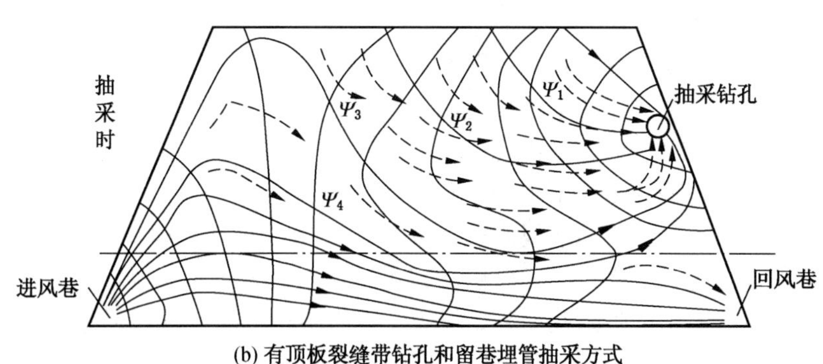

(b) 有顶板裂缝带钻孔和留巷埋管抽采方式

图 2-55　采空区抽采前后的流场剖面对比示意图

事实上，工作面进风侧漏风方向总是流向采空区的。在矿井通风压力的作用下，垮落带煤岩孔隙中的气体和裂隙带裂隙中的气体将产生流动，由于裂隙壁有瓦斯渗出，因而沿流线前进的方向瓦斯浓度将逐步增加。这些高浓度的瓦斯如果不及时导出，则会沿流线移动而流入垮落带内，最后流入工作面，造成工作面和回风流中的瓦斯浓度超限。如果将钻孔布置在采空区上部的裂隙发育区，并加上采空区沿空留巷充填体墙内埋管抽采，使其高浓度瓦斯可直接从钻孔或埋管中抽出，其流场剖面如图 2-55 所示，将抽采钻孔布置在距离回风巷一定垂距且内错位的位置上，将有助于抽采钻孔有效控制采空区瓦斯的积聚面积，提高钻孔抽放采空区瓦斯的抽采量和抽采率。

2.4 小结

1. 近距离煤层群开采应力场分布特征

煤层开采过程破坏了原岩应力场的平衡状态，引起应力重新分布。煤层开采以后，采空区上部岩层重量将向采空区周围新的支撑点转移，从而在采空区四周形成支承压力区。随着工作面推进而向前移动，在工作面前方形成超前支承压力区。

叠加采动影响：由于 2 号煤层与 3+4 号煤层间距很近，上位 2 号煤层开采使 3+4 号煤层开采前得到充分卸压。因此，3+4 号煤层工作面开采过程中煤壁前方支承压力峰值大大减小，影响范围也不大，但是在上煤层残留煤柱附近，受煤柱应力集中的影响，超前支承压力很大、影响范围剧烈增加，顶底板移近量及两帮变形量很大。3+4 号煤层工作面回采巷道布置时应该避开煤柱应力集中的影响，要布置在煤柱传递影响角外，工作面推进到煤柱附近或者出煤柱时，应该对回采巷道超前支护段进行加强支护；3+4 号煤层采完后又对 5 号煤层的开采进行了充分卸压，使得 5 号煤层开采过程中处在 3+4 号煤层应力降低区的煤壁前方支承压力集中程度更低，矿压显现相对缓和，来压强度很低，甚至几乎没来压。但是当工作面推进到上方残留煤柱附近时，受双重煤柱应力叠加的影响，煤壁前方支承压力集中程度高、影响范围广，来压强度大，需要加强支护。

2. 近距离煤层群开采裂隙演化特征

保护层开采时（一次采动影响），工作面来压步距较被保护层开采时大，覆岩裂隙发育及顶底板卸压程度不充分，被保护层开采时（二次采动影响），工作面来压步距减小，覆岩裂隙发育及顶底板卸压程度充分，覆岩破碎程度高，两层煤开采时，覆岩裂隙频数均随工作面推进距离的增加而增大。

对比 2 号煤层、3+4 号煤层开采过程中裂隙总条数可以看，重复采动影响下覆岩中裂隙总条数明显增加，若覆岩存在平衡结构，则裂隙增长速度降低，由于顶板形成平衡结构的随机性，覆岩裂隙频数呈台阶式增长。

3. 近距离煤层群开采瓦斯运移特征

当 2 号薄煤层开采时，其顶底板形成大量的穿层裂隙和离层裂隙，在邻近层和开采层之间通过大量的裂隙连通，提供了瓦斯运移的通道。同下邻近 3+4 号、5 号煤层以及岩层中的大量处于高压状态下的吸附瓦斯开始解吸转变为游离状态，通过裂隙通道涌入保护层开采空间。在工作面推进后，由于采空区出现大量的空间，在强大的地应力作用下，开采层下方的地层即向采空区鼓起，通常鼓起量达到 10 cm 以上，这样在层间形成大量的裂隙，为 3+4 号、5 号煤层中的大量卸压瓦斯向采场空间扩散提供了条件。

沙曲一矿 2 号薄煤层开采后，在工作面后方采空区顶板上方 5.33 ~ 13 m 处形成大量离层裂隙，为瓦斯的存储提供了空间，2 号薄煤层开采后，3+4 号、5 号煤层的部分瓦斯，主要聚集在 2 号煤层上方的离层裂隙中，形成瓦斯富集区域，为 2 号煤采煤工作面顶板裂缝带瓦斯精准抽采提供了依据。

3　保护层开采煤与瓦斯共采技术

在具有突出危险性的近距离煤层群开采时，当煤层群内存在非突出煤层或突出危险性较低的煤层且层间距合理的情况下，应采用保护层开采的方法，在上保护层开采后，对周围的煤层（包括被保护层）及岩层产生采动影响，使得被保护层及岩层膨胀变形，地应力降低，层内裂隙扩张，促进瓦斯基础参数改变，实现突出煤层瓦斯的采前预抽和煤与瓦斯共采。本章重点介绍沙曲矿保护层开采煤与瓦斯共采技术研究成果。

3.1　保护层开采可行性分析

3.1.1　保护层消突作用原理

开采保护层后，其周围的岩层及煤层向采空区方向移动和变形，地层应力发生重新分布，在采空区上方形成自然垮落拱，压力传递给采空区以外的岩层承受。为此，对开采层周围的煤层（包括被保护层）及岩层产生采动影响，使得被保护层的瓦斯动力参数发生重大变化。在由岩石卸压角所圈定的卸压带内，地层应力降低，垂直于煤层层面方向呈现膨胀变形，平行层面的部分岩层发生收缩变形，增加岩层裂隙沟通，为解吸瓦斯向采空区流动提供通道。

被保护层卸压提高了瓦斯排放能力，瓦斯的不断涌出引起瓦斯压力下降和煤的力学强度增高，从而使被保护层消除突出危险性。保护层开采防治煤与瓦斯突出的技术原理如图3-1所示。

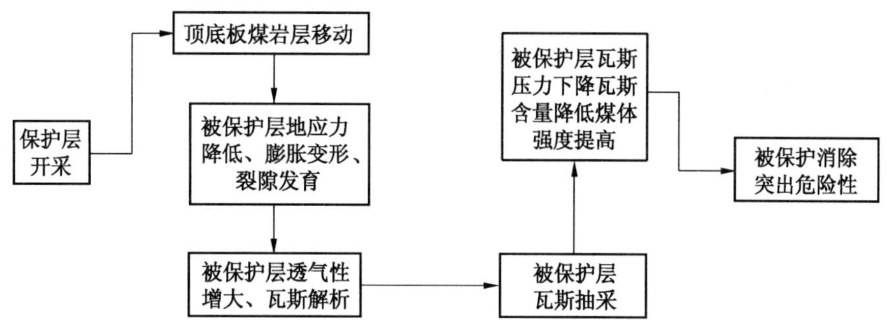

图3-1　保护层开采消突技术原理框图

3.1.2　沙曲矿保护层开采的必要性

1. 开采保护层是严格遵循国家法律法规的需要

国家煤矿安全监察局于2019年颁布的《防治煤与瓦斯突出细则》中一个最重要的原则就是“坚持依法治突”，将防治煤与瓦斯突出提高到了国家法律法规的高度，具有不可触犯的权威性。其中，第六条规定：防突工作必须坚持“区域综合防突措施先行、局部综合防突措施补充”的原则；第六十一条规定：具备开采保护层条件的突出危险区，必须开采保护层。

对照相关法律法规，结合考虑沙曲煤矿井各煤层赋存条件及各煤层瓦斯突出危险性鉴定结果，沙曲矿具备开采保护层的条件。

2. 开采保护层是矿井安全生产的需要

沙曲矿开采煤层瓦斯压力大、动力现象频发。2003—2007 年，采掘工作面多次不同程度地发生煤与瓦斯突出现象，严重威胁安全生产。其中，2003 年 4 月 25 日在掘进工作面首次发生煤与瓦斯涌出现象，瓦斯涌出量 990 m^3，倾出煤量 1.43 t，局部瓦斯浓度近 10%；2003 年 4 月 27 日掘进工作面瓦斯涌出量 765 m^3，倾出煤量 9.6t，局部瓦斯浓度在 10% 以上；2005 年 6 月 17 日掘进工作面煤涌出量 30 t，局部瓦斯浓度超过 2.3% 以上；2007 年 2 月 27 日掘进工作面瓦斯涌出量 937 m^3，煤涌出量为 16t，局部瓦斯浓度为 6%。

根据煤层赋存条件及各煤层瓦斯突出危险性鉴定结果，沙曲矿井具备开采保护层的条件，开采保护层将降低煤与瓦斯突出危险性，有效保证矿井回采、掘进的安全。沙曲矿井瓦斯综合治理三年规划中提出要以 2 号煤层保护层开采、底板瓦斯抽采巷、矿井通风系统改造等措施，经过三年的调整实现高瓦斯突出矿井在低瓦斯区域内生产的总目标，逐步将沙曲矿建成本质安全高效矿井。

开采保护层是资源保护的需要。井田内 2 号煤层为主焦煤，煤质优良，煤层的赋存条件稳定，地质构造简单，为较稳定的大部可采煤层。在实施保护层开采前，因 2 号煤层的厚度小，煤层生产能力低，为了片面追求达产要求，对 2 号煤层弃采造成资源浪费的同时，在 4 号、5 号煤层开采时经常出现瓦斯频繁超限，使矿井在 2009 年以前受制于采掘失衡、巷道变形严重、维修工程量大而不能达产。实施保护层开采，有利于消除主采煤层的煤与瓦斯突出危险性，有助于充分开发和利用稀缺的焦煤资源，提高矿井资源回采率，同时能提高掘进速度，实现矿井采掘平衡，提高经济效益。

3.1.3　沙曲矿保护层开采可行性分析

3.1.3.1　根据设计规程可行性分析

开采保护层是迄今防治煤与瓦斯突出最有效、最经济的根本措施。保护层开采通常应具备以下 3 个条件：

（1）应是煤层群开采。

（2）应具有合理层间距。保护层作用随层间距的增大而减小，达到某一临界值时，保护作用已不明显。根据大量试验资料统计分析，采深不大于 600 m，工作面长 150 m；临界值为 61 m，工作面长 125 m，临界值为 56 m。

（3）煤层群内存在不具有突出动力现象的煤层作为保护层。结合对沙曲一矿煤层赋存条件和矿井综合柱状图分析，山西组 2 号、3+4 号、5 号煤层间距较近，2 号煤层赋存于山西组中部，大部分可采，不可采区处于井田北部，约占矿井面积的 1/3，可采范围内，煤层厚度为 0.70～1.46 m，平均 1.07 m。主采层 3+4 号、5 号煤层全区稳定可采。2 号煤层下距 3+4 号煤层平均 14 m。3+4 号煤层下距 5 号煤层平均 4.03 m。2 号煤层距离 5 号煤层底板平均距离 25 m，处于保护层开采卸压范围。

沙曲一矿主采煤层突出危险性鉴定情况：经煤炭科学研究院抚顺分院鉴定沙曲一矿 3+4 号煤层、5 号煤层均为煤与瓦斯突出煤层，在沙曲一矿 +420 m 水平及以上区域无煤与瓦斯突出危险性。在煤层群内 2 号煤层不具有突出动力现象的煤层。

根据上述保护层开采条件、沙曲矿井煤层特征和鉴定情况的分析，确定将沙曲一矿 2 号煤层作为 3+4 号、5 号煤层开采保护层是可行的。

3.1.3.2　保护层、开采保护范围分析

保护范围指保护层开采同时抽采卸压瓦斯，在空间上使突出危险煤层的突出区域变为无突出危险的有效范围。

根据《防治煤与瓦斯突出细则》第四十八条规定：保护层和被保护层开采设计依据的保护层有效保护范围等有关参数应当根据试验考察确定，并报煤矿企业技术负责人批准后执行。首次开采保护层时，确定沿倾斜的保护范围、沿走向（始采线、终采线）的保护范围、保护层与被保护层之间的最大保护垂距等参数。

因此，准确划定保护层开采的保护范围，是保证被保护层安全开采的关键。

1. 上保护层开采的倾向保护范围

上保护层工作面沿倾斜方向的保护范围按卸压角划定，卸压角的大小应采用矿井的实测数据。卸压角 δ 与煤层倾角 α 有关，对应关系如图 3-2 和表 3-1。

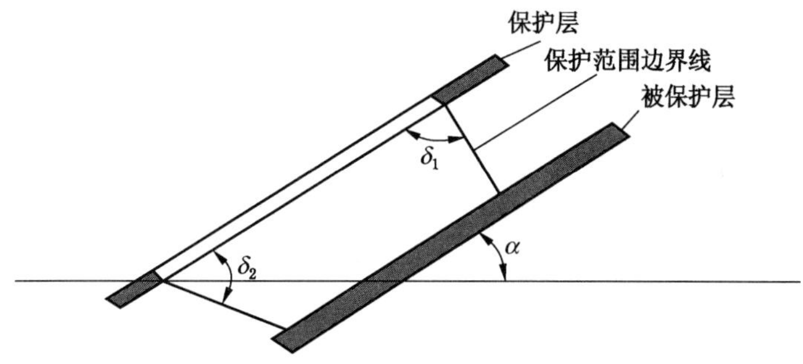

图 3-2　上保护层工作面沿倾斜方向的保护范围

表 3-1　上保护层沿倾斜方向的卸压角　(°)

煤层倾角 α	卸压角 δ	
	δ_1	δ_2
0	75	75
10	75	75
20	75	75
30	70	77
40	70	80
50	70	80
60	70	80
70	72	80
80	75	78
90	80	75

保护层开采过程中，下被保护层 3+4 号煤层、5 号煤层将受到采动影响，周围的煤岩层应力重新分布，采空区下方煤岩体产生应力、透气性、瓦斯压力、位移等变化。采用塑

性区描述卸压范围，图 3-3 为保护层开采 150 m 时，倾向围岩塑性区分布。

从图 3-3 中可以看出，2 号煤层作为保护层开采后，3+4 号煤层和 5 号煤层都受到了采动扰动影响，改变了煤层的原始状态，煤体产生塑性区，塑性区主要集中在开切眼和工作面附近煤岩体，在煤柱边界处沿塑性区边界作一条切线，便可得到上部煤层开采后，在采空区下方形成的卸压范围。

由于煤层倾角 $\alpha=4°$，结合理论分析和数值模拟，上保护层开采过程中，在倾向方向上，卸压角 $\delta_1=76°$、$\delta_2=77°$。

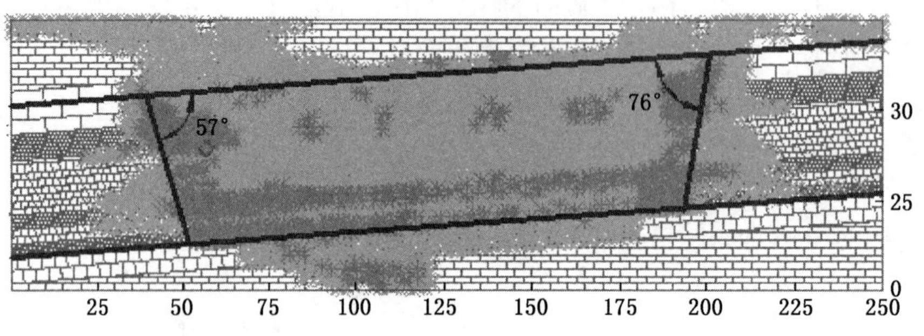

图 3-3　上保护层沿倾斜方向卸压范围

2. 上保护层开采的走向保护范围

《防治煤与瓦斯突出细则》中对走向保护范围边界的规定：对停采的保护层工作面，停采时间超过 3 个月且卸压比较充分时，该保护层的始采线、终采线和留煤柱留设对被保护层沿走向的保护范围可按卸压角 $\delta_5=56°\sim60°$划定（图 3-4）。

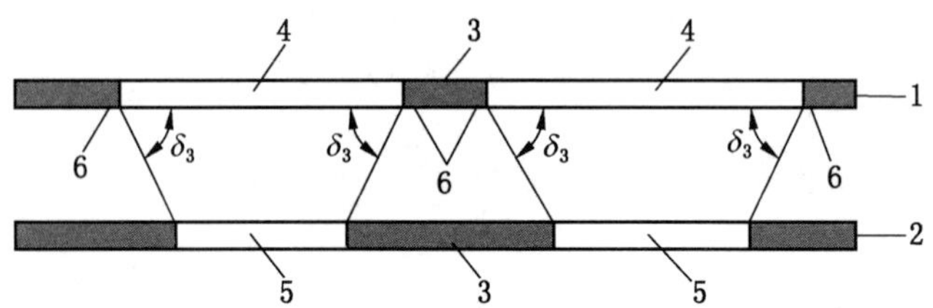

1—保护层；2—被保护层；3—煤柱；4—采空区；5—保护范围；6—始采线、终采线

图 3-4　上保护层工作面始采线、终采线和煤柱的影响范围

根据沙曲矿地质条件，模拟走向长度开挖 150 m，结果如图 3-5 所示。从图中可以看

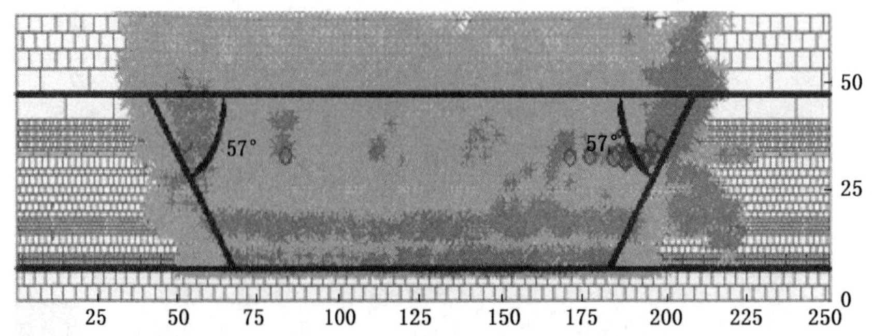

图 3-5　上保护层沿走向方向卸压范围

出，2 号煤层作为保护层开采后，3+4 号煤层和 5 号煤层都受到了采动扰动影响，改变了煤层的原始状态，煤体产生塑性区，塑性区主要集中在开切眼和工作面附近煤岩体，在煤柱边界处沿塑性区边界作一条切线，便可得到上部煤层开采后，在采空区下方形成的卸压范围。

结合理论分析和数值模拟，可以看出沙曲矿上保护层开采过程中，在走向方向上，卸压角 $\delta_3=57°$。

3. 上保护层开采的垂向范围

上保护层与被保护层之间的有效垂距，可参用表 3-2 选择，或用式 3-1 计算。

表 3-2　上保护层与被保护层之间的有效垂距　m

煤层类别	最大有效垂距
急倾斜煤层	<60
缓倾斜和倾斜煤层	<50

上保护层的最大有效距离：

$$S_{上}=S'_{上}\beta_1\beta_2 \tag{3-1}$$

式中　$S'_{上}$——上保护层的理论有效垂距，m。它与工作面长度 L 和开采深度 H 有关，可参照表 3-3 取值，当 $L>0.3H$ 时，则取 $L=0.3H$，但 L 不得大于 250 m；

β_1——保护层开采的影响系数，当 $M\leqslant M_0$ 时，$\beta_1=M/M_0$，当 $M>M_0$ 时，$\beta_1=1$；

M——保护层的开采厚度，m；

M_0——保护层的最小有效厚度，m。M_0 可参照图 3-6 确定；

β_2——层间硬岩（砂岩、石灰岩）含量系数，以 η 表示在层间岩石中所占的百分比，当 $\eta\geqslant 50\%$ 时，$\beta_2=1-0.4\eta/100$，当 $\eta<50\%$ 时，$\beta_2=1$。

表 3-3　$S'_{上}$与开采深度 H 和工作面长度 L 之间的关系　m

开采深度 H	$S'_{上}$ 工作面长度 L						
	50	75	100	125	150	200	250
300	56	67	76	83	87	90	92
500	24	34	43	50	62	59	61
800	24	29	36	41	45	49	50
1000	18	25	32	36	41	44	45
1200	16	23	30	32	37	40	41

沙曲一矿 2 号煤层 2201 工作面长度 $L=150$ m，埋深 $H=500$ m，根据表 3-3 得出 $S'_{上}=62$ m，根据图 3-6 得出 $M_0=0.4$ m，煤层开采厚度 $M=1.1$ m，所以 $\beta_1=1$，且沙曲一矿 2 号煤层和 3+4 号煤层间硬岩主要为 3.8 m 中粒砂岩、1.8 m 粉砂岩、2.6 m 细粒砂岩，所占比例大概为 59%，则 $\beta_2=0.764$，综上所述，根据式（3-1）计算得出上保护层 2201 工作面的最大有效距离 $S_{上}=S'_{上}\beta_1\beta_2=62\times1\times0.764=47.4$ m。

根据 2 号、3+4 号、5 号煤层间距大小，都小于 47.4 m，结合表 3-3 或者式（3-1）

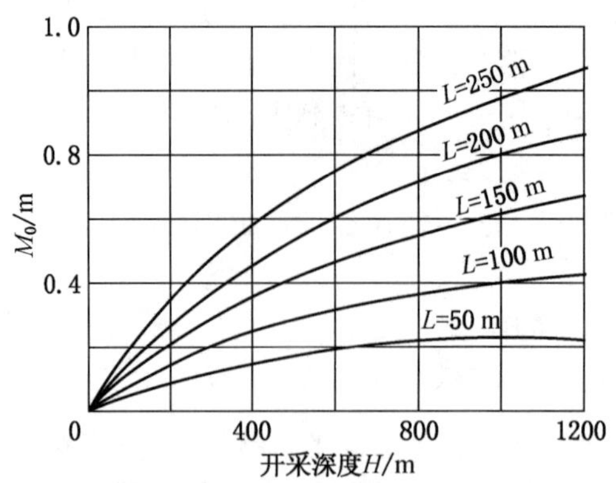

图 3-6　保护层工作面始采线、终采线和煤柱的影响范围

的计算结果，可得出 3+4 号煤层、5 号煤层均在 2 号保护层的有效范围内。

3.1.4　保护层开采应力集中范围分析

根据第 2 章应用 FLAC 数值模拟得出沙曲矿保护层开采后卸压范围前方 4 ~ 16 m 范围内为应力升高区，故推断沙曲一矿保护层开采后，下伏煤岩层应力集中区域如图 3-7 所示。

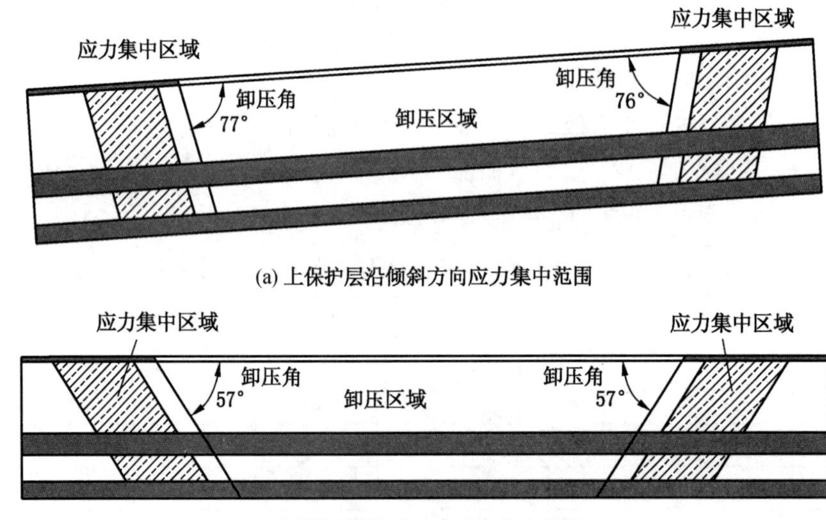

图 3-7　沙曲矿保护层开采应力集中范围

3.2　保护层开采现场应用分析

鉴于 2201 工作面和 2202 工作面下保护范围内被保护层 3+4 号煤层和 5 号煤层没有布置底抽巷，无法考察下伏 3+4 号煤层变形情况，对于开采保护层区域措施保护效果的考察采用在被保护层 4209 工作面巷道施工钻孔、布置测点，通过测定被保护层残余瓦斯压力、残余瓦斯含量和钻孔残余瓦斯流量参数，来分析开采 2 号煤层在 3+4 号煤层、5 号煤层的保护效果和保护范围。

3.2.1　保护层开采效果考察

3.2.1.1　3+4 号煤层被保护效果考察方案

1. 2202 工作面终采线沿工作面的走向方向上钻孔和测点方案

2202 终采线距 4209 轨道巷回风巷处 25 m，理论卸压线距终采线 8.89 m。选在 4209 轨道巷北帮终采线以西 0.89 m 处，布置 1 号钻孔（测点），向西每间距 8 m，依次布置 2 号、3 号、4 号钻孔（测点），终孔间距 8 m。4 个钻孔即做流量考察孔，也兼做瓦斯压力考察孔。1 号钻孔开孔位于 4209 轨道巷回风联巷以西 25 m，距离巷道底板 1.5 m，向西每间距 8 m，终孔间距 8 m，其 3 个孔向西每间距 8 m 依次布置；为了避免 2202 工作面倾向卸压范围影响，各个考察钻孔终孔距 2202 轨道巷倾向理论卸压线 8 m。钻孔布置示意图如图 3-8 所示，钻孔参数布置见表 3-4。

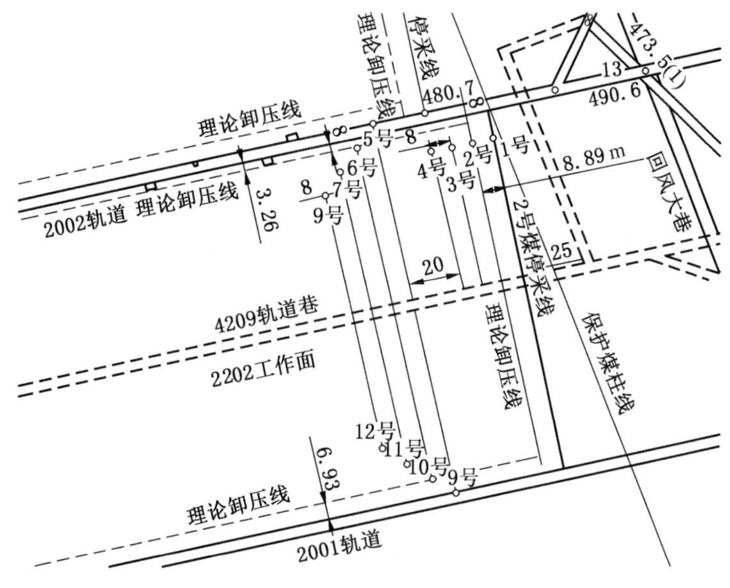

图 3-8　走向和倾向卸压范围考察钻孔布置示意图

表 3-4　走向卸压范围 4209 轨道巷考察钻孔施工参数

孔号	与巷道轴线夹角/(°)	方位角/(°)	孔径/mm	孔深/m	备注
1 号	90	359	73	56.43	顺 3+4 煤层
2 号	90	359	73	56.43	
3 号	90	359	73	57.43	
4 号	90	359	73	57.43	

2. 2202 工作面两巷沿工作面的倾向方向钻孔和测点方案

选在 4209 轨道巷距前组 4 号考察钻孔 20 m 位置开始布置。设计布置 2 组钻孔，每组 4 个钻孔，共计 8 个考察钻孔，分别考察 2201 轨道巷和 2202 轨道巷倾向卸压范围，进行流量和瓦斯压力考察。钻孔参数见表 3-5、表 3-6。

表 3-5 2202 轨道巷倾向卸压范围 4209 轨道巷考察钻孔施工参数

孔号	与巷道轴线夹角/(°)	方位角/(°)	孔径/mm	孔深/m	备注
5 号	90	359	73	72.45	顺 3+4 煤层
6 号	90	359	73	64.45	
7 号	90	359	73	56.45	
8 号	90	359	73	48.45	

表 3-6 2201 轨道巷倾向卸压范围 4209 轨道巷考察钻孔施工参数

孔号	与巷道轴线夹角/(°)	方位角/(°)	孔径/mm	孔深/m	备注
9 号	-90	179	73	74.99	顺 3+4 煤层
10 号	-90	179	73	66.99	
11 号	-90	179	73	58.99	
12 号	-90	179	73	50.99	

3.2.1.2 3+4 号煤层被保护效果参数测定结果

本次考察钻孔严格按照考察钻孔设计参数进行施钻和封孔，共施工 12 个考察钻孔。每个考察钻孔在钻孔施工完成封孔后，首先连续测定瓦斯钻孔流量，绘制流量 Q 和时间 t 变化曲线，然后（待封孔材料凝固）安装压力表（表量程 0.16MPa）测定残余瓦斯压力。各考察孔参数和测定的残余瓦斯钻孔流量、残余瓦斯压力值详见表 3-7、表 3-8 和表 3-9。鉴于本次考察测定的残余瓦斯流量和残余瓦斯压力大多数为 0（小于仪表起始值），在 2 号钻孔、8 号钻孔和 11 号钻孔，取煤芯测定残余瓦斯含量分别为 3.6902 m^3/t、3.6228 m^3/t 和 3.7767 m^3/t。

表 3-7 走向卸压范围 4209 轨道巷考察钻孔测定参数

孔号	与巷道轴线夹角/(°)	方位角/(°)	孔径/mm	孔深/m	残余瓦斯钻孔流量/($m^3 \cdot min^{-1}$)	瓦斯所压力表值/MPa	残余瓦斯压力/MPa
1 号	90	359	73	56	0	0	0.096
2 号	90	359	73	56	0	0	0.096
3 号	90	359	73	57	0.0025	0.01	0.106
4 号	90	359	73	57	0.0011	0	0.096

表 3-8 2202 轨道巷倾向卸压范围 4209 轨道巷考察钻孔测定参数

孔号	与巷道轴线夹角/(°)	方位角/(°)	孔径/mm	孔深/m	残余瓦斯钻孔流量/($m^3 \cdot min^{-1}$)	瓦斯所压力表值/MPa	残余瓦斯压力/MPa
5 号	90	359	73	72	0	0	0.096
6 号	90	359	73	64	0	0	0.096
7 号	90	359	73	56	0.003	0	0.106
8 号	90	359	73	48	0.004	0	0.096

表 3-9 2201 轨道巷倾向卸压范围 4209 轨道巷考察钻孔测定参数

孔号	与巷道轴线夹角/(°)	方位角/(°)	孔径/mm	孔深/m	残余瓦斯钻孔流量/($m^3 \cdot min^{-1}$)	瓦斯所压力表值/MPa	残余瓦斯压力/MPa
9 号	-90	179	73	75	0	0	0.096
10 号	-90	179	73	67	0.0093	0	0.096
11 号	-90	179	73	59	0.009	0	0.096
12 号	-90	179	73	51	0.012	0	0.096

3.2.1.3 5 号煤层被保护效果考察方案

在 4209 轨道巷 476 m、489 m 处分别施工第一组 1 号、2 号测压钻孔，890 m、915 m 处分别施工第二组 3 号、4 号测压钻孔，钻孔倾角为-14°，与巷道夹角为 30°、45°，具体布置参数详见图 3-9～图 3-12 及表 3-10。

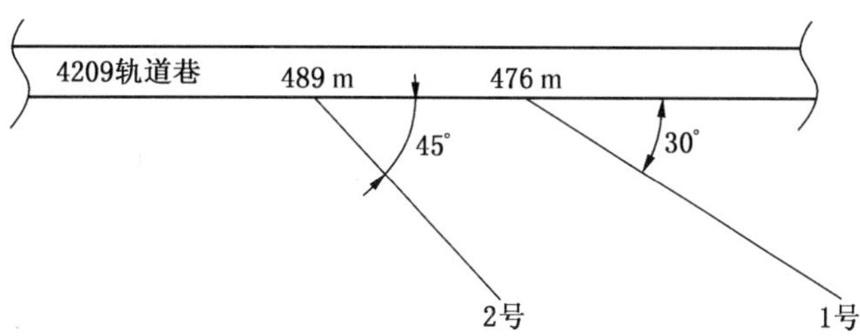

图 3-9 1 号、2 号钻孔俯视图

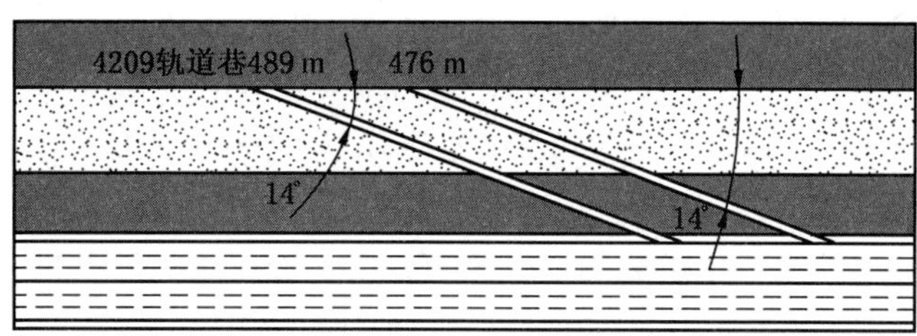

图 3-10 1 号、2 号钻孔剖面图

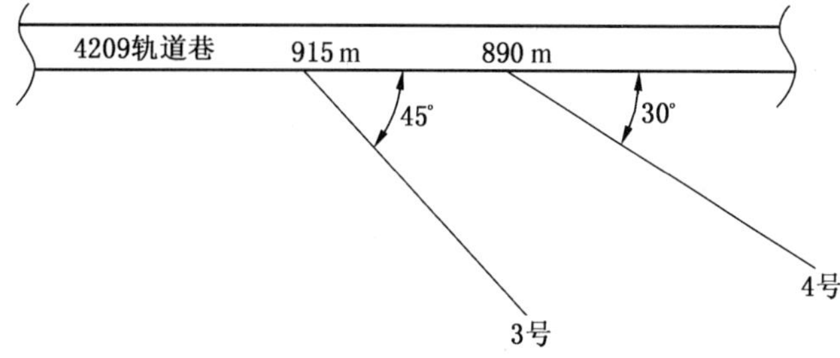

图 3-11 3 号、4 号钻孔俯视图

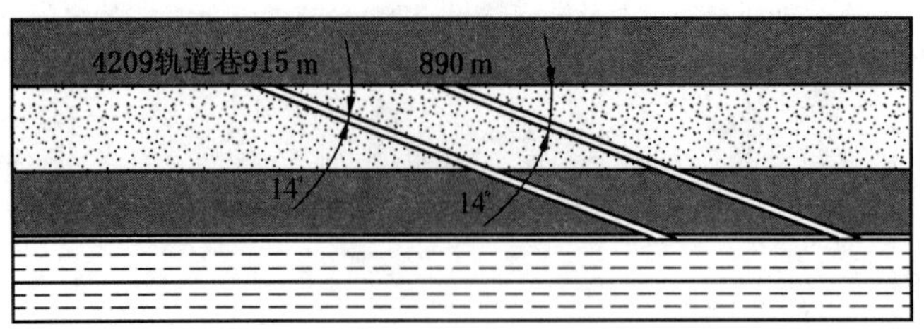

图 3-12　3 号、4 号钻孔剖面图

表 3-10　5 号煤层测压钻孔施工参数表

组号	孔号	施工日期	巷道里程/m	倾角/(°)	与巷道轴线夹角/(°)	设计孔深/m
第一组	1 号	2018-03-27	476	-13	30	42
	2 号	2018-03-26	489	-14	45	30
第二组	3 号	2018-04-22	915	-14	45	39
	4 号	2018-04-22	890	-14	30	44

2201 工作面开采后，在走向上对应可解放 3+4 号煤层 131.8 m、5 号煤层 126.6 m；在倾斜方向上对应可解放 3+4 号煤层 1213.3 m、5 号煤层 1211.3 m。因此保护层 2201 工作面对应可解放的 3+4 号煤层、5 号煤层资源总量约为

$$Q_1 = (131.8 \times 1213.3 \times 4.12 + 126.6 \times 1211.3 \times 3.6) \times 1.4 = 169.53(\text{万 t})$$

2202 工作面倾向长约 1410 m，走向长 150 m，回采面积约 21.15 万 m^2，2203 工作面倾向长约 1360 m，走向长 150 m，回采面积约 20.4 万 m^2，2204 工作面倾向长约 1350 m，走向长 200 m，回采面积约 27 万 m^2，同理可得

$$Q_2 = (131.8 \times 1403.3 \times 4.12 + 126.6 \times 1401.3 \times 3.6) \times 1.4 = 196.09(\text{万 t})$$

$$Q_3 = (131.8 \times 1353.3 \times 4.12 + 126.6 \times 1351.3 \times 3.6) \times 1.4 = 189.10(\text{万 t})$$

$$Q_4 = (181.8 \times 1343.3 \times 4.12 + 176.6 \times 1341.3 \times 3.6) \times 1.4 = 260.25(\text{万 t})$$

所以沙曲矿保护层开采可以解放的 3+4 号煤层、5 号煤层资源总量为

$$Q = Q_1 + Q_2 + Q_3 + Q_4 = 814.94(\text{万 t})$$

3.3　保护层开采煤与瓦斯共采技术优化

3.3.1　保护层开采煤与瓦斯共采技术体系

根据沙曲一矿 2 号煤层薄、透气性差、煤坚固性系数小、瓦斯含量高、吸附性强、瓦斯涌出初速度衰减快等特点，同时考虑到山西组主采煤层 3+4 号、5 号煤层层间距较小，2 号薄煤层上保护层开采时下邻近被保护煤层瓦斯涌出量大，本煤层瓦斯抽采难度大，单一的瓦斯抽采方法难以彻底解决上隅角和回风巷道瓦斯浓度高的问题，因此根据上述煤与瓦斯共采技术原理及沙曲一矿 2 号、3+4 号、5 号煤层赋存的特点，提出了沙曲一矿近距离煤层群薄煤层上保护层煤与瓦斯共采技术体系，如图 3-13 所示。

近距离煤层群保护层回采时，卸压瓦斯大量涌出，对保护层工作面安全生产构成威胁。需要通过瓦斯抽采技术抽采本煤层、采空区、上裂缝带和邻近煤层的瓦斯。沙曲一矿2号薄煤层保护层回采过程中，下邻近3+4号被保护煤层处于2号煤层底板裂缝带内，即邻近层瓦斯主要来自下邻近被保护3+4号煤层，极易造成工作面瓦斯浓度超限，给保护层的开采带来了威胁，因此必须对3+4号煤层的瓦斯进行预抽，通过在已掘24208工作面回采巷道内布置钻孔预抽控制下邻近层瓦斯涌入保护层。同时，保护层的下邻近层5号煤层处于2号煤层开采的底鼓变形区域内，一定量的瓦斯通过工作面底板裂隙涌入采煤工作面，减少5号煤层回采时瓦斯的涌出量，使高瓦斯突出煤层变为低瓦斯无突煤层，保证了5号煤层的安全高效开采。因此必须通过在已掘4208工作面回采巷道内布置钻孔对3+4号煤层的瓦斯进行预抽。

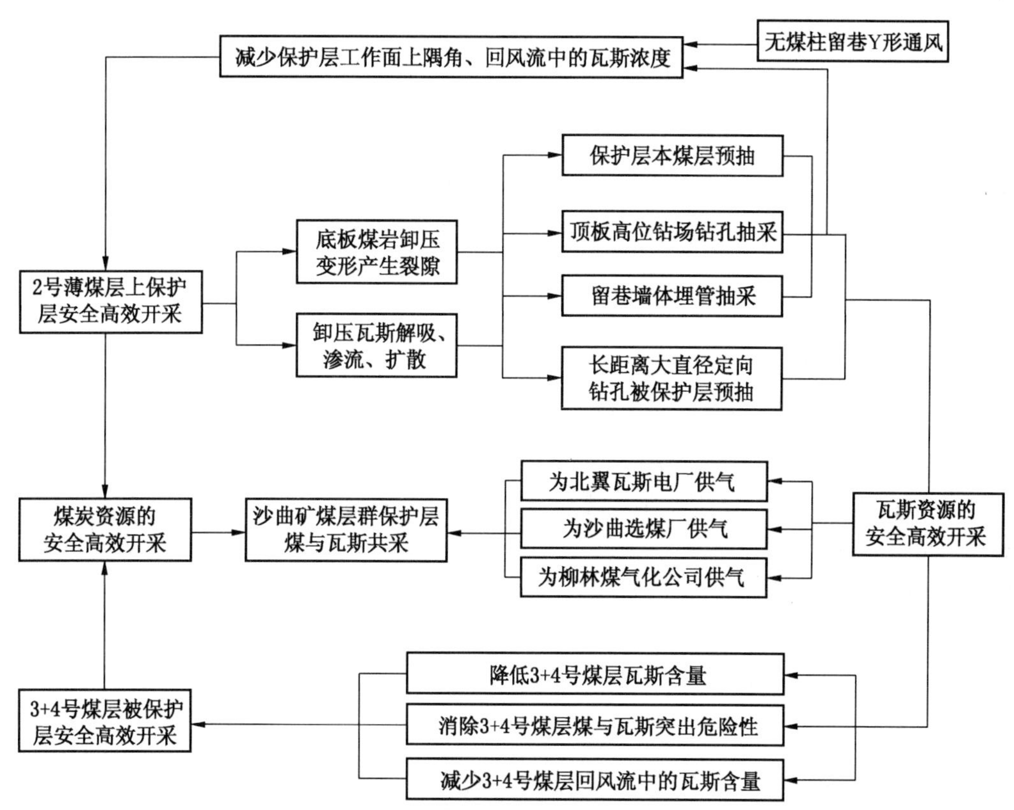

图3-13 保护层开采煤与瓦斯共采技术体系

通过以上分析，保护层开采时必须进行瓦斯抽采，其瓦斯的抽采一般包括本煤层顺层钻孔抽采、顶板裂缝带、下邻近层、采空区沿空留巷充填体墙内埋管抽采，瓦斯抽采原则如下：

（1）本煤层顺层瓦斯抽采钻孔必须大致均匀覆盖整个工作面煤层，不得留有抽采盲区，保证预抽本煤层瓦斯效果。

（2）顶板裂缝带内瓦斯抽采必须深入到采空区顶板环形的采动裂隙发育区（称之为“O”形圈）内。但又要避开垮落带和大的裂缝带，但又要避免抽放钻孔大量漏气，甚至被切断而使钻孔失效，延长钻孔有效抽采时间。

（3）采空区沿空留巷充填体墙内埋管应靠充填体墙的上部，提高封孔的质量，保证抽采大量采空区上部汇聚瓦斯。

（4）下邻近被保护层处在裂缝变形带范围内，可依据开采层对被保护层变形影响程度选择多种方法进行瓦斯预抽。

3.3.2 保护层开采围岩的渗透特性

渗透性系数同煤岩体应力环境及破坏状态有关，以往研究成果表明煤岩体渗透性系数随着卸压程度的升高而增大，且不同形式破坏状态对渗透性系数的影响同样明显。受采动影响后，围岩的破坏形式大多表现为压剪破坏和拉剪破坏两种形式，而简单应力状态下表现出来的纯剪和拉破坏形式较为少见，因此，分析底板中渗透性系数分布特征时仅考虑前两种破坏形式。

按照应力状态及破坏形式对保护层中渗透率进行分区。假设：原岩应力区渗透率为初始渗透率 k_0；原岩应力到峰值应力的压密状态弹性区渗透率为 k_1；峰值应力到原岩应力的扩散状态压剪塑性区渗透率为 k_2，原岩应力到工作面附近 0 应力的扩散状态拉剪塑性区渗透率为 k_3。根据室内不同应力环境及破坏状态下煤岩体渗透率测定试验分析可得不同应力环境及破坏形式下煤岩体渗透率确定公式为

$$k=\begin{cases}k_0 \ (\text{原岩应力区})\\ k_0\mathrm{e}^{-0.109\sigma} \ (\text{卸压弹性区})\\ k_0\mathrm{e}^{-0.109\sigma}+3\mathrm{e}^{-4.36} \ (\text{卸压压剪破坏区})\\ k_0\mathrm{e}^{-0.109\sigma}+3\mathrm{e}^{-4.36}+0.01\sigma+0.3 \ (\text{卸压拉剪破坏区})\end{cases} \tag{3-2}$$

根据第 4 章底板塑性区发育形态、卸压程度以及上述所得不同区域内的应力–渗透率公式编写 Fish 语言得到被保护层中渗透系数变化情况，从而得出特殊时间节点下被保护层渗透率的分布三维图。

1. 自开切眼开始回采期间

工作面割出开切眼时，底板中的 3+4 号煤层、5 号煤层的渗透率由于卸压现象增大（图 3–14），但由于采动范围小，两层煤的渗透率变化幅度不大，3+4 号煤层的渗透率由

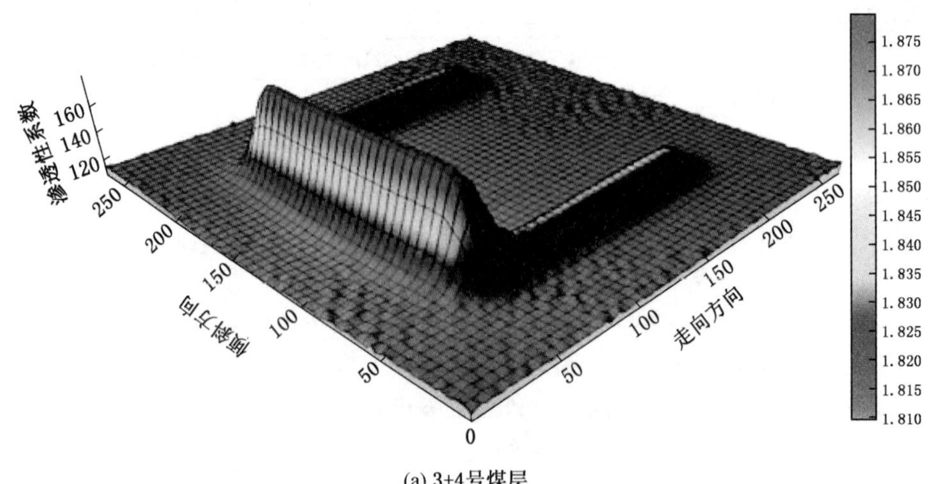

(a) 3+4号煤层

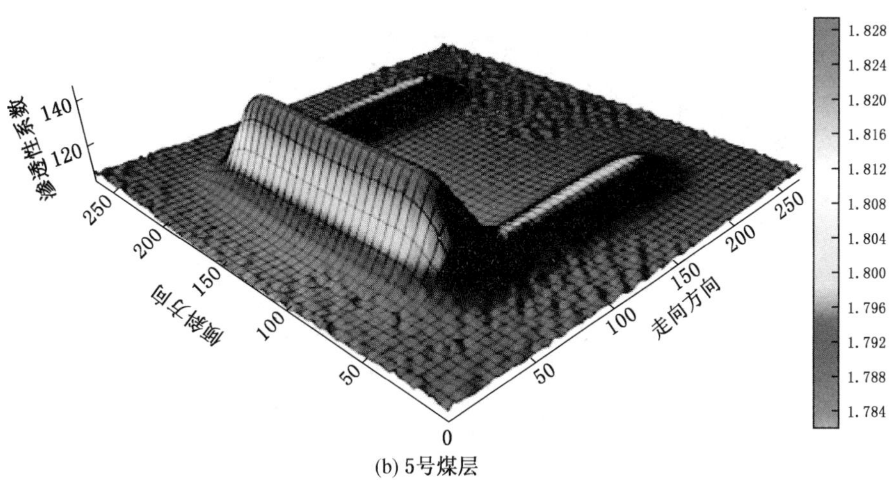

(b) 5号煤层

图 3-14　开切眼渗透率分布三维图

初始值 1.81 mD 增至 1.88 mD，而 5 号煤层的渗透率则由 1.78 mD 增至 1.83 mD，从图 3-14 中还可以看出，由于支承压力在底板中的传播，超前工作面 18～45 m，两层煤被压实，其渗透率有所降低，超出支承压力影响区后，渗透率再次恢复至初始水平。

2. 初次来压期间

工作面初次来压时，底板煤层渗透率分布特征如图 3-15 所示，由于回采空间的增大，底板岩层卸压程度升高，其有效应力降低，底板破坏深度发展至两煤层，煤层中的微裂隙发育，孔隙度升高，渗透率继续升高，此时，3+4 号、5 号煤层的最大渗透率分别增至 3.5 mD、4.0 mD。

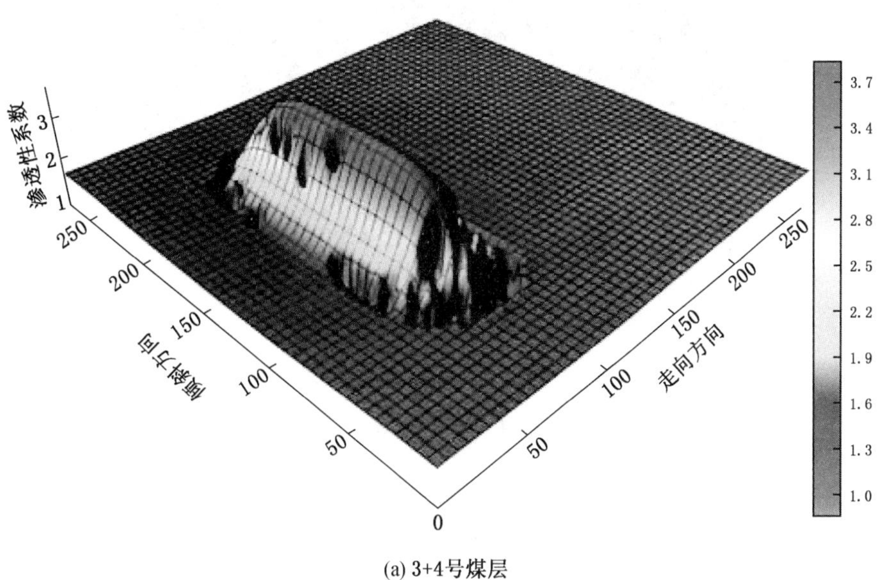

(a) 3+4号煤层

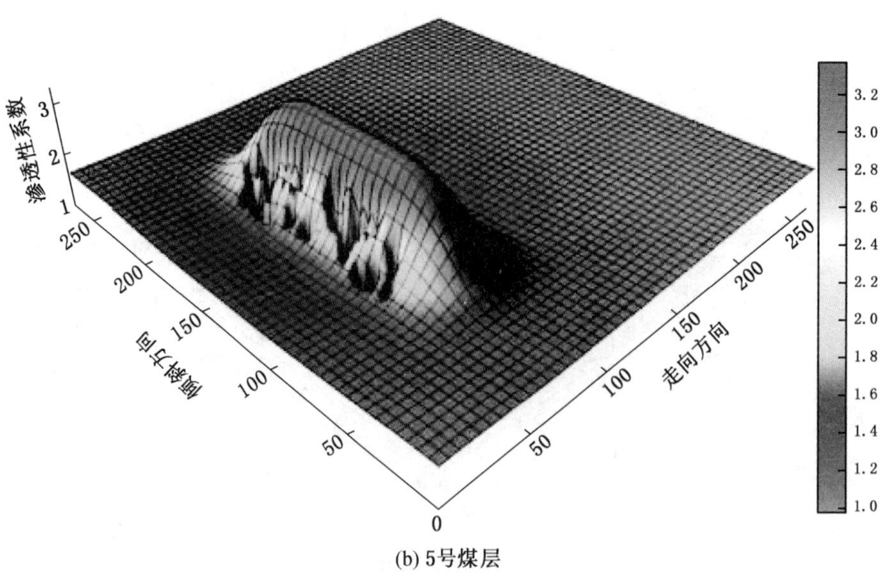

(b) 5号煤层

图 3-15　初次来压渗透率三维图

3. 周期来压期间

工作面周期来压时，由于覆岩仍没有充分移动将采空区矸石压实，随着工作面推进距离的增加底煤渗透率继续增大，如图 3-16 所示，此时 3+4 号煤层及 5 号煤层渗透率最大值分别可达 5 mD、4.5 mD。

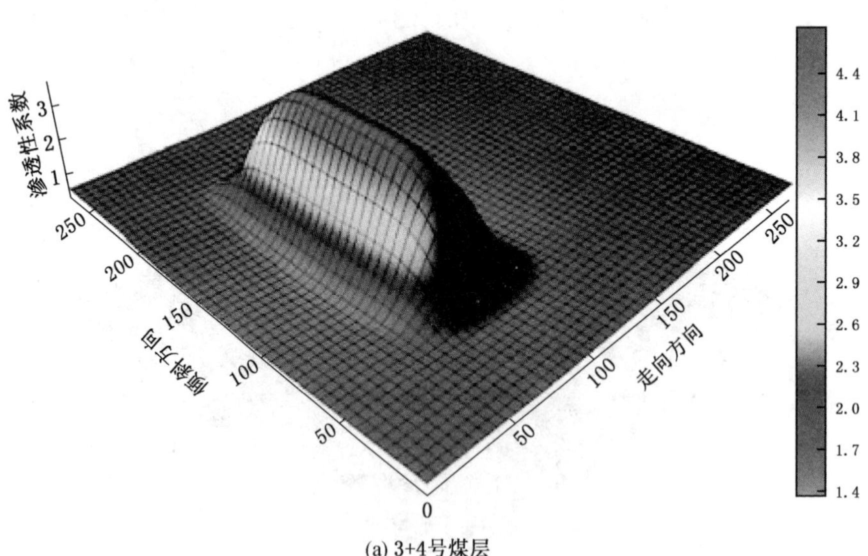

(a) 3+4号煤层

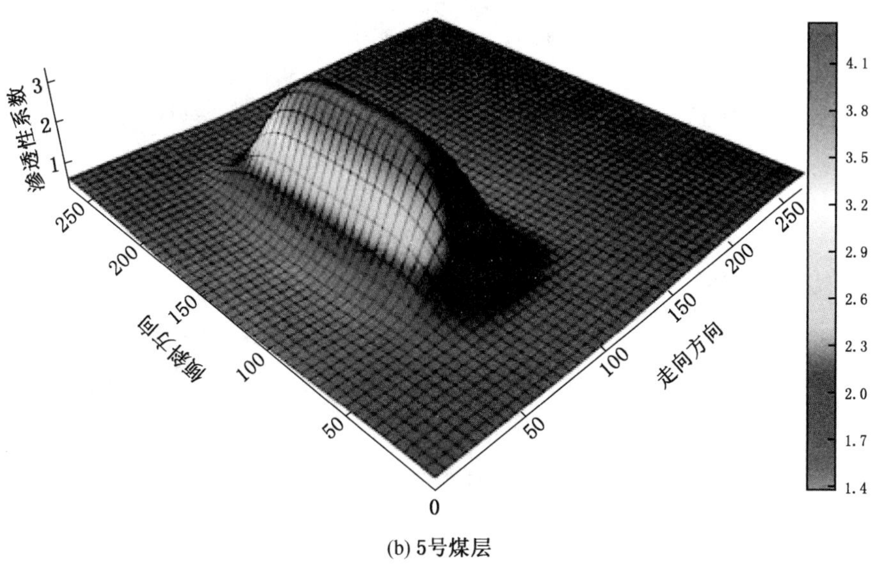

(b) 5号煤层

图 3-16 周期来压渗透率分布三维图

4. 一次见方期间

工作面推进至 150 m 时，底板煤层中的渗透率分布特征如图 3-17 所示，由图可知两层煤在充分采动条件下，渗透率演化趋于一致，且两层煤的渗透率演化特征同应力场演化特征相似。此时，覆岩充分沉陷，靠近开切眼的采空区即距离工作面煤壁处 50 m，垮落矸石被压实，底板煤层中的渗透性系数，出现回落现象降至 3.0 mD 水平。由于裂隙的发育，其值仍大于初始渗透值。靠近工作面侧的覆岩移动不充分，底板卸压程度较高，渗透率仍保持较高水平，约 4.5 mD 左右，此时为钻孔抽采最佳位置，即为采空区距离工作面煤壁处 50 m 范围内为最佳抽采位置。

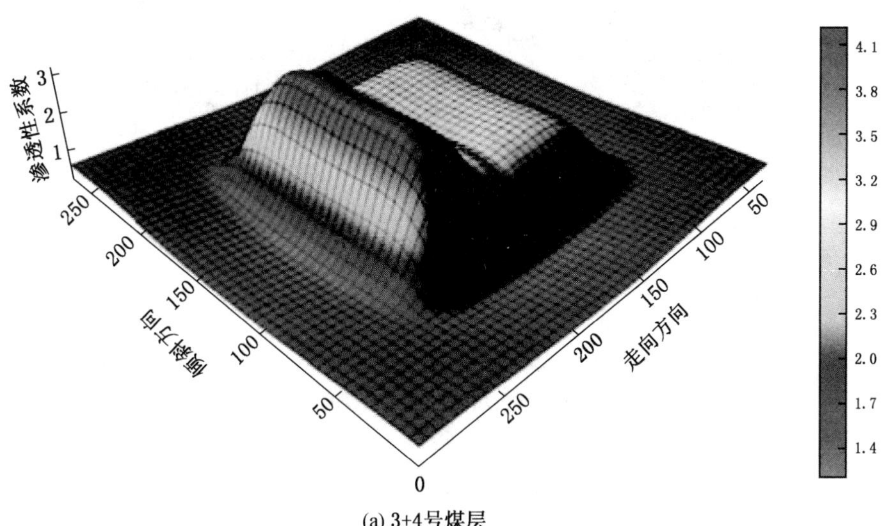

(a) 3+4号煤层

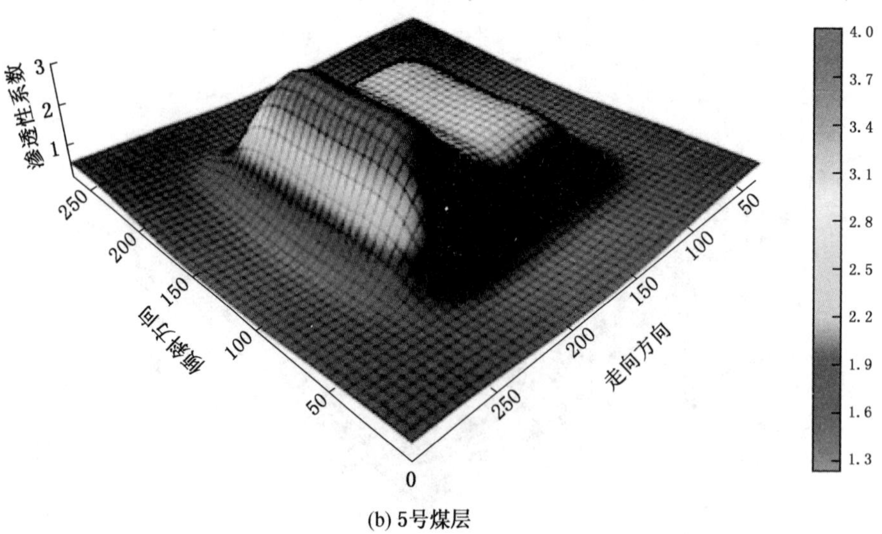

(b) 5号煤层

图 3-17 见方渗透率分布三维图

工作面推进 150 m 一次见方时，被保护层不同区域渗透率分布的平面图来分析被保护层渗透率的分布规律，如图 3-18 所示，被保护层按照渗透性的变化可分为原始渗透性区、渗透性减小区（卸压弹性区）、渗透性增大 1 区（卸压压剪破坏区）、渗透性增大 2 区（卸压拉剪破坏区），其中渗透性增大 2 区的渗透性增加最大。

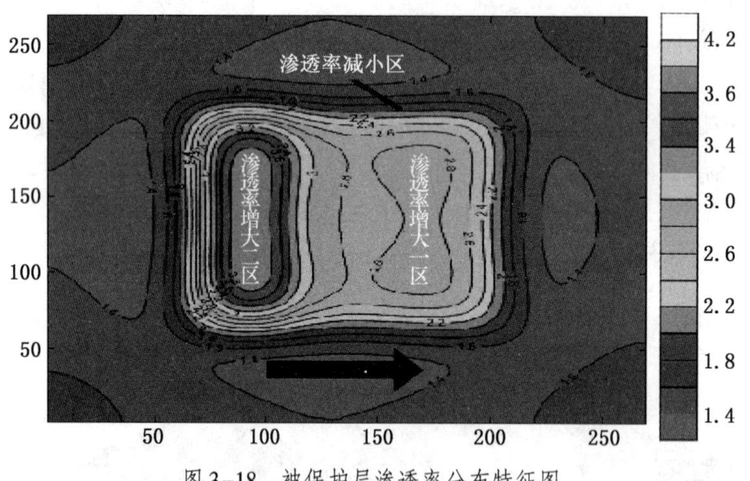

图 3-18 被保护层渗透率分布特征图

3.3.3 保护层开采煤与瓦斯共采参数优化

3.3.3.1 保护层开采卸压瓦斯抽采技术方案优化

1. 本煤层钻孔瓦斯抽采技术

2 号薄煤层透气性系数为 2.12 ~ 2.17 $m^2/(MPa^2 \cdot d)$，属于可以抽采煤层。根据该矿瓦斯抽采经验和保护层工作面开采技术条件，设计在辅助运输巷、机轨合一巷布置顺层平行钻孔抽采本煤层瓦斯。

工作面瓦斯抽采分为两个阶段：第一阶段为采用顺层钻孔采前预抽采；第二阶段为回采期间，工作面前方 30 ~ 40 m 卸压带范围之内边采边抽，进而逐步报废，边采边抽由于采动影响，煤层已卸压，煤层透气性增加，抽采效果较好，不受采掘工作影响和时间限制，具有较强的灵活性和针对性。

(1) 抽采钻孔布置方案。本煤层钻孔布置如图3-19所示。

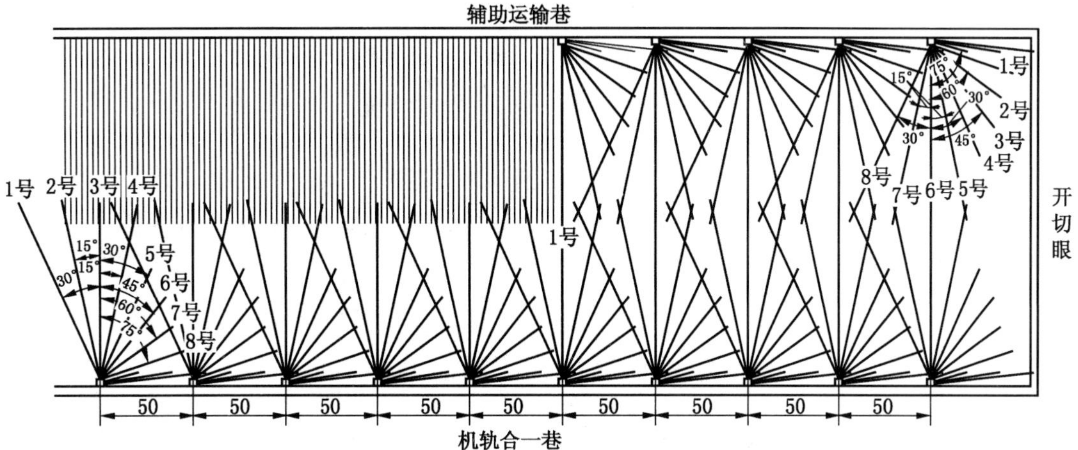

注：1. 刚开始工作面以间隔9 m，孔深80 m倾角1° 钻平行孔，但钻机移动频繁，后改间隔50 m的钻场布置扇形孔。
2. 红色钻孔为已施工钻孔。

图3-19 本煤层钻孔布置图

①平行钻孔布置。2201辅助运输巷采帮从900 m处开始布置1号钻孔，直到距大巷保护煤柱20 m处。钻孔垂直巷道布置，钻孔间距为9 m，钻孔倾角为1°，钻孔深度为80 m，钻孔总施工数为81个，总进尺为6480 m。

②钻场扇形钻孔布置。在2201辅助运输巷（900 m往里至开切眼）采帮及2201机轨合一巷采帮每隔50 m布置一个钻场，共布置38个钻场，每个钻场布置8个钻孔，机轨合一巷和辅助运输巷钻场共施工本煤层钻孔304个，总进尺为24320 m。

(2) 钻孔参数。钻孔开口高度为1.2 m，钻孔方位角和开孔倾角根据巷道布置、煤层倾角和煤层变化适当调整钻孔参数确保钻孔施工在煤层中。机轨合一巷钻孔封孔、扩孔长度为12 m，孔径94 mm。具体钻孔参数见表3-11、表3-12。

表3-11 机轨合一巷钻孔参数

孔 号	1号	2号	3号	4号	5号	6号	7号	8号
方位角/(°)	-30	-15	0	15	30	45	60	75
倾角/(°)	-1	-1	-1	-2	-3	-3	-4	-4
孔深/m	88	80	76	78	55	50	45	47

表3-12 辅助运输巷钻孔参数

孔 号	1号	2号	3号	4号	5号	6号	7号	8号
方位角/(°)	-75	-60	-45	-30	-15	0	15	30
倾角/(°)	-4	-4	-3	-3	2	1	1	1
孔深/m	47	45	50	55	78	76	80	88

（3）钻孔封孔及管路连接。

①封孔长度为 12 m，封孔管采用 4 英寸 PVC 管，树脂封孔。

②封孔前使用清水冲孔，将孔内煤渣冲净，时间不小于 60 min。

③钻孔使用蛇形管与铁管三通连接，接入孔口放水器。

④钻孔与抽放管路连接。钻孔与抽采管路连接方式，如图 3-20 所示。

（4）存在问题及优化建议。经过现场观测，发现本煤层顺层瓦斯抽采系统主要存在以下几方面问题：

①抽采钻孔施工初期，按原设计在 2201 辅助运输巷采帮从 900 m 处开始布置平行钻孔，钻机移动频繁，施工不方便；本煤层钻孔包括顺层平行钻孔和钻场布置扇形钻孔，造成抽采系统管理复杂。

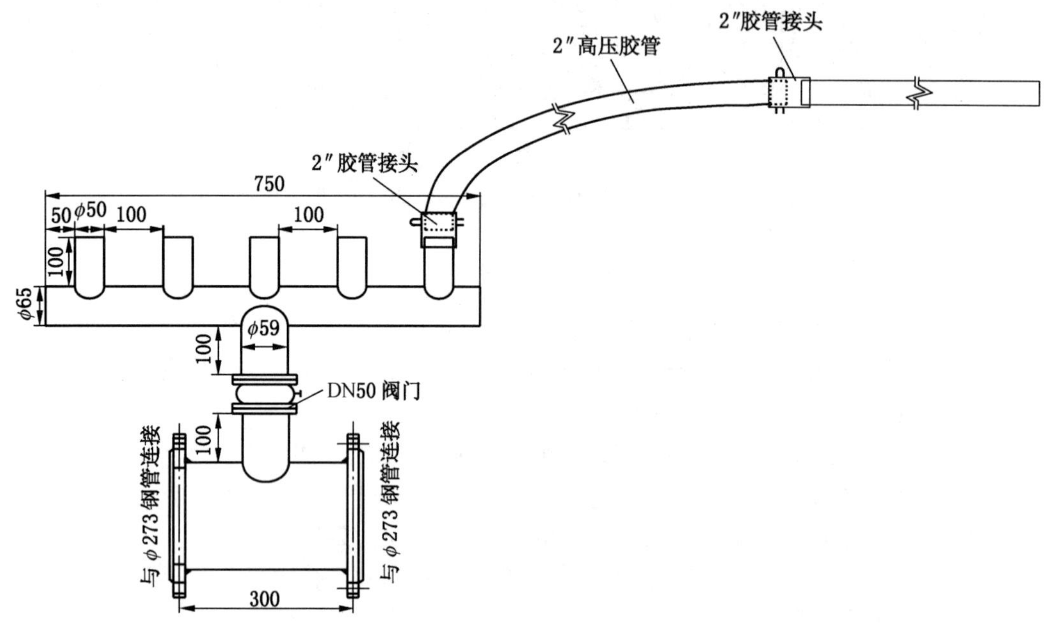

图 3-20　钻孔与抽采管路连接示意图

优化建议：薄煤层保护层本煤层钻孔全部采用钻场扇形钻孔抽采，如图 3-21 所示，钻场扇形孔一定程度上加大了钻孔的抽采有效半径，避免抽采盲区，并可保证封孔质量。

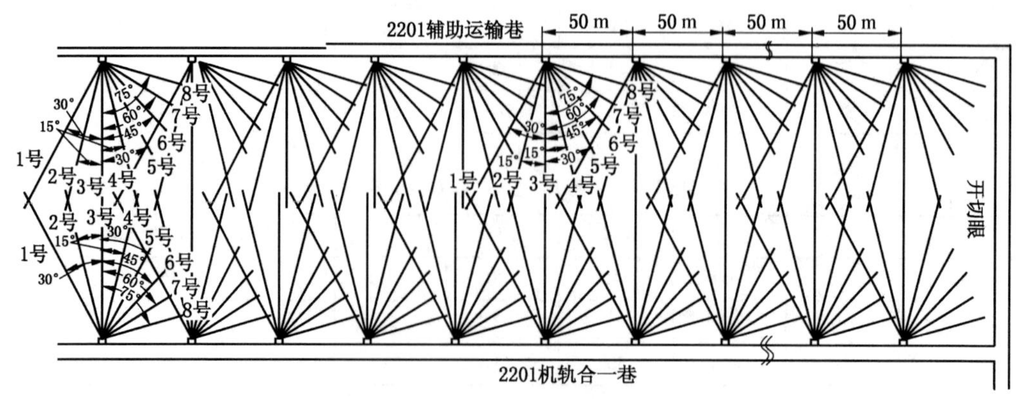

图 3-21　本煤层钻孔优化布置图

②2 号煤层煤质松软低透气性，随着孔径增大，钻孔瓦斯抽采量也增大，达到一定孔径后增幅不再明显，且钻径增大施工难度增大，也容易塌孔卡钻。

优化建议：根据本煤层钻机情况，选择稍小孔径的钻孔，孔径减小有利于施工，不容易塌孔埋钻。钻孔的选择见表 3-13、表 3-14。

表 3-13　机轨合一巷钻孔参数

孔　号	1 号	2 号	3 号	4 号	5 号	6 号	7 号	8 号
方位角/(°)	-30	-15	0	15	30	45	60	75
倾角/(°)	-1	-1	-1	-2	-3	-3	-4	-4
孔深/m	88	80	76	78	55	50	45	47

表 3-14　辅助运输巷钻孔参数

孔　号	1 号	2 号	3 号	4 号	5 号	6 号	7 号	8 号
方位角/(°)	-75	-60	-45	-30	-15	0	15	30
倾角/(°)	-4	-4	-3	-3	2	1	1	1
孔深/m	47	45	50	55	78	76	80	88

③本煤层抽放管路没有自动放水器，容易出现大量积水，严重影响了瓦斯抽采负压，导致抽采泵工作负压不稳定，抽采瓦斯量少。

优化建议：本煤层抽放管路应在低洼处或拐弯处易积水地点安装放水器，及时调整负压并对抽放管路进行逐段排查，寻找抽放负压衰减的原因，保证留巷抽放负压，保证抽采采空区瓦斯的效果。

根据 2201 工作面抽采情况可选择人工放水器，在积水量大的地段，安装自动放水器。人工放水器如图 3-22 所示，管理正常抽采瓦斯时，打开阀门 1，关闭阀门 2、3，管道里的水流入水箱；放水时，关闭阀门 1，打开阀门 2、3，将水排出。

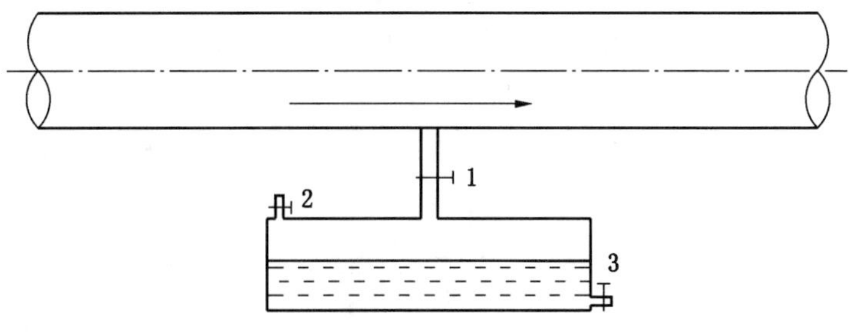

1、3—放水阀门；2—空气阀门

图 3-22　人工放水器

④本煤层顺层抽放负压应合理调节。

优化建议：抽采位置为工作面前方 30 ~ 50 m 卸压带范围之内时，由于采动影响，煤层已卸压，煤层透气性增加，抽采效果较好，建议采取一定措施（如调节抽采点管路与钻场、钻孔连接处控制阀门或改变抽采管路直径）在此范围内适当增大钻孔的抽采负压，提高抽采瓦斯量，减少回采时煤层瓦斯的涌出量。

⑤加强抽采管路管理。工作面开采后，随着工作面的推进，靠近开切眼的抽采钻孔不断报废，当钻孔距工作面开切眼 50 m 时，预计抽采钻孔进入卸压区，进行卸压抽采，随着抽采管路不断变短，靠近开切眼的管路要逐段卸下来，端头用法兰片密封。由于工作面在回采时，回风巷需进行超前支护大约 20 m，为了不影响生产，需提前拆除管路，给瓦斯管路的管理造成一定困难，所以可以考虑在靠近工作面开切眼 30 m 内的钻孔用软胶管与抽采管相连，抽采管末端特制一段 2 ~3 m 长的短管，短管上做几个变径三通，与靠近工作面的钻孔用软管相连，钻孔报废后再向前移动短管，保持短管始终在抽采管路的末端，这样一来，工作面的预抽钻孔可以抽取大量的卸压瓦斯，使本煤层预抽取得较好的抽采效果。

⑥加强抽采系统检查，保证系统稳定可靠。为了保证抽采系统稳定，提高抽采效率，对抽采干管每周派人巡回检查一次，对抽采支管每天由测试人员检查一次，发现管路堵塞、漏气等现象要及时处理，对于淋水较大的地点，应在抽采管路低洼处安设放水放渣器，并及时放水放渣 ，以保证抽采系统的稳定。放水放碴器的尺寸可根据本单位的淋水量和巷道的条件自行设计。

2. 顶板高位钻场钻孔抽采瓦斯技术

根据近距离煤层群保护层开采裂隙演化规律的数值模拟和理论分析可知，在 2 号薄煤层保护层开采后，受采动影响，保护层工作面顶底板将出现大量离层和穿层裂隙，为保护层采煤工作面卸压瓦斯的运移和富集提供通道和空间。为了最大限度地抽采采空区上顶板裂缝带富集区域内的瓦斯，消除对工作面安全生产构成的威胁，根据保护层开采上覆岩裂缝带的演化规律，并结合沙曲矿北翼 2 号煤层开采的实际情况，对 2201 首采工作面顶板高位钻场钻孔卸压瓦斯抽采技术进行优化设计。

（1）顶板高位钻场钻孔瓦斯抽采钻孔布置。通过施工顶板走向钻孔进行卸压瓦斯抽采，在 2201 机轨合一巷内，利用已有的、距工作面最近的两个钻场，即在机轨合一巷左帮 25 钻场（1450 m）和 24 钻场（1400 m）各施工一组上裂缝带钻孔，钻场内共施工 5 个钻孔，呈扇形布置，1 ~5 号钻孔从左向右依次排开，钻孔终孔水平间距均为 15 m，工作面平均采高为 1.5 m，裂缝带钻孔终孔按 8 ~10 倍采高（12 ~15 m）进行设计。钻场深 3 m，钻孔间距为 0.6 m，钻孔在顶板与巷道煤帮的交界处开口（可根据现场具体情况进行适当调整）。顶板裂缝带钻孔布置如图 3-23 所示。总孔板负压在 25 mmHg 左右，节流在 200 mmH_2O 左右，抽采浓度在 40% ~75% 之间，纯量在 0.46 ~0.95 m^3/min 之间。

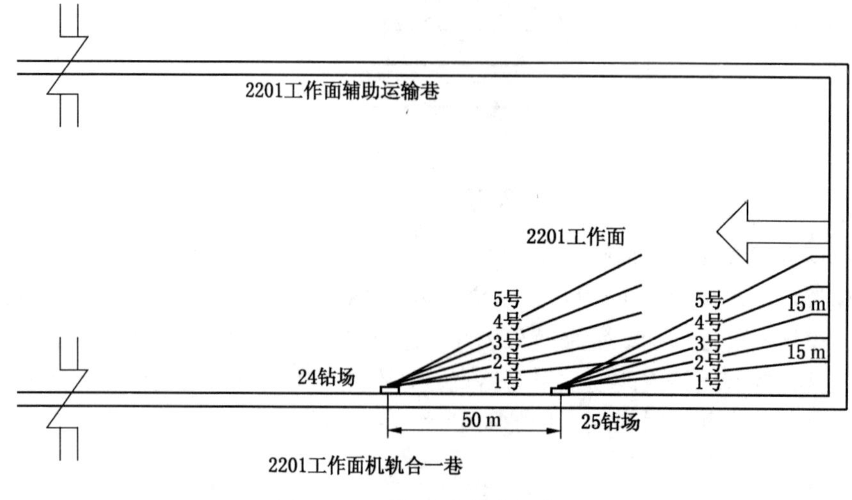

图 3-23 顶板裂缝带钻孔布置

（2）钻孔设计参数见表3-15、表3-16。

表3-15 第一钻场钻孔设计参数

孔 号	倾角/(°)	方位角/(°)	设计孔深/m	终孔距2号煤层顶板距离/m
1	7	8	67	12
2	8	12	68	13.5
3	5	15	68.5	8.5
4	8	19	70	13.5
5	7	22	71.5	12

表3-16 第二钻场钻孔设计参数

孔 号	倾角/(°)	方位角/(°)	设计孔深/m	终孔距2号煤层顶板距离/m
1	7	8	67	12
2	8	12	68	13.5
3	7	15	68.6	12
4	8	19	70	13.5
5	5	22	71	8.5

（3）封孔及管理连接。钻孔施工采用ZYG-150型钻机，孔径均为50 mm，封孔、扩孔长度为9 m，封孔采用50 mm带法兰盘的聚乙烯管，水泥封孔。与主管路连接采用埋线管，主管路三通处安设阀门及放水器，以便抽放观测记录、调整抽采参数和放水。

（4）上裂缝带钻孔抽采瓦斯优化设计。根据“砌体梁”理论一般缓倾斜岩层的破坏特征，在沿工作面推进方向上覆岩层可划分为煤壁支撑影响区、离层区、重新压实区，简称“横三区”，在垂直方向上可以划分为三带：垮落带、裂缝带和弯曲下沉带。

上裂缝带抽采瓦斯实质是通过改变瓦斯流动方向，使采空区及顶板大量瓦斯不再通过煤壁上隅角进入回风流，相应减少回风流的瓦斯涌出，达到降低瓦斯浓度的目的。

2201保护层工作面平均采高为1.6 m（其中煤层平均厚度为1.1 m，割底0.5 m），则通过前面计算及数值模拟分析可知，垮落带高度在7.1 m左右，裂缝带高度在15.5±4 m左右，沿工作面水平方向裂缝带裂隙发育区间距回风巷为工作面长的1/4～1/2（37.5～75 m）之间，沿采空区方向距工作面30～70 m的区间裂隙发育且瓦斯浓度较高，钻孔可直接施工到该位置（图3-24），能够取得较好的抽采效果。

（5）存在问题及优化建议。

①顶板裂缝带钻孔抽采瓦斯浓度、纯量普遍都不高，个别钻孔抽采浓度达到30%～50%，负压7～17 mmHg，当工作面出煤时，导致回风流瓦斯较大。

优化建议：

（a）合理确定钻孔终孔高度。根据采空区顶板岩层移动“三带”理论和采空区内瓦斯运移规律，有效的钻孔高度应位于裂缝带范围，故应满足：

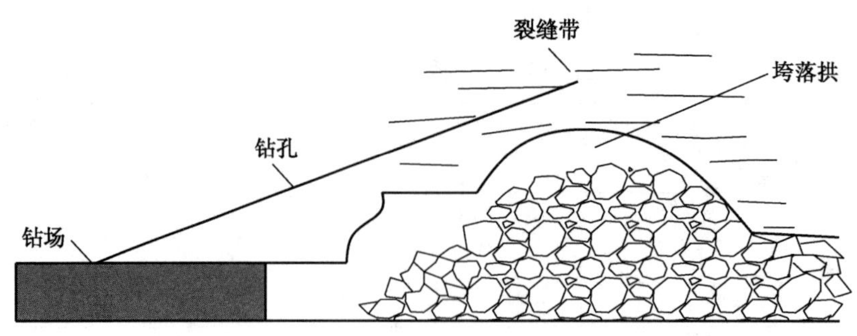

图 3-24　上裂缝带钻孔抽采采空区瓦斯

$$H_m < H_z < H_L \tag{3-3}$$

式中　H_m——垮落带的高度，m；

H_z——钻孔有效高度，m。

考虑到钻孔的有效利用及钻场施工的难易程度，钻孔应布置在垮落带上部与裂缝带中下部，即终孔应位于煤层顶板的 9～14m 处。

(b) 钻孔数量设计。钻场内钻孔的合理数量应根据工作面需要抽放的瓦斯纯量、瓦斯抽放浓度、封孔管直径等主要因素来确定，可由式（3-4）计算获得

$$N = 6.67 \times \frac{Q^2}{\pi \times D^2 \times V \times C} \tag{3-4}$$

式中　N——钻孔的数量，个；

Q——保证工作面瓦斯不超限上裂缝带钻场需要抽采的瓦斯总量，m^3/min；

D——封孔管直径，mm；

V——封孔管内瓦斯流速，m/s；

C——抽放管内瓦斯浓度,%。

根据现场采煤工作面瓦斯涌出量的统计结果分析，2201 保护层工作面开采过程的瓦斯涌出总量为 48.7 m^3/min，其中，风排瓦斯量 13.07 m^3/min，采空区沿空留巷埋管抽采瓦斯量 11.16 m^3/min，本煤层顺层钻孔抽采瓦斯量 4.12 m^3/min，因此，上裂缝带钻孔需要抽采的瓦斯总量应该达到 14.01 m^3/min，考虑到工作面瓦斯涌出的不均衡性，取抽采瓦斯总量为 16 m^3/min。按上裂缝带钻孔 ϕ50 mm、平均抽出瓦斯浓度为 20%、抽放管瓦斯流速按 15 m/s 考虑，每个钻场内需要布置的上裂缝带钻孔数量为 6.53 个。考虑到瓦斯涌出的不均衡性和异常性，以及钻孔可能出现的切孔、垮孔等成孔不好的情况，因此，每个钻场设计布置 7 个抽放钻孔。

(c) 钻孔的封孔深度。封孔深度既应保证不吸入空气又应使封孔长度尽量缩短，一般情况岩孔应不小于 5 m，煤孔应不小于 8 m。在现场工业性试验中，沙曲矿上裂缝带钻孔抽采采空区瓦斯的封孔深度为 9 m，抽采效果较好；同一钻场的各孔封孔深度应保持一致，原则上一个钻场孔应同时启动，同时终止。

(d) 钻孔间距。同一钻场内钻孔间距主要是开孔间距与终孔间距：开孔间距过小，容易造成串孔不利于钻孔施工，影响封孔质量，一般不小于 0.5 m；终孔间距为 5～10 m，过密将造成互相干扰，不能达到增加抽放量的目的。考虑到 2 号煤层顶板泥岩较软弱及采

空区顶板裂缝带的位置，开孔间距取 0.7 m，终孔间距取 10 m。

（e）钻场钻孔开孔高度。为了提高抽放钻孔的有效平距，提高钻孔利用效率，钻孔开孔垂高 3 m 时，位于 2 号煤层顶板砂质泥岩内，有利于提高封孔质量。

（f）钻场间距的确定。选择钻场时，应考虑构造、采动影响、便于维护、有利于提高封孔质量等。合理的钻场间距应当是相邻两钻场的钻孔有空间上的重叠，并且前一钻场的高浓度终点恰好接续本钻场高浓度的起点，即钻孔空间重叠和接续抽采。参考 2201 机轨合一巷内 24 号钻场施工实际情况、现场所用钻机的实际工作能力及煤层顶板岩性，设计钻孔深度确定为 67 ~ 72 m。为防止工作面过钻场期间抽放效果下降，工作面瓦斯超限，要求钻孔压茬为 20 ~ 30 m，因此确定钻场间距为 47 ~ 52 m，利用原有机轨合一巷本煤层抽采间距 50 m 钻场可满足要求。

②顶板裂缝带发育不充分，裂缝带钻孔数施工较少，抽采率不高。

优化建议：增加液压支架的伸缩次数，多次卸压、支撑顶板，加大顶板裂缝带的发育，并建议适当增加钻孔个数，保证抽采瓦斯量及浓度。

③现场抽放有些盲目，不能根据工作面推进速度合理地安排抽放负压，单孔瓦斯抽放负压小，瓦斯抽采纯量较小。

优化建议：在钻孔有效抽采距离内，抽放负压升高，流量增大，浓度减少，纯量基本保持在一定水平上。以利用为主的采空区瓦斯抽采，在满足治理瓦斯涌出，解决回风道和工作面瓦斯超限的前提下，使钻孔抽放流量不能太大，流量愈小，浓度愈高，纯量基本保持一定。在满足抽放要求的前提下，适当提高抽放负压，尽可能地使抽放量增大。

3. 沿空留巷墙体埋管瓦斯抽采技术

采空区瓦斯是采煤工作面瓦斯涌出主要来源之一，而采空区瓦斯抽采具有抽采流量大、来源稳定等特点，成为采煤工作面瓦斯治理的重要手段。采空区抽采最佳位置是实施抽采时能有效减少工作面的瓦斯涌出量，以满足安全生产的需要和达到生产煤层气目的的抽采位置，采空区瓦斯最佳抽采位置是在距离工作面 30 ~ 60 m 的范围内。因此，生产采空区瓦斯抽采应该通过钻孔、以裂隙为通道使抽采负压能够加速瓦斯解吸，再通过煤壁裂隙和顶板裂隙流入抽采钻孔。

（1）采空区瓦斯抽采布置。由于沙曲一矿 2 号煤采用沿空留巷进行回采，沿空留巷“Y”形通风采空区上部积聚大量高浓度瓦斯，为提高工作面瓦斯抽采率，在 2201 留巷充填体内每间隔 9 m 预留一个 4 英寸抽放管，设置一个闸阀和观测孔，并用法兰盘埋线管连接，伸出墙体 0.5 m，与巷道非采帮的 ϕ320 抽放管连接，延接至 2201 工作面采空区后部实现采空区瓦斯抽采。具体管路布置如图 3-25 所示。

采空区埋管抽采通过安装管路直接抽采采空区瓦斯，简单易行，成本较低，易于检修和管理，可减少采空区瓦斯流入工作面。一般情况下，采空区埋管直径 75 ~ 100 mm，处在采区内的一端长度可根据现场确定。管壁穿有小孔并用沙网包好，防止抽采过程中发生堵塞现象。该管应尽量靠近煤层顶部，处于瓦斯浓度较高的地点。这种抽出瓦斯的浓度一般不是很高，瓦斯混合量为 100 m^3/min，瓦斯浓度为 5%，采空区抽采纯瓦斯量为 5.0 m^3/min。此外，当煤层属于容易自燃及自燃煤层时，采空区瓦斯抽放必须实施采空区自然发火监测，抽放负压不能过大，以防止采空区煤的自燃。

（2）存在问题及优化建议。

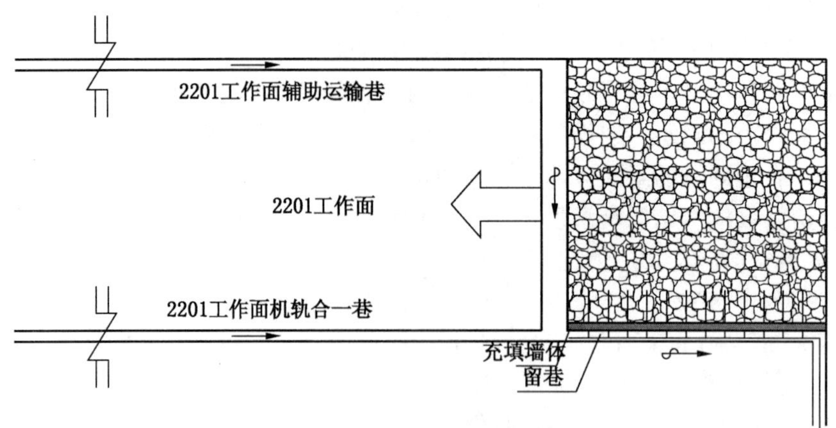

图 3-25　采空区埋管抽采瓦斯

①埋管布置参数缺乏理论依据，瓦斯抽采浓度及抽采纯量有待提高。

优化建议：根据采空区内瓦斯涌出规律及浓度分析，计算确定埋管参数，并通过控制采空区抽采管道口的数量和开启程度提高瓦斯抽采量和抽采瓦斯浓度，使得采空区瓦斯流动和瓦斯浓度场分布得到控制。

②沿空留巷柔模袋接顶不好，部分相邻的柔模袋密闭不好，会导致采空区瓦斯溢出，使抽采瓦斯效果不好，并导致回风巷瓦斯浓度增加。

优化建议：对留巷不接顶段、连接裂隙等可进行喷涂材料封闭处理，若持续观测显示，其密闭长久性不足，在巷道来压后，瓦斯仍然从裂隙涌出，则必须选择合适的注浆料进行封闭，尽量增加留巷密封效果，保证抽采效果，也可防止有自然倾向性的煤层因漏气进氧而发生采空区发火。

③工作面机轨合一巷、沿空留巷的 ϕ320 mm 抽放管，长度达到 1560 m 以上，管路沿途负压损耗较大，使得埋管孔口负压只有 2～10 mmHg，不能很好抽放采空区瓦斯。

优化建议：适当加大抽放负压，对沿空留巷段瓦斯浓度低于 1% 的埋管及时进行关闭，提高留巷负压使用率，确保留巷开切眼 20 m 范围内的埋管负压。合理控制采空区的抽采负压，和工作面通风系统负压，减少通风负压对上隅角和采空区瓦斯流场的干扰。

④插管与主管的连接与管理不够完善。

优化建议：由于采空区密封性较差，瓦斯浓度不会太高，并且波动很大，为确保整个抽采系统的瓦斯不低于安全浓度以下，所以插管与主管连接处必须设阀门，节流孔板和浓度检测口，以便于及时检测抽出的瓦斯浓度、流量。

⑤采空区内气体成分和温度的监测不够完善。

优化建议：在抽采采空区瓦斯的过程中，为了经常掌握采空区内气体成分和温度等的变化，要通过设置在沿空留巷充填墙体上的取样和监测管定期进行监测，当发现有漏气和自然趋向时，要及时采取措施，包括加强沿空留巷充填墙体的堵漏，控制抽采或停止抽采以及灭火等。

⑥沿空留巷采空区防灭火设施不够完善。

优化建议：建立防灭火设施，对于有自燃倾向煤层的采空区，由于进行采空区瓦斯抽采而引起采空区自然发火的可能性事存在的，因此，建立防灭火设施和采取有效的措施

（注水、注阻化剂、黄泥浆和惰性气体等）也是必要的。

4. 下邻近被保护煤层瓦斯抽采技术

在近距离煤层群条件下，受开采层的采动影响，其上部或下部的邻近层煤层得到卸压，而产生膨胀变形，煤层透气性大幅度提高。此时煤层与岩层之间形成的空隙与裂缝，不仅可储存卸压瓦斯，而且也是良好的瓦斯流动通道，为防止邻近被保护层瓦斯向开采保护层工作面涌出就应当用抽采的办法来处理这部分瓦斯。对于上保护层开采的下被保护层而言，如果两者的层间距在 20 m 以内，则被保护层 90% 左右的瓦斯都将沿裂隙自然排放入保护层工作面，随着层间距的加大，被保护层瓦斯的自然排放率大约呈线性关系逐渐减小，层间距为 40 m 时，排放率约为 60%，层间距扩大到 60 m 时，保护层排放率约为 35%，当层间距扩大到 80 m 时，上被保护层自然排放率不足 20%。实践证明，邻近层瓦斯抽采效果好，如果抽采参数选取得当，抽采率可达到 50% ~80%，甚至更高。

由于 2 号薄煤层作为上保护层开采，邻近层瓦斯涌出主要来自下部 3+4 号、5 号煤层，若采取下向穿层布置钻孔抽采瓦斯时，钻孔揭露有效煤层距离短，钻孔工程量大、抽采时间短且成本较高。鉴于 3+4 号煤层透气性系数为 1.3146 ~2.9962$m^2/(MPa^2 \cdot d)$，属于可抽采煤层，设计利用原有二采区 3+4 号煤层 4208 工作面巷道，在 4208 辅助运输巷布置澳钻钻场，利用澳钻（澳大利亚 VLD-1000 型定向钻机）向 4208 方向施钻对 2201 工作面下部 3+4 号煤层进行采前预抽 3+4 号煤层瓦斯以及采后抽采 3+4 号煤层、5 号煤层卸压瓦斯。

4208 工作面为倾向长壁工作面，工作面倾向长度为 1700 m，地质构造比较简单，煤层赋存条件较好，煤厚约 4 m，煤层瓦斯含量为 8.89 m^3/t，开采方式选择一次采全高。4208 工作面南侧的 4207 工作面设计 4 条巷道，分别为轨道巷、轨道配风巷、带式输送机运输巷、尾巷。

（1）钻孔布置。在 4208 辅助运输巷距二横贯 77 m 处到开切眼，巷道右帮开设本煤层抽采钻场 26 个。1 号钻场在距二横贯 77 m 处，与 2 号钻场间距 50 m，布置 9 个钻孔。2 号 ~7 号钻场每个钻场间距 50 m，每个钻场布置 5 个钻孔。7 号 ~9 号钻场每个钻场间距 40 m，9 号 ~10 号钻场间距 69 m，在 8 号钻场布置 4 个钻孔，9 号钻场布置 5 个钻孔，10 号钻场布置 6 个钻孔。10 号 ~26 号钻场每个钻场间距 50 m，在每个钻场布置 5 个钻孔。3+4 号煤层瓦斯抽采钻孔布置如图 3-26 所示。

（2）钻孔具体参数。钻孔目标方位为 359°，每个钻场内开孔间距为 1 m 左右、钻孔间距为 10 m，单孔深度为 340 m，钻孔方位角和开口倾角要根据煤层倾角、实际钻场变化进行调整。钻孔孔径为 96 mm，封孔、扩孔长度为 9 m，扩孔直径为 150 mm，封孔管采用 4 英寸 PVC 管，425 号水泥封孔。

（3）澳钻（VLD-1000 型钻机）。电机功率为 95 kW，理论钻孔深度 1000 m，钻杆规格为 $\phi 70 \times 3000$ mm，钻孔直径为 96 mm。

（4）存在问题及优化建议。经过现场观测，发现下邻近被保护 3+4 号煤层瓦斯抽采系统主要存在以下几方面问题。

①下邻近层瓦斯治理主要是通过 4208 胶带向 22201 工作面下部的 3+4 号煤层施工预抽钻孔（1400 m 和 1340 m 处钻场），该区域负压为 80 mmHg 左右，浓度为 20% ~87%，流量为 5 ~10 mmH_2O，纯量 20 m^3/min 左右，对 2201 工作面的瓦斯治理效果有限。

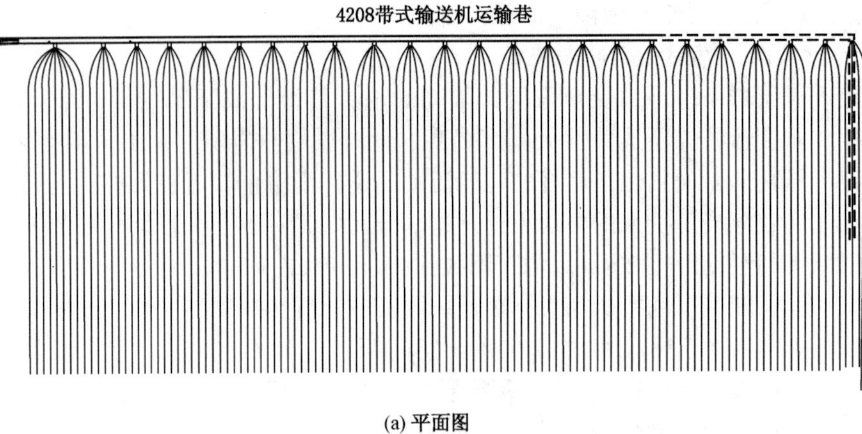

(a) 平面图

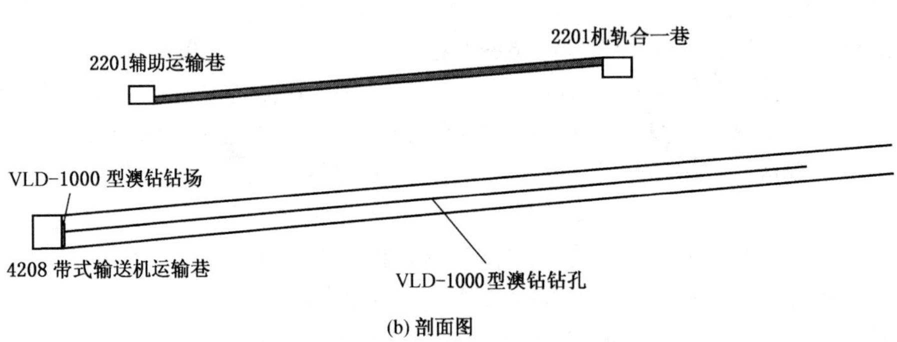

(b) 剖面图

图 3-26　3+4 号煤层瓦斯抽采钻孔布置

优化建议：为了减少向 2201 保护层工作面的瓦斯涌出量及 3+4 号煤层采掘时煤层瓦斯的涌出量，应加强瓦斯的预抽及其管理。

②钻场之间存在三角形空白区域，瓦斯抽采钻孔必须大致均匀覆盖整个工作面煤层，要求钻孔抽采范围控制整个工作面，工作面内不得留有抽采盲区，保证预抽本煤层瓦斯效果。

优化建议：钻场之间的三角形空白区域可采用小型钻机施工短钻孔来弥补。

③钻孔管理不完善。

优化建议：

(a) 合理设计钻孔轨迹。根据煤层赋存情况，合理设计钻孔轨迹，尽可能布置上行钻孔，必要时可进行多钻场布置。严格控制钻孔长度，上行钻孔设计长度不大于 700 m，近水平钻孔设计长度不大于 600 m；下行孔排渣困难，施工深度不宜过长，钻孔长度不大于 450 m，且上下偏差不大于 30 m。

(b) 合理控制分支点处轨迹。分支点必然是钻孔轨迹变化较大的区域，分支点处容易塌孔，形成漏斗状空间，大块煤粒被挡在此处；同时该处轨迹有低洼，煤渣容易积压，不利于煤渣返出。所以分支点应选择在方位角与分支目标方位角偏差较小的区段，同时应保证 DGS 或探管处于煤层条件较好层位内，避免在软煤塌孔段开分支。钻孔轨迹布置要平滑，避免出现较大的弯曲、分支间穿孔等现象。较大的弯曲是柔性煤渣沉积的条件，而分支间穿孔则可能导致卡钻现象。

④开孔位置煤壁裂隙漏气管理不完善。

优化建议：建议封孔后，另外在开孔位置煤壁上打 ϕ96 mm 深 10m 的钻孔（根据钻机及现场情况调整），注入马丽散等封堵材料，提高了煤体严密性，保证抽采效果。

⑤钻机操作复杂，司钻作业人员素质和能力有待提升。

优化建议：为了充分发挥千米钻机的效率，应进一步加强操作人员的技术水平和操作技能培训。

3.3.3.2　保护层开采瓦斯富集区优化

1. 测试区域概况

2201 工作面作为保护层工作面开采后（图3-27），周围的煤岩层向采空区移动，采空区下方煤岩体应力释放产生位移、透气性增加、瓦斯压力减小，煤体中瓦斯解吸，对下伏的 3+4 号突出煤层和 5 号突出煤层起到了卸压保护的作用。

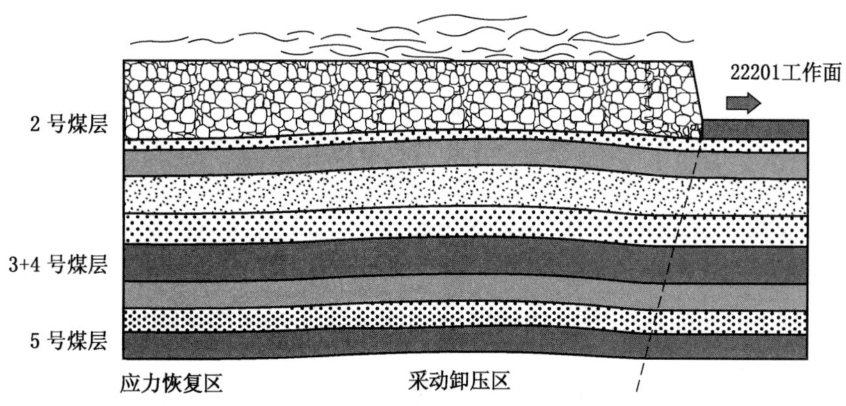

图3-27　工作面走向底板卸压区域

2. 测试方案

试验中采取对不同煤层注入不同种类示踪气体的方式，以检验煤层群间各岩层的裂隙贯穿情况。试验地点选取 3+4 号煤层 4208 回风巷井下第 13 钻场（井下标注为第 13 钻场 840 m），六氟化硫选取 13-4、13-5 两钻孔进行双孔注气（预防底板裂隙发育的跳跃性导致试验失败的因素），注气煤层为 3+4 号煤层，取样地点为 2 号煤层 2201 工作面采空区；氦气注气地点为 4208 回风巷第 13 钻场下行穿层钻孔，注气煤层为 5 号煤层，也为双孔注气，取样地点为 2201 工作面采空区和 3+4 号煤层瓦斯抽采钻孔。共注气 13 次，注气时间及保护层工作面与试验地点的距离见表 3-17。（注：距离正值表示 2 号煤层 2201 工作面尚未推进到试验地点上方；负值表示 2201 工作面推过试验地点，注气点的 4 号煤层 4208 回风巷第 13 号钻场在 2 号煤层 2201 工作面采空区下方）

表3-17　保护层工作面距离被保护层注气位置距离

注气编号	2201 工作面推进位置/m	2201 工作面距 3+4 号煤层 13 钻场水平距离/m	注气时间/h
1	940	100	10
2	916	76	10

表 3-17（续）

注气编号	2201 工作面推进位置/m	2201 工作面距 3+4 号煤层 13 钻场水平距离/m	注气时间/h
3	892	52	10
4	868	28	10
5	856	16	10
6	844	4	10
7	832	-8	10
8	820	-20	10
9	808	-32	10
10	796	-44	10
11	784	-56	10
12	772	-68	10
13	760	-80	10

取样地点选取2201 工作面采空区，覆盖工作面2 个端头和采空区底板的5 条测线，采用预埋管的方式采集气体样本。5 条测线等间距布置，每条测线上的取样点间距为 20 m，第 1 个测点布置于工作面支架后方，取样点布置及编号如图 3-28 所示。每条测线以加套管的形式布置在工作面两个支架底座之间，取样管近端固定于支架上，即各测线随工作面推进而前移，各测点相对工作面距离为定值。气体样本用锡箔气样袋带回实验室分析，以得到准确的示踪气体浓度值，尤其超低浓度氦气的检测较为困难，委托气体实验中心完成。

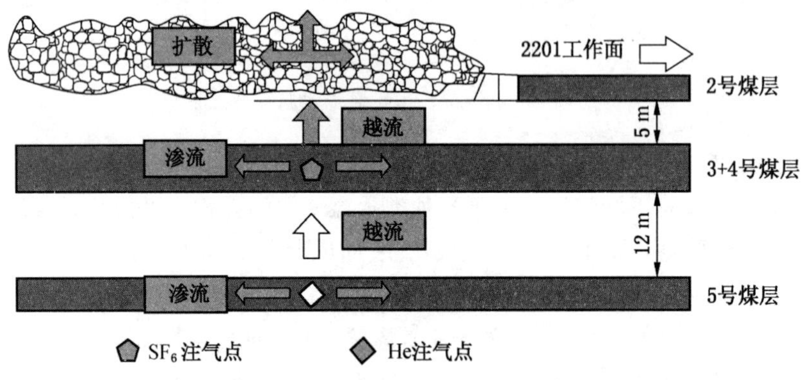

(a) 两种示踪气体受采动影响运移情况

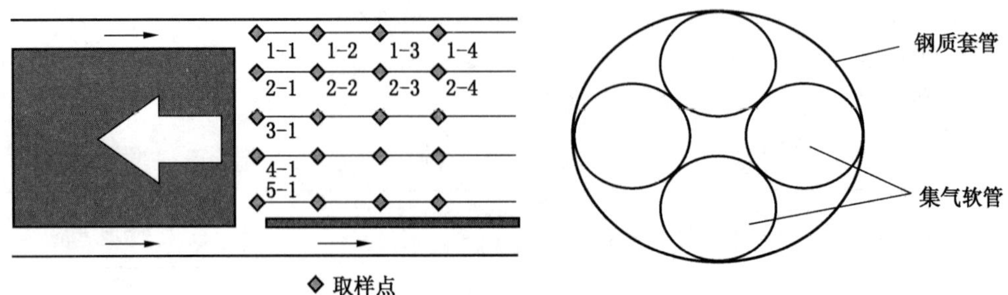

(b) 2201工作面采空区气体取样点布置

图 3-28　示踪气体试验原理及布置图

3. 测试结果分析

（1）六氟化硫气体检测结果。在前 9 次的试验中均未发现六氟化硫气体，自第 10 次试验起开始发现六氟化硫气体，并且浓度也很大。第 10 次气样化验结果见表 3-18。为了适当降低六氟化硫浓度，保证气体使用安全，采用间隔注气方式，每间隔 1.5 h，持续注气 0.5 h。

在 2 号煤层 2201 工作面采空区其他测线采集到的气体样本中存在六氟化硫，这一事实说明 2 号煤层与 4 号煤层之间已经产生贯穿型裂隙，而前 9 次没有发现示踪气体却在第 10 次取气发现六氟化硫的事实，说明 2201 工作面推进到第 10 次取气时刻的位置，在保护层 2 号煤层和被保护层 3+4 号煤层之间产生了贯穿型裂隙，在测线 2 和测线 4 中第 3 测点首先检测到六氟化硫的事实说明保护层工作面后方 30 ~ 40 m 的位置产生了底板贯穿型裂隙。

表 3-18　第 10 次试验取气样品化验结果

选用示踪气体	六氟化硫（浓度/$\times10^{-6}$）																			
释放地点	4208 回风巷 13+4 号、13-5 号钻孔（840 m）																			
保护层工作面位置	2201 工作面轨道巷 796 m																			
释放时间	8：00-8：30，10：00-10：30，12：00-12：30，14：00-14：30，16：00-16：30，18：00-18：30																			
取样时间	1-1	1-2	1-3	1-4	2-1	2-2	2-3	2-4	3-1	3-2	3-3	3-4	4-1	4-2	4-3	4-4	5-1	5-2	5-3	5-4
9：00	0	0	0	0	0	0	0	0	—	—	—	—	0	0	0	0	0	0	0	0
10：00	0	0	0	0	0	0	21	0	—	—	—	—	0	0	0	0	0	0	0	0
11：00	0	0	0	0	0	41	73	0	—	—	—	—	0	0	33	0	0	0	0	0
12：00	0	0	0	0	0	38	92	0	—	—	—	—	0	15	27	0	0	0	0	0
13：00	0	0	0	0	0	66	27	0	—	—	—	—	0	58	141	33	0	0	0	0
14：00	0	0	0	0	0	54	65	41	—	—	—	—	1	69	87	54	0	0	0	0
15：00	0	0	0	0	0	0	102	55	—	—	—	—	1	32	112	33	0	0	0	0
16：00	0	0	0	0	0	78	118	33	—	—	—	—	1	44	82	49	0	0	1	0
17：00	0	0	0	0	1	43	125	67	—	—	—	—	1	89	105	27	1	1	1	0
18：00	0	0	0	0	0	28	77	49	—	—	—	—	1	47	137	0	1	1	1	0
19：00	0	0	0	1	1	54	45	32	—	—	—	—	1	69	127	0	1	1	1	1
20：00	0	0	0	0	1	0	27	21	—	—	—	—	1	21	103	39	1	1	1	1

注：由于第 3 测线钢管在工作面推进过程中损坏，该测线在试验过程中没有数据，以“—”表示。

在有限的气体浓度数据的基础上，采用双立方插值对示踪气体浓度分布特征进行了三维重建，将表 3-18 浓度数值转化为图 3-29 所示的时间浓度变化三维云图，x 坐标表示取气时间，y 坐标表示测线 1 至测线 5 对应的采空区位置（图 3-29），z 坐标为取气浓度。从图 3-29 中可以看出高浓度六氟化硫区域基本分布在测线 2 和测线 4 附近，这跟 3+4 号煤层注气点位置靠近 2201 工作面中部的事实相吻合；而测线 1 区域由于靠近采空区进风侧区域，检测到六氟化硫气体很低，测线 5 处于采空区回风巷道侧测区，检测到低浓度六氟化硫，其趋势是逐渐增加至平稳；在每条测线的测点上可以发现六氟化硫浓度周期性的波动规律，这与间隔注气的方式有关。

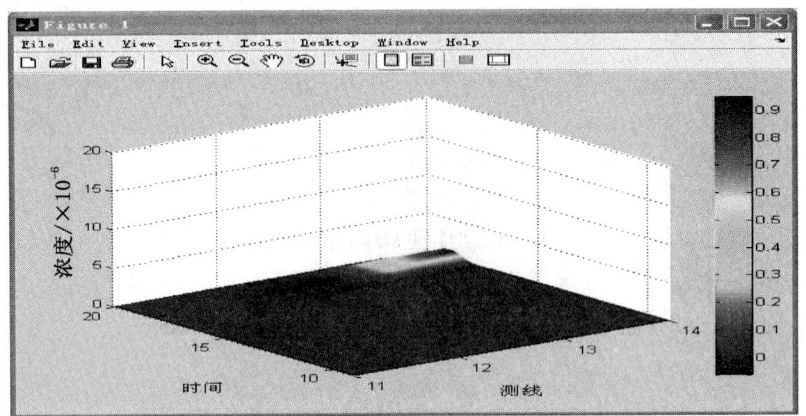

(a) 测线1

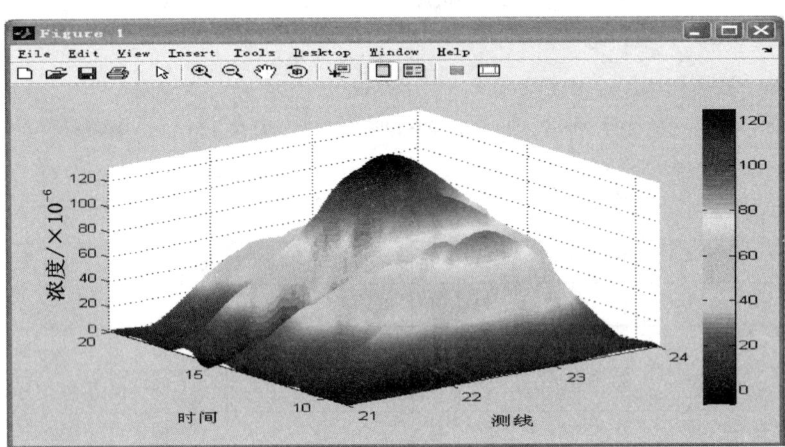

(b) 测线2

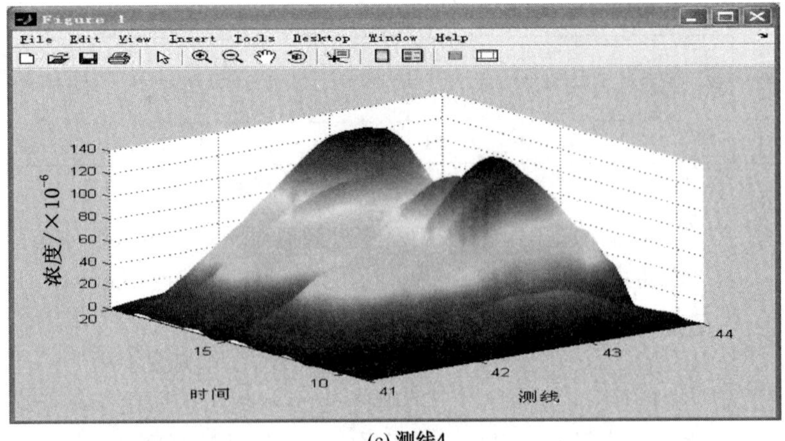

(c) 测线4

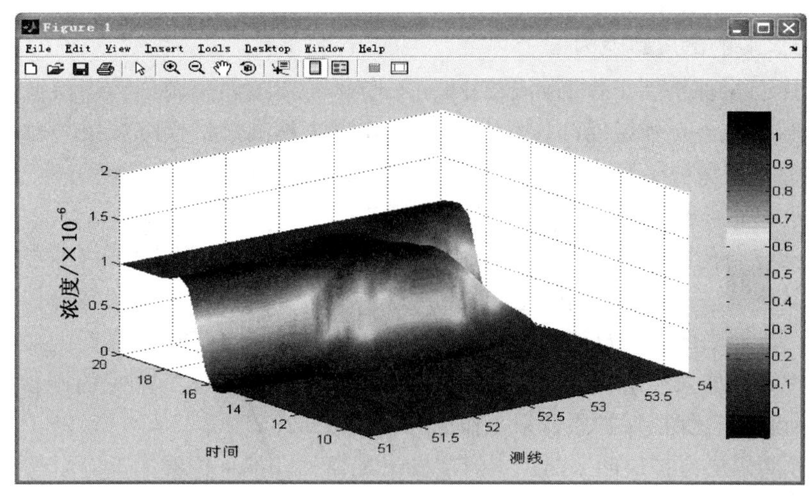

(d) 测线5

图3-29 2201采空区六氟化硫时间浓度变化梯度三维图

从检测到六氟化硫的时间上看，测点2-3和测点4-3最先检测到六氟化硫气体而且随着时间的推移达到了最大值，此时2201工作面推进超过3+4号煤层注气点位置44 m，这说明煤层间贯穿性裂隙的产生在2号煤层工作面后方40 m左右，而测点六氟化硫浓度的起伏变化与注气点间歇式注气方式有关；当测点2-3和测点4-3检测六氟化硫气体后1～2 h，距离20 m外的测点2-2、测点2-4、测点4-2、测点4-4也检测到六氟化硫气体，这里检测到的六氟化硫有两种可能性，首先是采空区内气体扩散作用，其次也有可能是3+4号煤层通过裂隙通道越流产生；从浓度上分析，如果这4个测点的六氟化硫来源仅有扩散作用产生，那其浓度必然极低，再加之有通风负压作用产生的采空区流场作用，测点2-2很有可能检测不到六氟化硫气体，所以可以判定在主生贯穿型裂隙附近存在着次生裂隙，将来源于3+4号煤层的六氟化硫气体运移至2号煤层工作面后方20～60 m内的很大一片区域。

（2）氦气检测结果。在2号煤层采空区始终未能检测到5号煤层注入的氦气，但是当工作面推过注气点50 m左右时，在3+4号煤层的瓦斯预抽钻孔中检测到微量氦气。这一现象说明在3+4号煤层和5号煤层间也产生了贯穿型裂隙，裂隙发育时间滞后于2号煤层与3+4号煤层间裂隙的贯穿时间，发育程度也相对较低，而裂隙贯穿的滞后距离较理论计算值更大，有待进一步试验和理论推导确定；而3+4号煤层的瓦斯预抽钻孔很好地阻隔了5号煤层瓦斯向2号煤层工作面的涌出。

3.4 小结

本章分析了煤层群保护层煤与瓦斯共采基本理论，预测了保护层工作面回采时瓦斯来源及瓦斯涌出量，并根据煤层群保护层煤与瓦斯共采原理，构建沙曲矿煤层群保护层煤与瓦斯共采技术体系，并根据2号煤层现场工业性试验的效果进行了优化研究，主要得出以下结论：

（1）分析了沙曲一矿2号薄煤层保护层回采过程中顶底板采动裂隙的发育情况，在纵向上，下被保护煤层大量卸压瓦斯沿穿层裂隙涌入保护层工作面，最后富集在采空区上方 7.1～15.5 m 区域的离层裂隙内。

（2）2201 首采保护层工作面回采期间，工作面瓦斯主要来源为本煤层瓦斯和下邻近被保护 3+4 号煤层、5 号煤层卸压瓦斯。通过分源法预测保护层本煤层相对瓦斯涌出量 $q_{保}=8.73\ m^3/t$，被保护层相对瓦斯涌出量 $q_{被}=28.77\ m^3/t$，占比高达 73%，因此应加强被保护层瓦斯的抽采工作。

（3）根据煤与瓦斯共采原理，构建了沙曲矿煤层群保护层煤与瓦斯共采技术体系。通过布置本煤层顺层钻孔、上裂缝带走向钻孔、底板巷+穿层钻孔群、留巷墙体埋管等多种技术全方位立体抽采保护层及被保护层瓦斯，采用了底抽巷+穿层钻孔群的抽采方法进行采前预抽，拦截和抽采大量被保护层的卸压瓦斯，实现采煤与瓦斯抽采的同步推进，避免了保护层瓦斯超限，保证保护层开采工作面的安全高效生产。

（4）2 号薄煤层保护层回采时，本煤层抽采瓦斯钻孔抽采位置为工作面前方 30～50 m 卸压带范围之内时，煤层透气性增加，抽采效果较好；离层裂缝带高度为 7.1～15.5 m，裂缝带钻孔布置最佳层位位于距 2 号煤层顶板垂距为 7.1～15.5 m 处，即垮落带中上部、裂缝带下部，终孔应位于煤层顶板的 9～13 m 处；顶板裂缝带发育不充分，抽采效果不好，可增加液压支架的伸缩次数，多次卸压、支撑顶板，加大顶板裂缝带的发育，并适当增加钻孔个数，保证抽采瓦斯量及浓度；应根据工作面推进速度合理地安排抽放负压。

4 底抽巷定向钻孔群煤与瓦斯共采技术

针对煤巷掘进和工作面中部顺层孔难以施工到位的空白条带等问题，可利用底抽巷形成穿层钻孔抽采煤层瓦斯掩护煤巷掘进以及减小工作面空白条带的煤与瓦斯突出危险性，同时对邻近层采动卸压瓦斯进行拦截抽采，实现底抽巷一巷多用。底抽巷位置的选择不仅关系到系统整体瓦斯抽采效果的好坏，而且与后期巷道的维护难易程度、钻孔工程的总体经济性密切相关。

4.1 底抽巷的作用

底板岩巷在整个沙曲矿瓦斯治理体系中占有重要的地位，其主要有下列功能：

(1) 掘进前预抽：利用底板岩石抽采巷实施穿层钻孔实现上部煤层掘进预抽（图4-1）。

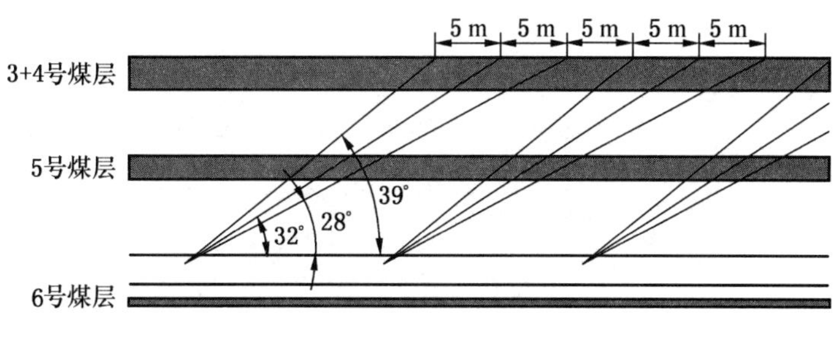

图4-1 掘进前预抽

(2) 区域预抽：底板抽放巷穿层预抽煤巷条带煤层瓦斯，降低煤层瓦斯含量与瓦斯压力，改变煤体应力分布（图4-2）。

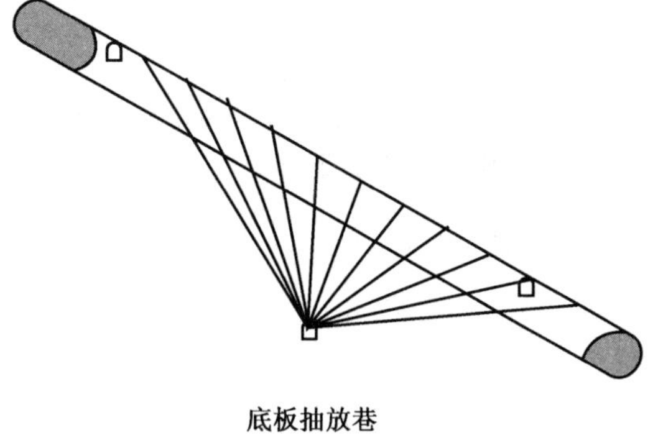

图4-2 区域预抽

(3) 卸压带抽采：近距离煤层群一层开采多层卸压，底板岩巷穿层钻孔可以利用煤层开采后邻近层透气性显著增大的特性，穿层钻孔实现卸压抽采（图4-3）。

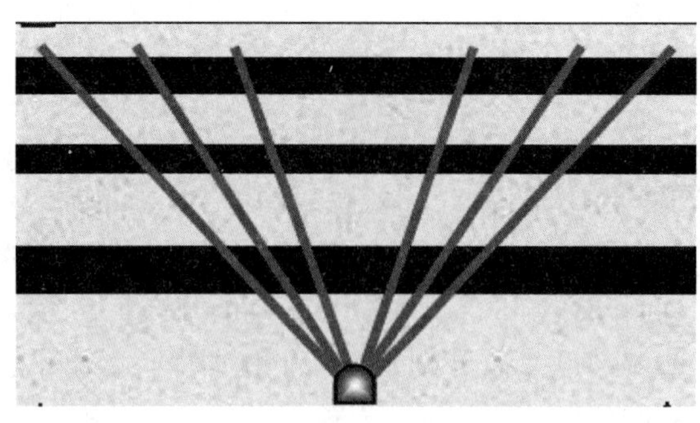

图 4-3 卸压带抽采

(4) 采空区瓦斯抽采：煤层开采后邻近层及开采层残留煤体瓦斯大量涌入采空区，可以使用底板岩巷钻孔对这部分瓦斯进行抽采，采中牵制瓦斯向工作面涌出、采后除防止密闭瓦斯涌出外还可以充分利用采空区内部的瓦斯资源（图 4-4）。

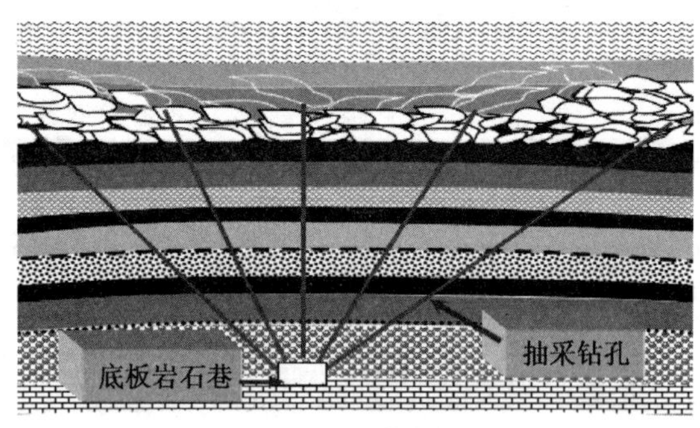

图 4-4 采空区瓦斯抽采

(5) 探煤巷：巷道可以沿煤层顶板掘进，能准确掌握煤层的倾角、走向及瓦斯情况，根据不同情况采取针对性防突及瓦斯治理措施。

(6) 泄水巷：在上部煤层回采期间，利用钻孔和底抽巷进行疏水，消除采空区积水隐患。

(7) 井下排矸巷：待上部所有采掘活动完成后，当底抽巷完成其原有功能并废弃时，可作为矸石填充巷，可大幅减少采掘排矸量，实现矸石不出井。

4.2 底抽巷合理层位布置研究

4.2.1 底抽巷与上部工作面水平位置关系

底抽巷瓦斯抽采钻场、钻孔布置如图 4-5 所示。每隔 25 m，垂直于底抽巷布置一个长度为 3 m 的钻场，钻场断面为 7.8 m^2（2.6 m×3 m）。在上区段底抽巷和本区段底抽巷钻场内利用钻机向煤层施工穿层抽采钻孔，钻孔直径为 94～113 mm，钻孔间终孔设计间距不大于 5 m。钻孔覆盖上部 3 号煤层 2 个工作面长度的边界风巷与机巷布置区域，钻孔终孔进入 3 号煤层顶板 0.5 m。机巷、风巷和开切眼设计 5 排钻孔掩护，保护范围为 25 m，布置在保护范围的中部，巷道两帮的保护范围≥10 m，可以保证巷道的安全掘进。

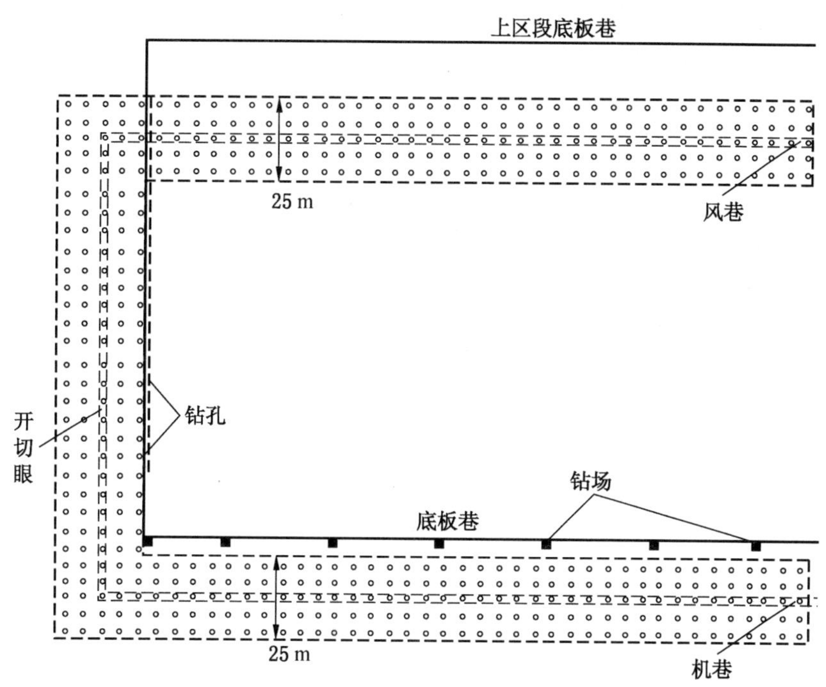

图 4-5 钻场、钻孔平面布置示意图

考虑到底抽巷向上部煤层打钻的便利性，上部工作面巷道与底抽巷的位置关系如图 4-6 所示。内错开切眼的水平距离为 20～30 m、下机巷的水平距离为 20～30 m。这个距离便于向机巷附近煤体和工作面中部煤体打钻。

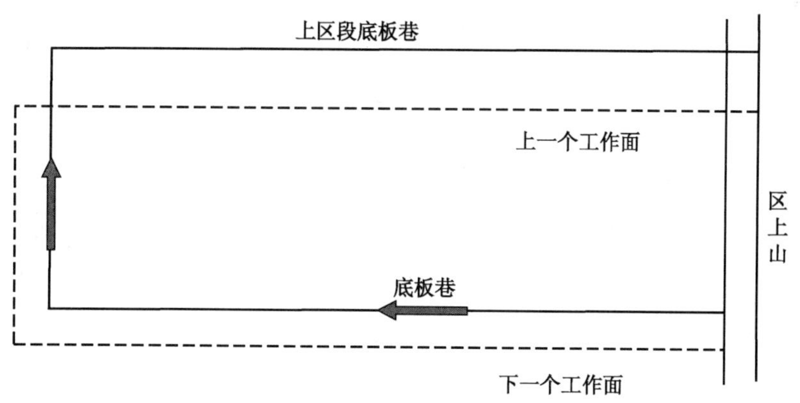

图 4-6 工作面巷道与底板巷对应关系图

4.2.2 底抽巷与上部工作面垂直位置关系

底板巷道位置选择距离煤层底板太远就会造成所打的穿层钻孔过长，增加了打钻工程量；距离煤层太近，会由于岩柱的抵抗力不足，巷道的稳定性存在问题，同时由于上部煤层的突出危险性，存在突出安全隐患，因此，应科学确定底抽巷的合理层位。

4.2.2.1 方案的提出

基于沙曲矿南四采区地质资料和综合柱状图（图 4-7），选择底抽巷沿 6 号煤层顶板掘进。巷道所处层位围岩强度较低，有利于巷道快速掘进，降低施工成本，缓解煤层群区域性的采掘抽接替紧张局面。

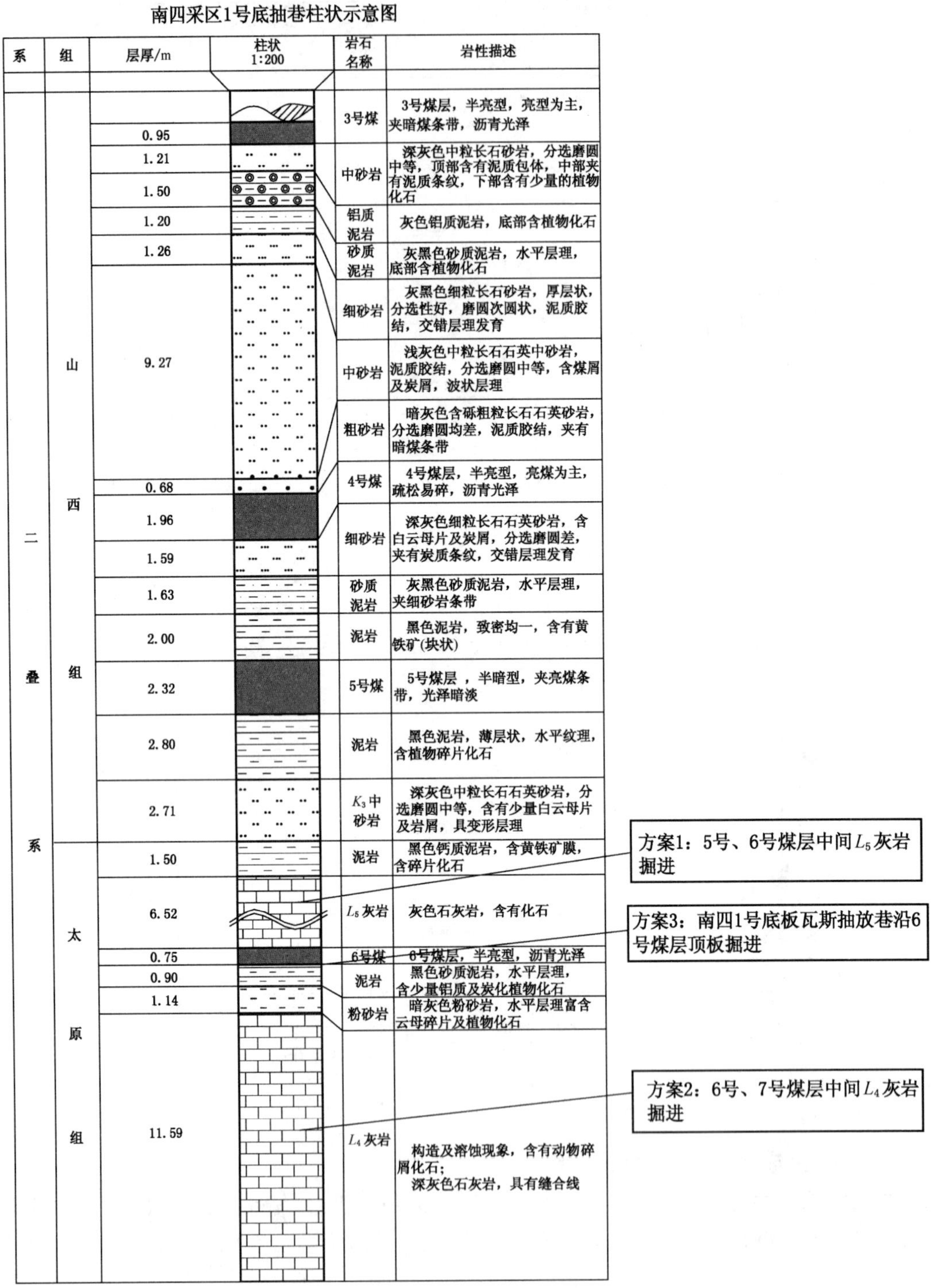

南四采区1号底抽巷柱状示意图

系	组	层厚/m	柱状 1:200	岩石名称	岩性描述
二叠系	山西组	0.95		3号煤	3号煤层，半亮型，亮型为主，夹暗煤条带，沥青光泽
		1.21		中砂岩	深灰色中粒长石砂岩，分选磨圆中等，顶部含有泥质包体，中部夹有泥质条纹，下部含有少量的植物化石
		1.50		铝质泥岩	灰色铝质泥岩，底部含植物化石
		1.20		砂质泥岩	灰黑色砂质泥岩，水平层理，底部含植物化石
		1.26		细砂岩	灰黑色细粒长石砂岩，厚层状，分选性好，磨圆次圆状，泥质胶结，交错层理发育
		9.27		中砂岩	浅灰色中粒长石石英中砂岩，泥质胶结，分选磨圆中等，含煤屑及炭屑，波状层理
				粗砂岩	暗灰色含砾粗粒长石石英砂岩，分选磨圆均差，泥质胶结，夹有暗煤条带
		0.68		4号煤	4号煤层，半亮型，亮煤为主，疏松易碎，沥青光泽
		1.96		细砂岩	深灰色细粒长石石英砂岩，含白云母片及炭屑，分选磨圆差，夹有炭质条纹，交错层理发育
		1.59		砂质泥岩	灰黑色砂质泥岩，水平层理，夹细砂岩条带
		1.63		泥岩	黑色泥岩，致密均一，含有黄铁矿(块状)
		2.00		5号煤	5号煤层，半暗型，夹亮煤条带，光泽暗淡
		2.32		泥岩	黑色泥岩，薄层状，水平纹理，含植物碎片化石
		2.80		K_3中砂岩	深灰色中粒长石石英砂岩，分选磨圆中等，含有少量白云母片及岩屑，具变形层理
		2.71		泥岩	黑色钙质泥岩，含黄铁矿膜，含碎片化石
	太原组	1.50		L_5灰岩	灰色石灰岩，含有化石
		6.52		6号煤	6号煤层，半亮型，沥青光泽
		0.75		泥岩	黑色砂质泥岩，水平层理，含少量铝质及炭化植物化石
		0.90		粉砂岩	暗灰色粉砂岩，水平层理富含云母碎片及植物化石
		1.14		L_4灰岩	构造及溶蚀现象，含有动物碎屑化石；深灰色石灰岩，具有缝合线
		11.59			

方案1：5号、6号煤层中间L_5灰岩掘进

方案3：南四1号底板瓦斯抽放巷沿6号煤层顶板掘进

方案2：6号、7号煤层中间L_4灰岩掘进

图4-7　南四采区综合柱状图

（1）优点：①巷道沿6号煤层顶板掘进，可以准确掌握6号煤层的倾角、走向及瓦斯情况，采取针对性防突及瓦斯治理措施，避免了揭煤管理的困难，并且由于巷道顶底板为L5、L4灰岩，距离5号、7号煤层较远，减少上部、下部煤层瓦斯涌入工作面。

（2）缺点：巷道沿突出煤层掘进。上部3号、4号煤层开采将引起煤岩层顶底板一定范围内的岩层应力变化及顶底板围岩破裂，对处于开采煤层群下部岩层中的底抽巷将产生何种影响，是否会引发一系列的底抽巷的支护问题，甚至是底抽巷严重变形无法使用问题。因此，基于以上考虑，需要对围岩应力及破裂范围特征展开分析研究，验证底抽巷布置层位的合理可行性。

4.2.2.2　方案可行性验证

1. 理论验证

运用弹塑性力学方法结合莫尔-库仑（Mohr-Coulomb）强度理论，以现场观测数据为依据，辅助进行计算机数值模拟，综合计算沙曲矿4号煤层底板岩体受采动影响的最大破坏深度，为底抽巷合理位置的布置提供理论依据。

由图4-7可知4号煤层与5号煤层及6号煤层间距分别为$L_1=6.7$ m，$L_2=22.6$ m。

底板岩体的滑移线场，即塑性区的边界，如图4-8所示。根据岩土层极限承载力的综合计算公式（4-1），得到了底板岩体极限载荷计算公式（4-2）：根据图4-8极限塑区的几何尺寸可以确定出支承压力作用下煤体边缘极限塑性破坏的最大深度h_{max}。

$$P_u=(C\cdot\cot\varphi_0+m\gamma H+\gamma x_a\tan\varphi_0)e^{\pi\tan\varphi_0}\tan^2\left(\frac{\pi}{4}+\frac{\varphi_0}{2}\right)+\gamma x_a\tan\varphi_0-C\cdot\cot\varphi_0 \tag{4-1}$$

$$h_{max}=\frac{x_a\cos\varphi}{2\cos\left(\frac{\pi}{4}+\frac{\varphi}{2}\right)}e^{\left(\frac{\pi}{4}+\frac{\varphi}{2}\right)\tan\varphi_0}=\frac{15\cos35°}{2\cos\left(\frac{\pi}{4}+\frac{35}{2}\right)}e^{\left(\frac{\pi}{4}+\frac{35°}{2}\right)\tan35°}=19.57\text{ m} \tag{4-2}$$

式中　x_a——煤柱屈服区长度，取14 m；

C——岩体的内聚力，MPa；

φ_0——岩石内摩擦角，取35°，底板岩体的滑移线场，即塑性区的边界；

H——采深，取450 m。

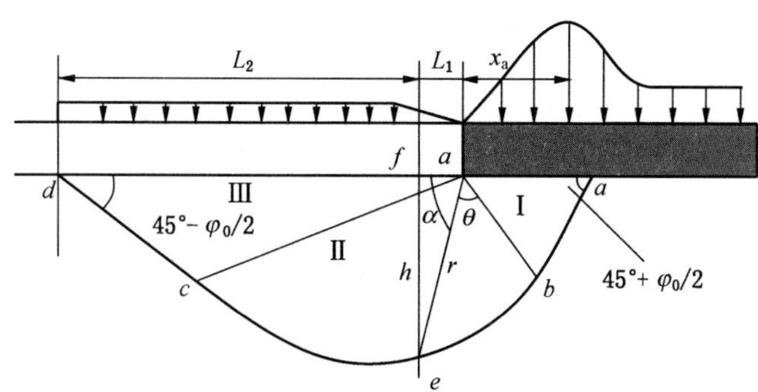

图4-8　底板岩体破坏滑移线场图

由式（4-2）可知，4号煤层开采对底板破坏深度19.57 m，小于4号煤层与6号煤层的层间距，不会导致6号煤层以及岩层发生破坏，即从理论计算上看底抽巷位置的布置是合理的。

2. 数值计算论证

底抽巷开挖后，其围岩塑性破坏范围和垂直应力分布云图如图 4-9 所示。

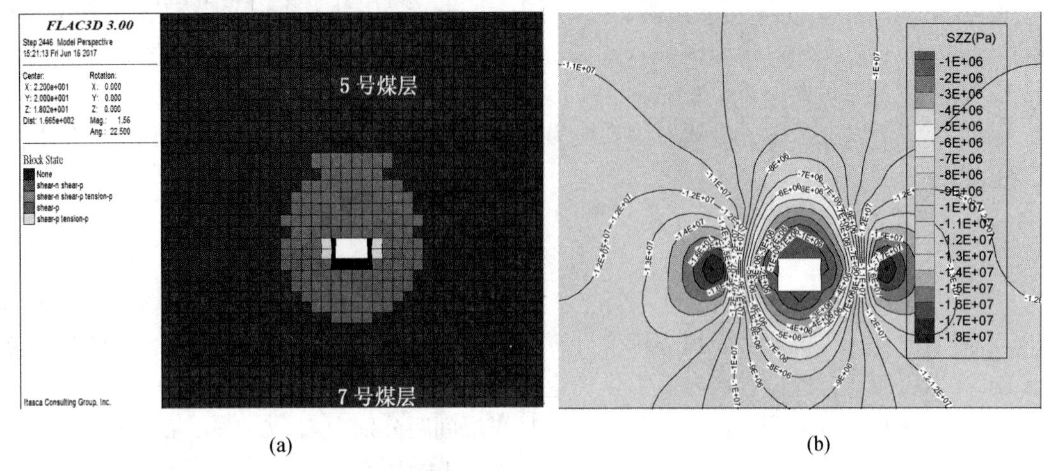

(a) (b)

图 4-9 围岩塑性破坏范围和垂直应力分布云图

由图 4-9a 可知，底板瓦斯抽放巷掘进后巷道顶板最大破坏高度约 7.5 m，围岩破坏裂隙没有贯穿顶板 5 号煤层；底板最大破坏高度约 5.0 m，围岩破坏裂隙没有贯穿底板 6 号煤层；巷道两帮的塑性破坏范围约 5.0 m。由图 4-9b 可知，巷道围岩因破坏而产生明显的卸压范围；巷道两帮应力集中区的最大压应力约 18 MPa。

由于巷道顶底板为 L5 和 L4 灰岩，距离 5 号和 7 号煤层较远，避免了上部、下部煤层瓦斯涌入工作面的情况。

(1) 垂直位移图。围岩垂直位移分布云图如图 4-10 所示。由图 4-10 可知，底抽巷顶板的最大垂直位移量亦较小，约为 17 mm，巷道底板最大垂直位移量为 7 mm，巷道两帮为煤体，其垂直位移约 3 mm。

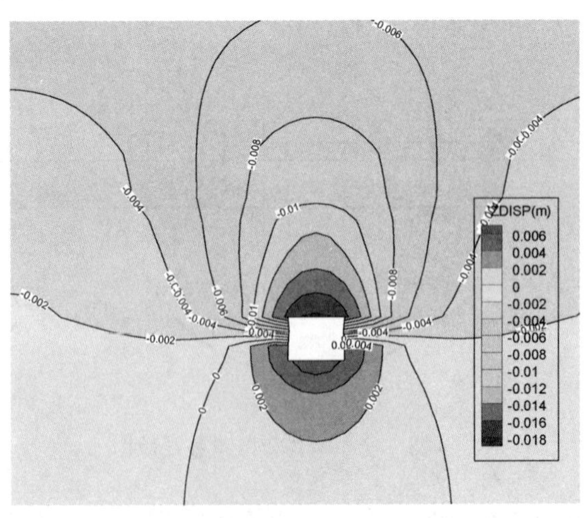

图 4-10 围岩垂直位移分布云图

测点布置方案：沿底抽巷顶板和底板中部位置，每隔 1 m 向其巷道顶底板深部布置一个测点，以便分析垂直位移的深部传递规律。

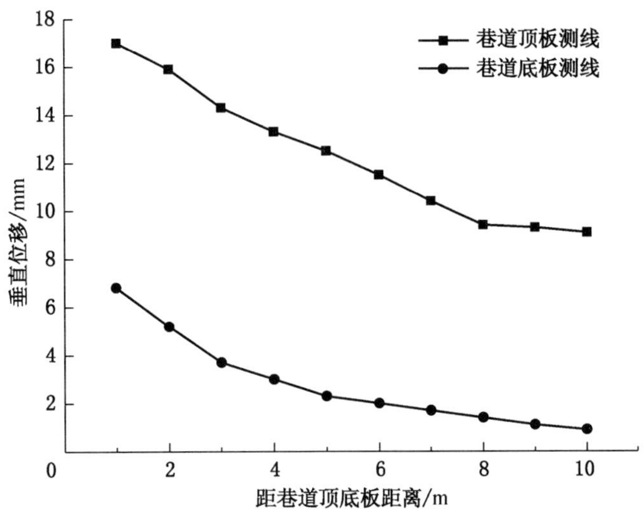

图 4-11　底抽巷顶底板深部传递规律

由图 4-11 可知，底抽巷顶板的垂直位移量明显大于巷道底板的垂直位移量，顶板最大垂直位移量为 17 mm，随着距巷道顶板距离的增加，垂直位移量急剧减小，并逐渐趋于稳定；巷道底板最大垂直位移量为 7 mm，随着距巷道底板距离的增加，垂直位移先急剧减小，后逐渐稳定并趋于 0.9 mm，巷道顶板的减小速率大于巷道底板的减小速率。

（2）最大主应力图。底抽巷开挖后，其最大主应力分布云图如图 4-12 所示。由图 4-12 可知，底抽巷开挖后，围岩应力重新分布，巷道浅部围岩发生塑性破坏，最大主应力深部转移，在巷道周围某一深度处形成高应力集中区，高应力区内的主应力值明显大于四周主应力的值，且形成的高应力集中区在巷道分布更均匀，表明围岩承载效果更好，有利于巷道的稳定。

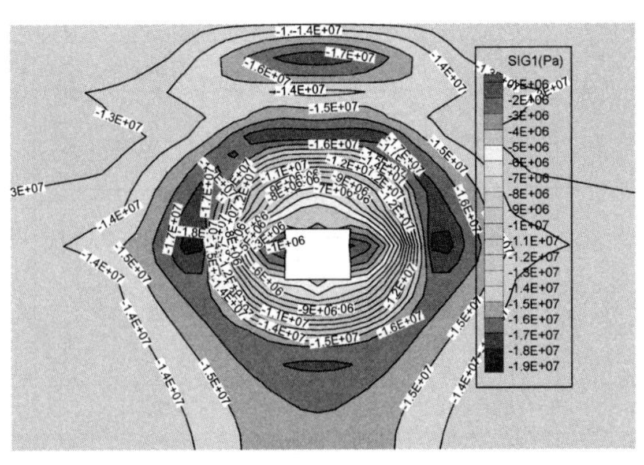

图 4-12　最大主应力分布云图

4.2.2.3 底抽巷掘进消突评价

本章前两节研究论证了底抽巷沿6号煤层顶板的层位布置方案的可行性。但6号煤层属于具有突出危险性的煤层，在掘进过程中需严格执行“四位一体”消突工程技术措施，确保安全生产。

1. 基本地质概况

6号煤层标高在+405～+500 m之间，总体呈单斜构造，岩层走向近似南北，倾向西，倾角4°～8°，平均倾角6°。在L5灰岩下方的6号煤层内施工。巷道直接顶为L5灰岩，平均厚度为7.12 m，灰色，厚层状，地质坚硬，上部破碎，充填方解石结构；巷道直接底板为L4上部灰岩，深灰色厚层状石灰岩，含燧石结构，地质坚硬，隐晶结构，平均厚度为9.3 m。

2. 6号煤层区域防突措施

根据地质资料显示6号煤层平均厚度为0.8 m，现工作面实际煤层分两层，紧贴巷道顶板有300 mm厚的6号煤层，工作面中部有大约200 mm厚的6号煤层，鉴于工作面6号煤层实际情况，本工作面执行先抽后掘的防突措施，在工作面左右帮施工瓦斯抽放钻场，每隔15 m交替施工一个钻场，钻场深4 m，宽5 m，钻场高度与巷道高度相同，左右钻场间距中对中15 m，利用ZDY-4000L型钻机在钻场内施工瓦斯抽放钻孔，钻场内瓦斯抽放钻孔必须辐射至工作面正前巷道内及巷道轮廓线以外15 m范围内，左右钻场内的钻孔必须互相交替，始终保证工作面前方与巷道两帮有钻孔辐射，消除本煤层突出危险性。

3. 消突效果验证

采用井下钻孔瓦斯解吸法，利用煤层钻孔采集煤体煤样，用WP-1瓦斯含量快速测定仪在井下直接测定其残余瓦斯量。

在三采区1号底抽巷6号煤层施工测定钻孔，每隔100 m施工1个，测定钻孔深度设计为50 m，分别在20 m处和孔底进行取样，采集煤样后用WP-1型瓦斯含量快速测定仪现场测定残余瓦斯量见表4-1。

表4-1 三采区1号底抽巷瓦斯突出危险性参数表

编号	地点/m	瓦斯压力/MPa	瓦斯含量/($m^3 \cdot t^{-1}$)	K_1 值/[$L \cdot (g \cdot min^{\frac{1}{2}})^{-1}$]
1	100	0.21	4.32	0.11
2	200	0.25	3.56	0.16
3	300	0.18	4.89	0.12
4	400	0.23	3.95	0.22
5	500	0.16	3.56	0.23
6	600	0.21	3.98	0.12
7	700	0.19	3.69	0.25
8	800	0.25	4.89	0.16
9	900	0.26	4.49	0.23
10	1000	0.21	5.12	0.21
11	1100	0.23	4.56	0.23

表4-1（续）

编 号	地点/m	瓦斯压力/MPa	瓦斯含量/($m^3 \cdot t^{-1}$)	K_1 值/[$L \cdot (g \cdot min^{\frac{1}{2}})^{-1}$]
12	1200	0.16	4.93	0.18

注：指标执行临界值，瓦斯压力 $P \geqslant 0.74$ MPa，瓦斯含量<8 m^3/t，K_1 值≥0.5g · $min^{\frac{1}{2}}$。

由表4-1可以看出，6号煤层最大残余瓦斯含量为5.12 m^3/t，最大瓦斯压力为0.26 MPa，最大 K_1 值为0.25g · $min^{\frac{1}{2}}$。各项指标参数小于区域防突措施效果检验的临界值，因此，本次区域防突措施有效，区域范围内属于无突出危险区。

4.3 底抽巷的巷道稳定性研究

4.3.1 预抽阶段巷道稳定性研究

矿压监测是采矿设计、合理选择支护形式及支架类型，加强顶板控制，保证安全生产的重要环节。在锚杆锚索支护的巷道掘进施工期间，矿压观测可及时了解和掌握巷道在整个服务期间的巷道围岩变形情况和锚杆锚索的支护效应。通过对观测数据的分析，可科学地指导掘进施工及锚杆支护设计。

4.3.1.1 巷道表面位移观测

1. 测点布置

（1）每组包括4个测点：顶板、底板和两帮。测点布置时，保证顶底测点连线与两帮测点连线垂直，如图4-13所示。

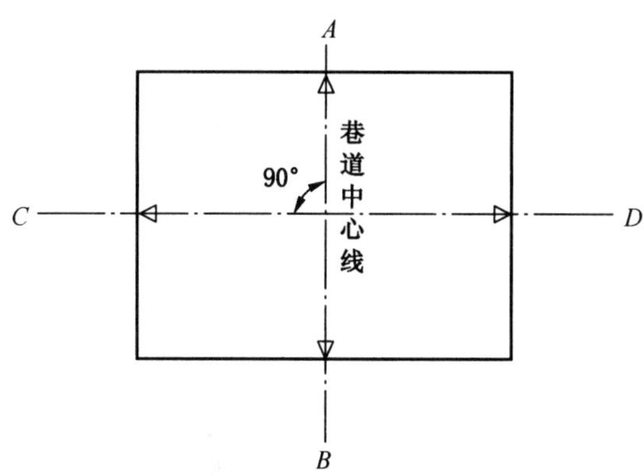

图4-13 巷道表面位移测点布置示意图

（2）帮部及顶部测点采用打短锚杆的方式布设，顶部及帮部锚杆打入巷道围岩不小于1000 mm，采用1卷K2540树脂锚固剂端头锚固。顶板和两帮测点锚杆外露长度不小于220 mm，底部测点采用 $\phi16 \times 1900$ mm 布设，采用1卷K2540树脂锚固剂端头锚固。锚杆打入底板后外露长度不小于30 mm，以保证铺轨后测点的定位。

（3）测点布设后应做好记号，记录与巷道特征点的距离并编号，并在施工中注意保护，以确保测量数据的准确性和可靠性。

2. 监测方法

用钢卷尺和塔尺分别测量各测点到基准点的距离，两测点相邻两次测试数据的差值即为两点相对移近，以此累加相邻两次测试数据的差值即可得两点相对总移近量，测量精度为0. 1 mm。

3. 数据分析

测点1（距迎头40 m）巷道顶底板移进量变化曲线如图4-14所示。

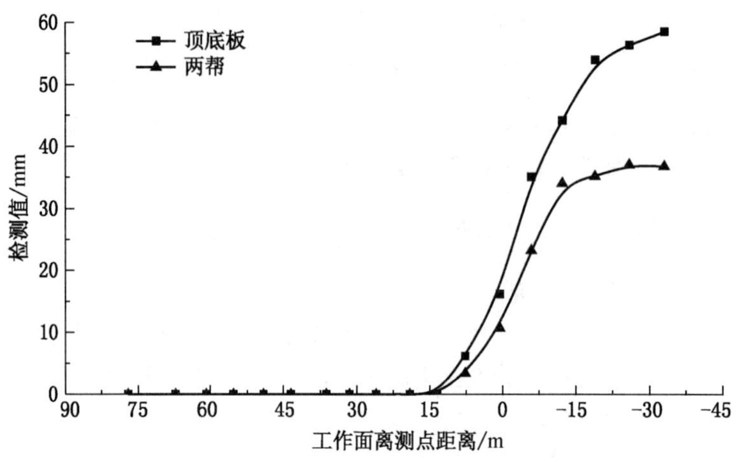

图4-14　测点1（距迎头40 m）巷道顶底板移进量变化

测点2（距迎头40 m）巷道两帮移进量变化曲线如图4-15所示。

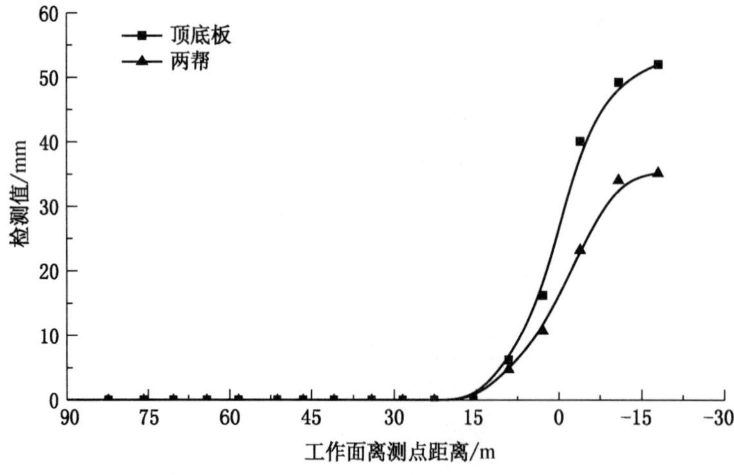

图4-15　测点2（距迎头40 m）巷道两帮移进量变化

根据图4-14、图4-15可知巷道位移随着迎头的掘进而增加，其中巷道顶底板的移近量得到了较好的控制，要明显小于巷道两帮的移近量。其位移速度随着时间的推移而逐渐下降，在掘进两个月后基本趋于稳定，顶板相对移近量在60 mm左右，两帮最大相对移近量在40 mm左右。

4. 3. 1. 2　锚杆（索）受力监测

1. 测点布置

锚杆与锚索受力检测是巷道矿压检测的重要内容。通过检测支护体受力大小与分布，可比较全面地了解锚杆工作状况，判断锚杆是否发生屈服和破断，评价巷道围岩的稳定性与安全性，锚杆支护设计是否合理。根据沙曲矿 1 号底抽巷的现场施工条件，对每个测站断面的顶板锚索、两肩部锚杆及两腰部锚杆进行锚杆（索）受力状态检测，其布置形式如图 4-16 所示。

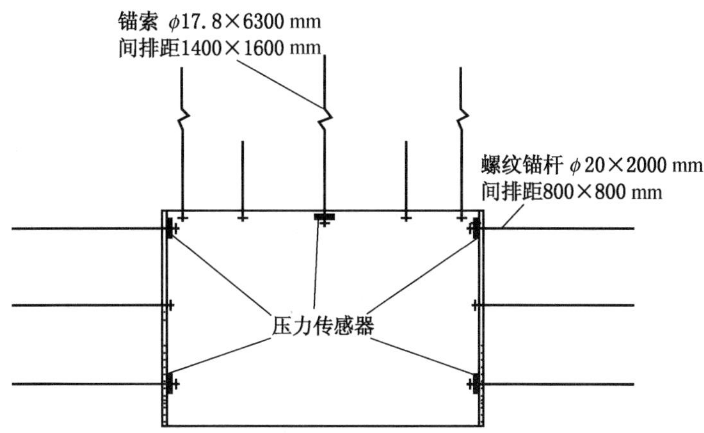

图 4-16 压力传感器布置图

2. 检测仪器

现场测试使用如图 4-17 所示的锚杆（索）压力传感器。锚杆（索）体安装完毕后，上组合构件、托板，将测力计套入。调整测力计的位置及球形垫片，使测力计受力均衡。安装螺母(锚具)，施加预紧力。测力锚杆安装前测量初读数，安装结束后马上进行第 1 次测读。距掘进工作面 5 m 范围内每天观测，以后不超过 3 天观测一次，直到数据趋向稳定。

图 4-17 锚杆（索）压力传感器

3. 数据分析

通过分析发现支护初期锚固力变化较大，围岩还处于不稳定期。到 10 d 左右以后巷道围岩趋于稳定，锚杆（索）端部应力也基本不再变化。从图 4-18 ~ 图 4-20 中可以看出，围岩稳定后左右两帮上部锚杆应力在稳定一段时间（30 d 左右）后有急剧变小的趋势，这说明该部位的锚杆支护效果下降，分析原因在于巷道两帮上部变形较大导致其破裂区范围不断积累增加，最终超过锚杆有效支护控制范围，致使锚固力下降。可见在现有支护体系下，巷道四周围岩除两帮上部以外，其他区域基本得到较好的控制，可视情况适当增加两帮上部锚杆的支护强度，如增加锚杆长度、调整锚固方式。

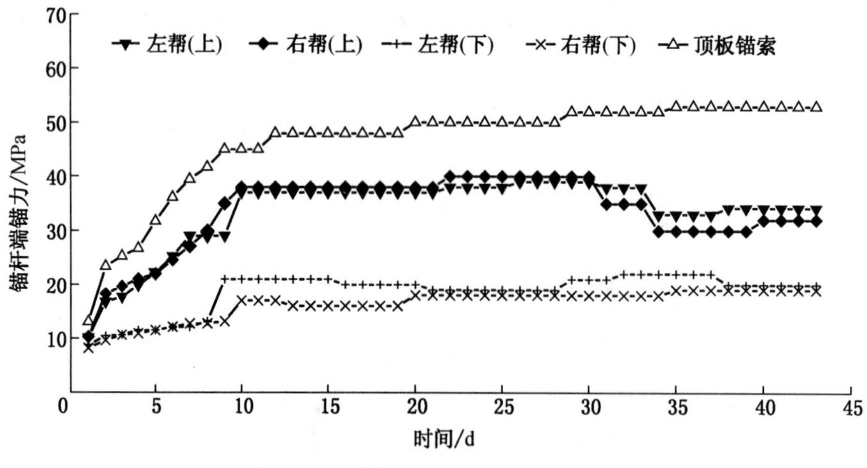

图 4-18　测点 1 锚杆锚固力检测曲线

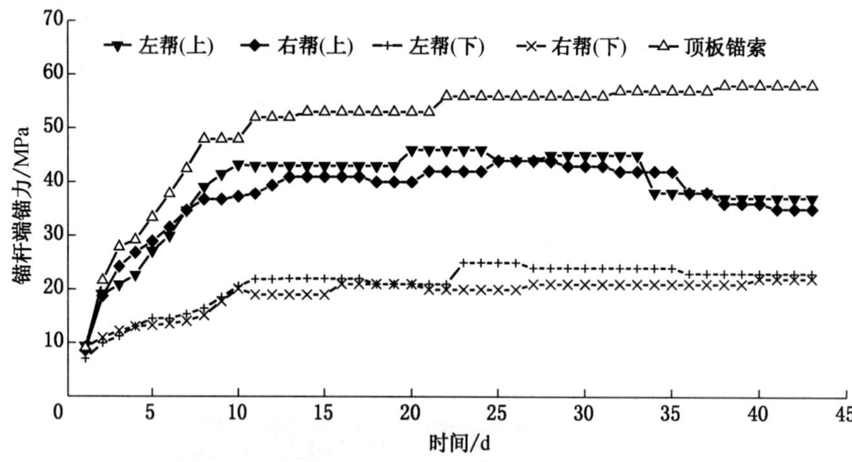

图 4-19　测点 2 锚杆锚固力检测曲线

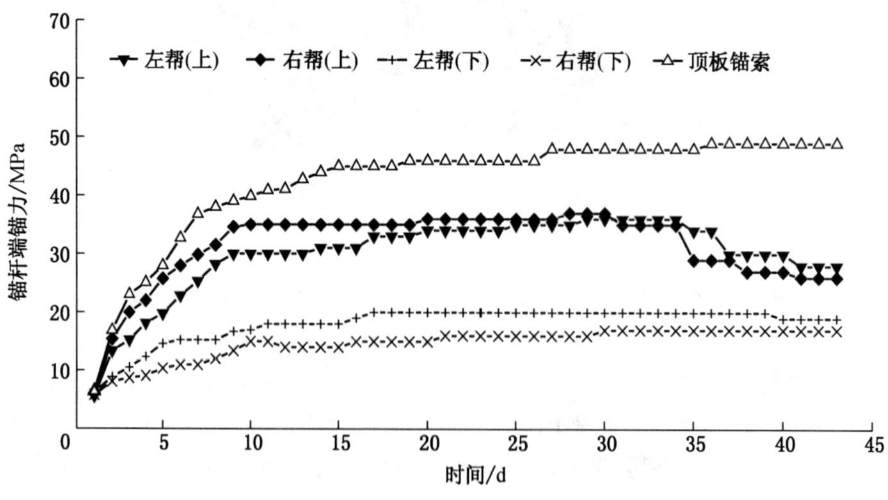

图 4-20　测点 3 锚杆锚固力检测曲线

经过对沙曲矿底抽巷掘进过程中矿压观测的数据进行分析后可知，未受到采动情况下的现有支护条件较好地控制了巷道围岩的变形量，尤其是顶板得到较好的控制。同时巷道顶板离层范围得到较好的控制，锚杆、锚索的受力状况也更加有力与支护体和巷道围岩形成一个整体，而不致出现局部锚杆、索与巷道围岩破坏的现象。

4.3.1.3　巷道围岩裂隙演化规律现场观测

1. 钻孔窥视

理论和数值分析结果表明，应力环境的变化是围岩破裂发展的深层本质致因，围岩应力变化对巷道围岩破裂范围及分布特征有重要影响作用。因此研究开采扰动下巷道围岩破裂特征演化规律，掌握开采应力演化特征，有助于认识巷道稳定性和底抽巷作用。

1）观测方法

观测采用 YSZ（B）钻孔窥视仪（图 4-21），窥视仪主要由主机和窥视探头两部分组成，探头最大可观测深度为 15 m。该机可用于井下地质孔、瓦斯抽放孔、锚杆孔、顶板孔、放水孔及其他钻孔观测，并具有分析、信息管理、存档等功能。

(a)YSZ(B)钻孔窥视仪　　(b)钻孔窥视仪探头

图 4-21　巷道围岩钻孔窥视设备

2）测点布置

实际选择沙曲矿 1 号底抽巷进行现场试验，为获得较为准确的现场数据，结合沙曲矿采动巷道难成孔，易塌孔的特点，故将围岩破裂区测试点布置在掘进面后方 40 m 处，如图 4-22 所示。测试点间距 10 m，共 3 个测试点，每个测试点布置 3 个钻孔，分别位于巷道两帮腰线位置及底板中间位置。

3）观测结果

观测孔成孔后，先将带有刻度的测尺伸入孔内，作为观测深度标记。之后将窥视仪窥视探头采用前进式进入方式，由孔口至孔底连续拍摄孔壁完整性情况，并将对应观测地点录像记录存储下来。

（1）测点 1 围岩裂隙观测。

①顶板观测孔如图 4-23 所示。由图 4-23 可以知道，钻孔深部围岩完整，裂隙发育极少，测点 *A* 底板最大破裂范围达到 2. 1 m。

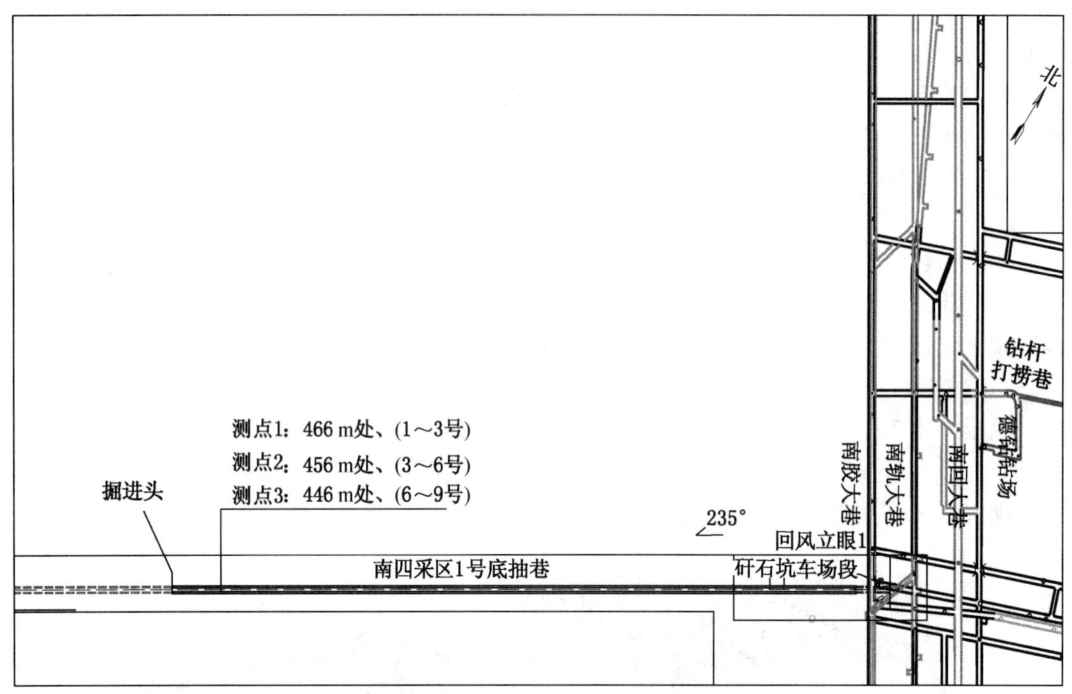

图 4-22 破裂区测试点布置图

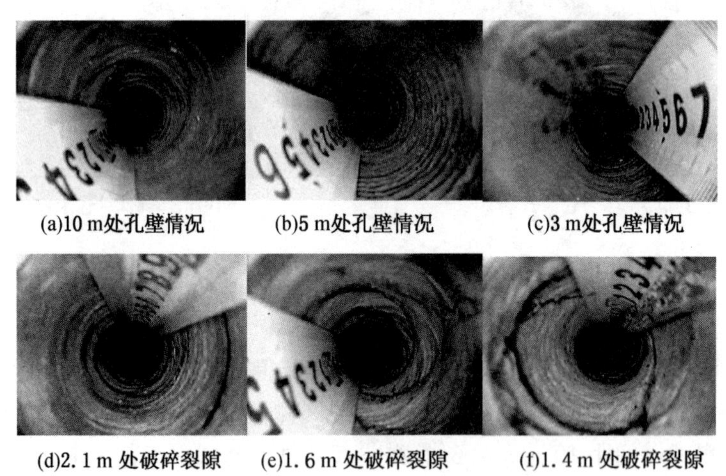
(a)10 m处孔壁情况 (b)5 m处孔壁情况 (c)3 m处孔壁情况

(d)2.1 m 处破碎裂隙 (e)1.6 m 处破碎裂隙 (f)1.4 m 处破碎裂隙

图 4-23 一测区围岩裂隙顶板观测孔

②左肩观测孔如图 4-24 所示。测点 1 巷道左帮 1.5 m 处发现了破碎裂隙，而该界面深部围岩未观测到裂隙发育，说明此时左帮最大发育范围为 1.5 m。

③右肩观测孔如图 4-25 所示。测点 1 巷道右肩 1.6 m、1.3 m 及 1.2 m 处均发现了不同破裂形式的破断裂隙，以裂隙最深处界面为分界面，可推断此时右肩破裂范围达到了 1.6 m。

（2）测点 2 围岩裂隙观测。

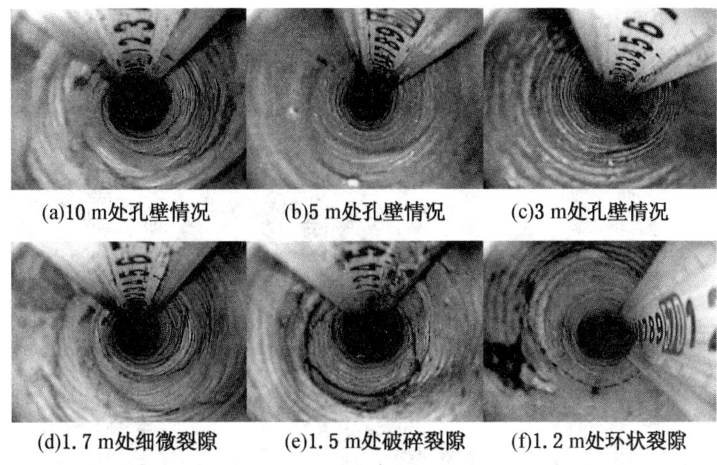

(a)10 m处孔壁情况　(b)5 m处孔壁情况　(c)3 m处孔壁情况

(d)1.7 m处细微裂隙　(e)1.5 m处破碎裂隙　(f)1.2 m处环状裂隙

图4-24　测点1围岩裂隙左肩观测孔

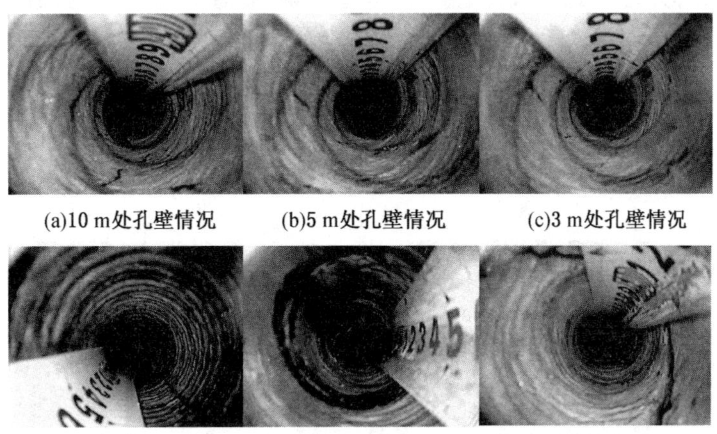

(a)10 m处孔壁情况　(b)5 m处孔壁情况　(c)3 m处孔壁情况

(d)1.6 m处纵向裂隙　(e)1.3 m处环状裂隙　(f)1.2 m处破裂情况

图4-25　测点1围岩裂隙右肩观测孔

①顶板观测孔如图4-26所示。由图4-26可知，测点2巷道顶板处围岩裂隙发展达到2.2 m。

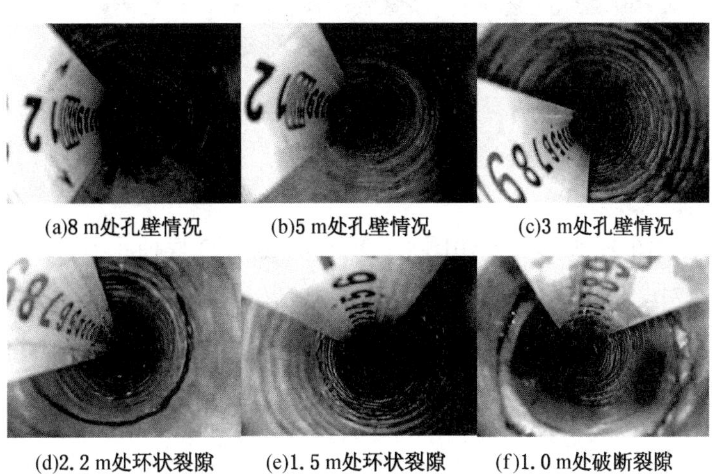

(a)8 m处孔壁情况　(b)5 m处孔壁情况　(c)3 m处孔壁情况

(d)2.2 m处环状裂隙　(e)1.5 m处环状裂隙　(f)1.0 m处破断裂隙

图4-26　测点2围岩裂隙顶板观测孔

②左肩观测孔如图 4-27 所示。由图 4-27 可知，二测区底抽巷围岩左肩可观测裂隙最大发育深度为 1.5 m。

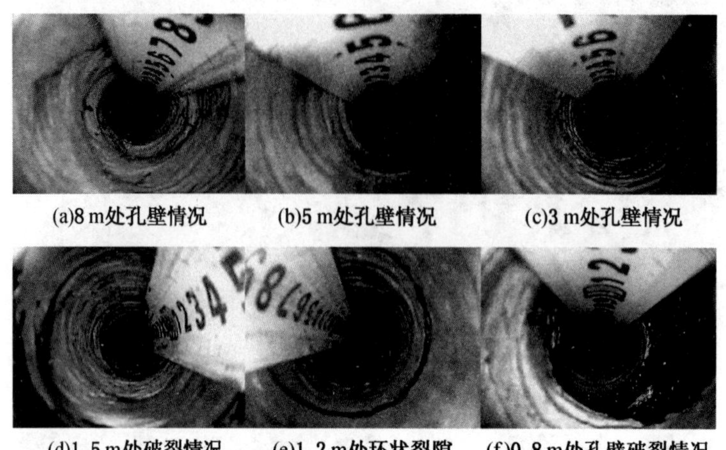

(a)8 m处孔壁情况 (b)5 m处孔壁情况 (c)3 m处孔壁情况

(d)1.5 m处破裂情况 (e)1.2 m处环状裂隙 (f)0.8 m处孔壁破裂情况

图 4-27 测点 2 围岩裂隙左肩观测孔

③右肩观测孔如图 4-28 所示。由图 4-28 可知，4 号煤层开采结束，底抽巷围岩右肩可观测裂隙最大发育深度为 1.2 m。

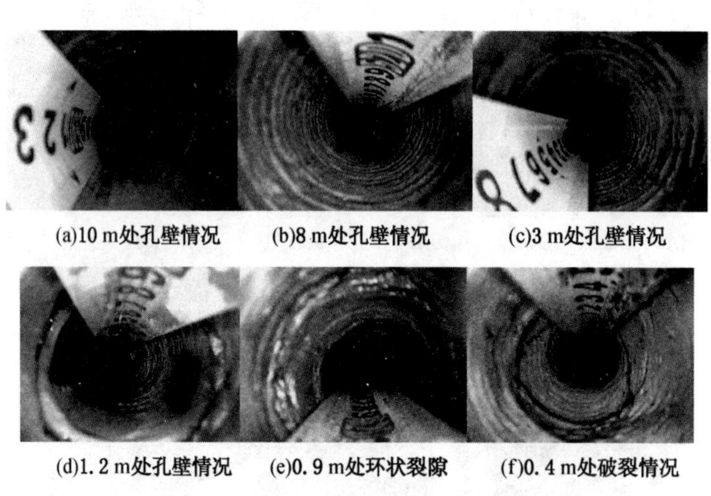

(a)10 m处孔壁情况 (b)8 m处孔壁情况 (c)3 m处孔壁情况

(d)1.2 m处孔壁情况 (e)0.9 m处环状裂隙 (f)0.4 m处破裂情况

图 4-28 测点 2 围岩裂隙右肩观测孔

(3) 测点 3 围岩裂隙观测。

①顶板观测孔如图 4-29 所示。由图 4-29 可知，测点 3 底抽巷围岩顶板可观测裂隙最大发育深度为 2.1 m。

②左肩观测孔如图 4-30 所示。由图 4-30 可知，测点 3 底抽巷围岩左肩可观测裂隙最大发育深度为 1.2 m。

③右肩观测孔如图 4-31 所示。由图 4-31 可知，测点 3 底抽巷围岩右肩可观测裂隙最大发育深度达到 1.3 m。

4) 观测结果统计及分析

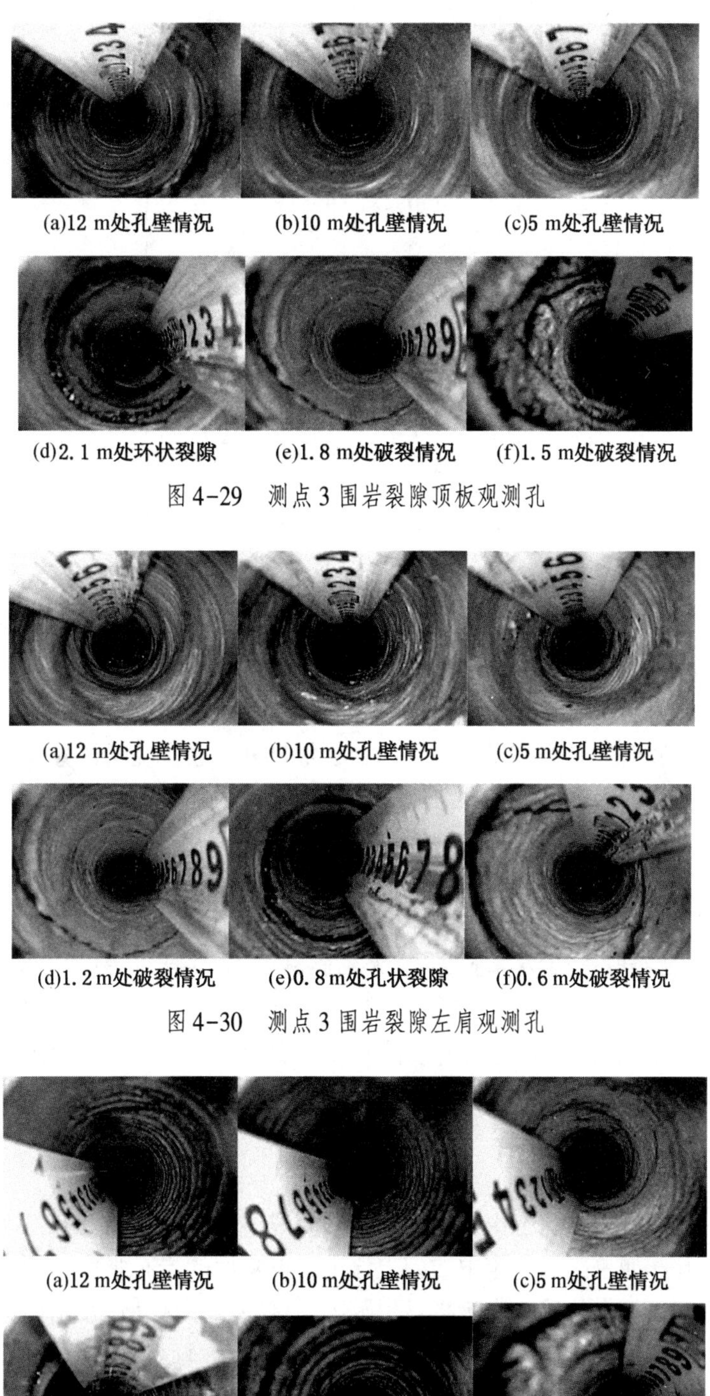

(a)12 m处孔壁情况　(b)10 m处孔壁情况　(c)5 m处孔壁情况

(d)2.1 m处环状裂隙　(e)1.8 m处破裂情况　(f)1.5 m处破裂情况

图 4-29　测点 3 围岩裂隙顶板观测孔

(a)12 m处孔壁情况　(b)10 m处孔壁情况　(c)5 m处孔壁情况

(d)1.2 m处破裂情况　(e)0.8 m处孔状裂隙　(f)0.6 m处破裂情况

图 4-30　测点 3 围岩裂隙左肩观测孔

(a)12 m处孔壁情况　(b)10 m处孔壁情况　(c)5 m处孔壁情况

(d)1.3 m处环状裂隙　(e)0.8 m处环状裂隙　(f)0.6 m处破裂情况

图 4-31　测点 3 围岩裂隙右肩观测孔

测点 1、测点 2、测点 3 观测结果统计分析结果见表 4-2。

表 4-2 一、二、三测区断面围岩最大破裂范围结果

断面位置	探孔深度/m	探孔位置	破裂区位置/m	备　注
测点 1	12	顶板	2.1	巷道 466 m 处
	12	左肩	1.7	
	12	右肩	1.6	
测点 2	12	顶板	2.2	巷道 456 m 处
	12	左肩	1.5	
	12	右肩	1.2	
测点 3	12	顶板	2.1	巷道 446 m 处
	12	左肩	1.2	
	12	右肩	1.3	

统计分析可知：

（1）1 号底抽巷受上部煤层重复充分采动后，围岩最大破裂范围边界大致位于围岩内深度 3.4 m 处。

（2）各次采动对底抽巷围岩扰动强度顺序依次为 3 号>5 号>4 号。4 号、5 号煤层开采扰动对底抽巷围岩最大破裂区增量分别为 0.5 m 和 0.8 m，说明 5 号煤层开采扰动强度比 4 号煤层大；观察到采动影响前底抽巷后实际观测到围岩收敛变形小，巷道稳定性较好。因此，推测 3 号开采扰动是底抽巷围岩破坏的主要影响因素，3 号煤层采后围岩裂隙最大观测范围为 2.1 m，因此推断 3 号煤层开采扰动强度大于 5 号煤层。

（3）固定某一时间节点，从单孔壁情况上来看，孔壁由浅至深破坏程度出现降低的趋势，各孔浅部破裂范围边界直至深部孔底孔壁完整性非常好，接近原始岩体状态。这说明：在充分开采扰动后，底抽巷与上部煤层群之间存在着裂隙发育较少的完整底板岩层。在空间上，底抽巷围岩裂隙场与上部煤层群开采裂隙场之间并不存在贯通裂隙。

2. 围岩破裂范围超声波测试

1）巷道围岩裂隙的形成

巷道开挖后，围岩受力状态由三向受力状态变成了近似两向受力状态时，造成岩石应力较大幅度的上升。如果围岩中集中的应力值小于下降后的岩石强度，围岩处于弹塑性状态，围岩自行稳定；如果相反，围岩将发生破坏，这种破坏从周边逐渐向深部扩展，直至达到新的三向应力平衡状态为止，此时围岩中出现了一个破裂带。围岩破裂区，如图 4-32 所示。

巷道支护理论之一的破裂区理论认为，支护的作用就是限制围岩破裂区中碎胀力所造成的有害变形。围岩破裂区的巷道支护理论主要有以下特点：

（1）绕过了地应力、围岩强度、结构面性质测定等困难问题，但又抓住了它们的影响结果，即破裂区是一个综合指标。

（2）大小很容易用声测法及其他物探方法获得，现场应用十分方便。

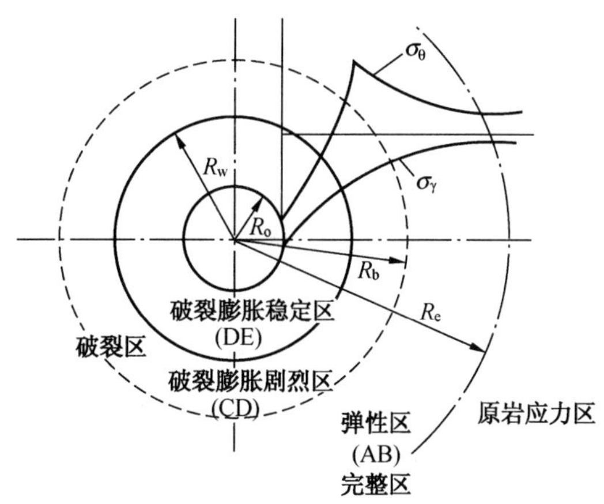

图 4-32 理论分析破裂区示意图

(3) 实测所得，未在重要方向做任何假设。

掌握巷道破裂区范围的大小及受采动影响的变化规律，对于选择恰当的巷道支护方式与参数，确定合理的工作面超前支护范围等具有重要意义。实践表明，围岩破裂区越大，碎胀变形就越大，巷道支护就越难。当围岩条件不变时，围岩应力越大，破裂区也越大，破裂区的大小与常用的被动支护关系不明显。而锚杆支护属于主动支护，其对围岩的破裂区有明显的关系。

因此，破裂区理论对巷道锚杆、锚索支护具有较好适应性，尤其是当巷道埋深大、应力高，其他地质力学参数测试难以进行或者准确度难以保证时，其优越性更加明显。

2）测试方法

目前围岩破裂区测试方法主要有多点位移计法、地质雷达法、地震波法、电阻率法和渗透法、声波法（声波测试法分单孔法和双孔法）等。以上方法都各有利弊，考虑到沙曲矿埋深较大、高应力、难成孔、易塌孔等特点。

现场测试采用 BA-Ⅱ型围岩破裂区测定仪单孔声波法测试，可探测围岩松动、裂隙范围，为井巷设计与施工提供科学依据。仪器为矿用本质安全型，可用于瓦斯矿井、金属矿井、隧道及地下工程围岩定性评析。

3）现场测试及结果分析

(1) 钻孔。超声波测试时，钻孔中需充满水耦合声波传播，一般情况下应将测试钻孔布设在巷道两帮，并略向下倾斜 3°~5°，以便存水。当钻孔仰斜或向上时，为保证钻孔内注满水需使用封孔器。结合沙曲矿的现场条件在上述选取的 3 个测试地点钻取测试孔，每个测点布置 3 个钻孔且均与巷道轴线垂直，如图 4-33 所示。其中两帮孔布置在巷道两帮腰线位置，孔深 4 m，直径 45 mm，孔底向下倾斜 5°左右，底板孔布置在巷道底板中间，垂直于巷道底板，孔深 4 m，直径 45 mm。钻孔完毕后，用高压水清空，为避免钻孔塌落，及时用 PVC 管或铁管护壁，护壁长度从孔口向内延伸 1 m 左右。

表 4-3 为破裂区测试钻孔参数表。

(2) 测试。测试过程如下：①钻孔扫眼，清出孔中岩（煤）粉和碎石（煤）碴；②将各测杆连接成一根直杆并将探头送至孔底，封孔器插入孔口并固定好（两帮向下扎钻孔不用

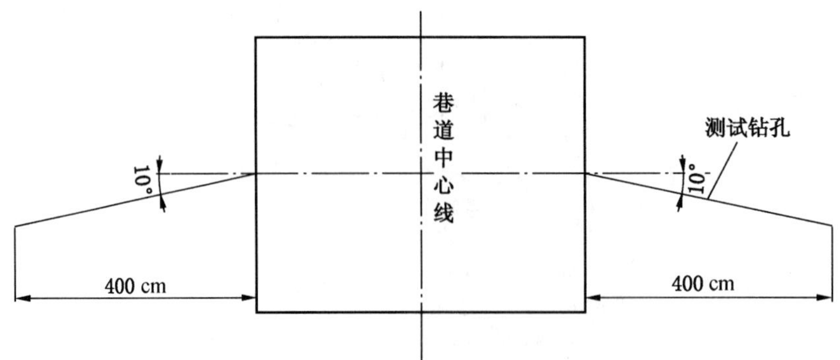

图 4-33　破裂区测试钻孔布置图

表 4-3　底抽巷破裂区测点钻孔参数表

编号	距工作面距离/m	测点在断面处位置	孔深/m	测试深度	断面（宽×高）/(m×m)
1	60	左帮	4	3.6	5×3
2	60	右帮	4	3.6	5×3
3	70	左帮	4	3.6	5×3
4	70	右帮	4	3.6	5×3
5	80	左帮	4	3.6	5×3
6	80	右帮	4	3.6	5×3

封孔器）；③注水，测杆尾端有连续水流出时，表明水已注满；④测试读数，将探头向外逐次抽动 10 cm，读取不同移动距离时对应的仪器读数；⑤检查记录数据，决定是否复测，初步判定围岩裂隙松动范围。

（3）结果分析。根据记录数据分析处理可得图 4-34。图 4-34 中横坐标为声波发射点

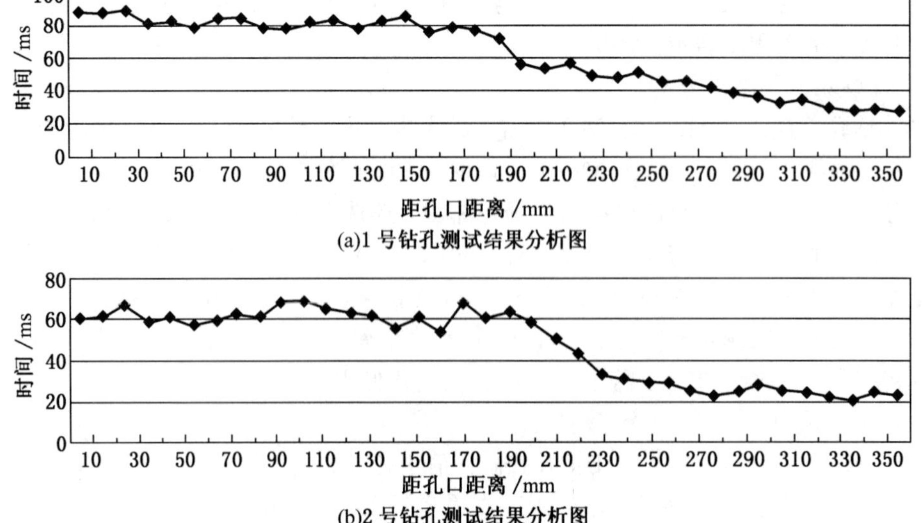

(a)1 号钻孔测试结果分析图

(b)2 号钻孔测试结果分析图

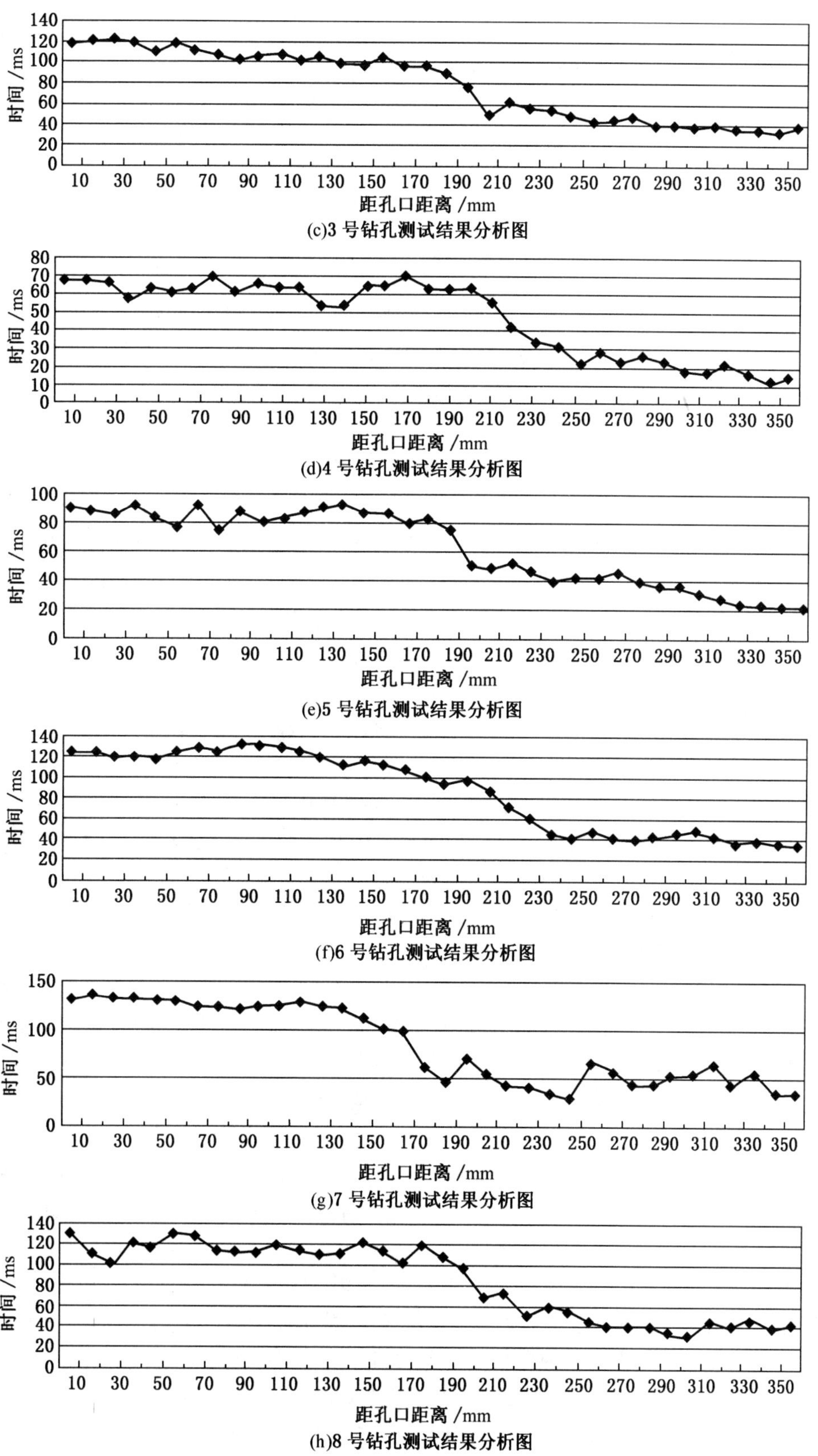

(c)3 号钻孔测试结果分析图

(d)4 号钻孔测试结果分析图

(e)5 号钻孔测试结果分析图

(f)6 号钻孔测试结果分析图

(g)7 号钻孔测试结果分析图

(h)8 号钻孔测试结果分析图

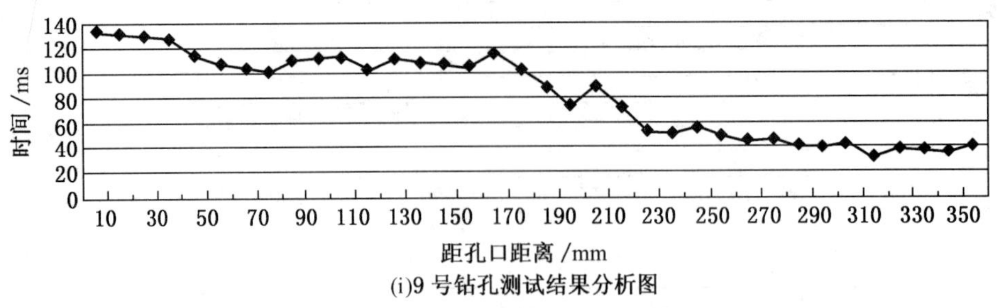

(i)9 号钻孔测试结果分析图

图 4-34　钻孔测试结果分析图

距洞口距离，纵坐标为声波由发射器到接收器间的传播时间。可以看出帮部孔中声波的传播时间在 1.7 ~2.1 m 处急剧变小，说明波速变大，从而得到帮部围岩破碎裂隙区大概在 1.7 ~2.1 m。

依据围岩破裂区分类方法，当围岩破裂区厚度值 L_p =0 ~40 cm 时，为小破裂区稳定围岩。在这类围岩中，只用喷射混凝土支护亦能保证工程的安全，所以不必采用锚杆支护或其他普通支护形式。当 L_p =40 ~150 cm 时，称为中破裂区围岩。中破裂区围岩碎胀变形比较明显，变形量较大，必须采用以锚杆为主体构件的锚喷支护方式，以锚杆为主体支护结构控制其碎胀变形，喷层将只作为锚杆间活石的支护和防止围岩风化。由于围岩破裂区厚度小于常用锚杆长度，因此可采用锚杆悬吊作用机理来设计支护参数。当 L_p > 150 cm 时，为大破裂区围岩状态。在大破裂区围岩巷道中，围岩表现出软岩的工程特征，围岩破裂区碎胀变形量大，初期围岩收敛变形速度快，变形持续时间长，矿压显现较大，支护难度大。在这种围岩情况下，通常采用联合支护形式，如“锚喷网架碹”等。

综合以上分析，可以得出 1 号底抽巷的破裂区范围大概是 1.7 ~2.2 m，属于大破裂区，并且巷道两帮松动破裂范围虽有细小波动，但基本差异不大，可以认为呈现对称破坏特点。这说明，在巷道掘进及上部煤层群开采扰动的应力变化历史过程中，巷道两帮围岩做出的响应基本同步相似，最终破裂范围特征很好说明了这点。

4.3.2　煤层群采动影响下底抽巷稳定性研究

截至 2018 年 12 月，沙曲二矿共掘出三采区 1 号底抽巷、2 号底抽巷、3 号底抽巷以及南五采区 1 号底抽巷 4 条底抽巷。沙曲一矿共掘出四采区 1 号底抽巷、2 号底抽巷和 3 号底抽巷及六采区 1 号底抽巷 4 条底抽巷。结合围岩基础参数和采矿地质条件，应用日趋成熟的计算软件，可以科学地对采动条件下的底抽巷围岩稳定性进行预测评判。

4.3.2.1　围岩物理力学参数研究

围岩体的物理力学特性研究是应力分布及破裂特征研究的基础。因此，通过实验室岩石物理力学实验，掌握围岩的单轴抗压强度 σ_c、杨氏模量 E、抗拉强度 σ_t、泊松比 μ、内聚力 C、内摩擦角 φ 等参数至关重要。

底抽巷围岩基本力学参数见表 4-4。从表 4-4 中可以看出：总体而言煤层间顶底板围岩环境相对煤层群上覆岩层（1 号泥岩试样）和底板（8 号泥岩及 10 号灰岩）强度更高、更稳定，底抽巷围岩的岩性呈现典型层状不均匀分布，即岩层间岩性横向性质相近，垂向岩性差异性较大。其中，3 号、4 号、5 号煤层间顶底板均为密度较大（3.39×10^3 ~3.52×10^3 kg/m^3）、内聚力较大（2.51 ~2.73 MPa）、抗压和抗压强度均较高的砂岩。

表4-4　围岩基本物理力学参数表

试样编号	岩性	弹性模量/GPa	单轴抗压强度/MPa	单轴抗拉强度/MPa	泊松比	密度/× 10^{-5} N · mm^{-3}	内摩擦角/(°)	内聚力/MPa	备　注
1	泥岩	10.46	23.43	1.03	0.25	2.61	31	1.52	3 号煤层顶板
2	炭质泥岩	10.2	15.84	0.66	0.31	2.16	27	0.4	3 号煤层直接顶
3	砂岩	12.8	20.31	1.74	0.22	3.44	36	2.51	3 号煤层底板
4	粉砂岩	15.21	23.67	1.83	0.23	3.52	38	2.76	4 号煤层顶板
5	泥岩	12.65	16.12	1.31	0.22	2.77	32	1.82	5 号煤层直接顶
6	灰岩	17.1	18.21	0.65	0.26	2.53	33	2.21	5 号煤层底板
7	中砂岩	13.5	28.67	3.6	0.15	3.39	37	2.54	5 号煤层底板
8	泥岩	8.13	15.43	0.71	0.28	2.81	32	1.97	5 号煤层底板
9	中砂岩	14.3	29.37	3.8	0.13	3.45	37	2.73	5 号煤层底板
10	灰岩	18.13	21.37	0.81	0.24	2.23	27	2.3	5 号煤层底板

底抽巷处于5号煤层底板下方的中砂岩层中，围岩环境较稳定。但是，岩体中存在的各类结构面及裂隙体，对岩体强度影响较大。当试件以裂隙面为主要破坏面时，其强度有时仅是正常值的1/3～1/2。同时，水文地质条件对岩石的特性也有较大影响。因此，实际分析时应以实验结果为基础同时结合具体工程地质条件进行围岩力学参数折算。基于以上影响因素，上覆煤层群多重开采扰动下底抽巷围岩应力及破裂演化规律研究尤为必要。

4.3.2.2　底抽巷围岩稳定性的数值分析

1. 数值模型的建立

建立正确、合理的计算模型是获得准确数值分析结果的前提和基础。首先模型的建立必须且在不失真的前提下突出重点，尽量排除不相关的工程干扰因素。其次，为了适应计算机的内存与运算速度，需要选择合适的边界条件和计算单元数目。

研究对象以华晋焦煤集团沙曲二矿1号底抽巷围岩及上覆煤层群地质条件为基础，建立FLAC3D数值模型。为满足简化模型需要，模型只覆盖所开采煤层群附近的煤岩体，其上部的岩体重力则以模型顶面施加载荷来代替，模型上部边界距离地表平均距离为450 m，顶面施加垂直应力载荷为12.1 MPa，根据现场地应力测试结果得知水平地应力与垂直地应力比值为1.5，因此将模型水平 X 向和 Y 向施加12.1 MPa×1.5＝18 MPa；整个模型的尺寸设为320 m(x)×300 m(y)×105 m(z)；3号、4号、5号煤层为近水平煤层，煤层的倾角设置为0°。

采用 Mohr-Coulomb 本构模型。模型边界条件设置为前后、左右4个面约束其法向自由度，底面约束 x、y、z 三个方向的自由度，模拟上覆岩体的自重边界。开挖前先对模型赋参数，使模型运行达到平衡状态，整个三维模型共210672个单元格和221837个节点，煤岩层综合柱状图及计算模型网络划分如图4-35、图4-36所示，模型各岩层计算过程采用的岩石力学参数见表4-4。

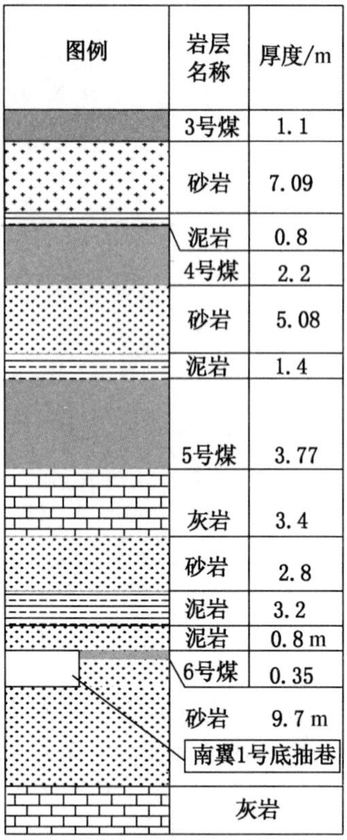

图例	岩层名称	厚度/m
	3号煤	1.1
	砂岩	7.09
	泥岩	0.8
	4号煤	2.2
	砂岩	5.08
	泥岩	1.4
	5号煤	3.77
	灰岩	3.4
	砂岩	2.8
	泥岩	3.2
	泥岩	0.8 m
	6号煤	0.35
	砂岩	9.7 m
	南翼1号底抽巷	
	灰岩	

图 4-35　煤岩层综合柱状图

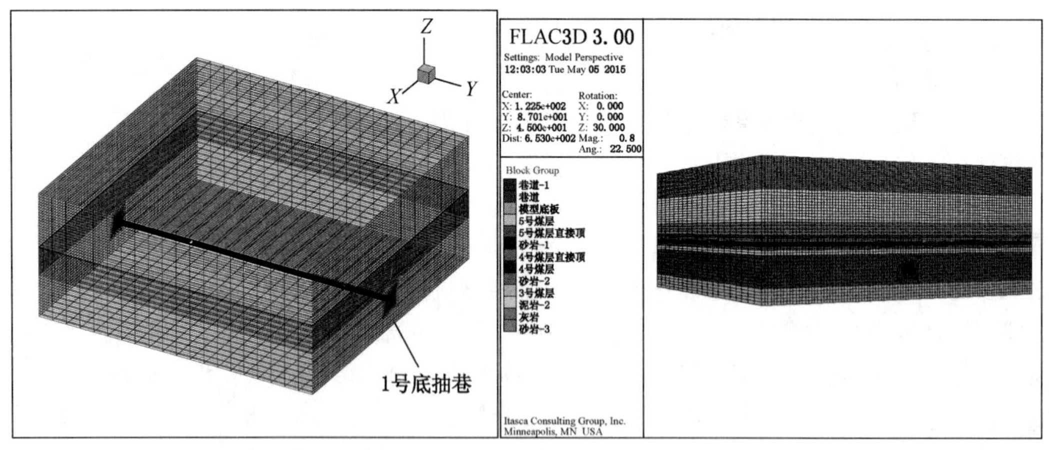

图 4-36　计算模型网格划分示意图

2. 煤层群开采底板应力演化规律分析

由于工作面煤层的采出，工作面及采空区上覆岩层重量将作用于工作面前方及两侧煤体，从而发生应力的转移和集中，采空区下伏岩层由于开采卸压作用将产生应力降低。这种由于煤层开采导致的应力变化将通过下部底板煤岩层介质向下传播作用于煤层群下的底抽巷围岩及其周围岩层。基于建立的 FLAC3D 计算模型，忽略构造应力场影响，对煤层群开挖过程的底板垂直应力和水平应力进行了数值计算研究。

（1）开采扰动前底抽巷围岩应力分布。过底抽巷中线位置，沿着巷道走向方向作垂直应力切片，图4-37为巷道开挖平衡后（图最下方白色区域为底抽巷）巷道围岩及其上覆岩层垂直应力分布情况。巷道宽度为4 m，高度为3 m，相对上覆大范围岩体而言，巷道开挖对围岩造成的影响范围有限，此时上覆绝大部分岩层基本不受巷道开挖影响，此时3号煤层层位原始应力约为13 MPa。

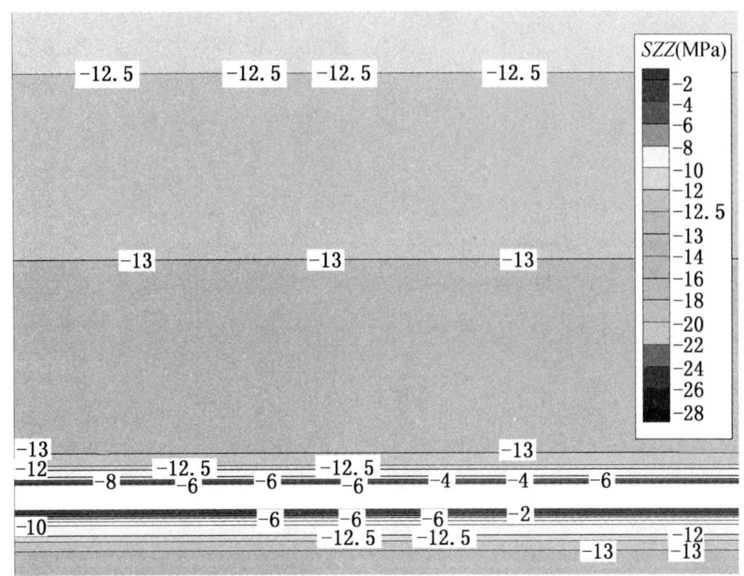

图4-37 未受开采扰动

（2）3号煤层开采时底抽巷围岩应力分布。巷道开挖平衡后，首先对3号煤层工作面进行分析。工作面沿推进方向共推进120 m，选取推进度为15 m、40 m、120 m时的应力分布情况进行分析研究，如图4-38～图4-40所示。

当工作面推进15 m时（图4-38）由于岩层的开挖，围岩应力产生转移集中，工作面前方和开切眼附近围岩处出现了应力升高现象。与此同时，开采煤层采空区底板及上覆岩层垂直应力降低，若以垂直应力 *SZZ* 降低40%为卸压边界，此时采动影响深度大致为7 m。工作面推进至40 m时采动影响深度为15 m（图4-39），推进至120 m时影响深度已经超过模型边界，底抽巷围岩处于卸压范围内（图4-40）。

由上可知：影响边界伴随工作面推进距离的增大，应力降低区走向影响范围逐渐扩大，同时垂直方向受应力降低区范围也向深部延伸，并在工作面走向推进120 m处达到最大，以垂直应力降低40%为采动影响边界，对底抽巷走向最大影响范围长度约为80 m，分布内错开切眼和工作面前方约20 m。

（3）4号煤层开采时底抽巷围岩应力分布仍以垂直应力降低40%为采动影响边界条件对4号煤层工作面进行分析，如图4-41～图4-43所示，经过3号煤层开采卸压，位于3号煤层下伏岩层中的4号煤层开挖位置处于3号煤层的应力降低位置内，由图4-41～图4-43可知，由于已开采3号煤层影响，4号煤层开采对底抽巷走向开采影响范围略有

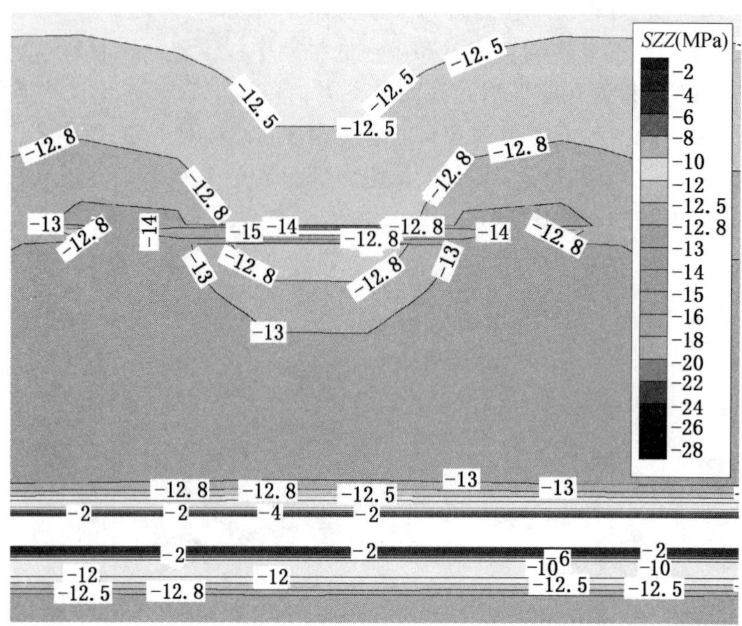

图 4-38　3 号煤层工作面推进 15 m

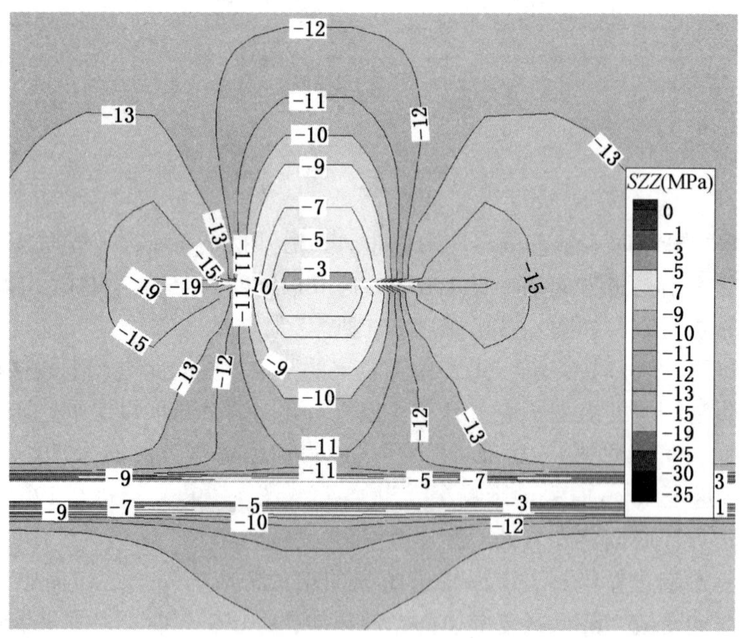

图 4-39　3 号煤层工作面推进 40 m

扩大，约为 94 m。但由于 4 号煤层的开采，上覆 3 号、4 号煤层顶底板垂直应力降低程度加深，采空区中部顶底板岩层一定范围内出现明显的垂直应力为“0”的区域，并且底抽巷附近围岩垂直应力较 3 号煤层开采后出现进一步下降，采空区中部下方底抽巷围岩垂直应力低于 5 MPa，较采动影响前的 12 MPa 左右有明显降低。

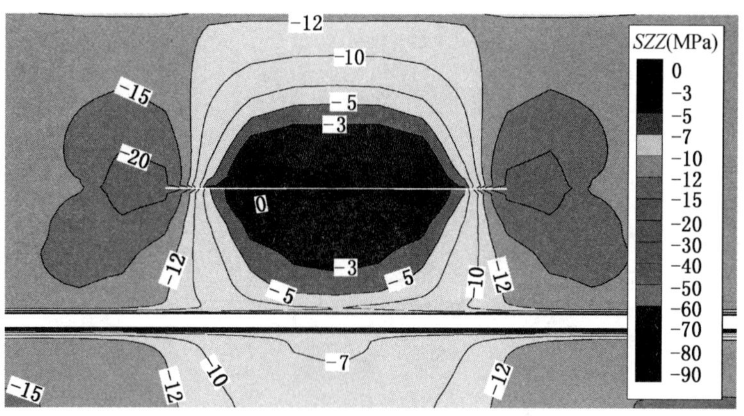

图 4-40　3 号煤层工作面推进 120 m

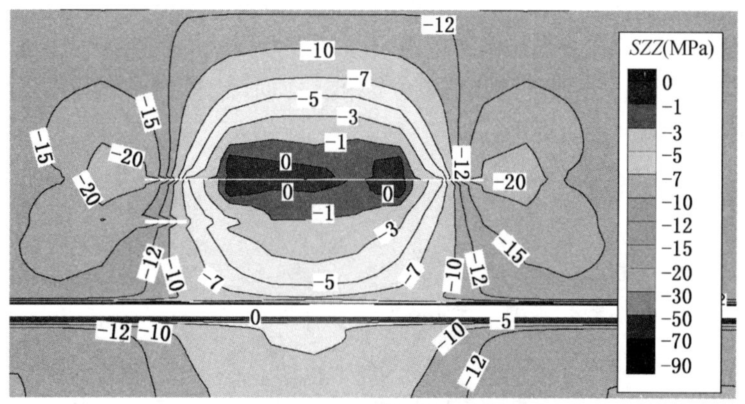

图 4-41　4 号煤层工作面推进 15 m

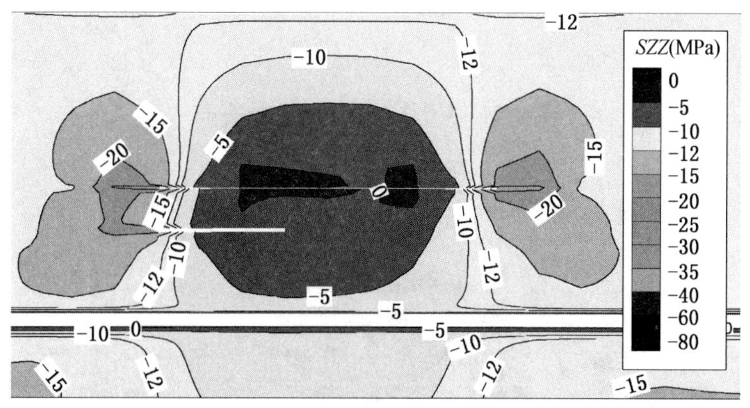

图 4-42　4 号煤层工作面推进 40 m

（4）5 号煤层开采时底抽巷围岩应力分布。仍以垂直应力降低 40% 为采动影响边界条件对 5 号煤层工作面进行分析，如图 4-44 ~ 图 4-46 所示，经过 3 号、4 号煤层的前后两

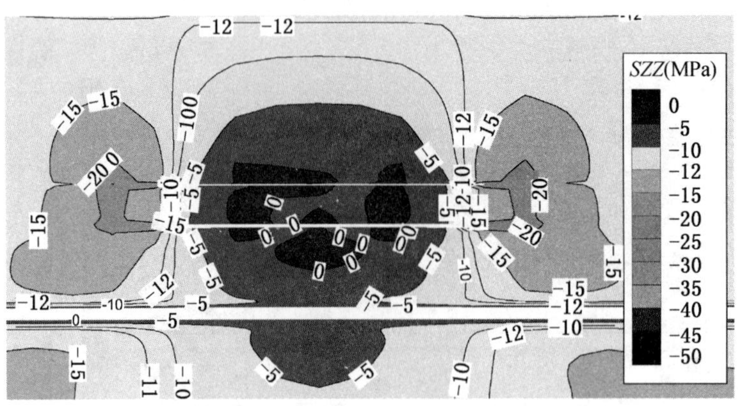

图 4-43　4 号煤层工作面推进 120 m

次开采扰动卸压影响，处于下伏岩层中的 5 号煤层开采时出现与 4 号煤层类似的特点：由于上覆已开采煤层卸压效应作用，底抽巷围岩走向卸压范围为 106 m 左右，采空区中部下方岩层垂直应力卸压程度进一步加深，范围也随之扩大，其中垂直应力小于 5 MPa 的底抽巷走向范围长度为 72 m，分别内错开切眼位置和工作面位置约 5 m 距离。

通过以上计算结果，可以得出：

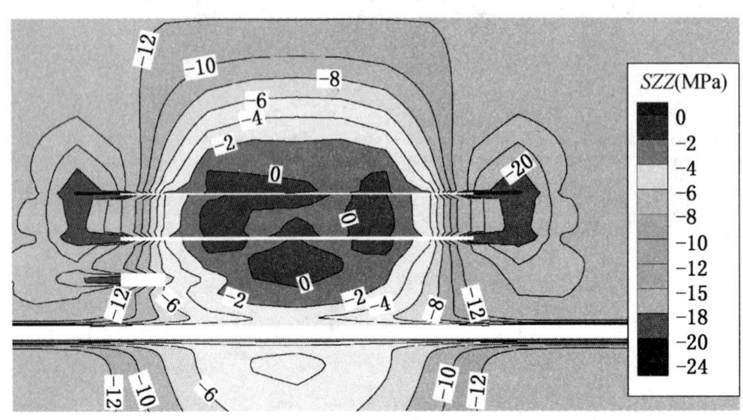

图 4-44　5 号煤层工作面推进 15 m

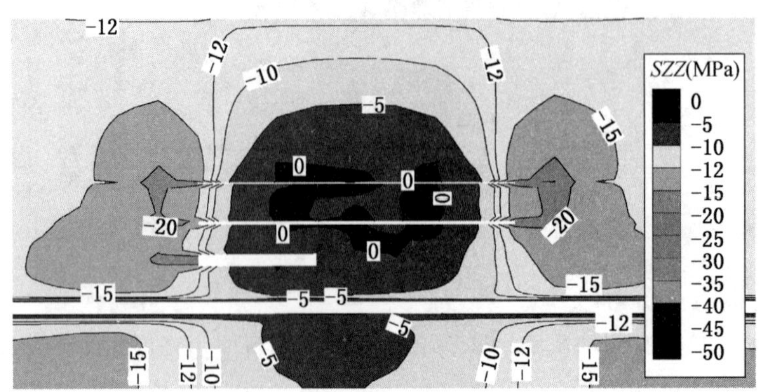

图 4-45　5 号煤层工作面推进 40 m

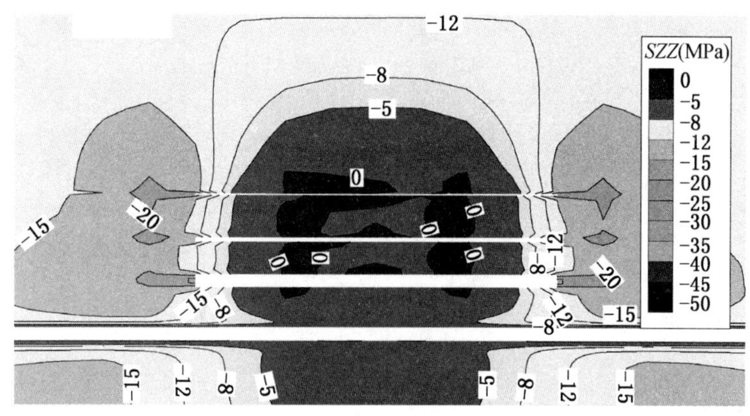

图 4-46　5 号煤层工作面推进 120 m

（1）岩层内垂直应力变化对上部煤层采动较为敏感，随着工作面推进距离的增加和开采煤层数目的增多，煤层顶底板岩层及底抽巷附近围岩垂直应力下降明显，走向及深度卸压范围随之扩大。

（2）单一煤层开采时，覆岩重力向工作面的转移重分布，工作面前方存在一定范围的应力集中区，集中应力通过底板向下传播影响作用于底抽巷围岩。

（3）集中应力区随着煤层群上下工作面水平距离的减小靠近而增大，伴随工作面相互叠加数目的增多，该应力集中区逐步增大；随着煤层开采完毕的工作面后方采空区上覆的岩层破断，上覆岩层的重力荷载得到了卸载释放，采空区底板煤岩层垂直应力大幅降低，形成开采卸压区，该区域范围随着工作面推进而增大，伴随煤层群开采层数的增多，卸压程度逐步加深。

3. 煤层群采动影响下底抽巷围岩应力演化特征

基于以上煤层采动底板应力分布，进一步分析底抽巷围岩应力及破坏范围特征。

（1）开采扰动前底抽巷围岩应力演化特征。根据模型建立施加的原始应力条件可知，原始垂直地应力为 12 MPa，水平地应力为 18 MPa。由图 4-47 可知，巷道开挖后，围岩应力发生转移集中和降低，此时，巷道顶底板垂直应力 *SZZ* 大幅下降，其中巷道壁面附近顶底板围岩垂直应力值接近“0”；巷道两帮垂直地应力由于开挖上覆岩层自重的转移，最大达到 22 MPa 左右；巷道顶底板水平应力由于开挖影响较原始水平应力值大幅上升，最大达到 32 MPa。而巷道两帮的水平应力 *SYY* 值则较低，巷道壁面附近“0”。巷道水平地应力 *SYY* 和垂直地应力 *SZZ* 在巷道顶底板和两帮的错位分布，导致了围岩单元体最大最小主应力差值增大，由 Mohr-Coulomb 准则，这将导致顶底板及两帮围岩单元体莫尔应力圆的增大直至破坏，如图 4-47c 所示。此时巷道的塑性破坏区分布情况如图 4-47d 所示，巷道顶底板及两帮塑性区较均匀，顶底板最大塑性区范围为 1.1 m。

（2）3 号煤层开采后底抽巷围岩应力及塑性区分布。3 号煤层开采结束后底抽巷附近围岩垂直应力及水平应力分布情况及巷道围岩塑性区分布情况，如图 4-48a ~ 图 4-48c 所示。由于煤层开采导致了底板部分岩层垂直应力大幅降低，并且顶板垂直应力 *SZZ* 释放速度比两帮更快，底抽巷围岩顶部塑性区发育范围较大，两帮增长量相对较小，而顶板岩层水平应力随着煤层开采变化不大，一直处于 20 MPa 左右。因此导致了煤层开采扰动过程

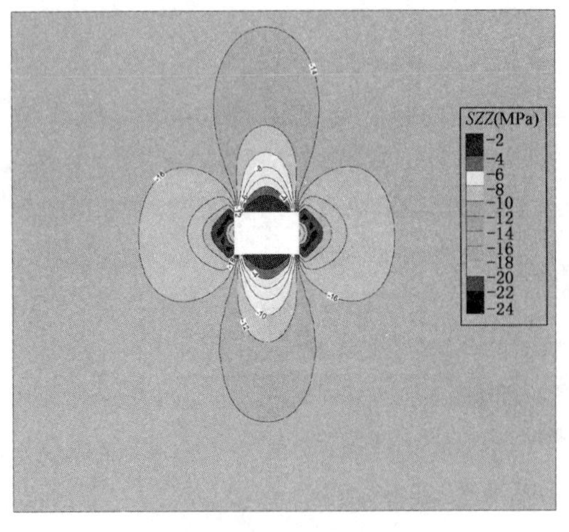

(a) 开采扰动前围岩垂直应力 SZZ

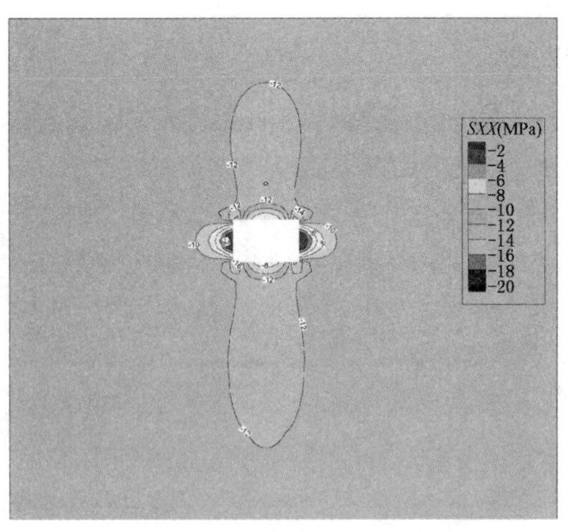

(b) 开采扰动前围岩水平应力 SXX

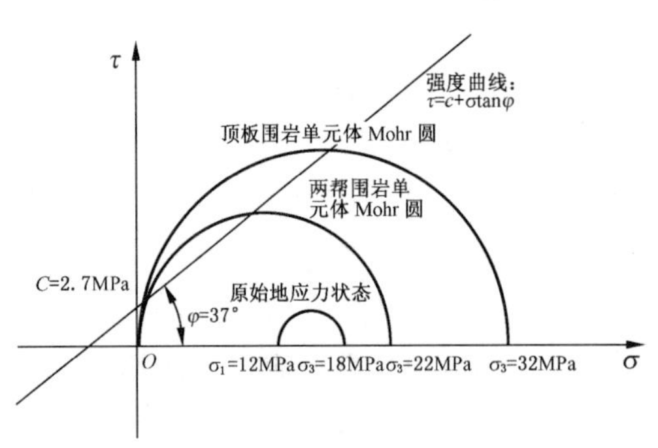

(c) 顶底板及两帮壁面单元体 Mohr 应力圆情况

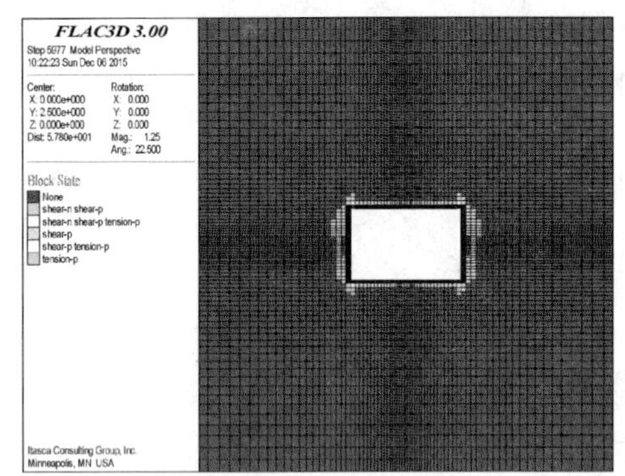

(d) 开采扰动前围岩塑性区分情况

图 4-47 开采扰动前底抽巷围岩应力及塑性区分布情况

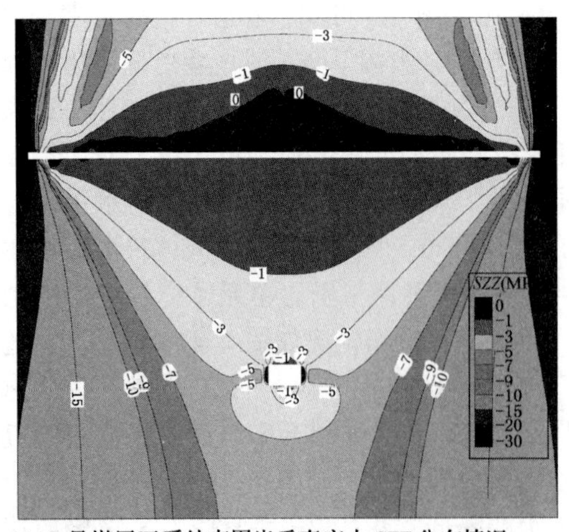

(a)3 号煤层开采结束围岩垂直应力 SZZ 分布情况

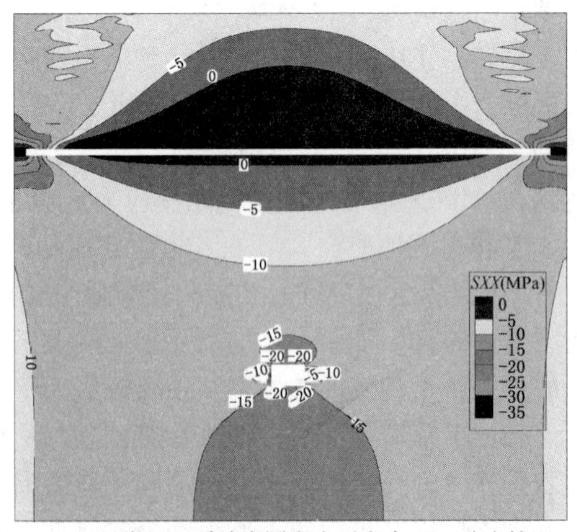

(b)3 号煤层开采结束围岩水平应力 SXX 分布情况

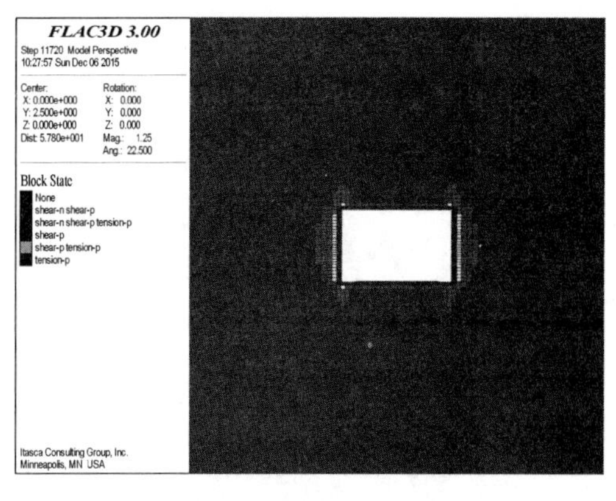

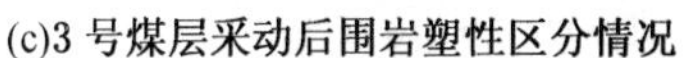
(c)3 号煤层采动后围岩塑性区分情况

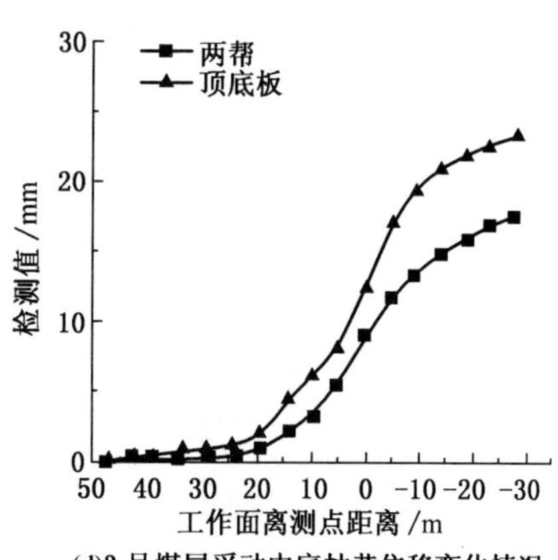

(d)3 号煤层采动中底抽巷位移变化情况

图 4-48 3 号煤层开采结束底抽巷围岩应力、塑性区及巷道变形情况

中顶板围岩相对于两帮更容易破坏，从图 4-48c 中可以看出，此时顶板塑性区发展到 2.3 m，两帮出现拉伸破坏区。

从巷道变形情况看，当 3 号煤层工作面距离底板巷道 25 m 时，巷道开始变形，但是变形量和变形速度都很小；工作面距离巷道 5 m 位置时，巷道变形速度开始加快，一直到工作面跨采过巷道 10 m 时，巷道顶底板变形量为 7 mm，两帮变形量为 3 mm；之后变形量继续增加，但是其变形速度开始减小，工作面跨采过巷道 30 m 后，巷道围岩顶底板变形量约为 23 mm，两帮变形量为 16 mm，巷道变形量趋于平稳。

(3) 4 号煤层开采后底抽巷围岩应力及塑性区分布。4 号煤层开采结束后，围岩垂直应力进一步释放降低，且顶底板低于两帮。而水平应力变化幅度较小，顶底板维持在 18 MPa 左右，顶板围岩塑性区进一步向上发育，两帮拉伸破坏区域向顶板方向发育，左右肩处破坏程度加深，从图 4-49c 中可以看出，此时底板最大塑性区范围达到 2.7 m。

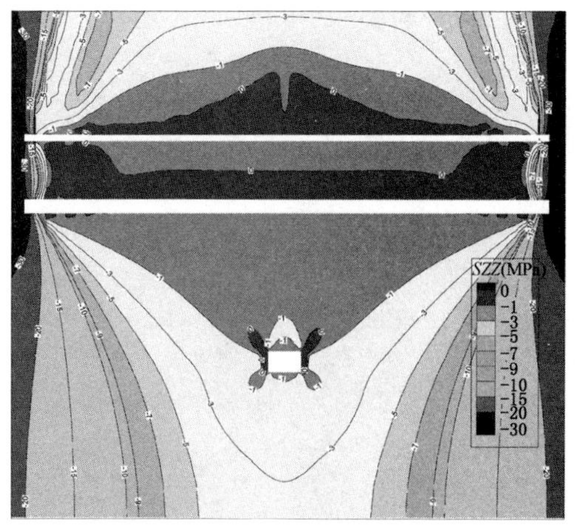

(a)4 号煤层开采结束围岩垂直应力 *SZZ* 分布情况

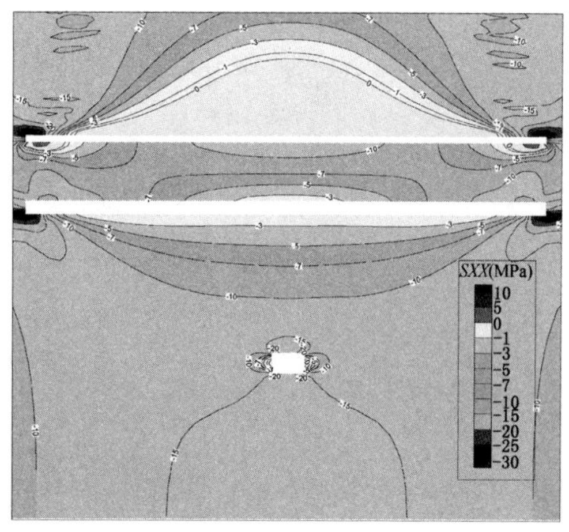

(b)4 号煤层开采结束围岩水平应力 *SXX* 分布情况

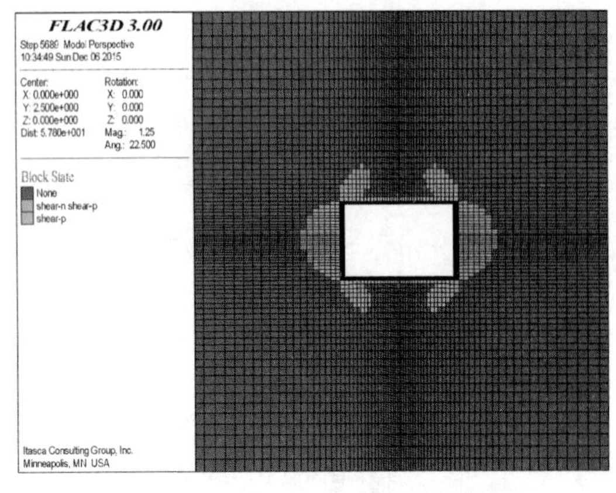

(c)4 号煤层采动后围岩塑性区分情况

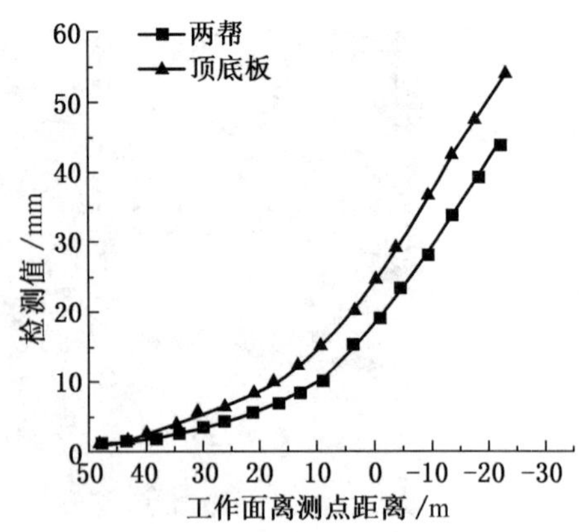

(d)4 号煤层采动中底抽巷位移变化情况

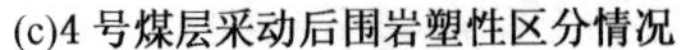

图 4-49　4 号煤层开采结束底抽巷围岩应力、塑性区及巷道变形情况

从巷道变形情况看，4 号煤层工作面跨采巷道的整个过程中，巷道围岩的变形量一直是增加。当工作面与巷道的水平距离小于或等于 30 m 时，巷道的变形量与变形速度都比较小，至 30 m 时，巷道的顶底板移近量为 7 mm，两帮内移量为 4 mm；当工作面距离巷道 30 m 时，巷道变形速度开始加快，当工作面跨采过巷道 30 mm 时，巷道围岩顶底板移近量为 58 mm，两帮内移量为 43 mm。巷道围岩变形量较大，说明巷道围岩已进入破坏状态。

（4）5 号煤层开采后底抽巷围岩应力及塑性区分布。5 号煤层开采使得底抽巷围岩垂直应力较 4 号煤层开采结束时进一步降低，两帮及顶底板大部分区域出现了垂直应力值接近 0 的情况，而此时巷道围岩水平应力较 4 号煤层开采结束时变化相对小很多，顶底帮及两帮向内岩层水平应力很快恢复到了 10 MPa 以上，其中顶板水平应力值较两帮更高，最大值超过 20 MPa。这导致了 5 号煤层开采结束后，围岩塑性区面积进一步增大，拉伸破坏区扩大，从图 4-50c 中看，巷道两肩处塑性破坏范围最大达到 3. 6 m。

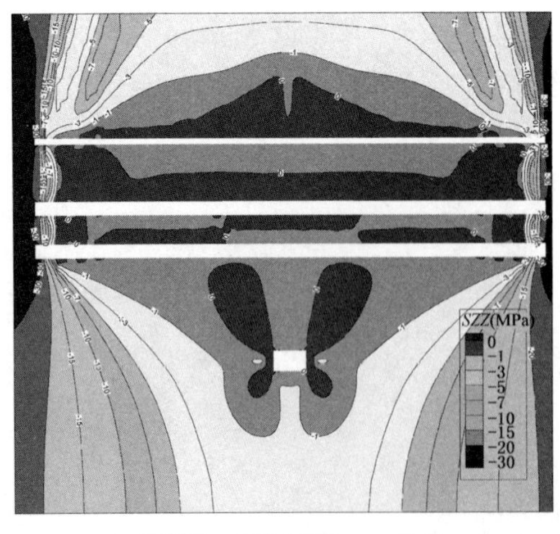

(a)5 号煤层开采结束围岩 *SZZ* 情况

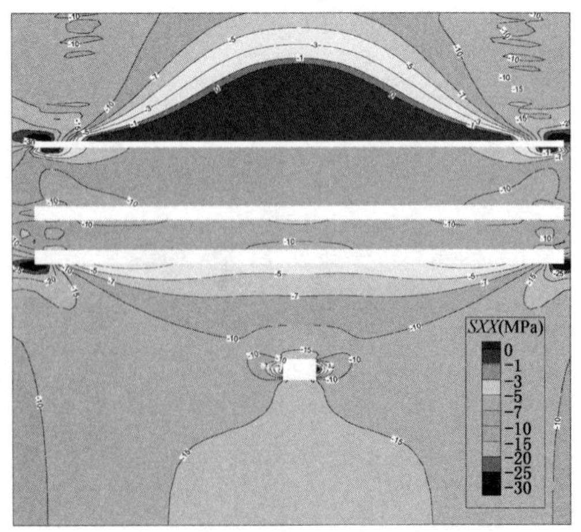

(b)5 号煤层开采结束围岩 *SXX* 情况

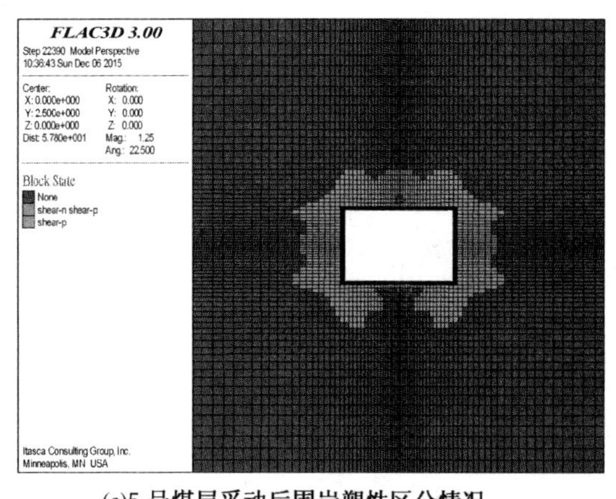

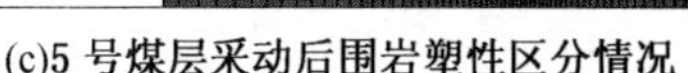
(c)5 号煤层采动后围岩塑性区分情况

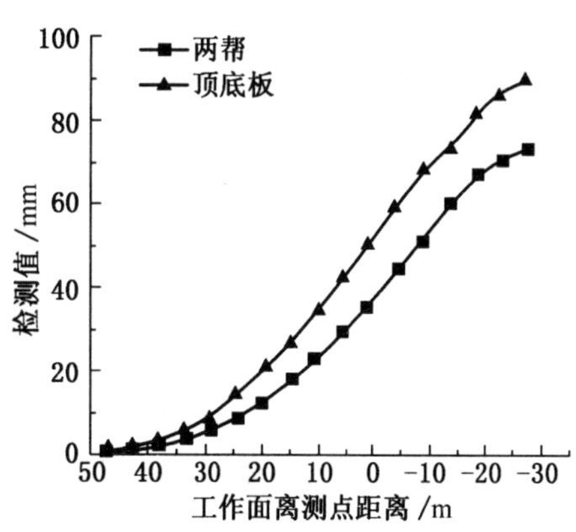

(d)5 号煤层采动中底抽巷位移变化情况

图4-50　5 号煤层开采结束底抽巷围岩应力、塑性区及巷道变形情况

从巷道变形情况看，5 号煤层工作面跨采巷道的整个过程中，当工作面与巷道的水平距离小于或等于 30 m 时，巷道的变形量与变形速度都比较小；当工作面距离巷道 30 m 时，巷道的顶底板移近量为 9 mm，两帮内移量为 5 mm，巷道变形速度开始加快；当工作面跨采过巷道 30 mm 时，巷道围岩顶底板移近量为 90 mm，两帮内移量为 75 mm。

通过以上的分析结果可以看出，3 号、4 号、5 号煤层开采扰动下对底抽巷顶底板岩层变形位移逐次增大，说明随着开采煤层与底抽巷垂距的减小，煤层对底抽巷开采扰动强度将逐步变大。

4.4　底抽巷瓦斯抽采钻孔优化研究

4.4.1　钻孔坍塌失效特性

在主地应力 σ_H、σ_h 和 σ_v 作用下，钻孔的空间轨迹与主应力的空间夹角是影响稳定性的主要因素。因此，研究倾斜钻孔应力分布是分析其稳定性的关键。

4.4.1.1　钻孔周围弹性应力分布

选取坐标系（x'、y'、z'）Ox'轴、Oy'轴和 Oz'轴，分别与主地应力 σ_H、σ_h 和 σ_y 方向一致（图4-51）。建立直角坐标系（x、y 和 z）极坐标系（r、θ 和 z），其中 Oz 轴对应于孔轴，Ox 和 Oy 与钻孔轴向垂直。

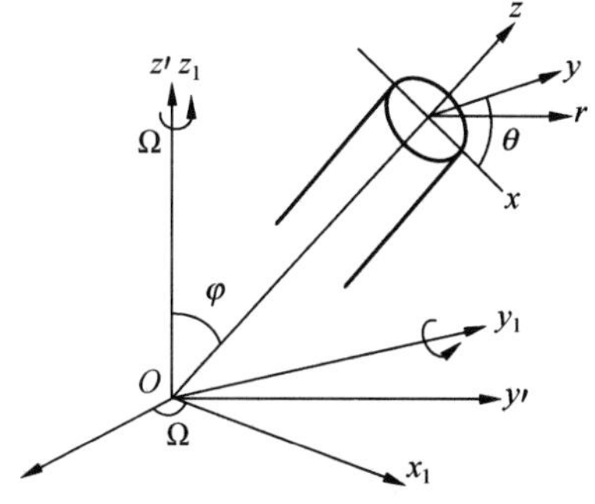

图4-51　斜孔孔轴的坐标变换

孔壁围岩应力为

$$\sigma_r = \frac{R^2}{r^2}p_m + \frac{\sigma_{xx}+\sigma_{yy}}{2}\left(1-\frac{R^2}{r^2}\right) + \frac{\sigma_{xx}-\sigma_{yy}}{2}\left(1-\frac{3R^4}{r^4}-\frac{4R^2}{r^2}\right)\cos2\theta + \tau_{xy}\left(1-\frac{3R^4}{r^4}-\frac{4R^2}{r^2}\right)\sin2\theta + \delta\left[\frac{a(1-2\mu)}{2(1-\mu)}\left(1-\frac{R^2}{r^2}\right)-f\right](p_{\mathrm{m}}-p_{\mathrm{p}}) \tag{4-3}$$

$$\sigma_\theta = -\frac{R^2}{r^2}p_{\mathrm{m}} + \frac{\sigma_{xx}+\sigma_{yy}}{2}\left(1+\frac{R^2}{r^2}\right) - \frac{\sigma_{xx}-\sigma_{yy}}{2}\left(1+\frac{3R^4}{r^4}\right)\cos2\theta - \tau_{xy}\left(1+\frac{3R^4}{r^4}\right)\sin2\theta + \delta\left[\frac{a(1-2\mu)}{2(1-\mu)}\left(1-\frac{R^2}{r^2}\right)-f\right](p_{\mathrm{m}}-p_{\mathrm{p}}) \tag{4-4}$$

$$\sigma_z = \sigma_{zz} - \mu\left[2(\sigma_{xx}-\sigma_{yy})\left(\frac{R}{r}\right)^2\cos2\theta + 4\tau_{xy}\left(\frac{R}{r}\right)^2\sin2\theta\right] + \delta\left[\frac{a(1-2\mu)}{(1-\mu)}-f\right](p_{\mathrm{m}}-p_{\mathrm{p}}) \tag{4-5}$$

孔壁上（即 $r=r_0$）应力用分量 σ_{H}、σ_{h} 和 σ_{y} 来表示为

$$\begin{aligned}\sigma_r &= p_1 - \delta f(p_{\mathrm{m}}-p_{\mathrm{p}})\\ \sigma_\theta &= A\sigma_{\mathrm{h}} + B\sigma_{\mathrm{H}} + C\sigma_{\mathrm{y}} + (K_1-1)p_{\mathrm{m}} - K_1p_{\mathrm{P}}\\ \sigma_{\mathrm{z}} &= D\sigma_{\mathrm{h}} + E\sigma_{\mathrm{H}} + F\sigma_{\mathrm{y}} + k_1(p_{\mathrm{m}}-p_{\mathrm{p}})\end{aligned} \tag{4-6}$$

其中，

$$\begin{aligned}A &= \cos\psi[\cos\psi(1-2\cos2\theta)\sin^2\Omega + 2\sin2\Omega\sin2\theta] + (1+\cos2\theta)\cos^2\Omega\\ B &= \cos\psi[\cos\psi(1-2\cos2\theta)\cos^2\Omega - 2\sin2\Omega\sin2\theta] + (1+\cos2\theta)\sin^2\Omega\\ C &= (1-2\cos2\theta)\sin^2\Psi\\ D &= \sin^2\Omega\sin^2\Psi + 2\mu\sin2\Omega\cos\psi\sin2\theta + 2\mu\cos2\theta(\cos^2\Omega - \sin^2\Omega\cos^2\Psi)\\ E &= \cos^2\Omega\sin^2\Psi - 2\mu\sin2\Omega\cos\psi\sin2\theta + 2\mu\cos2\theta(\sin^2\Omega - \cos^2\Omega\cos^2\Psi)\\ F &= \cos^2\Psi - 2V\sin^2\Psi\cos2\theta\\ G &= -(\sin2\Omega\sin\Psi\cos\theta + \sin^2\Omega\sin2\Psi\sin\theta)\\ H &= \sin2\Omega\sin\Psi\cos\theta - \cos^2\Omega\sin2\Psi\sin\theta\\ J &= \sin2\Psi\sin\theta\\ K_1 &= \delta\left[\frac{a(1-2\mu)}{1-\mu}-f\right]\end{aligned} \tag{4-7}$$

式中 ψ——孔斜角（与铅垂线的夹角）(°)；

Ω——相对于最大水平地应力的方位角，(°)；

θ——孔周角（相对于 x 轴），(°)；

K_1——渗流效应系数。

4.4.1.2 瓦斯抽采孔失效压力

由孔壁应力表达式可知，地层的破裂和破坏是发生在 θ-z 平面上，该面上倾斜孔壁上的 3 个主应力为

$$\sigma_{\mathrm{i}} = \sigma_{\mathrm{i}} = p_{\mathrm{m}} - \delta f(p_{\mathrm{m}}-p_{\mathrm{p}}) \tag{4-8}$$

$$\sigma_{\mathrm{j}} = \frac{1}{2}[X + (2K_1-1)p_{\mathrm{m}} - 2K_1p_{\mathrm{p}} + 4\xi(p_{\mathrm{m}}-p_{\mathrm{p}})] + \frac{1}{2}\sqrt{(Y-p_{\mathrm{m}})^2+Z} \tag{4-9}$$

$$\sigma_{\mathrm{k}} = \frac{1}{2}[X + (2K_1-1)p_{\mathrm{m}} - 2K_1p_{\mathrm{p}} + 4\xi(p_{\mathrm{m}}-p_{\mathrm{p}})] - \frac{1}{2}\sqrt{(Y-p_{\mathrm{m}})^2+Z} \tag{4-10}$$

其中，p_p 为孔内液柱压力，MPa。

$$X = (A + D)\sigma_h + (B + E)\sigma_H + (C + F)\sigma_y$$

$$Y = (A - D)\sigma_h + (B - E)\sigma_H + (C - F)\sigma_y$$

$$Z = 4(G\sigma_h + H\sigma_H + J\sigma_y)^2$$

煤层钻进时采取的是开口排渣工艺，因此孔内支撑压力很低，即 σ_r 为最小主应力时，主应力 σ_1、σ_3 为

$$\sigma_3 = p_m - \delta f(p_m - p_p) \tag{4-11}$$

$$\sigma_1 = \frac{1}{2}[X + (2K_1 - 1)p_m - 2K_1 p_p + 4\xi(p_m - p_p)] + \frac{1}{2}\sqrt{(Y - p_m)^2 + Z} \tag{4-12}$$

因煤体破坏遵循莫尔-库仑准则，将式（4-9）和式（4-4）代入式（4-3）中，通过数值计算方法坍塌压力 p_m。

4.4.1.3　钻孔失效的影响因素

基于沙曲矿煤层基本参数，考察井斜角、方位角、煤体内摩擦角以及瓦斯赋存参数等因素对坍塌压力的影响。

1. 流体压力对钻孔失效的影响

图 4-52 为当钻孔倾角为 30°，孔周角为 30°，方位角为 30°，煤层内摩擦角为 25°，内聚力为 1.3 MPa，σ_v 为 12.56 MPa，σ_H 为 9.42 MPa 时，坍塌压力 p_m 随瓦斯抽采时间的变化规律。

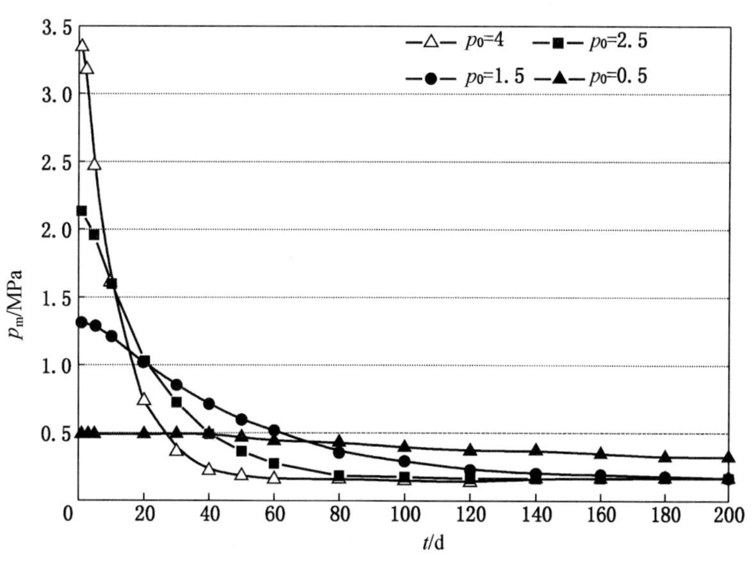

图 4-52　坍塌压力随时间变化曲线

（1）坍塌压力随时间呈现出逐渐减小的趋势。并且流体压力越大，初始坍塌压力 p_m（t=0）越大，衰减的速率和幅度越大。在流体压力分别为 0.5 MPa、1.5 MPa、2.5 MPa、4.0 MPa 时，坍塌压力衰减幅度分别为 0.041 MPa、0.257 MPa、0.443 MPa 和 0.723 MPa，表明流体压力对坍塌压力影响很大。

（2）流体压力越大，坍塌压力衰减得越快，到达稳定的时间越短。当流体压力在 2.5

MPa 时，其稳定时间约为40 d，当流体压力为1.5 MPa时，其稳定时间约为120 d。因此，对于高流体压力的煤层钻孔，应在其抽采初期加强支护。

2. 埋深对钻孔失效的影响

图4-53为当钻孔倾角为30°，孔周角为30°，方位角为30°，煤层内摩擦角为25°，内聚力为1.3 MPa，流体压力为2.5 MPa时，坍塌压力 p_m 随瓦斯抽采时间的变化规律。

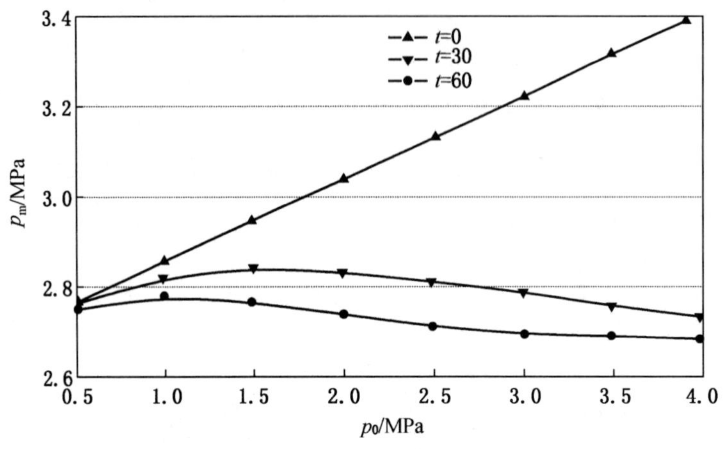

图4-53　坍塌压力随流体压力变化曲线

埋深对钻孔的影响体现在垂直地应力对钻孔稳定性的影响。图4-54显示了垂直地应力从10～22 MPa范围内（埋深约450～1100 m）的坍塌压力变化规律，坍塌压力随垂直地应力的增加而显著增加。

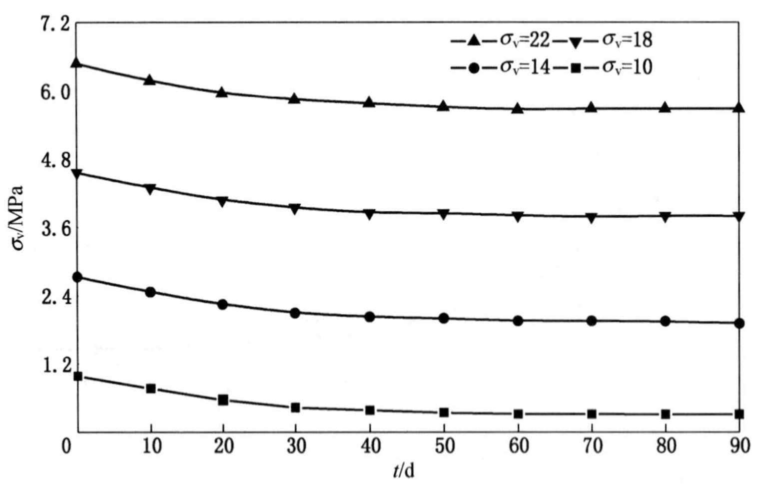

图4-54　倾斜钻孔坍塌压力与垂直应力关系

3. 钻孔轨迹对钻孔失效的影响

图4-55为当煤层内摩擦角为25°，内聚力为1.3 MPa，σ_v 为12.56 MPa，σ_H 为9.42 MPa，流体压力为2.5 MPa时，坍塌压力 p_m 与钻孔方位角、倾角的变化规律。其中钻孔倾角为90°-ψ。图4-55表明：

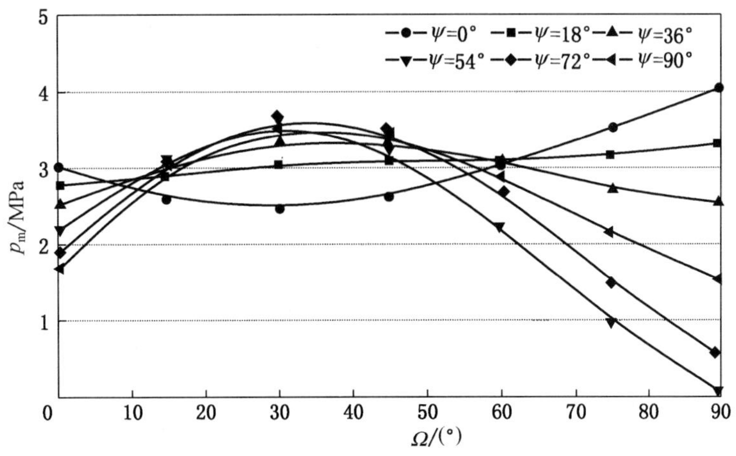

图 4-55　倾斜钻孔坍塌压力与钻孔方位角、倾角的关系

(1) 当钻孔倾角为 60°时，坍塌压力随着方位角（与水平最大主应力夹角）的增大呈缓慢增加的趋势。相对于钻孔其他角度，坍塌压力 p_m 受方位角的影响不大。

(2) 当钻孔倾角小于 60°时，在 0°<Ω<35°区间内，坍塌压力随着方位角的增加而增加；在 35°<Ω<90°区间内，坍塌压力随着方位角的增加而减小。因此，当钻孔方位角在 35°附近时，钻孔是最不稳定的，其失效风险最大；所以在施工瓦斯抽采钻孔时应该适当调整煤层钻孔的方位角，规避风险。

(3) 当钻孔倾角大于 60°时，钻孔坍塌压力的变化规律则完全相反。当钻孔方位角在大约 30°附近时，钻孔是最稳定的，其失效风险最小。在 0°<Ω<30°区间内，坍塌压力随着方位角的增加而减小；在 30°<Ω<90°区间内，坍塌压力随着方位角的增加而增加。故在施工瓦斯抽采钻孔时，应优化钻孔方位角，以靠近 30°方位角，可提高钻孔的稳定性。

4. 煤体内摩擦角对钻孔失效的影响

煤体的内摩擦角是指在轴压作用下发生剪切破坏时错动面的倾角，它反映煤体的强度性质。内摩擦角越大，抗压强度和抗剪切力越大。对于煤层，内摩擦角一般在 15°~35°之间，煤体越软，内摩擦角越小。图 4-56 为当钻孔孔周角为 30°，方位角为 30°，内聚力为 1.3 MPa，流体压力为 2.5 MPa 时，坍塌压力 p_m 随钻孔倾角（90°-ψ）变化规律。

(1) 当钻孔倾角在 0°~22.5°时，倾角一定的条件下，坍塌压力随内摩擦角的增大而略微增大，但是整体相差不大。因此，从整体上看，在工程钻进中，0°~22.5°内倾角的钻孔坍塌失效风险相对较小。

(2) 当钻孔倾角在 22.5°~90°时，倾角一定的条件下，坍塌压力随内摩擦角增大而显著减小。这也就说明，当钻孔倾角大于 22.5°时，煤体内摩擦角越小，坍塌失效风险越大。因此，在煤层中，推荐设计的瓦斯抽采钻孔的角度原则上不超过 22.5°。

(3) 当钻孔倾角为 22.5°时，坍塌压力与内摩擦角无关。所以，对于钻进需要穿过软弱夹层的钻孔，或者存在复杂地质构造带的煤层，钻进角度调整为 22.5°时，钻孔受煤层地质属性的影响最小，钻进过程的稳定性最好。

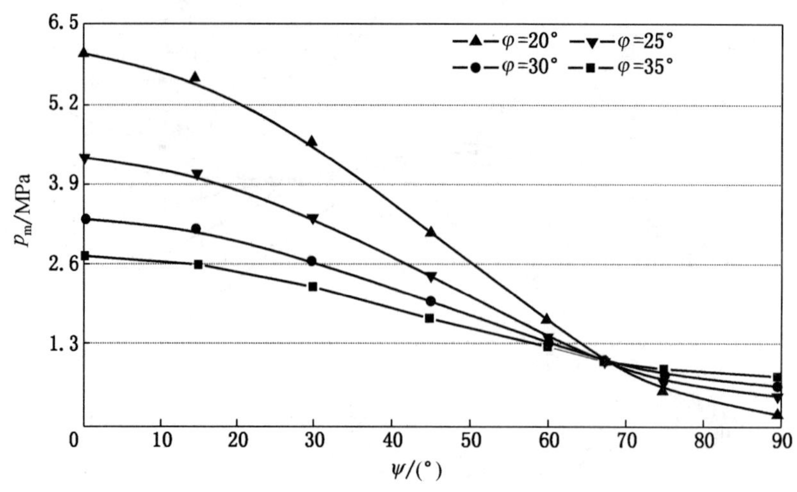

图4-56　倾斜钻孔坍塌压力与钻孔方位角倾角和煤体内摩擦角关系

5. 煤体内聚力、钻孔倾角对钻孔失效的影响

图4-57为当钻孔倾角为30°，孔周角为30°，方位角为30°，煤层内摩擦角为25°，埋深600 m，流体压力为2.5 MPa时，坍塌压力p_m随瓦斯抽采时间的变化规律。

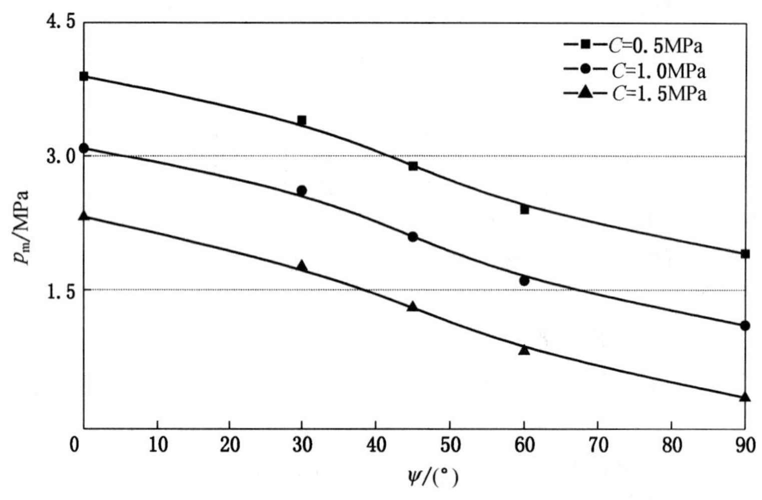

图4-57　倾斜钻孔不同内聚力煤体坍塌压力对比

（1）同一倾角的钻孔，C值越大坍塌压力越小，坍塌危险性越小。这表明，煤体越松软，孔壁受到的径向压力越大，越容易坍塌失效。

（2）在内聚力不变的条件下，当孔周角为30°，方位角为30°时，坍塌压力随着钻孔倾角的增大而增大。其中，在0°～30°倾角区间内，曲线斜率是平稳的；在30°～60°倾角区间内，先急剧增大然后又恢复平稳。当倾角$\psi=45°$时，增大速率最快，表明钻孔在该角度的稳定性最差；在60°～90°倾角区间内，坍塌压力增大速率又恢复稳定。因此，在这种方位钻孔时，应避免钻孔角度设计成45°左右。

4.4.2　瓦斯抽采钻孔影响因素数值模拟

对于软弱煤岩层钻孔，由于其蠕变特性，成孔后孔周围煤体的应变随着时间一直在增加。这会导致孔径随着时间的缩小，甚至出现钻孔闭合，极大限制了瓦斯抽采效果。目前工程中常采用向钻孔内下入护孔管、孔壁注浆等工艺对孔壁形成弱结构支护，对孔径的蠕变缩径起到一定的防治作用。对于未支护的裸孔和支护钻孔，其围岩应力场的分布差异是决定二者孔径蠕变特性的关键。与此同时，钻孔周围煤岩层瓦斯含量、煤体基本力学特性、钻孔埋深、应力侧压系数、护孔管力学特性等对其蠕变过程中的应力场分布具有很大的影响。

然而，钻孔周围煤岩层属于非均质、非连续的，其加载条件和边界条件比较复杂。目前是尚无法用解析方法解决的实际工程问题。因此可以借助有限元分析的方法近似地获取些规律来指导现场工程。

4.4.2.1　数值模拟模型的建立

为分析钻孔的变形破坏特征，借助建立三维数值计算模型。采用自定义本构的方式，将采用第 3 章所建立的非线性蠕变本构方程嵌入中模拟煤体蠕变特性。钻孔直径为 94 mm，采用 null 单元进行钻孔模拟。为避免边界效应的影响，模型高度取 2 m，宽度取 2 m，长度取 1 m。模型边界条件：模型底部设置为竖直位移方向，左侧、右侧和前、后部设置为法向位移约束边界，模型上边采用均布载荷代替上覆岩层自重。考虑计算机模拟速度及模拟结果的精确性，对钻孔周边网格进行加密。数值模型煤体参数见表 4-5，三维数值计算模型如图 4-58 所示。

表 4-5　数值模型煤体参数

体积模量 K/Pa	剪切模量 G/MPa	密度 ρ/(kg·m^{-3})	抗拉强度 σ/MPa	摩擦角 φ/(°)	凝聚力 c/(t·m^{-1})
4.8e^{10}	9.6e^{9}	2400	6e^{6}	29	5e^{6}

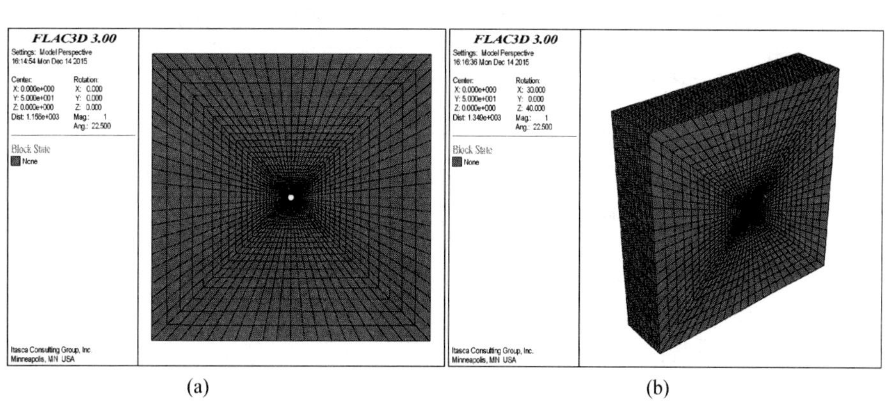

(a)　(b)

图 4-58　三维数值计算模型

4.4.2.2　钻孔蠕变特性

图 4-59 给出了钻孔围岩垂直应力集中系数及最大垂直应力作用点距钻孔表面距离随时间的变化。当钻孔开挖 30 天后，钻孔垂直位移趋于稳定，稳定后钻孔顶部位移约为 26.3 mm。

由图 4-60 可知，随着时间的增加，钻孔最大垂直应力作用点距钻孔表面的距离不断增大。20 d 后最大垂直应力作用点距孔壁距离基本趋于稳定，表明此时垂直应力场已趋于稳定，间接反映出钻孔蠕变也趋于稳定。

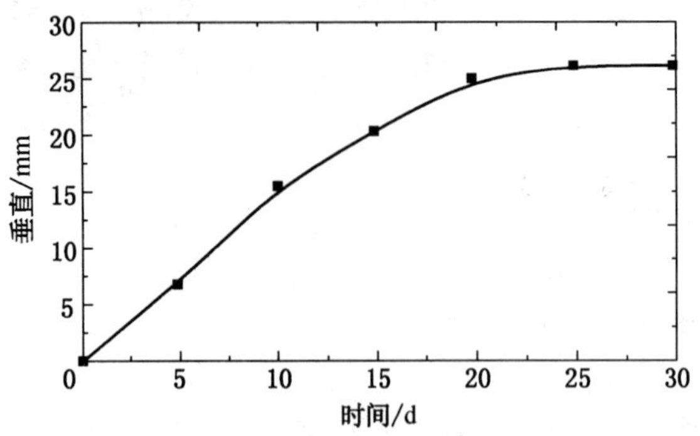

图 4-59　钻孔顶部垂直位移随时间变化曲线

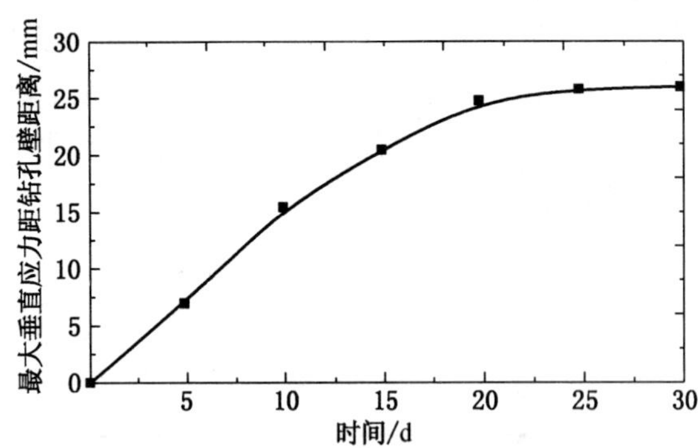

图 4-60　最大垂直应力作用点距钻孔壁距离随时间变化曲线

图 4-61 为钻孔最大破坏范围随时间变化曲线。由图 4-62 可以看出：钻孔开挖 5 d 后，钻孔最大破坏范围为 41 mm，随着时间的增加，塑性区范围逐渐增大，但增加速度逐渐降低。20 d 后，钻孔塑性区最大破坏范围逐渐趋于稳定，稳定于 146 mm。

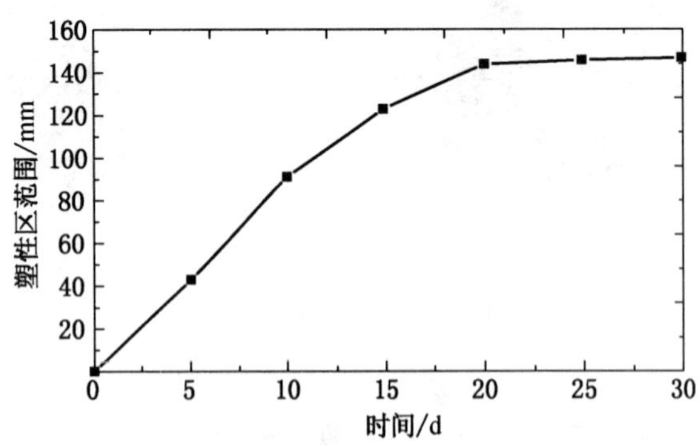

图 4-61　钻孔最大破坏范围随时间变化曲线

4.4.2.3　埋深对钻孔变形破坏特征的影响

1. 埋深对垂直位移的影响

图 4-62 为不同埋深条件下钻孔顶部垂直位移随时间变化曲线。由图 4-62 可以看出：

（1）当埋深为 400 m 时，钻孔顶部垂直位移较小，约为 8 mm；而随着埋深的增加，钻孔顶部垂直位移缓慢增加。当 600 m 以后顶部垂直位移随埋深呈直线急剧增加。当埋深为 1000 m 时垂直位移达到了 42.5 mm。此时，钻孔受水平位移和垂直位移的影响，理想形状应该为椭圆形。其垂直轴半径已经缩小到原始半径的 47%。可见，对于埋深超过后钻孔缩径越明显。

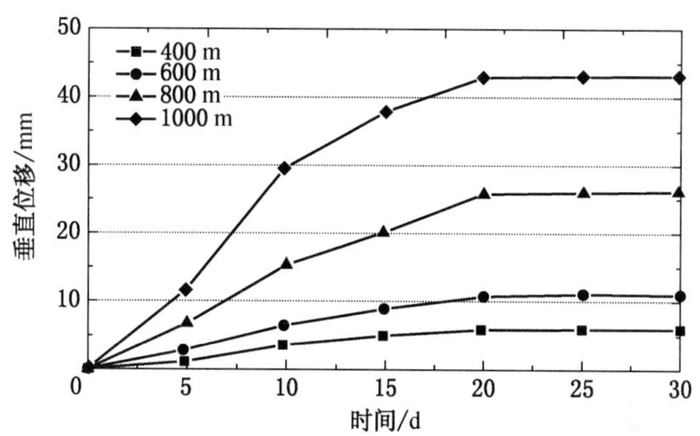

图 4-62 不同埋深条件下钻孔顶部垂直位移随时间变化曲线

（2）曲线斜率说明埋深越大，钻孔围岩蠕变速度越快（图 4-62 曲线斜率），而不同埋深条件下趋于稳定的时间整体相差不大。

2. 埋深对塑性区的影响

图 4-63 为不同埋深条件下钻孔围岩塑性区范围随时间变化曲线，由图 4-63 可以看出：

（1）当埋深为 400 m 时，钻孔塑性区范围约为 76 mm，随着埋深的增加，钻孔塑性区范围不断增大，当埋深为 1000 m 时，钻孔塑性区范围约为 192 mm，钻孔塑性区相对 400 m 扩大了 2.5 倍，这点和垂直位移变化规律一致。

（2）埋深越大，钻孔围岩塑性区随时间增加的范围增加的速率越大。并且，相对于垂直位移增加的不明显，埋深 400 m 和埋深 600 m 时，钻孔塑性区的增加幅度都很明显。这表明，塑性区范围对时间的变化敏感。

综上所述，随着埋深的增加地应力逐渐增大，钻孔围岩垂直应力逐渐增加，钻孔围岩垂直位移及塑性区范围均不断增大。可见，埋深越大钻孔越不稳定，越是需要进行支护处理。

4.4.2.4 侧压系数对钻孔变形破坏特征的影响

1. 侧压系数对钻孔围岩位移的影响

图 4-64 为钻孔顶部垂直位移及两侧水平位移随侧压系数的变化曲线，图 4-65、图 4-66 为不同侧压系数条件下钻孔围岩顶部垂直位移及两侧水平位移随时间变化曲线。结果表明：

（1）当侧压系数小于 1 时，两侧水平位移比顶部垂直位移大；当侧压系数为 1 时，顶部垂直位移与两侧水平位移相等；而当侧压系数大于 1 时，顶部垂直位移大于两侧水平位移。随着侧压系数的不断增大，顶部垂直位移及两侧水平位移均不断增大，但顶部垂直位

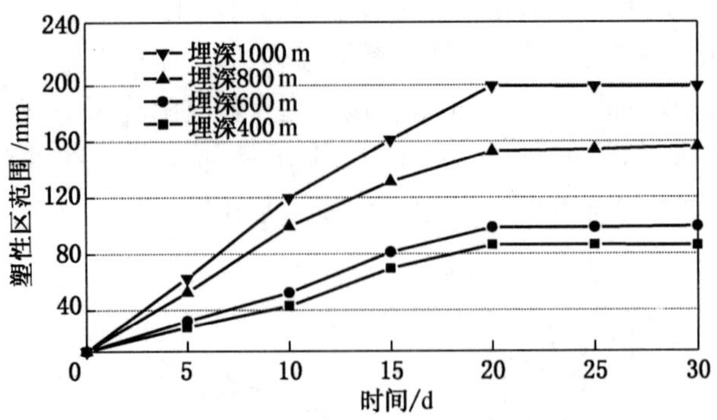

图 4-63　不同埋深条件下钻孔围岩塑性区范围随时间变化曲线

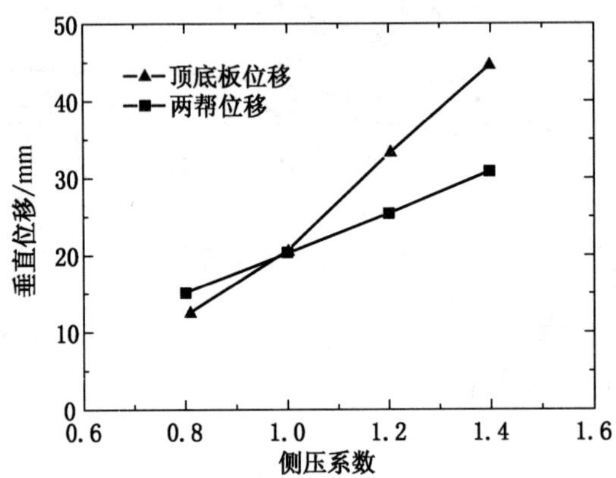

图 4-64　钻孔顶部垂直位移及两侧水平位移随侧压系数的变化曲线

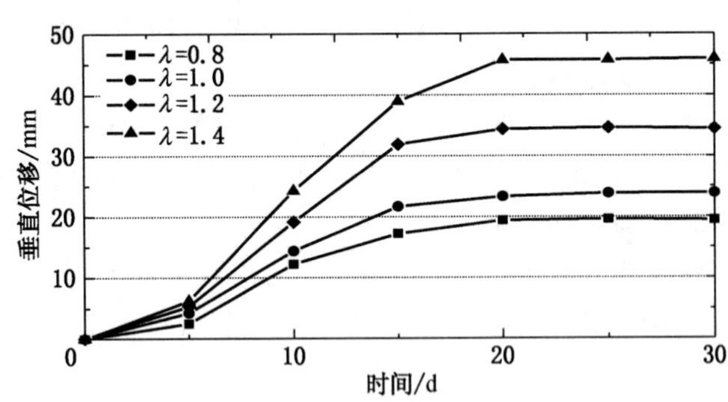

图 4-65　不同侧压系数条件下钻孔顶部垂直位移随时间变化曲线

移增加的速度要比两侧水平位移增加的速度快。

（2）侧压系数大于 1 时钻孔顶部垂直位移增加速度比侧压系数小于 1 时要大，而两侧水平位移随侧压系数的增加基本呈线性增加。且不同侧压系数条件下钻孔围岩蠕变时间基本一致，约为 20 d。

2. 侧压系数对塑性区的影响

图 4-67 为钻孔顶底板及两侧最大破坏深度随侧压系数变化柱状图。由图 4-67 可知：

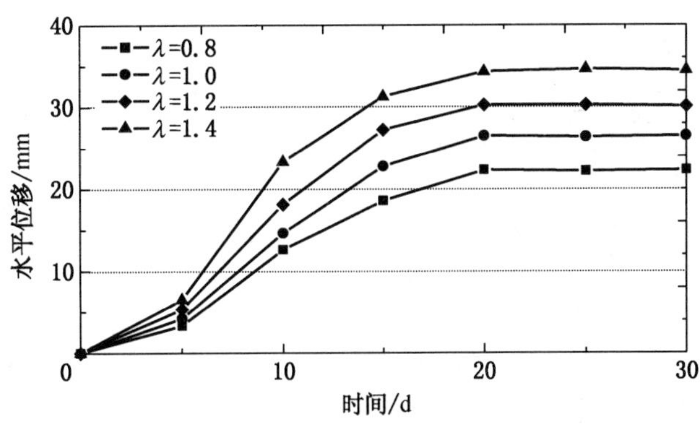

图4-66　不同侧压系数条件下钻孔两侧水平位移随时间变化曲线

（1）当侧压系数小于1时，钻孔塑性区呈现长轴沿水平方向的椭圆形；当侧压系数为1时，钻孔塑性区呈现圆形；当侧压系数大于1时，钻孔塑性区范围呈现长轴沿竖直方向的椭圆形。

（2）随着侧压系数的增加，顶底板最大破坏深度不断增加且增加速度有增加趋势，而两侧最大破坏深度逐渐减小且呈现均匀减小趋势。

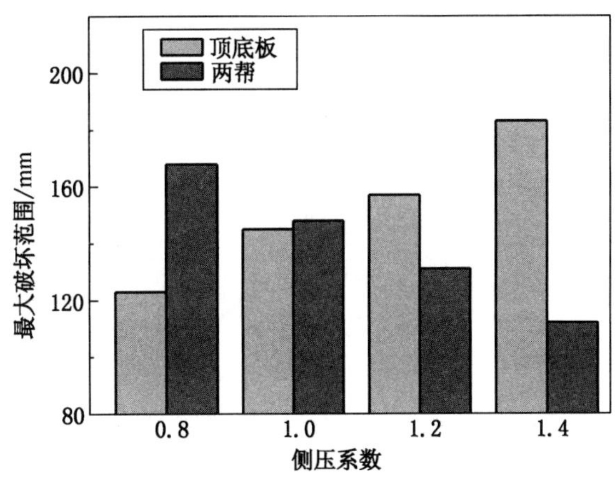

图4-67　钻孔顶底板及两侧最大破坏深度随侧压系数变化柱状图

4.4.3　钻孔瓦斯抽采参数优化

4.4.3.1　抽采负压

为考察本煤层瓦斯预抽负压对抽采效果的影响，通过改变抽采负压（依次7 kPa、10 kPa、13 kPa、16 kPa、20 kPa、23 kPa和26 kPa）来考察抽采负压在此范围内对抽采半径的影响（图4-68）。

由图4-68可以看出：随着负压的增加，瓦斯压力卸压范围略有增加，特别是在负压小于20 kPa时，增加幅度较小，当负压超过20 kPa时，增加幅度略微增加，如图4-69所示。抽采负压越大，抽采量也随之增加，但是增加幅度较小。因此在设备允许的情况下，尽可能地提高抽采负压来增加瓦斯抽放量。

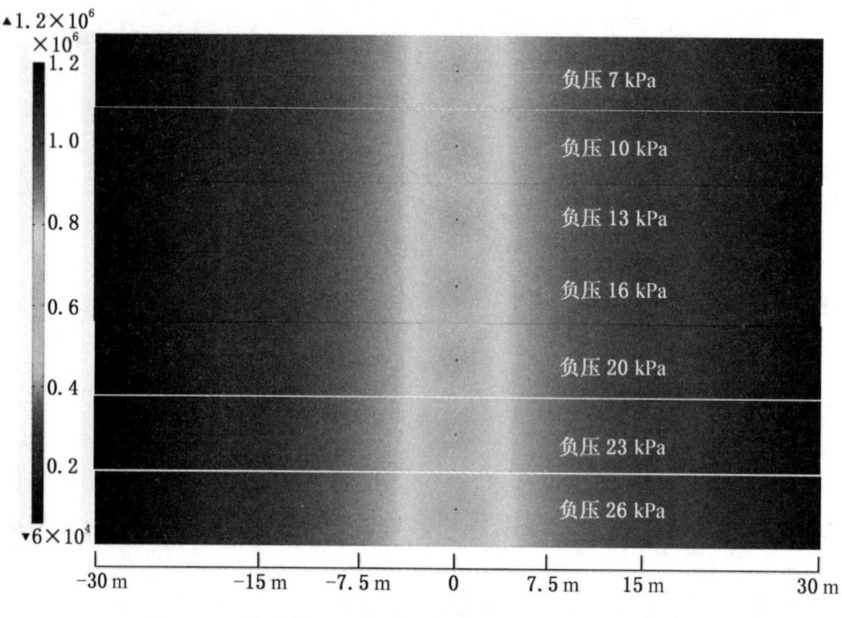

图 4-68　抽采钻孔压力随抽采负压影响范围变化云图

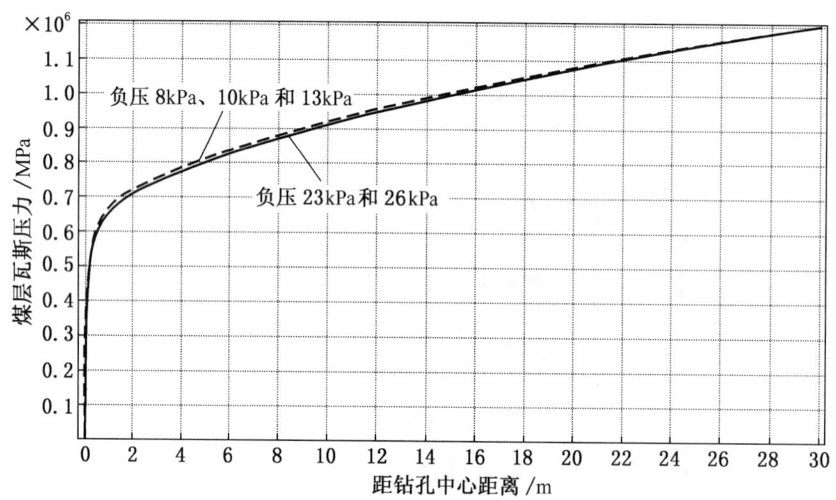

图 4-69　抽采钻孔压力随抽采负压影响范围变化曲线

4.4.3.2　钻孔孔径的影响

为了考察不同抽采钻孔孔径对抽采效果的影响，选择 5 个不同钻孔孔径来进行抽采效果分析，探求抽采效果随抽采钻孔孔径变化规律。钻孔孔径（直径）数值计算依次为 74 mm、113 mm、200 mm、300 mm、400 mm、500 mm 和 600 mm，在抽采 12 个月之后的影响范围（图 4-70）。其中 300 ~ 600 mm 孔径只为寻找变化规律使用。

从图 4-70 中可以明显看出：在同样的抽采时间内，随着抽采孔径的增加，抽采钻孔周围瓦斯压力逐渐降低，抽采钻孔影响范围不断扩大。抽采钻孔压力随抽采孔径影响范围变化如图 4-71 所示。

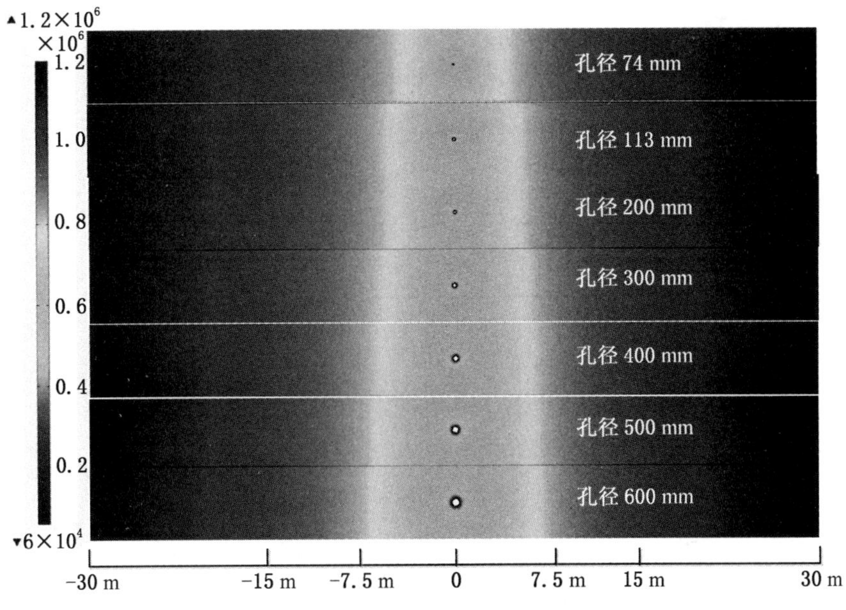

图 4-70　抽采钻孔压力随抽采孔径影响范围变化云图

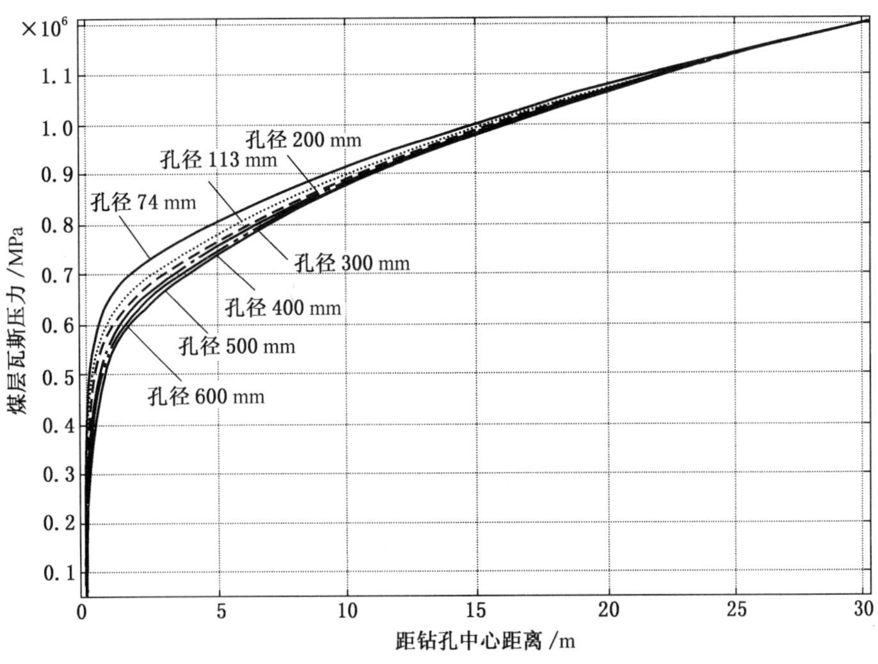

图 4-71　抽采钻孔压力随抽采孔径影响范围变化曲线

由图 4-71 可以明显看出：随着孔径的增加，在同样抽采时间内有效抽采半径也随之增加，但是当抽采钻孔孔径超过 200 mm 时，有效抽采半径增加的趋势变缓。预抽瓦斯钻孔孔径的选择上，在孔径 50～200 mm 的范围内且得方便施工，尽可能选用大孔径钻孔。

4.4.3.3　抽采钻孔长度的合理确定

基于前述得到的有效抽采半径，进行抽采钻孔设计，以工作面一般为研究对象，选择研究钻孔长度为 50 m、65 m、80 m、95 m、110 m、125 m 和 140 m，抽采负压为 13 kPa，钻孔孔径选择 113 mm，分别选择单孔和多孔布置进行分析。

1. 模型建立

（1）单钻孔数值计算模型如图 4-72 所示。

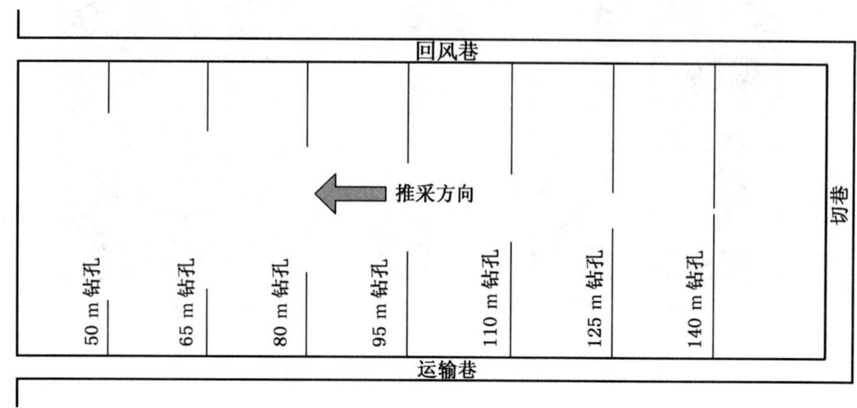

图 4-72　工作面不同长度钻孔模型

（2）多钻孔数值计算模型如图 4-73 所示。

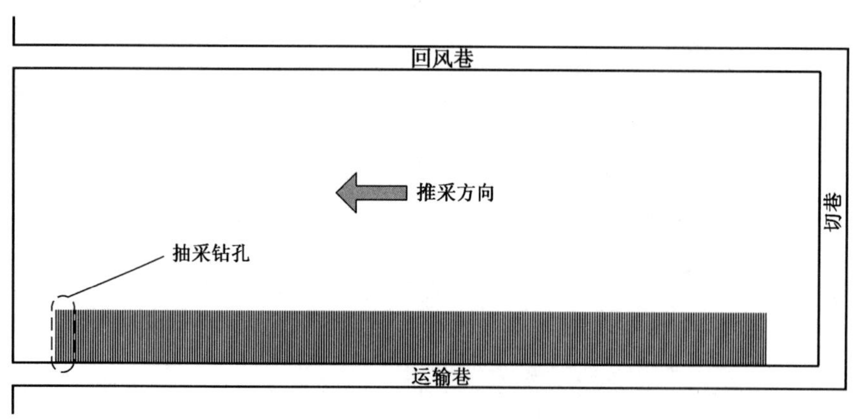

图 4-73　工作面多抽放钻孔模型

基于沙曲一矿 4208 工作面建立的两个模型，模拟本煤层瓦斯抽采，通过单个钻孔和基于有效抽采半径建立的多抽放钻孔来考察不同钻孔长度的卸压增透和抽放效果。

2. 模拟结果分析

（1）单钻孔效果分析。图 4-74 为工作面单一钻孔抽采压力云图，由图 4-74 可以看出：随着抽放钻孔长度的不断增加，孔内与煤体接触的有效面积也不断增加，同时瓦斯流动空间也相应扩大，因此在抽采钻孔附近瓦斯压力降低范围随之增加。

（2）多钻孔效果分析。基于抽采一个月的有效抽采半径 1.2 m，钻孔间距 2.4 m，

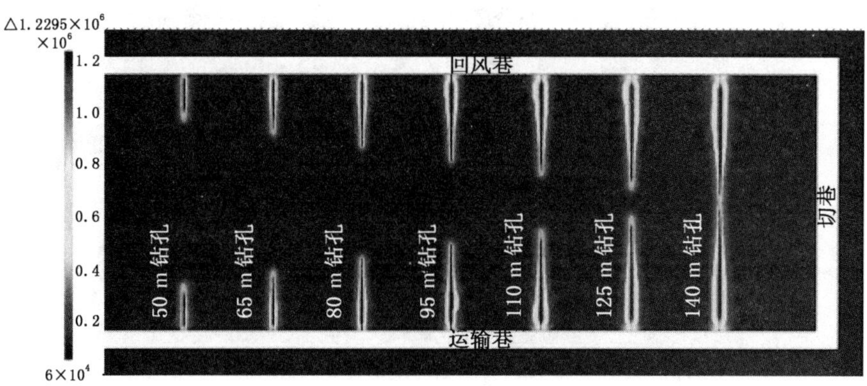

图 4-74　工作面单一钻孔抽采压力云图

不同长度抽放钻孔抽采一个月后瓦斯压力变化云图如图 4-75 所示。

由图 4-75 可以看出，按照有效抽采半径进行抽采钻孔顺层布置，具有较好的抽采效果，并且随着钻孔长度的增加，瓦斯压力卸压角度也越大。

另外将 140 m 抽采钻孔抽采时间 1 个月、3 个月和 12 个月的瓦斯压力变化云图抽取出

(a) 钻孔长度50 m

(b) 钻孔长度65 m

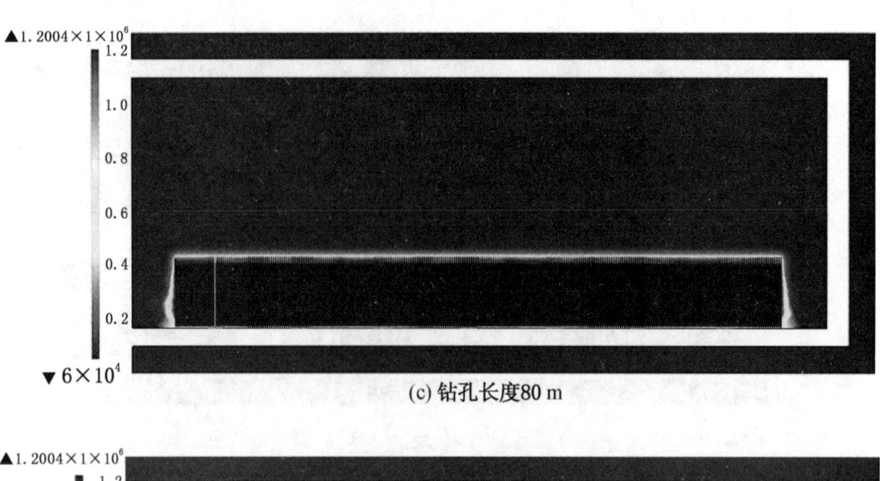

(c) 钻孔长度80 m

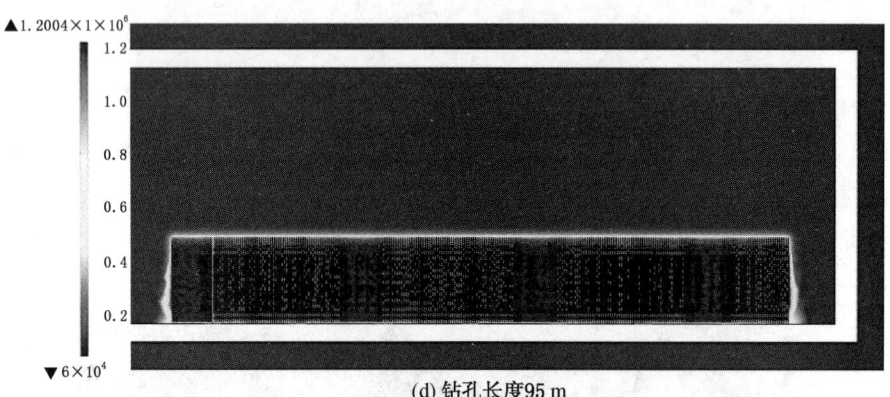

(d) 钻孔长度95 m

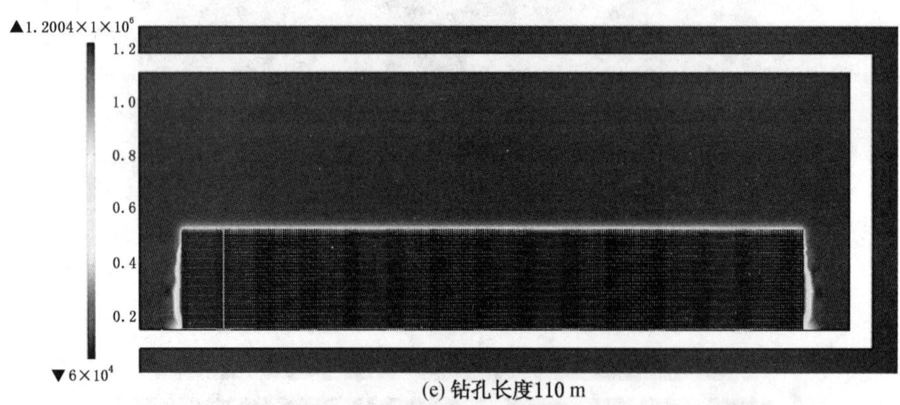

(e) 钻孔长度110 m

(f) 钻孔长度125 m

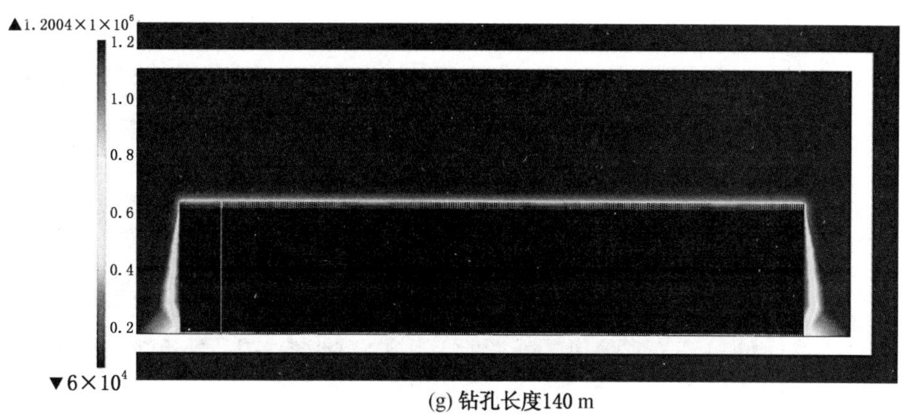

(g) 钻孔长度140 m

图 4-75　工作面本煤层抽采钻孔压力云图

来（图 4-76），发现随着抽采时间的增加，瓦斯压力卸压范围也逐渐扩大。因此，在煤层地质条件允许的条件下，应尽量提高抽采钻孔长度。

4.4.3.4　合理封孔深度

利用钻场开挖形成后围岩的应力异常升高区的空间分布特征及围岩的破裂范围特征，优化底抽巷钻场抽采封孔工艺，进行抽采钻孔封孔深度试验对比研究，优化确定合理的封

(a) 钻孔长度140 m（抽采 1 个月）

(b) 钻孔长度140 m（抽采 3 个月）

(c) 钻孔长度140 m（抽采 12 个月）

图4-76　工作面本煤层抽采钻孔压力云图

孔深度。为避免封孔深度过短导致抽采钻孔“风流短路”，一般多基于“封孔深度应不少于煤岩破碎带范围”的规定，例如，《煤矿瓦斯抽放规范》（AQ/T 1027—2006）要求：“孔口段围岩条件好，构造简单、孔口负压中等时，封孔长度可取 2～3 m；孔口段围岩裂隙较发育或孔口负压高时，封孔长度可取 4～6 m；在煤壁开孔的钻孔，封孔长度可取 5～8 m。”我国大部分突出矿井均按照《防治煤与瓦斯突出细则》中第六十七条要求：穿层钻孔的封孔段长度不得小于 5 m，顺层钻孔的封孔段长度不得小于 8 m。

由于钻孔应力环境、煤岩层结构及物理力学性质差异，《煤矿安全规程》要求的封孔深度并不能满足实际高效抽采需求，多数矿井依据具体情况差异确定的抽采封孔深度都略大于规范要求，如阳煤集团在煤与瓦斯突出危险性中钻孔封孔深度达到 18 m，这表明，合理确定封孔深度才能提高抽采浓度和抽采效果。

1. 试验设计

钻场和巷道开挖平衡后，当抽采钻孔进一步穿过巷道（钻场）围岩破碎区外的高应力异常区时，钻孔可能产生由于其自身钻进引发的钻孔围岩壁破坏漏气甚至失稳现象。显然，为预防钻孔在经过“高应力集中区”而产生的漏气失稳，封孔深度应不短于巷道（钻场）开挖所产生的围岩应力集中区范围。基于以上基本观点，本次研究提出了以巷道（钻场）开挖所产生的异常高应力集中区范围边界作为抽采钻孔封孔深度的试验论点，进行了井下瓦斯抽采试验。

在底抽巷钻场布置穿层钻孔，向 3 号、4 号、5 号煤层做预抽期间的网格预抽工作（图 4-77～图 4-79）。为防止围岩破碎导致钻孔塌孔，依据前一节研究得到的破碎带最大 2 m、应力集中区最大范围 8 m 的结论，并预留 1.5 的安全系数，封孔套管长度设置为 3 m。封孔深度分别选择 5 m（大于破碎带 2 m，小于应力集中带 8 m）、10 m（大于应力集中带 8 m）、15 m（远大于应力集中带 8 m）。为消除单个钻孔抽采差异性带来的试验误差，试验考察钻孔共 3 组 9 个钻孔，各个钻孔参数见表 4-6。

2. 瓦斯抽采试验过程、结果及分析

考虑到煤矿井下围岩条件复杂性，现场试验时在“应力异常集中区边界 8 m”的基础上加上 8 m×20% =1.6 m（实际取值 2 m），即 10 m 作为实际试验封孔深度。

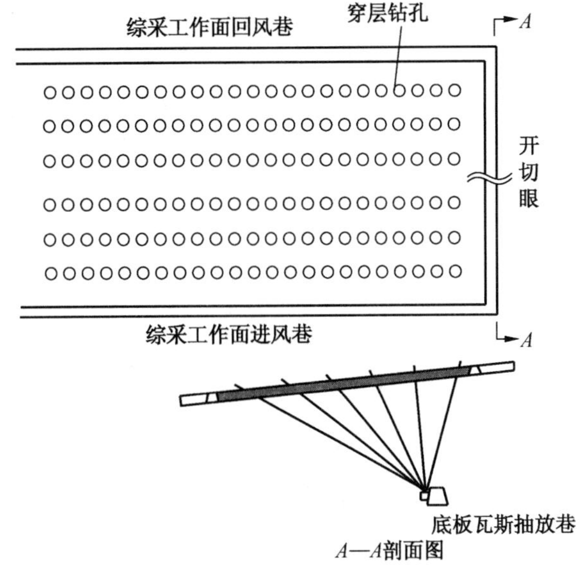

图 4-77 采煤工作面网格预抽钻孔布置示意图

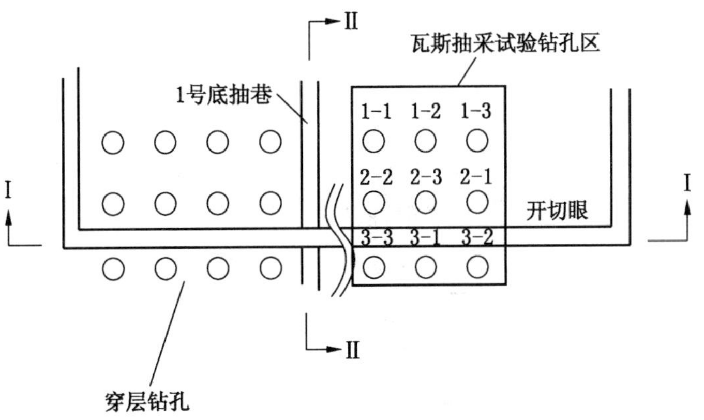

图 4-78 试验区钻孔布置平面示意图

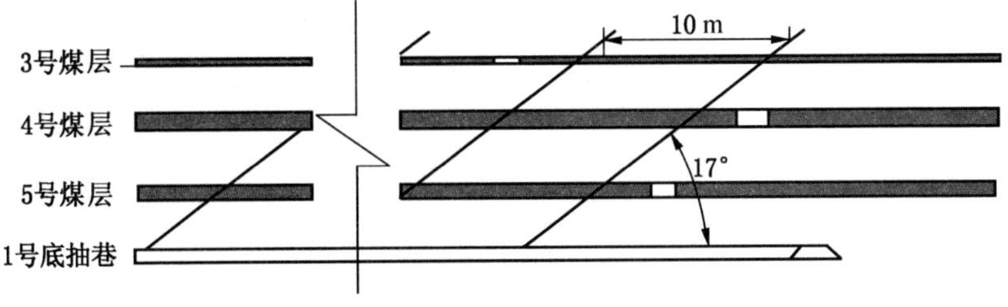

图 4-79 试验区钻孔布置 I—I 剖面示意图

表4-6　试验钻孔基本参数

孔号	孔径/mm	倾角/(°)	钻孔长度/m	封孔深度/m	套管长度/m	备注
1-1	90	17	150	5	3	对比组
2-1	90	17	150	5	3	
3-1	90	17	150	5	3	
1-2	90	17	150	10	3	对比组
2-2	90	17	150	10	3	
3-2	90	17	150	10	3	
1-3	90	16	150	15	3	理想组
2-3	90	16	150	15	3	
3-3	90	16	150	15	3	

注：钻孔编号“a-b”中，“b”表示依据封孔深度划分的“钻孔试验组别”，“a”表示“孔号编号组别”。

为消除单个钻孔孔壁煤岩环境差异性可能产生的试验误差，将不同的封孔深度各个钻孔进行了交错布置（图4-78)，具体各钻孔的封孔深度见表4-6。

三种不同的封孔深度分别为理论理想封孔深度15 m，远处于应力集中区影响范围（“理想组”：1-3号、2-3号、3-3号孔)，计算后的试验封孔深度10 m，略大于应力集中区范围边界（“对比组”：1-2号、2-2号、3-2号孔)，封孔深度5 m，处于应力集中区范围界限内（ “对比组”：1-1号、2-1号、3-1号孔)。

3. 瓦斯抽采浓度检测

(1) 数据观测记录。用100%光学仪测试瓦斯浓度，隔天观测记录，持续观测60 d，记录各个抽采钻孔对应的瓦斯浓度，各钻孔分组及开始抽采的时间见表4-7。

表4-7　试验区钻孔瓦斯浓度汇总

时间/d	瓦斯抽采浓度/%								
	1-3号	1-2号	1-1号	2-3号	2-2号	2-1号	3-3号	3-2号	3-1号
1	67	67	34	71	65	47	75	74	48
3	64	65	35	70	63	44	74	73	47
5	68	61	28	67	62	42	72	69	43
7	65	62	23	65	59	43	72	70	44
9	61	63	24	66	57	40	71	68	43
11	64	61	26	65	55	35	68	64	35
13	61	58	19	62	51	27	70	66	28
15	59	55	23	63	47	29	69	62	29
17	60	54	13	62	45	29	65	55	30
19	57	55	14	59	44	30	64	54	31

表4-7（续）

时间/d	瓦斯抽采浓度/%								
	1-3号	1-2号	1-1号	2-3号	2-2号	2-1号	3-3号	3-2号	3-1号
21	58	54	11	53	43	25	55	53	25
23	56	52	12	54	42	26	56	52	26
25	53	48	17	52	40	18	55	53	25
27	52	47	15	45	39	15	54	51	24
29	51	46	12	47	38	16	53	48	23
31	48	45	10	45	39	15	52	45	24
33	49	42	8	44	37	14	50	43	22
35	45	39	7	45	36	13	45	42	21
37	42	40	8	43	37	15	43	40	20
39	43	37	6	44	36	14	45	41	16
41	40	35	6	42	35	12	46	42	17
43	39	36	7	40	34	11	43	40	15
45	40	34	6	41	36	12	45	38	13
47	41	30	6	40	35	11	42	39	11
49	38	32	7	39	33	9	41	38	12
51	37	33	6	42	34	9	42	40	8
53	39	32	5	40	35	7	43	37	10
55	36	34	7	40	32	8	39	39	11
57	35	31	6	37	33	9	40	38	9
59	34	30	5	38	32	7	39	39	8
60	33	31	5	37	31	6	38	37	6

（2）图线绘制。依据“钻孔编号组别”（如1-1号、1-2号、1-3号）将同一编号组别的3个钻孔连成一串，连入同一支管后进行抽采及瓦斯浓度检测，连成一串的钻孔具有相同的抽采负压，9个钻孔共分为3串。在每串钻孔中均有“对比组”“对比组”及“理想组”的钻孔，因此，各串相邻的3个钻孔的瓦斯浓度数据最有可比性，每串钻孔3组对比数据，共计9组数据。用Origin软件绘制出浓度随时间变化的散点图和指数拟合曲线图，单个钻孔瓦斯浓度曲线及各组别不同封孔深度的瓦斯浓度曲线如图4-80所示。

各组钻孔曲线如图4-81所示。

基于监测数据，分析可得各钻孔及各组别瓦斯抽采相关参数，详见表4-8及表4-9。

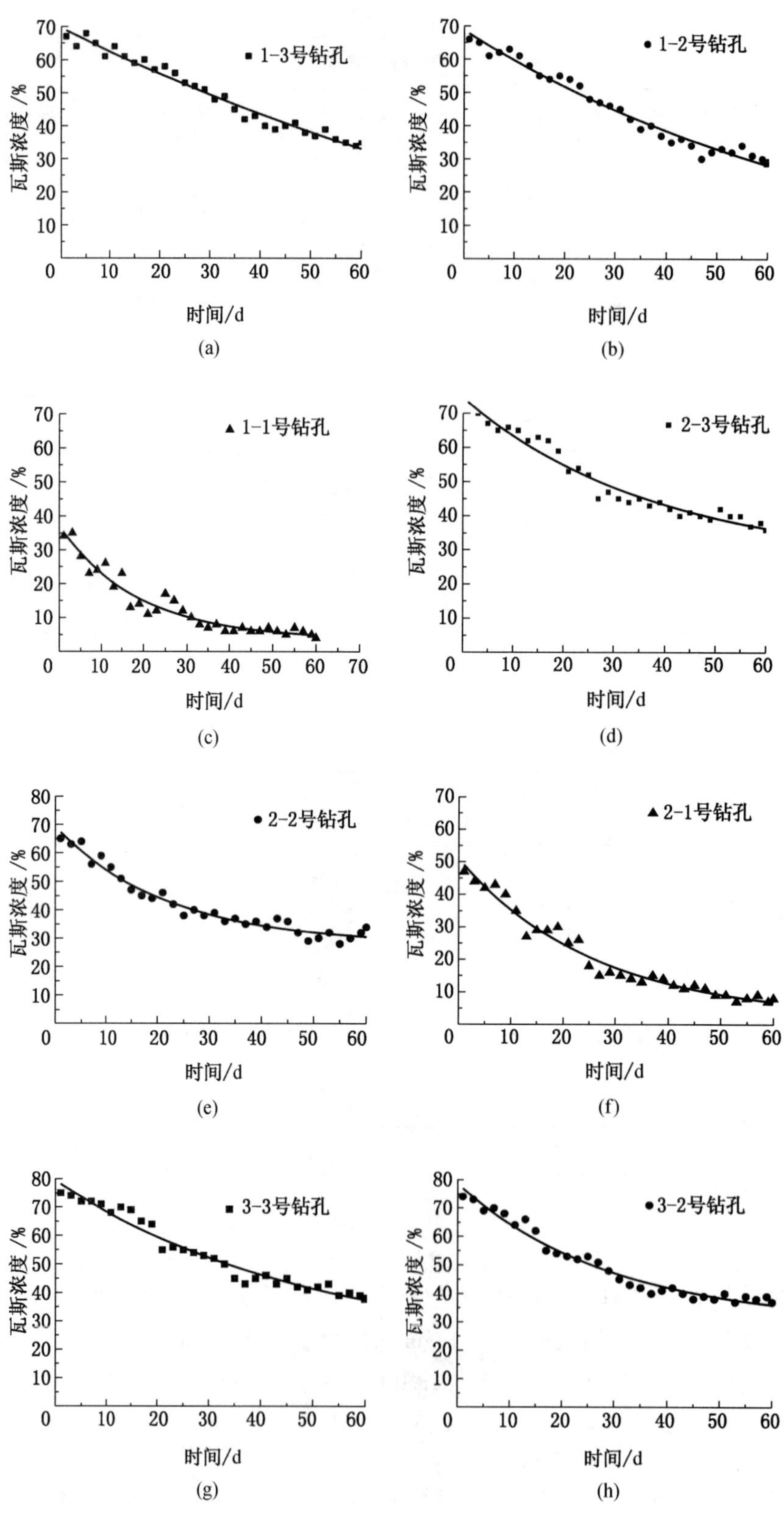

(a)　(b)

(c)　(d)

(e)　(f)

(g)　(h)

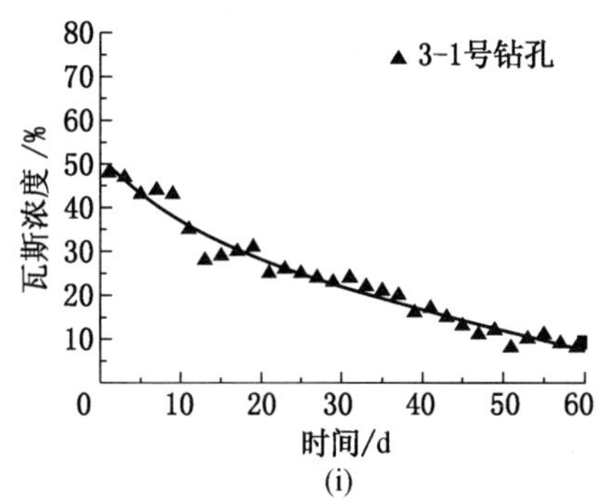

图4-80　各试验钻孔瓦斯浓度时间变化拟合曲线

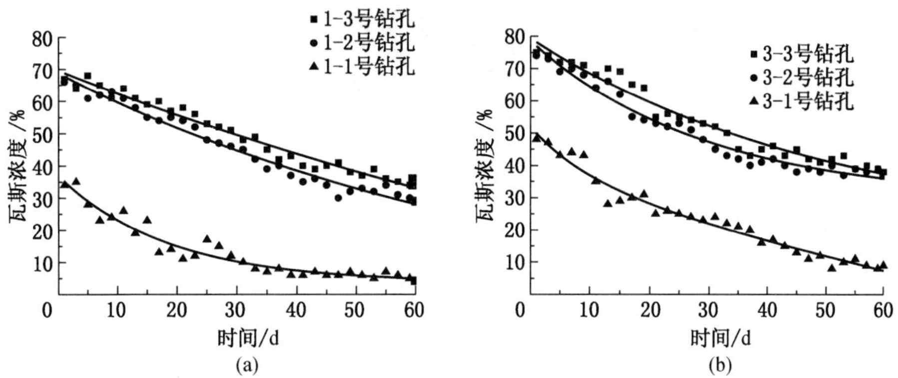

图4-81　各组钻孔瓦斯浓度对比时间变化拟合曲线

表4-8　各试验钻孔瓦斯抽采相关参数统计分析

项　目	对比组（l=5 m）			试验组（l=10 m）			理想组（l=15 m）		
	1-1	2-1	3-1	1-2	2-2	3-2	1-3	2-3	3-3
浓度/%	13.5	21.1	23.9	46	42.4	50.3	50.1	50.6	54.1
纯量/($m^3\cdot min^{-1}$)	2.74	3.96	4.12	6.34	6.27	6.43	6.41	6.42	6.54
混合量/($m^3\cdot min^{-1}$)	20.3	18.8	17.5	13.8	14.8	13.0	12.8	12.7	12.1

注：l为封孔深度，表格中各组统计数据均为平均值。

表4-9　各组瓦斯抽采相关参数统计分析

项　目	对比组（l=5 m）	试验组（l=10 m）	理想组（l=15 m）
浓度/%	19.5	46.2	51.6
纯量/($m^3\cdot min^{-1}$)	3.61	6.34	6.45
混合量/($m^3\cdot min^{-1}$)	18.8	13.8	12.5

注：l为封孔深度，表格中各组统计数据均为平均值。

4.4.3.5　合理布孔间距

瓦斯抽采效果与钻孔间距、瓦斯抽采影响半径密切相关，如果钻孔的间距大于二倍抽采影响半径时，就容易形成瓦斯抽采空白带。因此，必须对钻孔间距和瓦斯抽采影响半径的关系进行研究，从而确定合理的孔间距。

1. 数值模型建立

通过模拟底抽巷抽采4号煤层时煤层瓦斯压力的变化规律及分布特征，以便分析合理的底抽巷穿层钻孔间距和有效抽采半径，指导底抽巷实施瓦斯抽采。

底抽巷穿层抽采钻孔三维示意图如图4-82所示，底抽巷穿层抽采钻孔布置平面图如图4-83所示。数值模型尺寸为60 m×60 m×2 m，模拟抽采时间为1 a左右。本次模拟共建立5种计算模型，钻孔间距分别为6 m、9 m、12 m、15 m、18 m。模型网格划分如图4-84所示。数值模拟采用的煤层参数见表4-10。

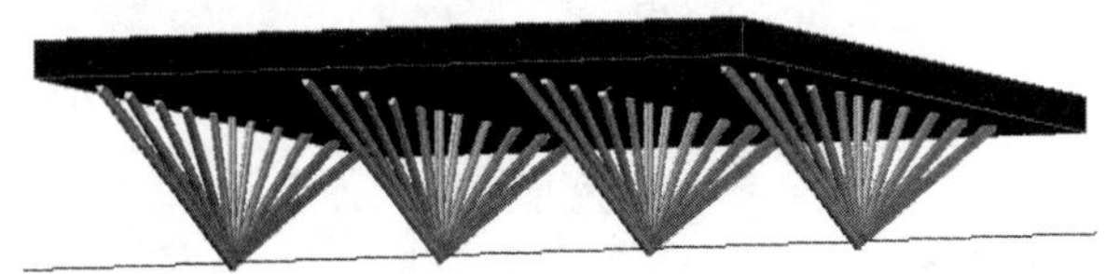

图4-82　底抽巷穿层抽采钻孔三维示意图

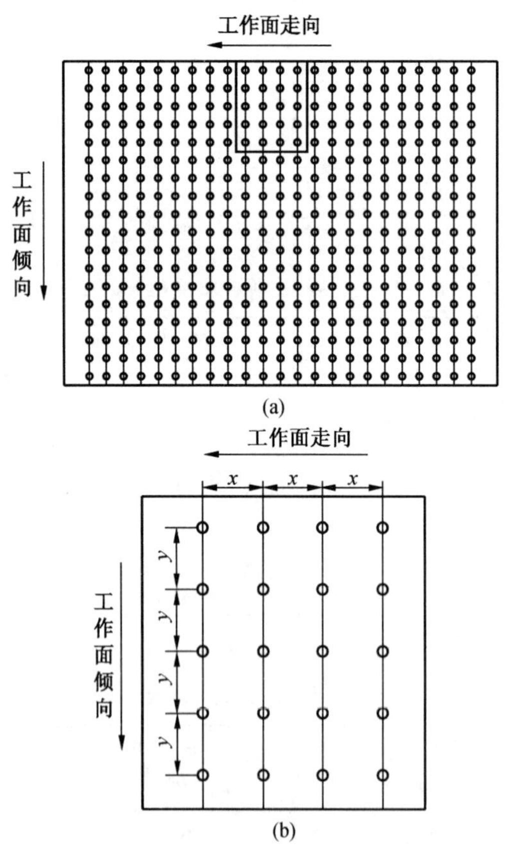

图4-83　底抽巷穿层抽采钻孔布置平面图

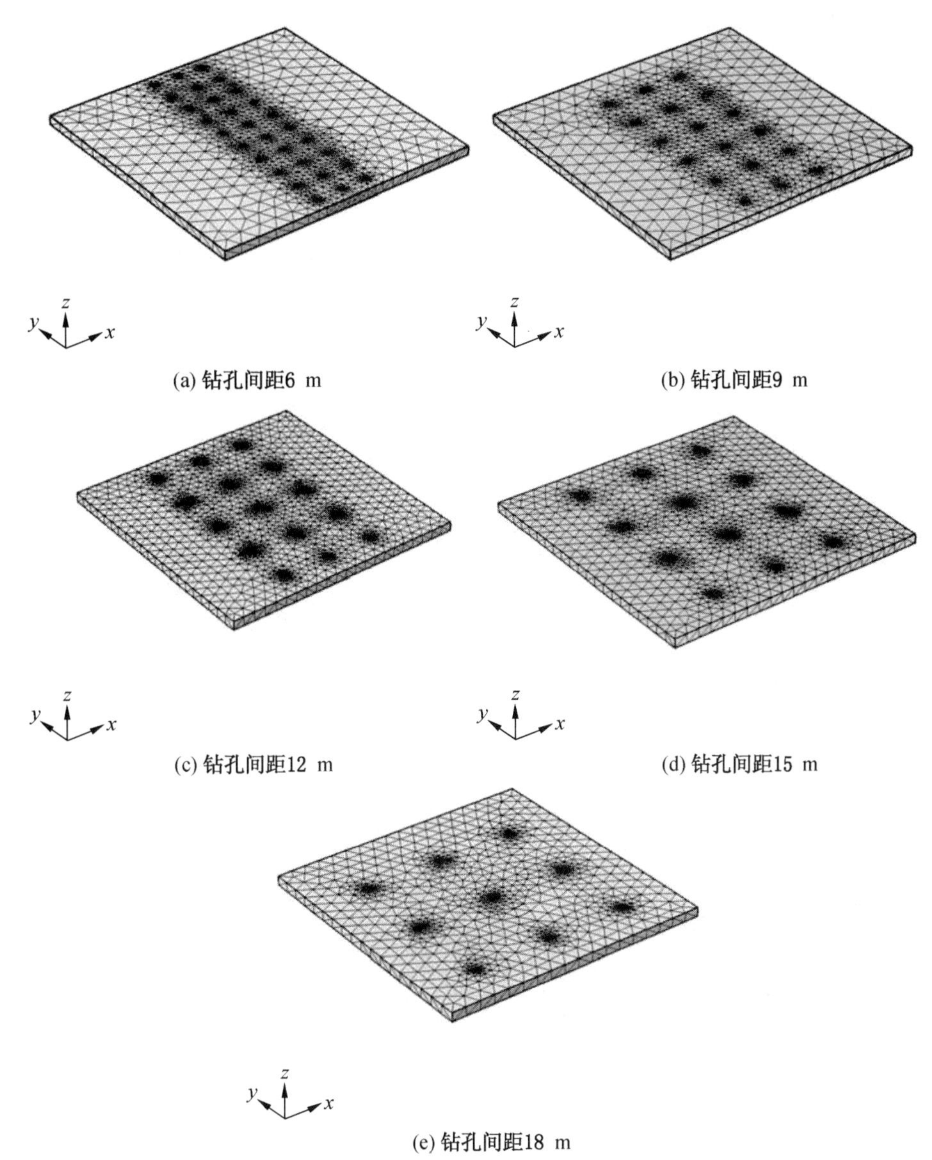

图4-84 不同钻孔间距三维模型网格划分图

表4-10 煤层参数

参数	数值	参数	数值
煤的弹性模量/Pa	2.5×10^8	煤的孔隙率/%	0.08
4号煤层密度/($t\cdot m^{-3}$)	1.5	瓦斯动力黏度/(Pa·s)	2×10
煤层原始瓦斯含量/($m^3\cdot t^{-1}$)	11.92	瓦斯密度/($kg\cdot m^{-3}$)	0.716
透气性系数/($m^2\cdot MPa^2\cdot d^{-1}$)	3.78	抽采负压/kPa	13
煤的泊松比	0.28	钻孔直径/mm	94

2. 数值模拟结果

通过数值模拟，可以得到瓦斯压力及抽采半径随时间变化曲线，如图 4-85 所示。

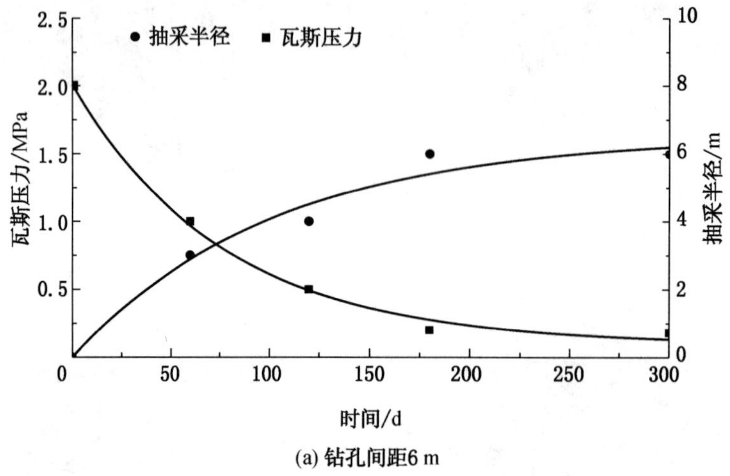

(a) 钻孔间距6 m

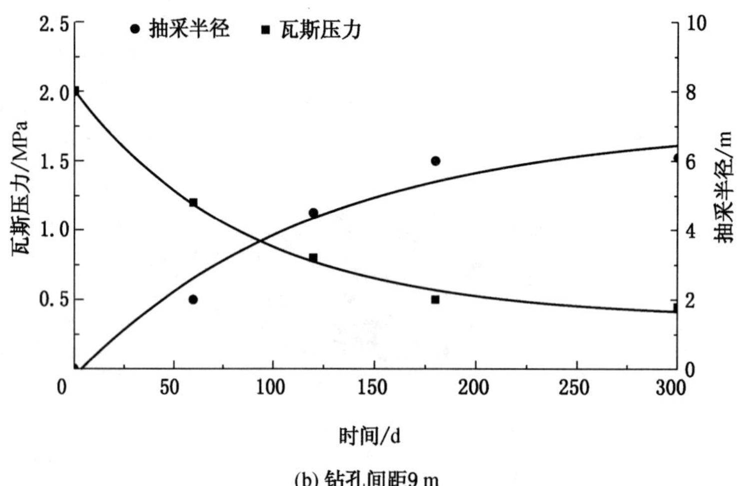

(b) 钻孔间距9 m

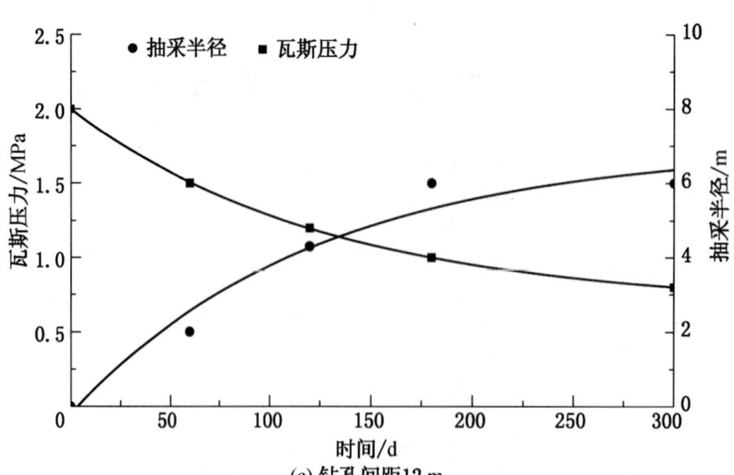

(c) 钻孔间距12 m

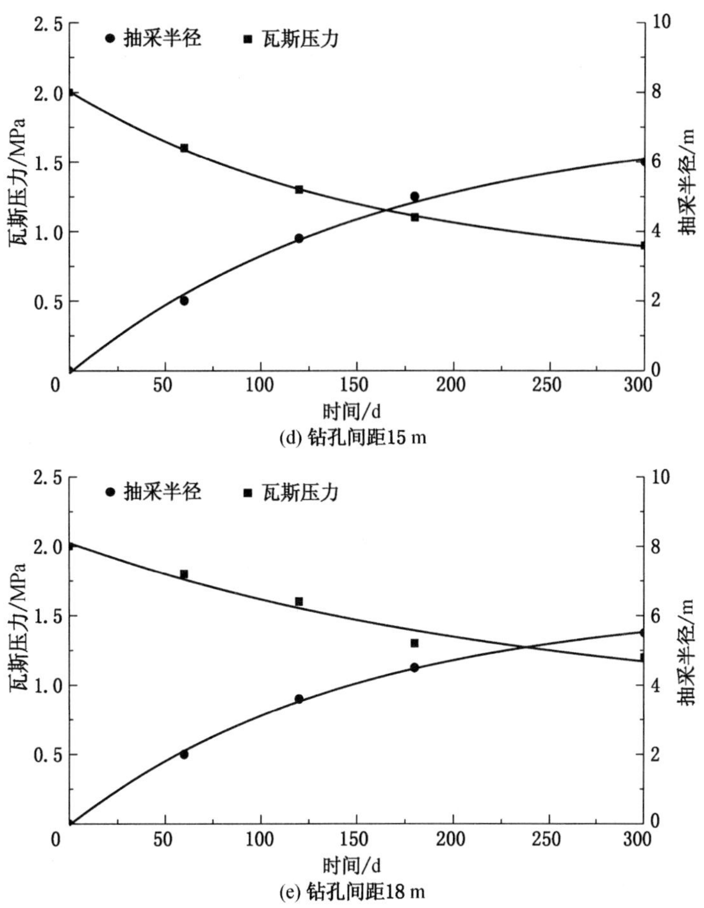

图 4-85　瓦斯压力及抽采半径随时间变化曲线

由图 4-85 可知，随着抽采时间的延长，煤层瓦斯压力逐渐降低，在抽采钻孔负压的作用下，抽采影响范围和瓦斯压力降低区域逐渐扩大。相邻抽采孔之间煤层瓦斯压力降低呈现叠加效应，该区域内煤层瓦斯压力降低幅度大于非相邻抽采孔瓦斯压力降低幅度。随着抽采时间的延长，煤层瓦斯压力叠加效应逐渐减弱，并在抽采达到一定时间后区域稳定。

以抽采时间 300 d、煤层原始瓦斯压力 2 MPa 为例，通过数值计算可知：①不同钻孔密度抽采作用下，煤层瓦斯压力随着时间是下降的，且钻孔间距越小，煤层瓦斯压力降低的越快。若以 0.74 MPa 为瓦斯压力临界安全值，煤层预抽一年，钻孔最大间距应不超过 12 m；②抽采影响半径与煤层渗透特性等固有属性相关，且随着时间推移逐渐增大，抽采固定时间段内，钻孔布孔间距对抽采影响半径影响不大，以 4 号煤层为例，一年内抽采影响半径均为 6 m 左右。

4.5　底抽巷穿层钻孔群瓦斯抽采技术

4.5.1　邻近层卸压瓦斯抽采

4.5.1.1　应用地点

图 4-86 为 1 号底抽巷上部煤层群综合柱状图，由图 4-86 可知，沙曲二矿 1 号底抽巷上部 3 号、4 号煤层间距变化范围为 1.54 ~ 8.95 m，波动较大，且局部两层煤有合并趋

势。为全面考察研究煤层群条件下的瓦斯抽采特征，试验点选取在1号底抽巷距南翼集中轨道巷开口830 m与880 m处分别设置测点*A*、测点*B*。测点布置示意图如图4-87所示。

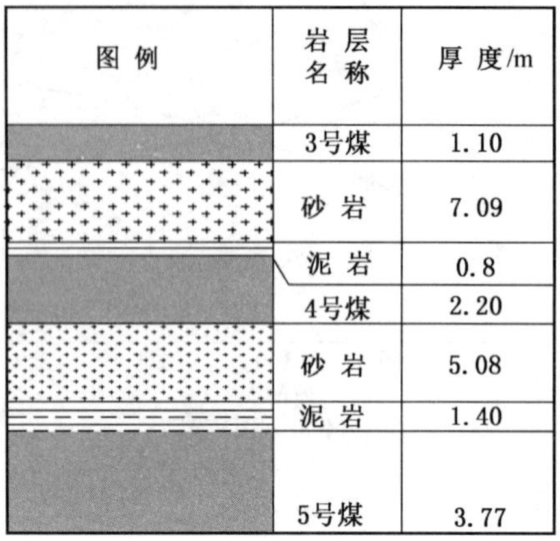

图例	岩层名称	厚度/m
	3号煤	1.10
	砂岩	7.09
	泥岩	0.8
	4号煤	2.20
	砂岩	5.08
	泥岩	1.40
	5号煤	3.77

图4-86　1号底抽巷上部煤层群综合柱状图

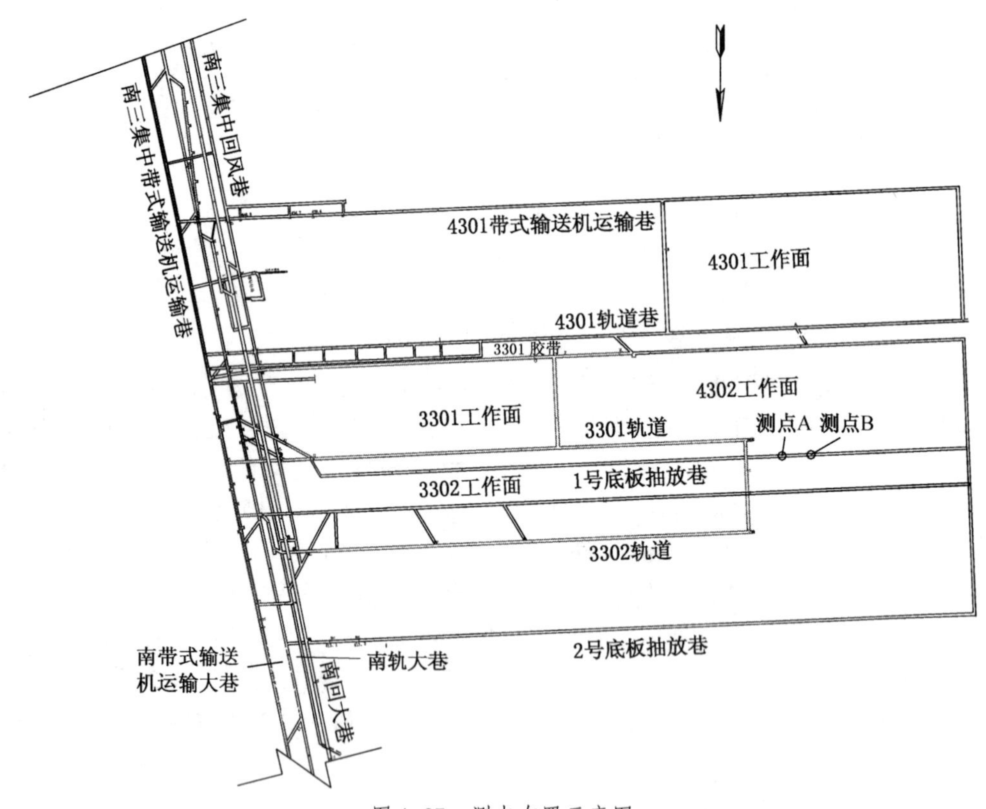

图4-87　测点布置示意图

测点上部3号煤层平均煤厚1.1 m，4号煤层平均煤厚2.2 m，与3号煤层平均间距7.89 m；5号煤层平均厚度为2.27 m，与4号煤层平均间距5.5 m。1号底抽巷大致沿南翼6号煤层延展方向掘进，距上部5号煤层平均距离14.1 m。底抽巷设计长度为1225.6 m，矩形断面，巷道宽4.2 m、高3.0 m。巷道的服务功能是向3号、4号、5号煤层做掘进预抽和回采期间的网格预抽工作。底抽巷上部各煤层瓦斯基本参数情况见表4-11。试验区底抽巷与上部煤层位置情况示意图，如图4-88所示。

表4-11　各煤层瓦斯基本参数表

煤层编号	瓦斯压力/MPa	瓦斯含量/($m^3 \cdot t^{-1}$)	残存瓦斯量/($m^3 \cdot t^{-1}$)	煤层透气性系数 $\lambda/(m^2 \cdot MPa^{-2} \cdot d^{-1})$	钻孔瓦斯流量衰减系数 α/d	平均煤厚/m
3号	1.08	7～24.88	3.50	1.78～1.89	0.040～0.042	1.1
4号	1.50	7.3～17.82	3.54	3.52～3.785	0.024～0.028	2.2
5号	1.40	4.45～17.9	3.64	1.99～.23	0.037～0.038	2.27

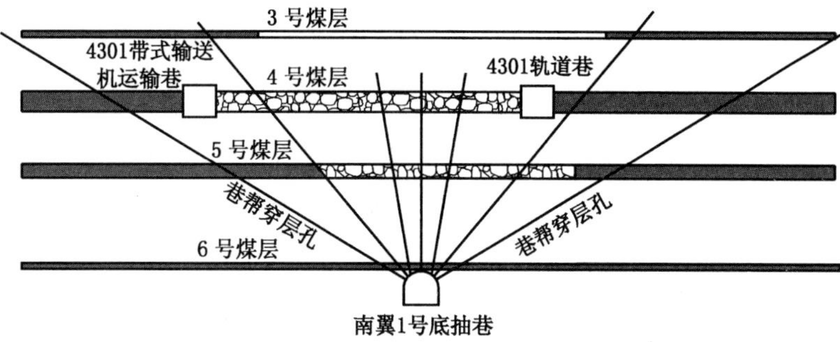

图4-88　试验区底抽巷与上部煤层位置情况示意图

4.5.1.2　考察方案及结果

考察钻孔于2014年2月开始施工，于2014年5月施工完毕，考察区域钻孔布置间距为10 m，考察钻孔群为4 m×4 m布置，共16个钻孔，如图4-89所示。经过为期300 d的预抽，考察钻孔的钻孔瓦斯抽采量统计情况见表4-12。

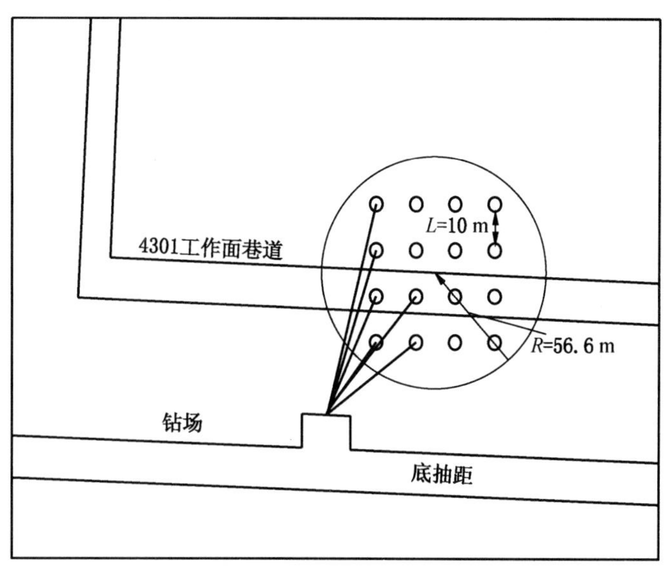

图4-89　考察区域钻孔布置示意图

表 4-12　考察区域钻孔抽采瓦斯量统计表

抽采时间/d	单孔平均流量/($m^3 \cdot min^{-1}$)	单孔平均抽采量/m^3	抽采总量/万 m^3	抽采率/%
30	0.0257	740	15.36	7.7
60	0.0154	885	34.08	17.1
90	0.0113	972	56	28.3
120	0.0082	1186	74.08	37.1
150	0.008	1281	86.08	43
180	0.0064	1427	107.52	53.82
210	0.0056	1566	125.76	62.88
240	0.0047	1704	143.84	71.94
270	0.0036	1842	161.92	81
300	0.0023	1980	180.16	90.06

考察区域中心点外 60 m 范围内的区域没有进行钻孔施工抽采，因此将考察区域为圆点，半径 60 m 范围内的煤体作为原始抽采煤层区，则该原始煤层区域煤层瓦斯总量为

$$Q_g = \pi r^2 h \rho W \tag{4-13}$$

式中　r——考察区域的半径，m；

h——考察区域煤层的厚度，m；

ρ——考察区域煤层的密度，t/m^3；

W——考察区域煤层瓦斯含量，m^3/t。

代入该区域内煤层基础参数数据，可以得到钻场抽采区域瓦斯总量：$Q_g = 3.14 \times 60^2 \times 2.2 \times 0.76 \times 11.9 = 2001860.32\ m^3$。

每天对各个钻孔抽采浓度及混合量进行统计，得到考察区域钻孔群的抽采相关情况，以 30 d 为一个统计周期，考察区域抽采情况见表 4-12。

从区域单孔平均流量随时间变化来看（图 4-90），其回归关系基本符合负指数衰减规律，即

$$Q_t = 0.0255 e^{-0.008x}$$

式中　Q_t——抽采流量，m^3/min；

t——时间，d。

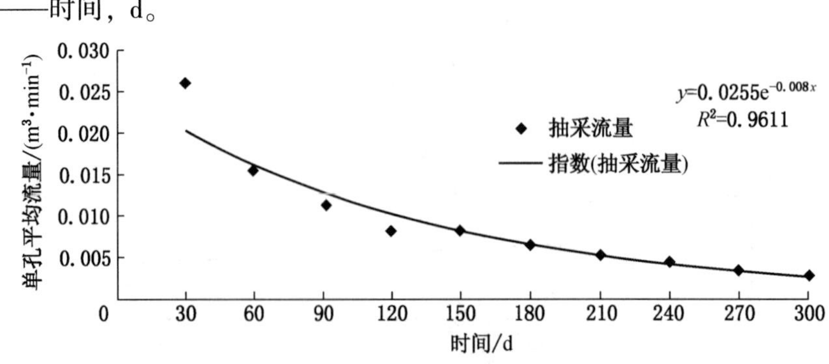

图 4-90　单孔平均抽采流量随时间变化曲线图

穿层钻孔预抽一年后，测定各个测压孔处的煤层残余瓦斯压力及残余瓦斯含量。其中，测定残余瓦斯含量的取样点在距测压孔 0.5m 处的位置，相关参数见表 4-13。

表 4-13　煤层残余瓦斯含量及残余瓦斯压力

测压孔号	瓦斯压力/MPa	残存瓦斯量/($m^3 \cdot t^{-1}$)
4-1	0.07	4.1
4-2	0.09	6.5
4-3	0.06	6.4
4-4	0.02	6.3
4-5	0.08	6.4
4-6	0.05	6.3

由表 4-13 可以看出，经过一年期的抽采，煤层瓦斯抽采率达到了 60%，抽采后煤层的瓦斯残存量低于 8 m^3/t，均达到《防治煤与瓦斯突出细则》的相关要求。由以上试验结果可以得出，抽采时间 1 a 为期，网格预抽钻孔布设间距 10 m 可以有效解除沙曲南翼 4 号煤层的突出危险性。

4.5.2　定向钻孔群区域预抽邻近层瓦斯

为了提高瓦斯抽采质量，缓解采掘失调，探索瓦斯抽采的新途径，减少瓦斯专用抽采巷道的工程量，通过调研购置了德国 DDR-1200 型长距离定向钻机，较早地在国内尝试使用长距离定向钻孔技术进行瓦斯预抽。

为了试验德钻在沙曲矿的预抽效果，选择沙曲二矿 4301 工作面利用 DDR-1200 钻机施工了一个深度为 450 m 的钻孔，进行了瓦斯预抽试验，开孔后的抽采数据变化情况见表 4-14、图 4-91、图 4-92。

表 4-14　1 号底抽巷长钻孔瓦斯抽采数据

时间	负压/mmHg	浓度/%	瓦斯混合量/($m^3 \cdot min^{-1}$)	瓦斯纯量/($m^3 \cdot min^{-1}$)	百米钻孔纯量/($m^3 \cdot min^{-1} \cdot hm^{-1}$)
2015-07-25	58	100	0.849	0.849	0.189
2015-07-26	53	95	0.849	0.806	0.179
2015-07-27	55	30	4.648	2.789	0.620
2015-07-28	60	90	1.200	1.080	0.240
2015-07-29	55	90	1.039	0.935	0.208
2015-07-30	45	93	0.849	0.789	0.175
2015-07-31	50	87	1.039	0.904	0.201
2015-08-01	49	76	1.342	1.020	0.227
2015-08-02	58	83	0.849	0.704	0.157
2015-08-03	55	85	1.039	0.883	0.196
2015-08-04	65	100	0.849	0.849	0.189
2015-08-05	64	100	0.849	0.849	0.189
2015-08-06	62	95	0.849	0.806	0.179

表 4-14（续）

时间	负压/mmHg	浓度/%	瓦斯混合量/($m^3 \cdot min^{-1}$)	瓦斯纯量/($m^3 \cdot min^{-1}$)	百米钻孔纯量/($m^3 \cdot min^{-1} \cdot hm^{-1}$)
2015-08-07	60	97	0.849	0.823	0.183
2015-08-08	56	95	0.849	0.806	0.179
2015-08-09	53	93	0.849	0.789	0.175
2015-08-10	60	92	1.039	0.956	0.212
2015-08-11	80	100	0.849	0.849	0.189
2015-08-12	63	100	0.849	0.849	0.189
2015-08-14	55	93	1.039	0.967	0.215
2015-08-15	55	87	1.039	0.904	0.201
2015-08-16	55	88	1.039	0.915	0.203
2015-08-17	45	80	0.849	0.764	0.170
2015-08-18	52	92	1.039	0.956	0.212
2015-08-19	82	94	0.849	0.798	0.177
2015-08-20	75	95	0.849	0.806	0.179
2015-08-21	50	90	0.849	0.764	0.170
2015-08-22	50	89	1.039	0.925	0.206
2015-08-23	45	88	0.849	0.747	0.166
2015-08-24	48	88	0.849	0.747	0.166
2015-08-25	44	90	0.849	0.764	0.170
2015-08-26	42	83	1.342	1.114	0.247
2015-08-27	43	83	0.849	0.704	0.157
2015-08-28	43	83	0.849	0.704	0.157
2015-08-29	35	93	1.200	1.116	0.248
2015-08-30	45	90	1.200	1.080	0.240
2015-08-31	45	94	1.039	0.977	0.217
2015-09-01	45	92	1.039	0.956	0.212
2015-09-02	46	94	1.039	0.977	0.217
2015-09-03	46	96	0.849	0.815	0.181
2015-09-04	46	85	1.039	0.883	0.196
2015-09-05	46	82	1.039	0.852	0.189
2015-09-06	71	70	1.039	0.728	0.162
2015-09-07	74	100	1.039	1.039	0.231
2015-09-08	73	98	1.039	1.018	0.226
2015-09-09	75	100	1.039	1.039	0.231
2015-09-10	70	98	1.039	1.018	0.226
2015-09-11	70	95	1.342	1.275	0.283
2015-09-12	78	94	1.342	1.261	0.280
2015-09-13	73	95	0.849	0.566	0.126
2015-09-14	70	98	0.849	0.832	0.185

表 4-14（续）

时间	负压/mmHg	浓度/%	瓦斯混合量/($m^3 \cdot min^{-1}$)	瓦斯纯量/($m^3 \cdot min^{-1}$)	百米钻孔纯量/($m^3 \cdot min^{-1} \cdot hm^{-1}$)
2015-09-15	70	100	0.849	0.849	0.189
2015-09-17	20	92	0.849	0.781	0.173
2015-09-18	21	100	0.849	0.849	0.189
2015-09-19	21	95	0.849	0.806	0.179
2015-09-20	30	95	0.849	0.806	0.179
2015-09-21	22	91	0.849	0.772	0.172
2015-09-22	24	89	0.849	0.755	0.168
2015-09-23	24	90	0.849	0.764	0.170

注：钻孔合计抽采瓦斯量为 77360.98 m^3，平均抽采量为 0.9105 m^3/min。

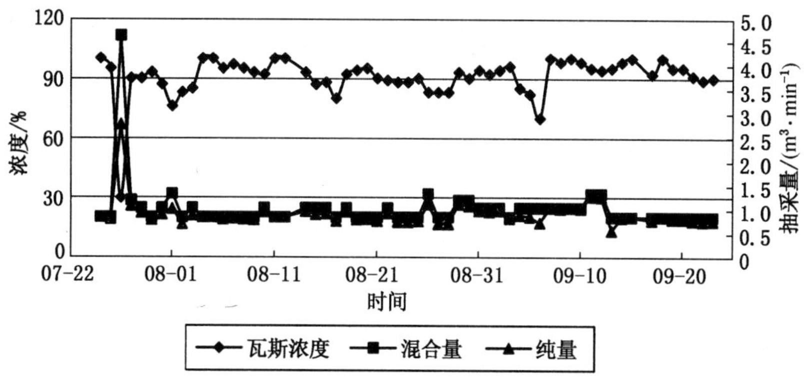

图 4-91 1 号底抽巷长钻孔瓦斯抽采量及浓度变化曲线

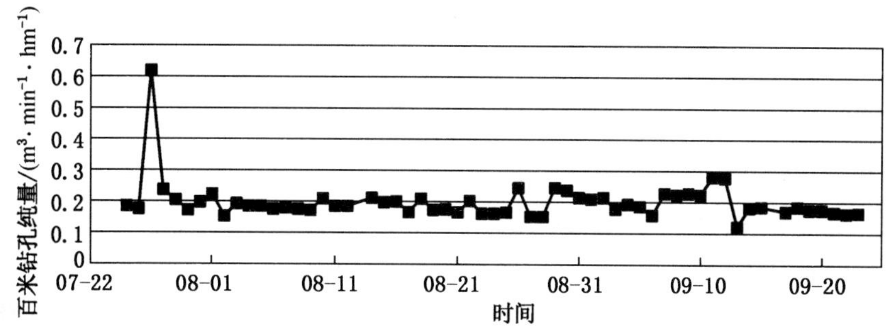

图 4-92 1 号底抽巷长钻孔百米钻孔瓦斯纯量变化曲线

1 号底板岩巷位于轨道大巷左侧，设计总长度为 1360 m，标高在+405～+500 m 之间，总体呈单斜构造，岩层走向近似南北，倾向西，倾角为 4°，平均倾角为 6°。1 号底抽巷布置在 L5 灰岩中，距离 5 号煤层 14.5 m，巷道直接顶为 L5 灰岩，巷道直接底板为 L4 上部灰岩。2 号底板岩巷在 1 号底抽巷共布置 7 组钻孔，第 1 组位置在 1 号底抽巷 2 号钻场，距南轨大巷 90 m。每一组间距为 150 m，每组设计 10 个钻孔，开孔间距为 0.3 m，终孔间距为 15 m，孔深 430～496 m。钻孔以 9°开孔，爬升 70 m 后见 5 号煤层后沿煤层施工，钻孔布置如图 4-93 所示。

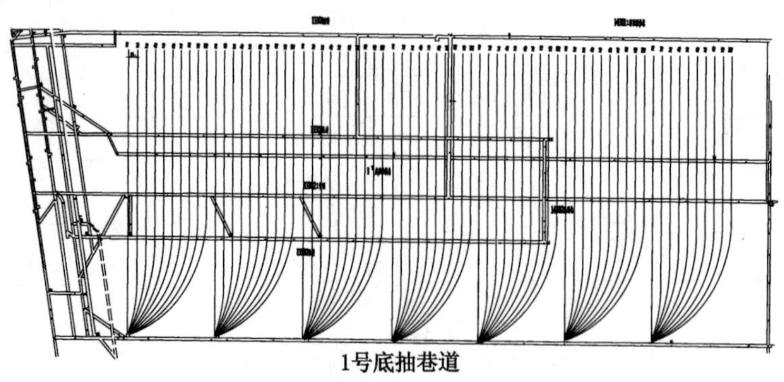

(a) 1号底抽巷长钻孔穿5号煤层平面图

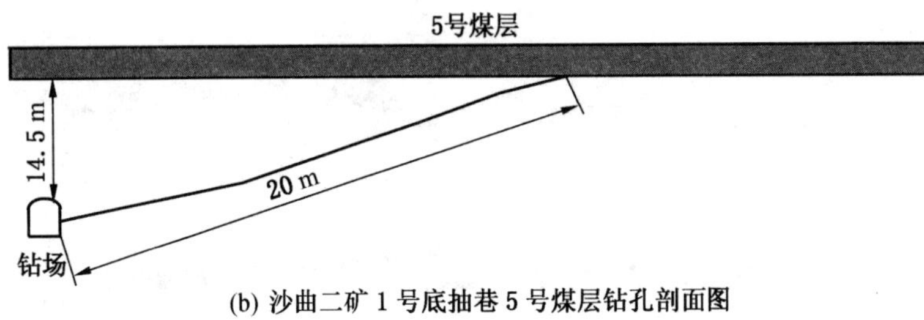

(b) 沙曲二矿 1 号底抽巷 5 号煤层钻孔剖面图

图 4-93　1 号底抽巷长钻孔抽采 5 号煤层示意图

由于长距离定向钻机施工钻孔较深、覆盖范围广、瓦斯储量丰富，且封孔深度深、封孔质量高，长距离定向钻孔两个多月的平均抽采瓦斯浓度为 90.68%，远远高于原来本煤层所施工的钻孔。因此，根据效果考察发现采用德钻预抽的抽采量更稳定，衰减趋势减缓，保证了稳定的抽采量和较高的浓度，对于高效降低 4 号、5 号煤层瓦斯压力和含量，降低煤层突出危险性具有显著的效果。

4.6　底抽巷抽采效果考察及评价

4.6.1　底板穿层钻孔瓦斯抽放考察效果

底板岩巷穿层钻孔预抽煤巷瓦斯效果考察主要采用残余瓦斯压力、残余瓦斯含量及其他经试验证实有效的指标和方法。结合沙曲矿的实际情况，2201 工作面底板岩巷穿层钻孔预抽煤巷瓦斯效果考察采用 2 号煤层预抽范围内煤层残余瓦斯压力、残余瓦斯含量、钻屑瓦斯解吸指标作为主要指标，并结合穿层钻孔瓦斯抽放率作为辅助指标进行考察。

1. 残余瓦斯压力、残余瓦斯含量计算

煤层瓦斯含量测定方法可分为直接法和间接法。直接法测定是依据现场采集的新鲜煤样确定瓦斯组分和含量，其优点是避免了间接法所要求的实验室测定多个参数而引起的误差；缺点是采取煤样的过程中会有部分瓦斯释放，因此需要建立补偿或估算瓦斯逃逸量的模型。间接法则要求测定煤层瓦斯压力结合实验室测定煤的孔隙率、吸附常数（a、b 值）和煤的工业分析值等基本参数，然后通过代入朗格缪尔方程计算得到煤层瓦斯含量值。

煤层瓦斯压力测定也分两种方法，其一为实测法，即利用岩石巷道打穿层钻孔穿透煤层，封孔测定煤层残余瓦斯压力；其二为间接法，即根据煤层残余瓦斯含量代入朗格缪尔方程反推煤层残余瓦斯压力。

（1）残余瓦斯含量计算。沙曲一矿 2201 工作面底板巷穿层钻孔预抽煤巷瓦斯每个钻场控制范围为工作面运料道、刮板输送机道巷道中心线两侧各 8 m，沿走向控制范围为 330 m；底抽巷独头穿层钻孔扇形抽放上覆煤层开切眼区域瓦斯。经过计算得出：2201 工作面底板岩巷穿层钻孔预抽条带范围内煤炭储量为 9.12 万 t，瓦斯含量为 9.68 m^3/t，则预抽影响范围的瓦斯储量为 88.3 万 m^3。通过收集统计沙曲一矿 2201 工作面底板岩巷穿层钻孔的抽放瓦斯纯量数据得到：底抽巷穿层钻孔预抽煤巷条带瓦斯从开始抽放以来总共抽出纯瓦斯量为 30 万 m^3，平均抽放纯量为 0.45 m^3/min，则计算得出底板巷穿层钻孔预抽范围内煤层瓦斯残余瓦斯含量为 6.39 m^3/t。通过对底板巷穿层钻孔预抽范围内煤层残余瓦斯含量现场测定，共获得 3 组 2201 工作面相关地点的瓦斯含量数据，见表 4-15。

表 4-15　2201 工作面煤层残余瓦斯含量现场测试值表

测点编号	测定地点	煤层	采样深度/m	试样中气体组分/%			瓦斯含量/($m^3\cdot t^{-1}$)
				CH_4	CO_2	N_2	
1 号测孔	运料道右帮 2 号钻场	2 号	491.6	97.76	0	2.24	6.53
2 号测孔	运料道左帮 2 号钻场		491.8	93.31	0	5.85	6.52

从表 4-15 可以看出，底抽巷穿层钻孔预抽范围内煤层残余瓦斯含量为 6.52 ~ 6.53 m^3/t，与计算的结果 6.39 m^3/t 相差较小。

（2）残余瓦斯压力计算。间接法计算煤层瓦斯压力所采用的朗格缪尔公式如下：

$$X=\left(\frac{abp}{1+bp}\frac{1}{1+0.31M}e^{n(t_s-t)}+\frac{10Kp}{k}\right)\frac{100-A-M}{100} \tag{4-14}$$

式中　X——原煤瓦斯含量，m^3/t；

a——吸附常数，试验温度下原煤的极限吸附量，m^3/t；

b——吸附常数，MPa^{-1}；

p——煤层瓦斯压力，MPa；

t_s——试验时进行吸附试验温度，℃；

M——煤的水分，%；

n——系数。

$$n=B\frac{0.02}{0.993+0.07p} \tag{4-15}$$

B——系数，取值为 1，MPa^{-1}；

K——煤的孔隙容积，m^3/t；

k——甲烷的压缩系数，查表得 1.075；

A——原煤灰分，%。

将相关数据代入式（4-15）并计算瓦斯压力结果，如图 4-94、图 4-95 所示。

图 4-94、图 4-95 的计算结果显示：2201 工作面底板岩巷穿层钻孔预抽煤巷条带范围内煤层残余瓦斯压力为 0.53 ~ 0.55 MPa。可见经过穿层钻孔预抽煤巷瓦斯后，煤层残余瓦斯含量、残余瓦斯压力均低于突出煤层的临界值，底板巷穿层钻孔预抽煤巷瓦斯效果明

显，达到消除突出危险的目的。

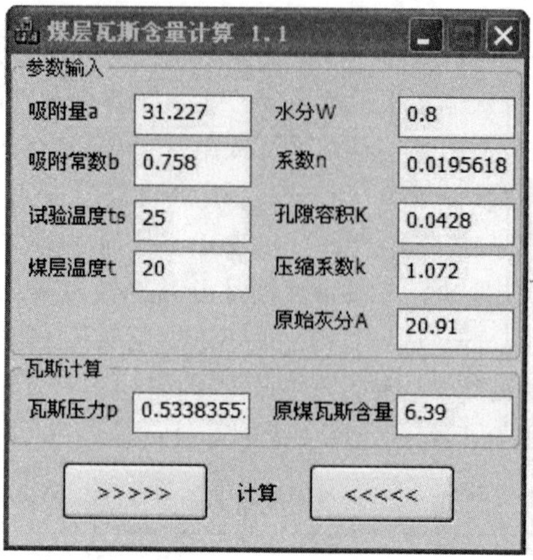

煤层瓦斯含量计算 1.1
参数输入
吸附量a
31.227
水分W
0.8
吸附常数b
0.758
系数n
0.0195618
试验温度ts
25
孔隙容积K
0.0428
煤层温度t
20
压缩系数k
1.072
原始灰分A
20.91
瓦斯计算
瓦斯压力p
0.5338355
原煤瓦斯含量
6.39
>>>>>
计算
<<<<<

图 4-94　瓦斯含量为 6.39 m^3/t 反算压力值

煤层瓦斯含量计算 1.1
参数输入
吸附量a
31.227
水分W
0.8
吸附常数b
0.758
系数n
0.0195618
试验温度ts
25
孔隙容积K
0.0428
煤层温度t
20
压缩系数k
1.072
原始灰分A
20.91
瓦斯计算
瓦斯压力p
0.5502310
原煤瓦斯含量
6.53
>>>>>
计算
<<<<<

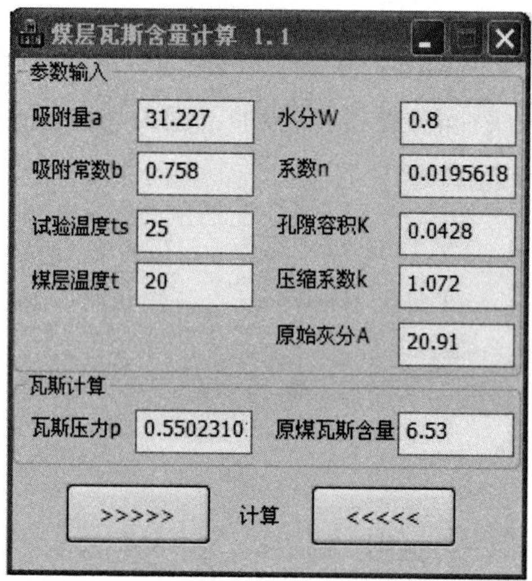

图 4-95　瓦斯含量为 6.53 m^3/t 反算压力值

2. 瓦斯抽放率计算

一般按照煤层瓦斯含量计算现场瓦斯抽放率，计算公式如下：

$$d_k = 100 \times \frac{W_k - Q_k}{W_k} \tag{4-16}$$

式中　Q_k——煤层残余瓦斯含量，m^3/t，上述计算结果为 6.39 ~ 6.53 m^3/t；

W_k——煤层原始瓦斯含量，m^3/t，测定结果为 9.68 m^3/t。

将 2201 工作面煤层瓦斯的相关参数代入式（4-16）计算可得：2201 工作面底板岩巷穿层钻孔瓦斯抽放率为 32.5% ~34%，平均抽放率为 34%，远远高于 20%，说明瓦斯预抽达到基本要求。

3. 瓦斯涌出量分析

2201 工作面在底抽巷预抽煤巷瓦斯后，掘进期间刮板输送机道、运料道瓦斯涌出量不超过 2 m^3/min，而邻近的 2202 工作面掘进期间瓦斯涌出量超过 3 m^3/min。因此底抽巷抽放效果明显，能有效杜绝瓦斯超限。

4. 掘进工作面配风量分析

2201 刮板输送机道、运料巷在掘进期间使用 2×15 kW 风机供风，风筒直径为 800 mm，风量配备为 520 m^3/min，回风瓦斯浓度为 0.3% 左右。而 2202 掘进面在掘进期间使用 2×15 kW 和 2×5.5 kW 两台风机同时供风，风量配备为 780 m^3/min，回风瓦斯浓度为 0.5% 左右。2201 工作面采用底板巷预抽煤巷瓦斯后，掘进期间需风量大大降低，既节约了局部通风费用，又为工作面创造了良好的工作环境条件。

5. 预抽后钻屑解析指标

2201 工作面底抽巷穿层钻孔预抽煤巷瓦斯抽采达标后，在煤巷掘进期间，通过预测孔测定钻屑瓦斯解吸指标 Δh_2 最大值为 160 Pa，而钻屑量最大值为 2.2 kg，低于临界值，且掘进过程中无喷孔、卡钻、顶钻等瓦斯动力现象。

6. 掘进进度分析

2201 工作面刮板输送机道、运料道掘进期间，掘进进尺每天不低于 3.5 m，最高为 4.2 m，并且没有因为瓦斯超限原因停头。而邻近的 2202 工作面掘进期间，虽然掘进工作面采取了边掘边抽、停头抽采的瓦斯治理方案，每月都会有 10 ~ 15 d 因为瓦斯因素停头施工瓦斯抽放钻孔，平均日进不超过 2.1 m；2201 工作面掘进进度较 2202 掘进期间掘进效率提高 66.7% ~ 100%。

2201 工作面与 2202 工作面掘进期间指标对比表见表 4-16。

表 4-16 2201 工作面与 2202 工作面掘进期间指标对比表

序号	比较指标	2201 工作面	2202 工作面
1	瓦斯涌出量	两巷掘进期间瓦斯涌出量超过 2.0 m^3/min，基本上没有因瓦斯影响掘进	两巷掘进期间瓦斯涌出量超过 3 m^3/min，且经常超限，致掘进工作面停头
2	工作面风量	风量配备 520 m^3/min	风量配备 780 m^3/min
3	突出危险性	最大不超过 160 Pa	最大时接近 190 Pa
4	掘进效率	两巷掘进平均日进度不低于 3.5 m，最大日进度 4.2 m，月进度高达 100 m	两巷掘进平均日进度不超过 2.1 m，刮板输送机道曾经 2 个月仅掘进 40 m

通过对沙曲一矿 2201 工作面底抽巷穿层钻孔预抽煤巷瓦斯技术措施效果考察，抽放后煤层残余瓦斯含量、残余瓦斯压力均低于始突临界值，瓦斯抽放率达标，钻屑解析指标值低于临界值且掘进中无任何瓦斯动力现象；通过表 4-16 可以看出，2201 工作面经底抽巷预抽煤巷瓦斯后较底板巷预抽煤巷瓦斯的 2202 工作面瓦斯涌出量、工作面需风量低，突出危险性小，掘进速率高。因此，底抽巷穿层钻孔预抽瓦斯技术在沙曲一矿应用效果显著。

4.6.2 技术效益

1. 底抽巷抽采区域解放突出煤量经济效益

1 号、2 号底抽巷可解放 4 号煤层、5 号煤层煤量概算见表 4-17。

表4-17　1号、2号底抽巷可解放煤量概算表

	煤层	覆盖长度/m	覆盖宽度/m	煤厚/m	密度/$(t\cdot m^{-3})$	可解放面积/m^2	可解放煤量/万 t
沙曲二矿1号底抽巷	4号	1360	274	2.1	1.46	372640	114.3
	5号	1360	274	2.3	1.38	372640	118.3
沙曲二矿2号底抽巷	4号	1203	274	2.76	1.46	329622	132.8
	5号	1203	274	2.27	1.38	329622	103.3

从表4-17可见，1号和2号底抽巷的预抽可解放上方4号和5号煤层均在100万t以上，效果显著。

4.6.3　效果评价

沙曲矿井田主采煤层属典型的近距离分组煤层群赋存条件，沙曲二矿目前主采的3号、4号和5号煤层均为煤与瓦斯突出煤层，并随着煤层埋深的增加，煤层瓦斯含量逐渐升高，煤与瓦斯突出倾向性日益严重。矿井绝对瓦斯涌出量高达479 m^3/min，相对瓦斯涌出量高达103 m^3/t。瓦斯涌出量逐年升高，致使矿井风排瓦斯难度空前大，瓦斯超限报警现象变得司空见惯，给矿井的正常生产带来极大隐患。

底抽巷瓦斯综合治理技术体系与模式解决了沙曲矿近距离高瓦斯突出煤层群安全开采的关键技术难题，保护层开采与卸压瓦斯抽采同步推进，实现了煤与瓦斯安全高效共采，瓦斯抽采和利用，实现节能减排，经济、社会、环境效益显著。

同时，研究成果将在未来一段时间内持续显现，实现了矿井“采掘抽”平衡，矿井安全生产和瓦斯治理将步入良性轨道，显著改善了工作面的安全生产环境。

4.7　结论

（1）本章论述了底抽巷瓦斯抽放巷主要作用，对选择方案的合理性做了详细分析论述，确定了底抽巷合理布置的最优方案，即底抽巷沿6号煤层顶板掘进。

（2）本章分析了煤层群开采扰动下底抽巷围岩塑性区演化特征。同时基于围岩塑性区面积增量结果分析，3号、4号和5号煤层对底抽巷开采扰动强度依次为：3号>5号>4号。多次开采扰动后，底抽巷围岩顶板最大塑性破坏范围达到3.6 m。

（3）通过理论分析研究，优化了钻孔倾角。当钻孔倾角小于60°时，在$0°<\Omega<35°$区间内，坍塌压力随着方位角的增加而增加；在$35°<\Omega<90°$区间内，坍塌压力随着方位角的增加而减小。因此，当钻孔方位角在35°附近时，钻孔是最不稳定的；当钻孔倾角大于60°、钻孔方位角在30°附近时，钻孔是最稳定的。在$0°<\Omega<30°$区间内，坍塌压力随着方位角的增加而减小。在$30°<\Omega<90°$区间内，坍塌压力随着方位角的增加而增加。故在施工瓦斯抽采钻孔时钻孔方位角靠近30°可以提高稳定性。

（4）基于COMSOL MULTIPHYSICS多场耦合数值计算及现场实测，对抽采负压、孔径大小、钻孔长度、布孔间距以及封孔深度等抽采参数进行了优化，研究结果为底抽巷钻孔抽采参数优化提供了技术支持，在确保底抽巷高效抽采的前提下，减少了昂贵的封孔材料用量，使抽采工艺高效化、经济、合理。

（5）基于理论分析和抽采效果考察与评价，凝练出适合沙曲矿区域预抽瓦斯的底抽巷穿层钻孔群和底抽巷定向钻孔群技术。

5 无煤柱开采煤与瓦斯共采技术

无煤柱开采是指在采煤过程中不留护巷煤柱而用其他方式维护巷道的开采技术，其特点主要有资源回收率高，巷道万吨掘进率低，改善回采巷道应力状态，降低巷道维修费，减少煤与瓦斯突出和冲击地压灾害。近年来，袁亮院士针对薄及中厚突出煤层提出的无煤柱沿空充填留巷+Y 型通风技术，何满潮院士提出的以“切顶卸压自动成巷”110、N00 工法，推动了我国无煤柱开采和煤与瓦斯共采技术的发展。

本章结合沙曲矿近距离煤层群赋存特点，针对 4.2 m 煤与瓦斯突出煤层巷道应力大、支护困难和上隅角瓦斯超限等治理难题，深入研究沿空留巷技术围岩移动和控制机理，将原来 U 型通风或 U+L 型通风变为了 Y 型通风，试验并集成了巷旁支护体切顶卸压成套技术和工艺，为缓解采掘紧张的局面，提高稀缺资源回收率，充实煤与瓦斯共采理论和技术探索了新的途径。

5.1 无煤柱煤与瓦斯共采理论

5.1.1 无煤柱工作面 Y 形通风

沙曲矿随着开采深度的增加，煤层瓦斯含量、煤与瓦斯突出危险性及工作面绝对瓦斯涌出量显著增加，尤其是煤层群首采层卸压开采时，首采工作面瓦斯涌出量达 90～120 m^3/min，邻近层的瓦斯涌出比例通常超过 60%。沙曲矿沿用长壁后退式采煤工作面，采用 U 形通风或 U+L 形通风，由于采空区漏风汇集在工作面上隅角形成瓦斯积聚，一直受上隅角瓦斯超限的困扰。近年来的生产实践表明，Y 形通风方式（图 5-1）使得工作面采空区的漏风主要流向留巷，从根本上解决了上隅角瓦斯积聚难题。此外，沿空留巷的采空区侧易积存大量高浓度瓦斯，利于实现高浓度瓦斯抽采；在留巷内距工作面切顶线一定距离或留巷末端增加流出汇（抽采覆岩卸压瓦斯或采空区埋管抽采瓦斯），通过调节抽采量，可显著改变采空区流场结构，保证工作面上隅角瓦斯浓度处于安全允许值以下。

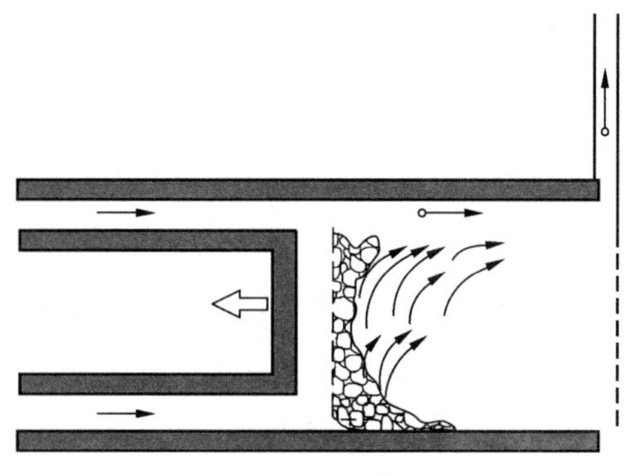

图 5-1 Y 形通风示意图

沙曲矿在实施无煤柱沿空留巷前，采煤工作面常采用三巷布置，即下巷、上巷和专业回风巷，上巷和尾巷间设置 15 ~ 30 m 煤柱，两巷每间隔一定距离通过联络巷（简称横贯）连通，常用的通风方式为二进（上巷和下巷）一回（专用回风巷）的 U+L 和二进（上巷、下巷）一回（专用回风巷）的偏 Y 形通风方式，由于工作面采空区随采随冒，进入采空区后部横贯的有效通风距离短，工作面采空区漏风也易在工作面上隅角积聚，易造成工作面上隅角和回风流瓦斯浓度超限。

采用无煤柱沿空留巷开采后，工作面回风通过留巷一定距离至横贯，再由专用回风巷进入回风系统，形成 Y 形通风系统，可显著改变采空区流场和瓦斯浓度场，有利于工作面风流控制和采空区高浓度瓦斯抽采。Y 形通风留巷横贯间距的大小，直接影响采空区流场结构、漏风率和上隅角瓦斯浓度大小，应合理科学确定。

5.1.2 采空侧顶板结构运动与破断规律

采场上覆岩层的活动，特别是侧向板块的破断、结构运动是引发沿空留巷巷道压力和变形剧烈增加的主要原因，研究留巷首先就应该对采空侧顶板结构运动与破断规律有所认识。

对于不同采高条件下的沿空留巷，在研究采空区侧向顶板结构稳定性时，应用关键层理论的基本原理和方法是适宜的，对沿空留巷影响最大的关键层主要是基本顶，因此，重点研究基本顶断裂、运动、稳定对沿空留巷支护围岩结构稳定性的影响。

由于工作面的回采，采空区上覆岩层垮落，基本顶初次来压形成“O-X”破断，周期来压即基本顶周期破断后的岩块沿工作面走向方向形成砌体梁结构，在工作面端头破断形成弧形三角块。沿空留巷时，基本顶破断基本形态如图 5-2 所示。

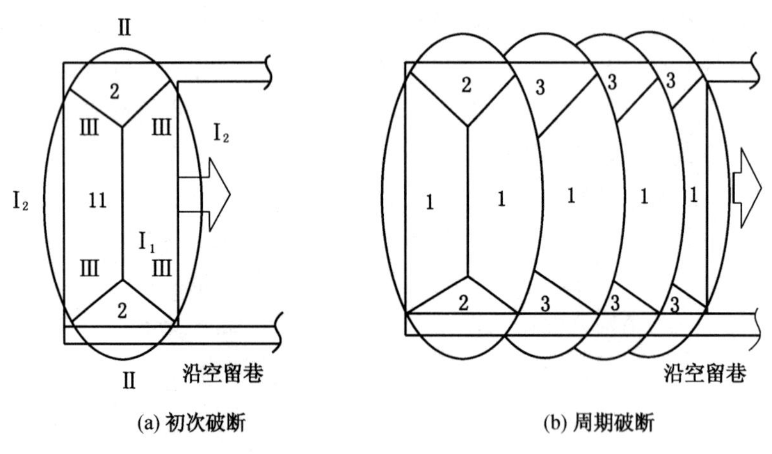

图 5-2 采场基本顶破断的基本形态

1. 采空侧顶板岩层的垮落形式

从板的塑性极限分析、板破断的相似材料模拟试验以及现场观测均已证明：长壁工作面自开切眼向前推进一段距离后，首先在悬露基本顶的中央及两个长边形成平行的断裂线 I_1、I_2，再在短边形成断裂线Ⅱ，并与断裂线 I_1、I_2 贯通，最后基本顶岩层沿断裂线Ⅰ和Ⅱ回转且形成分块断裂线Ⅲ，进而形成结构块 1、2。基本顶在采空区中部接触矸石后，运动较平缓。基本顶初次破断后的平面图形近似呈椭圆状，如图 5-2 所示。沿空留巷的直接顶板除采空区自然垮落外，必然由于结构块2、结构块3的运动而被迫下沉。因此，结构块2、3的稳定状况直接影响沿空留巷的稳定状况。一般来说，充填体很难阻止结构块3的旋转下沉。可见，当基本顶破断下沉时，要求巷旁充填体具有一定的可缩量，使其适应结构块3的旋转下沉。为了保持巷道顶板的完整，以及减少顶板下沉量，要求充填体具有一定的支护阻力，将结构块3在采空区侧沿充填体边缘切断，即切顶。

根据图5-2所示的沿空留巷基本顶断裂结构图，结构块2、3在其中部悬顶距达到最大，此时充填体既要适应结构块的运动，又要控制顶板旋转下沉量，所承担的载荷达到最大。此时，充填体外侧顶板最可能发生切顶断裂，因而充填体的支护阻力必须满足这种切顶要求。

研究表明，上覆岩层的垮落表现为主动垮落和被动垮落两种基本形式，不同边界上覆岩层垮落形式不同，所引起的矿压显现特征也不同，如图5-3所示。

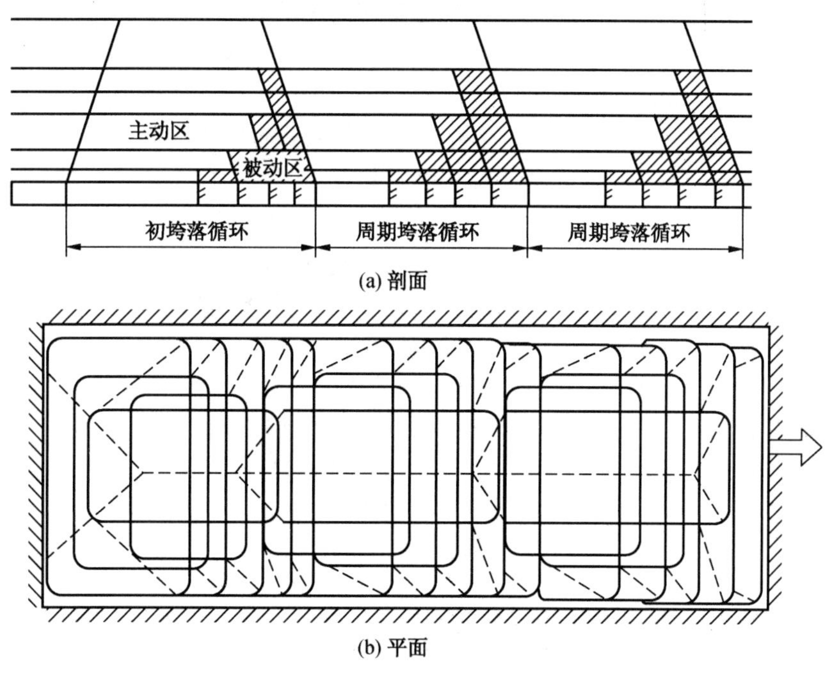

(a) 剖面

(b) 平面

图5-3　顶板垮落循环示意图

1）主动垮落

岩层在自重或层面内应力作用下的垮落，其特征：岩层垮落前首先与上覆岩层明显离层，垮落过程中不受上覆岩层力的作用；垮落前的发展过程比较缓慢，首先是从某一始发区域突破，然后迅速发展，沿残留边界旋转垮落。这种垮落是自下而上“传递式”发展的，垮落是由弯矩和传动惯量引起的。现场实测得到的围岩变形速度的波动性也充分证明了这一点。

研究结果表明，在岩层发生离层前，及时进行支护，使顶板岩层首先沿巷道旁支护外侧采空区侧切断，垮落时对所架设的巷道支护的冲击较小，支护的变形也较小。若顶板离层后再架设同样大小的支护，顶板岩层就会首先沿煤帮折断，垮落时对支护的冲击较大，支护变形也较大。及早进行巷内支护和巷旁充填，以保证支护具有较大的初撑力，形成合理的留巷支护体系可以对上覆岩层垮落具有明显的主动控制作用。

2）被动垮落

周边岩层下沉迫使下位岩层垮落属被动垮落，一般基本顶周期性来压常属这种垮落形式。被动垮落特征是垮落发展的速度快，每次垮落都是一个岩层组，其厚度较大（图 5-3a 阴影部分）。垮落时对采空区边界的冲击程度主要取决于一次垮落的厚度，厚度越大，来压强度越大，有时垮落面积并不大，但强度很大。此外，被动垮落通常是由弯矩和剪力组合引起的，有时易产生层间错动或台阶下沉。

由图 5-3b 可以看出，无论是主动垮落还是被动垮落，其垮落顶板下位岩层矩形板的长边一般都平行于工作面。上覆岩层垮落所产生的动压，对移动边界（工作面）的影响比对固定边界（沿空留巷）的影响严重得多。研究结果表明，沿空留巷矿压显现的剧烈程度明显小于采场中的矿压显现程度，工作面前方动压影响范围明显大于工作面两侧煤体中的影响范围，这与用弹性力学板壳理论计算出的固支矩形板长边上的弯矩大于短边上的弯矩的结果相吻合。即沿空留巷支护阻力必然小于工作面采场支架的支护阻力。

2. 围岩活动的分期规律及空间特征

1）采空侧围岩活动的分期规律

前期破坏活动是指上覆岩层的这种自上而下的垮落过程，工作面的推进相当于撤出了上覆岩层的部分支座，导致了上覆岩层应力的重新分布。岩层应力分布的特征是哪里支护刚度大，分布到哪里的载荷就大，称为应力重新分布的“集硬效应”。其结果是在采空区上方顶板中产生卸载空间，采空侧边界上覆岩层形成加载空间。卸载空间达到一定限度将产生垮落，垮落是自下而上发展的，最下位岩层（或岩层组）首先垮落称为初次垮落，其上位岩层的垮落称为后继垮落。另外，要使岩层沿支护外侧——采空区侧切断，岩层未出现可见破断裂隙时，及时架设支护比岩层已经形成明显裂缝时再支护所需要的支护阻力小，及时支护要求的切顶力小。支护对后继垮落所产生的影响是通过已垮落岩层的残留顶板传递的，这种影响与后继垮落的先后次序有关。次序越排前受支护的影响相对越明显，反之越不明显。在固定边界处，前后垮落的岩层形成的一个“倒台阶”，即后序垮落边界总是在前序垮落边界的外侧，如图 5-4 所示。

(a) 物理模拟

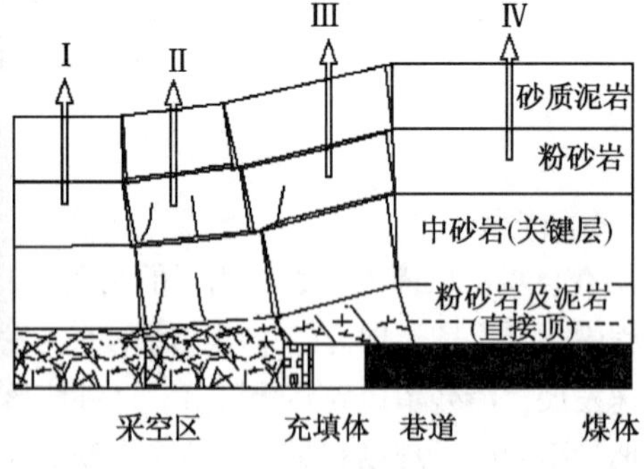

(b) 模型素描

Ⅰ—垮落区；Ⅱ—错动离层区；Ⅲ—二次破断区；Ⅳ—煤壁支撑区

图 5-4　采空区侧向顶板破断形态

通过改变边界支护方式能够改变下位岩层（尤其初次垮落岩层）的垮落边界位置，进而改变整个垮落线的位置。这种特点是研究沿空留巷支护对围岩前期作用的重要依据。

随着垮落层位的不断提高，固定边界已垮岩层残留边界由承载状态转入了加载状态。当加载达到一定程度，即达到下位岩层整个残留边界的总极限承载能力时，残留边界就会产生“二期破断”，二期破断不同于前期破断，除下位垮落带所对应的那部分的岩层之外，其余岩层都受到前期破断岩层结构和未垮岩层的“夹持”作用，下沉受到制约。二期破断的破断线不是一条而是多条，且分布在一个区域上。

由于前期垮落的岩层已受到一定程度的压实，并在边界处形成了稳定结构，这种边界结构构成了二期破断岩层的“支座”。当这种支座的刚度等于或大于煤体的刚度时，上覆岩层的下沉将以“平移”甚至“反转”的形式下沉。上覆岩层的这种下沉会加剧煤帮的挤出，增大底鼓量。

随着“二期垮断”的发展，已经稳定的岩层上方平衡的未垮岩层还会失去平衡，产生下沉。把上覆岩层的这种活动叫作上覆岩层的“后期活动”，后期活动会加剧沿空留巷上覆岩层的平移下沉以及巷道煤帮的挤出，使巷道煤帮内的支承压力范围加大。巷道支护(包括充填体支护）顶不住由于岩层后期活动而引起的平移下沉。在后期活动过程中，改变支护阻力的大小，对上覆岩层的平移下沉几乎没有影响。平移下沉具有“给定变形”特点，此时支护载荷完全取决于有效支护刚度的大小，有效刚度越大，载荷也越大，将这个规律称为“硬支多载规律”。

分析表明，设计沿空留巷最大支护载荷主要以上覆岩层的前期规律为依据。设计沿空留巷最大支护变形主要以上覆岩层后期活动规律为依据。

2）采空侧围岩活动的空间特征

采空区顶板岩层垮断活动形成的最后空间结构是一种柱面体，旋转体的母线（垮断线）与轴线的夹角是垮断角。由图5-4可看出，错动离层区Ⅱ处于二次破断区Ⅲ和垮落区Ⅰ之间。沿空留巷位于Ⅱ或Ⅲ的下方，Ⅱ区、Ⅲ区的下沉直接影响沿空留巷的围岩变形特点及大小。若Ⅰ区下沉，将导致Ⅱ区随之旋转下沉，进而影响Ⅲ区，使其受力状态发生改变，这说明如果采空区已垮岩层不稳定，则整个岩层将出现连锁式的不稳定变化；如果Ⅰ区已压实稳定后，Ⅱ区的下沉将受到Ⅰ区和Ⅲ区的阻止，可见Ⅱ区的稳定要受Ⅰ区的直接影响；Ⅲ区的下沉，将受到Ⅱ区和Ⅳ区的阻止，Ⅱ区的下沉又推动Ⅰ区，因Ⅰ区已经稳定，则Ⅲ区的下沉取决于Ⅱ区、Ⅳ区的支承刚度，并且Ⅲ区在下沉过程中要向刚度低的一侧偏转。因此，如果巷道处于Ⅲ区下方，则巷道顶板是稳定的，不易垮落。如果巷道位于Ⅱ区下方，顶板易受扰动而垮落，此时的支护载荷是由变形地压和垮落地压共同引起的。为了保证巷道顶板不垮落，支护载荷至少应与垮落地压相适应。也就是说，设计沿空留巷支护最小载荷不得小于垮落岩层的载荷。

5.1.3　大采高沿空留巷覆岩垮落与变形特征

大采高沿空留巷的顶板活动规律，包括顶板的破断失稳规律、垮落规律、上覆岩层移动变形规律，是分析研究沿空留巷围岩活动机理的关键之一。物理模拟试验具有直观再现煤层采出后上覆岩层变形、破断、垮落全过程的特点，试验得出的宏观规律与现场小范围观测相互补充和验证，是最有效的研究方法之一。因此，通过物理模拟试验，研究典型大采高工作面沿空留巷顶板破断、垮落规律，探讨不同垮落形态下上覆岩层移动变形特征，分析留巷区域围岩变形特点，为留巷支护围岩控制技术提供理论基础。

1. 模拟方案

物理模拟试验在中国矿业大学岩控中心平面应力模型架上进行，如图 5-5 所示。模型架的几何尺寸：长×宽×高＝1.3 m×0.12 m×1.4 m，试验台由框架系统、加载系统和测试系统 3 部分组成。试验模型采用逐层连续铺设，上覆岩层的作用采用外力补偿法来实现。

2. 模型制作与测量

模型沿水平方向分层铺设，分层捣实后，撒上云母粉模拟层面；当岩层厚度较大时，每层分次铺设，分次捣实后，撒上云母粉，模拟层理面。为了便于观察采动后覆岩的运动情况，在模型的表面刷上薄层石灰水并布设水平及铅垂观测线，两线的交点为观测点，网格宽度为 10 cm。

铺模型时将 YHD-30 型位移计和 YBS-1 微型压力盒埋入煤层底板、顶板岩层和充填体中，压力盒在压力的作用下变形，通过 TS3890 静态应变测量处理仪（图 5-6）获得其微应变，再经标定曲线求算出位移和应力，将试验结果按相似比换算，即可得出现场的有关数据。模拟煤层在开采过程中，以素描和拍照的方法作为辅助手段，研究沿空留巷时上覆岩层移动变形规律、顶板垮落规律。

图 5-5 平面应力模型架

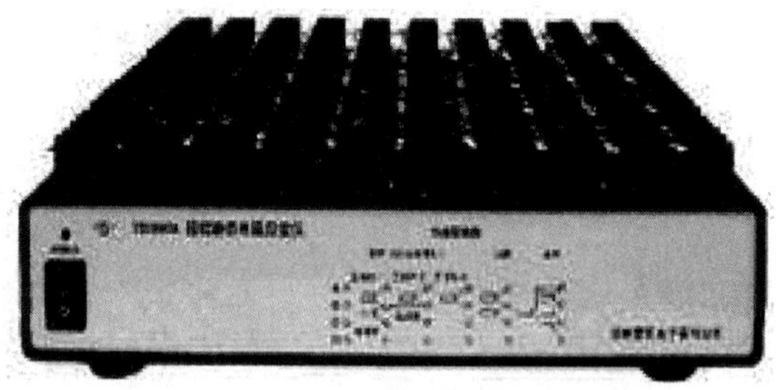

图 5-6 TS3890 静态应变测量处理仪

3. 顶板垮落特征

针对模拟试验方案，首先将模型按设计要求铺好，待干燥以后，在模型的表面刷上薄层石灰水以便于观测，如图 5-7 所示。模拟煤层厚度 8 cm（原型尺寸 4 m），在距模型左

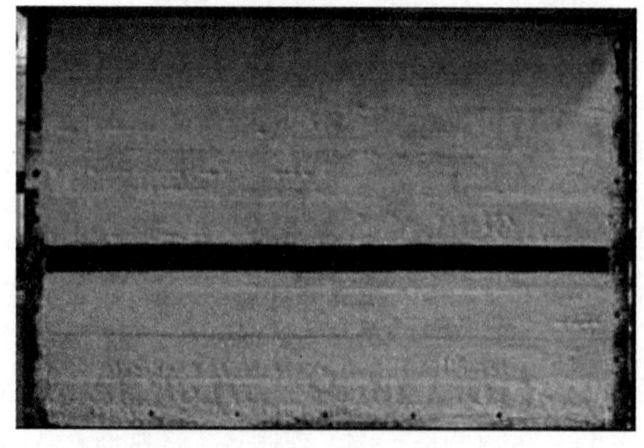

图 5-7 大采高沿空留巷物理模拟模型

边界 38 cm 处开挖巷道，回采前，超前开挖开缺口并进行充填，充填后等待 1 d 在模型的右侧进行工作面的开采。上覆岩体的载荷采用铁块加载的方式，加载量由对应上覆岩层厚度经计算确定。

顶板垮落过程如图 5-8 所示。

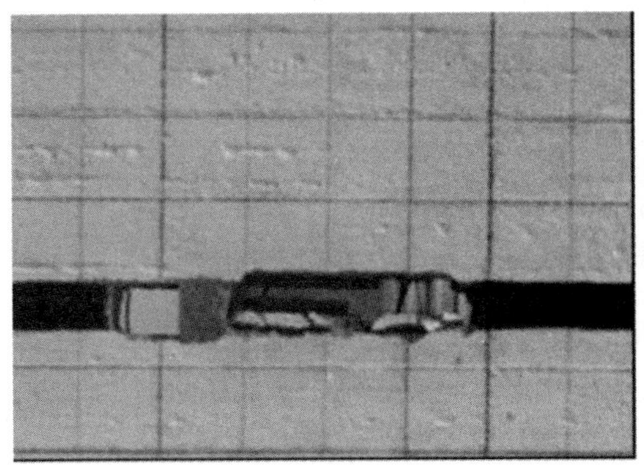
(a) 一层顶板垮落 (回采13 m)

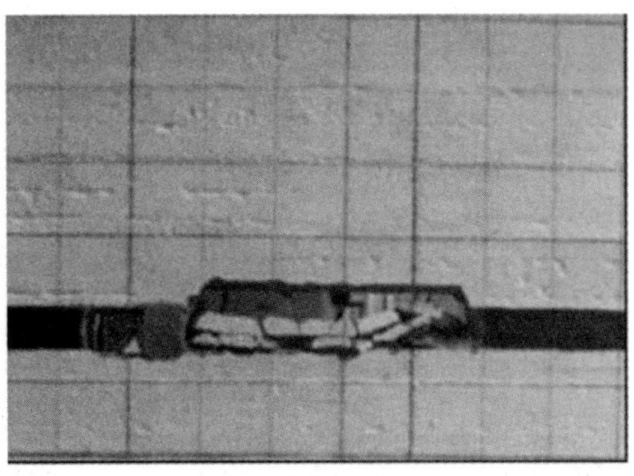
(b) 二层顶板垮落 (回采22 m)

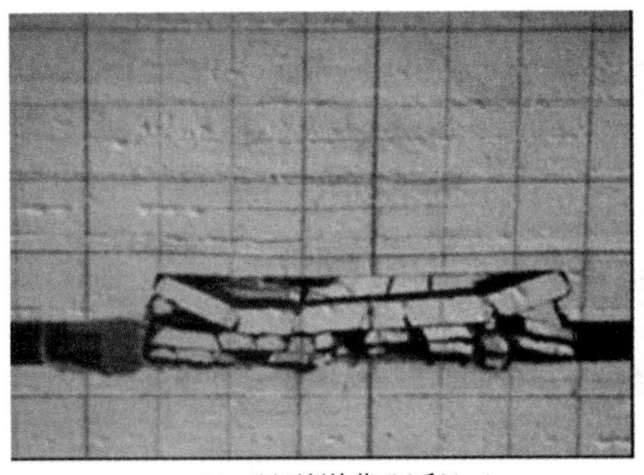
(c) 三层顶板垮落 (回采31 m)

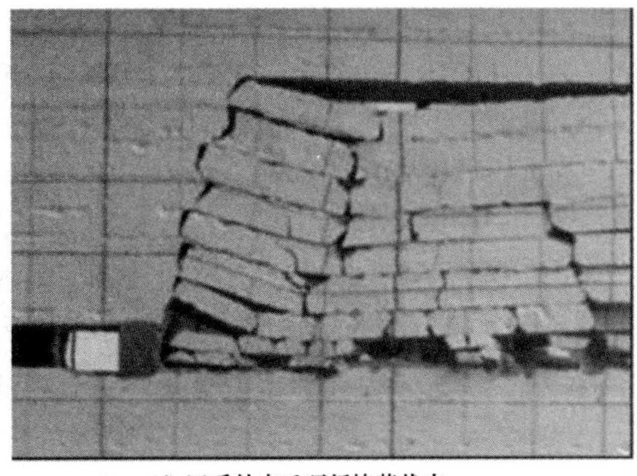
(d) 回采结束后顶板垮落状态

图 5-8　大采高沿空留巷工作面顶板垮落过程

从充填体右侧开始对煤层进行回采。随煤层采出面积逐渐加大，采空区直接顶岩层在自重应力作用下弯曲、下沉、离层，当煤层回采 11 m 时，顶板第一层、第二层岩层开始出现离层。当回采至 13 m 时，顶板第一层岩层在自重应力作用下，在充填体外侧发生初次断裂、垮落，垮落高度为顶板第一层岩层厚度，如图 5-8a 所示。

如图 5-8b 所示，煤层回采推进 22 m 时顶板第二层岩层垮落，且此时基本顶下方岩层均出现离层现象，离层显现程度从下向上依次递减。巷道上方三层岩层也出现微小离层，但巷道上方离层与采空区上覆岩层离层没有贯通，也就是说充填体上方顶板没有出现离层现象。同时，巷道实体煤侧上方顶板出现垂向微裂隙，且微裂隙依次向上发展，但裂隙较细小。

煤层开采 31 m 时，第三层岩层垮落，如图 5-8c 所示，采空区上方顶板离层更加显著，且可明显看出，在充填体外侧，上覆大部分顶板均出现垂直或斜交于岩层层面的裂隙，在顶板的下部岩层内的纵向裂隙和横向裂隙是相互沟通的，在顶板的上部尽管有纵向细微裂隙和横向细微裂隙的存在，但相互没有完全沟通。

回采结束后，顶板垮落状态如图 5-8d 所示。基本顶垮落，上覆岩层也随之垮落，基本顶垮落步距为 18 m 左右。由于直接顶厚度较大，直接顶垮落后充满了采空区，限制了基本顶岩层的大幅度回转，基本顶岩层的回转角度只有 6°，因而，基本顶失稳岩层进一步向上位发展较小，为上位基本顶岩层形成围岩平衡结构创造了有利条件。

4. 上覆岩层移动变形特征

1）基本顶移动变形特征

模拟煤层开采过程中，采用位移计对上覆岩层活动进行检测。在煤层顶板 20 m 处即基本顶位置设置测点进行观测，基本顶移动变形曲线如图 5-9 所示，其中图 5-9a 为全过程曲线，图 5-9b 为煤层开采至 30 m 处的局部放大曲线。根据上覆岩层的位移特征，可将其划分为以下几个阶段：

（1）起始阶段。即从煤层开始回采至 30 m。随着煤层的回采，顶板上覆岩层随之运动，由图 5-9b 中可知，煤层回采至 13 m、22 m 时，顶板下沉量有跳跃现象，这是由于顶板第一层、第二层岩层发生垮落所致。在起始阶段，整体而言，顶板岩层下沉量较小，最大下沉发生在距煤壁 20 m 处测点，最大下沉量为 0. 9 mm。

（2）活跃阶段。当煤层开采继续向前推进，原先未采煤层对顶板的支撑作用逐渐减弱，随上覆顶板垮落高度、垮落范围的不断增加，使其上位岩层悬露跨度不断增加，在其自重和上位岩层载荷的双重作用下，发生弯曲下沉，顶板下沉量逐渐增大。

由图 5-9a 中可知，顶板第三层岩层、顶板第六层岩层、基本顶下覆所有岩层发生垮落，顶板下沉量有明显的跳跃。此时，顶板岩层下沉量明显增加，距煤壁 20 m、30 m 测点处顶板最大下沉量相差不多，最大下沉量约为 6. 7 mm；其次为距煤壁 40 m 处测点，顶板最大下沉量约为 4 mm；其他两个测点顶板下沉量不大。基本顶垮落后，上覆岩层也随之垮落。此时，顶板下沉速度及下沉量急剧增加，距煤壁 30 m 处测点顶板最大下沉量为 34. 7 mm，距煤壁 20 m 处测点顶板最大下沉量为 34. 2 mm，距煤壁 40 m 处测点顶板最大下沉量为 16. 5 mm，而其他两个测点由于基本顶垮落后导致距煤壁 10 m 范围内上覆岩层应力降低，从而造成顶板下沉量减小。

（3）稳定阶段。基本顶垮落后，顶板岩层受到已垮落矸石的支撑，下沉速度急剧减小。此阶段下位岩层的下沉速度小于上位岩层，岩层逐渐由离层状态重新转向压缩状态，顶板下沉基本趋于稳定。此段过程正是采空区重新压实，应力重新恢复的过程。

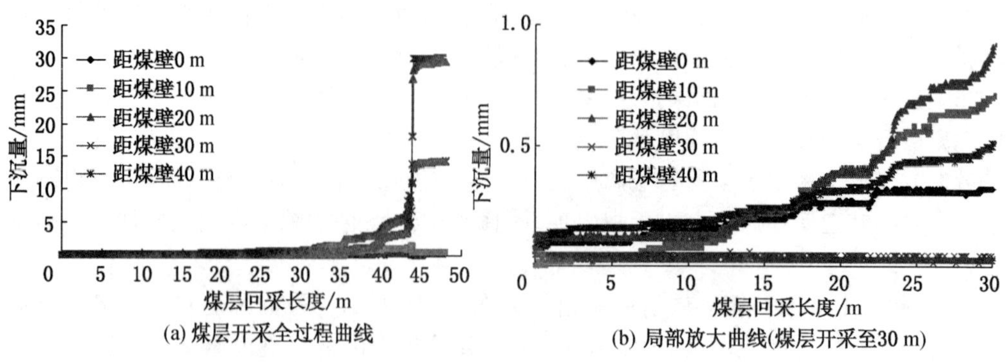

(a) 煤层开采全过程曲线 (b) 局部放大曲线(煤层开采至30 m)

图 5-9 大采高沿空留巷工作面基本顶变形曲线

2）垮落带下部岩层移动变形特征

在煤层上方 10 m 处岩层设置测点观测垮落带下部岩层移动变形特点，顶板 10 m 处岩层移动变形曲线如图 5-10 所示，其中图 5-10a 为全过程曲线，图 5-10b 为煤层开采至 30 m 处的局部放大曲线。

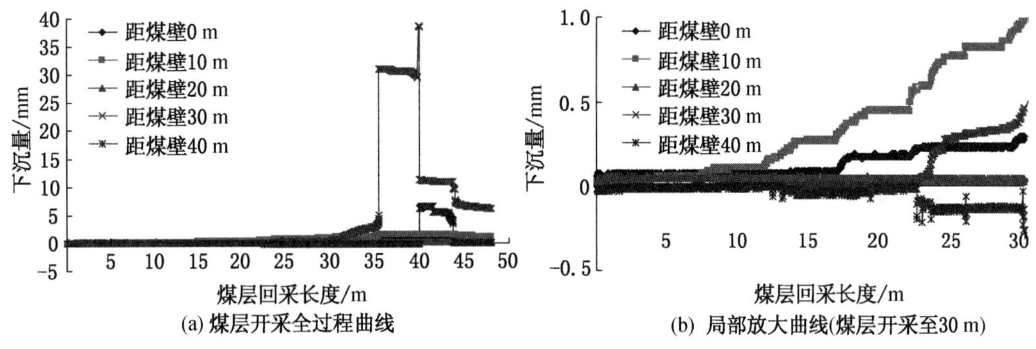

图 5-10　大采高工作面煤层上方 10 m 岩层变形曲线

同基本顶移动变形特征类似，垮落带下部岩层运动也可划分为 3 个阶段，即起始阶段、活跃阶段、稳定阶段。但与基本顶移动变形特征相比，存在以下区别：

（1）在起始阶段，顶板最大下沉发生的位置不同，且最大下沉量大于基本顶处最大下沉量。垮落带内岩层最大下沉发生在距煤壁 10 m 处测点，最大下沉量达到 1 mm。

（2）在活跃阶段，距煤壁 30 m 处测点顶板下沉曲线比较特殊。当煤层回采至 35 m 时，由于顶板上方六层岩层发生垮落，顶板下沉量由 4.3 mm 急剧增加到 30.9 mm；因基本顶下覆岩层的垮落导致测点所在岩块受压形成“跷跷板”，距煤壁 30 m 处测点顶板下沉量减少，而距煤壁 40 m 处测点顶板下沉量增大。

（3）在稳定阶段，基本顶垮落后，基本顶上距煤壁 20 m、30 m、40 m 处测点顶板下沉量均发生大幅增加，距煤壁 30 m 处测点顶板最大下沉量达到 38.5 mm；而垮落带内岩层顶板下沉规律明显不同。基本顶垮落后，垮落带内距煤壁 20 m、30 m、40 m 处测点顶板下沉量均发生小幅降低。

3）巷道围岩变形特征

4 m 大采高条件下巷道围岩变形曲线如图 5-11 所示。

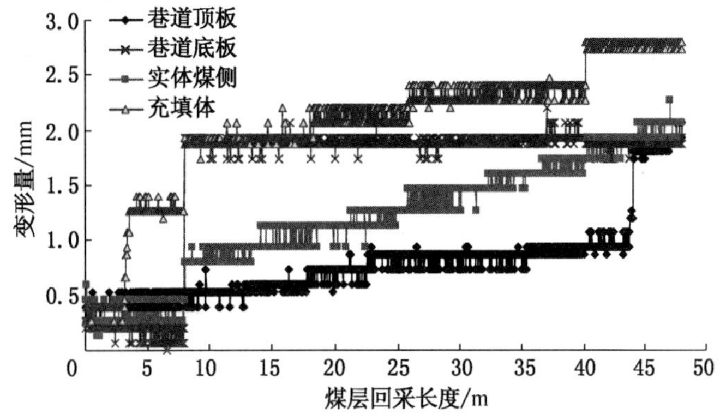

图 5-11　大采高沿空留巷围岩变形曲线

巷道顶板下沉量随煤层的回采、采空区上方顶板岩层的垮落逐渐增大，但顶板下沉量不大；当基本顶垮落后，顶板下沉量急剧增大，顶板下沉量最大达到 1.8 mm。

实体煤侧变形随煤层的回采成台阶式上升趋势，从图 5-11 中可以明显看出，当基本顶垮落后，实体煤侧变形达到最大，最大变形约为 2.2 mm。

当煤层回采至 8 m 时，巷道底鼓量及充填体变形量均有跳跃现象。巷道底板变形量由 0.2 mm 跳跃至 1.9 mm，随后，巷道底板变形量基本维持不变；充填体变形量从 1.3 mm 增大至 1.9 mm，随后充填体变形随煤层回采继续增加。当基本顶垮落后，充填体最大变形量达到 2.8 mm。

5.2　沿空留巷支护方式沿革

华晋焦煤沙曲二矿采用沿空留巷煤与瓦斯共采技术，实现工作面 Y 形通风，经过矿方和科研单位的通力合作，经历了“砌块—模斗—柔模”的沿空留巷沿革历程，逐渐摸索出了合理的柔模支护墙体宽度，既解决了采掘接续紧张问题，又实现了彻底解决瓦斯超限，最后实现了无煤柱开采，凝练形成了适合沙曲矿的柔模沿空留巷煤与瓦斯共采技术。

5.2.1　砌块支护沿空留巷瓦斯共采技术

沙曲二矿在 4202 工作面带式输送机运输巷实施沿空留巷技术试验。24202 带式输送机运输巷采用水泥砌块充填沿空留巷，由原来的“U+L”形“两进一回”通风改变实行简易“Y”形通风，解决了工作面上隅角瓦斯超限和瓦斯积聚问题。

5.2.1.1　留巷工艺

2009 年 8 月 17 日开始从沙曲二矿 4202 综采工作面带式输送机运输巷与回风巷第十八横贯以里 15 m 开始进行沿空留巷，总计长度约 865 m，如图 5-12 所示。

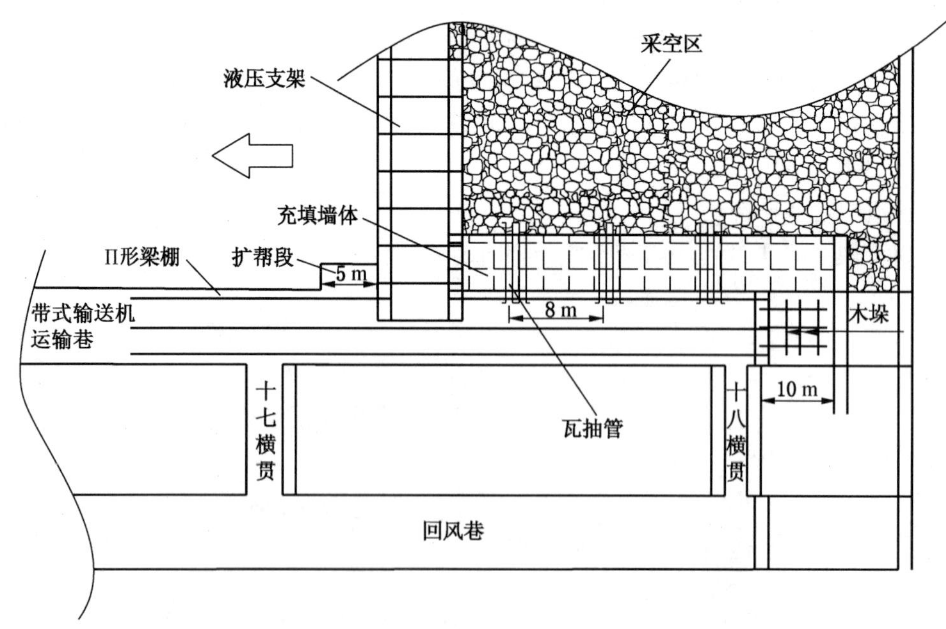

图 5-12　4202 工作面沿空留巷平面图

5.2.1.2　充填材料及运输

沿空留巷充填材料选用配有钢筋的 800 mm×180 mm×120 mm 混凝土预制块。

水泥砌墙通过轨道巷采用 1.5 t 矿车运输到运输机机尾，再通过人工搬运至工作面运输机上，启动运输机将水泥砌块运至运输机机头，人工将水泥砌块搬运至沿空留巷砌墙处进行砌墙施工。

5.2.1.3　留巷前、后的加强支护

1. 回采前加强支护及扩帮工程

留巷施工前，在 4202 工作面带式输送机运输巷（横贯）进行超前补强支护，对带式输送机运输巷靠采帮侧进行扩帮，以便带式输送机运输巷沿空留巷（图 5-13）。

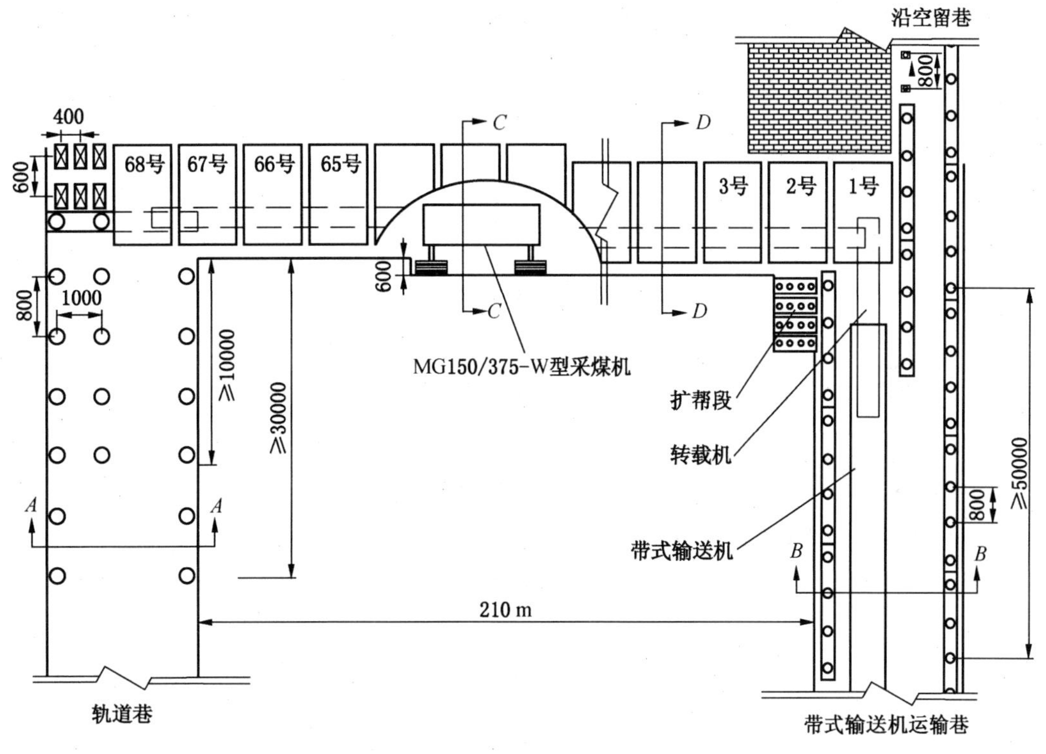

图 5-13　4202 工作面沿空留巷超前支护图

（1）带式输送机运输巷顶板在原支护基础上，每 800 mm 加一排钢带锚杆、锚索支护，加固超前工作面不得少于 150 m，带式输送机运输巷断面保证在 10 m^2 以上。

（2）横贯按照带式输送机运输巷加固方式超前加固至少 2 个横贯，断面保证在 8 m^2 以上。

（3）采取简易“Y”形通风，带式输送机运输巷需对采煤帮进行扩帮，扩帮为矩形断面，宽度为 2.4 m，高度为 3.0 m。扩帮长度超前采煤工作面为 5 m。

（4）扩帮巷道顶板全部采用锚索、锚杆、W 钢带、金属网联合支护，采用 2 根 ϕ17.8 mm×7300 mm 锚索、2 根 ϕ22 mm×2400 mm 螺纹钢树脂锚杆配合 2.6 m 长 4 孔 W 钢带及规格为 5 m×1 m 菱形金属网联合支护，以煤柱帮侧眼算排列为 1 ~4 眼，1、3 眼打设锚杆，2、4 眼打设锚索，靠采帮锚杆距采帮 0.2 m，锚杆、锚索相间垂直顶板打设，间排距为 0.8 m。

2. 留巷之后的支护

（1）沿空留巷段原带式输送机运输巷部分采用3 排走向单体液压支柱工字钢棚（或Π钢梁）加强支护，初撑力不得小于 90 kN。

（2）墙体采用喷浆，厚度为 0.1 m，砌好墙后再对墙体喷浆，确保严密不漏风。

3. 特殊地段，如过地质构造、陷落柱时的支护方案

（1）工作面回采至距陷落柱 10 m 处开始，留巷宽度由 4 m 缩小为 3 m，扩帮宽度由 2.4 m 缩小为 1 m，墙体宽度仍保持 1.6 m 不变。

（2）带式输送机运输巷顶板补强：原巷架设的工字钢棚梁及靠煤柱帮棚腿不再回撤，靠采帮侧棚腿在扩帮时再进行回撤。带式输送机运输巷陷落柱段顶板采用打设 3 排单体和补打锚索进行支护，单体直接打设在工字钢棚棚梁下，形成“一梁三柱”，3 排单体从陷落柱开始一次性施工至陷落柱外边缘处。若顶板完好必须在两根棚梁之间补打两根锚索，煤柱帮不再进行补强支护（图 5-14）。

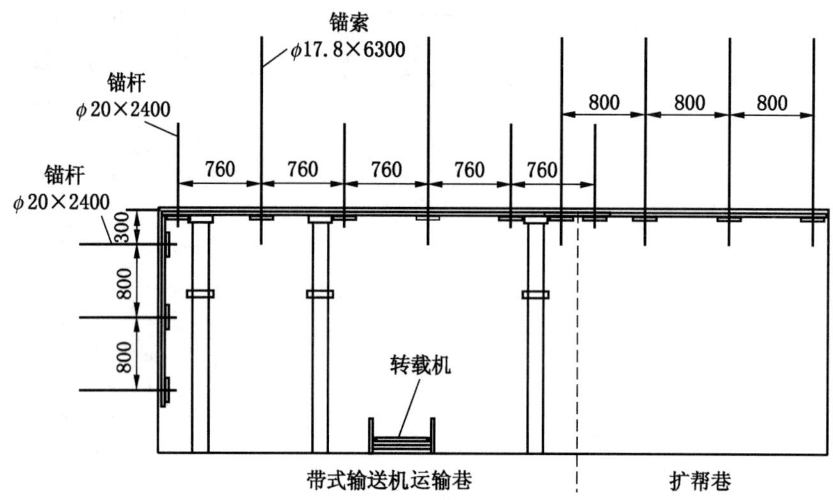

图 5-14　4202 工作面带式输送机运输巷补强支护图

（3）扩帮段支护方式：扩帮段为矩形断面，宽度为 1 m，长度以不大于 1.8 m 为宜，若扩帮段顶板完好时，在原带式输送机运输巷架设的工字钢棚间错接布置钢带、锚索、锚杆，采用锚索、锚杆、W 钢带、金属网、联合支护。顶板采用两根 ϕ17.8 mm×7300 mm 锚索、1 根 ϕ20 mm×2400 mm 螺纹钢树脂锚杆配合 2 m 长 3 孔 W 钢带及规格为 5 m×1 m 菱形金属网联合支护。锚杆、锚索支护完毕以后及时在下面打设“一梁两柱”加强支护，防止顶板垮落。若扩帮段顶板破碎严重，不能用锚杆、锚索支护时，“一梁两柱”的排距由 0.8 m 缩小为 0.5 ~0.6 m，打设密集柱加强支护。

（4）过地质构造、陷落柱时留巷之后的支护方案。随工作面推进，巷道中间及靠煤柱帮侧单体逐渐顺延至沿空留巷内，靠采帮侧单体随推进循环及时回撤并补打在留巷距墙体 0.3 m 处。进入留巷段工字钢梁搭在砌墙上。其他支护保留正常段的支护形式。

5.2.2　模斗支护沿空留巷瓦斯共采技术

沙曲二矿 4207 综采工作面绝对涌出量预计为 51.22～61.46 m^3/min，是高瓦斯工作面，为有效解决工作面在回采期间瓦斯制约生产的不利因素，决定采用沿空留巷 Y 形通风方式，并采用充填模型支架自行前移机械立模的留巷支护方式。

5.2.2.1　充填墙体宽度确定

依据淮南国家工程中心瓦斯研究所驻沙曲矿项目部编制的《沙曲二矿 4207 综采工作面 Y 型通风无煤柱留巷煤与瓦斯共采技术方案及参数设计》有关设计，工作面沿空留巷设计充填墙宽为 3.0 m。

5.2.2.2　沿空留巷充填系统

1. 充填系统布置

为保证工作面推进和沿空留巷的连续性，要求充填材料的输送必须不间断。膏体混凝土充填材料输送至充填设备或储料场采用矿车或带式输送机，充填泵上料通过 400～600 mm 小型带式输送机或 40T 刮板机或绞车，加水拌和后的膏体混凝土充填材料由混凝土充填泵泵送至留巷模板内。

充填泵的初次布置位置应控制在距工作面 300 m 的范围内。充填泵安装巷道高度不小于 2.65 m，临时料场必须具有防潮措施。充填工艺布置如图 5-15 所示。

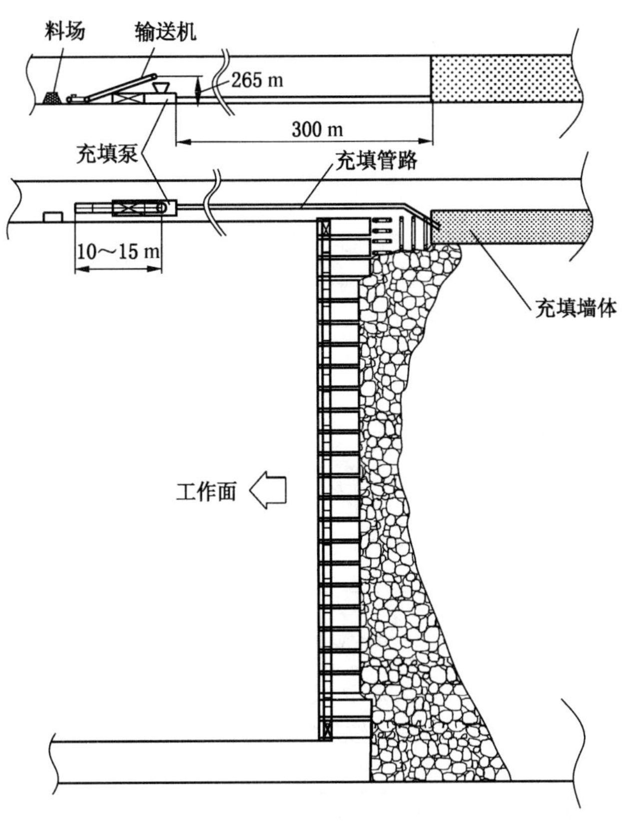

图 5-15　充填工艺布置示意图

2. 充填设备的选型配套

（1）充填泵选用 HBMD40-10-110S 矿用混凝土泵。

（2）输送管路选择 $\phi125$ mm 无缝钢管。

（3）输送管路连接方式：快换卡箍连接固定，安装方便。

（4）输送管路清洗方式：利用高压水洗，方便干净。

HBMG40-08-110 充填泵的主要技术参数见表 5-1。

表 5-1　HBMG40-08-110 充填泵的主要技术参数

项　目		单　位	技术特征
最大理论排量		m^3/h	40
混凝土最大出口压力		MPa	12
可泵送混凝土规格	坍落度	cm	12～23
	骨料最大粒径	mm	碎石≤30
混凝土缸径×行程		mm×mm	$\phi180\times200$
料斗	容积	L	400
	离地高	mm	880
分配阀形式			S 管阀
油箱容积		L	450
电动机	型号	1	YB2-315S-4
	功率	kW	110（防爆）
输送管径		mm	$\phi125$
输送管清洗方式		压缩空气或高压水洗	
上料机	上料机输送带宽度	mm	650
	最大输送速度	m/s	1.4
	最小上料高度	mm	500
搅拌机	搅拌轴转速	r/min	60
	叶片最远处线速度	m/s	2
	最大连续生产率	m^3/h	40
理论最大输送距离		m	800

充填管路一般布置在巷道底板，并摆放平直，每根充填管采用 $\phi16\sim18$ mm、长度 800～1000 mm 底板锚杆+半圆形钢带（厚 3～4 mm）固定。充填管路的末端采用 $\phi108$ mm、长度不小于 6 m 的橡胶钢丝软管，用于充填模板内的充填送料灌注。

3. 沿空留巷工作面平面布置

沿空留巷充填体位置位于沙曲二矿 4207 工作面带式输送机运输巷。通过目前巷道已开始施工，留巷前对矿压的观测数据，相应地制订留巷巷道加固方案，以确保留巷在采动应力作用下的稳定，沿空留巷巷道布置如图 5-16 所示。

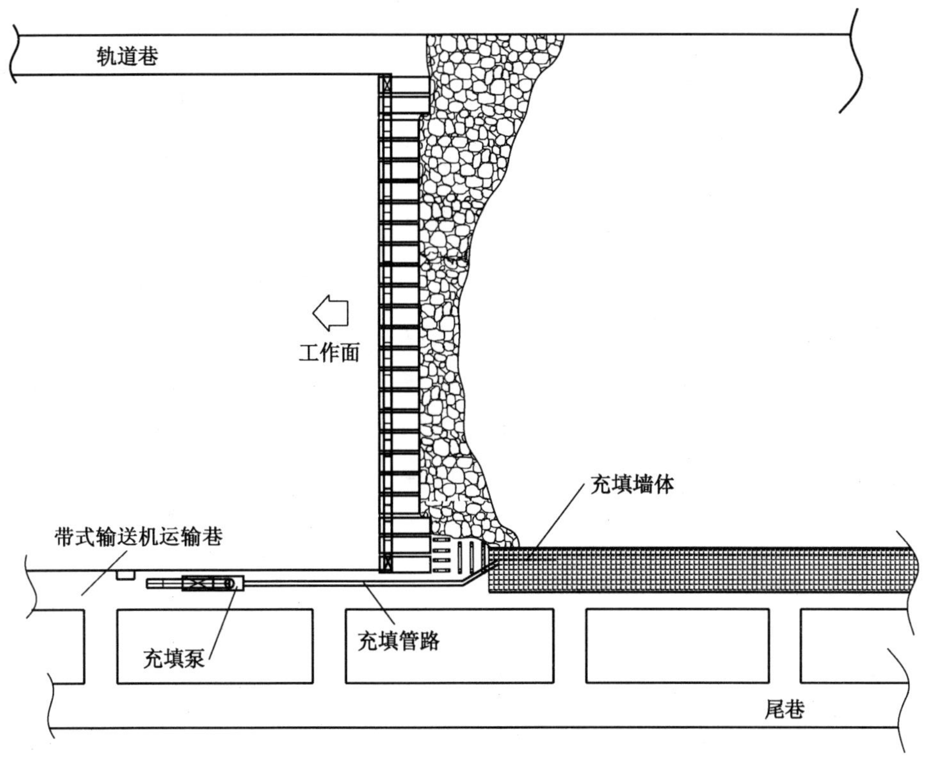

图5-16　沿空留巷工作面布置图

4. 大骨料充填材料配比

留巷墙体充填材料的基本组分为水泥、粉煤灰、砂石骨料、复合外加剂和水，其主体原料均为来源广泛的地方材料，并利用煤矿电厂发电产生的粉煤灰。

水泥：PO42.5普通硅酸盐水泥。

粉煤灰：电厂二级及以上粉煤灰。

石子：为当地产的石子，因泵送设备的要求，最大粒径≤30 mm；含水率小于5%～8%，石粉含量小于3%。

外加剂：多功能复合外加剂具有塑化、调凝、早强、保水、引气等功能。

材料配比（重量）为水泥：石子：黄沙：粉煤灰=（650～700）：(500～700)：(500～700)：(350～450)。

外加剂添加量为总量的1.5%～5%。

混凝土的性能取决于所选用的材料和配比，可按照特定用途配制。其中骨料不参与水泥复杂的水化反应，因此过去通常将之视为一种惰性填充料。随着近代混凝土技术的发展与研究的不断深入，混凝土材料和工程界越来越意识到骨料对混凝土的许多重要性能，如强度、体积稳定性、极限拉伸和耐久性等都会产生相当大的影响，甚至会起着决定性的作用。

分别对CHCT膏体混凝土留巷充填材料、CHCT膏体混凝土留巷充填材料添加4 mm及30 mm碎石进行井下工业性泵送试验（表5-2、表5-3）。

表 5-2　充填材料强度指标（碎石粒径：4 mm）

天数/d	1	3	7	28
抗压强度值/MPa	4～7	9～12	12～16	≥22

表 5-3　充填材料强度指标（碎石粒径：30 mm）

天数/d	1	3	7	28
抗压强度值/MPa	6～8.5	14～20	22～26	32～40

表 5-2、表 5-3 分别为添加不同粒径碎石的混凝土充填材料的强度测试结果，可以看出，CHCT 膏体混凝土留巷充填材料添加 30 mm 碎石后抗压强度提高约 30%，可直接降低约 15% 的留巷充填材料成本费用。所备选的混凝土泵送能力能够实现 30 mm 以内的大骨料混凝土充填材料连续泵送，提高了墙体的承载能力，保证了强扰动环境中充填体的整体稳定性。

5. 充填墙体的加固

充填体的可缩性对巷道维护非常重要。沿空留巷在采动支承应力作用下，不可避免地出现巷道变形。为使留巷充填体与原锚杆支护体支护的围岩协调变形，根据巷道软底的比压进行巷道变形调节，试验调整材料级配和配比，取得一定的承载变形量。C10 膏体充填材料应力-应变曲线如图 5-17 所示。

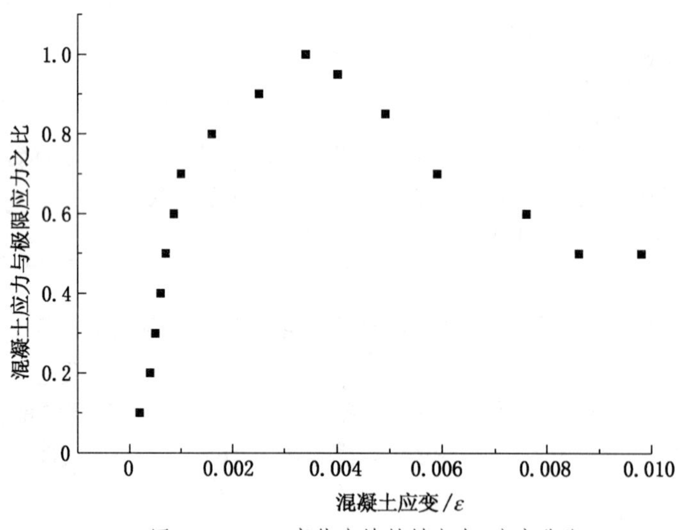

图 5-17　C10 膏体充填材料应力-应变曲线

根据混凝土膏体材料抗压强度指标，充填长度应与工作面日推进度相同。

为提高充填墙体的结构稳定性、完整性及结构刚度，充填墙体内应合理布筋。但若严格按照混凝土结构设计原理中关于混凝土配筋原理进行设计配筋，钢筋使用量大、施工复杂、投入巨大，综合考虑沿空留巷充填墙体所承受载荷及破坏形式，每次充填墙体长度为 2.4 m，宽度为 4 m，高度为 4 m。具体配筋设计如下：设计以柱状体框式配筋在充填墙体内布筋，钢筋骨架与金属网组合，内外两侧距离充填模板为 200 mm，金属网网孔为 100 mm×100 mm，网片为 900 mm×1600 mm，金属网钢筋直径为 6～8 mm，网间及网与钢筋骨架间固定，采用金属丝扎接牢固。钢筋骨架中钢筋可选井下用的的锚杆直径为 18 ~ 22 mm，长度为 2.0 ~ 2.4 m。配筋具体参数如图 5-18 所示。

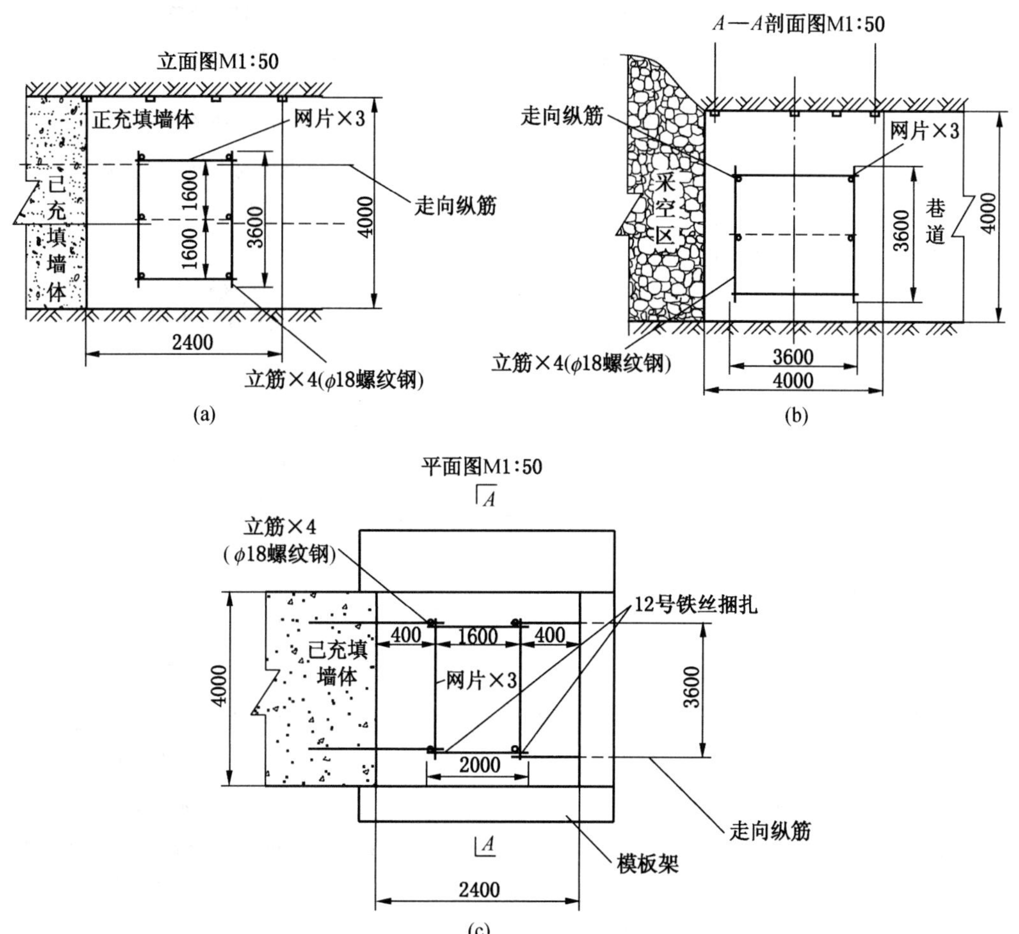

图 5-18 充填墙体加固参数示意

6. 巷旁充填方式

4207 工作面支架为 ZZ5200/25/47，刮板输送机为 SGZ880/800，采煤机为 MGTY730-1.1D，截深 630 mm，工作面回采 4 个循环进行 1 次充填的作业循环，每次充填长度为 2.4 m。充填模板支架布置示意图如图 5-19 所示。

5.2.2.3 沿空留巷围岩加固支护方案

大采高强采动条件下沿空留巷必须选择合理的跨高比（最优跨高比），以保证其几何参数与采动环境相匹配，使之有利于围岩结构的稳定，同时又保证巷道充分变形后断面满足工程需求。本工作面最大采高超过 4.2 m，留巷高度也达到 4 m，在强烈采动环境下选择大跨度（巷道跨度>4 m）留巷极不利于巷道围岩控制。在工作面采高和巷道高度已经确定的前提下，为了稳固顶底板岩层，需要大幅降低巷道的宽度。而将围岩变形破坏的矛盾转移至两帮，再通过高强锚带支护技术提高对煤帮的控制、高强大尺寸承载墙体的实施，提高沿空留巷承载结构的整体稳定性。

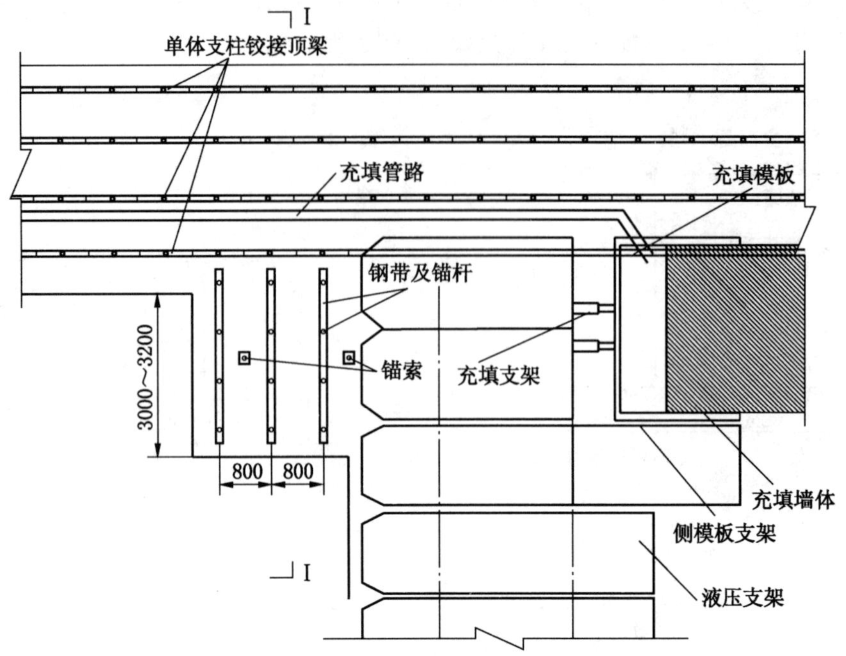

图 5-19　充填模板支架布置示意图

1. 正常巷段巷道加固方案

(1) 顶板加强。顶板采用锚索梁补强的方式，形成“4-3-4-3”的锚索布置。钢绞线规格为 ϕ22 mm×6300 mm，配合大托盘并压平钢板施工。平钢板的规格为长×宽×厚＝2500 mm×350 mm×12 mm，每块平钢板布置 3 个长圆孔，孔中心距为 1000 mm，平钢板的加工示意图如图 5-20 所示。大托盘规格为 300 mm×300 mm×12 mm。形成“3”的锚索采用“一梁三锚”的形式，间距为 1000 mm，排距为 800 mm；形成“4”的锚索采用“一梁三锚+一单体锚索”的形式，间距为 1000 mm，排距为 800 mm，单体锚索配 300 mm×300 mm×12 mm、150 mm×150 mm×12 mm 大小 2 块托盘施工；锚索形成交错布置，具体支护参数如图 5-21 所示。垂直顶板钻眼，眼孔深度为 6000 mm，每孔采用 1 节 K2360、2 节 Z2360 树脂药卷加长锚固。锚索预紧力不低于 90 kN，锚固力不低于 200 kN。

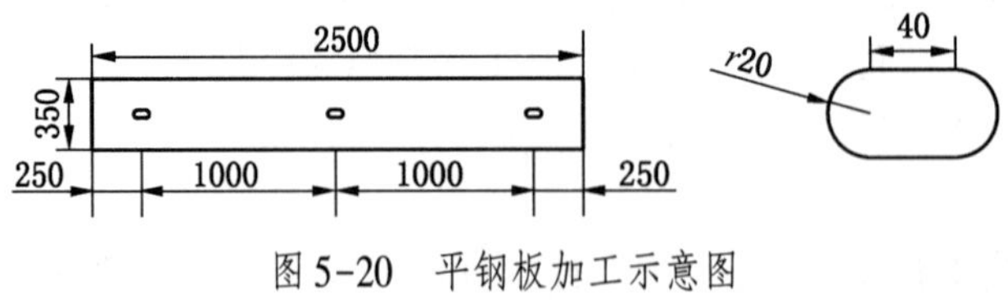

图 5-20　平钢板加工示意图

(2) 非回采帮加强。非回采帮采用锚杆梁的形式加固，W5 钢带长度为 3600 mm，每根钢带布置 5 个长圆孔，孔中心距为 800 mm；ϕ20 mm×2000 mm 螺纹钢锚杆，并采用与 W 形钢带相匹配的 W 形托盘施工。肩角与底角的锚杆分别斜向顶板和底板 15°施工，其余锚杆垂直煤帮施工，每根锚杆采用两根 Z2360 树脂药卷加长锚固，锚杆预紧扭矩不低于 300 N · m。锚杆间距为 800 mm，排距为 800 mm，具体支护参数如图 5-21 所示（图中虚线部分为掘进期间支护形式)。

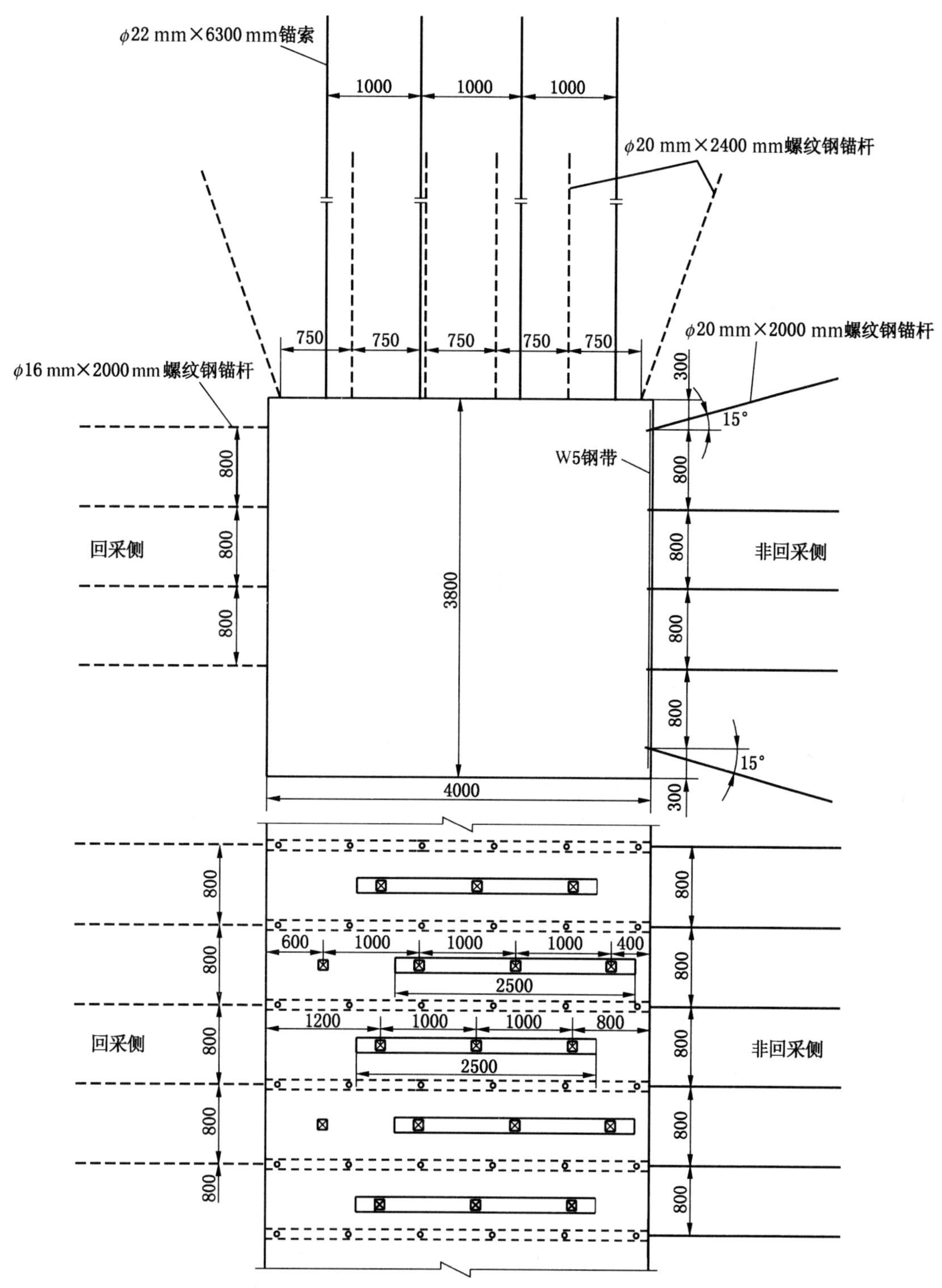

注：图中虚线部分为掘进期间支护形式

图5-21　正常巷段巷道加固参数

若部分地段非回采帮过于破碎、围岩可锚性差，则安装的锚杆必然不能达到设计要求的预紧力，强制安装锚杆已失去实际意义。遇到这种情况需提前对非回采煤帮注浆加固，充分提高围岩强度后，才可进一步施工锚杆。

注浆材料可选择硫铝酸盐快硬水泥或化学浆液，为了提高注浆效果，需要在原位巷道稳定围岩表面喷射薄层混凝土，封闭围岩，防止浆液泄漏。喷层厚度为 50 mm；喷浆拌料要均匀，材料的配比为水泥：黄沙：石子=1：2：2，水灰比为 45%，速凝剂掺量为水泥重量的 2.5% ~4%，拌料要均匀。

混凝土喷层稳定后，进行注浆。注浆锚杆长度为 2400 mm，外径为 20 mm，壁厚为 1.8 mm 冷拔无缝钢管制成，钢管底端砸成扁状；沿钢管底端 1.6 m 长度范围内成“十”字交错开孔共 8 组，孔径为 6 mm，孔距为 200 mm；封孔深度为 600 mm。注浆锚杆加工示意图如图 5-22 所示。

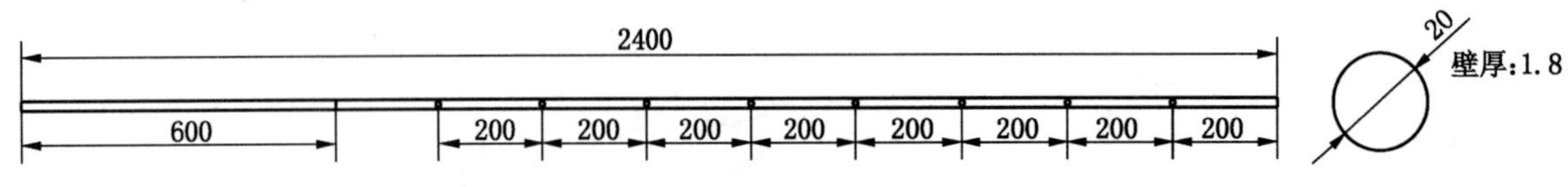

图 5-22　注浆锚杆加工示意图

注浆孔间排距：非回采帮注浆参数如图 5-23 所示，排距为 1600 mm。注浆孔参数：注浆孔采用 ϕ27 mm 钻头施工，注浆孔深为 2600 mm。注浆压力：采用低压注浆，压力初定为 1.0 ~1.5 MPa，通过现场试注浆，最后确定有关参数。

巷道补强加固工作要超前采煤工作面 200 m 完成，以完全避开采动影响区。

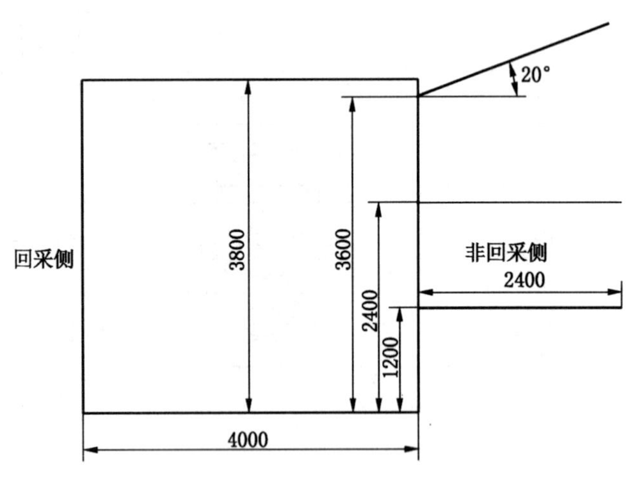

图 5-23　非回采帮注浆参数

2. 地质构造带巷道加固方案

巷道向内 330 ~ 365 m 地段为地质构造区域，巷道断面较小，平均尺寸为宽×高 = 3600 mm×2500 mm。回采前需对该巷段进行扩刷和重新支护，按施工顺序主要分为注浆、扩刷和打锚杆（索）3 个步骤。

（1）注浆。在巷道补强支护之前，先对围岩进行注浆处理，注浆要充分封堵裂隙，提高岩体的可锚性。注浆材料可选择硫铝酸盐快硬水泥或化学浆液，普通水泥浆液水灰比小，加固效果差。标号525的硫铝酸盐快硬水泥，水灰比为0.85~1.0，胶砂流动度达到121~130 mm，其性能特点如下：

①早强、高强：除具有传统硅酸盐水泥的优良性能外，还具有水化硬化快，早期强度高，硬化时有体积收缩小或不收缩等优良的建筑性能强度：1 d达到5 MPa，3 d达到12 MPa，7 d达到20 MPa，28d达到40 MPa。

②高抗冻性：在0~10 ℃低正温使用，早期强度是波特兰水泥的5~6倍；在0~-20 ℃加少量外加剂，3~7 d强度可达到设计标号的70%~80%，冻融循环300次，强度损失不明显。

③高抗渗性：水泥石结构致密，混凝土抗渗性能是同标号硅酸盐水泥的2~3倍。

④抗碳化性能好，干缩率低。

⑤抗腐蚀性能好，尤其是抗海水腐蚀性能优于高抗硫酸盐水泥，抗腐蚀系数大于1。

（2）初喷密封。为了提高注浆效果，需要在原位巷道稳定围岩表面喷射薄层混凝土，封闭围岩，防止浆液泄漏。喷层厚度为50 mm；喷浆拌料要均匀，材料的配比为水泥：黄沙：石子=1：2：2，水灰比为45%，速凝剂掺量为水泥重量的2.5%~4%，拌料要均匀。

（3）浅孔注浆。注浆孔参数：注浆孔分别布置在顶板和两帮（图5-24），注浆孔排距为1600 mm，采用1500 mm注浆锚杆。

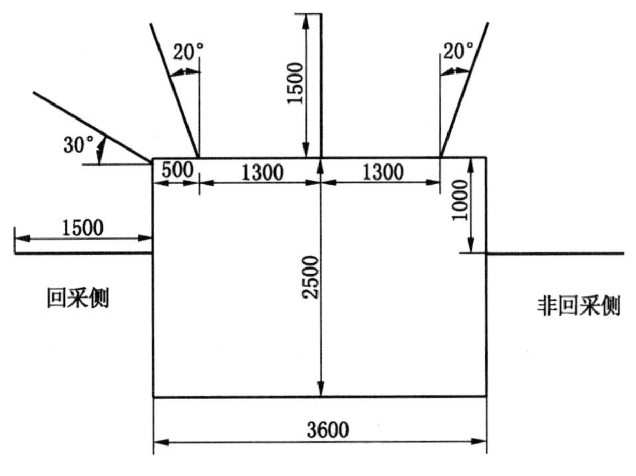

图5-24　浅孔注浆

（4）深孔注浆。注浆孔分别布置在顶板和两帮（图5-25），注浆孔排距为1600 mm，与浅孔注浆锚杆交错布置，深孔注浆采用2400 mm注浆锚杆。

（5）注浆方式。采用“低压浅孔初注、高压深孔复注、交替布孔”的注浆方式，压力初期定为1.0~1.5 MPa，逐渐提高压力。

（6）扩刷。注浆完成之后，对该巷段进行扩刷，扩刷应遵循“由外向里、一棚一刷”的原则，并做好临时支护工作。每棚扩刷后立即对顶板进行锚杆支护，然后重新架棚。扩刷后巷道断面为：宽×高=4000 mm×3800 mm。

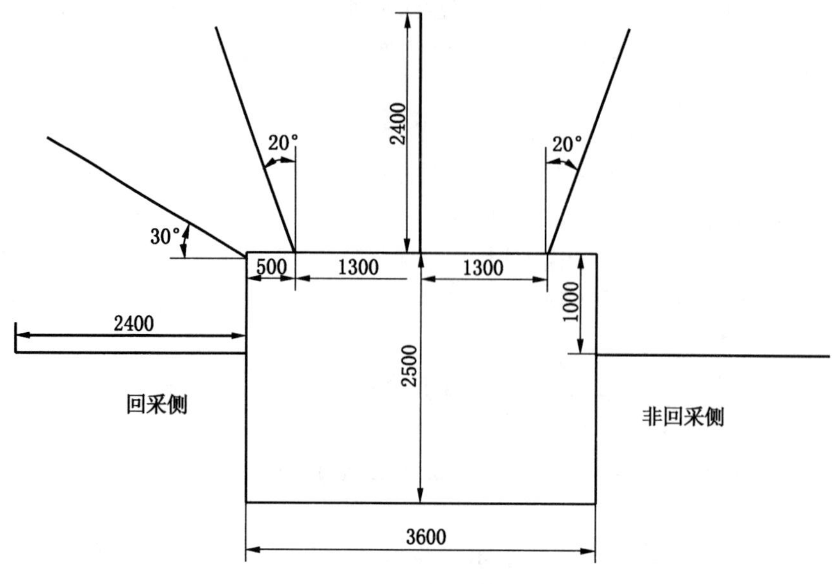

图 5-25　深孔注浆

（7）锚杆索支护参数。

①顶板支护。顶板采用锚带的形式施工 6 根锚杆，采用 3900 mm 长 W5 钢带，钢带布置 6 孔，孔距为 750 mm，使用与 W 形钢带相匹配的托盘。采用 ϕ20 mm×2400 mm 螺纹钢锚杆，每根锚杆采用 2 根 Z2360 树脂药卷加长锚固，肩角处锚杆斜向外 20°施工。锚杆预紧扭矩不低于 300N · m。锚杆间距为 750 mm，排距为 800 mm。

每两排锚杆之间施工锚索梁，形成“4-3-4-3”的锚索布置。钢绞线规格为 ϕ22 mm×6300 mm，配合大托盘并压平钢板施工。平钢板的规格为长×宽×厚＝2500 mm×350 mm×12 mm，每块平钢板布置 3 个长圆孔，孔中心距为 1000 mm。大托盘规格为 300 mm×300 mm ×12 mm。形成“3”的锚索采用“一梁三锚”的形式，间距为 1000 mm，排距为 800 mm；形成“4”的锚索采用“一梁三锚+一单体锚索”的形式，间距为 1000 mm，排距为 800 mm，单体锚索配 300 mm×300 mm×12 mm、150 mm×150 mm×12 mm 大小 2 块托盘施工；锚索形成交错布置，具体支护参数如图 5-26 所示。垂直顶板钻眼，眼孔深度为 6000 mm，每孔采用 1 节 K2360、2 节 Z2360 树脂药卷加长锚固。锚索预紧力不低于 90 kN，锚固力不低于 200 kN。

②非回采帮支护。非回采帮采用锚杆梁的形式加固，W5 钢带长度为 3600 mm，每根钢带布置 5 个长圆孔，孔中心距为 800 mm；ϕ20 mm×2000 mm 螺纹钢锚杆，并采用与 W 形钢带相匹配的 W 形托盘施工。肩角与底角的锚杆分别斜向顶板和底板 15°施工，其余锚杆垂直煤帮施工，每根锚杆采用 2 根 Z2360 树脂药卷加长锚固，锚杆预紧扭矩不低于 300 N · m。锚杆间距为 800 mm，排距为 800 mm。

③回采帮支护。回采帮按 800 mm 间距施工 5 根 ϕ20 mm×2000 mm 螺纹钢锚杆，每根锚杆配合 200 mm×200 mm×12 mm 托盘施工，并采用 2 根 Z2360 树脂药卷加长锚固。底角处锚杆斜向下 15°施工。锚杆间距为 800 mm，排距为 800 mm，预紧扭矩不低 300 N · m。

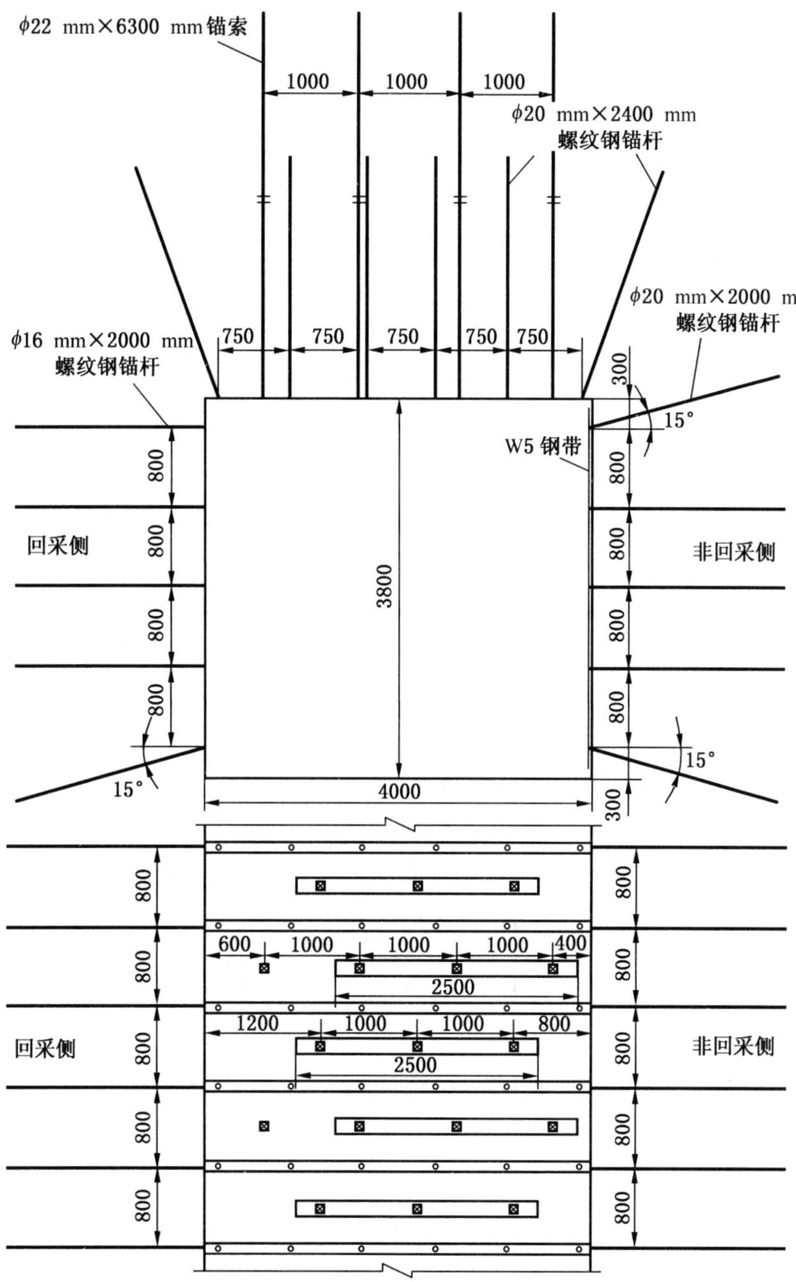

图 5-26 陷落柱段巷道支护示意图

(8) 重新架棚。锚杆索施工完毕后，对巷道重新架工字钢棚，工字钢棚尺寸与断面尺寸一致。

3. 超前开缺口顶板支护方案

超前采煤工作面 2～3 m 对巷道回采侧进行开缺口（撕帮）处理，墙体宽度为 4 m，其中有 1 m 在巷道内。为了便于施工，撕帮宽度定为 3.2 m，开缺口高度与巷道一致（图

5-27）。

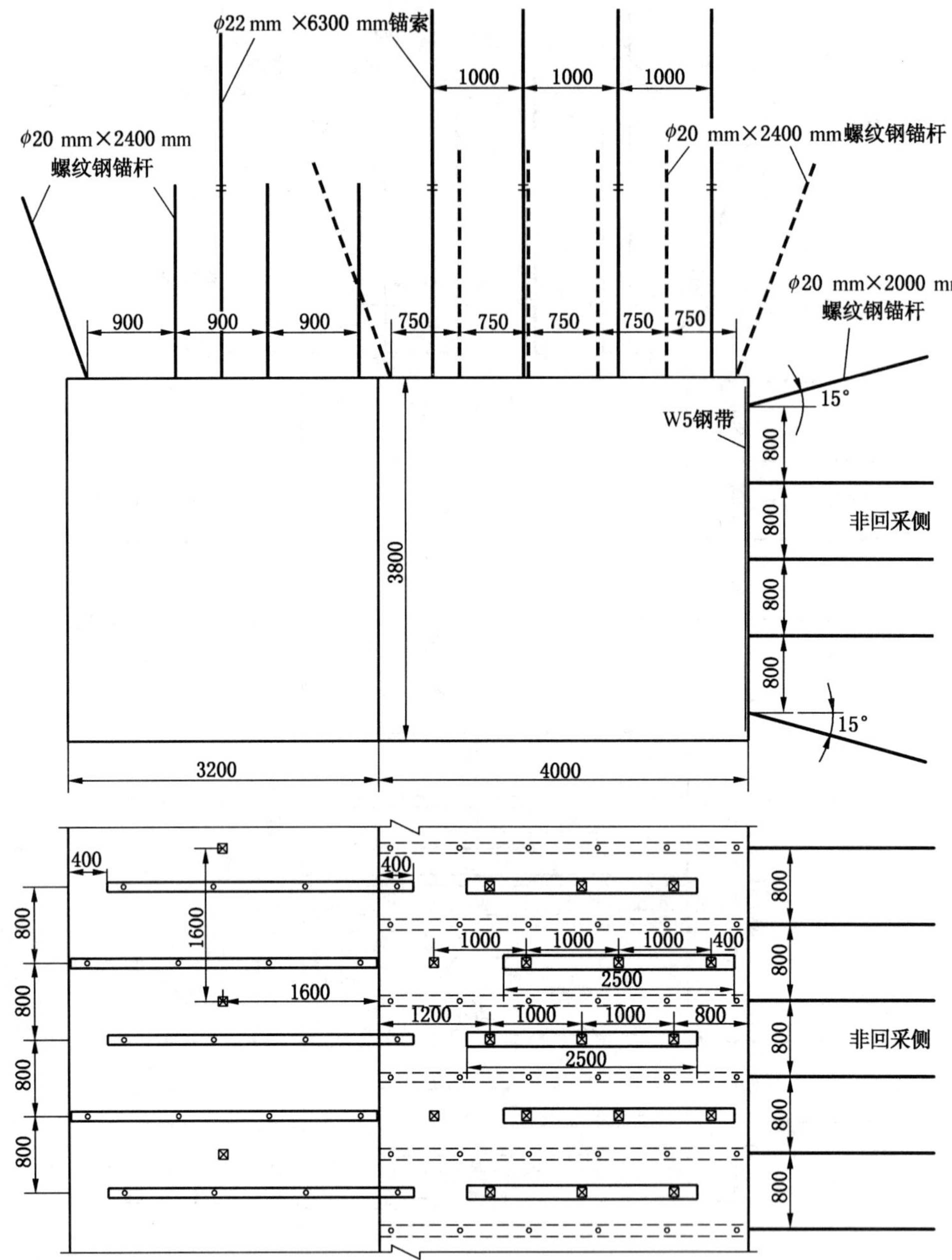

图 5-27　超前开缺口顶板支护参数

（1）锚杆支护。顶板 4 根采用 ϕ20 mm×2400 mm 锚杆，加 3000 mm 长的 W 形钢带配合 200 mm×200 mm×12 mm 托盘。每根锚杆用 2 根 Z2360 树脂药卷加长锚固，肩角处锚杆斜向外 20°施工。锚杆间距为 900 mm，排距为 800 mm，预紧扭矩为 300 N · m。

（2）锚索支护。在开缺口顶板中部垂直向上施工单体锚索，钢绞线规格为 ϕ22 mm×

6300 mm，配合 300 mm×300 mm×12 mm 大托盘施工。每根锚索采用 1 节 K2360、2 节 Z2360 树脂药卷加长锚固。锚索预紧力不低于 90 kN，锚固力不低于 200 kN。锚索排距为 1600 mm。

（3）特殊地段。例如受断层、淋水、陷落柱等地质构造影响巷段，根据顶板安排提前预注浆加固。为保证待充填区域顶板的稳定，需加大锚杆索的支护强度，并考虑是否进行化学注浆。

4. 巷内辅助加强支护

由于工作面回采期间周期来压步距在 25 m 左右。因此，在回采期间，超前工作面前方 60 m、滞后工作面 200 m 范围内受采动影响的区域，采取单体液压支柱的加强支护形式，如图 5-28 所示。每排 3 根单体支柱配以铰接顶梁支护，排距为 0.8 ~ 1.0 m。200 ~ 400 m 之后视矿压情况采用木点柱拆换单体支护。

在充填墙体与实体煤帮共同承担顶板载荷的同时，巷道顶板将发生最大幅度的下沉，单体支护支柱及时对顶板提供支撑力，保证顶板岩层整体协调变形，防止顶板发生过大离层。

根据矿压情况，灵活使用单体支柱，超前采动影响区开始渐次增加单体支柱密度，留巷后方渐次减小单体支柱密度。

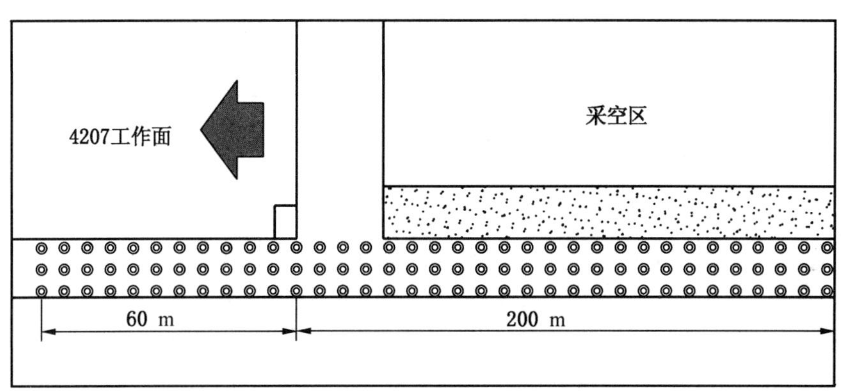

图 5-28 巷内辅助加强支护

5.2.3 柔模支护沿空留巷瓦斯共采技术

5.2.3.1 柔模+惠天锚柱联合支护

从沙曲二矿 4207 工作面带式输送机运输巷实施过机械模板沿空留巷技术实施结果来看，隔离墙占用空间较大，施工过程复杂，施工所需材料较多，隔离墙的施工工艺、成墙质量和留巷成本没有达到预期的结果。

为了提高留巷效果、降低成本、优化工艺，结合沙曲二矿 4208 工作面开采面临的瓦斯治理、巷道支护、煤炭开采等重大安全生产技术难题，研究采用锚柱网袋铸混凝土沿空留巷技术，实现“Y”形通风，彻底解决瓦斯超限、采掘接续紧张问题，实现无煤柱煤与瓦斯开采。

1. 预支撑技术原理和结构工艺

沿空留巷隔离墙受多次动压影响产生离层和较大变形，及时控制顶板并且不要反复支撑尤为重要。传统的支护方式是在采空侧采用木支柱或采用单体柱替换回柱。这样劳动工作量大，替换工序麻烦，支撑后释放对顶板容易导致破损，而且采空侧二次支柱没有初撑力也没有足够的支撑强度产生切顶卸压作用，采空侧作业时间太长存在安全隐患。

为了克服上述缺陷提出了锚柱预支撑沿空留巷技术，其实质是在采煤工作面排头架过后顶板暴露刚出来（无须临时支护）就立即在顶底板支设惠天锚柱进行主动锚固支撑而形成锚柱预支撑结构。惠天锚柱、巷内 T 形梁桁架和巷外侧网片形成了锚柱网支撑隔离（图 5-29）。

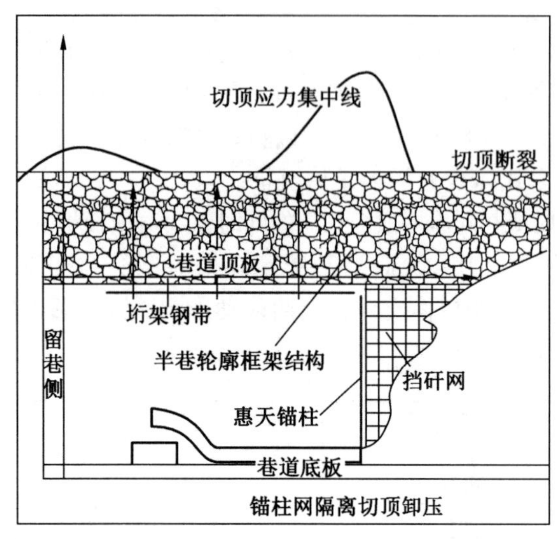

图 5-29 锚柱网隔离结构原理示意图

这样就形成了半巷锚柱网将采空区与工作区彻底隔离形成本质安全模式。这种填补式支护能形成新的留巷轮廓，使得后续隔离墙的主体充填可以随时随地根据工作面生产工艺的要求完成。因此，锚柱网隔离结构具有锚柱网横向与巷内 T 形梁桁架支护形成半巷轮廓框架，使得巷道一帮失而复得锚柱网纵向形成强支撑“刃条应力集中”，采空侧及早切顶卸压先期的锚柱预支撑具有足够的让压支护满足工作面快速推进 20 m 以上的回采作业需要。后期的充填体支撑能够满足 20～50 MPa 的比压，从而实现先期稳定切顶、后期封闭抗力平衡需要。

2. 锚柱网沿空留巷适用性及分类

（1）适用性。

①适合高效工作面：锚柱预支撑安装到位就形成隔离墙主体，适应每天回采 20 m 以上工作面快速留巷施工。

②适合破碎顶板沿空留巷：裸露顶板立刻支撑，与巷内 T 形梁桁架和巷外网片形成锚柱网半巷轮廓框架。

③适合于顶板破碎的急倾斜煤层的快速沿空留巷施工：垂直支撑和水平拦截功能的惠天锚柱可有效地隔离阻拦采空区矸石冒落冲击侧滑力对施工的影响和安全威胁。

（2）锚柱网沿空留巷分类。以惠天锚柱为基础形成的沿空留巷隔离墙有锚柱网喷射混凝土隔离墙；锚柱网堆积混凝土隔离墙和锚柱预支撑串柱混凝土隔离墙。

①锚柱网喷射混凝土成墙工艺。在工作面架前铺网→紧跟排头架后设置锚柱→将顶部

铺网下拉固定到锚柱体上形成锚柱网隔离（图5-30）。

当采空区顶板破碎沉降达到锚柱网侧后，利用喷射混凝土将锚柱、网片和采空侧 1 m 范围内矸石凝固在一起形成以锚柱网为基础的矸石混凝土结构隔离墙。这种工艺属于超低成本的绿色开采沿空留巷技术。这种结构施工简单快速，能够早期实现切顶卸压和隔离采空区达到沿空留巷的本质安全施工。采空侧一排锚柱形成集中线性支撑力，使得切顶断裂卸压发生在留巷外侧预支撑锚柱网挡矸成墙工艺。

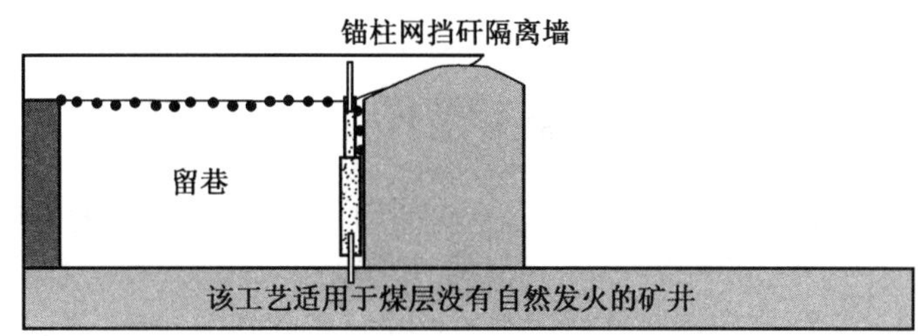

图5-30 锚柱网喷射混凝土成墙示意图

②锚柱预支撑袋铸成墙工艺（适合高突易燃煤层）（图5-31）。锚柱预支撑袋铸成墙是锚柱预支撑本质安全沿空留巷的一种特例。利用锚柱外轮廓结构的保护，在内部的柔性内胎模犹如充气轮胎内胎一般，外部锚柱网保护下内胎模使用廉价大变形材料更合理。因此，采用这种刚柔复合结构比传统柔模在材料经济性上占有绝对优势。这种新型柔性内胎模是传统揉摸价格的1/10，而且这样的刚柔复合结构刚好满足沿空留巷力学要求。

锚柱预支撑袋铸隔离墙及灌注方法的先进性体现在采用锚柱预支撑和袋铸填充相结合的刚柔复合结构，实质为预应力框架混凝土结构，用惠天锚柱实现即时初撑，用袋铸很方便隔离；预支撑惠天锚柱具有每根 100 kN 的初撑力和 400 kN 高恒阻让压抗力，支撑能力能够保证隔离墙早期强度满足周期来压和让压要求；充填胶结材料滞后施工不影响采煤工作面生产。

图5-31 锚柱预支撑袋铸成墙示意图

③串柱混凝土沿空隔离墙技术（图5-32）。为了方便快速施工模袋混凝土，利用惠天锚柱作为支撑固定单元，在采煤工作面机头推进后立即安设惠天锚柱，采用泵注顶升锚柱在 1 min 内快速给顶板施加 100 kN 初撑力，同时利用专用支撑托架将串柱模袋固定。其锚柱预支撑的高恒阻能够满足回采过程中顶板矿压峰值让压作用。

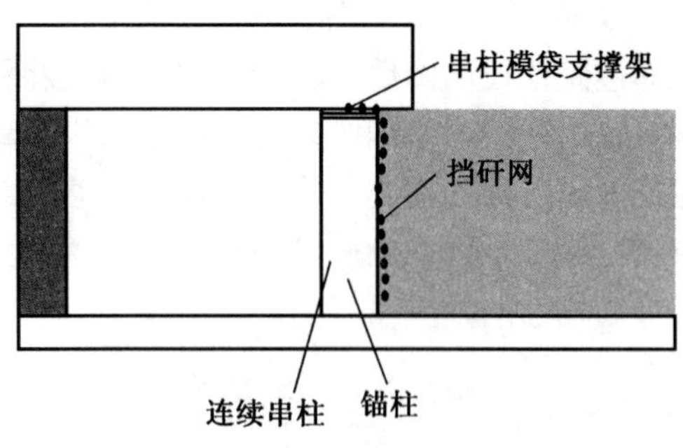

图 5-32　方案 3 示意图

串柱沿空留巷方法的显著优点：一是 1 min 顶升锚柱达到支撑顶板和模袋固定的双重作用。二是每根锚柱具有 300 ~ 500 kN 的恒阻支撑形成刃状切顶应力，能够有效切顶泄压。三是锚柱紧跟工作面机头安装及时控制顶板并与采空侧网片形成隔离采空侧，属于本质安全型施工工艺。四是克服了现有柔模施工采空侧木点柱施工的人工作业时间长、模袋固定复杂、无初撑力和不能拦截大倾角采空侧矸石等缺陷。五是最廉价的适应破碎顶板、大倾角、大采高沿空留巷的施工工艺。

为了克服沿空隔离墙接顶不严密的问题，发明了专用接顶模袋及其施工方法，如图 5-33 所示。沿空留巷隔离墙紧贴采煤面布置在巷内，墙厚 1000 mm，一次留巷宽度大于 2500 mm，能满足留巷后的使用需要。

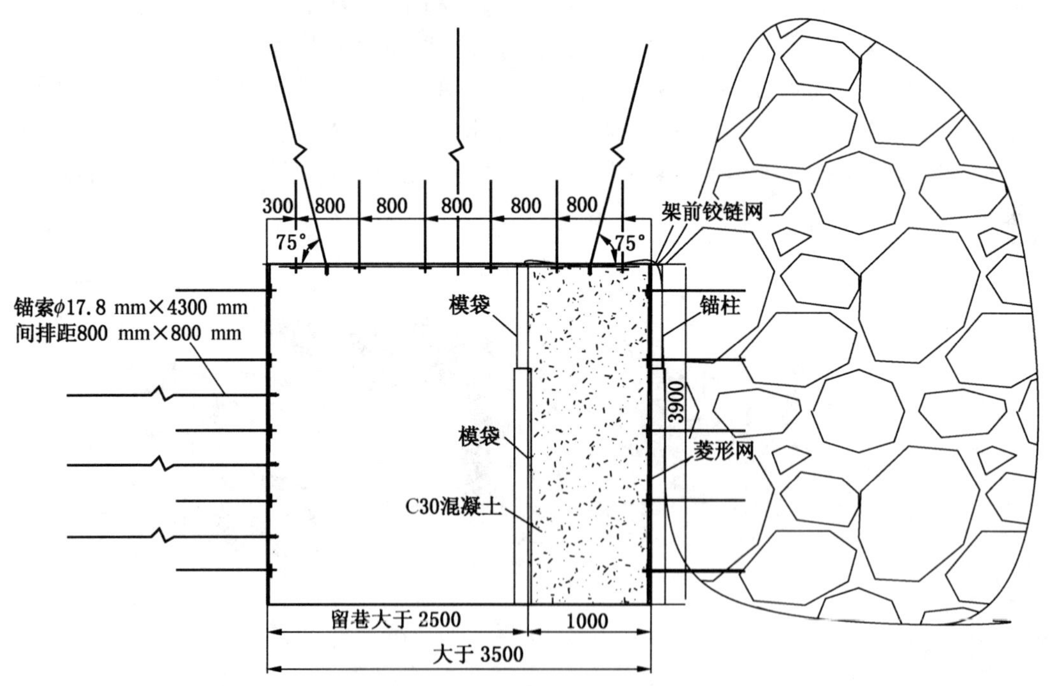

图 5-33　4208 带式输送机运输巷隔离墙布置示意图

（3）考虑到回采动压对巷道帮部原有支护的影响，需要对巷道帮部进行加强支护。留帮侧加强支护的设计参数：锚索为 ϕ17.8 mm×4300 mm，间排距为 800 mm×1600 mm。

（4）巷内顶板的加固方式采用锚索梁结构进行加固。顶板加强支护参数：钢带选用桁架为 T140-L4000 mm 的钢带，锚索为 ϕ21.8 mm×6300 mm 间排距为 1600 mm×800 mm。

（5）隔离墙采用“锚柱+菱形网”“单体支柱+铁丝网”浇筑混凝土的模袋等。

（6）为保证巷旁充填工作安全顺利地进行，减轻工作面采动时支承压力对工作面前后方巷道的影响，超前和滞后工作面一定距离加强支护。

（7）超前支护结构为 π 形梁+单体柱，一梁两柱。间距根据巷道内设备布置情况而定，不能大于 1000 mm，排距为 500 mm。滞后支护结构为 π 形梁+单体柱，一梁四柱。间排距为 800 mm×500 mm。

5.2.3.2　柔模支护

由于 4208 沿空留巷采用惠天锚柱+柔模支护方式，隔离墙体厚度为 1000 mm，但沿空留巷侧采空区顶板垮落性较差，切顶效果不理想。因此根据矿井的实际情况，逐渐采用了只有柔模支护的沿空留巷开采技术，柔模支护的墙体厚度更加合理，在 4401 工作面等其他工作面开展推广应用。

1. 墙体宽度的设计

沿空留巷支护体的工作阻力载荷计算：

$$q = \frac{8h\tan\varphi(b_B + x + b_c)}{x} \times \frac{h(b_B + x + b_c)\gamma_s}{b_B + 0.5x} \tag{5-1}$$

式中　q——充填体载荷，t/m^2；

b_B——充填体内侧到煤壁的距离，m；

x——充填体宽，取 2.0 m；

b_c——充填体外侧悬顶距，m；

s——岩石平均容重，取 2.5 t/m^3；

h——煤层平均采厚，取 2.4 m；

φ——剪切角，根据垮落带高度取 26°。

经计算 q 值约为 176.5 t/m^2，则静阻力载荷约为 2.0 MPa。考虑到基本顶来压时下位岩层及充填体的动载系数为静载系数的 2～6 倍，即 4～12 MPa。而根据充填体材料的强度试验，其最大承载极限可达到 27 MPa 以上，因此，4401 工作面轨道巷沿空留巷充填墙体宽度设计为 2.0 m，可满足承载要求。但留巷期间，墙体位置、宽度、强度等相关设计参数视矿压显现实时进行调整。

2. 充填材料的选择

（1）沿空留巷隔离墙混凝土强度为 C30，充填材料的基本组分为水泥、粉煤灰、砂石骨料、复合外加剂和水，其主体原料均为来源广泛的地方材料，并利用煤矿电厂发电产生的粉煤灰。

水泥：PO42.5 普通硅酸盐水泥。

粉煤灰：电厂二级及以上粉煤灰。

石子：最大粒径小于或等于 15 mm；含水率小于 5%，石粉含量小于 3%。

外加剂：多功能复合外加剂具有塑化、调凝、早强、保水、引气等功能。

沙子：要求含水率小于 5%（中粗黄沙）。

（2）材料配比。水泥：黄沙：石子：粉煤灰：添加剂＝720：1200：150：360：42。

设计充填材料强度指标见表 5-4。

表 5-4　设计充填材料强度指标（单轴抗压值）

天数/d	1	3	7	28
抗压强度值/MPa	6 ~ 8	12 ~ 16	20 ~ 22	≥27

3. 沿空留巷隔离墙施工工艺流程

（1）工艺流程。充填材料运输→清理留巷段底板→打设单体支柱→铺网→移架→支设模袋、布筋→搅拌、输送混凝土材料充填模袋→清洗充填泵管路。

（2）施工工艺。

①材料运输。沿空留巷充填材料经副斜井、轨道上山运输到井下，再经轨道大巷、二采区集中轨道巷运输到 4401 轨道巷一横贯储料场。

②清理留巷段底板。为确保充填留设的隔离墙体受压后不发生倾斜，充填隔离墙留设时必须在巷道实底上进行留设。留巷墙体充填处采取人工使用风镐配合洋镐、小锹拉底清煤至实底，并清理至转载机内运走，拉底后底板必须平整，严禁留有台阶。

③打设单体支柱。在隔离墙内侧（采空侧）、外侧（留巷侧）及采面侧位置打设单体支柱，间距均为 500 mm，单体液压支柱形成架后安全隔离充填空间。

④铺网。回采之前进行架前铺网，架前网选用金属经纬网，金属经纬网长 10 m、宽 1.2 m。同时，利用开缺口顶板支护锚索锁头，钢丝绳与经纬网绑扎在一起，每隔 0.5 m 绑扎一道 ϕ18.5 mm×12 m 钢丝绳，保证支架拉移后，采空区垮落的矸石有效控制在挡矸网之外，隔离出安全作业空间。

⑤移架。将机尾 1 ~ 3 号液压支架拉移后，将支架升紧管理好巷道顶板。

⑥支设模袋、布筋。支模时，先用柔模袋短边中部的扎带与已浇筑完成的墙体模袋短边中部的扎带相连接并绑扎牢固，再从柔模袋短边靠墙体侧的两个角开始，以 0.8 m 的距离用模袋两长边羽翼上的扎带，依次和预先留设在顶板上的铁丝吊环绑扎牢固。

柔模袋挂设完成后，在隔离墙体两侧使用工作面回收的圆钢钢带配合左旋螺纹钢拉筋进行加固。使用 3 眼圆钢钢带长度为 1.9 m，纵向布置，拉筋规格为 ϕ18 mm×2200 mm，拉筋间距为 0.8 m，排距为 0.6 m，最上一根拉筋距顶板 0.4 m，最下一根拉筋距底板 0.4 m；在隔离墙内侧（采空侧）、外侧（留巷侧）及采面侧单体液压支柱内侧挂设钢筋网片（0.9 m×1.7 m），用回收的规格为 150 mm×150 mm×10 mm 的铁垫片与圆钢钢带固定在柔模袋外侧。如图 5-34 所示。

⑦搅拌、输送混凝土材料充填模袋。将搅拌好的泵送混凝土从模袋浇筑口浇入，浇筑饱满后停止，形成混凝土隔离墙。

⑧清洗充填泵管路。利用高压水配合清洗活塞进行输送管路清洗。

⑨为保证充填墙体接顶严密不漏风，局部不接顶处采用干料充填并洒水使其凝固，然后喷浆封闭。

⑩为防止留巷充填墙体接茬处和接顶不严密处瓦斯涌出，需对充填墙体喷浆封闭，喷浆采用 C20 混凝土，厚度不小于 50 mm。

4. 支护方式

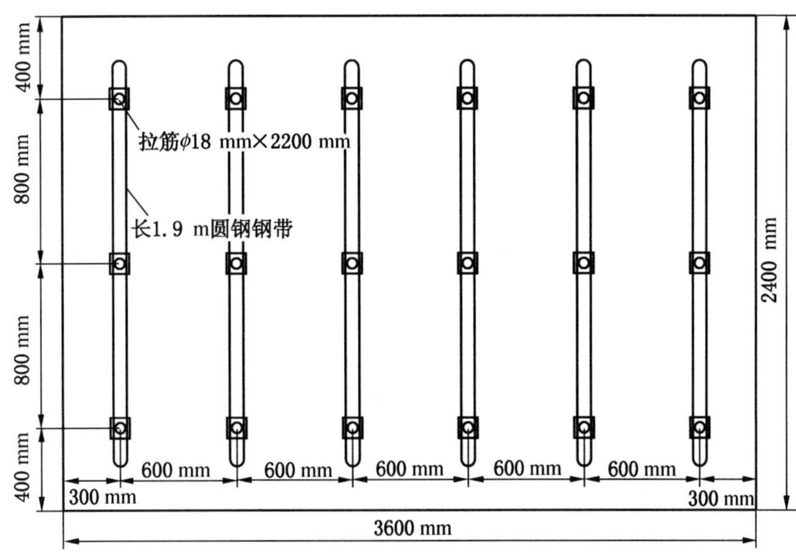

图 5-34 充填墙体布筋示意图

4401 轨道巷沿空留巷按照永久性沿空留巷的技术要求，针对巷道的维护情况出具此支护方案。

(1) 充填墙体顶板加固。要求在回采前对 4401 轨道巷回采侧煤壁进行开缺口（扩帮）处理，开缺口超前工作面在 3 ~ 5 m 内，墙体宽度为 2.0 m，因留巷设计跨度为 4.2 m，采空区垮落系数取 0.9 m，故确定开缺口宽度为 2.7 m。

扩帮采用打眼爆破的方式。顶板采用 ϕ21.8 mm×6250 mm 钢绞线锚索、ϕ22 mm×2400 mm 螺纹钢锚杆配合 2.7 m 长 4 眼 W 钢带及 5 m×1.0 m 菱形金属网联合支护。第一排 W 钢带靠采煤侧的第 1、第 2、第 4 眼布置锚索，第 3 眼布置锚杆，锚杆、锚索间排距均为 0.8 m×0.8 m，如图 5-35 所示。

(2) 留巷内辅助加强支护。受采煤工作面支承应力作用，工作面后方 100 ~ 200 m 一般处于工作面支承应力影响区域。为降低沿空留巷一次动压对沿空留巷的影响，采取留巷内辅助加强支护。在留巷内采用“一梁四柱”的 Π 形梁加单体液压支柱形成“一梁四柱”的支护形式，Π 型梁长度为 4 m，单体液压支柱选用 DW-3150 型。间排距为 1000 mm/1200 mm×500 mm。如图 5-36 所示。

(3) 4401 轨道巷顶板补强支护。顶板采用平钢板联合钢绞线锚索的支护方式，平钢板规格为 2500 mm×350 mm×12 mm，垫片规格为 300 mm×300 mm×16 mm，锚索规格为 ϕ21.8 mm×6250 mm，每块平钢板布置 3 个长圆孔，孔中心距为 1000 mm。顶板补强支护在原支护全部布置锚杆的 W 钢带的上侧中心位置布置平钢板，平钢板布置的锚索均垂直顶板打设，锚索预紧力不得低于 30 MPa，如图 5-37 所示。

(4) 4401 轨道巷煤柱帮补强支护。在 4401 工作面轨道巷煤柱帮补打 ϕ17.8 mm×4250 mm 钢绞线锚索，配合长×宽×厚=1400 mm×250 mm×5 mm 的 2 眼 W 钢带联合支护。W 钢带垂直顶底板布置，锚索垂直打设在 W 钢带眼位。W 钢带第 1 眼位锚索距巷道顶板为 700 mm，锚索间排距为 1000 mm×1600 mm，如图 5-38 所示。

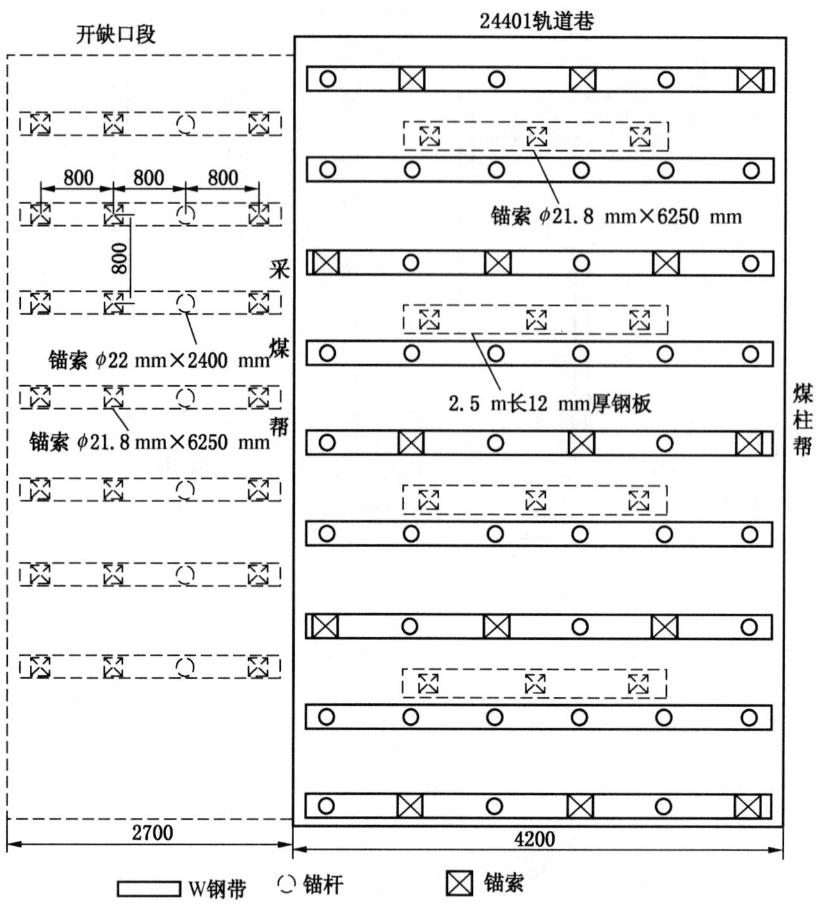

图 5-35　沙曲二矿 4401 工作面开缺口段顶板支护图

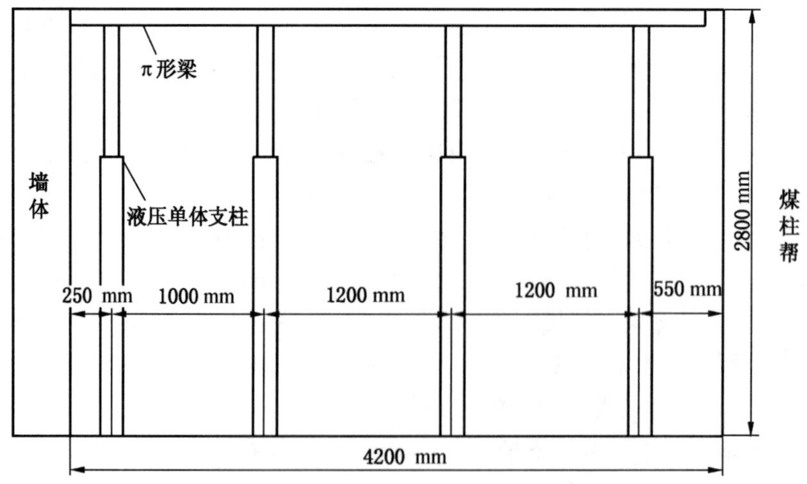

图 5-36　沿空留巷单体打设支护示意图

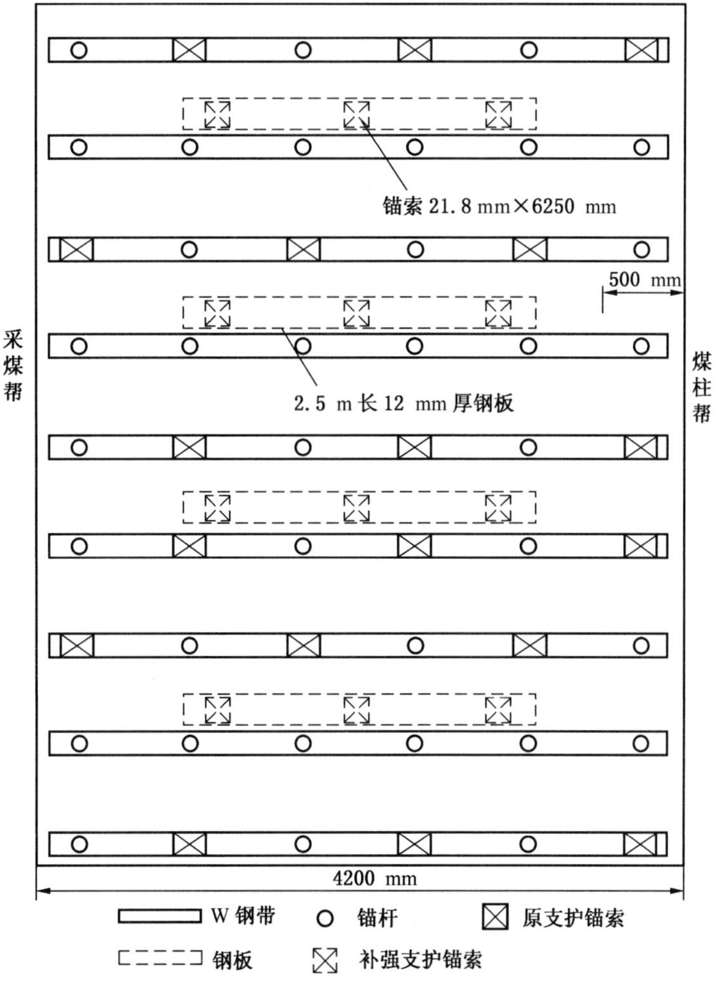

图5-37　沙曲二矿4401轨道巷顶板补强支护图

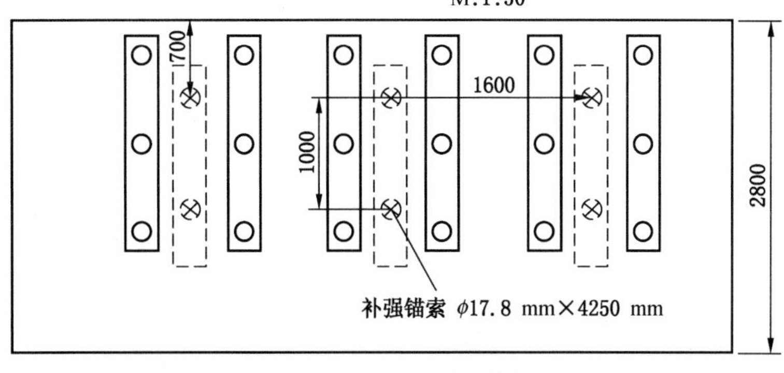

图5-38　沙曲二矿4401轨道巷煤柱帮补强支护图

（5）4401开切眼通23402回风联络巷穿层段补强支护。

①首先在初采前对该段巷道进行拉底，保证巷道高度不低于 3m。

②采用单锚索 ϕ21.8 mm×6250 mm，配合 300 mm×300 mm×16 mm 垫片对该段顶板进行补强支护（穿层段由下至上 17m 范围），锚索打设在全锚杆支护排的拱中心线及两侧，间排距为 1600 mm×1600 mm。

③初采前，对该段巷道进行单体支柱滞后维护，一排三根单体，中间根打设在拱中心线处，单体铁柱帽顺巷布置，单体间排距为 1000 mm×800 mm。

④初采前，对 23402 轨道巷正前至 24401 开切眼通 23402 回风联络巷穿层段内采用单体 Π 形梁垂直巷道布置，一梁三柱，中间根打设在巷道中心线上，单体间排距为 1600 mm×1000 mm。

5.2.4 切顶卸压无煤柱自成巷共采技术

虽然采用充填沿空留巷方式，实现了无煤柱开采，但仍存在以下问题：

（1）充填沿空留巷采用填充体支撑留巷方式，并未改变煤层上覆岩层的传力结构。临近工作面煤体上方存在明显应力集中现象，巷道受到来自上一工作面采空区的压力及下一工作面回采时顶板来压影响，给沿空巷道的维护带来极大困难，且容易引发冲击地压等地质灾害，难以维护，影响生产。

（2）充填沿空留巷的巷旁充填体大多为刚性材料，不具备“大变形”特性，在顶板变形过程中无法达到同步变形，顶板变形能量未被释放，填充材料易被压垮，导致沿空巷道失稳；若采用高强度的填充材料，会增加施工工艺复杂性和充填成本。

（3）充填沿空留巷中的充填体为应力集中区，煤层群开采时，上组煤的充填岩柱会对下组煤开采造成严重影响，尤其充填岩柱下方附近的巷道易出现应力大变形，影响下组煤正常开采。

可见，目前普遍采用的充填沿空留巷开采技术主要以巷旁充填支护形式为主，并没有改变顶板岩层的传力结构，充填体作为主要承载结构承受顶板较大的作用力，往往导致沿空留设的巷道变形严重，最终造成巷道维护费用高、存在安全隐患等问题。

针对以上问题，采用了切顶卸压无煤柱自成巷开采技术，即“长壁开采 110 工法”（并以 2204 工作面作为首个试验工作面），有助于解决接替紧张、现有留巷成本高、工艺复杂等问题。

5.2.4.1 2204 工作面切顶卸压设计方案

采用以“切顶卸压+恒阻大变形锚索支护”为主体的设计方案，通过预裂切缝爆破，在保护巷道顶板完整性同时，局部范围切断工作面顶板应力传递，减弱巷道顶板压力。利用恒阻大变形锚索进行补强加固，控制顶板下沉，使巷道围岩能够最大限度地发挥自身承载作用，减少巷道变形，保证留巷效果。工作面推进过程中，所留巷道会受到动压影响，需要对所留巷道采取相应的支护措施。工程实施过程中，若发现支护强度不够，巷道变形过大，应及时调整支护方案，采取应对措施。根据上述思路，结合以往工程经验，提出了在 2204 工作面轨道巷道切顶卸压段进行顶板定向爆破切缝的方案，如图 5-39 所示。

根据煤层厚度、煤层倾角、地质构造情况等进行了分区设计，将 2204 工作面轨道巷分为 3 个区，分别为 Ⅰ 区、Ⅱ 区、Ⅲ 区。其中 Ⅰ 区煤层平均厚度 0.94 m，煤层平均倾角 2°，范围为距 2 号煤集中回风巷 540 ~ 870 m 位置。Ⅱ 区为断层影响区，FN50 为正断层，高差 1.0 m，走向为方位角 310°，倾角 45°，对该范围为 FN50 断层前后各 30 m 范围。Ⅲ

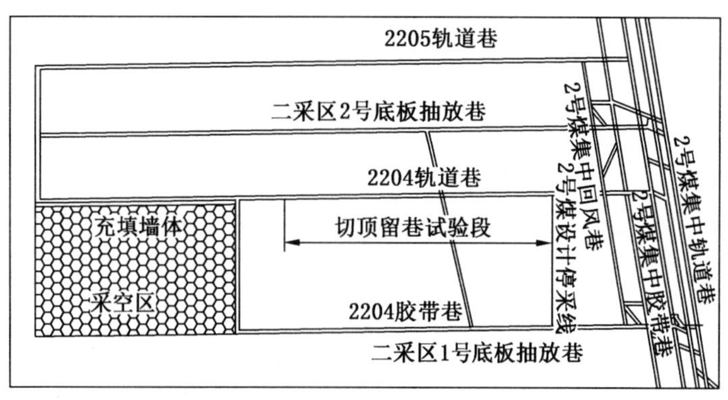

图 5-39　2204 工作面切顶留巷位置图

区煤层平均厚度 0.94 m，煤层平均倾角 2°，距 2 号煤集中回风巷 370 ~ 480 m 位置。分区布置图如图 5-40 所示。

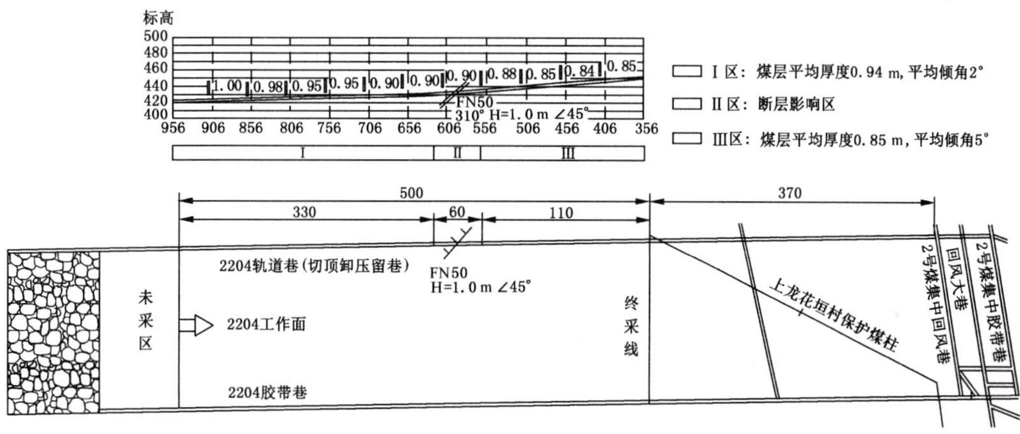

图 5-40　2204 轨道巷设计分区布置图

5.2.4.2　顶板预裂切缝设计方案

对比研究多种聚能爆破和定向爆破方法的基础上，确定采用双向聚能爆破预裂技术，将特定规格的炸药装在两个设定方向有聚能效应的聚能装置中，炸药起爆后，炮孔围岩在非设定方向上均匀受压，而在设定方向上集中受拉，依靠岩石抗压怕拉的特性，使岩石按设定方向拉裂成型，从而实现被爆破体按设定方向张拉断裂成型。此方法施工工艺简单，应用时只需要在预裂线上施工炮孔，采用双向聚能装置装药，并使聚能方向对应于岩体预裂方向；爆轰产物将在两个设定方向上形成聚能流，并产生集中张拉应力，使预裂炮孔沿聚能方向贯穿，形成预裂面。由于钻孔间的岩石是断裂的，爆破炸药单耗将大大下降，同时由于聚能装置对围岩的保护，钻孔周边岩体所受损伤也大大降低，可以达到实现预裂的同时又可以保护巷道顶板。

根据以往切顶卸压沿空留巷经验，合理预裂切缝深度（$H_{缝}$）设计一般大于 2.6 倍采高，即 $H_{缝} \geqslant 2.6H_{煤}$，本次采高 1.5m，计算得 $H_{缝}$ 需大于 3.9m。

预裂切缝钻孔深度与采高、顶板下沉量及底鼓量有关，一般通过如下公式确定：

$$H_{缝} = (H_{煤} - \Delta H_1 - \Delta H_2)/(k - 1) \tag{5-2}$$

式中　ΔH_1——顶板下沉量，m；

ΔH_2——底鼓量，m；

k——碎胀系数，1.3～1.5；

综合考虑顶板岩性及以往施工经验，在不考虑底鼓及顶板下沉的情况下，K 取 1.3，工作面采高取最大值 1.5 m，应根据工作面实际对切缝参数进行适当调整。

胶带巷切缝孔距巷道回采侧帮 100 mm，切缝面与铅垂线夹角为 15°～20°，切缝孔间距 500 mm，切缝钻孔布置剖面图如图 5-41、图 5-42、图 5-43 所示。

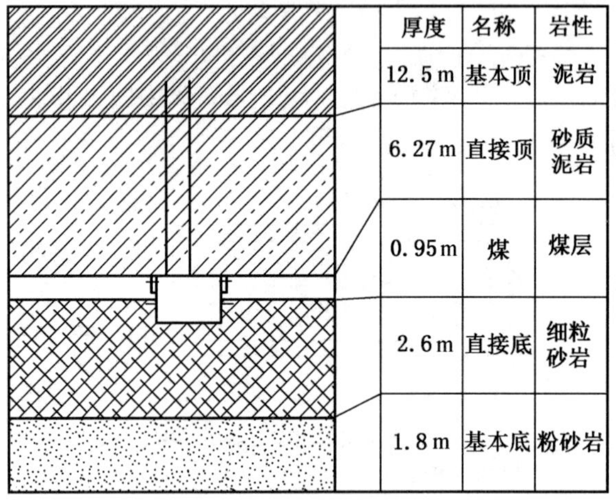

图 5-41　轨道顺槽Ⅰ区切缝钻孔布置

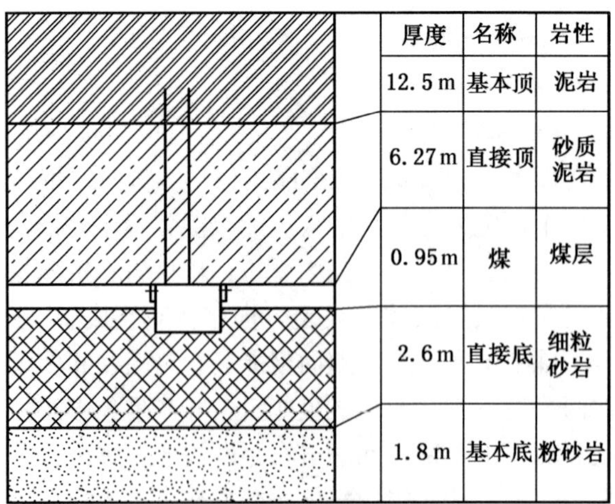

图 5-42　轨道顺槽Ⅱ区切缝钻孔布置

轨道巷切缝孔支护平面展开图如图 5-44 所示。

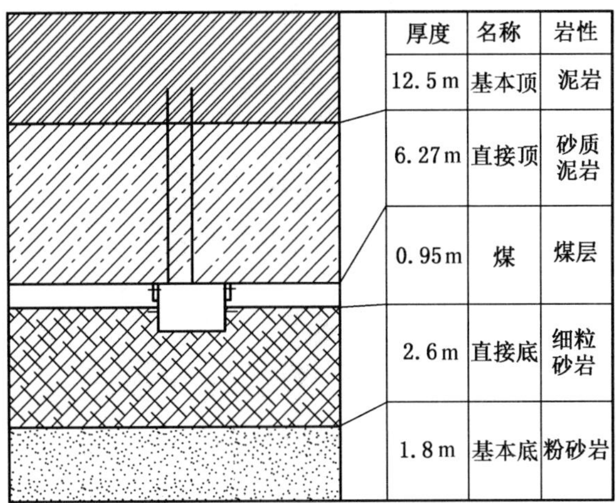

图 5-43　轨道顺槽Ⅲ区切缝钻孔布置及加强支护剖面图

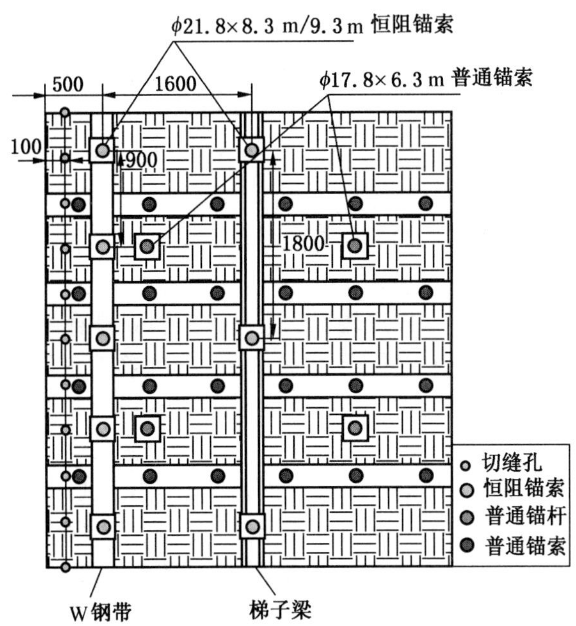

图 5-44　2204 轨道顺槽恒阻锚索加固平面布置图

首先根据方案设计进行单孔试验，确定合理的装药量和封泥长度，再进行间隔爆破，观察两相邻装药孔间窥视孔内裂纹情况。如两相邻装药孔间窥视孔裂纹未达到裂缝率要求标准，再进行一次连续爆破试验，最终确定一次爆破孔数以及爆破方式等。炮孔试验参数如图 5-45 所示。

双向聚能管采用特制聚能管，特制聚能管外径为 42mm，内径为 36.5mm，管长 1500mm/1000mm。聚能爆破采用三级煤矿乳化炸药，拟采用炸药规格为直径 φ32×300

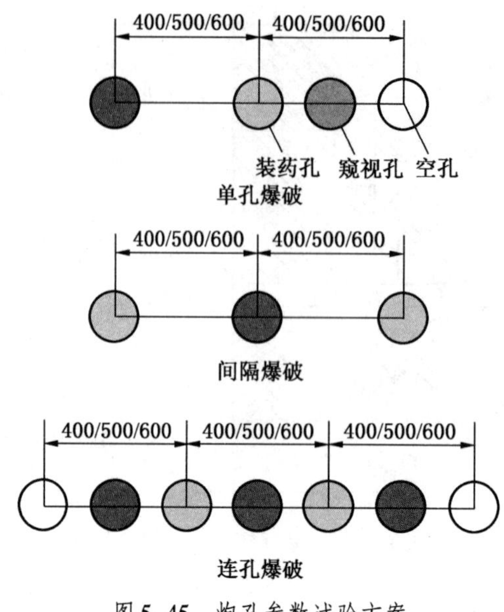

图 5-45　炮孔参数试验方案

mm/卷，爆破孔口采用炮泥封孔。具体装药参数需通过现场试验确定。现场试验时，聚能管安装于爆破孔内，每孔聚能管数量以及装药方式根据现场试验情况具体调整，爆破孔口采用专业设备用炮泥封孔，封孔长度 1.5 m。

5.2.4.3　恒阻大变形锚索设计方案

为了保证切顶过程和周期来压期间巷道的稳定性，在对巷道顶板进行预裂切顶前采用恒阻大变形锚索补强加固。

为使恒阻锚索在留巷的过程中发挥较好的悬吊作用，同时有效保护锚固端，因此恒阻锚索长度一般设计为 $H_{缝}$+2.0 m+外露长度（0.3 m），并确保锚固端位于较稳定岩层内。考虑到顶板岩层分布、巷道原有支护参数情况，恒阻锚索设计长度为 8.3 m，钢绞线外露长度不大于 300 mm。

根据以往支护方式、巷道变形规律、工作面及巷道矿压显现规律等资料，对巷道顶板进行补强加固设计，共设计支护 2 列恒阻大变形锚索，垂直于顶板方向布置，第一列距顶板采帮侧 500 mm，排距 900 mm，相邻锚索之间用 W 钢带（图 5-46a），第一列恒阻锚索连接（平行于巷道走向）；第二列为巷道中线，排距 1800 mm，相邻锚索之间用梯子梁（图 5-46b）连接，两梯子梁相接处的限位孔用恒阻大变形锚索压住。

锚索直径为 21.8 mm，恒阻器长 450 mm，直径 85 mm，恒阻值为（32±2）t，强度级别 1770 MPa，预紧力不小于 25～28 t。

留巷段回采侧的绞车硐室、材料硐室及排水硐室以及切缝线至上帮之间的锚杆、锚索在回采前进行退锚处理。硐室口及前后 5 m 范围内对顶板加强支护。

W 钢带长 2.3 m，宽 250 mm，第一列切缝侧锚索的槽钢扩 3 个孔，托盘规格 300 mm×300 mm×16 mm，中间扩孔直径（100±1）mm，如图 5-46a 所示。巷道中部恒阻锚索用梯子梁连接，梯子梁长 2 m，宽 0.15 m，圆钢尺寸为 ϕ16，具体尺寸如图 5-46b 所示。

综合分析后确定，钢绞线长度均取 8.3m/9.3m，具体位置及长度如图 5-47、图 5-48

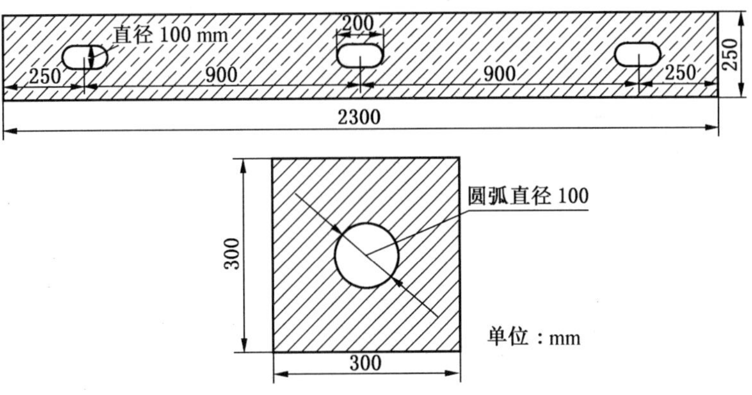

(a) W 钢带及恒阻锚索托盘规格图

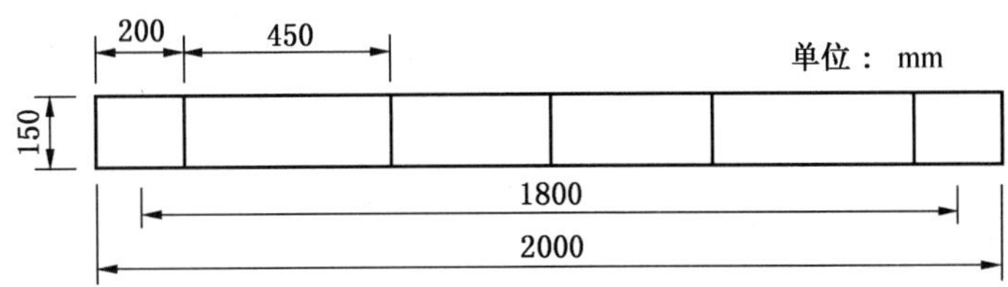

(b) 梯子梁规格图

图 5-46　相应配套材料尺寸

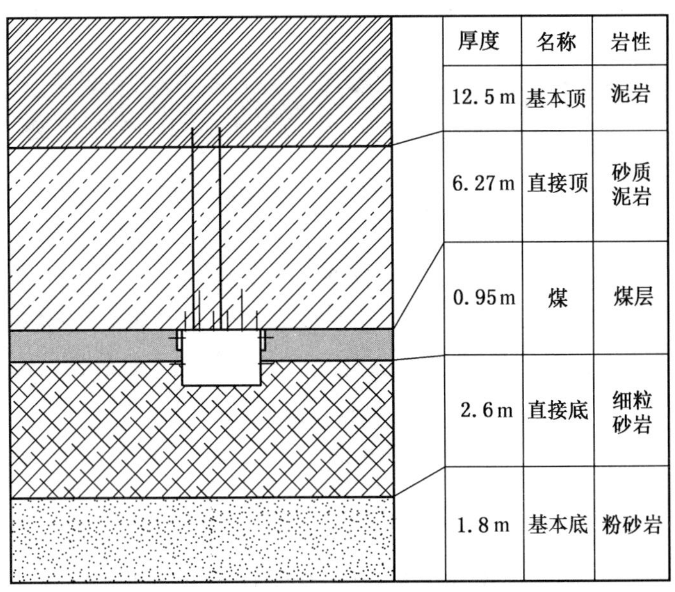

厚度	名称	岩性
12.5 m	基本顶	泥岩
6.27 m	直接顶	砂质泥岩
0.95 m	煤	煤层
2.6 m	直接底	细粒砂岩
1.8 m	基本底	粉砂岩

图 5-47　2204 轨道巷Ⅰ区、Ⅲ区恒阻锚索加强支护图

所示，其中，其中Ⅰ区、Ⅲ区位置（共计 440m）采用 8.3m 钢绞线，Ⅱ区（共计 60m）采用 9.3m 钢绞线。恒阻器长（460±5）mm（扩孔深度（500±10）mm，外径），直

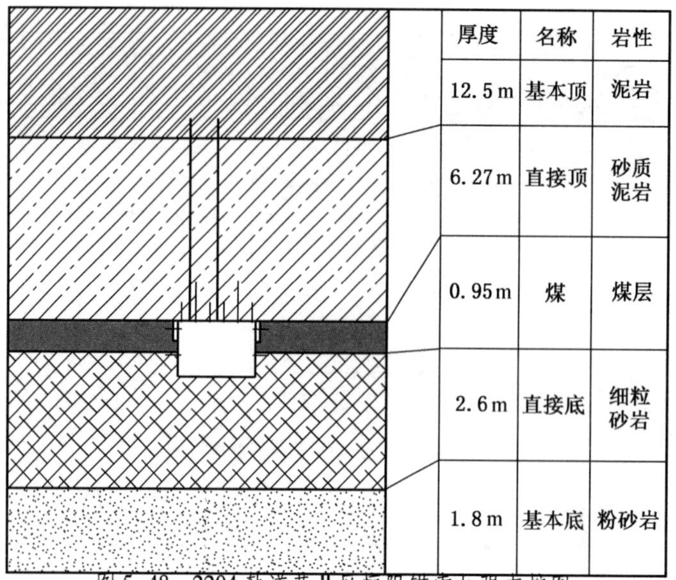

图 5-48　2204 轨道巷Ⅱ区恒阻锚索加强支护图

径 79 ~ 90 mm，恒阻值为（32±3）t，预紧力不小于 25 ~ 28 t，现场需进行拉拔试验，保证锚固剂的力不小于45 t。除正常留巷段外，终采线 20 m 范围内均需依设计进行恒阻锚索补强支护。

5.2.4.4　“110 工法”临时支护

将 2404 轨道巷工作面附近划分为三个区：超前支护区（工作面前方 30 m），架后临时支护区（架后 0 ~ 200 m）和成巷稳定区（架后 200 m 之后）（图 5-49）。

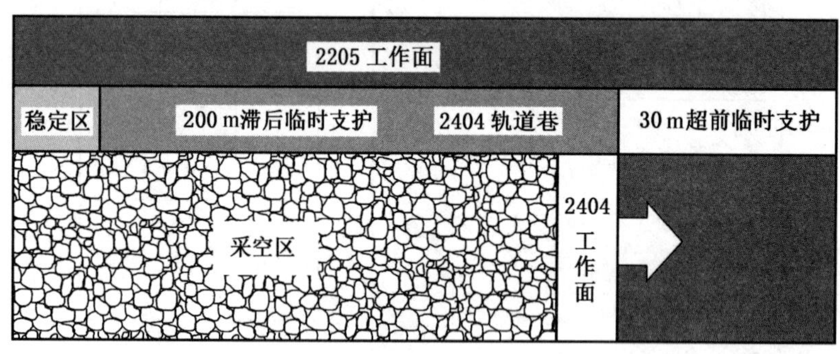

图 5-49　巷道不同位置临时支护

在超前支护区（煤壁前方 0 ~ 30 m）采用“一梁三柱”支护形式，支护距离不少于 30 m；在架后临时支护区（架后 0 ~ 200 m）采用“一梁四柱”+U29 型钢进行滞后工作面临时支护，并采用双层钢筋网（夹风筒布）、单体支柱与可伸缩 U 型钢进行联合挡矸支护（可伸缩 U 型钢排距 500 mm，单体支柱排距 500 mm）。待工作面回采过后，在工作面支架爆破切缝侧进行挡矸支护。

2404 工作面“110 工法”留巷 200 m 后，结合矿压监测结果，当顶底板移近量及顶板锚索受力趋于稳定时，该区域顶板已趋于稳定状态，将临时支护单体撤掉，只保留部分液压支柱和可伸缩 U 型钢进行挡矸支护。

5.3 沿空留巷瓦斯治理技术

防治瓦斯灾害的主要技术途径有三条，一是加强矿井通风，稀释采掘空间瓦斯浓度；二是通过瓦斯抽放，减少瓦斯涌入采掘空间；三是释放岩层的瓦斯和地压，消除瓦斯突出危害。辅助手段是瓦斯监测，控制火源，建立防隔爆体系。

5.3.1 通风方式

沙曲煤矿 4202 工作面瓦斯治理实践表明，工作面采空区瓦斯涌出量占工作面瓦斯涌出量的 60% 以上，采用传统的 U 形通风方式，由于采空区漏风携带采空区高浓度瓦斯汇集至工作面上隅角并由风流排出，无论采用高位钻孔、埋管抽放，还是利用高抽巷，都不能从根本上解决上隅角瓦斯超限和瓦斯积聚问题，为此，借鉴淮南矿区高瓦斯工作面的瓦斯治理经验，在 4208 综采工作面试验采用 Y 形通风与倾向钻孔综合治理瓦斯试验。

采用沿空留巷二进一回的 Y 形通风方式，即在工作面回采过程中，采用膏体材料充填保留工作面带式输送机运输巷作为工作面回风巷，工作面实体内的轨道、带式输送机巷道均进风，采用二进一回的 Y 形通风方式。由于工作面轨道巷和带式输送机运输巷均进风，工作面上隅角处于进风侧，解决了上隅角瓦斯超限问题；工作面实际通过风量较 U 形通风低，工作面两端压差小，工作面采空区漏风量小，漏风携带的瓦斯量小。

5.3.2 顺层钻孔抽采方法

膏体充填材料充填形成的留巷密实性好，采取有效措施保证留巷的密实性和密封性，有效减少采空区的漏风，易于在工作面采空区形成高浓度瓦斯库。

由于瓦斯密度小，采空区瓦斯积聚在工作面采空区上部及其上覆岩层卸压裂隙区，利于实现有效的采空区瓦斯抽采。为有效防治 4208 工作面回采过程中瓦斯对安全生产的威胁，根据工作面巷道布置状况，采用顺层钻孔抽采、顶板走向钻孔抽采和沿空留巷埋管抽采等瓦斯综合治理措施。

（1）4208 带式输送机运输巷距开切眼 12 m 处开始布置顺层钻孔 1 号孔，到距开切眼 306 m 处结束，共布置 50 个钻孔，钻孔间距为 6 m，孔深为 130 m。

（2）在距开切眼 908 m 处布置 51 号钻孔，共布置 90 个钻孔，钻孔间距为 6 m，孔深为 120 m。

（3）开切眼采帮（非采帮）各布置 36 个钻孔，共布置 72 个钻孔，钻孔间距为 6 m，孔深为 60 m。

5.3.3 顶板走向钻孔抽采方法

（1）沙曲二矿 2201 配巷 150 m 处钻孔布置方式。在 2201 配巷 150 m 处钻场内从左到右横向布置 10 个钻孔，开孔间距为 0.5 m，孔深为 600 m，10 号钻孔与 4208 轨道水平间距为 20 m，1 号、2 号、3 号钻孔间距是 10 m，4 号、5 号、6 号钻孔间距是 20 m，7 号、8 号、9 号钻孔间距是 30 m，1 号、2 号、9 号、10 号钻孔与 3 号煤层顶板垂直间距是 6 倍的采高，3 号、8 号钻孔与 3 号煤层顶板垂直间距是 7 倍的采高，4 号、5 号、6 号、7 号钻孔与 3 号煤层顶板的垂直间距是 8 倍的采高，所有钻孔的目标方位角为 269°。

（2）沙曲二矿 4208 带式输送机运输巷 475 m 处钻孔布置方式。钻场内横向从右到左布置 5 个钻孔，开孔间距为 1 m，孔深为 600 m，1 号钻孔与 4208 带式输送机运输巷水平间距为 30 m，1 号、2 号、3 号、4 号钻孔间距是 10 m，4 号钻孔与 5 号钻孔间距是 20 m，1 号、2 号钻孔与 3 号煤层顶板垂直间距是 6 倍的采高，3 号、4 号钻孔与 3 号煤层顶板垂直间距是 7 倍的采高，5 号钻孔与 3 号煤层垂直间距是 8 倍的采高。

（3）沙曲二矿 4208 带式输送机运输巷 965 m 处钻孔布置方式。钻场内横向从右到左布置 5 个钻孔，开孔间距为 1 m，孔深为 519～534 m，终孔超过开切眼 20 m，1 号钻孔与 4208 带式输送机运输巷水平间距为 30 m，1 号、2 号、3 号、4 号钻孔间距是 10 m，4 号钻孔与 5 号钻孔间距是 20 m，1 号、2 号钻孔与 3 号煤层顶板垂直间距是 6 倍的采高，3 号、4 号钻孔与 3 号煤层顶板垂直间距是 7 倍的采高，5 号钻孔与 3 号煤层垂直间距是 8 倍的采高。

（4）钻孔封孔要求。钻孔施工采用 VLD－1000 型钻机，孔径为 94 mm，封孔长度为 12 m，封孔采用直径为 100 mm 的聚乙烯管和水泥封孔。并与主管路三通连接，连接时采用 4 英寸埋线管，并在成孔后安设集中式放水器，以便调整抽放参数和放水。

5.3.4 沿空留巷埋管抽采方法

根据工作面巷道布置情况，工作面回采时采用沿空留巷，在留巷段充填体内每间隔 9 m 预留一根 4 英寸铁管，进入采空区时超出墙体 1 m，4 英寸铁管与留巷段内 ϕ320 mm 瓦斯抽采管路连接采用 4 英寸埋线管，每一个分支管道上设置一个三通和阀门，当工作面回采时，即可利用瓦斯抽采管路进行抽采。

5.3.5 抽采系统

（1）抽采管路选型。根据钻孔个数及钻孔抽放效果，轨道巷选择一趟 ϕ320 mm 瓦斯抽采管路；带式输送机运输巷选择两趟管路，一趟为 ϕ320 mm 瓦斯抽采管路，另一趟为 ϕ315 mm 瓦斯抽采管路；沙曲二矿 4208 回风巷选择一趟 ϕ320 mm 瓦斯抽采管路；开切眼布置 ϕ219 mm 瓦斯抽采管路。

（2）抽放管路铺设。

①沙曲二矿 4208 轨道巷铺设一趟 ϕ320 mm 瓦斯抽采管路，管路每 50 m 要留设一个 ϕ320 mm 变 4 英寸三通，三通配有阀门和孔板，抽采管路经过轨道回风巷与北翼总回风巷 ϕ800 mm 管路连接，建立顶板走向钻孔瓦斯抽采系统。

②沙曲二矿 4208 带式输送机运输巷铺设两趟管路，一趟 ϕ320 mm 瓦斯抽采管路，管路每 50 m 要留设一个 ϕ320 mm 变 4 英寸三通，每隔 6 m 留设一个 ϕ320 mm 变 2 英寸三通，三通配有阀门和孔板，抽采管路经过一横贯进入回风巷与北翼总回风巷 ϕ800 mm 管路连接，建立带式输送机运输巷顺层钻孔、顶板走向钻孔瓦斯抽采系统；另外一趟为 ϕ315 mm 瓦斯抽采管路，每隔 9 m 留设一个 ϕ315 mm 变 4 英寸三通，三通配有阀门和孔板，抽采管路经过一横贯进入回风巷与北翼总回风巷 ϕ800 mm 管路连接，建立沿空留巷埋管瓦斯抽采系统。

③沙曲二矿 4208 回风巷铺设一趟 ϕ320 mm 瓦斯抽采管路，管路在每个钻场要留设一个 ϕ320 mm 变 4 英寸三通，三通配有阀门和孔板，抽采管路与北翼总回风巷 ϕ800 mm 管路连接，建立区域预抽瓦斯抽采系统。

5.4 效果分析

5.4.1 经济效益分析

沙曲二矿 4208 工作面累计进尺 507.6 m，平均日进尺 2.4 m，最大日进尺 3.9 m，最大日产量 5200 t，累计生产原煤 67.7 万 t，抽采瓦斯累计 1166.95 万 m^3。在 24208 工作面回采期间，平均瓦斯涌出量为 42.35 m^3/min，瓦斯抽采总量在 9.14 ~ 66.51 m^3/min，平均为 30.81 m^3/min，工作面正常回采期间工作面瓦斯抽采率平均为 72.71%。

4208 工作面实施沿空留巷煤与瓦斯共采技术可抽采瓦斯 3678.33 万 m^3，瓦斯民用价格为 2.1 元/m^3 计算，可产生经济效益 7724.49 万元。此外，4208 工作面实施无煤柱沿空留巷可节省煤柱 45 m，每米可回收煤柱 45×4.2×1×1.36 = 257.04 t，按照售价 1300 元/t 计算，可产生经济效益 53464.32 万元。同时少掘进一条回采巷道，扣除沿空留巷成本 3710 万元（总长度为 1600 m），可节省 345.8 万元。利润按产值的 30% 计算，税收按利润的 13% 计算，合计新增利润为 17347.38 万元，新增税收为 2255.16 万元，节支总额为 19602.54 万元。

5.4.2 社会效益分析

沙曲二矿 4208 工作面采用沿空留巷 Y 型通风解决了大采高、高瓦斯煤层开采的重要技术难题。工作面采用 Y 型通风，在留巷内布置临近阶段煤层顺层抽采瓦斯钻孔，为接替工作面的瓦斯治理工程提供了空间和瓦斯抽采时间；沿空留巷后大采高煤层连续开采，实现被保护层全面卸压，保证了采煤与卸压瓦斯抽采同步推进，缓解了矿井采掘接替紧张问题。

沿空留巷的成功应用还改善了工作面的作业环境等，实现了煤炭的绿色安全高效开采，抽采的高、低浓度瓦斯分开输送到地面加以利用，促进了节能减排，取得了显著的经济效益和社会效益。

5.5 小结

（1）分析了围岩性质、支护强度对保护层半煤岩巷的稳定性的影响，并采用数值软件模拟了巷道的变形规律；采用悬吊理论计算了顶锚杆的长度，基于松动圈理论及抑制帮部剪切法计算了帮锚杆的长度，优化了锚杆直径、间排距、预紧力、垫板等支护参数，基于自然平衡拱拱高理论计算了锚索的长度及支护方式。

（2）从根本上解决上隅角瓦斯超限和瓦斯积聚问题，采用沿空留巷煤与瓦斯共采技术，实现工作面 Y 形通风，经历了“砌块—模斗—柔模”的沿空留巷沿革历程，逐渐摸索出了合理的柔模支护墙体宽度，缓解了采掘接续紧张，彻底解决工作面瓦斯超限问题，全矿范围内推广柔模沿空留巷煤与瓦斯共采技术和工艺，实现了煤与瓦斯共采。

（3）采用综采工作面沿空留巷 Y 形通风方式、通过实施对本煤层进行瓦斯预抽、对顶板裂缝带穿层钻孔抽采、沿空留巷采空区侧埋管等项技术，减少了巷道工程掘进量，解决了工作面瓦斯超限问题，提高了瓦斯抽采效率，实现了煤炭的绿色安全高效开采，取得了显著的经济效益和社会效益。

6　大孔径千米定向钻进煤与瓦斯共采技术

沙曲矿近距离煤层群煤与瓦斯突出矿井的特点，决定了必须采取“两个四位一体”防突措施，关键是先进的煤层瓦斯抽采技术和装备。以往，虽然采取了诸多瓦斯治理方法及防突措施，但在采掘过程中仍然出现瓦斯超限、瓦斯异常涌出甚至发生煤与瓦斯突出等问题，威胁矿井的安全生产，为此引进了大孔径千米定向技术，分别进行了本煤层预抽、掘进条带预抽、底抽巷床层钻孔预抽和顶板裂隙带卸压等研究和工程示范，总结凝练出适合沙曲矿特点的大孔径千米定向长钻进煤与瓦斯共采技术，将传统的多点分散式打钻抽采变为集中布孔抽采，使抽采瓦斯的管理更为集中化、科学化，不仅实现对邻近层和本煤层瓦斯抽采，还可以超前强化抽采，提高工作面的瓦斯抽出率，消除工作面瓦斯事故隐患、缩短预抽期。本章重点研究大孔径千米定向长钻进煤与瓦斯共采技术工艺在沙曲矿推广应用情况。

6.1　工作面上方覆岩岩性与结构组合

研究工作面上覆岩层岩性与结构组合的主要目的是为研究覆岩层的运动规律，弄清钻头所钻岩层的岩性，为顺利施工钻孔创造条件。

沙曲二矿前期开采 4 号煤层，4 号煤层赋存于山西组下部，全区开采，顶板为中细砂岩，局部为砂质泥岩、泥岩，底板为砂质泥岩和细砂岩。4 号煤层呈黑色，结构均一，容重为 1.36 t/m^3，f=1.0，矿压强度为 10.5～14.75 MPa。煤岩组分以镜煤为主，呈条带状。煤岩类型为光亮型煤，外生节理发育。4 号煤层为优质焦煤，低灰，特低硫、低磷，中等挥发分，黏结性良好。具体煤质特征见表 6-1。

4 号煤层和 3 号煤层之间岩层的岩性依次为中粒砂岩、细粒砂岩、中粒砂岩和砂质泥岩，岩性较好。介于 4 号煤层与 5 号煤层之间的岩层主要是由厚度不同的泥岩和细粒砂岩组成，其中泥岩占比重较大。介于 3 号煤层和 2 号煤层之间的岩层主要是细粒砂岩、中粒砂岩和砂质泥岩。

选择沙曲二矿 4301 工作面进行钻孔施工，根据 4301 工作面煤岩柱状图（图 6-1），对 4301 工作面上覆岩层结构进行研究分析。

表 6-1　煤质特征表

煤层	工业分析			$Q_{gr,d}$	Fc	Y/mm	GR. I	$S_{t,d}$	pd	煤种
	$M_{a,d}$	A_d	V_{daf}							
原煤	0.49	11.27	20.63	31.6	70.43	14.8	91.8	0.4	0.005	焦煤
精煤	0.44	5.79	20.24	—	75.15	—	—	—	—	

层厚 /m	柱状	岩石名称	岩性描述
7.5		细粒砂岩	浅灰色，主要成分石英，分选好
5		砂质砂岩	主要成分为黏土矿物，含少量砂质
0.5		1 号煤层	1 号煤层，弱玻璃光泽，半暗型煤
7.5		中粒砂岩	主要成分石英，钙质胶结
0.9		2 号煤层	2 号煤层，弱玻璃光泽，半暗型煤
1.6		细粒砂岩	浅灰色，主要成分石英，钙质胶结
1.6		砂质泥岩	主要成分为黏土矿物，含少量砂质
4.8		中粒砂岩	主要成分石英，钙质胶结
2		砂质泥岩	主要成分为黏土矿物，含少量砂质
1.2		3 号煤层	3 号煤层，光亮型煤
2.4		砂质泥岩	深灰色粉砂岩，微含铝质
4.2		中粒砂岩	砂岩，主要成分石英，钙质胶结
2		细粒砂岩	浅灰色，主要成分石英，分选好
1.4		中粒砂岩	颗粒次圆状钙质胶结
2.4		4 号煤层	4 号煤层，光亮型煤
3		细粒砂岩	浅灰色细砂岩，主要成分石英
2.6		泥岩	黑色泥岩，下部含少量黄铁矿结合
2.8		5 号煤层	煤层，弱玻璃光泽
2.3		中粒砂岩	K3 砂岩，主要成分石英，钙质胶结

图 6-1 4301 工作面煤岩层综合柱状图

从钻孔地质资料来看：地表至 100 m 深处，主要由黄土覆盖，局部含砾石，砾径在 60 mm 左右。地下 80 m 处可见 20 多米厚的卵石，其直径均在 40 mm 以上，多为 60 ~ 80 mm，分选性差，呈半圆状及次棱角状，成分以安山岩为主。地表下 100 ~ 420 m，主要由黏土岩和砂岩组成，上部主要成分为粗砂岩、细砂岩、黏土岩，粗砂岩质软、易碎，具有粗糙感，手捏可成砂，粗砾状结构，碎屑成分以石英、长石为主，并含大量的燧石分选性较差。下部主要由黏土岩、含砾粗砂岩、沙砾岩，下部主要成分是细砂岩、粉砂岩和黏土岩。黏土岩含量较多，细腻，显可塑性，厚层块状无层理，条痕灰色及粉灰色，下部岩性偏粗，断口呈平坦状。含砾粗砂岩质软极其松散，易碎具有粗糙感，含砾为10%左右，砾石成分为石英、燧石及其他暗色矿物，分选性较差，沙砾岩成分与含砾粗砂岩近。

6.1.1 直接顶厚度的确定

一般把直接位于煤层上方的一层或几层性质相近的岩层称为直接顶。它通常由具有一定稳定性且易于随工作面回柱放顶而垮落的页岩、砂页岩或粉砂岩等岩层组成。

紧靠煤层的顶板为垮落带，破断的岩块呈不规则垮落，排列极不整齐，碎胀系数较大，此区域多数情况为直接顶垮落，所以垮落带的高度约为2～4倍的采高。直接顶是在推进方向上能够保持自身稳定性，并能够对上覆岩层起支撑、控制作用。直接顶厚度和垮落带高度有着直接联系，因此下面通过垮落带高度的计算来确定直接顶的厚度。

当允许岩层垮落运动的空间高度 S_i（自身厚度与下部空间之和）大于或等于其垮落充填厚度 $K_A m_i$ 时，则第 m_i 层垮落，逐层向上推断，直至（$S_i < K_A m_i$）不垮为止，其中 K_A 为直接顶岩层的碎胀系数，一般取1.3～1.5，由于顶板岩层较硬，这里取碎胀系数为1.4，m_i 为第 i 层岩层厚度，S_i 为允许第 i 层垮落运动空间。

根据4号煤厚度为2.4m，结合4301工作面煤岩层综合地质柱状图逐层推断，确定直接顶厚度如下：

（1）4号煤层上方第1层顶板岩层 m_1（中粒砂岩）垮落活动空间为

$$S_1 = h + m_1 = 2.4 + 1.4 = 3.8(\mathrm{m})$$

m_1（中粒砂岩）垮落后的充填厚度为

$$K_A m_1 = 1.4 \times 1.4 = 1.96(\mathrm{m})$$

因 $K_A m_1 \times m_1 < S_1$，故 m_1 岩层垮落。

（2）4号煤层上方第2层岩层 m_2（细粒砂岩）垮落活动空间为

$$S_2 = h + m_1 + m_2 - K_A m_1 = 2.4 + 1.4 + 2 - 1.96 = 3.84(\mathrm{m})$$

m_2 垮落后充填厚度为

$$K_A m_2 = 2 \times 1.4 = 2.8(\mathrm{m})$$

因 $K_A m_2 \times m_2 < S_2$，故 m_2 岩层垮落。

（3）4号煤层上方第3层岩层 m_3（中粒砂岩）垮落活动空间为

$$S_3 = h + m_1 + m_2 + m_3 - K_A m_1 - K_A m_2 = 2.4 + 1.4 + 2 + 4.2 - 1.96 - 2.8 = 5.24(\mathrm{m})$$

m_3 垮落后充填厚度为

$$K_A m_3 = 4.2 \times 1.4 = 5.88(\mathrm{m})$$

因 $K_A m_3 > S_3$，故 m_3 岩层不垮落。

通过以上计算，工作面上方1.4 m的中粒砂岩和2 m的细粒砂岩在工作面采过后先后垮落，形成垮落带，因此判断4301工作面直接顶高度为3.4 m。

6.1.2 基本顶厚度及来压步距

通常把位于直接顶上对采场矿山压力直接造成影响的厚而坚硬的岩层称为基本顶。一般由砂岩、石灰岩及沙砾岩等岩层组成。

1. 基本顶厚度

4号煤层直接顶厚度为3.4 m，从4301工作面煤岩综合柱状图可以看出，直接顶上方为4.2 m厚的中粒砂岩，厚度较大，岩性较坚硬，不易发生破碎，同时其运动空间较小，因此认为基本顶为 4.2 m 的中粒砂岩。

2. 基本顶来压步距

基本顶达到初次断裂时的跨距称为极限跨距，也称为初次断裂步距。基本顶来压的预测预报在于准确判断基本顶达到极限跨距时的初次断裂步距，基本顶梁式断裂时的极限跨距可以用材料力学方法求得。按固支梁计算基本顶的极限垮距为

$$L_1 = h\sqrt{\frac{2R_T}{q_1}} \tag{6-1}$$

式中 L_1——基本顶极限跨距，m；

R_T——岩层抗拉强度，取 7.4 MPa；

h——基本顶厚度，m；

q_1——基本顶所受载荷，kPa。

周期来压步距为

$$L = h\sqrt{\frac{R_T}{3q_1}} \tag{6-2}$$

要确定基本顶所受载荷大小，则需要对基本顶自身载荷及其上覆岩层所施加载荷进行计算得出基本顶所受的总载荷大小。直接顶上方的岩层分布及岩石力学性质见表 6-2。

表 6-2 煤层顶板岩层状况表

岩石名称	厚度/m	弹性模量 E/GPa	体积力 γ/(kN·m^{-3})
细粒砂岩	7.5	32	28
砂质泥岩	5	13	25
1 号煤层	0.5	1.3	13
中粒砂岩	7.5	30	28
2 号煤层	0.9	1.3	13
细粒砂岩	1.6	32	26
砂质泥岩	1.6	13	25
中粒砂岩	4.8	32	30
砂质泥岩	2	13	20
3 号煤层	1.2	1.3	13
砂质泥岩	2.4	15	24
中粒砂岩（基本顶）	4.2	30	28

设基本顶为第 1 层岩层，经过分析得到基本顶上方 $n-1$ 层岩层对基本顶影响时形成的载荷可由下式计算得出

$$(q_3)_1 = \frac{E_1h_1^3(\gamma_1h_1 + \gamma_2h_2 + \cdots + \gamma_nh_n)}{E_1h_1^3 + E_2h_2^3 + \cdots + E_nh_n} \tag{6-3}$$

基本顶本身载荷 q_1 为

$$q_1 = \gamma_1h_1 = 28 \times 4.2 = 117.6(\text{kPa})$$

考虑第 2 层岩层对基本顶的作用，则

$$(q_2)_1 = \frac{E_1h_1^3(\gamma_1h_1 + \gamma_2h_2)}{E_1h_1^3 + E_2h_2^3}$$

$$= \frac{(30 \times 4.2^3) \times (28 \times 4.2 + 24 \times 2.4)}{30 \times 4.2^3 + 15 \times 2.4^3} = 160.2(\text{kPa})$$

考虑第3层岩层对基本顶的作用，则

$$(q_3)_1 = \frac{E_1h_1^3(\gamma_1h_1 + \gamma_2h_2 + \gamma_3h_3)}{E_1h_1^3 + E_2h_2^3 + E_3h_3}$$

$$= \frac{(30 \times 4.2^3) \times (28 \times 4.2 + 24 \times 2.4 + 13 \times 1.2)}{30 \times 4.2^3 + 15 \times 2.4^3 + 1.3 \times 1.2^3} = 174.4(\text{kPa})$$

考虑第4层岩层对基本顶的作用，则

$$(q_4)_1 = \frac{E_1h_1^3(\gamma_1h_1 + \gamma_2h_2 + \gamma_3h_3 + \gamma_4h_4)}{E_1h_1^3 + E_2h_2^3 + E_3h_3 + E_4h_4}$$

$$= \frac{(30 \times 4.2^3) \times (28 \times 4.2 + 24 \times 2.4 + 13 \times 1.2 + 20 \times 2)}{30 \times 4.2^3 + 15 \times 2.4^3 + 1.3 \times 1.2^3 + 13 \times 2^3} = 202.3(\text{kPa})$$

考虑第5层岩层对基本顶的作用，则

$$(q_5)_1 = \frac{E_1h_1^3(\gamma_1h_1 + \gamma_2h_2 + \gamma_3h_3 + \gamma_4h_4 + \gamma_5h_5)}{E_1h_1^3 + E_2h_2^3 + E_3h_3 + E_4h_4 + E_5h_5}$$

$$= \frac{(30 \times 4.2^3) \times (28 \times 4.2 + 24 \times 2.4 + 13 \times 1.2 + 20 \times 2 + 30 \times 4.8)}{30 \times 4.2^3 + 15 \times 2.4^3 + 1.3 \times 1.2^3 + 13 \times 2^3 + 32 \times 4.8^3} = 137.1(\text{kPa})$$

由以上计算得出 $(q_5)_1 < (q_4)_1$，第5层由于本身强度大、岩层厚，对基本顶不起作用。因此，基本顶所受载荷大小为202.3 kPa。

基本顶的抗拉强度 R_T=7 MPa，则基本顶初次来压步距为

$$L_1 = h\sqrt{\frac{2R_T}{q_1}} = 4.2 \times \sqrt{\frac{2 \times 7000}{202.3}} = 35(\text{m})$$

基本顶的周期来压步距为

$$L = h\sqrt{\frac{R_T}{3q}} = 4.2 \times \sqrt{\frac{7000}{3 \times 202.3}} = 14.3(\text{m})$$

综上可得，工作面基本顶为4.2 m的中粒砂岩，其初次来压步距约为35 m，基本顶周期来压步距为14.3 m。结合工作面实际观测结果基本顶初次来压步距为35 m，周期来压步距为14 m。

6.2 采动覆岩运移规律

6.2.1 基于关键层理论的“三带”判别

应用岩层组合和关键层理论，对照沙曲煤矿14301工作面煤岩层综合柱状图（图6-1）情况进行分析。

第1岩层组合：4号煤层直接顶为1.4 m的中粒砂岩和2 m的中粒砂岩，将这两层岩层合为第1岩层组合，硬度系数为6.2，比较坚硬，但这两层岩层厚度较小，不能形成关键层，因其直接赋存于4号煤层之上，将随4号煤层工作面的推进而垮落，属于垮落带。

第2岩层组合：基本顶为第1亚关键层，其控制上方2.4 m的砂质泥岩、1.2 m的3

号煤层和 2 m 的砂质泥岩，这 4 层煤岩层组成第 2 岩层组合，总计 9.8 m。在工作面推进 35 m 后，基本顶发生初次断裂，第 2 岩层组合将随基本顶的破断移动发生断裂下沉，由于第 1 岩层组合垮落后留给第 2 岩层组合的垮落空间为 1.38 m，空间较小，第 2 岩层组合破断规则整齐，形成裂缝带。

第 3 岩层组合：基本顶上方第 5 层岩层是第 2 亚关键层，为厚 4.8 m 的中粒砂岩，第 2 亚关键层控制上方 1.6 m 的砂质泥岩、1.6 m 的细粒砂岩和 0.9 m 的 1 号煤层，这 4 层组成第 3 岩层组合，由于该岩层组合相比于第 2 岩层组合垮落空间更小，第 2 亚关键层破断后，第 3 岩层组合规则破断，岩层破坏不明显，形成一般裂缝带。

第 4 岩层组合：主关键层为 7.5 m 厚的中粒砂岩，主关键层控制上方 0.5 m 厚的 1 号煤层、5 m 厚的砂质泥岩以及上部岩层，这些岩层组成第 4 岩层组合，由于主关键层比较厚，岩性坚硬，垮落空间很小，岩性破坏较弱，处于裂缝带的上部位置，主关键层破断后，上方岩层弯曲下沉，上部岩层形成弯曲下沉带。

通过以上分析得出，第 2、第 3 岩层组合以及主关键层上部附近岩层为裂缝带的范围，由于主关键层上部 5.5 m 处为 7.5 m 厚的细粒砂岩，裂隙发育很小，属于弯曲下沉带范围，因此，裂缝带厚为 31.7 m，处于 4 号煤层上方 3.4 ~ 35.1 m 的范围内。

6.2.2 采动裂缝带高度的确定及对邻近层的影响

为求出 4 号煤层的裂缝带高度，需先判断 4 号煤层的基本顶状况，4 号煤层的顶板岩层依次为中粒砂岩、细粒砂岩、中粒砂岩和砂质泥岩等，4 号煤层顶板属于中硬顶板。根据工程经验，煤层顶板覆岩内为坚硬、中硬、软弱、极软弱岩层或其互层时，裂缝带最大高度 H_1，可按表 6-3 中的公式计算。

表6-3 裂缝带高度计算公式

覆岩岩性	单向抗拉强度/MPa	计算公式之一/m
坚硬	40 ~ 80	$H_1=\frac{100\sum M}{1.2\sum M+2.0}\pm 8.9$
中硬	20 ~ 40	$H_1=\frac{100\sum M}{1.6\sum M+3.6}\pm 5.6$
软弱	10 ~ 20	$H_1=\frac{100\sum M}{3.1\sum M+5.0}\pm 4.0$
极软弱	＜10	$H_1=\frac{100\sum M}{5.0\sum M+8.0}\pm 3.0$

注：$\sum M$ 为累计采高；单层采高 1 ~ 3 m，累积采高不超过 15 m；±项为误差。

4 号煤层厚为 4.2 m，4 号煤层顶板属于中硬岩层，可按表 6-3 中的经验公式计算裂缝带的高度，则裂缝带高度 H_1 计算如下：

$$H_1=\frac{100\sum M}{1.6\sum M+3.6}\pm 5.6=\frac{100\sum 2.4}{1.6\sum 2.4+3.6}\pm 5.6=32.8\pm 5.6(\mathrm{m}) \qquad (6-4)$$

从以上分析看出，基于关键层理论判别的裂缝带高度为 31.7 m，工程类比法确定的裂缝带高度为 32.8±5.6 m，两者相差不大，确定裂缝带高度在 32 m 左右。

4 号煤层回采后，裂缝带高度达到 32 m 左右，3 号煤层在 4 号煤层顶板上方 10 m 处，处于裂隙的下部，裂隙发育充分，4 号煤层的开采对 3 号煤层影响显著，3 号煤层的透气性系数急剧增大，煤层瓦斯大量涌出，3 号煤层瓦斯沿采动裂隙涌向 4 号煤层，造成 4 号煤层瓦斯涌出量增大。2 号煤层处于 4 号煤层顶板上方 21.2 m 处，2 号煤层处于裂缝带的中上部，4 号煤层的开采对 2 号煤层具有卸压作用，显著增大 2 号煤层的透气性，造成瓦斯涌出增加，但由于 2 号煤层只有 0.9 m，对 4 号煤层瓦斯涌出量的影响小于 3 号煤层。4 号煤层回采后对 3 号煤层和 2 号煤层起到了卸压作用，但瓦斯的涌出对 4 号煤层的影响较大，为了减少 4 号煤层的瓦斯涌出量，应在 4 号煤层顶板采取措施抽采瓦斯。

6.2.3 顶底板裂隙分布及演化规律的数值模拟分析

6.2.3.1 模型的建立及方案的设计

为了揭示 4 号煤层采空区的垮落带、裂缝带、弯曲下层带的“三带”范围，分析 4 号煤层的裂隙分布和演化规律，确定钻孔的布置参数。4301 综采工作面煤层为近水平煤层，所以应建立水平的数值计算模型。考虑到基本顶的初次垮落步距在 35 m 左右，设计开采方案 1、2；模拟出基本顶在垮落前后对 4301 工作面开采的影响，同时由于考虑到周期来压步距为 14 m，设计开采方案 3 模拟工作面推进两个周期来压后的裂隙分布情况，研究裂隙分布随工作面推进的演化规律，设计开采方案 4，模拟 4301 工作面充分压实后的裂隙分布情况。

（1）4301 工作面推进 25 m。

（2）4301 工作面推进 45 m。

（3）4301 工作面推进 65 m。

（4）4301 工作面推进 100 m。

根据 4301 综采工作面综合柱状图建立的数值分析模型（图 6-2），模型尺寸为 250 m×55.7 m。

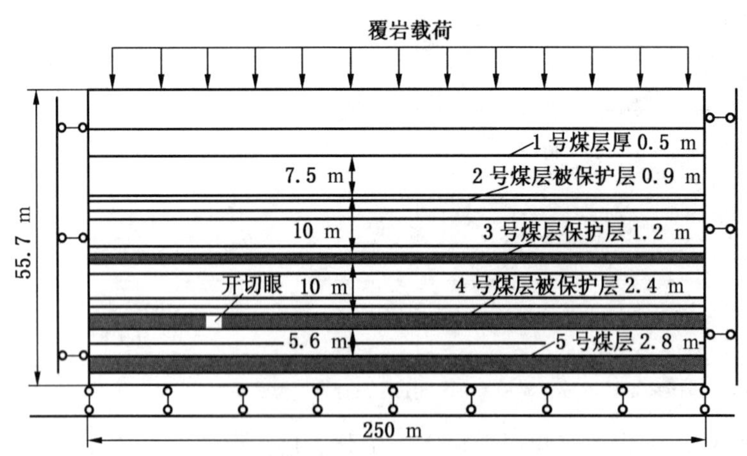

图 6-2 数值模拟的物理模型

6.2.3.2 模拟的内容及参数的选取

模拟主要是看在 4 种方案下，4 号煤层开采后，顶板垮落、岩层活动、三带分布、裂隙分布、垂直位移、垂直应力等的分布情况及上覆岩层活动稳定与开采时间的关系。

根据原始地质资料中各层岩层的不同岩性和岩体物理力学参数（表 6-4），各岩层之间的结构面的物理力学参数见表6-5。

表6-4　岩层的物理力学参数

岩　石	体积模量 K/GPa	剪切模量 G/GPa	密度 d/(N·m^{-3})	摩擦角 f/(°)	黏结力 C/MPa	抗拉强度 t/MPa
细粒砂岩	15	9.6	2900	32	2.7	2.5
砂质泥岩	10	6	2400	25	1.5	1.3
1号煤层	8	4.8	1400	20	2.4	2.2
中粒砂岩	13	7	1400	26	2.4	2.2
2号煤层	8	4.8	1300	20	2.6	2.4
细粒砂岩	15	9.2	2700	30	2.6	2.4
砂质泥岩	10	6	2400	25	1.6	1.4
中粒砂岩	13	7	2500	27	2.4	2.1
砂质泥岩	10	6	2400	25	1.6	1.4
3号煤层	8	4.8	1300	20	2.6	2.4
砂质泥岩	10	6	2400	25	1.6	1.4
中粒砂岩（基本顶）	13	7	2500	28	2.4	2.1
细粒砂岩	15	9.2	2700	30	2.6	2.4
中粒砂岩	13	7	1500	27	2.4	2.1
4号煤层	8	4.7	1300	20	0.6	0.5
细粒砂岩	15	9.2	2700	30	2.6	2.4
泥岩	10	6	2300	23	1.5	1.3
5号煤层	8	4.84	1350	20	0.6	0.5
中粒砂岩	13	7	2500	28	2.4	2.1

表6-5　结构面的物理力学参数

岩层之间	法向刚度 jkn/GPa	切向刚度 jks/GPa	黏结力 jc/MPa	摩擦角 f/(°)	抗拉强度 t/MPa
细粒砂岩	0.9	0.5	0	10	0
砂质泥岩	0.7	0.4	0	6	0
1号煤层	0.8	0.4	0	5	0
中粒砂岩	0.5	0.2	0	5	0
2号煤层	0.8	0.45	0	4	0
细粒砂岩	0.4	0.2	0	7	0
砂质泥岩	0.5	0.4	0	7	0
中粒砂岩	0.5	0.25	0	6	0
砂质泥岩	0.7	0.35	0	5	0
3号煤层	0.8	0.4	0	4	0
砂质泥岩	0.7	0.4	0	5	0
中粒砂岩（基本顶）	0.5	0.25	0	6	0

表 6-5（续）

岩层之间	法向刚度 *jkn*/GPa	切向刚度 *jks*/GPa	黏结力 *jc*/MPa	摩擦角 *f*/(°)	抗拉强度 *t*/MPa
细粒砂岩	0.4	0.2	0	4	0
中粒砂岩	0.5	0.25	0	5	0
4 号煤层	0.8	0.4	0	6	0
细粒砂岩	0.4	0.2	0	7	0
泥岩	0.7	0.35	0	5	0
5 号煤层	0.8	0.4	0	4	0
中粒砂岩	0.9	0.6	0	10	0

6.2.3.3 数值计算结果及分析

通过模拟工作面推进中 4 号煤层开采后顶底板的裂隙分布情况，从而确定钻孔的合理层位（图 6-3～图 6-6）。

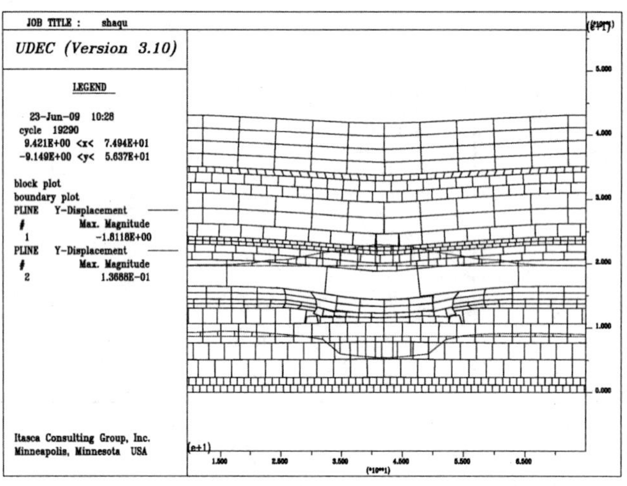

图 6-3　工作面推进 25 m 时顶底板裂隙情况

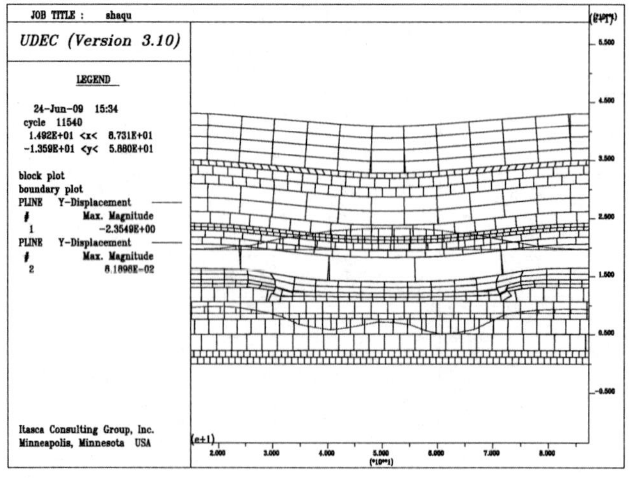

图 6-4　工作面推进 45 m 时顶底板裂隙情况

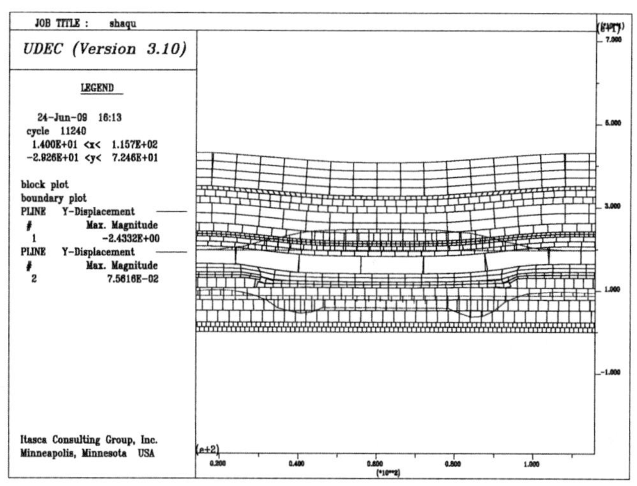

图 6-5 工作面推进 65 m 时顶底板的裂隙情况

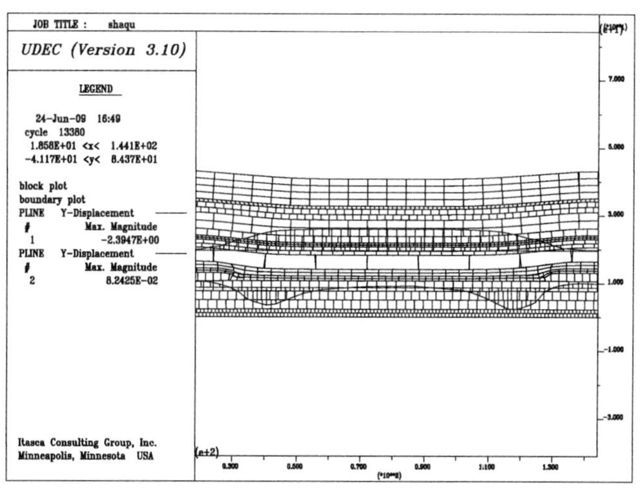

图 6-6 工作面推进 100 m 时顶底板的裂隙情况

开切眼形成以后，上覆岩层悬露，随着工作面推进，在重力作用下岩层发生变形，当工作面推进到 25 m 左右时（图 6-3），4 号煤层直接顶为砂质泥岩，随着开采空间的扩大而垮落，直接顶上方基本顶围岩强度大，不易破坏（破坏较轻），由于岩层下沉的不同步，各个层间产生层间裂隙，同时，受采动影响，直接底发生底鼓，由于开采空间小，开采空间底板受到两侧煤体超前压力，底板变形大，底鼓量达到 50 mm 左右，底板产生层间和竖向裂隙，裂隙贯通厚度达煤层下方 4 m。

工作面推进到 45 m 左右时（图 6-4），采空区基本顶岩及上部岩层发生剪切破坏，上覆岩层出现大范围移动，基本顶发生垮落，垮落带高度达煤层上方 25 m 左右，基本顶附近岩层随之发生拉伸破坏，顶板裂隙发育较大，上覆岩层产生竖向、层间裂隙，裂隙贯通，贯通裂隙发育高度约为煤层上方 25m 左右，另外，采空区底板发生变形，由底板变形曲线可知，底板开切眼外侧 25 m 范围和工作面前方 25 m 范围底板产生压缩变形，最大压缩变形发生在开切眼外侧 10 m 和工作面前方 10 m 附近，而在开切眼内侧 10 m 和工作面后方采空区 10 m 附近处产生最大底鼓变形，最大变形量为 50 mm 左右。

当工作面推进到约 30 m 时，基本顶发生第一次周期来压，在工作面继续推进过程中，直接顶自行垮落，受采动的影响，上位岩层和底板岩层在主应力和剪应力的作用下，不断地发生破坏运动，且离层和竖向裂隙不断地发展，垂裂隙发育高度达到 25 m 左右，随着工作面的移动，在垂直方向上覆岩竖向裂隙发育较稳定，但随着工作面移动向前发育，就煤层底板而言，采空区下方 5 ~ 8 m 为裂隙贯通范围，5 号煤层处在 4 号煤层采空区下方变形带范围内，5 号煤层由于 4 号煤层的开采而卸压，对 5 号煤层进行卸压抽采瓦斯，有利于以后 5 号煤层的开采。工作面继续推进，岩层呈现周期运动特征，由顶、底板位移线和裂隙分布可知，在垂直方向上采空区底板底鼓量稳定，围岩逐渐被压实，裂隙逐渐消失，覆岩和底板岩层移动和裂隙发育范围趋于稳定。

从图 6-3 ~ 图 6-6 中可以看出工作面在推进过程中顶底板都出现了裂隙。工作面上方 22 m 左右向上裂隙分布密集，有利于瓦斯抽采，将钻孔布置在这个地方能够提高瓦斯抽采的浓度，布置在这个位置也能够提高瓦斯的抽采量。如果布置在更高的层位，瓦斯的扩散范围就会很大，瓦斯抽采浓度就会降低，瓦斯的抽采量也就会减少。同时也可以看出，钻孔层位也不易布置在垮落带中，垮落带为塑性变形区，如果将钻孔布置在垮落带中，容易塌孔，抽采瓦斯的时间将会大大缩短，不利于瓦斯的抽采。因此从模拟情况来看，钻孔布置在距离 4 号煤层 20 ~ 25 m 之间会取得良好的瓦斯抽采效果。

工作面推进中，底板产生裂隙，解放 5 号煤层的瓦斯，5 号煤层的瓦斯将会沿着裂隙向上流动，从裂隙的分布看，钻孔可以布置在距离 4 号煤层 5 ~ 6 m 的距离内，这样可更有利于抽采下邻近煤层的瓦斯。

随着工作面推进，覆岩应力卸压区域在采空区上、下方发展，开采 25 m 时（图 6-7a），采空区上方 2 号煤层和 3 号煤层之间受采动影响，煤层应力在 4 MPa 左右，为原始应力的 1/3，卸压范围较小，距离 4 号煤层底板 5 m 的 5 号煤层同样受采动影响，采空区垂直方向上垂直应力为 4 MPa，卸压范围小，卸压程度比较低，3 号煤层和 5 号煤层基本没有卸压；当工作面推进 45 m 时（图 6-7b），工作面前方和开切眼外侧附近煤岩应力集中，应力最大值达到 14 MPa，应力影响范围约为 20 m 左右，同时在工作面后方采空区侧和开切眼内侧约 10 m 范围应力降低，为卸压区，而采空区中间区域围岩应力有所恢复，最大应力值为 10 MPa，但仍为卸压区，随着工作面的继续推进，当工作面推进 65 m 和 100 m 时（图 6-7c、图 6-7d），4 号煤层上方 22 m 左右垂直应力进一步降低，约为 4 MPa，为其原始应力的 1/3，4 号煤层上方 22 m 左右充分卸压，5 号煤层垂直应力值约为 6 MPa，为原岩应力值的 1/2，卸压程度进一步地增大，同时 5 号煤层和 2 号煤层卸压范围扩大；当工作面推进 100 m 时（图 5-7d），采空区中部的覆岩重新趋于压实，位于采空区中部煤岩垂直应力已基本恢复至原岩应力，但在采空区两侧仍各保持一个卸压区，因而在采空区四周形成一个垂直应力降低区，它与采动裂隙“O”形圈是对应的。由图 5-7 可见，沿走向任一点，一般在工作面采过 65 m 左右时达最大程度卸压，当工作面采过 100 m 后趋于重新压实。因此，在钻孔层位布置时，上邻近层钻孔布置层位在 22 m 左右会取得最好瓦斯抽采效果，卸压抽采 5 号煤层瓦斯时，钻孔布置在距离 4 号煤层底板 5 m 左右效果最好。

图 6-8 为 4 号煤层上方基本顶垂直移动量随着开采长度的变化曲线。数值模拟时观测线设在距离保护层 4 号煤层 7 m 处，当工作面推进 10 m 时，由于顶板岩梁还能承受其上

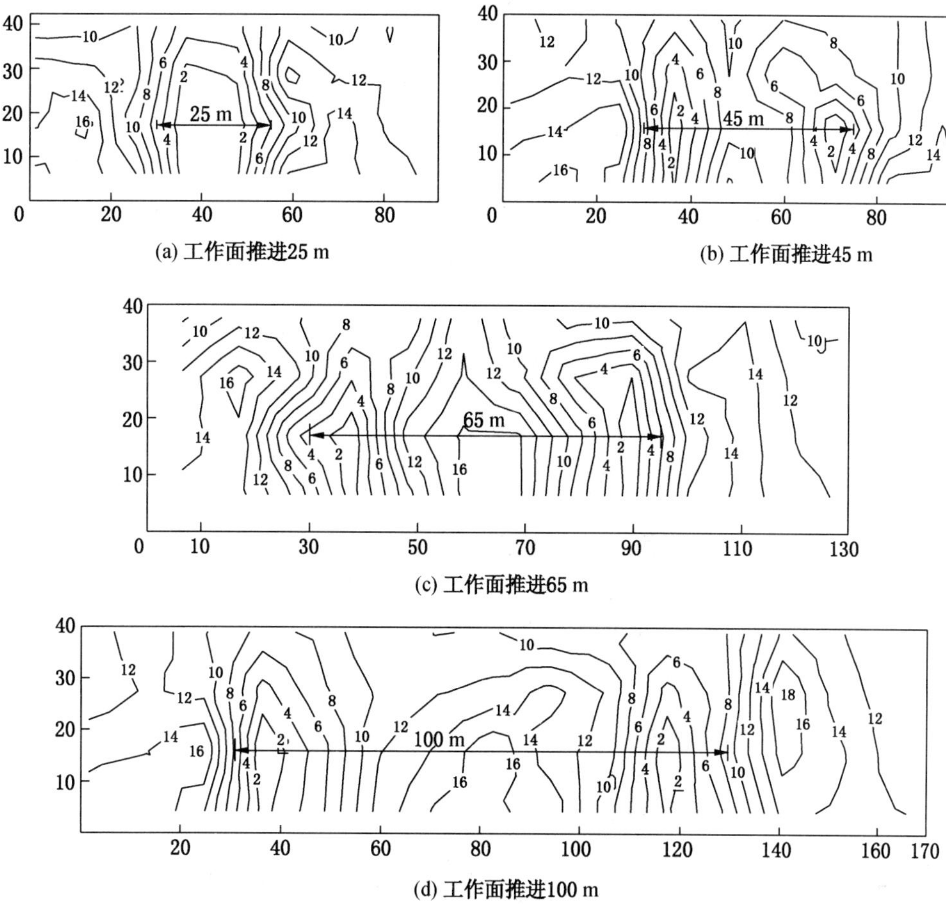

(a) 工作面推进25 m

(b) 工作面推进45 m

(c) 工作面推进65 m

(d) 工作面推进100 m

图6-7 工作面推进过程中垂直应力分布图

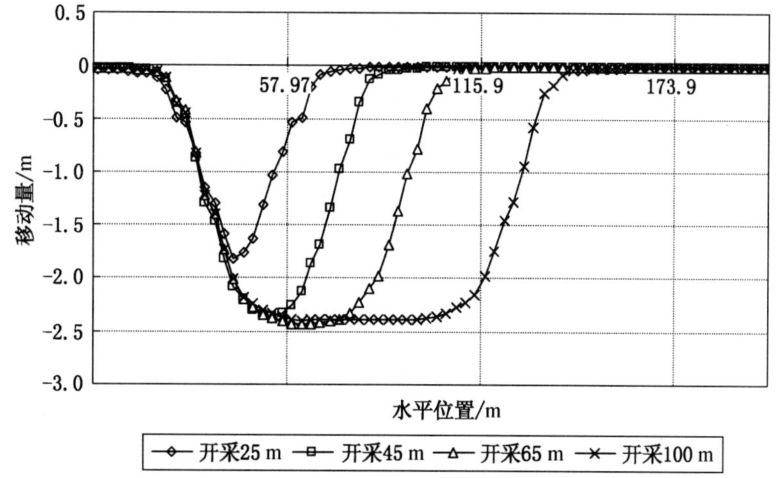

图6-8 4号煤层上方基本顶位移随开采长度变化曲线图

部覆岩的压力，一般不会发生弯曲，煤层基本顶受到开挖的影响较小，在4号煤层的整个水平上，下沉量很小，当工作面推进25 m时基本顶发生断裂，下沉量增加观测线呈“V”字形，左右对称，最大下沉量为1700 mm。随着工作面继续推进，当工作面推进45 m时，基本顶观测线移动量还呈“V”字形，左右对称，但最大下沉量达到了2300 mm。随着工作面的进一步推进，采空区越来越大，4号煤层上覆岩层下沉范围和下沉量越来越大，最大下沉量维持在2400 mm左右。这说明开采长度达到45 m以后，基本顶的下沉量稳定在很小的范围以内，初次来压已经发生，上覆岩层的裂隙分布情况已经稳定在一定的范围内，这时瓦斯抽采已经较为稳定，抽采浓度也达到了最大值附近。

如图6-9所示，由于开挖发生在横坐标30～130 m处，在这个范围及其相邻位置的最大主应力变化较大，采动影响范围以外区域最大主应力变化相对较小。在开挖到20 m时，采空区上方基本顶最大主应力急剧下降，但4号煤层邻近层的卸压程度和范围均较小，此时采空区瓦斯不容易上升到基本顶上方。在开挖到45 m时，开挖上方一定范围内的覆岩产生离层、弯曲、破坏，基本顶应力变化明显，上覆岩层裂隙发育，随着工作面推进到65 m时，采空区中部上方一定范围内，基本顶最大主应力进一步降低，而采空区两侧岩层的最大主应力却升高。当工作面推进到100 m时，基本顶中部一定范围内的最大主应力继续减小，而在0和100 m附近，最大主应力却有较大的提升，这说明卸压范围在采空区两侧附近，钻孔在这个范围内抽采瓦斯的效果最好。

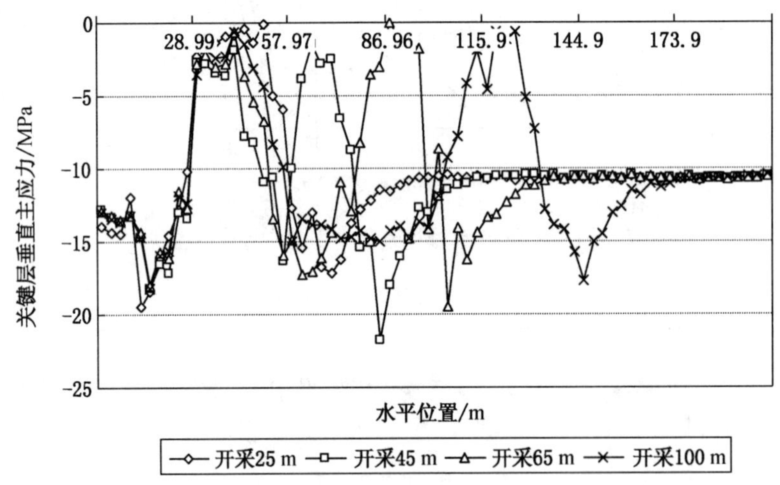

图6-9　4号煤层基本顶主应力随开采长度变化曲线

6.3　长距离大孔径定向钻孔立体式煤与瓦斯共采分析

6.3.1　顶板大孔径长距离定向钻孔瓦斯抽采分析

6.3.1.1　大孔径千米钻孔替代走向高抽巷分析

1. 瓦斯抽采技术原理

1）走向高抽巷抽采瓦斯技术原理

走向高抽巷是顶板瓦斯抽排巷道的简称，是在待采工作面煤层上覆顶板岩层中位于煤层回采后裂隙带下部布置的一条顶板岩（煤）巷。当煤层顶板初次垮落，裂隙带形成后，该顶板巷道与采空区连通，由于瓦斯的上浮作用，采空区内积存的大量高浓度瓦斯沿裂隙向高抽巷流动，然后通过高抽巷预埋的抽采管路抽至地面。

高抽巷抽采瓦斯的实质就是改变瓦斯流动方向，使采空区及顶板大量瓦斯不再通过煤壁上隅角进入回风流，相应减少回风流的瓦斯涌出，达到降低瓦斯浓度的目的。

2）长距离大孔径定向钻孔抽采瓦斯技术原理

近水平定向钻进技术（Nearly Horizontal Directional Drilling，简称 HDD）是采用专用工具使水平钻孔轨迹按设计要求延伸钻进至预定目标的一种钻探方法。定向钻进技术不仅能大幅提高单孔的施工深度，还能够实现一个主孔内多个分支孔的施工，从而大幅度提高了单孔瓦斯抽放量和抽放范围。

20 世纪 70 年代定向钻进技术由地质领域引用到煤矿井下，随着螺杆钻具快速发展及成熟，美国、澳大利亚等国在 20 世纪 90 年代已经完成千米钻孔。20 世纪 90 年代松藻、铁法、淮南、平顶山、抚顺引进 9 套美国和澳大利亚千米钻机顺层孔施工不超过 100 m，最浅孔 45 m，最深孔 470 m（岩孔）；2003 年，利用 VLD-1000 定向钻机在亚美大宁矿施工深度 1002 m，随后在晋煤集团寺河矿、成庄矿得到推广。

长距离大孔径定向钻孔抽采瓦斯是在待采工作面煤层上覆顶板裂隙带岩层的下部钻进一个或多个钻孔抽采采空区瓦斯。当煤层顶板初次垮落后，裂隙带形成，钻孔将会和采空区连通，采空区内积存的大量瓦斯将会沿裂隙向裂缝带扩散汇集，然后由钻孔抽采出去。

定向钻进技术核心是定向钻孔轨迹控制，关键在于孔内马达驱动装置和配套的测量技术（图 6-10）。

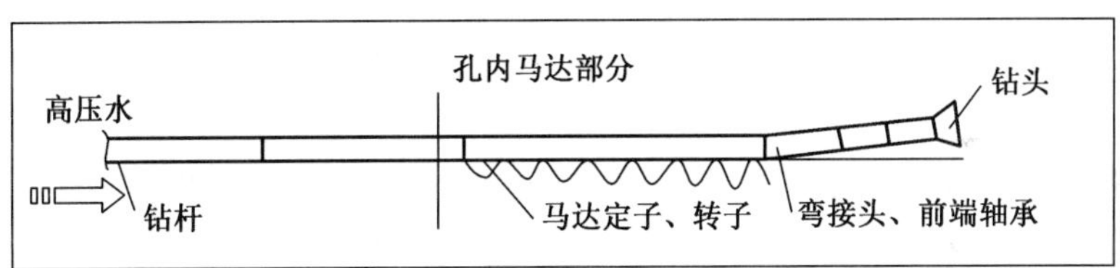

图 6-10　孔内马达驱动装置

高压水通过钻杆输送至孔内马达，孔内马达内部的转子在高压水的冲击作用下转动，通过前端轴承带动钻头旋转，达到破煤的目的，在钻进过程中，钻杆本身不转，只作钻头的旋转运动，从而有效地降低了钻机的负载。孔内马达的弯接头是一个关键部件，它和钻杆之间有一定的夹角，由于弯接头的作用，钻孔的轨迹将不再是传统钻机所形成的略带抛物的直线轨迹，而成为一条偏向弯接头方向的空间曲线。当然，通过选择不同规格（0.75°、1°、1.25°、1.5°、2°，这个度数指的是钻杆每前进 3 m 所能变化的最小值）的弯接头可以改变钻孔曲率半径（即改变拐弯的快慢），并且在适当的位置还可以作分支钻孔钻进。

2. 走向高抽巷与长距离大孔径定向钻孔的布置分析

1）走向高抽巷布置分析

高抽巷布置合理与否，将直接影响抽采效果。如果高抽巷布置在垮落带，顶板垮落后，高抽巷与采空区直接联通，抽采时会造成抽采短路，吸入大量空气，抽采效果差，使大量空气进入采空区，抽采混合气体量大，但抽采瓦斯量低；如果高抽巷布置在弯曲下沉带，由于裂隙不发育，抽采浓度高，但抽采量较低。所以，高位瓦斯巷应布置在裂缝带顶板裂隙比较发育的范围内。高抽巷一般有三种方案：

（1）高抽巷布置在垮落带内。一般情况下垮落带高度为采高的 3～5 倍，将高抽巷布置在垮落带的中上部，巷道起坡段较短，岩层相对较松软便于施工，施工进度快，可随时通过钻孔控制层间距；但又存在以下缺点：

①垮落带无悬臂梁，抽采位置据工作面太近，只能抽采工作面附近的瓦斯，抽采效果不好；

②垮落带空隙度大，高抽巷抽采量和瓦斯浓度不易控制，如抽采量过大会增加采空区漏风、氧气浓度增高，易使采空区遗煤自燃发火。

③巷道围岩较松软，维护工作量大，维护费用高。

因此，在上部顶板有较稳定层的情况下，不将高抽巷布置在垮落带内。

（2）高抽巷布置在垮落带以上的裂缝带下部。裂缝带的岩层要比垮落带的岩层坚硬，岩层较稳定，具有以下优点：

①裂缝带的岩层在采空区内形成一定距离的悬臂梁，利用高抽巷可以抽出采空区内部较高浓度的瓦斯，同时降低工作面向采空区漏风和遗煤自燃发火危险。

②岩层稳定，巷道成型好，维护费用较少。

③高抽巷围岩裂隙发育，透气性好，可以取得较好的抽采效果。

因此，高抽巷布置在裂缝带的下部比较合理。

（3）高抽巷布置在裂缝带上部。裂缝带上部虽然岩层稳定，巷道施工相对容易，巷道维护费用少。但是裂隙形成不好，透气性较差，不易抽出大量采空区瓦斯。

一般高抽巷应选择岩性相对稳定，裂隙比较发育的裂缝带的中、下部位置，且岩层硬度不是很大，便于施工的位置。

根据前述对沙曲矿上覆围岩三带分布规律和特征，结合对瓦斯流动场和浓度场分布和时空演化规律分析，采空区垮落断裂下沉量最大处在工作面全长的 1/4 处的上方，距回风巷 0～50 m 处形成一个长条带高冒区域，使采空区内瓦斯逐渐积存在此，形成一个瓦斯富集区。高抽巷应布置在此区域，高度应大于 H_0 而小于 H，为解决上隅角瓦斯问题，高抽巷应布置在距回风巷靠待采煤体侧 10～50 m 范围内，抽采将达到最好效果。高抽巷位置纵向（平面）布置示意图如图 6-11、图 6-12 所示。

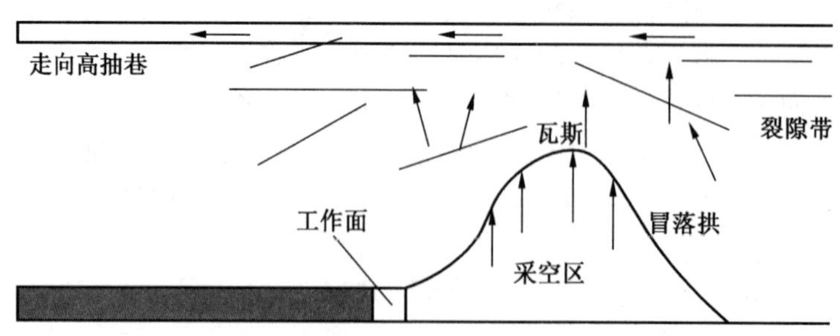

图 6-11　高抽巷位置纵向布置示意图

2）大孔径千米定向钻孔布置分析

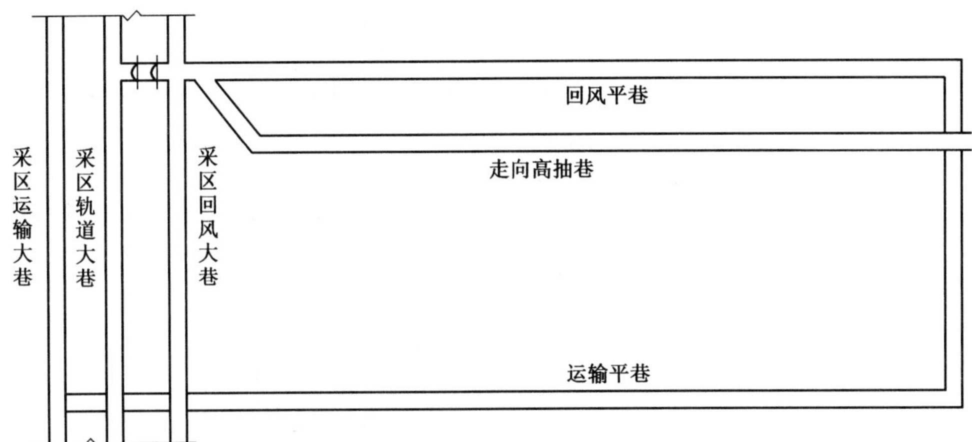

图6-12 高抽巷位置平面布置示意图

根据理论分析，长距离大孔径定向钻孔的层位布置和高抽巷的层位布置很相似，不同之处在于长距离大孔径定向钻孔布置数量一般有几条，而高抽巷一般只布置一条。

钻孔层位布置合理与否，是影响抽采效果的关键因素。从回采工作面采空区上方垮落带、裂缝带和弯曲下沉带分布看，如果钻孔布置在垮落带，顶板垮落后，钻孔与采空区直接联通，其抽采混合量大、瓦斯浓度底，随工作面推进钻孔会发生塌陷、切断等情况，钻孔抽采覆盖范围仅限于工作面上隅角附近，单孔有效抽采时间较短，导致抽采效果比较差；如果钻孔布置在弯曲下沉带，由于裂隙不发育，抽采浓度虽然高，但抽采量较低，抽采效果依然不好；因此，只有钻孔布置在裂缝带内时能够保证有较高抽采量和抽采浓度，所以，高位定向水平钻孔应布置在裂缝带内，应尽量布置在裂缝带的中下部，并选择岩性较稳定的岩层。

从采空区瓦斯富集分布特征看，瓦斯一般在靠近回风侧工作面长度的三分之一以内富集，因此钻孔布置时应尽量布置在靠近回风侧。钻孔的数目根据瓦斯富集量、绝度瓦斯涌出量、钻孔直径和抽采负压等因素综合确定，在靠近回风侧钻孔的布置尽量密集一些，如图6-13、图6-14所示。

3. 走向高抽巷与大孔径千米定向钻孔施工方法

1）走向高抽巷基本施工方法

一般情况下，巷道断面为7.0 m^2 左右，平面位置距回风巷20～30 m与回风巷平行，布置在回采工作面顶板岩层内，靠近回风巷一侧，先期沿待采煤层施工，平面位置到设计位置后起坡，施工至煤层顶板指定岩层后沿同一层位（或设计高度）施工，方位与回风巷方位一致。巷道施工到位后在指定岩层适当位置砌三道密闭墙，并在三道密闭墙安装抽采瓦斯管道、放水管道和观测孔。

高抽巷在投入使用初期有可能因为裂缝带裂隙形成不充分，达不到预期的抽采效果，为了提高抽采效果，可以在高抽巷的端头一定范围内施工抽采钻孔，钻孔要打到垮落带，通过钻孔使采空区与高抽巷连通，提高瓦斯抽采效果。在回采结束后进入采后抽采阶段，即完成了整个工作面的抽采任务。

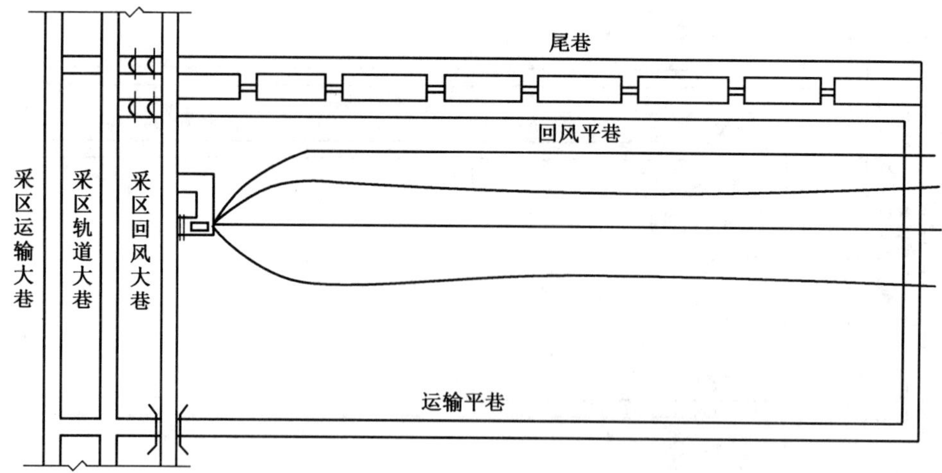

图 6-13　长距离大孔径定向钻孔布置平面示意图

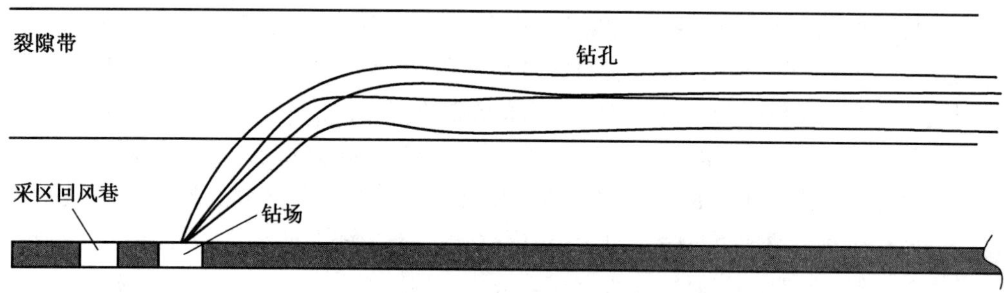

图 6-14　长距离大孔径定向钻孔布置剖面示意图

2）长距离大孔径定向钻孔施工方法

长距离大孔径定向钻机的体积大，需要单独的开钻场。一般在工作面的上山侧挖掘专门的巷道、硐室布置钻场，在钻场内开孔打钻孔。钻场布置在煤层时，利用钻机可以在空间方向上任意转弯的特点，首先从钻场中沿一定方位角向煤层上覆岩层中施钻，钻进到顶板裂缝带层位后调整为水平钻进。钻场布置在顶板岩层中时，通过理论分析和数值模拟等方法确定顶板裂缝带的位置，然后将钻场布置在裂缝带的层位，钻孔沿裂缝带岩层平行于煤层顶板施工。钻孔的个数一般在 4 个左右，太少抽采效果不是很好，如果钻孔太多，则费用太高，同时抽采效果提高不多，抽采效益不高。

钻孔的施工长度一般为整个工作面推进长度，如果钻孔的长度满足不了抽采整个工作面的要求可以在工作面的中间部位设立相同的钻场。

4. 抽采效果分析

1）高抽巷抽采效果分析

按照《煤矿安全规程》中规定的瓦斯利用浓度不低于 30%，确定瓦斯抽采时抽采最佳流量，计算抽采纯瓦斯量公式：

$$Q_{CH_4} = CQ \tag{6-5}$$

可推导出：

$$Q = Q_{CH_4}/C = u \cdot S \tag{6-6}$$

$$u = Q_{CH_4}/(C \cdot S) \tag{6-7}$$

式中 Q——瓦斯抽采混合气体流量，m^3/min；

Q_{CH_4}——抽采纯瓦斯量，m^3/min；

C——抽采时的瓦斯浓度,%（应控制在30%以上）；

u——抽采时平均流速，m/s；

S——高抽巷巷道断面面积，m^2。

考虑巷道对风流的助力系数μ：

$$\mu = (1-\mu)Q/S = (1-\mu)Q_{CH_4}/(C \cdot S) \tag{6-8}$$

这样就可以通过控制抽采流量的方式控制抽采流速，确保抽出时的瓦斯浓度。

2）大孔径千米定向钻孔抽采瓦斯效果分析

沙曲二矿4205工作面长距离大孔径定向钻孔实施后，钻孔的瓦斯浓度在40%左右，其中1号钻孔瓦斯浓度达到了70%，单孔抽采瓦斯纯量在0.4~1.4 m^3/min之间，顶板布置4个钻孔，抽采纯量合计达4 m^3/min。从抽采浓度量和抽采纯量上来看长距离大孔径定向钻孔抽采瓦斯效果达到预期效果，能够代替高抽巷。

5. 走向高抽巷与大孔径千米定向钻孔抽采瓦斯的优缺点

1）高抽巷抽采瓦斯的优缺点

（1）抽采效果好，抽采量大，随着回采强度的加大，裂隙形成越好，抽采效果越明显。

（2）正常回采过程中抽出的瓦斯浓度稳定。

（3）在回采结束后的一定时间内有稳定的抽出瓦斯浓度，可以降低下一层或同煤层工作面回采期间瓦斯管理的压力。

（4）便于日常管理、观测，易于控制瓦斯抽出量。

（5）巷道施工工程量大，岩巷掘进速度慢，工期较长，费用较高，有时不能按期掘进到位而影响回采。

（6）独头巷道掘进，施工困难。

（7）在回采期间如果抽采量过大，可能造成采空区漏风，引起煤炭自燃。

（8）如果高抽巷中部出现低洼地段造成积水，会降低抽采效果。

（9）工作面初采期，由于上邻近层瓦斯开始卸压涌出时高抽巷尚不能充分发挥作用，仍需要采取其他措施解决其他的问题。

2）长距离大孔径钻孔抽采瓦斯的优缺点

（1）钻孔施工简单，钻孔的施工时间短，有利于工作面较快投产。

（2）施工的巷道长度短，掘进费用低。

（3）相比较普通钻孔，抽采效果好，抽采量大，随着回采强度的加大，裂隙形成越好，抽采效果越明显。

（4）正常回采过程中抽出的瓦斯浓度稳定。

（5）在回采结束后的一定时间内有稳定的抽出瓦斯浓度，可以降低下一层或同煤层工面回采期间瓦斯管理的压力。

（6）日常管理、观测简单，易于控制瓦斯抽出量。

（7）钻孔施工技术要求高，往往钻孔的成孔长度达不到设计要求。

（8）钻孔容易塌孔，一旦垮孔对瓦斯的抽采影响较大。

（9）由于钻孔施工长，经常出现断杆、掉钻事故。

（10）在回采初期，因顶板裂隙形成不充分影响抽采效果，需要采取辅助措施。

长距离大孔径钻孔抽采瓦斯具有高抽巷抽采瓦斯的优点，大直径钻孔代替顶板岩巷抽采上邻近层瓦斯，大幅度降低岩巷工程量和费用，随着钻孔直径增大、施工技术日趋成熟、施工工艺逐步完善，成孔深度和质量得到保证前期下，对缓解采掘接替，取代顶板高抽巷意义深远。

6.3.1.2 长距离大孔径钻孔替代倾向高抽巷分析

走向大直径钻孔代替高抽巷并没有使用定向钻机，只是采用了普通大直径钻孔。定向钻孔施工这种较短的大爬坡钻孔非常不适用。

1. 布置分析

倾向高抽巷是在工作面回风巷沿工作面倾向方向掘进的一条巷道，巷道经过爬坡到工作面顶板裂缝带再沿工作面倾向掘进一定长度的巷道抽采瓦斯。抽采瓦斯巷道的数量根据巷道抽采瓦斯有效距离和开采走向长度而定，这种抽采法不受开采走向长度的限制。布置如图 6-15、图 6-16 所示。

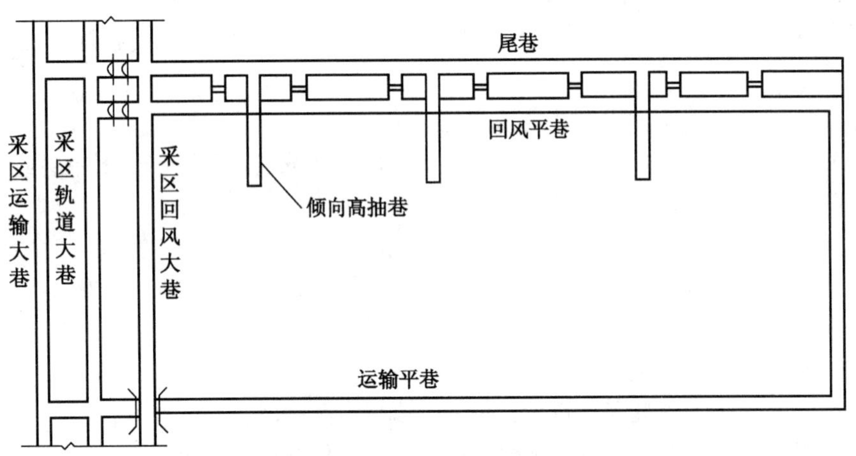

图 6-15 倾向高抽巷布置平面示意图

沙曲矿 DDR-1200 钻机和澳大利亚 VLD-1000 型钻机的钻孔可以在空间方向上任意改变方向。在工作面回风巷或尾巷布置钻场，利用钻机钻进可调整钻孔钻进方向，使钻孔位于工作面顶板裂缝带内。布置如图 6-17、图 6-18 所示。

2. 可弯曲钻孔代替倾向高抽巷分析

走向高抽巷掘进时间长，掘进费用高。可弯曲钻孔的抽采效果要好于普通的钻孔，钻孔布置 4 个就能达到倾向高抽巷的抽采范围，抽采效果也能够满足抽采要求，如图 6-19 所示。

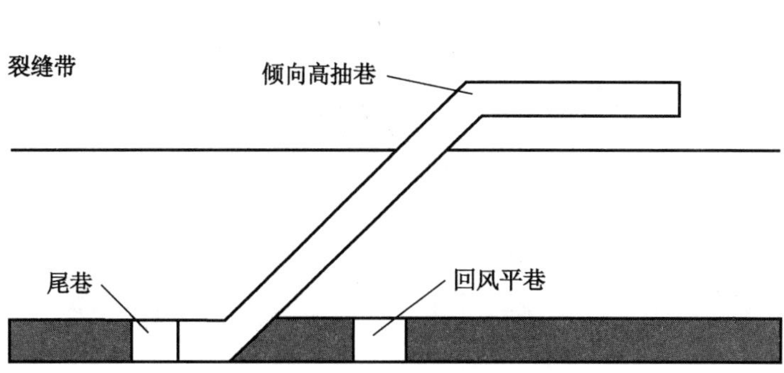

图 6-16　倾向高抽巷布置剖面图

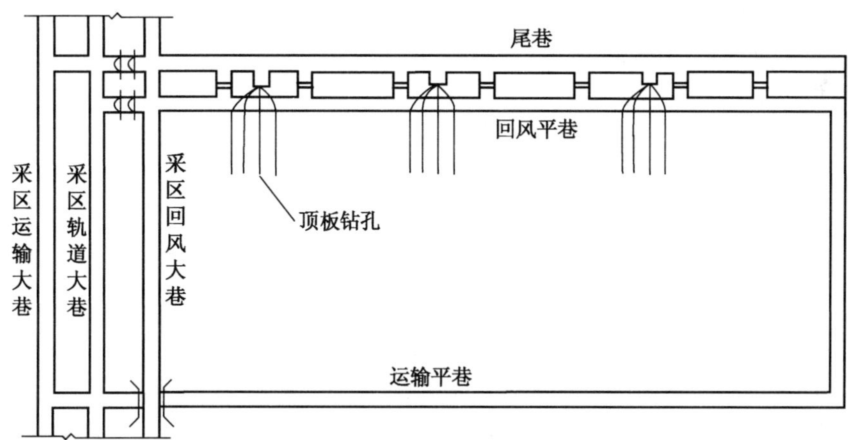

图 6-17　倾向可弯曲钻孔布置平面图

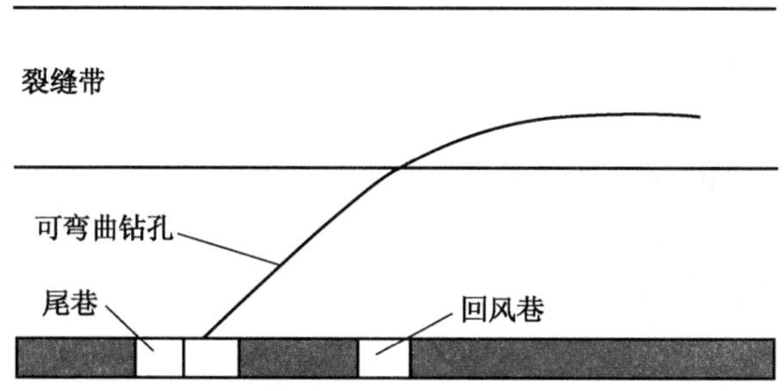

图 6-18　倾向可弯曲钻孔布置剖面图

可以看出：相对于常规钻孔定向弯曲钻孔的安全抽采距离要长，钻孔轨迹在有效瓦斯抽采区域的长度能平均延长 6 m，且延长段均在高瓦斯浓度区域。定向可弯曲钻孔具有施

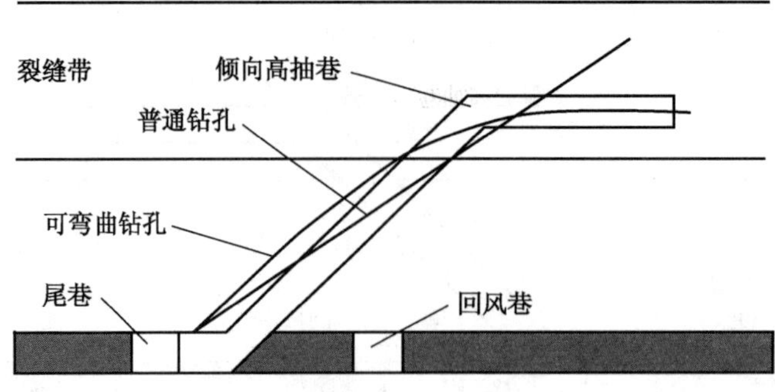

图 6-19　倾向钻孔和巷道布置示意图

工时间短，施工容易，施工费用低，抽采范围大，抽采瓦斯容易管理的特点。在一个钻场布置几个钻孔，能够替代倾向高抽巷抽采瓦斯。

3. 倾向高抽巷与可弯曲钻孔的优缺点

1）倾向高抽巷的优缺点

（1）抽采效果好，能够满足抽采要求。

（2）巷道抽采瓦斯稳定。

（3）能够减少上隅角瓦斯积聚。

（4）施工工程量大，施工费用高。

（5）矿压较大，煤体易破碎。

（6）施工时间长，工作面的准备时间长。

（7）倾向高抽巷必须增设一条尾巷，通风管理比较麻烦。

（8）工作面初采期，由于上邻近层瓦斯开始卸压涌出时高抽巷尚不能充分发挥作用，仍需要采取其他措施解决其他的问题。

（9）独头巷道掘进，施工困难。

2）可弯曲钻孔的优缺点

（1）钻孔施工容易，施工时间短。

（2）钻孔的施工费用低。

（3）钻孔抽采瓦斯容易管理。

（4）抽采范围大，能够满足抽采要求。

（5）可以不增设尾巷，大大减少巷道施工量。

（6）打钻与管路铺设不影响进风。

（7）由于钻场处于工作面的下风侧，抽采系统发生故障时，对回采影响小。

（8）当回采工作面遇断层等地质构造带时，钻进速度势必减慢，同时瓦斯涌出量较大等因素，也影响回采工作面推进速度。

（9）如高位钻孔穿过泥岩层，钻孔易被压实，达不到抽采效果。

（10）钻孔施工人员处于工作面的下风侧，工作环境较差。

施工倾向高抽巷预抽瓦斯，抽采断面大，抽采效果好，但掘进巷道施工成本高、安全性差、工作面准备周期长，无法满足综采技术高产高效的要求。利用受控定向钻进技术施工大直径定向长钻孔，扩大钻孔的抽采半径，并通过定向钻进技术使钻孔在卸压带的高瓦斯浓度区（卸压带的上部）发生弯曲，延长钻孔的有效抽采长度，增加钻孔的安全抽采距离（垮落带、卸压带边界线与垮落线的交点和钻孔轨迹的近距离），可以大幅度提高钻孔的瓦斯抽采效果，为实现弯曲钻孔替代倾向高抽巷奠定基础，缩短采前抽采瓦斯的工作周期，满足综采技术高产高效的要求。

6.3.2 本煤层大孔径长距离定向钻孔瓦斯抽采分析

本煤层瓦斯抽采，又称开采煤层瓦斯抽采，主要是为了减少煤层中的瓦斯含量和回风流中瓦斯浓度，以确保矿井中的安全生产；同时，通过提高抽采瓦斯浓度及抽采量，为抽采瓦斯的利用创造条件。

6.3.2.1 本煤层瓦斯抽采方法

根据抽采时间与采掘关系，本煤层瓦斯抽采又可分为预抽煤层瓦斯和边采（掘）边抽煤层瓦斯；此外，根据收集瓦斯的方式不同又可分为巷道抽采煤层瓦斯和钻孔抽采煤层瓦斯。

1. 巷道预抽本煤层瓦斯

巷道预抽本煤层瓦斯，一般是利用回采的准备巷道进行抽采，适用于高透气性煤层，当采区煤巷施工完成后，将其密闭，并接入抽采系统进行抽采；其抽采瓦斯工作在煤巷掘进以后和回采开始以前进行，该方法一般在2年以上才能见到较好的效果。

2. 钻孔法预抽本煤层瓦斯

钻孔法预抽本煤层瓦斯，由于具有施工简便、成本低、抽采瓦斯浓度较高的优点，在我国煤矿中得到了广泛应用。而钻孔法预抽本煤层瓦斯主要有两种布置方式，即穿层钻孔布置方式和顺层钻孔布置方式。当采用穿层钻孔预抽时，钻场可设在底板岩石巷道或邻近煤层巷道，向开采层打钻孔，经过抽采后再进入煤层进行采掘。当采用顺层钻孔布置方式时，则一般是利用提前开掘出的准备巷道、回采巷道，沿煤层打顺层钻孔，经过抽采后再进行回采，以解决回采过程中瓦斯涌出的问题。

(1) 穿层钻孔布置方式。采用穿层钻孔时，随着钻孔抽采时间的延长，可逐渐扩大有效影响范围，但当达到一定距离后将不再扩大。该种方法对煤层透气性要求高，当矿井煤层透气性差时，抽采效果不明显，因此采用较少。

(2) 顺层钻孔布置方式。多是在回采工作面准备好后，在切眼、运输巷和回风巷均匀布置钻孔，抽采一段时间后再进行回采，以减少回采过程中的瓦斯涌出量，其钻孔布置如图6-20所示。

6.3.2.2 本煤层大孔径长距离钻孔瓦斯抽采

沙曲矿工作面设计长度一般为220 m，普通钻机成孔长度一般为100 m，为控制整个工作面需要从进风巷和回风巷同时打钻孔，加大了工程量，影响工作面接替，有时还存在抽采盲区。为此，沙曲矿引进德国ADR-250型钻机，成孔长度达到250 m，实现单侧布置钻孔控制整个工作面。具体布置如图6-21所示。

长距离大孔径钻孔实现单钻孔控制整个工作面，能够简化抽采系统，有利于管理，同时节省时间提高效率。

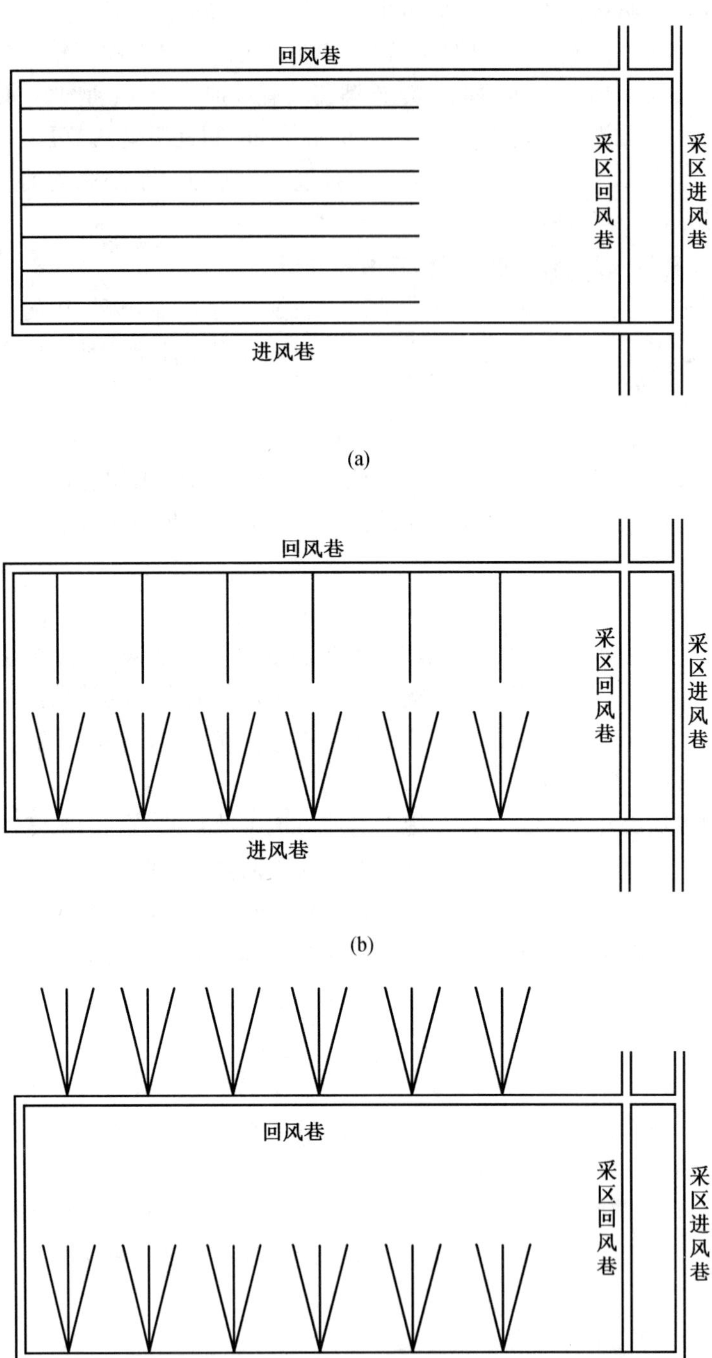

图 6-20　常规本煤层瓦斯抽采方法示意图

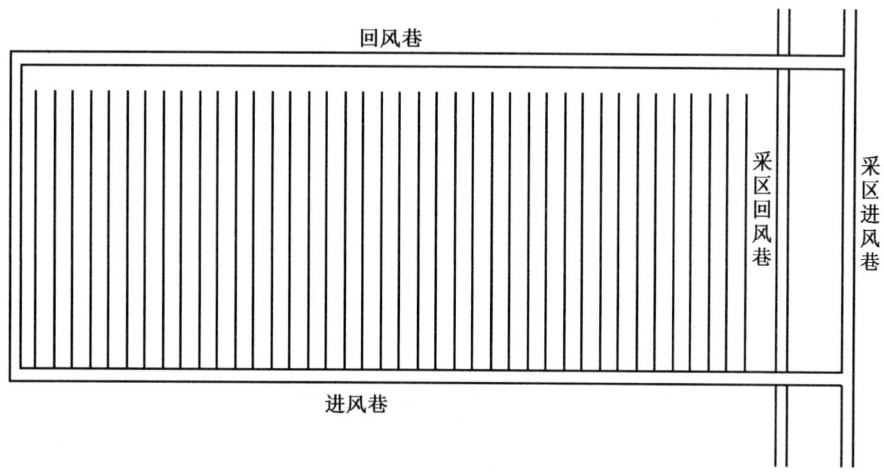

图 6-21 长距离大孔径钻孔本煤层瓦斯采抽布置示意图

6.3.3 邻近层大孔径长距离定向钻孔瓦斯抽采分析

DDR-1200 型钻机能够即可钻进顶板长距离大孔径定向钻孔抽采裂缝带瓦斯，也可以钻进底板钻孔，抽采底板邻近层卸压瓦斯。

由于沙曲矿 4 号煤层回采时，底板出现裂隙，使 5 号煤层瓦斯卸压向上流动，为了减少工作面绝对瓦斯涌出量，设计底板钻孔抽采 5 号煤层的卸压瓦斯，减少 4 号煤层工作面的瓦斯量，具体设计如图 6-22 所示。

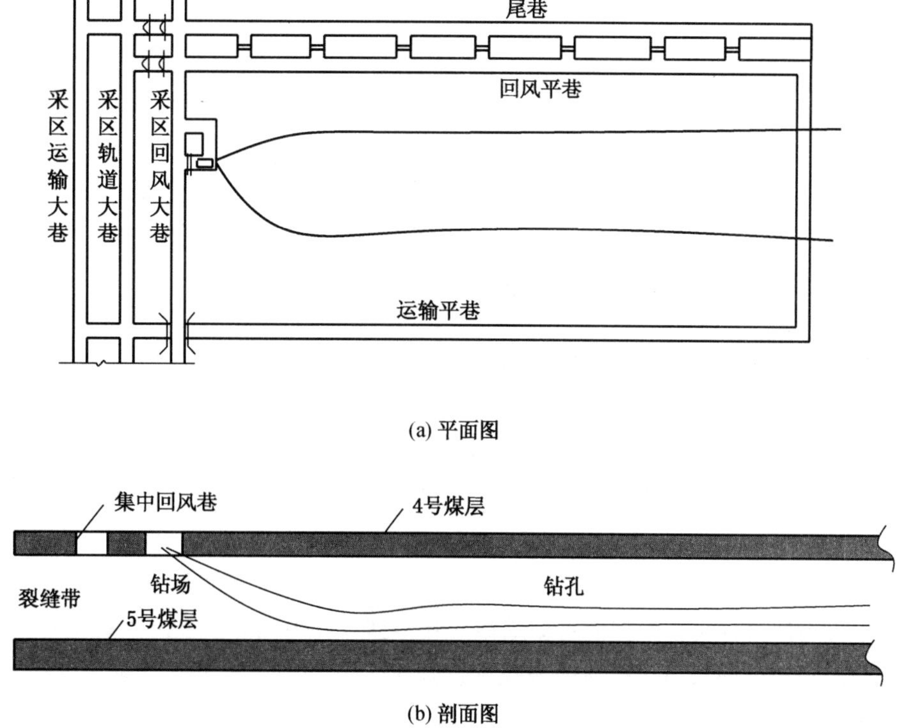

图 6-22 底板长距离大孔径定向钻孔瓦斯抽采布置示意图

6.3.4　长距离大孔径钻孔立体式抽采技术

定向长距离瓦斯抽采技术在空间上可以分为上、中、下三个位置，即 4 号煤层顶板上邻近层及采空区涌出的瓦斯、4 号煤层本煤层瓦斯和下邻近 5 号煤层卸压瓦斯。井下立体式抽采方法能有效隔离上方 3 号煤层和下方 5 号煤层瓦斯涌向 4 号煤层，同时能减少 4 号煤层瓦斯涌出量，有效治理 4 号煤层采空区瓦斯。其具体布置如图 6-23、图 6-24 所示。

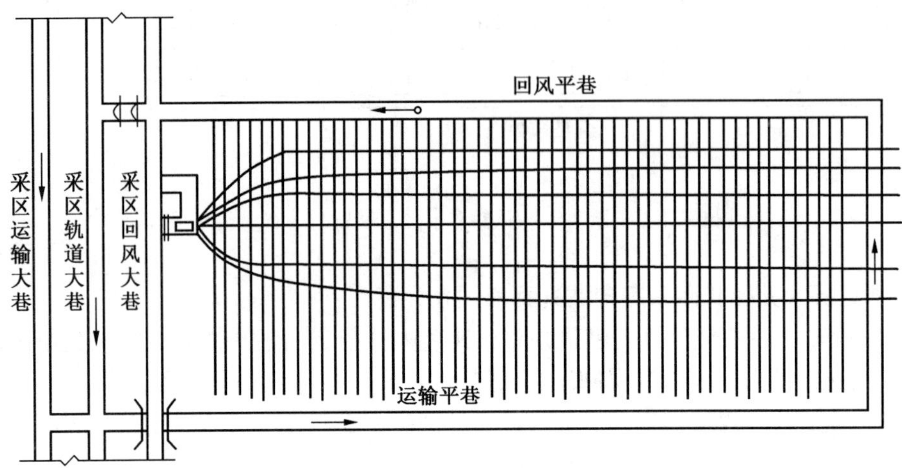

图 6-23　立体式瓦斯抽采钻孔布置平面图

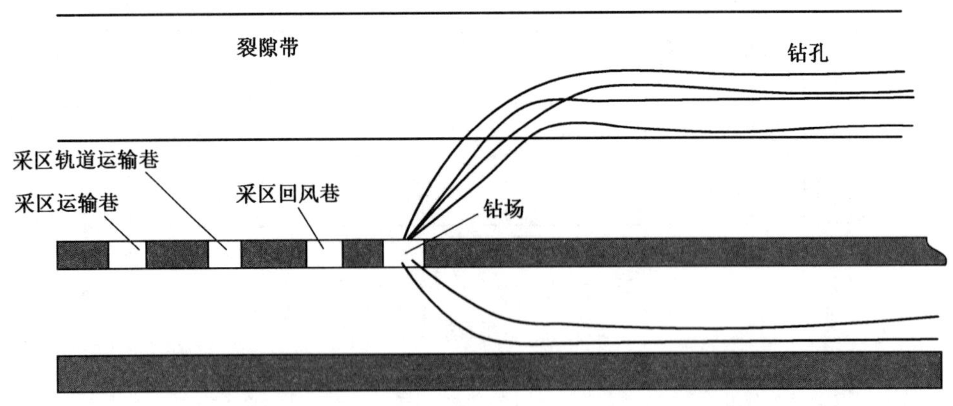

图 6-24　立体式瓦斯抽采钻孔布置剖面图

根据 4 号煤层采动过程中顶底板运动规律和瓦斯运移规律的研究，结合顶底板定向长钻孔瓦斯抽采和本煤层长钻孔瓦斯抽采技术，提出了高、中、底——“三位一体” 的瓦斯立体抽采模式，其技术体系如图 6-25 所示。

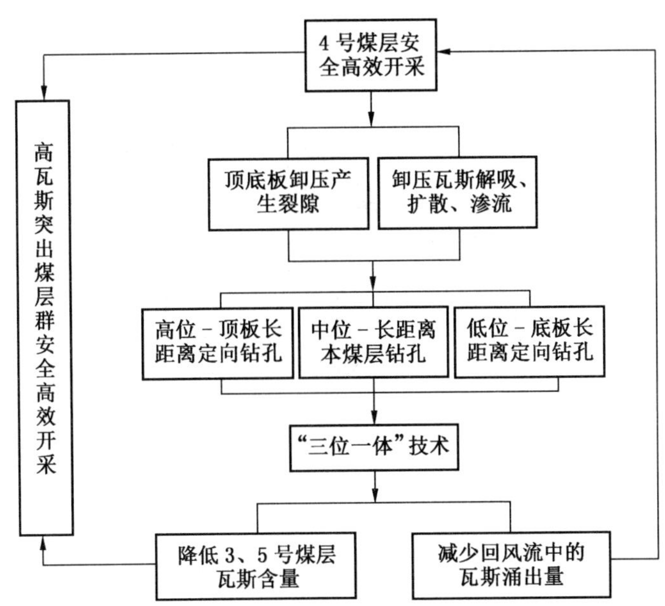

图6-25 近距离煤层群“三位一体”煤与瓦斯共采技术体系

6.4 大孔径千米定向钻进技术沿革历程

由于采用普通钻机实施边掘边抽、本煤层采前预抽的瓦斯治理方法及防突措施，没有从根本上解决近距离煤层群瓦斯涌出问题，在实际采掘过程中仍然时常出现瓦斯超限、瓦斯异常涌出，遇地质构造带甚至偶尔还会发生煤与瓦斯突出问题，制约了矿井生产规模，威胁矿井安全生产。因此，沙曲矿瓦斯抽采历经了德钻 DDR-1200、ARD-250，澳钻 VLD-1000、ZYL-17000D 型钻机大孔径千米定向钻进技术的沿革历程。

6.4.1 德国 DDR-1200 型钻机应用

6.4.1.1 设计

无论是大型还是中小型水平定向钻，其基本结构包括主机、钻具、导向系统、液压系统以及智能辅助系统。

1. 主机

钻机主机的动力系统一般以液压为动力。液压泵作为动力源，其功率是衡量钻机施工能力的指标之一。

为了降低劳动强度，提高劳动效率，主机一般装备了钻杆自动装卸装置。钻进时，钻机自动从钻杆箱中移取钻杆，旋转加接到钻杆柱上；回拖时，正好相反。装备润滑油自动涂抹装置，对钻杆连接头螺纹的润滑有助于延长钻杆的寿命。受井下空间的制约，DDR-1200 型钻机并没有安装自动装卸装置，为了适应井下应用钻场设计了吊具。

DDR-1200 型钻机机组（图6-26）由动力头（动力头由动力头液压马达、动力头液压夹紧装置组成）、滑动装置、前夹紧装置、后夹紧装置、钻机底座组成。

DDR-1200 型钻机液压系统泵站（图6-27）：液压系统由 2 个结构和性能完全相同的液压站组成，简称 1 号液压站和 2 号液压站。2 个液压站可以互换，前者可作为钻机液压

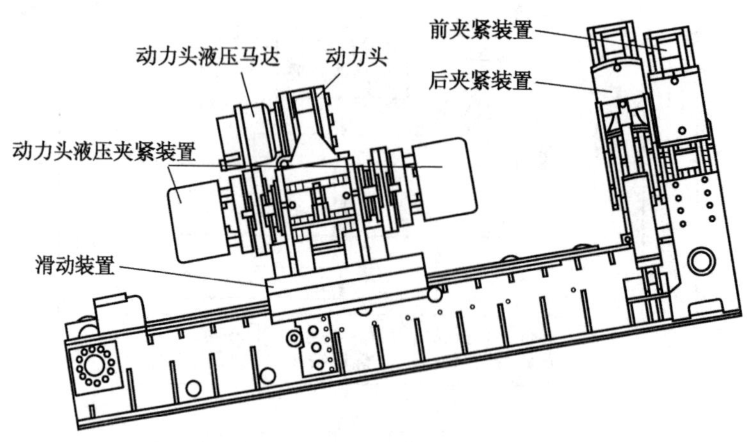

图 6-26　DDR-1200 定向钻机

缸和液压马达的动力源，后者可作为循环系统高压泵的驱动液压马达的动力源。每个液压系统泵站内安装有 3 台，规格为大中小压力的液压泵，在 3 台泵浸泡在阻燃液压油里。液压油采用阻燃液压油 HYDROTHERM46M，该油在德国和中国通用。

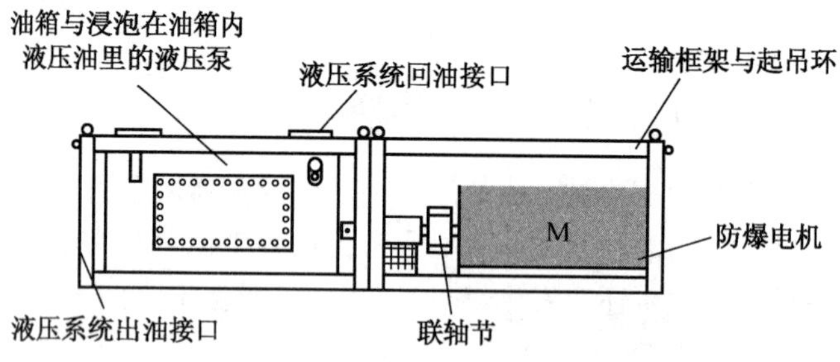

图 6-27　液压系统泵站

钻机在工作中应完全固定。如果在钻进拖拉过程中发生移动，一方面有可能造成发动机损坏，另一方面会降低推拉力，造成孔内功率损失。配置自动液压锚固系统，靠自身功率把锚杆钻入地层，在干燥地层一般用直锚杆，在潮湿地层一般用螺旋锚杆。

2. 钻具

钻杆应当有足够的强度，以免扭折、拉断，又要有足够的柔性，才能钻出弯曲的孔道。在长距离穿越中，钻杆的长度直接影响钻进效率，特别是采用有线导向时，长钻杆使钻杆连接次数减少，将明显节约连接时间。

DDR-1200 型钻机采用的钻杆由钢管、外螺纹接头、内螺纹接头用摩擦焊接工艺制成（图 6-28）。钻杆规格：DN 139.7×3.000 NL；内、外螺纹接头材料：42CrMo4-v，DN 139.7；中间管段规格和材料：139.7×9.17，E-75。

钻孔方向的改变是通过控制钻头的方向来实现的。在钻进过程中，通过控制孔内马达的弯接头来控制钻进轨迹，孔内马达的弯接头是一个关键部件，它和钻杆之间有一定的夹角，由于弯接头的作用，钻孔的轨迹将不再是传统钻机所形成的略带抛物的直线轨迹，而成为一条偏向弯接头方向的空间曲线。DDR-1200 型钻机就是通过控制孔内马达的弯接头

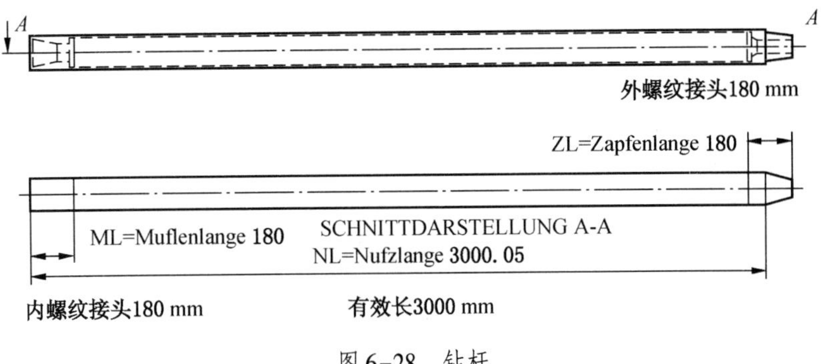

图 6-28 钻杆

来控制钻进轨迹的。

3. 导向系统

导向系统包括无线导向系统和有线导向系统。无线导向系统由钻场探测器和装在钻头里的探头组成。探测器通过接收探头发射的电磁波信号判断钻头的深度、楔面倾角等参数，并同步将信号发射到钻机的操作台显示器上，以便使钻及时调整钻进参数以控制钻进。DDR-1200 型钻机采用无线脉冲导向系统。

4. 智能辅助系统

在预先输入地层情况、钻杆类型、钻进深度、终孔位置、管道允许弯曲半径等参数后，钻进规划软件可以自动设计出一条最理想的钻孔轨迹，包括钻进角度、每根钻杆的具体位置等，在实际工程中可以根据实际情况来调整。

6.4.1.2 钻孔施工参数

1. 钻孔布置

钻场要专门为德钻设计，钻场布置的基本要求有：

(1) 钻场的位置应当有利于钻孔施工，有利于更好地抽采瓦斯。

(2) 钻场的断面、长度应当满足布孔和便于钻机施工的要求，同时应满足避免钻场积聚瓦斯的要求。

(3) 在满足不同布孔（上向孔、下向孔或不同方位角的水平孔）要求和钻场所处岩层岩质允许的前提下，钻场断面和长度应力求最小，以降低掘凿费用。

(4) 钻场应该避开岩层破坏带，以便为钻孔封孔严密创造条件，减少不必要的维护费和实现安全、高质量的抽采瓦斯。

(5) 钻场的支护要牢固可靠。

沙曲二矿 4301 工作面设计德钻 DDR-1200 型钻机钻场时，由北翼回风大巷向 4301 方向掘进，按德钻要求尺寸布置德钻钻场（图 6-29），在该工作面 4 号与 5 号煤层的上邻近岩层实施瓦斯抽采，提高回采工作的安全性和效率。

2. 钻孔施工参数

(1) 孔口位置的确定。4301 工作面钻场布置在工作面倾向的中间位置也就确定了钻孔的开口位置。

①钻孔开口位置岩性应完好，避免开口在地质破坏或采动裂隙区内，而且在抽采服务期内应不遭破坏。选择的孔口位置还应该有利钻孔的布置。

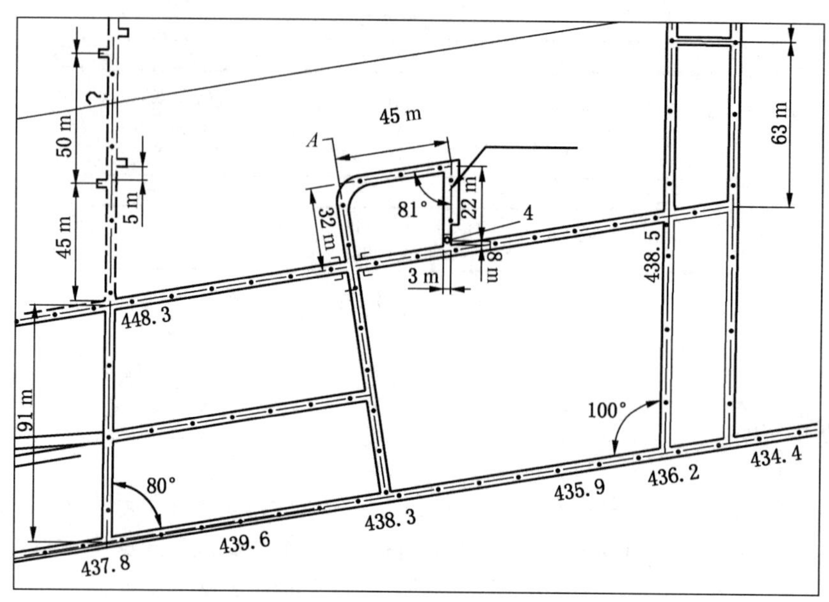

图 6-29　钻场位置及布置参数图

②钻孔孔身在其服务年限内应处于未卸压区内，使钻孔保持完整，以防抽采中途因破断吸入空气而提前报废。

③钻孔孔底必须进入卸压裂缝带内合理位置。孔底落点层位过低，可能会因吸入空气而降低瓦斯浓度；孔底落点层位过高，可能会未进入卸压区或未进入卸压裂隙区而得不到大量卸压瓦斯。

（2）钻孔直径。孔径大，钻孔的暴露面积亦大，则钻孔瓦斯的涌出量也大。孔径由73 mm 提高到 300 mm，钻孔的暴露面积增至 4 倍，而钻孔抽采量近增至 2.7 倍。孔径的选择应根据钻机的性能，施工速度和技术水平、瓦斯抽采量、抽采半径等因数来确定。

DDR-1200 型的钻杆直径为 139.7 mm，采用复合片钻头钻进，孔径为 180 mm。根据钻机的性能和沙曲矿的实际情况来看，该孔径是合理的。

（3）钻孔长度。根据沙曲矿的实测结果表明，单一钻孔的瓦斯抽采量与其孔长基本上成正比关系，因此在钻机性能与施工技术水平允许的条件下，尽可能采用长钻孔以增加抽采量和效益。从 DDR-1200 型钻机的性能来看，该钻机可以成孔的长度为 1200 m，该长度在国内外都是少见的，1200 m 的长钻孔可以大大地增加抽采量和效益。对沙曲矿的瓦斯抽采能起到相当好的作用。

（4）钻孔的间距与抽采时间。钻孔的有效抽采半径是指在规定的排放时间内，在该半径范围内的瓦斯压力或瓦斯含量降到安全容许值。钻孔间距应略小于或等于钻孔有效排放半径的 2 倍。钻孔的有效排放半径是排放时间 T、最大容许瓦斯压力 P_Y 和煤层透气性系数 λ 的函数，如图 6-30 所示。

图 6-30 中表明在 $\lambda = 10^{-4} m^2/(MPa^2 \cdot d)$ 的条件下，在不同排放时间 T 时钻孔周围的瓦斯压力与其原始瓦斯压力之比 p/p_0 同排放半径的关系。从图 6-30a 中可以看出：随着远离钻孔，其瓦斯压力值越来越接近原始瓦斯压力值；随着排放时间的增加，排放半径也

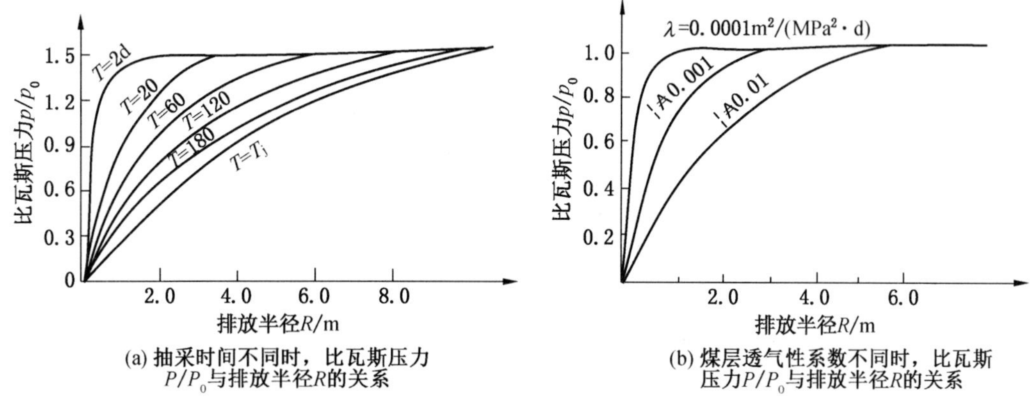

图6-30　抽采时间不同、煤层透气性系数不同时，比瓦斯压力与抽采半径的关系

逐渐扩大，但是，排放半径增大的速度越来越小；到某一临界时间 T_j 时，排放半径已接近极限值，此后，再延长抽采时间是无意义的。从图6-30b中可以看出，煤层的透气性系数越低，其排放半径越小，$\lambda < 10^{-3} m^2/(MPa^2 \cdot d)$ 的煤层如不采取增加透气性措施不宜采用钻孔抽采，因为其有效排放半径太小。综上可知，只有确定了排放时间、最大容许瓦斯压力和煤层透气性系数或钻孔瓦斯抽采流量衰减系数之后，才能确定钻孔的有效排放半径。

钻孔排放时间可由采、掘、开拓的接替关系给出的时间来确定，但最大值为 T_j，当排放时间达到 T_j 时，钻孔的瓦斯流量已趋于枯竭，T_j 可按下式确定：

$$T_j = \frac{3}{\beta} \tag{6-9}$$

式中　T_j——排放时间的临界值（极限排放量的95%），d；

β——钻孔瓦斯流量衰减系数，d^{-1}。

最大容许瓦斯压力由排放瓦斯的目的来确定：如果为了防止瓦斯突出，此值可取丧失突出危险的瓦斯压力安全值；如果为了防止风流瓦斯浓度超限，可以按不超限的煤层残余瓦斯含量时的瓦斯压力来确定。

孔间距选用时，抽采时间较短而煤层瓦斯的透气性系数较低时取小值，否则取较大值。

抽采时间越长钻孔的有效抽采半径越大，对瓦斯的抽采越有利。根据经验总结了一般情况下抽采时间和抽采半径之间的对应关系，在抽采半径确定时可以参考表6-6。

表6-6　抽采时间与钻孔有效抽采半径关系表

抽采时间/月	抽采半径/m	抽采时间/月	抽采半径/m
3	8	24	35
12	25	36	50

根据以上分析以及DDR-1200型钻机在沙曲矿的应用情况，该钻机的抽采时间大约是一年，抽采半径大约是25 m，瓦斯抽采要求高的区域可以增加钻孔的密度，按照钻孔的有效抽采半径20 m布置，两个钻孔之间的距离为40 m。

(5) 抽采负压。抽采负压一般选用 13.3 ~ 26.6 kPa (100 ~ 200 mmHg),但最低不宜小于 6.7 kPa (50 mmHg)。一般提高抽采负压,抽采瓦斯量增大。

(6) 钻孔个数的确定。根据沙曲矿单个综采工作面的生产能力达到 1.35Mt/a 时,其邻近层和采空区残煤的瓦斯涌出量分别为 85.13 m^3/min 和 3.08 m^3/min,共计 88.21 m^3/min。根据理论分析认为,邻近层及采空区残煤的瓦斯涌出基本上依靠顶板大直径长钻孔进行抽采,因此有:

$$Q_{邻} + Q_{采空} < (3 + n) \times (15 \sim 20)$$

式中 $Q_{邻}$——邻近层瓦斯涌出量,m^3/min;

$Q_{采空}$——采空区瓦斯涌出量,m^3/min;

n——钻孔数量。

得 $n > 3$。

高抽巷能够取得很好的抽采效果,一般一个工作面只有一条走向高抽巷,而 DDR-1200 型钻机的钻孔孔径为 170 mm,单孔抽采能力,确定沙曲二矿 4301 工作面的上邻近层布置 4 个钻孔。

(7) 钻孔层位确定。顶板裂隙钻孔组布置在顶板"∩"形拱采动裂隙区,主要抽采采空区和邻近层卸压瓦斯,起减小采空区瓦斯涌出强度的作用。

根据沙曲二矿现场资料以及采动影响下岩层移动规律数值模拟研究结果,采空区垮落带高度一般为 10 m 左右,结合 4301 工作面综合柱状图分析,4 号煤层上邻近层有 3 号煤层,层间距为 10 m 左右,下邻近层有 5 号煤层,层间距为 5.6 m,裂缝带高度为 32.8 m,设计考虑钻孔位置位于关键层之下,裂缝带中部。根据沙曲二矿 4301 综采面瓦斯涌出量的测定结果分析及瓦斯涌出和数值模拟研究,顶板裂隙钻孔数为 4 个,宜布置在距开采煤层顶板垂高 22 ~ 24 m 处。

(8) 钻孔在工作面倾斜方向的投影距离。考虑到采场通风的空气流动,钻孔应靠近工作面回风侧,因为任何一种采场通风方式,都会有一部分空气流经采空区再经回风巷排出,而沿着空气流动的方向,在采空区内瓦斯浓度将逐渐增高。对于 U 形通风方式,靠近回风巷的采空区内容易积聚高浓度的瓦斯。钻孔处在开采层上部的裂缝带内,随着采动的作用,钻孔周围的裂隙不断扩展,会与邻近煤层和采空区连通,所以钻孔抽采除主要截抽上邻近层卸压瓦斯外,也可以抽采出一部分采空区瓦斯。若钻孔靠近进风侧,则抽进漏入的空气,势必会降低抽采的效果;相反,钻孔位于回风侧,则对抽采瓦斯有利。根据沙曲二矿应用看,钻孔倾向位置布置时最好在靠近回风巷的位置,距回风巷 10 ~ 20 m 的范围内,上限距离不要超过钻孔的有效抽采半径。

6.4.1.3 钻孔位置布置

1. 定向千米钻孔在 4301 工作面的布置设计

4301 工作面共布置 7 个钻孔,每个钻孔孔深 1200 m,总进尺为 7200 m。其中:4 个钻孔布置在 4301 工作面的上邻近层岩层中,垂直距离 4 号煤层 20 m 左右,垂直距离保持在 1 ~ 2 m,另外 2 个钻孔布置在 4 号底板裂隙发育区,钻孔整体偏向尾巷布置,靠近回风巷的钻孔距回风巷 15 m,钻孔间距为 40 m,钻孔以交叉方式布置。

德国 DDR-1200 型钻机在 4301 工作面的钻场位于南三集中回风巷向工作面一侧,钻场底板标高为 438.5 m。钻孔的基本孔径为 170 mm,最大孔径(扩孔孔径)为 220 mm,

钻孔深度设计为 1200 m，实际进尺将受到钻进速度和钻机的性能影响确定。

（1）4301 工作面上邻近层钻孔设计。根据瓦斯抽采对长距离钻孔的要求以及理论分析，综合沙曲二矿地质条件，设计钻孔距 4301 工作面回风巷水平距离为 15 m，距 4 号煤层底板垂直距离为 20 m 左右，沙曲二矿 4 号煤层平均高度为 2.36 m，钻孔距 4 号煤层顶板垂直距离平均为 8 倍采高，钻孔位于 2 号煤层与 3 号煤层之间。

4301 工作面钻场距该工作面带式输送机运输巷水平距离为 82.5 m，设计最靠近回风巷钻孔距回风巷水平距离为 15 m，为了使钻孔更早进入设计的有效轨迹，将钻机向回风巷方向水平偏转 8°。同时，设计钻孔距 4 号煤层底板垂直高度为 20 m 左右，属上邻近层钻孔，为了增加钻孔有效进尺，将钻机调整为向上倾斜 4°。

（2）4301 工作面下邻近层钻孔设计。根据沙曲矿瓦斯抽采对长距离钻孔的要求以及理论分析，综合沙曲矿地质条件的实际情况，设计钻孔距 4301 工作面回风巷最近水平距离为 55 m，距 4 号煤层底板垂直距离为 3.5 m 左右，钻孔位于 4 号煤层与 5 号煤层之间。因该钻孔设计跨越 4 号煤层，在 4 号煤层与 5 号煤层中进行钻进，同时 4301 工作面平均倾角 4°。初始阶段钻进时保持水平钻进，到 135 m 处时与 4 号煤层底板间距大约 3.5 m，然后调整为平行于 4 号煤层钻进。下邻近层钻孔与上邻近层钻孔交叉布置。如果煤层过于松软，在开孔前可以在钻场内进行注浆加固。

2. 底板长距离大孔径定向钻孔邻近层瓦斯抽采

为了拦截和防止 5 号煤层瓦斯卸压向上流动，设计 2 个底板钻孔抽采 5 号煤层卸压瓦斯，减少 4 号煤层工作面的瓦斯量，具体设计如图 6-22 所示。

6.4.1.4　应用效果

1. 裂缝带抽采效果分析

图 6-31 所示为钻孔瓦斯抽采效果，从图 6-31 中可知瓦斯抽采浓度大，且瓦斯抽采时间长。1 号钻孔瓦斯抽采时间在 120 d 以上，平均瓦斯抽采浓度达到 75%，抽采纯量为 0.8 m^3/min，前期瓦斯抽采浓度不稳定，15 d 后瓦斯抽采浓度趋于稳定，瓦斯抽采效果好，抽采时间长。2 号钻孔瓦斯有效抽采时间为 71d，前 15 d 平均瓦斯抽采浓度为 60%，抽采效果较好，15～71 d 瓦斯抽采浓度降低到 30%，71 d 后 2 号钻孔不具有瓦斯抽采价值，抽采时间较短，抽采纯量为 0.32 m^3/min。3 号钻孔瓦斯抽采时间达到 120 d 以上，平均瓦斯抽采浓度为 45%，瓦斯抽采稳定，但浓度相对较低，抽采纯量为 0.5 m^3/min。

结合 3 个钻孔瓦斯抽采浓度、抽采量可以看出，随着工作面的推进，在工作面垂直方向上距 4 号煤层顶板 22～38 m 的区域为离层裂隙发育区，布置在此区域的 1 号钻孔的抽采浓度、抽采纯量都比较大，效果较好，其中工作面上方顶板 22 m 左右处，倾向方向距运输巷 15 m 处的 1 号钻孔效果最佳。而布置在此区域外的 2 号、3 号钻孔相对于 1 号钻孔效果较差，甚至于 2 号钻孔随工作面的推进出现错位，瓦斯抽采中断。综上所述，1 号钻孔所处位置为瓦斯抽采效果最佳位置。

2. 本煤层抽采效果分析

如图 6-32、图 6-33 所示，1 号钻孔于 8 月 1 日开始进行抽采，抽采浓度为 61%，经过一个多月的抽采，浓度上升到 71%，之后再无变化，保持在 71% 上下浮动。节流始终保持在 2～3 mHg 之间无太大变化，抽采纯量为 0.8 m^3/min，抽采负压为 108 mmHg，抽采浓度较稳定。

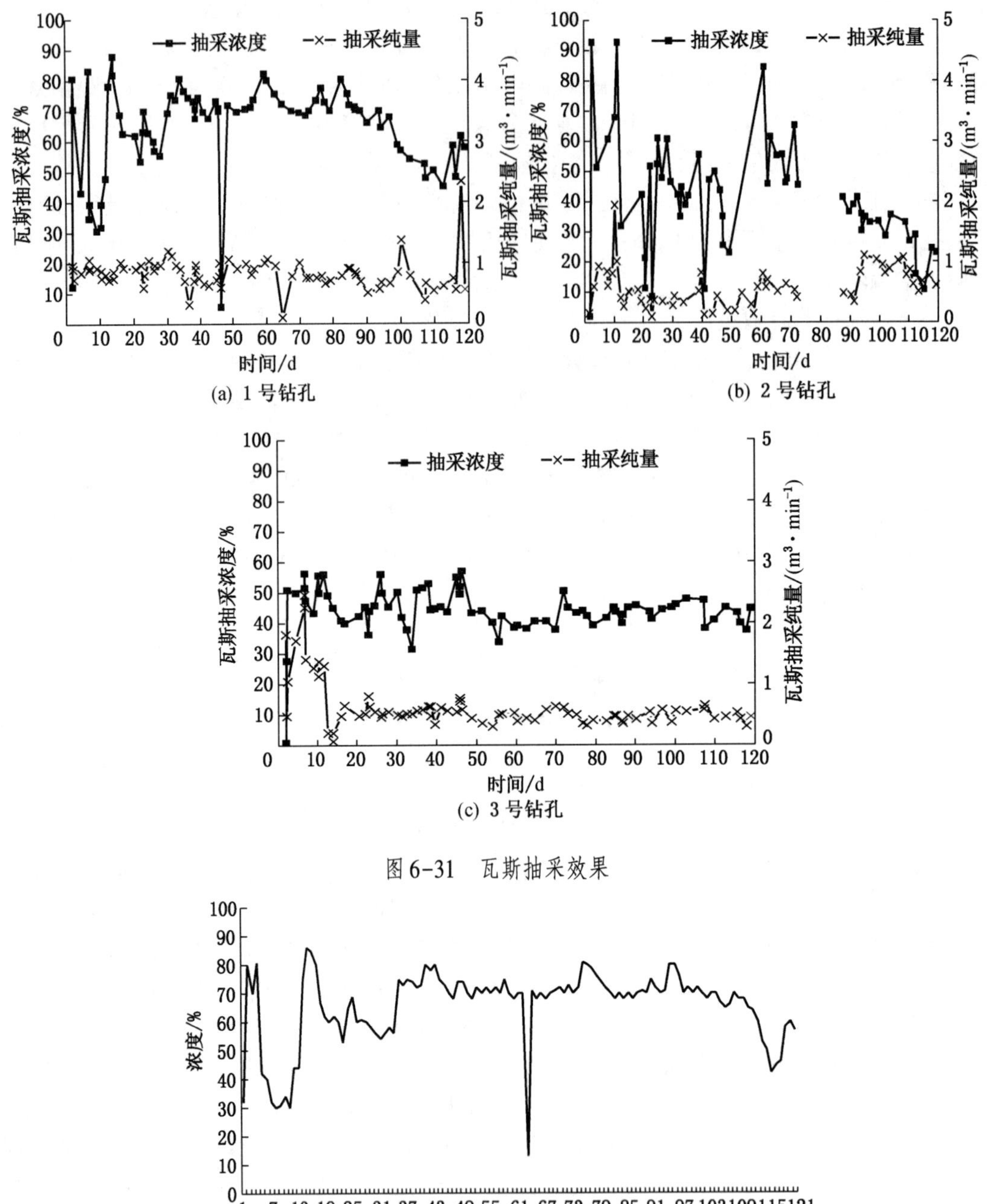

图 6-31　瓦斯抽采效果

图 6-32　1 号钻孔抽采瓦斯浓度

根据沙曲矿瓦斯抽采对长距离钻孔的要求、沙曲矿地质条件，另外 1 号钻孔与 4 号煤层顶板垂直平均距离只有 10 m 的具体情况，没有达到设计时所要求的距离 4 号煤层 20 m 左右，因此设计 2 号钻孔，使其作为 1 号钻孔的有益补充。由于 2 号钻孔是 1 号钻孔的有益补充钻孔，自抽采以来，钻孔抽采平均浓度基本为 40%，抽采较稳定，节流很小，抽采纯量为 0.45 m^3/min，抽采负压为 108 mmHg，抽采浓度变化始终很大，抽采

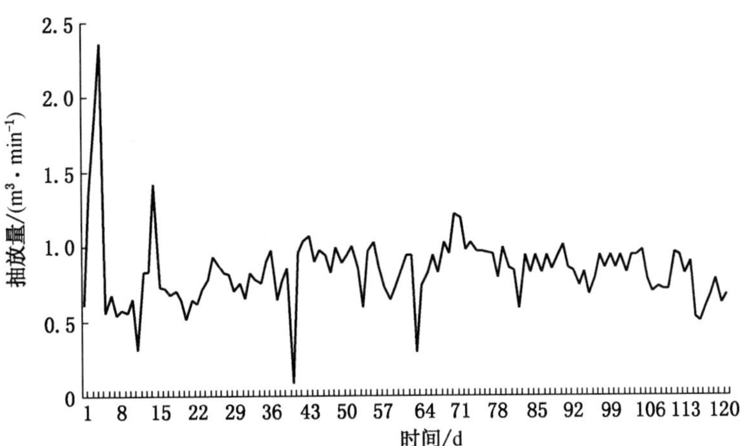

图 6-33 1 号钻孔瓦斯流量

效果如图 6-34、图 6-35 所示。

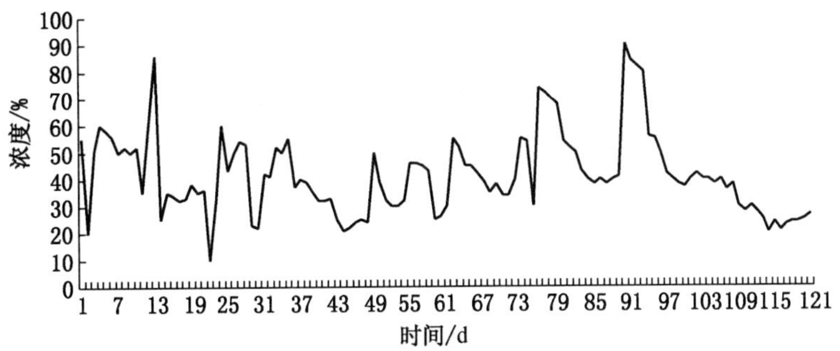

图 6-34 2 号钻孔瓦斯浓度

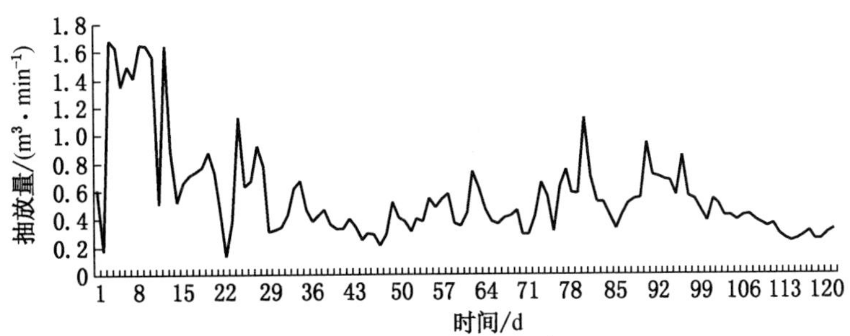

图 6-35 2 号孔钻孔瓦斯流量

3 号、4 号钻孔距 4 号煤层顶板垂直距离平均与 2 号钻孔相同，为 10 ~ 12 倍采高，钻孔位置在 2 号煤层的上顶板砂岩中。在抽采期间，3 号钻孔的平均抽采浓度为 46%，节流很小，混合量为 0.5 m^3/min，抽采负压为 108 mmHg，3 号钻孔瓦斯抽采浓度稳定，抽采效果如图 6-36、图 6-37 所示。4 号钻孔的钻孔平均抽采浓度为 27%，节流很小，而且无太大变化，混合量为 0.32 m^3/min，抽采负压为 108 mmHg，4 号钻孔瓦斯抽采浓度变化大，8 月 8 日出现了瓦斯抽采中断，从 8 月 22 日恢复正常后，呈现瓦斯浓度降低，而流量变大，大约由 0.4 m^3/min 变为 0.8 m^3/min，抽采效果如图 6-38、图 6-39 所示。

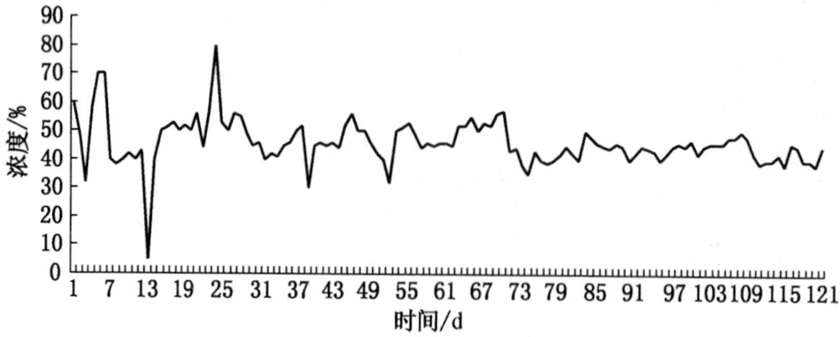

图 6-36　3 号钻孔瓦斯浓度

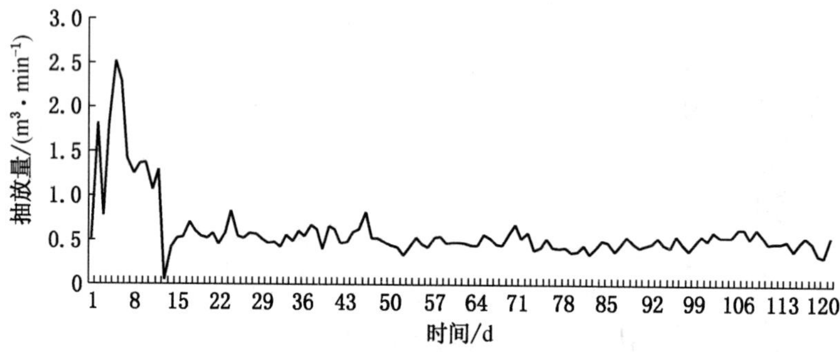

图 6-37　3 号钻孔瓦斯流量

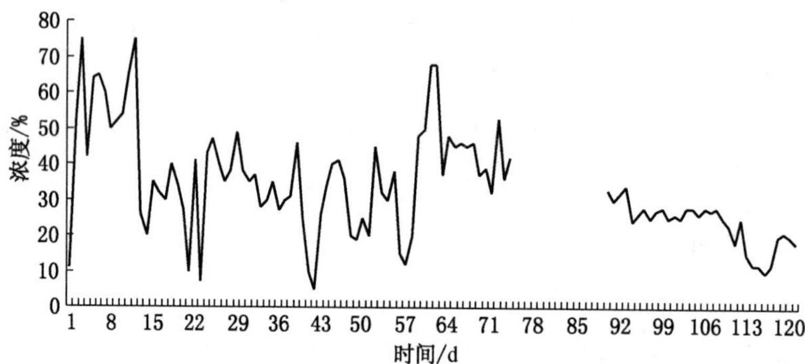

图 6-38　4 号钻孔瓦斯浓度

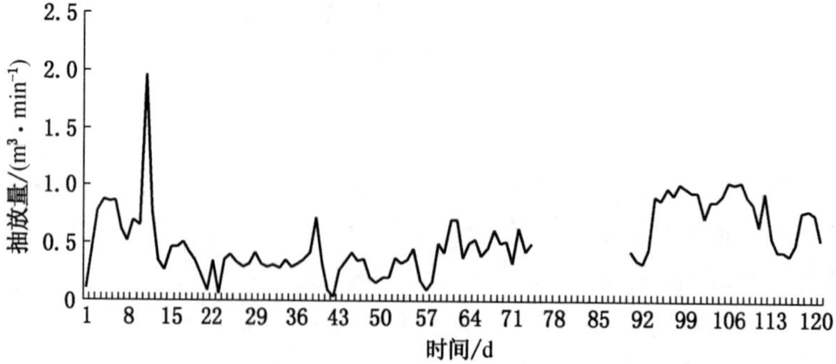

图 6-39　4 号钻孔瓦斯流量

3. 钻孔衰减系数

为了反映瓦斯抽采的效果和连续性，统计分析了在4号煤层上的4个钻孔的瓦斯流量的衰减系数。钻孔流量的衰减系数是表示钻孔瓦斯流量随时间延长呈衰减变化的系数。测定方法是测定其初始瓦斯流量 Q_0，经过 t 时间后测其流量 Q_t，因钻孔瓦斯流量按负指数规律衰减，由式（6-10）、式（6-11）确定：

$$Q_t = Q_0 e^{-at} \tag{6-10}$$

$$\alpha = \frac{\ln Q_0 - \ln Q_t}{t} \tag{6-11}$$

式中　α——钻孔流量衰减系数，d^{-1}；

Q_0——钻孔初始瓦斯流量，m^3/min；

Q_t——经过 t 时间的钻孔瓦斯流量，m^3/min；

T——时间，t。

选取抽采稳定后的数据来计算。选取8月1日的瓦斯流量为开始流量，选取9月23日的流量经过 t 时间的钻孔瓦斯流量，其中共计54 d，完全符合《矿井瓦斯抽采管理规范》中的规定（>10 d）。由于各个钻孔在单天的流量有一定变化，因此各取10 d内的平均流量作为各个钻孔抽采流量的初始流量 Q_0 和 t 时间后的钻孔瓦斯流量 Q_t，经计算，各钻孔流量变化和各个钻孔的衰减系数见表6-7。

表6-7　各钻孔的瓦斯流量衰减系数表

钻孔流量	1号钻孔	2号钻孔	3号钻孔	4号钻孔
初始瓦斯流量/($m^3 \cdot min^{-1}$)	1.025	4.79	4.97	0.494
t 时间后瓦斯流量/($m^3 \cdot min^{-1}$)	0.703	2.75	4.55	0.617
对应衰减系数 α	$6.981e^{-3}$	0.01	$1.63e^{-3}$	$-4.111e^{-3}$

由于4号煤层上邻近层的岩性相近，故求其钻孔的平均衰减系数为考察目标。设钻孔的平均衰减系数为 α_p，由式（6-12）确定：

$$\alpha_p = \alpha_1 + \alpha_2 + \alpha_3 \tag{6-12}$$

计算得到 $\alpha_p=0.006$。因此，推断确定了4号煤层上邻近层为可抽岩层。

根据以上计算结果分析可知：1号钻孔衰减系数约为0.007；3号钻孔的衰减系数约为0.0016；3号钻孔已经达到容易抽采的标准，2号钻孔的抽采衰减系数约为0.01，但其作为1号钻孔的有益补充，抽采浓度大，因此衰减系数略大些，仍在可抽煤层范围内。

4号钻孔的瓦斯衰减系数，由式（6-6）计算得到 $\alpha_4=0.005$。其中，Q_0 为8月23日到9月1日的瓦斯流量平均值；Q_t 为9月14日到9月23日的瓦斯流量平均值，T 从8月23日到9月23日，共计32天。

得到4号钻孔的瓦斯抽采衰减系数为0.005，亦可以判断4号煤层的上邻近层为可抽岩层。

通过上述分析知道，几个钻孔的抽采衰减系数完全符合《矿井瓦斯抽采管理规范》中的相关规定，确定了4号煤层的上邻近层属于可以抽采的岩层，而且钻孔抽采效果较稳定，可持续抽采较长时间，实现了工作面的上邻近层瓦斯共采。

6.4.2 德国 ARD-250 型钻机应用

6.4.2.1 ADR-250 型钻机顺层孔的应用

1. 布孔方式的选择

在沙曲二矿 4301 工作面采用 ADR-250 型钻机在回风巷内打顺层倾向钻孔。这种沿层孔可分为扇形孔或平行孔。下面对扇形孔和平行孔进行对比分析，以选择合适的布孔方式。

扇形孔的优点：①用一个钻场打钻能抽采 40 ~ 80 m 煤体的瓦斯，无须经常移动钻机和钻具，可降低打钻成本；②一个钻场只用一个放水器，并且在测量和管理上也较方便。

扇形孔的缺点：①钻孔煤体中分布不均匀，导致抽采瓦斯的不均匀性；②在采煤工作面推进过钻场后，钻孔的维护较为复杂；③在扇形孔孔口周围，松散煤体增加了钻孔吸入空气的可能；④不能利用抽采钻孔湿润煤体。

沿层钻孔通常采用平行布孔方式，只是在回采前打钻时间紧迫的情况下，布孔才是不均匀的，即离开切眼较近的地带，钻孔密度较大，以便在较短的时间内尽可能多抽出一些瓦斯，在一般情况下，都是等距离布孔。布孔的参数多数国家都相差不多，钻孔长度一般为采煤工作面长度的 80% ~90%，钻孔间距取决于煤层的天然透气性。孔距可在 8 ~ 25 m 之间。采区预抽率一般都在 25% ~30% 之间。

平行孔的优点：①可均匀地抽采煤体瓦斯；②可利用抽采钻孔注水湿润煤体；③对打较长定向钻孔较为有利；④孔口部分煤体破坏比扇形孔小。

平行孔的缺点：①钻孔的控制、维护比较分散；②增加了钻场的数目；③增加了与瓦斯管连接配件（如放水器等）的数量。

根据沙曲二矿的具体情况，以及 ADR-250 型钻机钻孔长度较长、孔径较大等钻机性能，可选择平行钻孔的布孔方式。

2. 钻孔参数的确定

（1）钻孔直径。ADR-250 型钻机的钻孔直径达到了 250 mm，根据孔径大，钻孔暴露煤面积亦大，则钻孔瓦斯涌出量也较大的原则，250 mm 的孔径对瓦斯抽采是很有利的。同时钻孔的孔径不是越大越好，当钻孔达到一定值时，钻孔的抽采量增长很小，甚至不再增长，根据经验钻孔孔径达到 200 mm 能够取得比较理想的抽采效果，因此 250 mm 的钻孔孔径也是合理的。

（2）钻孔长度。ADR-250 型钻机的理论钻孔长度为 250 m，根据 4301 工作面的倾向长度为 220 m，设计钻孔的长度为 200 m。长钻孔可以增加抽采量和效益。

（3）钻孔间距和抽采时间。钻孔间距应当小于或等于钻孔有效排放半径的 2 倍。钻孔间距与煤层的透气性系数 λ 和瓦斯压力有关，煤层的透气性系数越高，钻孔抽采效果越好，钻孔间距可以适当加大，随着远离钻孔，其瓦斯压力越来越接近原始压力值。钻孔间距的选择参看钻孔间距选用参考值（表 6-8）。沙曲二矿 4 号煤层的透气性系数是 3.524 ~ 3.785 $m^2/(MPa^2 \cdot d)$，根据表 6-8 以及 ADR-250 型钻机的性能、沙曲矿的具体情况，取钻孔间距为 10 m。

表6-8　钻孔间距选用参考值

煤层透气性系数/[$m^2 \cdot (MPa^{-2} \cdot d)^{-1}$]	钻孔间距/m	备　注
$<10^{-3}$	—	先采取卸压增透措施后，才能抽采
$10^{-3} \sim 10^{-2}$	2~5	
$10^{-2} \sim 10^{-1}$	5~8	
$10^{-1} \sim 10$	8~12	
>10	>10	

钻孔排放时间可由采、掘、开拓的接替关系给出的时间来确定，但最大值为 T_j，当排放时间达到 T_j 时，钻孔的瓦斯流量已趋于枯竭，T_j 可按式（6-9）确定。

（4）抽采负压和封孔长度。钻孔抽采负压选择范围为 13.3~26.6 kPa（100~200 mmHg），在选择抽采负压时应根据沙曲矿的实际经验选取。封孔长度既要保证不吸入空气又应使封孔长度尽量缩短，煤孔的封孔长度一般应在 4~10 m，实际选择封孔长度为 8 m。

3. 德国 ADR-250 型钻机在 4301 工作面钻场布置

利用 ADR-250 钻机到 14301 工作面施工本煤层瓦斯抽采钻孔。因德国 ADR-250 型钻机钻进深度可达 250 m，故 14301 工作面本煤层钻孔可采用带式输送机运输巷单侧布置，工作面长为 220 m，设计钻孔为 200 m，每 10 m 布置一个钻孔，全部钻孔为单向平行孔。工作面可采长度为 1445 m，距开切眼 15 m 处布置 1 号钻孔，在终采线处布置 144 号钻孔，总孔数 144 个，累计进尺 28800 m。为提高布孔效率，设计采用双钻机同时布孔，1 号钻机在距开切眼 15 m 处钻进 1 号钻孔的同时 2 号钻机在距开切眼 735 m 处钻进 73 号钻孔，双钻机同时钻进可使完成 144 个钻孔的工作日缩短到 288 个。

6.4.2.2　ADR-250 型钻机现场工业性试验

根据矿井瓦斯抽采规律的研究、施工工艺和瓦斯抽采系统等相关要求，选择沙曲一矿 4207 工作面进行工业试验，确定了应用 ADR-250 型钻机钻进方案以及相关的参数。在 4207 工作面一横贯处布置一个煤层试验钻孔，在六横贯和七横贯之间设立一个钻场，布置 5 个钻孔，替代工作面倾向高抽巷抽采 4 号煤层的上邻近层瓦斯，其目的是降低 4 号煤层回采过程中的瓦斯含量，提高 4207 工作面回采工作的安全性。

1. 沙曲二矿 4207 工作面一横贯处煤层试验钻孔瓦斯抽采应用分析

该钻孔布置于 4207 工作面带式输送机运输巷中，位于工作面第一横贯处，沿煤层钻进，为煤层钻孔（图 6-40），钻孔倾角为 1°，钻场底板标高为 454 m。该钻孔的基本孔径为 250 mm，最大孔径（扩孔孔径）为 320 mm，钻孔深度设计为 185 m，实际钻进深度为 183 m，钻孔垂直与带式输送机运输巷沿煤层钻进，钻孔钻进按照普通钻孔方式钻进，采用水泥砂浆封孔。

图 6-41、图 6-42 为该煤层钻孔 9 月 1 日到 10 月 31 日的钻孔抽采记录，9 月 1 日的抽采浓度为 15%，前 50 d 的抽采浓度稳定在 15% 左右，浓度只有 1 d 超过了 20%，50 d 以后浓度逐步下降。节流稳定在 6 mmHg 左右，抽采纯量稳定在 0.24 m^3/min，抽采负压为 120 mmHg，抽采浓度较稳定，有效抽采时间为 3 个月，但抽采浓度一般。

为了反映瓦斯抽采的效果和连续性，统计分析了该煤层钻孔的瓦斯流量的衰减系数。钻孔流量的衰减系数是表示钻孔瓦斯流量随时间延长呈衰减变化的系数。测定方法是测定

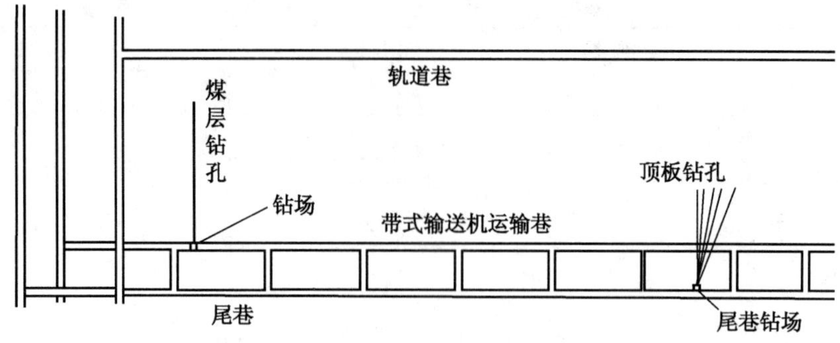

图 6-40　ADR-250 型钻机在 4207 工作面应用示意图

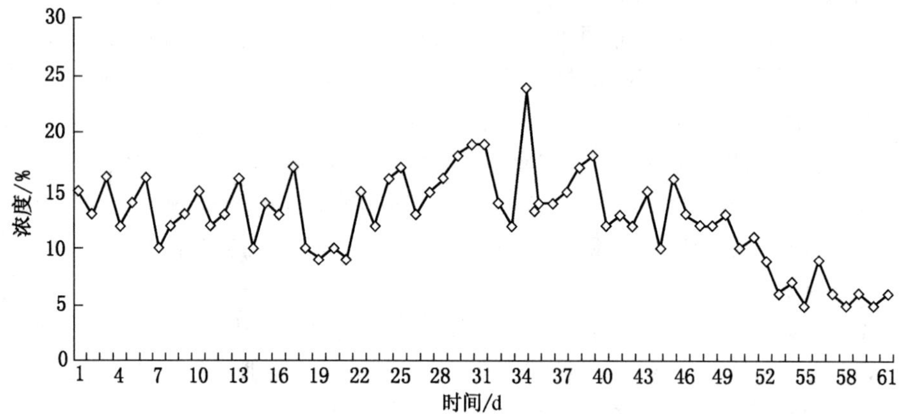

图 6-41　煤层钻孔瓦斯抽采浓度图

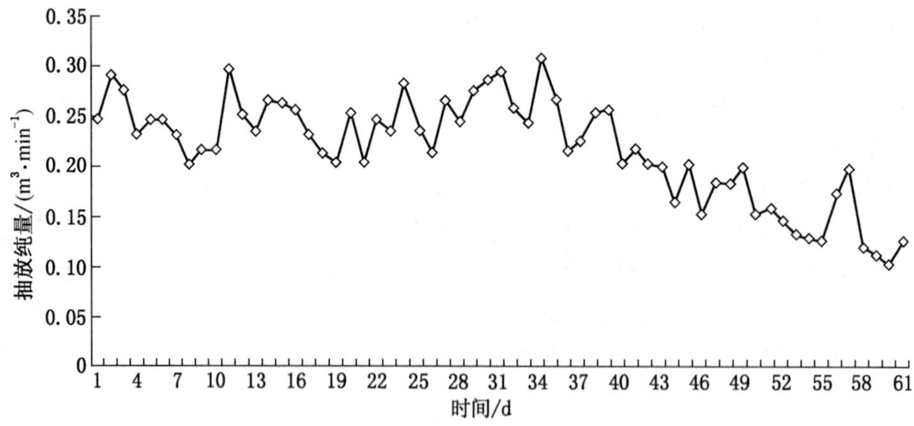

图 6-42　煤层钻孔瓦斯抽采纯量图

其初始瓦斯流量 Q_0，经过 t 时间后测其流量 Q_t，因钻孔瓦斯流量按负指数规律衰减，由式(6-6)、式（6-7）确定。

选取 9 月 1 日的瓦斯流量为开始流量，选取 10 月 20 日的流量经过 t 时间的钻孔瓦斯流量，其中共计 50 d，完全符合《矿井瓦斯抽采管理规范》中的规定（>10 d）。由于该煤层钻孔在单天的流量有一定变化，因此取 10 d 内的平均流量作为钻孔抽采流量的初始流量 Q_0 和 t 时间后的钻孔瓦斯流量 Q_t，经计算，该钻孔初始瓦斯流量为 0. 24 m^3/min，经过 50 d 以后的流量为 0. 185 m^3/min，计算钻孔的瓦斯衰减系数为 0. 2。该钻孔的瓦斯衰减系数较大，但作为单一试验钻孔也能够接受，能够用于瓦斯抽采。

2. ADR-250 型钻机替代倾向高抽巷应用

钻场设计在 4207 工作面六横贯和七横贯之间，布置在 4207 工作面尾巷处，钻孔为顶板岩层钻孔（图 6-43)，施钻 5 个上邻近层钻孔替代倾向高抽巷抽采瓦斯（图 6-44)。

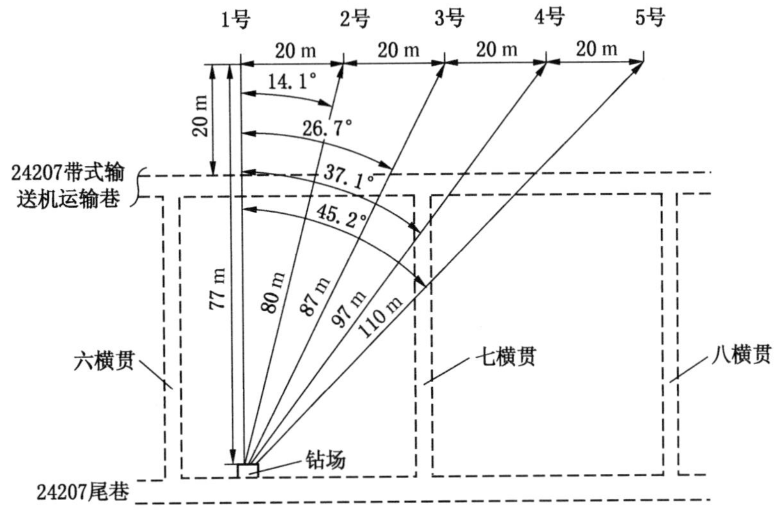

图 6-43　钻孔布置俯视图

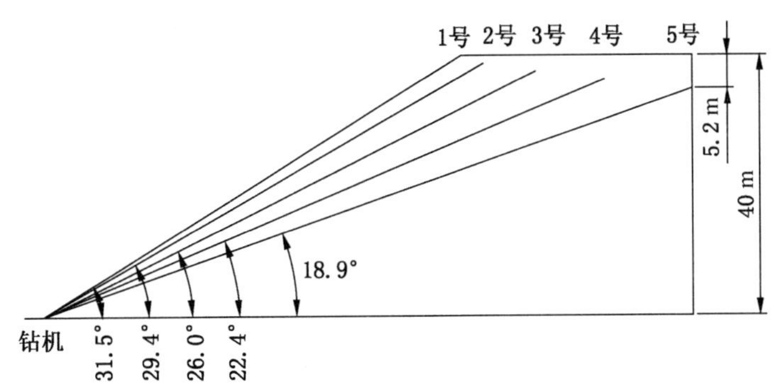

图 6-44　钻孔布置剖面图

在该钻场中利用 ADR-250 型钻机施钻 5 个钻孔，分别为 1 ~5 号钻孔。

1 号钻孔深度为 77 m，倾角为 32°，方位正对带式输送机运输巷方向。2 号钻孔深度为 80 m，倾角为 29°，方位为垂直巷道方向向开切眼方向偏移 14°。3 号钻孔深度为 87 m，倾角为 26°，方位为垂直巷道方向向开切眼方向偏移 27°。4 号钻孔深度为 97 m，倾角为 22°，方位为垂直巷道方向向开切眼方向偏移 37°。5 号钻孔深度为 110 m，倾角为 19°，方位为垂直巷道方向向开切眼方向偏移 45°。

在施钻过程中应注意以下问题：

（1）钻孔开孔间距约为 0. 6 m，可根据实际情况相应调节。

（2）因巷道为下山巷道，平均每 20 m 标高下降 1. 3 m，所以倾角也相应下降。

（3）因钻杆比较重，钻孔轨迹下垂，可相应调高钻孔倾角。

（4）5 个钻孔位于带式输送机上方的钻孔轨迹到带式输送机运输巷顶板的法距约为 24 m，为 6 倍采高。

6. 4. 3　澳大利亚 VLD-1000 型钻机应用

6. 4. 3. 1　施工地点概况

施钻地点分别位于沙曲二矿回风大巷 400 m 处左钻场、856 m 处左钻场、1137 m 处左钻场、1220 m 处左钻场、1410 m 处左钻场、1532 m 处左钻场，向五采区空白区域施工 4 号煤层钻孔，如图 6-45 ~ 图 6-47 所示。

6. 4. 3. 2　钻孔参数设计

钻孔设计在回风大巷 400 m 处左钻场、856 m 处左钻场、1137 m 处左钻场、1220 m 处左钻场、1410 m 处左钻场、1532 m 处左钻场，每个钻场布置 8 个钻孔，钻孔开孔间距为 0. 6 m，孔口距离底板 1. 5 m，开孔倾角为 5°，终孔间距为 20 m，目标方位角为 54. 5°，4 号煤层厚度约为 2 m，钻孔开孔以 5°钻进，沿 4 号煤层施工，钻孔设计孔深 400 m（表 6-9）。

6. 4. 3. 3　施钻要求

（1）采用 VLD-1000 型钻机，孔径均为 96 mm，扩孔、封孔长度为 12 m，封孔采用 5 英寸聚乙烯管水泥注浆封孔。封孔时 5 英寸聚乙烯管必须大头朝外并套 5 英寸铁法兰盘用于连孔。钻孔与集中式放水器之间使用 5 英寸变 4 英寸的变头和 4 英寸埋线管进行连接，集中放水器与瓦斯管路之间使用 219 mm 埋线管进行连接，每一个钻孔施工完毕后，必须连接到集中式放水器上，以便抽放观测记录、调整抽放参数和放水。

（2）缓冲式孔口四通的出气口与第 1 个气水渣分离器上部 4 英寸接口用 4 英寸埋线管连接，同时第 1 个气水渣分离器必须串联 2 个气水渣分离器且 3 个气水渣分离器分别和瓦斯管路连接一趟负压，第 3 个气水渣分离器 4 英寸接口连接缓冲囊袋（囊袋规格：长 5 m，直径 1 m，容积不少于 5 m^3），所有连接处必须加皮垫，用螺丝拧紧，所有法兰盘上的螺丝上全，确保无抽空、漏气现象；3 个气水渣分离器必须依次从高到低摆放整齐，并且保证出水口处出渣正常；防喷装置的盘根及时更换，不得有漏气现象。

（3）开孔时尽量避开锚杆等，若出现废孔，则必须进行补孔。

（4）由于钻场空间的限制和钻场内帮锚位置的影响，现场钻孔布置可以根据施工环境和地质条件进行调整。

（5）钻孔施工过程中，施钻人员要详细记录钻孔倾角、方位角、孔深、见煤岩以及瓦斯大小等情况。

6. 4. 3. 4　应用效果

1. 长距离大孔径千米钻孔替代倾向高抽巷分析

（1）布置分析。倾向高抽巷是在工作面尾巷或回风巷沿工作面倾向方向掘进的一条巷道，巷道经过爬坡到工作面顶板裂缝带再沿工作面倾向掘进一定长度的巷道抽采瓦斯。抽采瓦斯巷道的数量根据巷道抽采瓦斯有效距离和开采走向长度而定，这种抽采法不受开采走向长度的限制。布置如图 6-15、图 6-16 所示。

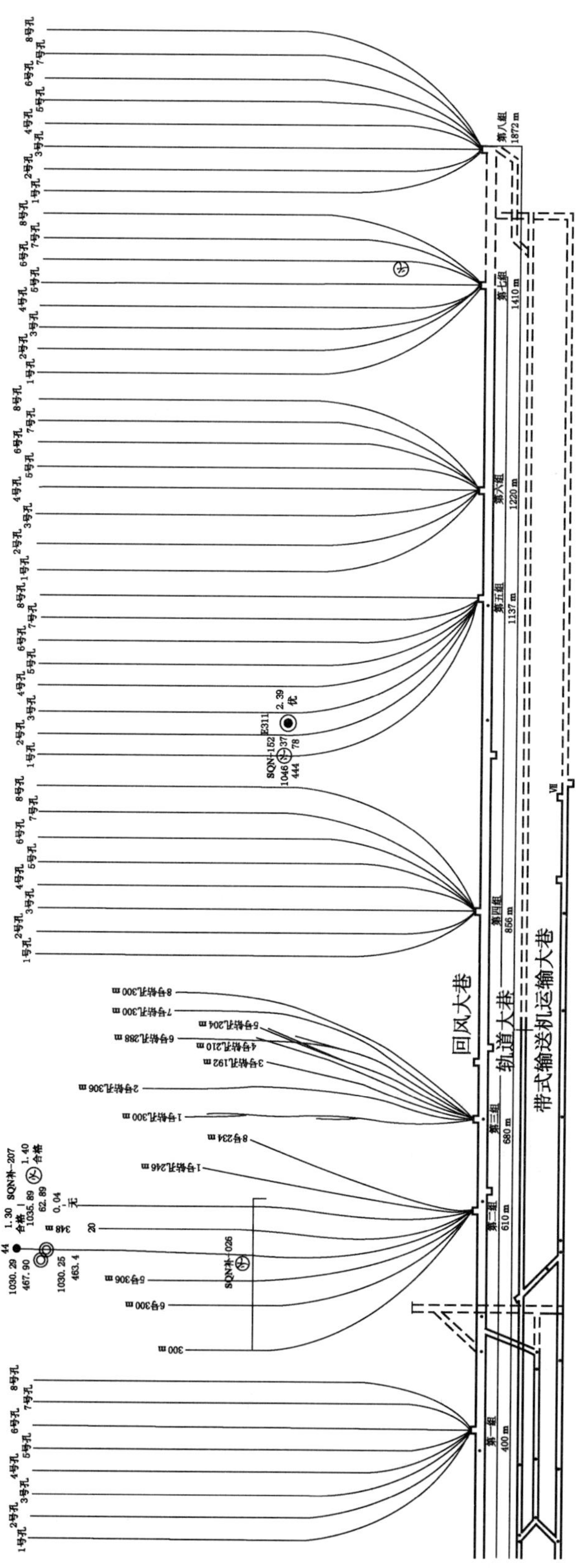

图6-45 回风大巷区域预抽钻孔俯视图

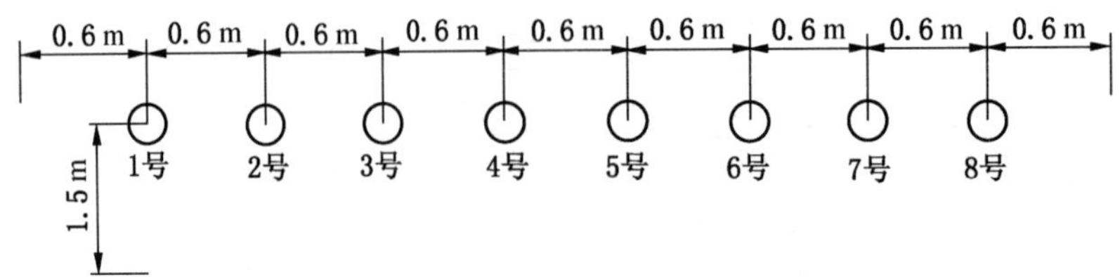

图 6-46 回风大巷区域预抽钻孔正视图

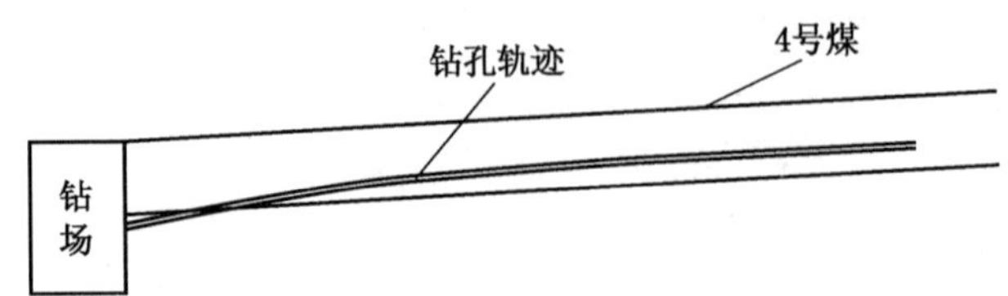

图 6-47 回风大巷区域预抽钻孔剖面图

表 6-9 回风大巷区域预抽钻孔参数

孔　号	1号	2号	3号	4号	5号	6号	7号	8号
目标方位角/(°)	54.5	54.5	54.5	54.5	54.5	54.5	54.5	54.5
开孔倾角/(°)	5	5	5	5	5	5	5	5
孔深/m	400	400	400	400	400	400	400	400

沙曲矿澳大利亚 VLD-1000 型钻机的钻孔可以在空间方向上任意改变方向。利用钻孔的可弯曲性，在工作面回风巷或尾巷布置钻场，利用先进的钻机钻进可弯曲钻孔，使钻孔位于工作面顶板裂缝带内。布置如图 6-17、图 6-18 所示。

(2) 可弯曲钻孔代替倾向高抽巷分析。走向高抽巷掘进时间长，掘进费用高。可弯曲钻孔的抽采效果要好于普通的钻孔，布置 4 个钻孔就能达到倾向高抽巷的抽采范围，抽采效果也能够满足抽采要求，如图 6-19 所示。

从图 6-19 可以看出定向可弯曲钻孔相对于常规钻孔，定向弯曲钻孔的安全抽采距离要长，钻孔轨迹在有效瓦斯抽采区域的长度能平均延长 6 m，且延长段均在高瓦斯浓度区域，抽采范围大，抽采瓦斯容易管理，在一个钻场钻进几个钻孔，能够替代倾向高抽巷抽采瓦斯。

2. 瓦斯抽采分析

图 6-48、图 6-49 为煤层钻孔 2017 年 12 月 11 日至 2018 年 3 月 8 日的钻孔抽采记录，12 月 11 日的抽采浓度为 33%，前 20 d 的抽采浓度稳定在 60% 左右，20 d 以后浓度逐步上升到 30 d 的前后开始下降，最后趋于稳定。节流稳定在 6 mmHg 左右，抽采纯量稳定在 0.4193 m^3/min，抽采负压为 17.6 mmHg，抽采浓度较稳定，有效抽采时间为 2 个月，但抽采浓度一般。

为了反映瓦斯抽采的效果和连续性，统计分析了该煤层钻孔的瓦斯流量的衰减系数。钻孔流量的衰减系数是表示钻孔瓦斯流量随时间延长呈衰减变化的系数。测定方法是测定

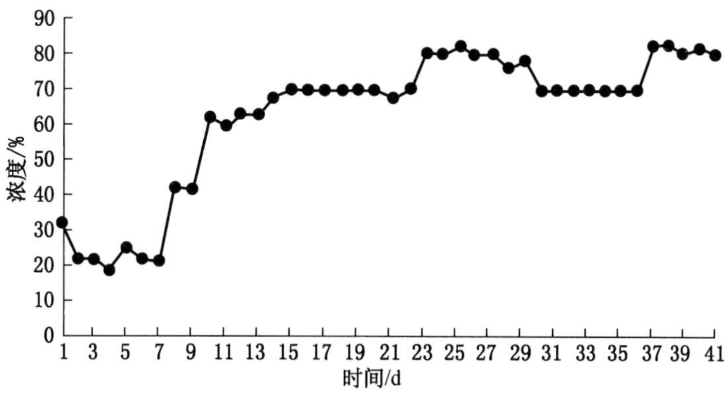

图 6-48 煤层钻孔瓦斯抽采浓度图

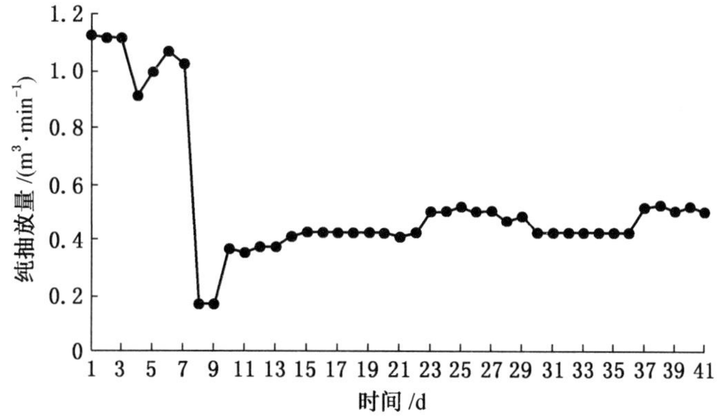

图 6-49 煤层钻孔瓦斯抽采纯量图

其初始瓦斯流量 Q_0。经过 t 时间后测其流量 Q_t，因钻孔瓦斯流量按负指数规律衰减，由式（6-6）、式（6-7）来确定。

选取 12 月 11 日的瓦斯流量为开始流量，选取 3 月 8 日的流量经过 t 时间的钻孔瓦斯流量，其中共计 40 d，完全符合《矿井瓦斯抽采管理规范》中的规定（> 10 d）。由于该煤层钻孔在单天的流量有一定变化，因此取 10 d 内的平均流量作为钻孔抽采流量的初始流量 Q_0 和 t 时间后的钻孔瓦斯流量 Q_t。经计算，该钻孔初始瓦斯流量为 1.123 m^3/min，经过 40 d 以后的流量为 0.4956 m^3/min，计算钻孔的瓦斯衰减系数为 0.02，瓦斯衰减系数完全符合《矿井瓦斯抽采管理规范》的相关规定，而且钻孔抽采效果较稳定，可持续抽采较长时间，作为单一试验钻孔能够用于指导瓦斯抽采。

6.4.4 ZYL-17000D 型钻机应用

6.4.4.1 工作面概况

沙曲二矿 4901 回风巷在九采区瓦斯预抽一巷里程 1479 m 开口以方位角 321°开口，巷道沿 5 号煤层顶板施工 73 m 后，再以 8°上山施工，预计施工 46 m 揭露 4 号煤层，揭露 4 号煤层后沿煤层顶板掘进。4901 回风巷沿 5 号煤层施工段地质结构较简单，整体呈单斜构造，局部含小型断裂构造，4 号煤层与 5 号煤层间距为 6.3 m。通风系统采用机械压入式通风，钻孔施工时利用巷道内 ϕ320 mm 抽放管路带抽。

6.4.4.2　钻孔布置及施工参数

1. 钻孔设计

钻孔布置在4901回风巷，共布置5个钻孔。工作面正前布置1个钻孔，左、右钻场各布置2个钻孔。3号钻孔布置在巷道中间，开孔高度距巷道顶板0.5 m。1号、2号钻孔布置在左钻场，开孔间距为1 m，开孔高度距巷道顶板0.5 m，终孔端辐射到巷道中心线左边各22 m、10 m位置。4号、5号钻孔布置在右钻场，开孔间距为1 m，开孔高度距巷道顶板0.5 m，终孔端辐射到巷道中心线右边各10 m、22 m位置，钻孔以5°开孔，预计爬升60 m后见4号煤层后再沿4号煤层施工，4901回风巷预抽钻孔参数见表6-10，钻孔布置图如图6-50 ~ 图6-52所示。

表6-10　4901回风巷预抽钻孔参数表

孔　号	目标方位角/(°)	开孔方位角/(°)	开孔倾角/(°)	孔深/m
1号	321.4	311	+5	620
2号	321.4	316	+5	610
3号	321.4	321	+5	600
4号	321.4	326	+5	610
5号	321.4	331	+5	620

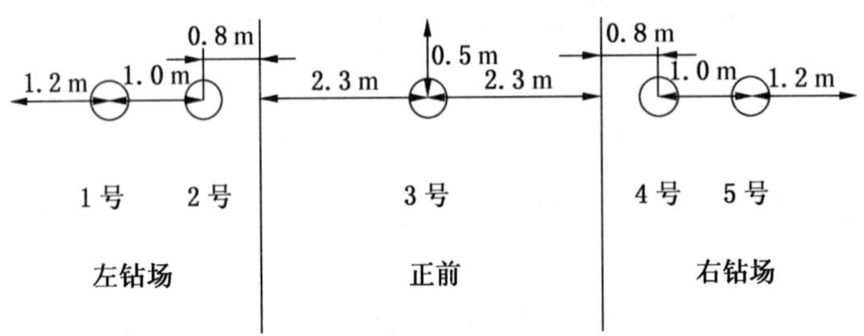

图6-50　4901回风巷预抽钻孔正面图

2. 施工要求

（1）采用ZYL-17000D型钻机施工，孔径均为120 mm，扩孔、封孔长度为12 m，封孔采用5英寸PVC管水泥注浆封孔。封孔时，5英寸PVC管必须大头朝外并套5英寸铁法兰盘。钻孔与集中式放水器之间使用4英寸埋线管进行连接，集中放水器与瓦斯管路之间使用219 mm的埋线管进行连接，每一个钻孔施工完毕后，必须连接到集中式放水器上，以便抽放观测记录、调整抽放参数和放水。

（2）开孔时尽量避开锚杆等，若出现废孔，则必须进行补孔。

（3）由于钻场空间的限制和钻场内帮锚位置的影响，现场钻孔布置可以根据施工环境和地质条件进行调整。

（4）钻孔施工过程中，施钻人员要详细记录钻孔倾角、夹角、深度、见煤岩情况，并书面报送防突科及地测科。在施工3号钻孔时每50 m进行一次探顶，其他钻孔每100 m

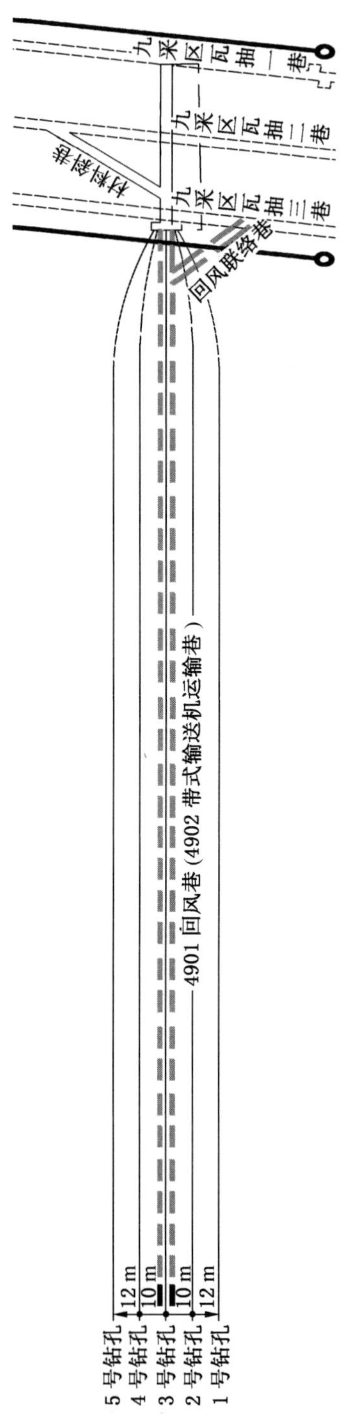

图 6-51　4901 回风巷预抽钻孔平面图

进行一次探顶。

（5）在施工钻孔时要参照施工 4902 运输巷和 4901 轨道巷时遇到的地质构造，进行钻孔轨迹的调整。

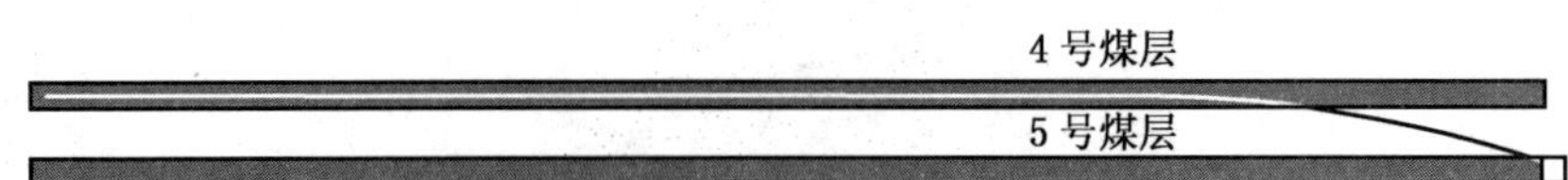

图 6-52　4901 回风巷预抽钻孔剖面图

6.5　小结

（1）沙曲二矿自 2009 年瓦斯抽采历经了德钻 DDR-1200、ARD-250、澳钻 VLD-1000、ZYL-17000D 型钻机大孔径千米定向钻进技术的沿革历程。

（2）德钻 DDR-1200 及 ARD-250 可应用于工作面顶底板裂缝带瓦斯抽采，由于受本身钻机性能的限制，对于本煤层区域、局部瓦斯预抽的效果不太理想，基于此沙曲二矿创新性地采用了 ZYL-17000D 型钻机大孔径千米定向钻进技术，该技术既可以满足对于煤层顶底板瓦斯的抽采的需求，又可实现对于本煤层区域、局部瓦斯预抽。

（3）近距离高突煤层群工作面实施高、中、低——“三位一体”的立体瓦斯抽采模式，即采用顶板高位千米走向大孔径定向钻孔抽采上邻近层及采空区瓦斯、采用大孔径长距离钻孔抽采本煤层瓦斯、底板千米走向大孔径定向钻孔抽采下邻近层瓦斯，是实现井下工作面煤与瓦斯立体共采技术的重要途径。

7　井上下联合抽采煤与瓦斯共采技术

井上地面瓦斯抽采是一种典型的以开发原始煤层瓦斯为前提的瓦斯治理与商业性开发相结合的模式。通过地面钻井压裂后，裂缝与地质构造相沟通，可以提前将煤层及其顶、底板中积聚的瓦斯释放，因此煤层气采前地面预抽可以有效降低煤层的储层压力，只要抽采达到一定时间，就能从根本上解决煤层的瓦斯突出问题。

井下瓦斯抽采是一种典型的以防治煤矿瓦斯事故为宗旨的井下抽采模式。通过半个多世纪的发展，煤矿井下瓦斯抽采技术已形成了较为完善的系列技术。根据以往井下抽采情况，要想寻找一种高效的抽采方式或技术比较困难。为寻求高效抽采技术，突破现行的地面开发或井下抽采的局面，采用井上下联合抽采技术，有利于实现煤矿安全高效生产。沙曲煤矿开创性地采用了地面多分支水平井与井下钻孔对接高效预抽煤层瓦斯技术，通过将地面多分支水平井技术和井下钻孔抽采瓦斯技术进行有效的结合，不仅保留了两者各自的优势，同时也克服了地面和钻孔抽采过程中存在的缺陷和不足，为突出煤层群的开采提供了新的思路和技术。

7.1　井上下瓦斯治理技术分析

7.1.1　地面钻井瓦斯抽采技术及适用条件分析

7.1.1.1　地面瓦斯抽采技术及适用条件

地面钻井瓦斯抽采是从地面施工钻井至开采煤层，通过地面泵站抽采本煤层和邻近层受采动影响产生的卸压瓦斯和采空区瓦斯。地面钻井既能超前抽采本煤层工作面前方受开采影响的卸压瓦斯和采空区的高浓度瓦斯，又能抽采受采动影响的邻近层卸压瓦斯，并且由于其抽采的瓦斯浓度高、流量大而可以得到充分利用。

1. 系统特点

（1）受井下生产制约少、便于管理，管路容易维护，不影响井下生产。

（2）可实现“一井三用”（工作面前方本煤层抽采、邻近层卸压瓦斯抽采和采空区抽采）。

（3）量大、稳定、浓度高。

（4）减少井下岩石巷道工程，减少掘进头面，利于通风和防火管理。

2. 适用条件

（1）赋存稳定、渗透性好的煤层。

（2）少数低透气性煤层矿区，可以配合水力压裂等措施进行地面钻孔抽采瓦斯。

（3）抽采松软低透性被保护煤层的卸压瓦斯。

因此，地面钻孔开采采空区或采动区瓦斯是煤层气开发的一个重要发展方向。

3. 地面钻井分类

（1）地面直井（含防突井）。地面直井是从地面施工的垂直井，钻穿全部目标煤层，对目标煤层实施压裂增产措施后，从地面抽采，单井的服务年限一般在 15 a 以上。其中，在沙曲二矿五年规划区内施工的防突井，只钻穿 4 号、5 号煤层，压裂后从井下巷道向压裂区域施工配套钻孔进行抽采，防突压裂井如图 7-1 所示。

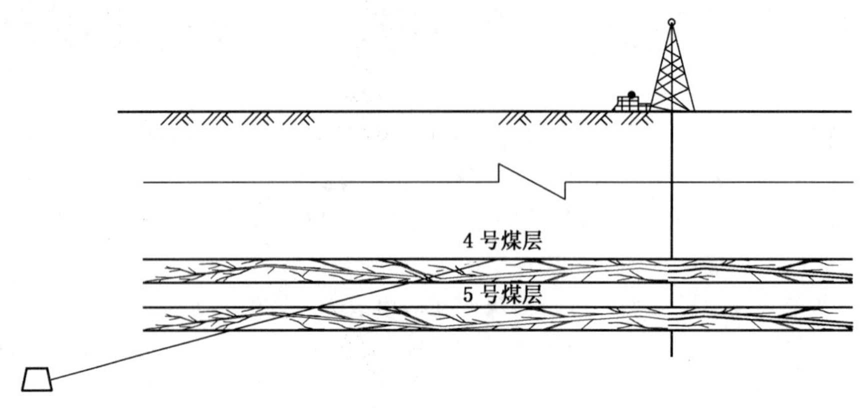

图 7-1　防突压裂井剖面示意图

(2) 地面定向井/斜井。定向井/斜井是从一个地面进场，沿着不同的井斜和方位施工数个井眼，分别钻进至目标煤层，形成一个井组，实施压裂增产措施后，从地面进行抽采，单井的服务年限一般在 10 ~ 15 a。利用定向井/斜井技术可以在同一井场内施工多个井孔，减少地面井场占地、修路投入。

(3) 地面多分支水平井。地面多分支水平井是从地面施工定向井，进入目标煤层后改为水平钻进，在目标煤层中形成数个主支和大量的分支，以增大控煤面积；再从地面施工一个或多个直井与主支对接；在直井中安装排采设备进行抽采，服务年限一般为 10 a 左右。

(4) 多分支水平对接井。从井下巷道中向目标煤层施工对接钻孔；从地面向目标煤层施工多分支水平井主支、分支，应用旋磁引导技术使多分支水平井的主支与对接钻孔实现连通/对接；再将井下对接钻孔接入煤矿瓦斯抽采系统进行负压抽采。

与地面直井、地面定向井、地面多分支水平井相比，多分支水平对接井抽采技术有效降低了煤层的排水降压周期，从而大幅提高瓦斯抽采效率。以沙曲一矿 4307 工作面多分支水平对接井为例，只需 3 ~ 5 a 时间即可对目标煤层实现有效治理。

7.1.1.2　地面瓦斯抽采存在的主要问题

地面钻孔抽采瓦斯技术，虽在国内外已做过研究和试验，但主要是针对赋存稳定、渗透性好的煤层，少数低透气性煤层也曾配合水力压裂等措施进行过地面钻孔抽采瓦斯，但产气效果不理想。国内外对松软低透煤层地面钻孔抽采瓦斯的试验仍处于初步阶段。实践表明，对低透气性煤层进行水力压裂，产生的人工裂隙分布状况及范围直接影响到地面气井的瓦斯抽采效果和服务年限。水力压裂所形成的诱导裂缝降低或消除了煤层的近井眼伤害，强化了煤层中的天然裂隙网络，扩大了有效“井眼半径”和煤层瓦斯解吸渗流面积，加强了井眼稳定性，在井眼周围形成了有效的煤层瓦斯渗流通道，有效地提高了煤层瓦斯的抽采产能。但是，受压裂实施方案（如注入流体类型、注流体量、注砂量、注入流体/固体配比、注入速率、注入压力等）和地质因素（如局部构造应力场、煤层埋藏深度、煤层及其顶底板力学性质、天然裂隙发育程度、煤层结构、煤层产状、煤储层压力、煤层水等）的影响，不同气井的增产效果不一，尤其是诱导裂缝发育特征以及支撑剂（胶或砂）在煤层中分布规律不清，对煤层顶板和底板的贯通性不明，无法利用前期压裂实践资料为矿区后续煤层瓦斯抽采井压裂方案的合理制订提供科学依据。

7.1.2　井下本煤层瓦斯抽采技术及适用条件分析

7.1.2.1　本煤层瓦斯抽采的理论基础

本煤层瓦斯抽采，又称开采煤层瓦斯抽采，主要是为了减少煤层中的瓦斯含量和回风流中瓦斯浓度，以确保矿井的安全生产。一般认为，在顶底板岩石不透气的情况下，且掘进巷道形成后，本煤层瓦斯的流动多数可以看作是单向流动（除厚煤层外）。这种流动形成后，对相邻巷道风流中的瓦斯浓度会产生直接的影响。目前认为，在开采本煤层时，采煤工作面的瓦斯涌出通常包括两部分，即开采层的瓦斯涌出和邻近层的瓦斯涌出；而对于单一煤层开采而言，则通常只有前者，即开采后的瓦斯涌出为主。因此，开采层的瓦斯涌出量的大小，直接关系到开采层周围巷道风流中的瓦斯浓度的大小，而本煤层的瓦斯抽采，实际上主要是为了减少开采层的瓦斯涌出量。

预抽煤层瓦斯一般是属于未卸压煤层的瓦斯抽采，虽然掘进巷道或打钻孔都会造成局部卸压，但其范围一般是有限的，特别是钻孔所引起的松动和卸压范围，也只是数倍钻孔直径的距离。因此，在预抽煤层瓦斯时，基本上仍按原始煤层条件下的瓦斯流动状态考虑。

煤是一种多孔介质，煤中包含着各种不同的孔隙，由直径几十纳米的微孔直到肉眼可见的孔隙和裂隙（2 ~ 10 cm）。瓦斯在煤中的赋存状态，包括游离和吸附两种状态，在一定的瓦斯压力条件下，仅是游离状态的瓦斯可以流动，而吸附瓦斯只有当瓦斯压力降低时、发生解吸后转为游离瓦斯才能参与瓦斯流动。因此，煤层中的瓦斯流动，则是一个比较复杂的问题。

国内外许多学者研究认为，大孔和裂隙中的瓦斯是以层流或紊流形式流动为主；而过渡孔和微孔中，则是以吸附和扩散为主。因此，煤层中瓦斯的流动包括解吸、扩散和渗透各个过程。而在较小孔隙中的瓦斯扩散速度要比在大孔和裂隙中的渗透速度小得多。因此，一般情况下，预抽煤层瓦斯需要经历较长的时间才能达到预期的目的。而未卸压煤层的瓦斯抽采效果，则主要取决于从煤体向钻孔涌出瓦斯的强度和延续时间，这两者又取决于煤体中的瓦斯压力和透气性。瓦斯压力是煤层中瓦斯流动的动力或势能，透气性则是反映瓦斯在煤层中流动的难易程度。

钻孔法抽本煤层瓦斯，由于具有施工简便、成本低、抽采瓦斯浓度较高的优点，在我国煤矿中得到了广泛的应用。目前，钻孔法预抽本煤层瓦斯主要有两种布置方式，即穿层钻孔布置方式和顺层钻孔布置方式。当采用穿层钻孔预抽时，钻场可设在底板岩石巷道或邻近煤层巷道，向开采层打穿层钻孔，经过抽采后再进入煤层进行采掘。从而可以解决掘进和采煤过程中的瓦斯问题。当采用顺层钻孔布置方式时，则一般是利用提前开掘出的采区煤巷，沿煤层打顺层钻孔，经过抽采后再进行回采，以解决回采过程中瓦斯涌出问题。

对于低透气性较难抽出瓦斯的煤层，采用常规的钻孔布置方式及参数预抽煤层瓦斯时，往往达不到所要求的抽采效果。为了解决开采层采掘工作面瓦斯涌出量大的问题，就要采用提高开采层瓦斯抽采量的其他方法，即通过各种手段，人为强迫沟通煤层内的原有裂隙网络或产生新的裂隙网络。使煤体透气性增加，这种方法也被称为强化抽瓦斯方法。

充分利用煤层开采时的矿山压力变化是提高本煤层瓦斯抽采效率的主要途径。如图 7-2 所示为工作面前方支承压力分布情况与本煤层钻孔瓦斯抽采关系，工作面前方的支承压力变化会使煤体发生不同程度的变形，导致煤体的渗透性质也发生变化，从而影响本煤层瓦斯抽采钻孔的抽采效果。

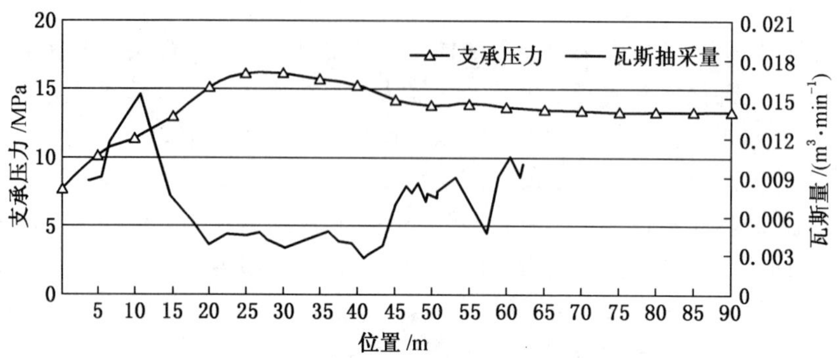

图 7-2　工作面支承压力与本煤层钻孔瓦斯抽采关系

由图 7-2 可见，工作面煤壁前方 0～10 m 范围为应力降低区；煤壁前方 10～50 m 范围为应力增高区；煤壁前方 50 m 以外则为应力稳定区（原岩应力区）。本煤层开采的瓦斯抽采量大小受制于工作面前方的支承压力作用，支承压力使煤体中的孔隙率、渗透率、瓦斯压力等力学特征发生很大变化，从而使得其瓦斯抽采呈不均衡性。煤壁前方应力降低区内，煤体受采动影响，裂隙发育，煤体强度降低，透气性急剧增高，瓦斯解吸过程加剧，呈现“卸压增流效应”，瓦斯运移通道畅通，大量抽采本煤层瓦斯；在工作面前方的应力增高区，煤岩体孔隙裂隙受挤压而封闭、收缩，使煤体透气性降低，瓦斯流量和瓦斯抽采量相应减少；在应力稳定区，煤岩体尚未受到采动影响，承受正常的应力，钻孔瓦斯流量按负指数规律自然衰减。工作面前方支承压力变化状态和瓦斯运移的变化，在空间基本一致，大体遵循同一变化规律，为此，我们将工作面前方煤体划分为 5 个区，如图 7-3 所示。

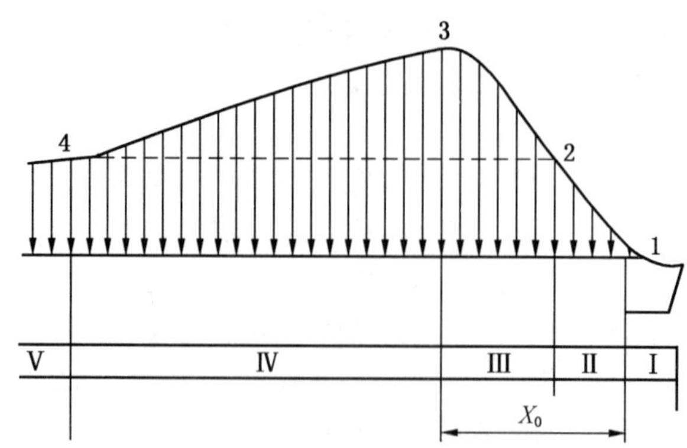

图 7-3　综放工作面前方支承压力与瓦斯运移分区

Ⅰ为无压瓦斯自由放散区：综放支架上方及掩护梁顶部，支承压力趋于零，顶煤处于松动、离散状态，其内瓦斯自由放散，并有高浓度聚集。

Ⅱ为卸压瓦斯涌出活跃区：工作面前方0～10 m范围，该区内围岩应力降低，煤层承受的压力不断减小，即产生卸压作用，煤体产生膨胀变形，渗透性增加，同时瓦斯加剧解吸，流量不断增大，因而瓦斯压力下降。据测此区内瓦斯流量约为正常状态下的3～6倍。

Ⅲ为降压瓦斯涌出变化区：工作面前方10～25 m，支承压力峰值跃过此区，随工作面推进，压力有所降低，支承压力梯度为负值；煤体中闭缩的孔裂隙逐渐扩张，瓦斯运移速度递增，瓦斯流量逐渐增大。

Ⅳ为升压瓦斯涌出变化区：工作面前方25～50 m范围，受采动影响在支承压力作用下，煤体裂隙和孔隙封闭、收缩，渗透性更差，改变了瓦斯正常涌出特性，使瓦斯流量趋于减小。

Ⅴ为稳压瓦斯正常涌出区：工作面前方50 m以外范围，该区内未受采动影响，承受正常的压力，当不考虑构造应力时，其压力值$P=\gamma H$，瓦斯动力参数保持其原始数值，钻孔瓦斯涌出量按指数规律自然衰减。

由以上5个区域内瓦斯涌出的特点可知，工作面前方25 m范围内煤层瓦斯涌出量开始逐步上升，这一区间是本煤层瓦斯抽采钻孔的最佳抽采位置，必须充分利用这一区间瓦斯涌出的特点进行瓦斯抽采。

7.1.2.2　井下本煤层瓦斯抽采技术

1. 钻孔法预抽本煤层瓦斯

1）穿层钻孔布置方式

穿层钻孔预抽煤层瓦斯的布置方式较多，如抚顺矿务局各矿、中梁山煤矿、峰峰煤矿、淮南谢二矿以及淮北芦岭煤矿等。采用穿层钻孔顶抽本煤层瓦斯时，对于透气性较好的煤层，钻孔直径为75～120 mm；对于透气性较差的煤层，钻孔直径为200～300 mm，钻孔布置的合理性则主要取决钻孔抽采瓦斯的有效影响范围。研究表明，不同的煤层条件，其抽采有效影响范围也有所不同；而共同的规律是，随着钻孔抽采时间的延长，可逐渐扩大有效影响范围，但到一定距离后将不再扩大。根据原抚顺矿务局龙风矿的抽采实践表明，当钻孔的瓦斯流量下降到0.1 m^3/min以下时，失去抽采价值，而此时煤层的残余瓦斯压力约为0.2 MPa。由此暂且认为0.2 MPa可作为不再进行抽采的临界压力；不同预抽时间后的瓦斯压力下降曲线，与上述临界压力线的交点所对应的距离，就是不同抽采时间内的瓦斯抽采有效影响范围。

煤层透气性越高，钻孔抽采瓦斯的有效影响范围越大。煤层透气性越低，钻孔抽采瓦斯的有效影响范围越小。因此，在确定抽采钻孔的合理布置时，应根据各个矿井的开拓、开采条件，以及可能安排的预抽时间，确切掌握钻孔须抽煤层瓦斯在时间和空间上的关系，以便获得最佳抽采效果。

2）顺层钻孔布置方式

在巷道进入煤层后，再沿煤层打钻孔，抽采本煤层中瓦斯的方式为顺层钻孔布置方式。该方式可用于石门见煤处、煤巷和采煤工作面。国内广泛采用在工作面的开切眼、运输巷和回风巷均匀布置钻孔，抽采一段时间后再进行回采，以减少回采过程中的瓦斯涌出量。

顺层钻孔布置方式的优缺点：①钻场设在运输巷、回风巷或开切眼内，沿煤层打钻孔

(双向孔或下向孔，平行孔或扇行孔)，钻孔平行煤层层理面，层理裂隙不易沟通，影响抽采效果；②上向孔不会积水，瓦斯涌出均衡；下向孔则相反，涌水量大时尚需排水；③在工作面运输巷打下向孔，可以长时间抽采下阶段煤层的瓦斯，瓦斯资源多，抽采效果好；同时可截取深部瓦斯，以避免涌入工作面；④扇形孔是用一个钻场打数个钻孔，减少钻机搬移，但钻孔在煤体中分布不均，封孔处易漏气；⑤平行孔在煤层中分布均匀，抽采效果好；同时工作面采至钻孔附近时可利用其进行卸压区抽采，有利于提高抽采效果。

适用条件：①单一煤层；②煤层有抽采的效果；③煤层赋存条件稳定，地质变化小；④钻孔要提前打好，有较长的预抽时间。

3）钻孔预抽本煤层瓦斯合理时间的确定

钻孔预抽本煤层瓦斯的合理时间，应根据钻孔瓦斯抽采时的衰减系数来确定，随着钻孔瓦斯衰减系数的增大，过分延长抽采时间其效果将越来越差。为了较好地表示合理抽采时间与衰减系数间的关系，一般可根据抽采瓦斯有效系数 K 来分段表示，钻孔抽采瓦斯有效性系数的表达式为

$$K=\frac{Q_f}{Q_j}\qquad Q_f=\frac{1400q_0}{a}(1-e^{-\alpha t})\qquad Q_j=1400\frac{q_0}{\alpha}\tag{7-1}$$

式中　Q_f——钻孔累计抽采瓦斯量，m^3；

Q_j——钻孔极限抽采瓦斯量，m^3；

q_0——钻孔初始瓦斯流量，m^3/min；

α——钻孔瓦斯流量衰减系数，d^{-1}。

根据现场测试表明：多数情况下，当 $K=0.95$，$\alpha\geqslant0.01\ d^{-1}$ 时，将抽采时间延长到 300 d 是毫无意义的。因此，若取 K 为 0.8 和 0.9，则其相应的有效抽采时间 t_x 为

当 $K=0.8$ 时，　　$t_x=1.609/\alpha$

当 $K=0.9$ 时，　　$t_x=2.303/\alpha$

根据上式可以看出：随着 α 值的增大，有效抽采时间急剧下降。因此只有 α 值足够小时，延长抽采时间才是最有效的。

2. 边采（掘）边抽本煤层瓦斯

边采（掘）边抽是在未经预抽或预抽时间不足的条件下，解决开采煤层采掘过程中瓦斯涌出问题的一种有效抽采方法。实质上，主要是利用采掘过程中造成的卸压作用抽采煤层中的瓦斯，以降低回采或掘进中涌入回风流中的瓦斯量。

1）边采（掘）边抽本煤层瓦斯的布置方式

(1) 边采边抽本煤层瓦斯的布置方式。边采边抽本煤层瓦斯的布置方式如图 7-4 所示，在具体实施中，应根据不同煤层的赋存状态进行，如对于厚煤层，可采用顶板钻孔布置式，其顶板钻孔可根据巷道布置方式不同，而在煤巷或岩巷内开孔，钻孔的服务时间一般较长，只要钻孔未被采穿，均可一直抽采。

采煤工作面布置的顺层预抽瓦斯钻孔，在工作面开始回采后，其前方的钻孔仍可继续抽采，这时可视为边采边抽；典型的边采边抽过程瓦斯抽采量变化规律如图 7-5 所示，工作面前方卸压带，因卸压而使钻孔瓦斯涌出量显著增加，其原因是由于在采煤工作面前方一定距离（10 m 左右）处，由于受采场应力作用过后而呈卸压状态，故而增加了瓦斯排出；当工作面过近时，则又因煤体过分破碎，造成裂隙沟通，使钻孔进入大量空气，易使

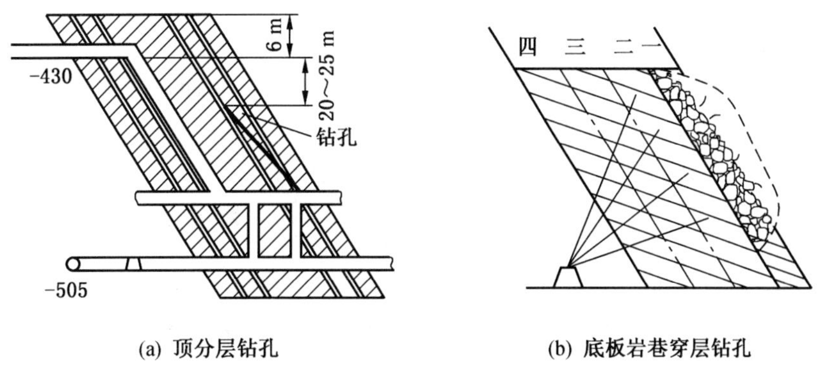

(a) 顶分层钻孔　　(b) 底板岩巷穿层钻孔

图 7-4　边采边抽本煤层瓦斯布置图

抽采瓦斯浓度过低而失去抽采作用。

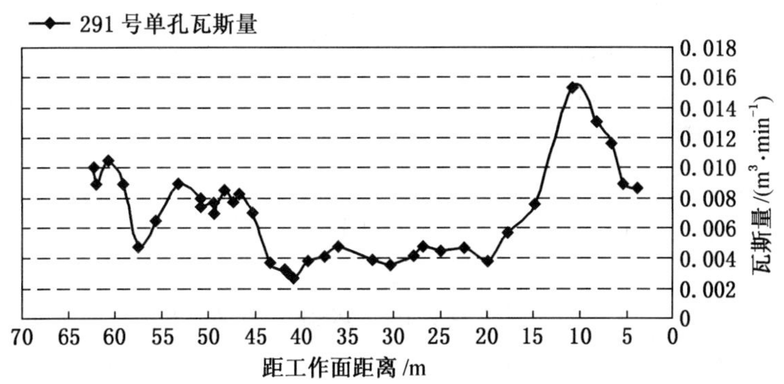

图 7-5　边采边抽钻孔瓦斯抽采量随工作面推进的变化规律

（2）边掘边抽本煤层瓦斯的布置方式。在煤巷掘进中，为了解决掘进工作面瓦斯涌出量大的问题，可采用边掘边抽的方式，利用巷道两帮的卸压条带，如图 7-6 所示，向巷道前方打钻抽采瓦斯，其孔径一般为 50～100 mm，孔深在 200 m 之内。这种边掘边抽方式，一方面可减少掘进工作面的瓦斯涌出量；另一方面通过抽采，也可达到防止瓦斯突出的目的。因此，在局部防突措施中往往也加以应用。

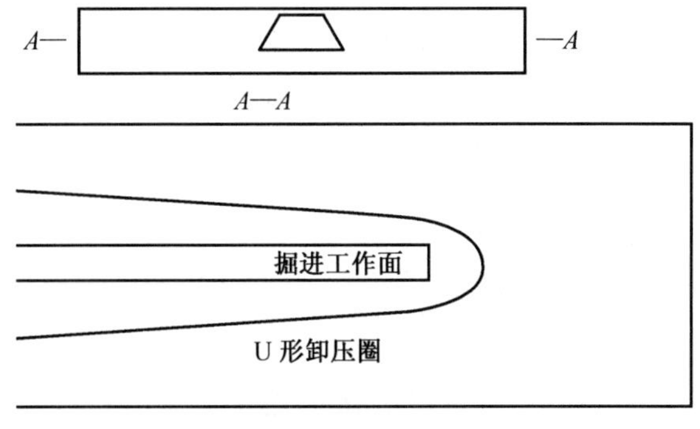

图 7-6　煤巷掘进周围煤岩体 U 形卸压圈

2）边采（掘）边抽本煤层瓦斯的适用条件

（1）适用于瓦斯涌出量大，时间紧，用预抽法不能满足要求的地区。

（2）在抽采过程中，可借助于回采过程中的卸压作用，使抽采区域煤体松动，增大煤层的透气性，提高煤层瓦斯抽采效果。

（3）在采区掘进准备工作完成后或掘进过程中进行的。因此在实际应用中可根据采区各局部地点的瓦斯量大小，投入相应的边采（掘）边抽工程量，具有较强的针对性。因此，有利于解决生产环节中瓦斯涌出量大的问题。

3. 交叉钻孔抽采本煤层瓦斯

交叉布孔法抽采瓦斯是在密集钻孔及大直径钻孔抽采瓦斯的基础上发展起来的。对于低透气性煤层，当钻孔孔径加大及数量加密到一定程度后，如再要加大、加密，则布孔位置及打钻施工就有困难，经济效益也受影响。

理论分析及模型试验认为：采用钻孔交叉布置方式，即采用平行钻孔与斜交钻孔同时布孔的方式抽采瓦斯，如图 7-7 所示，由于在钻孔空间交叉处的塑性变形加大，相当于增加了钻孔孔径，因而扩大了煤体的松动卸压范围。关键在于钻孔交叉点的空间距离不能太远，必须使两个钻孔之间的煤体变形相互能有影响；但也不能太近，如果钻孔相互贯通，则也不能增加卸压范围。

模型试验及计算结果表明，钻孔交叉点之间的高程差为 $5 \sim 8D$ 时（D 为钻孔直径）效果较好，可以认为每一个钻孔的交叉点愈多，则其卸压影响范围也愈大，抽放效果也愈好。交叉布孔能提高开采煤层瓦斯抽采量的原因，除了由于钻孔相互交叉在交叉点增加了煤体卸压程度及范围外，因钻孔相互交叉影响，可避免因某一钻孔坍塌堵塞而影响正常抽采；另外斜向钻孔容易与煤层倾向方向的节理穿通，增加瓦斯向钻孔的涌出通道，斜向钻孔还可延长钻孔在采煤工作面前方卸压带内的瓦斯抽采时间，也是其中一个原因。因而交叉钻孔可以较好地提高开采煤层的瓦斯抽采效果。

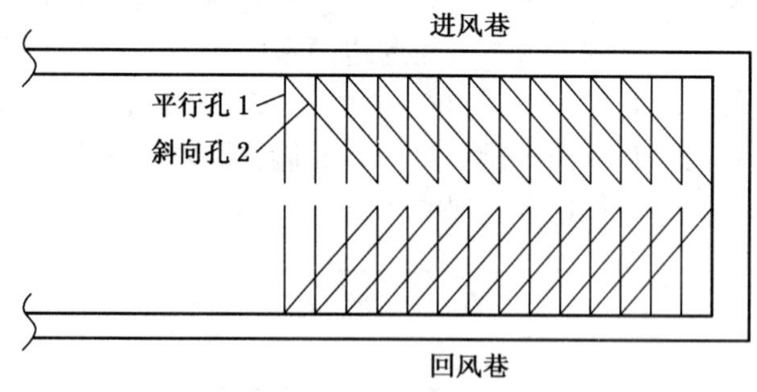

图 7-7　进、回风巷交叉钻孔整体布置示意图

1）交叉钻孔提高瓦斯抽采效果分析

（1）当交叉钻孔的高程差、孔间距、夹角和交叉点数量适宜时，平行钻孔和斜向钻孔之间由于应力的孔间叠加，钻孔的破坏区能形成相互影响带和充分影响带，在相当程度上增加了钻孔破坏区的体积，增大了孔周破坏区的连通性，提高了钻孔控制区内煤层的透气性。

（2）由于孔周破坏区的连通性的出现，使得钻孔控制区内的煤层及煤层钻孔之间形成了无数个相互连通点的复杂连通网络，这样就有效地克服了单纯平行钻孔布孔方式下由于塌孔而导致的钻孔抽不出瓦斯或抽出瓦斯量减小的缺陷；在较差钻孔布置方式下，个别或少部分钻孔的塌孔现象，不会造成抽采钻孔内塌孔而报废，相当于增加了钻孔的有效长度。

(3) 由于平行钻孔和斜向钻孔相间布置，与单纯的平行钻孔或斜向钻孔布置方式相比，总有沿伪斜布置的斜向钻孔，而这些斜向钻孔很容易穿透煤层沿倾斜或伪斜方向上的节理等，使钻孔和煤层的解理、节理以及裂隙的连通概率、频度得以增加，煤层裂隙和钻孔的连通性得以进一步改善，增大了钻孔抽采瓦斯的作用范围，同时也增大了煤层的透气性。

(4) 交叉钻孔布置方式中，由于存在迎面斜向钻孔，因此与单纯的平行钻孔相比，受采动影响时间要长，并且总要有些钻孔段处在工作面前方卸压带内抽取瓦斯，将斜向钻孔从预抽瓦斯过渡到边采边抽阶段，从而保证有更多的边采边抽钻孔和更长的抽采时间。

2) 交叉钻孔抽采瓦斯的适用条件

(1) 交叉钻孔仅适用于已开拓好巷道的本煤层瓦斯抽采。交叉钻孔由平行钻孔和斜向钻孔两部分组成，为了取得较好的抽采效果，平行孔和斜向孔的间距、高程差等布置工艺有很高的要求。这就要求交叉钻孔必须在本煤层的巷道里布置钻场进行精确的钻孔施工。对于尚未开拓巷道的煤层，交叉钻孔的应用具有很大的局限性。

(2) 交叉钻孔需要较大的工程投入。施工平行孔和斜向孔至少有两层钻孔才能满足交叉钻孔增大卸压区域的要求，增大了钻孔工程量，增加了资金投入。

(3) 交叉钻孔需要精确的施工。

4. 其他强化抽采瓦斯方法

1) 深孔预裂爆破强化抽瓦斯方法

从20世纪50年代开始，国内外就采用钻孔松动爆破法来提高开采煤层的瓦斯抽采量。松动爆破的原理是利用炸药爆炸瞬间产生的爆轰压力和高温高压爆炸产生的气体，使爆破孔周围的煤体产生裂隙、松动、压出和膨胀变形，以提高煤层透气性。苏联的卡拉岗让，国内湖南涟邵，白沙局等都进行过松动爆破试验；试验结果表明，松动爆破后，钻孔瓦断抽采量在较短时间内（最多几天）可以增加几倍，但很快就下降枯竭，钻孔总瓦斯抽采量的增加并不显著。松动爆破存在的主要问题有：

(1) 由于管道效应的影响，不可能把30～70 m长的钻孔全部装药传爆，因此钻孔总的装药量比较少，且集中在钻孔底部，松动影响范围小，而且长钻孔的装药工艺及爆破安全问题没有得到很好解决。

(2) 由于松动爆破孔的周围没有自由面，所以炸药爆炸的能量大部分消耗在钻孔附近煤体的粉碎上，而松动裂隙的扩张范围很有限。

采用深孔预裂控制爆破法来强化抽瓦斯的实质是在采煤工作面的运输巷和回风巷布置平行于工作面、相隔一定间距、孔深在50 m左右的爆破孔和控制孔，二者交替布置，控制孔内不装药，爆破孔装药段长30 m左右，利用压风装药器进行连续耦合装药，孔内铺以导爆索，正向起爆。利用炸药爆炸的能量及控制孔的导向、补偿作用，使爆破孔与控制孔之间的煤体产生新的裂隙，并使原生裂隙得以扩展，从而提高煤层透气性，增加瓦斯抽采量。

2）水力割裂强化抽采瓦斯技术

水力割缝法提高瓦斯抽采量的基本原理：在钻孔内运用高压水射流对钻孔两侧的煤体进行切割。在钻孔两侧形成一条具有一定深度的扁平缝槽，利用水流将切割下来的煤块带出孔外。由于增加了煤体暴露面积，且扁平缝槽相当于局部范围内开采了一层较薄的保护层，因而使得钻孔附近煤体得到了局部卸压，改善了瓦斯流动条件。水力割缝法也是一种以水作为动力的水力化卸压措施。

水力割缝法抽采瓦斯的效果，取决于水射流切割煤体的效率。鹤壁四矿、二矿及湖南红卫煤矿对水射流特性参数及切割效果进行了考察。

由于受煤层地质条件的限制，水力压裂法劈开煤层裂缝的位置、方向及形式（水平或垂直裂缝）往往无法人为控制。压裂裂缝总是沿着地层最薄弱的部位伸展，因此不可能很好地达到设计要求，抽采瓦斯效果也就受到了影响。为了在煤层内形成可以控制的缝隙，开展了钻孔水射流切割煤体，即水力割缝提高了开采层瓦斯抽采量的试验。

3）水力压裂法抽采瓦斯

水力压裂技术是油气田开发中一项行之有效的增产措施。近几年，美国广泛应用地面钻孔水力压裂技术开采煤层气。从 1970 年开始，我国白沙红卫煤矿、阳泉一矿、抚顺北龙风井、焦作中马村矿和沈阳有关矿等先后开展了地面和井下钻孔煤层水力压裂抽采瓦斯试验，有的收到了较好效果。

地下深处埋藏的煤层，承受着上覆岩层的重量，所以煤层内裂隙受压缩而处于闭合或半闭合状态，因此煤层的原始透气性一般都比较小。水力压裂技术就是通过钻孔向煤层压入液体（主要为水，当液体压入的速度远远超过煤层的自然吸水能力时，由于流动阻力的增加，进入煤层的液体压力就逐渐上升，当超过煤层上方的岩压时，煤层内原来的闭合裂隙就会被压裂形成新的流通通路，煤层渗透性就会增加；而当压入的液体被排出时，压开的裂隙就为煤层瓦斯的流动创造了良好条件。水力压裂是以水作为动力，使煤体裂隙畅通的一种措施。

7.2　井上下联合抽采技术

井上下联合高效抽采就是地面钻井与井下抽采进行优势互补，最大限度地降低时空条件对瓦斯抽采工程的限制，地面钻井的抽采由于抽采作用时间长及有效影响范围大，不仅大大减少井下钻孔工程量及预抽时间，还能消除矿井采掘衔接紧张；井下长、短钻孔密集精准抽采可有效消除抽采空白带并实现区域强化抽采，有效缩短瓦斯区域预抽时间。通过井上下抽采的联合设计，可降低瓦斯抽采的限制，实现工作面安全高效生产。

7.2.1　地面钻井超前区域预抽

根据沙曲矿井地质条件和布井原则，采用地面钻井预抽模式进行超前区域预抽。地面钻井具体的参数如下：

一开：ϕ311.1 mm 钻穿黄土及地表松散岩石层，至基岩下 10 m 终孔（图 7-8）。表层套管规范：J55ϕ244.5 mm（9 5/8″）×8.94 mm 套管至一开孔底 0.5 m，采用常规密度水泥固井，水泥返高至地面。

二开：ϕ215.9 mm 钻至 5 号煤层底板 30 m 终孔。生产套管规范：J55ϕ139.7 mm(5 1/2″)×7.72 mm 套管至二开孔底下至距二开井底 2 m，采用低密度水泥固井，水泥返高至地面。

井身结构质量标准：

（1）全井最大井斜小于3°。

（2）最大井斜变化率小于1°/50 m。

（3）全井最大井径扩大率小于25%。

（4）固井段的固井质量达到良好以上。

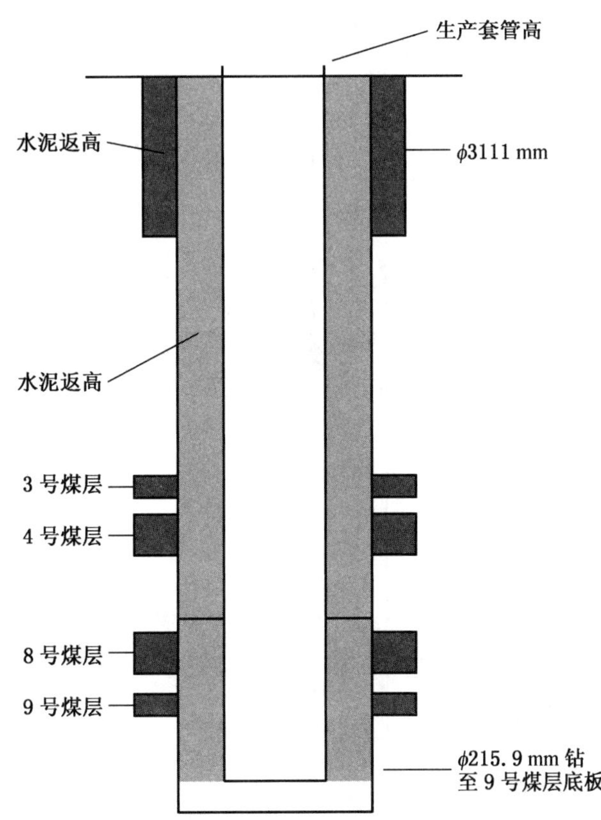

图7-8　套管完井井身结构示意图

煤层气排采地面设备包括井口装置、抽油机、气水分离器、集输管线等。煤层气排采地面设备流程如图7-9所示。

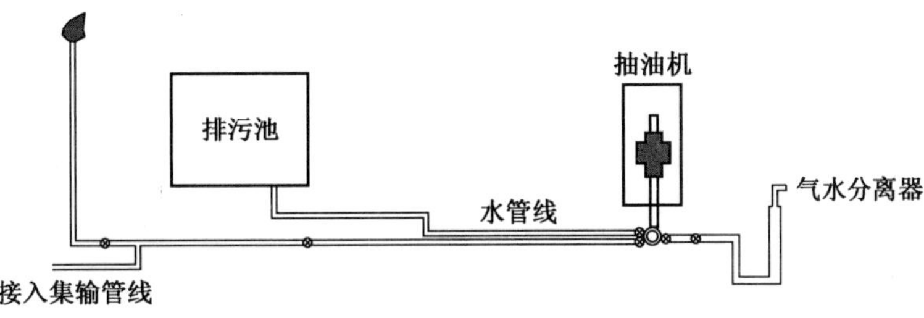

图7-9　地面主要设备与工艺流程示意图

煤层气排采主要井下设备与工艺流程如图 7-10 所示。其组成部件主要有整筒式抽油泵、气锚、砂锚、生产油管、抽油杆系统、柱塞等。

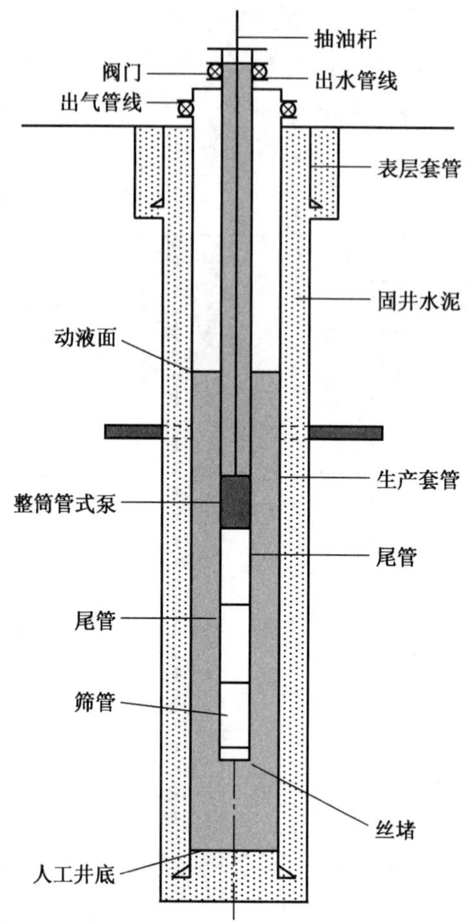

图 7-10　井下主要设备与工艺流程示意图

7.2.2　地面钻井工程量及抽采量

7.2.2.1　地面钻井工程量

截至 2018 年底，晋煤蓝焰公司、中联煤层气公司、华晋煤层气公司在沙曲一矿、二矿井田范围内共施工煤层气井 342 口。

（1）晋煤蓝焰公司：施工地面煤层气井 166 口。其中：直井 140 口（含 12 口防突井），定向井/斜井 26 口，全部位于沙曲二矿井田范围之内。

（2）中联煤层气公司：共施工地面煤层气井 174 口（水平井 15 口、直井 121 口、定向井/斜井 38 口）。其中：在沙曲一矿井田内施工 34 口（水平井 15 口、直井 10 口、定向井/斜井 9 口）；在沙曲二矿井田内 140 口（直井 111 口、定向井/斜井 29 口）。

（3）华晋煤层气公司：2011 年 5—6 月在沙曲一矿 4202 工作面采空区上方施工直井 1 口（采空区抽采井）；2011 年 8 月至 2012 年 12 月，在沙曲一矿 4307 工作面施工多分支水平对接井 1 口。

7.2.2.2 地面煤层气抽采情况

(1) 晋煤蓝焰公司。截至2017年底，蓝焰公司共压裂146口、投运143口（全部位于在沙曲二矿井田范围之内）；2014—2017年，累计抽采瓦斯纯量为3236.3万m^3。

沙曲一矿、沙曲二矿地面煤层气井施工情况详见表7-1。沙曲一矿地面煤层气井分布情况如图7-11所示。沙曲二矿地面煤层气井分布情况如图7-12所示。

表7-1 沙曲一矿、二矿地面煤层气井施工情况一览表 口

	沙曲一矿				沙曲二矿			
	直井	定向井/斜井	水平井	小计	直井	定向井/斜井	水平井	小计
晋煤蓝焰	0	0	0	0	140	26	0	166
中联煤层气	10	9	15	34	111	29	0	140
华晋煤层气	1	0	1	2	0	0	0	0
合　计	11	9	16	36	251	55	0	306
总　计	342							

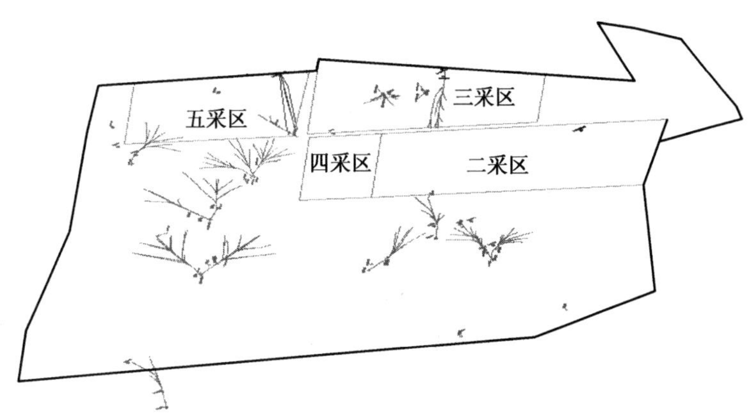

图7-11 沙曲一矿地面煤层气井分布图

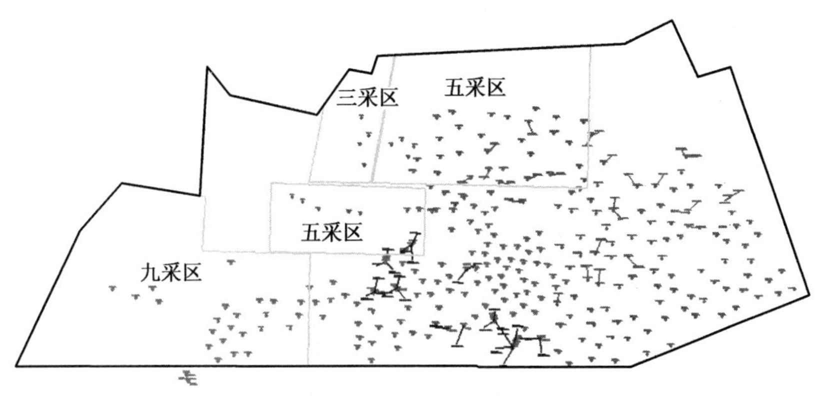

图7-12 沙曲二矿地面煤层气井分布图

（2）中联煤层气公司。截至 2018 年底，中联公司共压裂 137 口，投运 21 口（投运井全部位于沙曲一矿范围内，沙曲二矿范围内因集气站未建成故全未投运）；2010—2017 年，累计抽采瓦斯纯量为 15244.2 万 m^3。

（3）华晋煤层气公司。沙曲二矿 4307 多分支水平对接井自 2012 年 12 月 17 日开始抽采，至 2017 年 8 月 21 日停止计量，累计生产 1709 d，抽采瓦斯纯量为 1569.7 万 m^3，日均产气量为 9185 m^3/d。

2010—2018 年，沙曲矿区地面煤层气抽采量情况详见表 7-2。

表 7-2　2010—2018 年沙曲矿区地面煤层气抽采量统计表

年　度	晋煤蓝焰/万 m^3	中联煤层气/万 m^3	华晋煤层气/万 m^3	小计/万 m^3
2010	—	251.1	—	251.1
2011	—	602.5	—	602.5
2012	—	1650.7	23.6	1674.3
2013	—	2056.2	576.2	2632.4
2014	80.4	2199.8	480.6	2760.8
2015	525	3295.5	274.1	4094.6
2016	922.7	2799.4	157.3	3879.4
2017	1708.2	2389.0	57.9	4155.1
2018	1809	2899.2	576	5284.2
合计	5045.3	18143.4	2145.7	25334.4

7.2.3　井下钻孔抽采

由地面钻井区域超前预抽 5～10 a，规划区向准备区过渡，准备区经过井上下联合抽采，进入生产区，以沙曲一矿北二采区 4207 工作面为例，介绍井下本煤层瓦斯抽采方案及抽采效果。

7.2.3.1　4207 工作面抽采方案设计

1. 在 4207 综采工作面试验采用 Y 形通风与倾向钻孔综合治理瓦斯

（1）采用沿空留巷二进一回的 Y 形通风方式。即在工作面回采过程中，采用膏体材料充填保留工作面带式输送机运输巷作为工作面回风巷，工作面实体内的轨道、带式输送机运输巷均进风，采用二进一回的 Y 形通风方式。由于工作面轨道巷和带式输送机运输巷均进风，工作面上隅角处于进风侧，解决了上隅角瓦斯超限问题；工作面实际通过风量较 U 形通风低，工作面两端压差小，工作面采空区漏风量小，采空区漏风携带的瓦斯量小；膏体充填材料充填形成的留巷密实性好，采取有效措施保证留巷的密实性和密封性，有效减少采空区的漏风，易于在工作面采空区形成高浓度瓦斯库。由于瓦斯密度小，采空区瓦斯积聚在工作面采空区上部及其上覆岩层卸压裂隙区，利于实现有效的采空区瓦斯抽采。

（2）顺层钻孔采前预抽本煤层瓦斯。即在 4207 工作面轨道巷、带式输送机运输巷每隔 6 m 沿煤层走向施工一个走向顺层钻孔，全部采用单向平行孔（图 7-13）。轨道巷距终采线 10 m 布置 1 号钻孔，273 号钻孔距第 2 开切眼 14 m 处结束，钻孔间距为 6 m，在工作面倾向长度为 220 m 段，设计长度为 105 m，计 159 个；在工作面倾向长度为 260 m 段，设计长度为 125 m，计 114 个，共布置钻孔 273 个，总进尺为 30945 m。

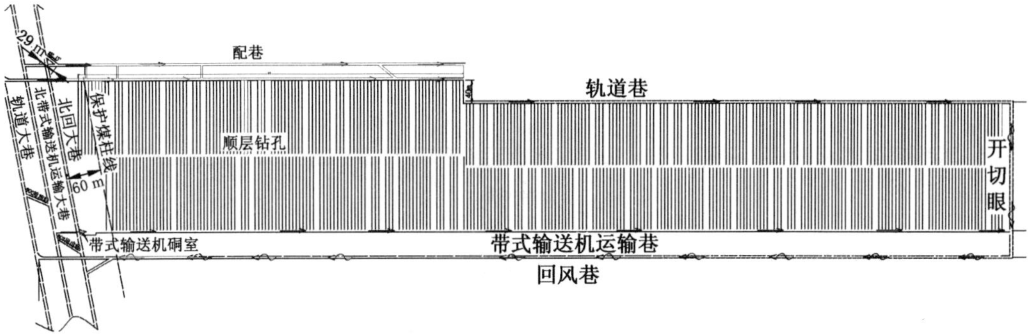

图 7-13 轨道巷和带式输送机运输巷顺层钻孔布置示意图

（3）采用倾向高抽巷抽采 2 号煤层以及采空区顶板富集区的卸压解吸瓦斯。

（4）研究采用大直径钻孔代替倾向高抽巷抽采采空区顶板富集区的卸压高浓度瓦斯。

（5）在 4207 工作面轨道巷施工顶板高位走向钻孔抽采轨道巷（主进风巷）侧采空区顶板裂缝带富集的卸压瓦斯。

（6）采空区埋管抽采高浓度瓦斯。考虑到沿空留巷 Y 形通风采空区上部积聚大量高浓度瓦斯，设计在留巷内布置 2 趟大直径（300 mm）抽放管路，在留巷充填体内每间隔 10 m 预留直径 300 mm 埋管，实现采空区高浓度瓦斯的埋管抽放。

带式输送机运输巷距终采线 10 m 处布置 1 号钻孔，317 号钻孔距第 1 开切眼 13.5 m 处结束，钻孔间距为 6 m，在工作面倾向长度为 220 m 段，设计长度为 105 m，计 159 个；在工作面倾向长度为 260 m 段，设计长度为 125 m，计 106 个，共布置钻孔 265 个，总进尺为 29945 m。

沙曲一矿 4207 综采工作面共布置本煤层钻孔 538 个，计划抽采瓦斯混合量为 10～20 m^3/min，瓦斯浓度为 10%～20%，预计抽放纯瓦斯量约 1.0～4.0 m^3/min（平均 2.0 m^3/min）。

2. 倾向高抽巷抽采开采层上邻近层卸压瓦斯和采空区瓦斯

4207 工作面设计采用倾向高抽巷抽采采动卸压瓦斯。4207 综采工作面设计布置采用倾向高抽巷抽采采动卸压瓦斯，共布置高抽巷 7 条，距开切眼 20 m 由回风巷布置第 1 高抽巷，其他高抽巷间距均为 100 m。高抽巷由回风巷沿走向往煤层顶板方向施工，施工角度为 40°，长度为 60 m，再沿倾向方向向被保护段施工 15 m，高抽巷为半圆拱形断面，规格为 2.4 m（宽）×2.4 m（高）。其中，为了治理沙曲一矿 4207 工作面初采期间的瓦斯，1 号高抽巷向工作面开切眼方向倾斜，即于回风巷距开切眼 20 m 处，以与回风巷夹角为 70.5°、仰角为 40°往煤层顶板方向施工（终点位置位于开切眼垂直上方），长度为 60 m（图 7-14）。

计划抽放瓦斯混合量为 40 m^3/min，瓦斯浓度为 20%～30%，预计抽放纯瓦斯量约为 10 m^3/min。

3. 大直径钻孔抽采开采层采空区顶板富集区瓦斯

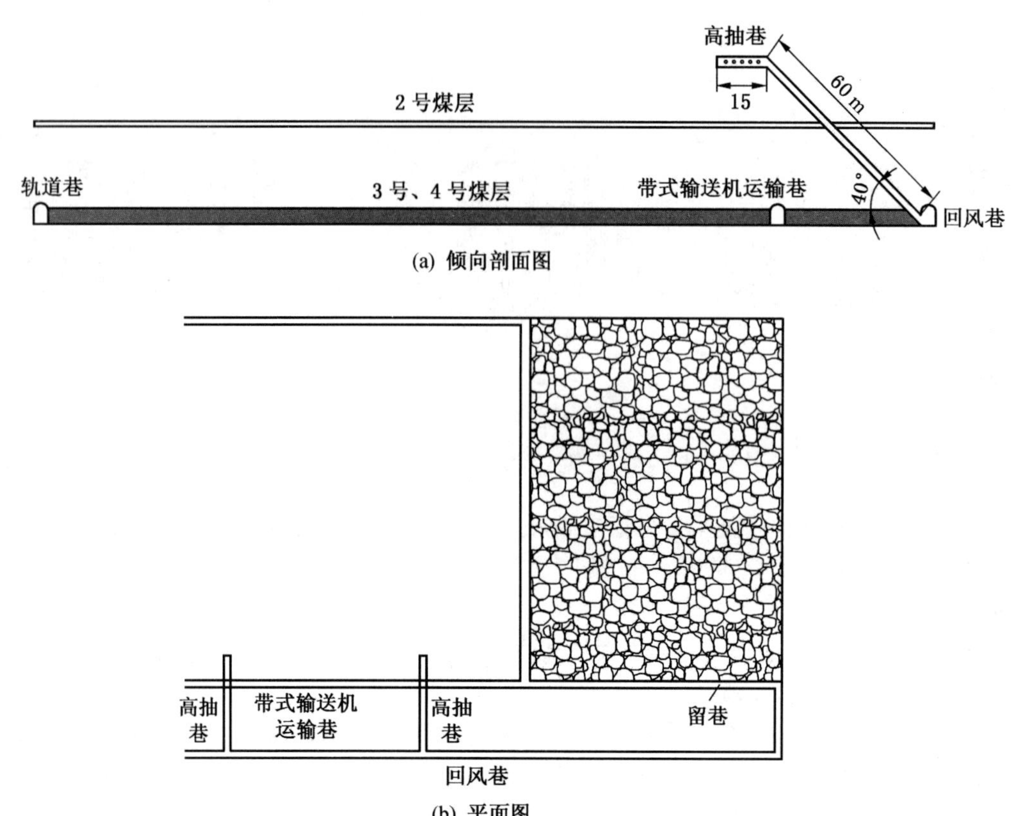

(a) 倾向剖面图

(b) 平面图

图 7-14　高抽巷钻孔布置示意图

4207 工作面原设计在专用回风巷（尾巷）中施工 15 条倾向高抽巷，抽采裂缝带卸压瓦斯。实际过程中，由于高抽巷施工强度大，仅施工 7 条高抽巷后，决定使用大直径钻孔替代倾向高抽巷以期实现裂缝带卸压瓦斯高效抽采。4207 工作面回风巷中大直径钻孔施工参数见表 7-3。

表 7-3　4207 工作面回风巷中大直径钻孔施工参数

孔　号	方位角/(°)	倾角/(°)	孔深/m
1 号	0	37	80
2 号	12.9	36	81
3 号	24.7	33	85
4 号	34.4	30	92
5 号	42.4	27	100

注：1. 方位角为垂直回风巷方向、向开切眼方向的偏移角度。
2. 钻孔开孔间距约为 0.6 m，可根据实际情况相应调节。
3. 因巷道为下山巷道，坡度约为 4°，平均每 15 m 标高下降 1 m，所以倾角应相应下降，终孔高度为 48 m。
4. 因钻杆比较重，钻孔轨迹下垂，钻孔轨迹大致呈抛物线弯曲。
5. 5 个钻孔位于带式输送机运输巷上方的钻孔轨迹到带式输送机运输巷顶板的法距最小是 40 m，为 10 倍采高。

在未施工倾向高抽巷的位置，采用德国 ADR250 型钻机施工 9 组钻场，每组钻场 5 个钻孔，5 个终孔在同一水平、间距均为 15 m、直径为 250 mm，抽采上邻近层卸压瓦斯和采空区瓦斯。图 7-15 是 4207 回风巷德钻钻场钻孔施工示意图。

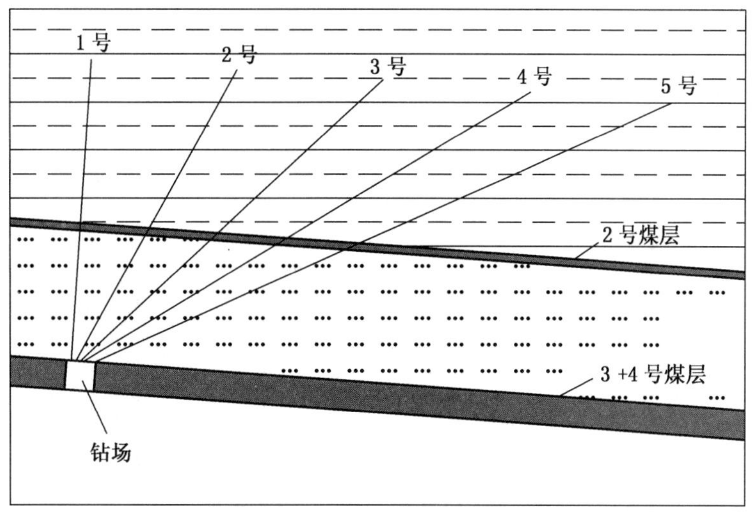

(a) 侧面图

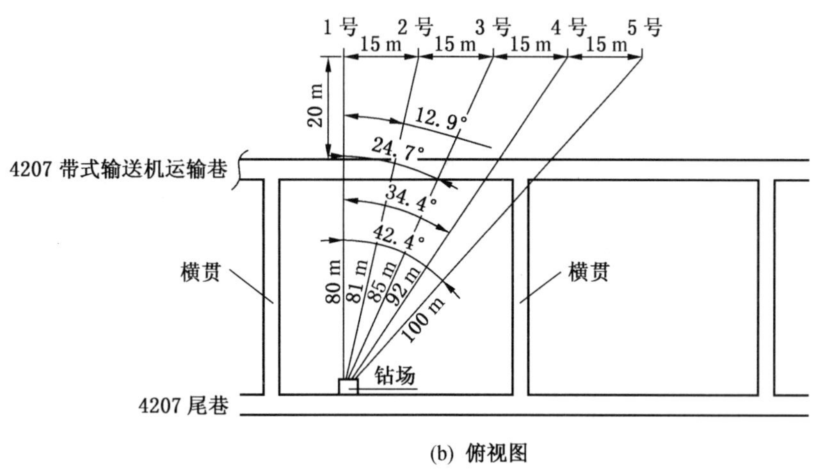

(b) 俯视图

图 7-15　4207 回风巷德钻钻场钻孔示意图

大直径钻孔抽采瓦斯混合量为 40 m^3/min，瓦斯浓度为 20% ~30%，采空区抽采纯瓦斯量为 10 m^3/min。

4. 轨道巷顶板高位走向钻孔抽采顶板富集区瓦斯

在 4207 工作面轨道巷靠工作面侧间隔 100 m 采用 ZDY4000L 型钻机施工了 15 组顶板走向钻场（轨道巷里段 9 个），钻场为 3 m×4 m，每个钻场有 5 个钻孔，抽采采空区顶板裂缝带富集的卸压瓦斯。15 组轨道巷顶板走向钻场的施工参数和布置示意图分别见表 7-4 和图 7-16。

表 7-4　4207 工作面轨道巷顶板走向钻场施工参数

钻场名称	孔号	方位角/(°)	倾角/(°)	孔深/m	出煤柱高度/m	深入工作面距离/m
1 号钻场	1 号	27	35	62	35	24.33
	2 号	32	28	61	28	30.33
	3 号	37	32	67	35	36.33
	4 号	41	25	67	28	42.33
	5 号	45	29	73	35	48.33
2 号钻场	1 号	23	22	96	35	36
	2 号	26	17	96	28	42
	3 号	29	21	100	35	48
	4 号	32	16	101	28	54
	5 号	35	20	106	35	60
3 号钻场	1 号	29	26	81	35	36
	2 号	32	20	81	28	42
	3 号	36	24	86	35	48
	4 号	39	19	87	28	54
	5 号	42	22	92	35	60
4 号钻场	1 号	17	16	126	35	36
	2 号	19	13	126	28	42
	3 号	22	16	129	35	48
	4 号	24	13	129	28	54
	5 号	26	15	135	35	60
5 号钻场	1 号	18	17	121	35	36
	2 号	20	13	121	28	42
	3 号	23	16	124	35	48
	4 号	25	13	125	28	54
	5 号	27	16	129	35	60
6 号钻场	1 号	14	14	146	35	36
	2 号	17	11	146	28	42
	3 号	19	14	149	35	48
	4 号	21	11	149	28	54
	5 号	23	14	150	35	60
7 号钻场	1 号	21	19	105	35	36
	2 号	24	16	104	28	42
	3 号	27	19	109	35	48
	4 号	29	15	109	28	54
	5 号	32	18	114	35	60

表 7-4（续）

钻场名称	孔号	方位角/(°)	倾角/(°)	孔深/m	出煤柱高度/m	深入工作面距离/m
8 号钻场	1 号	21	19	105	35	36
	2 号	24	15	105	28	42
	3 号	27	19	109	35	48
	4 号	29	15	110	28	54
	5 号	32	18	114	35	60
9 号钻场	1 号	18	17	117	35	36
	2 号	21	14	117	28	42
	3 号	23	17	121	35	48
	4 号	26	13	121	28	54
	5 号	28	16	125	35	60
10 号钻场	1 号	22	21	99	35	36
	2 号	25	16	99	28	42
	3 号	28	20	104	35	48
	4 号	31	16	104	28	54
	5 号	33	19	109	35	60
11 号、12 号、13 号、14 号钻场	1 号	18	17	121	35	36
	2 号	20	14	121	28	42
	3 号	23	16	124	35	48
	4 号	25	13	125	28	54
	5 号	27	16	129	35	60
15 号钻场	1 号	20	19	110	35	36
	2 号	23	15	110	28	42
	3 号	25	18	114	35	48
	4 号	28	14	114	28	54
	5 号	30	17	118	35	60

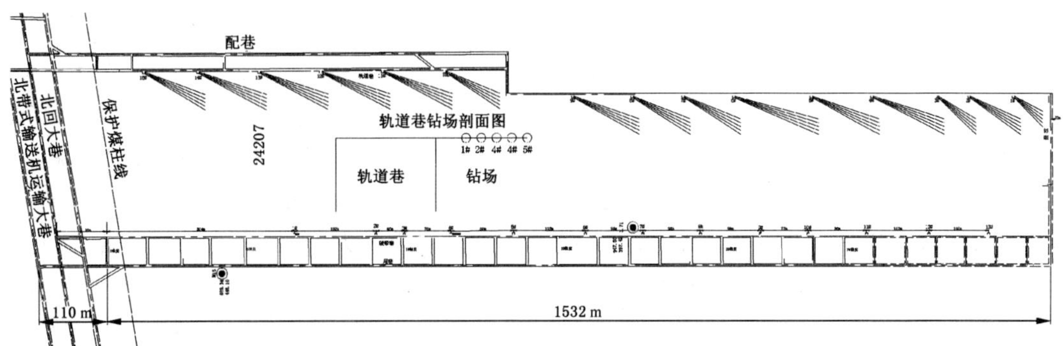

图 7-16　4207 工作面轨道巷顶板走向钻场布置示意图

预计顶板走向钻孔抽采瓦斯混合量为 10 m³/min，瓦斯浓度为 20% ~30%，采空区抽采纯瓦斯量为 2.5 m³/min。

5. 采空区埋管抽采高浓度瓦斯

设计在留巷（回风巷）内布置 2 趟大直径（300 mm）抽放管路，一路接预留在尾巷封闭墙（距工作面位置 50~100 m）的采空区抽采管路上；在带式输送机运输巷留巷充填体内每间隔 10 m 预留一个直径 300 mm 的抽采管，每一个分支管道上设置一个三通和闸阀，通过闸阀和三通连接到另一路留巷抽采瓦斯管道上，实现采空区高浓度瓦斯的埋管抽放，详见图 7-17。预计采空区埋管抽采瓦斯混合量为 100~150 m³/min，瓦斯浓度为 3% ~10%，采空区抽采纯瓦斯量为 3.0~15 m³/min。

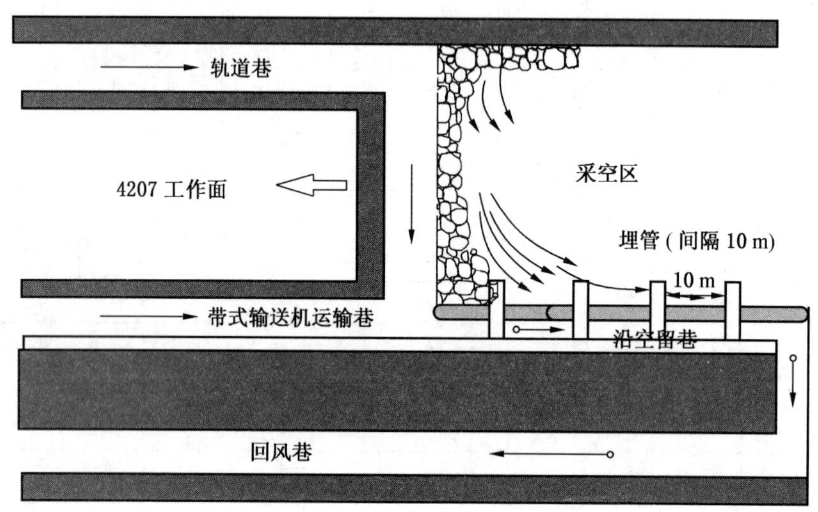

图 7-17　沿空留巷 Y 形通风采空区埋管布置示意图

7.2.3.2　4207 工作面抽采效果

1. 工作面风量

4207 工作面自 2010 年 12 月 12 日开始回采，实施 Y 形通风，即轨道巷和带式输送机运输巷进风，回风巷回风。图 7-18 为 4207 工作面轨道巷、带式输送机运输巷和回风巷风量随时间变化情况（2010 年 12 月 12 日至 2011 年 8 月 31 日）。

由图 7-18 可知：在 4207 工作面回采初期，工作面配风量大，轨道巷风量为 1974~2774 m³/min，带式输送机运输巷风量为 875~1692 m³/min，轨道巷与带式输送机运输巷进风量之比为 1.17~3.17，回风巷风量为 3875~4032 m³/min；随着工作面的正常推进，工作面配风量下降，轨道巷进风量在 1306~2380 m³/min 间变化，带式输送机运输巷进风量为 500~963 m³/min，回风巷的总回风量为 3612~2100 m³/min，轨道巷与带式输送机运输巷风量之比为 1.97~2.96；到 2011 年 7 月 11 日，工作面已累计回采 393.6 m，由于靠近原开切眼的沿空留巷里段巷道底鼓、变形较大，严重影响了通风断面，导致工作面风量减少，轨道巷风量减至 1306 m³/min，带式输送机运输巷风量减至 625 m³/min，总回风减至 2380 m³/min；经过多次巷道卧底维护后，工作面风量大幅增加，轨道巷风量增至

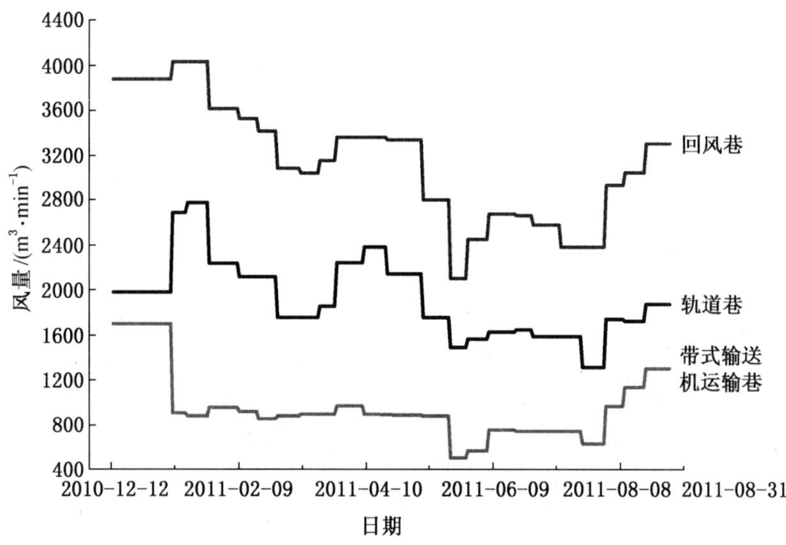

图 7-18 4207 工作面轨道巷、带式输送机运输巷和回风巷风量变化图

1736 ~ 1868 m^3/min，带式输送机运输巷进风量为 960 ~ 1296 m^3/min，轨道巷与带式输送机运输巷风量之比为 1.80 ~ 1.44，回风巷的总回风量为 2696 ~ 3164 m^3/min。

4207 工作面回采期间，根据生产情况和煤层赋存情况，及时调整轨道巷和带式输送机运输巷风量较大，风量之比在 1.17 ~ 3.17 间变化，工作面回风量达 2100 ~ 4032 m^3/min。

2. 工作面空间瓦斯浓度

（1）工作面风流瓦斯浓度。4207 综采工作面在 10 号、30 号、50 号、70 号、90 号架安设 Ta、Tb、Tc、Td、Te 共 5 个架间甲烷传感器；沿空留巷段距工作面后方小于或等于 10 m 范围内安设甲烷传感器 T1；由于回风巷长度大于 1000 m，因此在回风巷中部安设甲烷传感器 T2；在回风斜巷距风流会合点 10 ~ 15 m 范围内安设混合探头 T3，进行工作面瓦斯浓度安全监测监控。

图 7-19 为 4207 工作面瓦斯监控探头 T1、T2 和 T3 随时间变化情况。一般情况下，瓦斯探头监控值为 T1 < T2 < T3。实施 Y 形通风后，部分出现 T2 的瓦斯浓度大于 T3 瓦斯浓度，这是因为工作面邻近横贯的部分排风，导致留巷段风量降低，而使局部位置 T2 的瓦斯浓度升高；而在工作面回风末端，由于横贯的部分排风掺入，回风流 T3 的瓦斯浓度明显降低。4207 工作面回采至 2011 年 8 月 31 日，T1 平均为 0.38%，T2 和 T3 平均都是 0.49%，均小于 0.8%。

（2）工作面架间瓦斯浓度。自带式输送机运输巷（沿空留巷回风侧）在工作面 10 号、50 号、90 号架处设置瓦斯传感器，瓦斯浓度随时间变化曲线如图 7-20 所示。4207 工作面上距 2 号煤层平均在 20 m 左右，2 号煤层平均厚度为 1.04 m，2 号煤层原始瓦斯含量为 10.65 m^3/t，工作面正常回采期间 2 号煤层瓦斯全部向工作面涌出。4207 工作面实施 Y 形通风，采用轨道巷顶板走向钻场、倾向高抽巷、德钻钻场、采空区埋管抽采等瓦斯综合治理技术后，工作面架间瓦斯浓度大大减少，次序为 10 号 > 50 号 > 90 号，即沿着工作面开切眼风流切线方向，瓦斯浓度逐渐增大；10 号架间瓦斯浓度平均为 0.37%，50 号架间瓦斯浓度平均为 0.32%，90 号架间瓦斯浓度平均为 0.27%，均小于 0.6%。

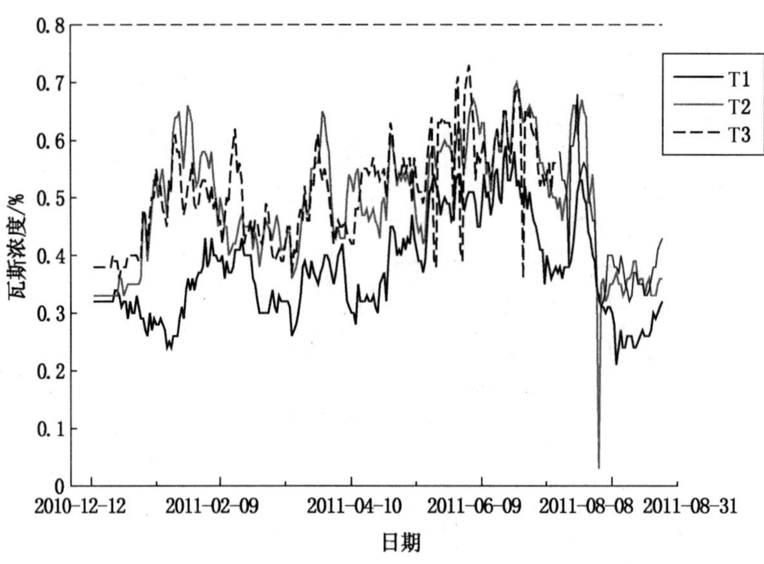

图 7-19　4207 工作面瓦斯监控探头 T1、T2、T3 随时间变化图

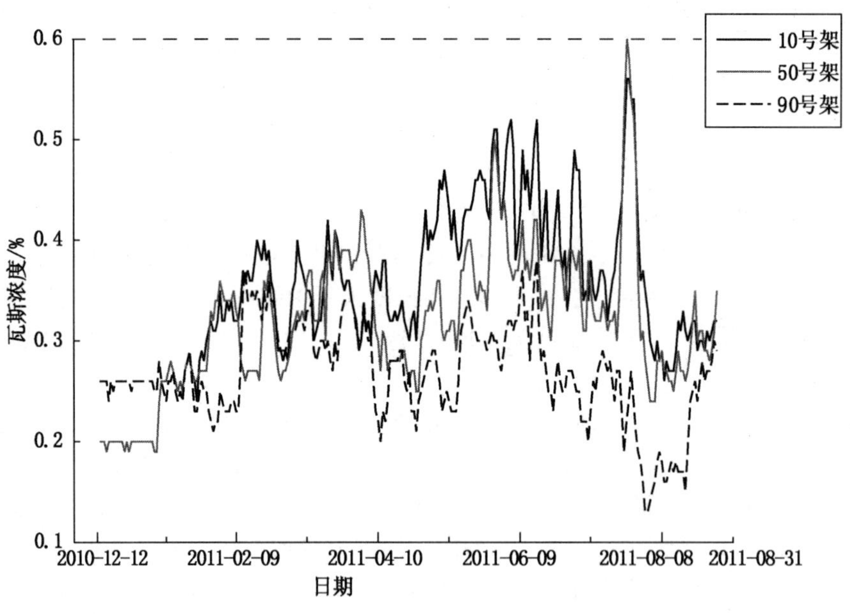

图 7-20　4207 工作面 10 号、50 号、90 号架间瓦斯监控探头随时间变化图

3. 工作面风排瓦斯量

图 7-21 为 4207 工作面风排瓦斯量随时间变化情况。图中表明实施有效的瓦斯综合治理技术后，4207 工作面的风排瓦斯量在 6.33～15.69 m^3/min 之间，平均为 11.53 m^3/min，小于设计的风排量。一般情况下，随着回风巷中风量的增加，回风流中瓦斯浓度减少，而风排瓦斯量受风量和瓦斯浓度综合的影响，同时工作面实际瓦斯涌出量、生产进度、瓦斯抽采等情况均影响风排瓦斯量。故应根据回采期间实际瓦斯涌出量和采空区瓦斯抽采情况进行调整进回风流的风量，并严格执行“以风定产”方针。

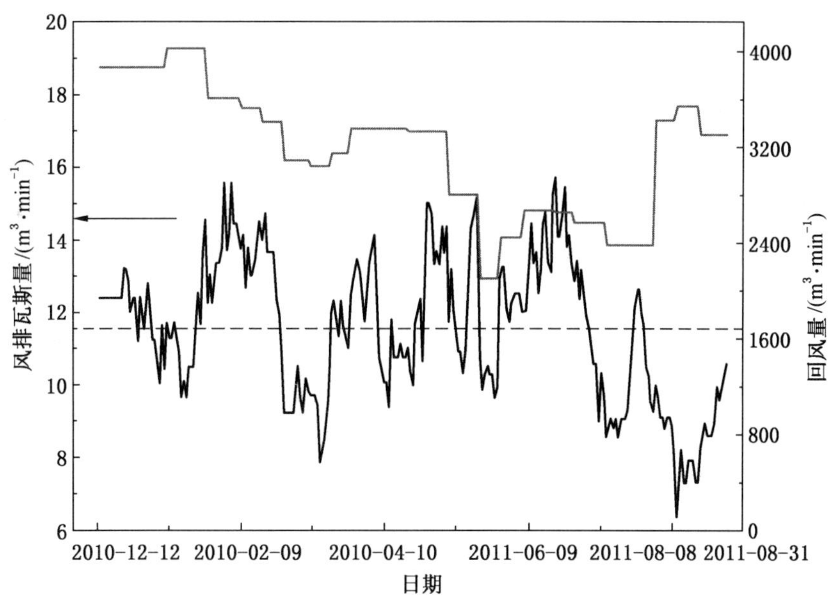

图 7-21 4207 回风巷中风量与风排瓦斯量关系

4. 工作面瓦斯涌出情况

图 7-22 为 4207 工作面瓦斯涌出随时间变化情况。从图 7-22 可知，4207 工作面初采期间（2010 年 12 月 12—31 日），瓦斯总涌出量平均为 26.32 m^3/min，其中，风排瓦斯量平均为 12.34 m^3/min，抽采总量平均为 13.98 m^3/min，即初采期间，4207 工作面风排瓦斯量与抽采总量基本相当，风排瓦斯量占总涌出量的 47.10%；随着工作面的推进，抽采总量逐渐增加，工作面瓦斯抽采率逐渐增大。

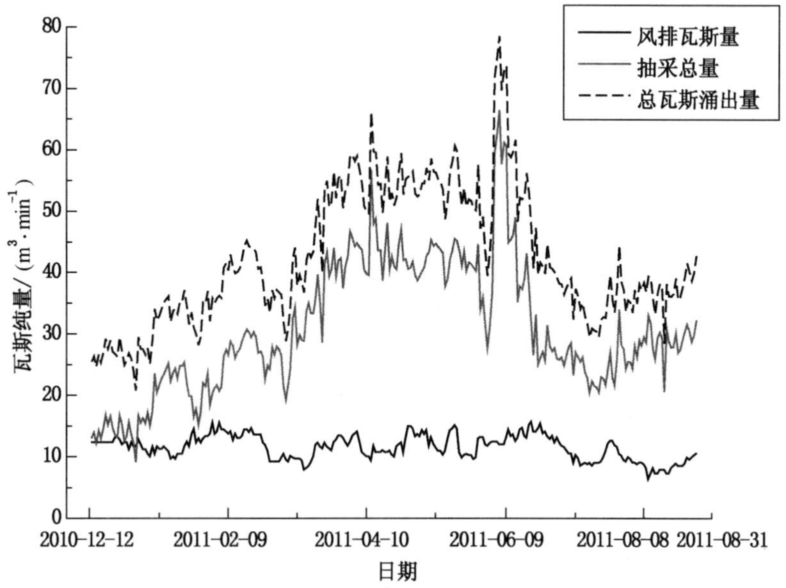

图 7-22 4207 工作面总瓦斯涌出量及其组成随时间变化图

整个工作面回采期间，总瓦斯涌出量为20.76～78.52 m³/min，平均为42.35 m³/min。其中，风排瓦斯量为6.33～15.69 m³/min，平均为11.53 m³/min；瓦斯抽采总量为9.14～66.51 m³/min，平均为30.81 m³/min。

4207 工作面按设计采用4 趟管路进行瓦斯抽采：轨道巷管路抽采本煤层顺层钻孔和顶板走向钻孔瓦斯；带式输送机运输巷管路抽采本煤层顺层钻孔瓦斯；回风巷2 趟管路，一趟专门用于采空区埋管抽采，另一趟用于倾向高抽巷和大直径德钻钻孔抽采裂缝带卸压瓦斯。4207 瓦斯抽采总量组成汇总见表7-5。瓦斯抽采纯量组成如图7-23所示。

表7-5　4207 工作面瓦斯抽采总量组成汇总

序号	管　路	浓度/%	混合量/（m³ · min⁻¹）	瓦斯纯量/（m³ · min⁻¹）	瓦斯纯量占总量比例/%
1	轨道巷（顺层钻孔+顶板钻场）	33.83	26.66	9.28	29.81
2	带式输送机运输巷（顺层钻孔）	12.91	16.73	2.22	7.15
3	回风巷（高抽巷+德钻+穿层钻孔）	28.53	51.33	16.02	51.45
4	采空区埋管	2.63	129.93	3.61	11.59
	合　计		224.65	31.13	100

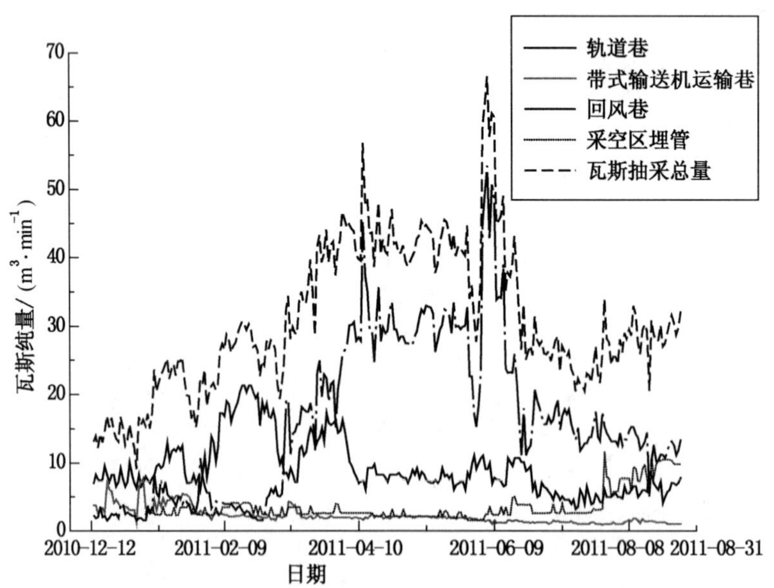

图7-23　4207 工作面瓦斯抽采总量组成随时间变化图

4207 工作面抽采瓦斯总混合量为34.73～258.79 m³/min，平均为177.97 m³/min，纯

量为 9. 14 ~ 66. 51 m^3/min，平均为 30. 81 m^3/min。4 趟抽采管路瓦斯纯量大小顺序：回风巷>轨道巷>采空区埋管>带式输送机运输巷。瓦斯抽采总量主要以回风巷管路（高抽巷+大直径钻孔）和轨道巷管路（顺层钻孔+顶板走向钻孔）为主，两者占总量的 81. 27%。

回风巷管路是抽采裂缝带卸压瓦斯，包括倾向高抽巷和大直径钻孔，是抽采总量中比重最大的管路。瓦斯浓度为 5% ~71%，平均为 28. 53%，混合量为 8. 44 ~ 142. 89 m^3/min，平均为 51. 33 m^3/min，瓦斯抽采纯量为 1. 56 ~ 53. 45 m^3/min，平均为 16. 02 m^3/min，占瓦斯抽采总量的 51. 45%。

轨道巷管路瓦斯浓度为 20% ~50%，平均为 33. 83%，混合量为 16. 08 ~ 43. 50 m^3/min，平均为 26. 66 m^3/min，瓦斯抽采纯量为 3. 21 ~ 21. 32 m^3/min，平均为 9. 28 m^3/min，占瓦斯抽采总量的 29. 81%。在 4207 工作面回采初期，轨道巷管路主要预抽本煤层瓦斯，平均约为 7. 2 m^3/min；随着回采距离的增加，顶板裂缝带瓦斯开始聚集，轨道巷顶板走向钻场开始发挥作用，此时轨道巷管路除了预抽本煤层瓦斯外，还抽采上邻近层卸压瓦斯，纯量平均达 13 m^3/min，最高达 21. 32 m^3/min；随着回采时间的进一步增加，顺层钻孔数量和瓦斯抽采纯量逐渐减少，轨道巷管路抽采瓦斯逐渐以卸压瓦斯为主，纯量平均在 8 m^3/min 左右。

带式输送机运输巷管路是预抽本煤层瓦斯，随着回采进尺的增加，顺层钻孔数量和瓦斯抽采纯量逐渐减少，导致总管路瓦斯抽采纯量逐渐降低。带式输送机运输巷瓦斯浓度为 9% ~25%，平均为 12. 91%，混合量为 10. 52 ~ 37. 45 m^3/min，平均为 16. 73 m^3/min，瓦斯抽采纯量为 0. 95 ~ 7. 73 m^3/min，平均为 2. 22 m^3/min，占瓦斯抽采总量的 7. 15%。

采空区埋管抽采的是本煤层和上、下邻近层涌出采空区的瓦斯，至 2011 年 1 月 4 日工作面累计推进 15m 才开始进行采空区埋管抽采瓦斯。由于大直径钻孔抽采瓦斯的高效性，导致涌出采空区的瓦斯量较小，埋管抽采的瓦斯纯量平均仅在 2. 5 m^3/min 左右；仅 2011 年 7 月 28 日以后，由于 4 号大直径德钻钻场抽采瓦斯效果下降，导致采空区埋管的量大幅提高，抽采瓦斯平均在 9 m^3/min 左右。总体而言，采空区埋管瓦斯浓度为 2% ~7%，平均为 2. 63%，混合量为 77. 29 ~ 171. 71 m^3/min，平均为 129. 93 m^3/min，瓦斯抽采纯量为 1. 55 ~ 11. 58 m^3/min，平均为 3. 61 m^3/min，占瓦斯抽采总量的 11. 59%。即采空区埋管抽采的是低浓高流量的瓦斯。

5. 瓦斯抽采率

图 7-24 为 4207 工作面瓦斯抽采率随时间变化图。由图可知：①工作面初采期间（2010 年 12 月 12—31 日），工作面仅轨道巷（顺层钻孔+顶板走向钻孔）、回风巷（高抽巷+大直径钻孔）和带式输送机运输巷（顺层钻孔）3 趟抽采管路，并且 3 趟抽采管路主要是预抽，抽采量小，工作面瓦斯治理主要以风排为主，故瓦斯抽采率低，在 44. 00% ~58. 21% 间变化，平均为 52. 90%；②随着工作面的推进，工作面增加了 1 趟采空区埋管抽采管路，同时轨道巷和回风巷管路相继开始抽采裂缝带卸压瓦斯，使得抽采瓦斯量逐渐增大，工作面瓦斯综合治理逐渐以抽采为主，其中回风巷管路和轨道巷管路占抽采瓦斯量最大，此时工作面瓦斯抽采率提高，为 53. 21% ~85. 79%，平均为 72. 71%。

从整个回采期间看，工作面瓦斯平均抽采率为 71. 20%。其中，回风巷管路的瓦斯抽采率为 4. 06% ~ 69. 33%，平均为 34. 26%；轨道巷管路的瓦斯抽采率为 9. 55% ~ 52. 87%，平均为 22. 88%。

6. 工作面产量

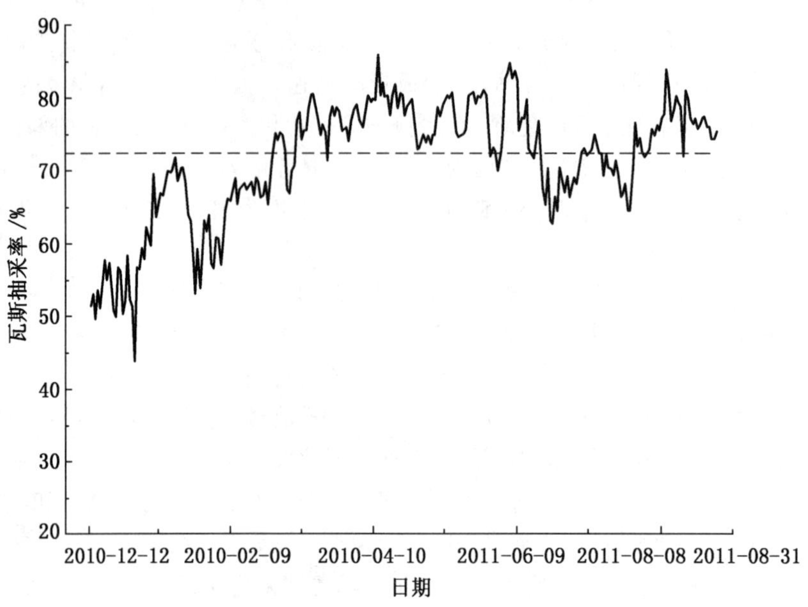

图 7-24　4207 工作面瓦斯抽采率随时间变化图

图 7-25 为 4207 工作面从 2010 年 12 月 12 日开始回采至 2011 年 8 月 31 日的日产量和累计进尺变化情况。从图可知，4207 工作面最大日进尺为 3.9 m，最大日产量为 5200 t (2011 年 7 月 23 日)，平均日进尺为 2.4 m，截至 2011 年 8 月 31 日，4207 工作面累计总进尺为 507.6 m，累计生产原煤为 67.7 万 t，实现煤与瓦斯共采。

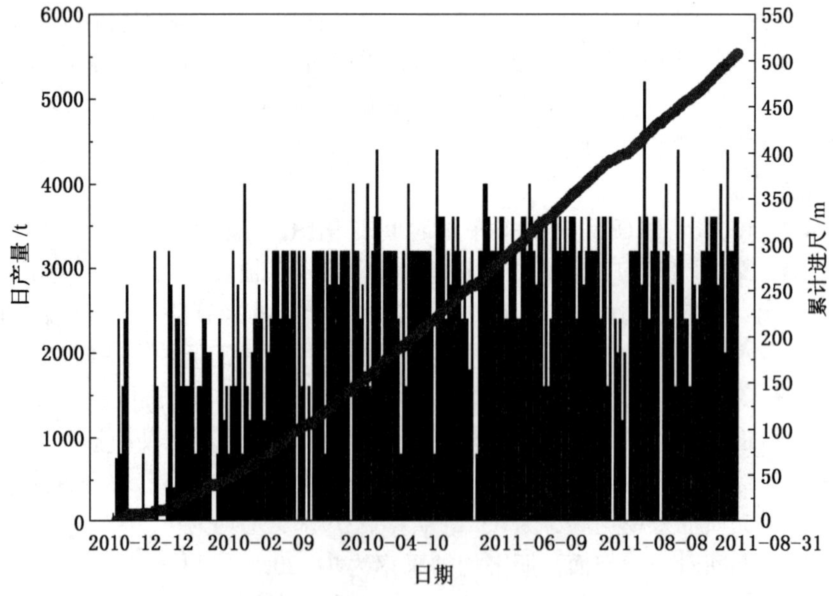

图 7-25　4207 工作面日产量与累计进尺随时间变化图

7.3　多分支水平井与井下钻孔对接技术

众所周知，高突矿井工作面巷道掘进和回采期间的瓦斯超限和突出事故是制约煤矿安全生产的重要因素。目前，矿井普遍采用采空区瓦斯抽采、井下顺层/穿层钻孔抽采煤层瓦斯等方法进行治理，不仅工程量大、施工周期长、瓦斯预抽期短、抽放效果不佳，而且在工作面巷道未形成之前无法进行工作面瓦斯预抽，造成矿井工作面衔接紧张的局面。

华晋焦煤有限责任公司沙曲一矿 4307 工作面首创性地采用地面多分支水平井与井下钻孔对接高效预抽煤层瓦斯技术，旨在解决高瓦斯矿井采煤工作面瓦斯预抽，缓解矿井工作面衔接紧张的难题。该技术是由宁夏煤炭勘察工程有限公司与华晋焦煤有限责任公司联合申报的国家发明专利，通过在未采动区实施地面多分支水平井，辐射整个工作面，然后与煤矿井下瓦斯抽采钻孔实施对接连通，并由井下对接钻孔进行瓦斯预抽采，降低煤层瓦斯压力，有效防止 4307 工作面在掘进和回采过程中的瓦斯突出和超限事故，有效缓解了矿井工作面衔接紧张的局面，保证了沙曲矿安全、高效生产。

该技术的创新性和超前性在于将煤层气开采的思路引入矿井瓦斯治理之中，打破了传统的矿井瓦斯治理理念，为煤矿瓦斯治理拓展了新领域，其优势在于：①具有良好的时空优势，即采煤工作面巷道未形成前可预抽未采动工作面煤层瓦斯；②降低了地面井口抽采装置以及地面管道铺设工程量；③对地形适应性强，便于施工场地的选择；④相对传统瓦斯治理技术减少了工程量；⑤大大增加钻孔的瓦斯有效抽采范围，提高煤层的瓦斯导流能力；⑥规避了煤矿瓦斯地面抽采与煤层气开采的冲突。

地面多分支水平井是按照预先设计的井斜角、方位角和井眼轴线轨迹进行钻进的大直径钻孔，井眼轨迹可以同储层的倾向基本保持一致，使其与煤矿井下瓦斯抽采钻孔进行对接，由井下进行煤层瓦斯预抽，将瓦斯治理技术在时间和空间上达到了一个完美的结合，同时多分支水平井的布置，与直井、定向水平井相比覆盖范围更大，沟通产气通道，能够提高煤层渗透性，进而改善煤层压力分布，有利于提高瓦斯预抽浓度及抽采量，实现高效预抽煤层瓦斯，降低矿井开采中冲击地压及瓦斯突出发生的危险系数。另外，水平井不受采掘巷道条件制约，可长期对煤层瓦斯进行卸压预抽采，为矿井持续安全生产创造有利条件。

7.3.1　多分支水平井技术特点

多分支水平井也叫定向羽状水平井，是近年来随着定向井技术逐步完善而发展起来的一种较为高效的煤层气开发方式，是指通过定向井、多分支水平井技术，由地面垂直向下钻至造斜点后，以中、小曲率半径侧斜钻进目的煤层主水平井，再从主井两侧不同位置水平侧钻分支井，进而形成羽毛状的多分支水平井。该项技术适合于开发低渗透储层的煤层气（瓦斯），集钻井、完井与增产措施于一体。其主要机理在于多分支井眼在煤层中形成网状通道，促进微裂隙的扩展，又能连通微裂隙和裂缝系统，提高单位面积内气液两相流导流能力，大幅度提高井眼波及面积，降低煤层气和游离水的渗流阻力，提高气液两相流的流动速度，进而提高煤层气产量和采出程度。多分支水平井技术特别适合开采低渗透储层的煤层气，与采用射孔完井和水力压裂增产的常规直井相比具有得天独厚的优越性。

水平井技术是近年石油开发、盐矿开发、煤层气开发比较先进的技术，其具有地面井位占地少、井下储层控制多、产能大的特点。随着定向技术的日益成熟，水平对接井技术、水平分支井技术在多个领域得到发展。2004 年开始应用于国内煤层气开发的多分支水平井技术，是集钻井、完井与增收措施于一体的新型高效煤层气开发技术。

1. 多分支水平井的主要优点

（1）增加有效供给范围。多分支水平井在煤层中呈网状分布，将煤层分割成很多连续的狭长条带，从而大大增加煤层气的供给范围。

（2）提高导流能力。压裂的裂缝无论长度多长，流动的阻力都是相当大的，而水平井内流体的流动阻力相对于割理和裂缝系统要小得多。且分支井眼与煤层割理的相互交错，使煤层割理与裂隙更畅通，提高了裂隙的导流能力。

（3）减少了对煤层的伤害。常规直井钻井完钻后要固井，完井后还要进行水力压裂改造，每个环节都会对煤层造成不同程度的伤害，而且煤层伤害很难恢复。采用多分支水平井钻井完井方法，就避免了固井和水力压裂作业对储层的伤害，这样只要在钻井时设法降低钻井液对煤层的伤害，就能满足工程要求。

（4）单井产量高，经济效益好。采用多分支水平井开发技术，单井成本比直井高，但在一个相对较大的区块开发，就减少了钻井数量、钻前工程、钻井完井材料消耗等，综合成本就下降了，而且产量是常规直井的 2 ~ 10 倍，采出程度平均高出 2 倍，既提高了经济效益，又充分地利用了资源。

（5）施工条件容易满足。对于地表条件复杂，无法大规模施工直井的未采动区域进行瓦斯治理，在钻前工程、征地协调方面有其优越的一面。

2. 多分支水平井在实际中存在的局限性和缺点

（1）设备问题。实现多分支水平井钻井所需的核心设备和工具包括随钻测量仪（LWD）、井下连通工具、强磁对戒仪、减震器、增强水平段延伸能力工具等，需要引进国外设备，会使使用成本相对增高。

（2）井位的选择受到限制。多分支水平井理想的井眼轨迹应是沿煤层的上倾方向延伸，生产井应位于整个羽状井网的最低端，而实际煤层是起伏的，加之地表条件复杂，井位选择难以实现上述目标。

（3）确定入煤中靶着陆点选择正确，则井眼可以顺利沿煤层延伸。要确定入煤中靶着陆点的位置，关键是要获得该井煤层的准确深度，因此施工前需要加强综合地质研究，提出准确的工程设计。

（4）提高水平井段的延伸能力。由于井眼随煤层的起伏，钻柱在水平井段将与井壁摩擦产生很大的阻力，使水平段延伸困难，这一方面要求钻机能够对钻具加上一定的压力，同时需要一些特殊的工具来减阻，通常应用减震器来实现。

（5）后期生产维护的问题。由于煤本身质地较脆，因此形成的水平井壁很容易坍塌形成大量破碎的煤块和煤粉聚集在井眼中，尤其是煤粉过多时会堵塞水、气的运移通道，同时对排采设备造成一定的影响。

（6）多分支水平井一般由地面实现生产排采工作，需要布置系统的管网，占地面积较大，增加投资。

7.3.2 多分支水平井施工技术

多分支水平井技术产生于 20 世纪 70 年代末期，是水平井技术的集成和发展，同时也是煤层气开采的主要增产技术之一。多分支水平井是指利用定向井、多分支水平井技术，由地面垂直向下钻至造斜点后，以中、小曲率半径侧斜钻进目的煤层形成主水平井，再从主水平井两侧不同位置水平侧钻多个分支井，进而形成羽毛状的多分支水平井。施工良好的多分支水平井可以均匀地覆盖大面积煤体，抽采过程中保证煤体压力均匀、稳步释放，既增加了瓦斯的整体产出量，同时还可以避免抽采盲区的出现。

华晋焦煤沙曲煤矿 4307 规划工作面井上下对接预抽瓦斯工程选择在坐标点（X：4146796.572；Y：487178.612；H：895.426 m）处布置地面井口，采用“三开”方式进行多分支水平井的钻进工作。第 1 次开钻钻进表层，下表层套管并固井，在此基础上安装井口；第 2 次开钻沿表层套管竖直向下钻进直至预先设计的造斜点，经过中途测试后下入技术套管，然后固井；第 3 次开钻沿技术套管继续钻进形成水平井主分支，与井下瓦斯抽采钻孔完成对接，并下入生产套管固井。井眼尺寸及套管参数见表 7-6，井身结构及“三开”参数如图 7-26 所示。

表 7-6　井眼尺寸及套管参数

序次	井眼尺寸×井深/(mm×m)	套管尺寸×下深/(mm×m)	水泥返高
一开	ϕ311.15×140.00	ϕ244.5×139.50	地面
二开	ϕ215.9×480.35	ϕ177.8×478.35	地面
三开	ϕ152.4×3522.87		

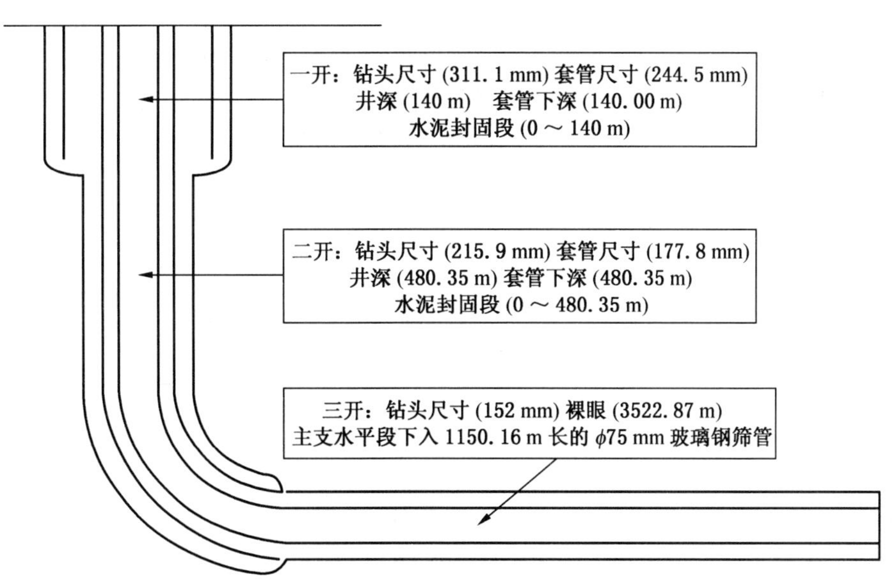

图 7-26　地面钻井井身结构及“三开”参数示意图

第一阶段：该工程的水平井部分共施工 2 个主分支，分别为 DS01-1 分支和 DS01-6 分支，其中 DS01-6 分支左侧水平侧钻 4 个侧分支（DS01-2、DS01-3、DS01-4、DS01-5 分支）。各分支的工程参数见表 7-7。

表 7-7 各分支工程参数汇总表

名 称	编 号	井段/m	长度/m
主支水平井	DS01-1	480.35~1630.51	1150.16
	DS01-6	500~1592.16	1092.16
分支水平井	DS01-2	600~860	260
	DS01-3	900~1170	270
	DS01-4	1200~1470	270
	DS01-5	1500~1760	260
总工程量	3522.87 m		

现场施工水平井的垂直投影、水平投影和三维投影如图 7-27~图 7-32 所示。

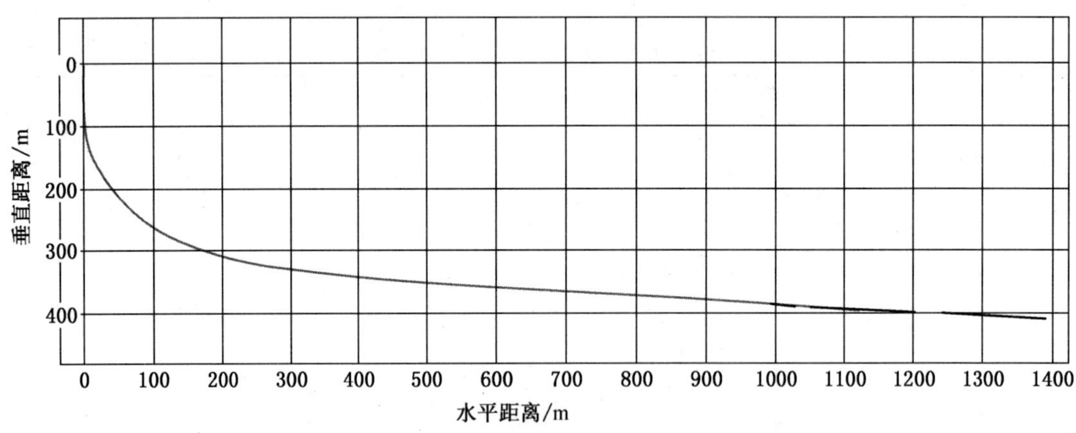

图 7-27 DS01 井垂直投影图

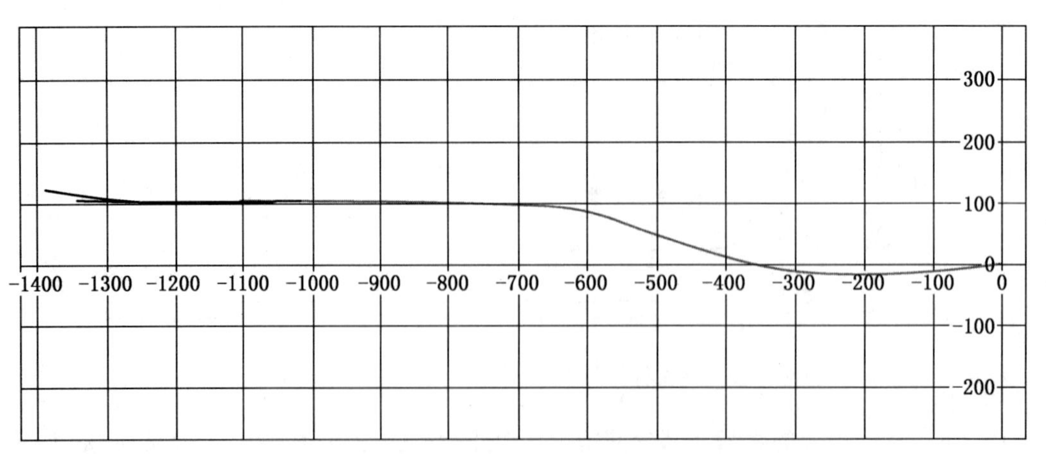

图 7-28 DS01 井水平投影图

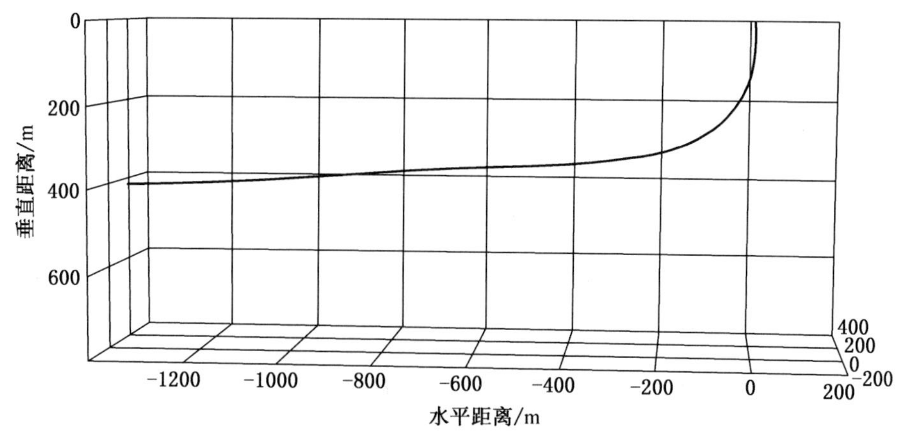

图 7-29 DS01 井三维投影图

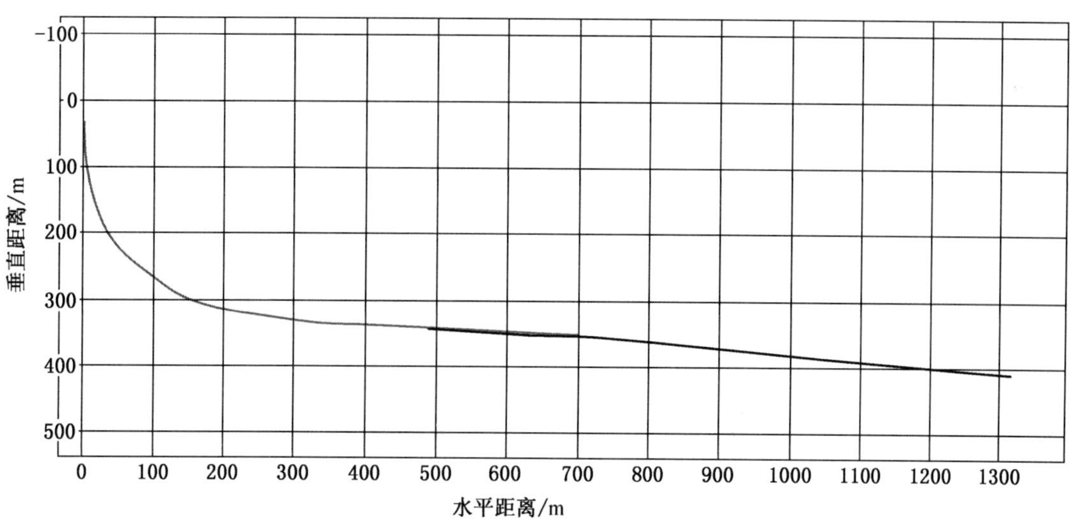

图 7-30 DS02 井垂直投影图

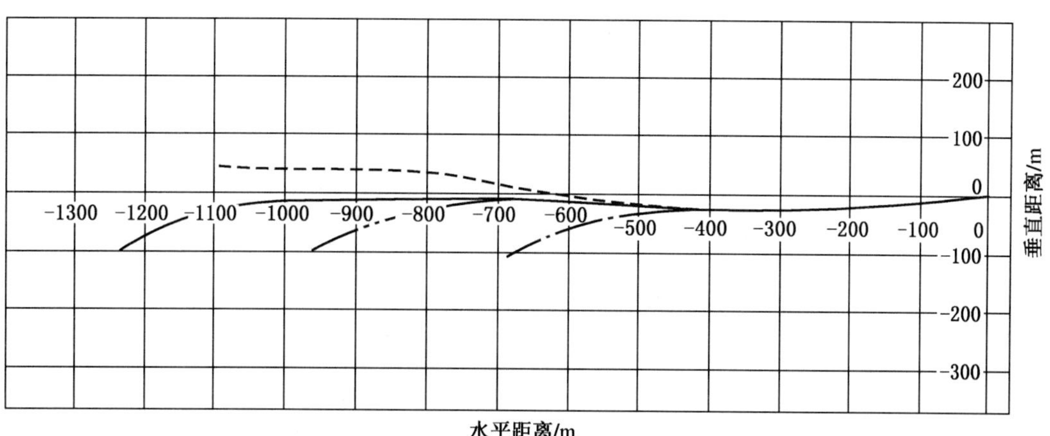

图 7-31 DS02 井水平投影图

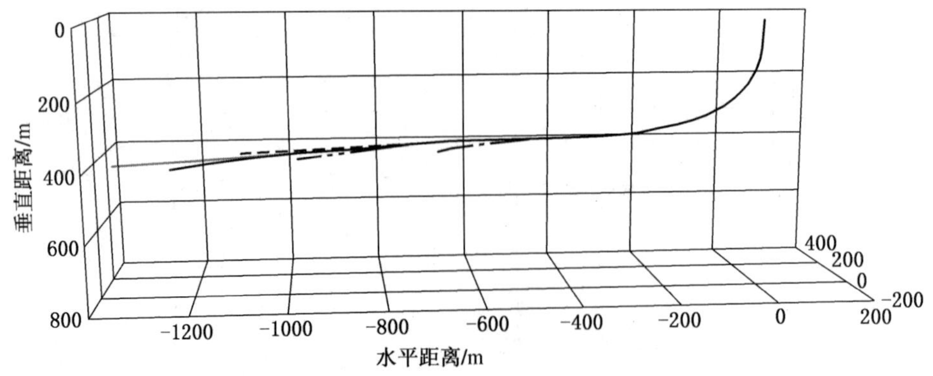

图 7-32　DS02 井三维投影图

其中 DS01-1 分支布置于 4307 工作面专用瓦斯抽放巷和带式输送机运输巷之间，能够解决专用瓦斯抽放巷和带式输送机运输巷掘进前的预抽放问题，为巷道的安全、快速的掘进提供时间和空间的保证；DS01-6 分支及其 4 个侧分支 DS01-2、DS01-3、DS01-4、DS01-5 分支均匀布置于 4307 工作面中部，充分辐射整个采煤工作面，实施排采后，则可以均衡释放整个工作面的瓦斯压力，提前解决工作面回采过程中可能发生的煤与瓦斯突出或者瓦斯超限事故，为工作面的安全、高效回采提供保障。

第二阶段：沙曲一矿 SQN-0501 多分支水平对接井组工程设计参数均由专业软件模拟得出，详见图 7-33 ~ 图 7-35 及表 7-8 ~ 表 7-16。

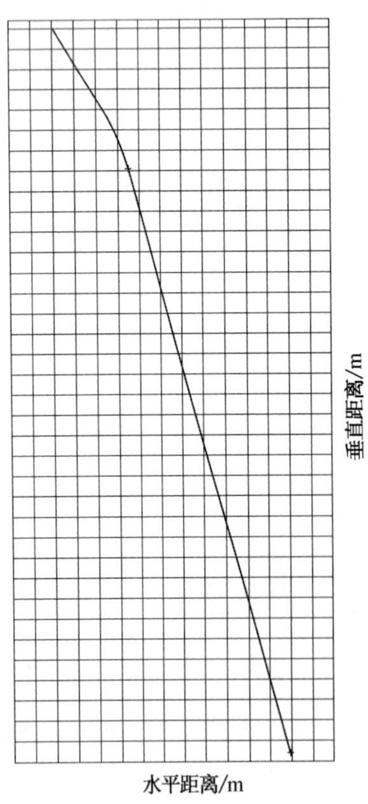

图 7-33　SQN-0501-41 水平井投影模拟图

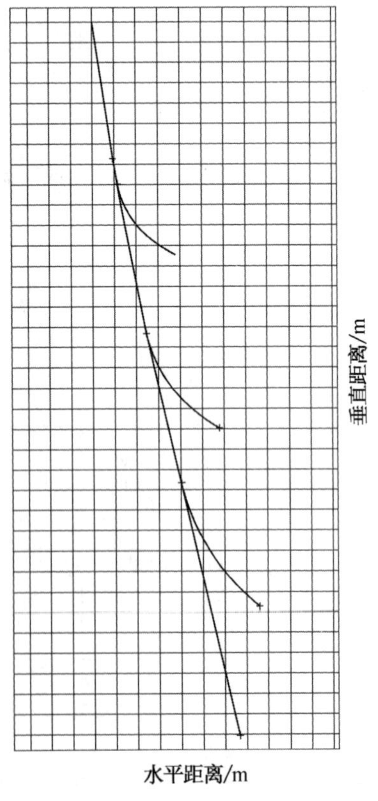

图 7-34　SQN-0501-42 水平井投影模拟图

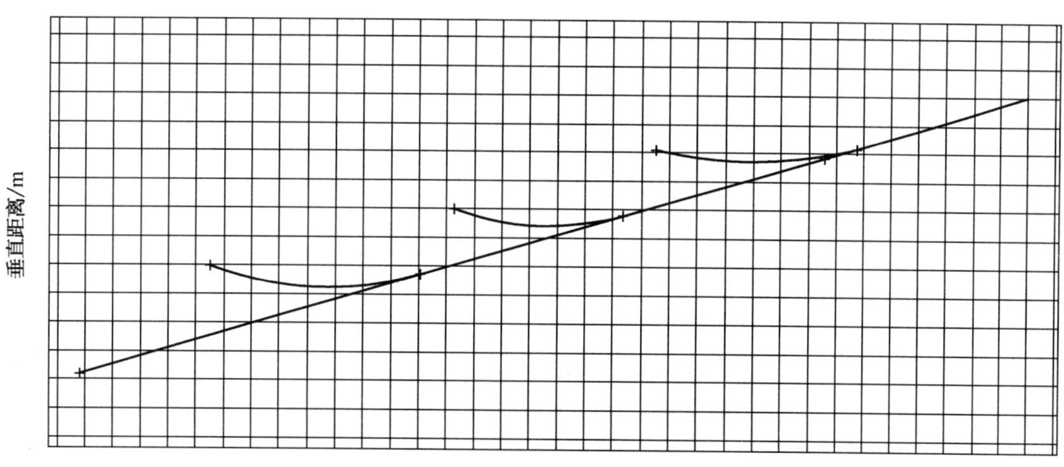

图7-35　SQN-0501-5水平井投影模拟图

表7-8　SQN-0501-41水平井模拟参数表

测量深度/m	倾斜角度/(°)	方位角/(°)	垂直距离/m	+N(-S)/m	+E(-W)/m	弯转率/(°)/30 m	球率/(°)/30 m	旋转率/(°)/30 m	TFO/(°)
0.00	0.00	0.00	0.00	0.00	0.00	0.000	0.000	0.000	0.00
140.0	0.00	0.00	140.0	0.00	0.00	0.000	0.000	0.000	0.00
458.04	66.82	240.01	390.70	-143	-143	6.303	6.303	0.000	240.0
461.57	66.82	240.01	392.09	-84.2	-146	0.000	0.000	0.000	0.00
588.10	86.69	255.43	421.10	-129	-259	5.891	4.712	3.655	39.17
1680.41	82.72	255.36	483.90	-404	-1314	0.002	0.001	-0.002	-65.78

表7-9　SQN-0501-42水平井模拟参数表

测量深度/m	倾斜角度/(°)	方位角/(°)	垂直距离/m	+N(-S)/m	+E(-W)/m	弯转率/(°)/30 m	球率/(°)/30 m	旋转率/(°)/30 m	TFO/(°)
0.00	0.00	0.00	0.00	0.00	0.00	0.000	0.000	0.000	0.00
140.0	0.00	0.00	140.0	0.00	0.00	0.000	0.000	0.000	0.00
460.60	66.60	262.45	393.13	-21.8	-170	6.232	6.232	0.000	262.45
467.34	66.60	262.45	395.81	-22.6	-267	0.000	0.000	-0.539	0.00
568.47	87.09	260.63	418.71	-37.1	-309	6.101	0.000	0.051	-5.17A
610.86	87.12	260.70	420.85	-44.0	-312	0.056	6.079	0.000	65.53
613.40	87.12	259.85	420.98	-45.2	-316	0.000	0.023	-5.369	-5.17A
849.88	86.73	260.12	421.23	-85.4	-544	5.890	0.000	0.035	65.53
871.33	86.69	260.12	434.76	-89.1	-565	-0.035	-0.006	0.000	0.00

表 7-9（续）

测量深度/m	倾斜角度/(°)	方位角/(°)	垂直距离/m	+N(-S)/m	+E(-W)/m	弯转率/(°)/30 m	球率/(°)/30 m	旋转率/(°)/30 m	TF0/(°)
918. 89	86. 69	258. 03	438. 37	-98. 1	-612	0. 000	0. 000	-1. 318	-114F1
1103. 94	87. 02	258. 04	447. 77	-136	-793	1. 332	0. 210	0. 001	99. 03
1134. 20	87. 15	258. 04	449. 24	-142	-822	0. 021	0. 000	0. 000	2. 81
1220. 00	87. 15	258. 01	454. 00	-160	-906	0. 000	-0. 215	-0. 011	0. 00
1694. 18	86. 69	258. 04	482. 00	-258	-1369	0. 215	0. 010	0. 002	13. 22B

表 7-10 SQN-0501-42-1 分支井模拟参数表

测量深度/m	倾斜角度/(°)	方位角/(°)	垂直距离/m	+N(-S) /m	+E(-W) /m	弯转率/(°)/30 m	球率/(°)/30 m	旋转率/(°)/30 m	TF0/(°)
618. 18	86. 73	259. 85	421. 23	-45. 2	-316	0. 000	0. 000	0. 000	0. 00
1798. 62	86. 72	219. 07	432. 00	-134	-468	6. 766	-0. 002	-6. 778	-91F1

表 7-11 SQN-0501-42-2 分支井模拟参数表

测量深度/m	倾斜角度/(°)	方位角/(°)	垂直距离/m	+N(-S)/m	+E(-W)/m	弯转率/(°)/30 m	球率/(°)/30 m	旋转率/(°)/30 m	TF0/(°)
918. 89	87. 02	258. 03	438. 37	-98. 1	-612	0. 000	0. 000	0. 000	0. 00
1153. 62	87. 08	211. 01	451. 19	-230	-797	6. 001	0. 007	-6. 009	-91F1

表 7-12 SQN-0501-42-3 分支井模拟参数表

测量深度/m	倾斜角度/(°)	方位角/(°)	垂直距离/m	+N(-S)/m	+E(-W)/m	弯转率/(°)/30 m	球率/(°)/30 m	旋转率/(°)/30 m	TF0/(°)
1220. 00	86. 54	258. 01	454. 00	-160	-906	0. 000	0. 000	0. 000	0. 00
1504. 79	87. 35	221. 23	469. 72	-301	-1147	3. 870	0. 085	-3. 874	-89F3

表 7-13 SQN-0501-5 水平井模拟参数表

测量深度/m	倾斜角度/(°)	方位角/(°)	垂直距离/m	+N(-S)/m	+E(-W)/m	弯转率/(°)/30 m	球率/(°)/30 m	旋转率/(°)/30 m	TF0/(°)
0. 00	0. 00	0. 00	0. 00	0. 00	0. 00	0. 000	0. 000	0. 000	0. 00
150. 0	0. 00	0. 00	150. 0	0. 00	0. 00	0. 000	0. 000	0. 000	0. 00
251. 60	21. 16	252. 49	249. 31	-5. 58	-17. 6	6. 249	6. 249	0. 000	252. 49
258. 18	21. 16	252. 49	255. 44	-6. 30	-19. 9	0. 000	0. 000	0. 000	0. 00
570. 14	86. 44	254. 77	427. 51	-71. 6	-250	6. 374	6. 374	0. 219	2. 49A2
585. 21	86. 88	255. 25	428. 12	-75. 5	-264	1. 295	0. 874	0. 957	47. 59

表7-13（续）

测量深度/m	倾斜角度/(°)	方位角/(°)	垂直距离/m	+N(-S)/m	+E(-W)/m	弯转率/(°)/30 m	球率/(°)/30 m	旋转率/(°)/30 m	TFO/(°)
590.5	86.88	255.25	428.32	-76.8	-269	0.000	0.000	0.000	0.00
619.7	86.88	253.86	429.72	-84.6	-298	1.923	-1.296	-1421	-132F1
782.68	86.62	253.80	439.44	-129	454	0.017	-0.013	-0.011	-138.6
817.97	86.55	254.80	441.57	-139	-488	0.000	0.000	0.000	0.00
921.16	86.55	254.06	447.52	-168	-587	0.116	0.087	0.077	41.40F2
1096.01	86.84	254.09	447.01	-216	-755	0.016	0.016	0.004	14.18
1111.11	86.94	254.09	457.81	-220	-769	0.000	0.000	0.000	0.00
1223.64	86.59	254.00	464.17	-251	-877	0.096	-0.093	-0.024	-165F3
1707.00	86.79	254.36	492.10	-382	-1341	-0.026	0.012	0.023	60.8B2

表7-14　SQN-0501-5-1分支井模拟参数表

测量深度/m	倾斜角度/(°)	方位角/(°)	垂直距离/m	+N（-S)/m	+E（-W)/m	弯转率/(°)/30 m	球率/(°)/30 m	旋转率/(°)/30m	TFO/(°)
570.00	87.44	254.77	42751	-71.6	-250	0.000	0.000	0.000	0.00
863.77	86.88	283.59	442.38	-75.8	-540	2.940	-0.057	2.944	92F1

表7-15　SQN-0501-5-2分支井模拟参数表

测量深度/m	倾斜角度/(°)	方位角/(°)	垂直距离/m	+N(-S)/m	+E(-W)/m	弯转率/(°)/30 m	球率/(°)/30 m	旋转率/(°)/30 m	TFO/(°)
912.16	86.84	254.06	447.52	-168	-587	0.000	0.000	0.000	0.00
1168.13	88.02	290.91	458.98	-159	-829	4.380	0.143	4.383	89F2

表7-16　SQN-0501-5-3分支井模拟参数表

测量深度/m	倾斜角度/(°)	方位角/(°)	垂直距离/m	+N(-S)/m	+E(-W)/m	弯转率/(°)/30 m	球率/(°)/30 m	旋转率/(°)/30 m	TFO/(°)
1223.64	86.59	254.00	464.17	-251	-877	0.000	0.000	0.000	0.00
1531.81	88.37	289.91	478.18	-240	-1180	3.496	0.173	3.496	88F2

7.3.3 水平井井壁稳定及储层保护技术

根据前部分对沙曲煤矿煤样所做的压汞和电镜扫描的分析，沙曲煤矿3号、4号煤层的煤体孔喉结构小，连通性较差，煤层一旦受到钻井液等外来环境的污染，将会直接影响到目的煤层物化参数的正确评价及产能的精确评估，想要改善或者修复需要付出极大的代价，甚至有些污染是不可逆转的。因此，为了保证井上下水平对接井良好的产气能力，提高投入回报率，做好钻井过程中煤层的保护工作具有十分重要的现实意义。

在 4307 工作面井上下对接井的施工过程中，为了保证在井壁稳定的基础上最大限度地保护煤层不受污染和损害，针对该地区的煤岩体的特点，经过多次试验研究决定采用特定配比的低固相钻井液和清水两套体系进行钻井。煤层段以上和连通段采用低固相钻井液，以安全钻井为主；煤层水平延伸段则采用清水，以保护储层不受污染为主。

7.3.4 地面钻井与井下钻孔对接技术

1. 深部造穴技术

为了实现水平井在煤层中与井下钻孔成功对接，建立良好的气液通道，在井下钻孔的煤层部位造一洞穴，洞穴的直径一般为 0.6 m，长度为 1 m。沙曲煤矿井下抽采钻孔造穴工具采用 PDC 金刚复合片刀杆式造穴钻头。该钻头利用机械切削的原理，用钻具把特殊设计的机械装置送入造穴井段，然后通过控制高压水流使造穴工具的切削齿张开，并在钻具的带动下旋转切削煤层气储层，形成满足实际需要的洞穴。最终造穴达到设计要求，成功实现扩孔连通。

2. 定向对接技术

4307 工作面地面钻井与井下钻孔对接技术采用常用的近钻头电磁测距法，国外通常称为 Rotating Magnet Ranging Service，英文缩写为 RMRS。

近钻头电磁测距法连通的基本原理是，当旋转的磁接头钻入井下对接钻孔附近区域时，井底探管可以采集到磁接头产生的磁场强度信号，最后通过软件准确计算出两井间的距离和当前钻头位置。

连通时首先在井下钻孔中下入探管，并将旋转磁接头连接于钻头之后。钻具组合通常为钻头+旋转磁接头+马达+无磁钻挺+MWD+钻杆。连通前将井底所测的陀螺数据输入到测距系统的配套采集软件中，初始化坐标系。当钻头进入到探头的测量范围后，井下对接孔孔内接收仪器就可以不断地收到当前磁场的强度值（H_x、H_y 和 H_z），定向工程师再根据采集的测点数据判断出当前的钻进位置，适时计算当前测点的闭合方位并预测钻头处方位的变化，然后通过调整工具面，及时将井眼方向纠正至洞穴中心的位置。在距离靶点 10 m 位置，将井下对接孔内接收探管撤出，开始朝靶点实施盲打，最终击中靶点。井上下钻孔对接示意图如图 7-36 所示。

沙曲煤矿井上下对接井工程使用的连通仪器装备主要包括旋转磁性接头、井底信号接收探管和仪器主机 3 部分。磁性接头位于钻头和马达之间，接头内部由磁性很强的稀土永磁制成，在随钻头转动时产生交变磁场。产生的磁场由位于附近有效范围内（约 70 m）的目标井中的探管完成测量，在探管中的磁场传感器感应出磁场强度的变化，从而提供探管与钻头之间距离和方位的数据，以此来引导正钻井与其连通。目前经实践证实，该仪器可广泛应用在煤层气、天然气、石油、盐矿、芒硝等钻井工程。

7.3.5 井下控压抽采瓦斯技术

1. 孔口连接设备的改造

首先，井上下对接预抽煤层瓦斯技术与传统的地面抽采有区别。地面抽采一般是通过原钻井或地面对接井的排水降压，使得煤层中的瓦斯实现解吸，最终通过地面钻井实现抽采。这种情况下原始煤层中较大压力的瓦斯需要克服钻井中液柱的压力和瓦斯本身的势能才能运移到地面，尽管较高的液柱和自身的势能限制了瓦斯抽采的效率和产量，但对井口的瓦斯抽采设备却起到了可控的保护作用，因此地面抽采系统中蕴含高能量的瓦斯很难对

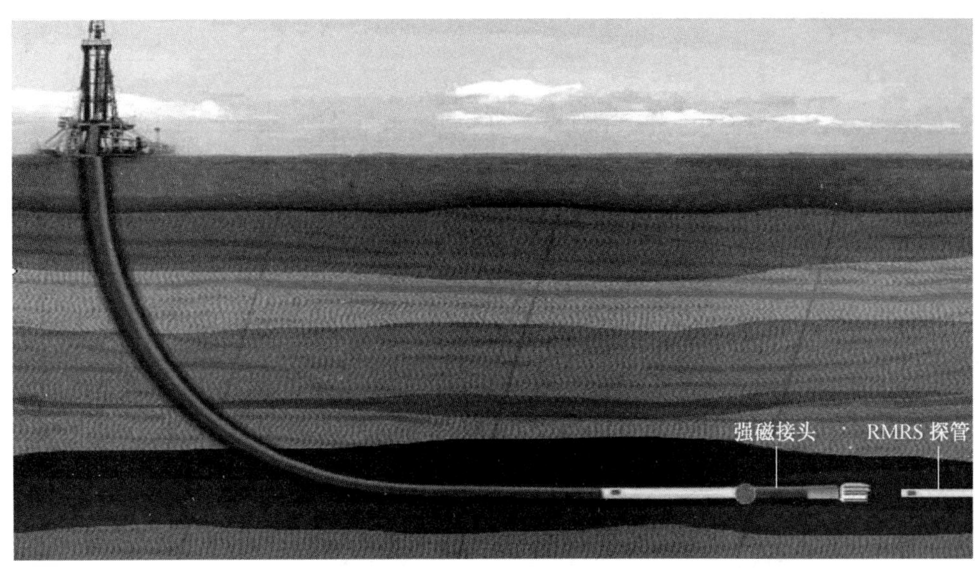

图 7-36　井上下钻孔对接示意图

地面井口的抽采设备造成直接威胁和破坏。

其次，井上下对接预抽煤层瓦斯技术与传统的井下钻孔抽采技术也有着本质的不同。井下钻孔抽采煤层瓦斯一般是在目标煤体附近的巷道选取合适的地方做钻场，然后施工顺层或穿层钻孔到目标煤层进行瓦斯抽采。由于现有的封孔材料、技术和工艺难以保证井下瓦斯抽采钻孔的封孔效果，因此很难避免外界空气通过钻孔或钻孔周边裂隙进入抽采系统，再加上井下钻孔长度较短，控制气量较少等因素，较小的瓦斯压力和能量使得井下钻孔抽采瓦斯浓度和抽采量相对较低。

采用的井上下对接瓦斯抽采技术是在充分考虑地面和井下两种传统抽采方法的基础上，吸取两方面的优势而形成的。充分利用地面多分支水平井技术的增产机理，大大增加了钻井的控气量，回避了钻孔密封不严的问题，同时利用井下抽采，摆脱了地面钻井液柱和瓦斯自身势能的限制，可以更好地提高本煤层瓦斯的抽采效率。与此同时，钻井各分支附近煤体中首先解吸的高能量瓦斯伴随着钻井液柱的压力会对井下抽采钻孔的设备和系统带来强大的冲击，一般的气水分离器很难满足要求。因此，结合沙曲煤矿井下抽采钻孔附近的钻场布置，充分考虑在煤层瓦斯压力和钻井液柱压力的基础上，设计开发了一种新型立式瓦斯抽采气水渣分离装置。该装置主要有孔口缓冲罐和分离罐两部分构成，通过其间的闸阀进行控制，由缓冲罐进行释放孔内压力及较大煤岩块体，在分离罐内完成瓦斯和水汽的分离，瓦斯气体经由负压管路抽采，水渣从分离罐排渣口放出，从而完成高瓦斯钻孔的瓦斯泄压与抽采。

该分离装置包括：孔口球阀 1 只（4 MPa），孔口缓冲罐 1 个（设计压力 6 MPa，规格 ϕ325 mm×550 mm），气水渣分离罐 1 个（规格 ϕ1000 mm×1200 mm），4 英寸连接管约 2 m（规格 ϕ108 mm×10 mm），6.4 MPa 闸阀 2 只，2.5 MPa 闸阀 2 只，负压管路蝶阀 1 只，自动放水阀 1 只，以及缓冲罐支架等一整套设备。罐体壁厚达 10 mm，尤其孔口缓冲罐抗压强度达 6 ~ 8 MPa，能够有效地控制瓦斯压力，防止抽采过程中高能量的瓦斯、水突然喷出，对孔口的抽采设备造成破坏（图 7-37）。

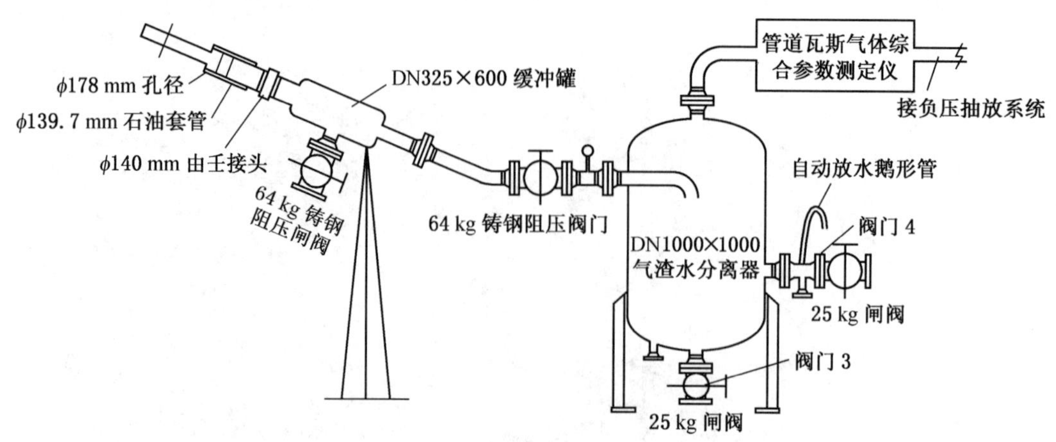

图 7-37　新型立式瓦斯抽采气水渣分离装置示意图

2. 控压抽采瓦斯技术

4307 工作面采用的多分支水平井技术，可以使得较大范围内原始煤体中的孔裂隙因钻井或钻进扰动产生的裂隙得到沟通，因而获得均匀卸压，大量的吸附瓦斯解吸出来随着游离瓦斯进入钻井和瓦斯抽采系统。由于煤矿井下瓦斯抽采系统的钻孔末端一般会存在 15 kPa 或者更大的负压，从煤体中解吸并运移到钻井分支中的瓦斯在自身正压和抽采系统负压的双重作用下，会在很短的时间内进入抽采管路输运出去，短时间的瓦斯抽采量会很大。而试验证明，煤体中吸附瓦斯的解吸受时间的影响，经过短时间大流量的抽采后，当煤体中瓦斯的解吸速率小于钻孔抽采瓦斯的速率时，沟通孔裂隙之间的喉道结构会因微观环境中的气体压力不足以支撑其开启状态而发生闭合，阻断了封闭、半封闭状态的孔裂隙与外界的沟通，之后解吸出来的吸附瓦斯会因没有足够的通道而被封闭在孔裂隙中，大大减小了瓦斯抽采的总产气量和总体效果。

为了保证煤体最终获得完全的卸压，提高瓦斯抽采的总体产量，沙曲煤矿井上下对接工程在抽采的前期阶段采用正压抽采。通过抽采钻孔外端的球阀控制单位时间内的采气量进行匀速抽采，保证钻井分支中的气体维持正压状态，经过一段时间后，当煤体中瓦斯得到充分的解吸和释放，钻井分支中的气体压力匀速下降到一定程度后，再利用抽采系统的负压进行最后阶段的抽采，最终实现煤体的完全卸压和产气量的最优化。

7.3.6　设计思路

多分支水平井技术是在定向井、大位移井和水平井技术的基础上发展起来的一项油气开采技术，是 21 世纪油气田开发的主体工艺技术之一。将多分支水平井与煤层特点有机结合，是低渗透性煤层气藏的高效开发技术。多分支水平井的主支和分支在地层中广泛均匀延伸，使整个控制区域地层压力均匀、快速下降，增大了气体解吸扩散的机会，是多分支水平井促使煤层气产量提高的根本原因。多分支水平井技术特别适合于开采低渗透储层的煤层气，与采用射孔完井和水力压裂增产的常规直井相比，多分支水平井能够最大限度地沟通煤层割理微裂隙和裂缝系统，增加井眼在煤层中的波及面积和卸压面积，降低煤层裂隙内气液两相流的流动阻力，大幅度提高单井产量，减少钻井数量。因此，与常规直井相比，在开发低渗透储层煤层气资源时，多分支水平井具有单井产量高、采出程度高、经济效益高的优势。

沙曲一矿瓦斯抽采目前以井下常规钻孔抽放为主，常规方法工程量大，抽采效率低下，严重制约矿井采掘进度。同时由于煤层松软、渗透率低，井下钻孔抽采浓度低，抽放效果不佳。因此，必须采取一些先进的非常规手段来解决当前抽采问题，提高井下钻孔瓦斯的抽采效率。

将地面多分支水平井与煤矿井下瓦斯抽采进行有机结合，优势互补，优化整合，在分析地面水平定向钻井和井下钻孔抽采煤层瓦斯优、缺点的基础上，创造性地提出了一种新的煤层瓦斯预抽工程方案——地面多分支水平井与煤矿井下钻孔对接预抽煤层瓦斯技术方法。

其具体实施为：在煤矿井下准备巷道（或者开拓巷道）中开辟一个对接孔钻场，从该钻场向目标煤层施工一个适当长度的对接钻孔（具体依巷道和抽采目标煤层的相对位置而定），在对接孔中下入钢质套管并固孔（固孔长度以保证抽采钻孔的气密性为原则，而对接孔长度则以进入目标煤层并保证固孔长度为原则）；在设计抽采区域的远端，开辟地面水平定向井钻场，向井下对接孔方向、沿目标煤层施工长距离、大孔径水平定向钻孔，并与井下对接孔对接；然后封闭地面孔口，在井下对接孔的钢质套管末端安装孔口控制阀门，并与煤矿井下瓦斯抽采管网连接，利用煤矿瓦斯抽采系统进行瓦斯抽采，这种创造性的方法称为地面多分支水平对接井抽采瓦斯法。其工程布置剖面示意图如图 7-38 所示。

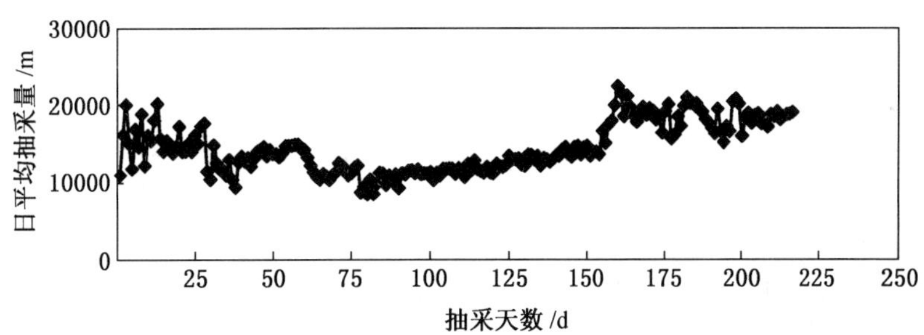

图 7-38　地面多分支水平井与井下抽采钻孔对接剖面示意图

在接续工作面未采动区，通过地面多分支水平井施工，增加煤层瓦斯的供给范围，沟通产气通道，在一定意义上能够提高煤层渗透性，进而改善煤层压力分布，有利于实现高效预抽煤层瓦斯，能够降低矿井开采中冲击地压及瓦斯突出发生的危险系数，提高瓦斯预抽浓度及抽采量，解决掘进和回采进度。

此方法中水平井沿着工作面的采掘方向布设，主水平段和水平分支段均在煤层中钻进。在水平井施工前首先施工井下瓦斯抽采钻孔，由地面施工多分支水平井，通过强磁对穿仪器实现地面水平分支井与井下抽采钻孔的对接，在井下由矿井抽采系统对多分支水平井辐射区域进行集中抽采。可实现未掘进前的巷道周围及工作面瓦斯提前预抽，解决巷道掘进及工作面回采过程中瓦斯突出问题。

7.3.7　设计方案

1. 第一阶段

（1）井下对接抽采钻孔：井下施工的 XC01、XC02 两个对接瓦斯抽采钻孔均布置在矿井北轨大巷的右帮，长度分别为 53 m、54 m，仰角均为 25°，孔口套管（ϕ108 mm×5 mm）长度均为 33 m。

（2）地面水平井：地面多分支水平井共施工 2 个主支（DS01、DS02）、4 个侧分支（南 1 分支、南 2 分支、南 3 分支、北分支），水平段孔径为 152. 4 mm。

其中，DS01 主支：位于工作面瓦斯抽放巷与带式输送机运输巷之间，入煤后水平段长度为 1027 m，2012 年 4 月 2 日与 XC01 实现对接连通。DS02 主支：布置在工作面中轴位置，入煤后水平段长为 1056 m，2012 年 11 月 14 日与 XC02 实现对接连通。

南 1 分支、南 2 分支、南 3 分支、北分支 4 个侧分支分布在 DS02 主支的两侧，长度分别为 272 m、272 m、273 m、797 m。DS02 主、分支煤层段累计长度为 2670 m。如图 7-39 所示。

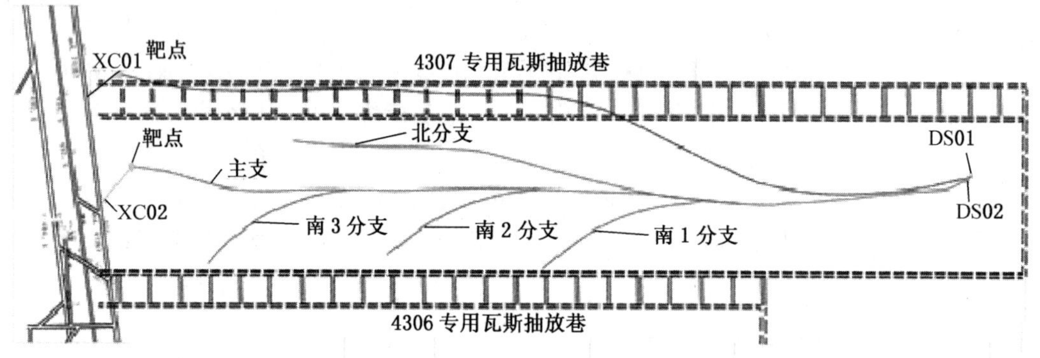

图 7-39　第一阶段地面多分支水平对接井工程布置图

2. 第二阶段

鉴于 4307 工作面地面多分支水平的成功实施，根据矿井采掘接替和沙曲一矿五采区规划，再次选择五采区首采工作面进行地面多分支水平井与井下瓦斯抽采钻孔对接并以井下负压方式进行抽采的工业性试验。同时实现对 3+4 号煤层（4501 工作面及其邻近区域）及 5 号煤层（5501 工作面及其邻近区域）瓦斯抽采。

共设计 3 口地面水平井，井号为 SQN-0501-41、SQN-0501-42 和 SQN-0501-5，水平井进入煤层后分别沿 3+4 号及 5 号煤层钻进。其中 SQN-0501-41 及 SQN-0501-42 井布置在 3+4 号煤层中，两主支井间距在 160 m 左右，SQN-0501-41 为单主支井，SQN-0501-42 带有 3 个分支，实现对整个工作面的辐射。SQN-0501-5 井布置于 5 号煤层中，以 3 个分支辐射工作面，一方面尽最大可能范围预抽控制区域 5 号煤层瓦斯；另一方面，在 3+4 号煤层回采期间，该主支可以作为“底板裂缝带抽放钻孔”，对 3+4 号煤层工作面的瓦斯起到“牵制‘抽采’”作用。

在水平井开工前，完成井下对接钻孔施工。在对接完成后，将井下瓦斯抽采对接钻孔孔口装置接入井下瓦斯抽采系统，最终实现井下瓦斯抽采，如图 7-40 所示。

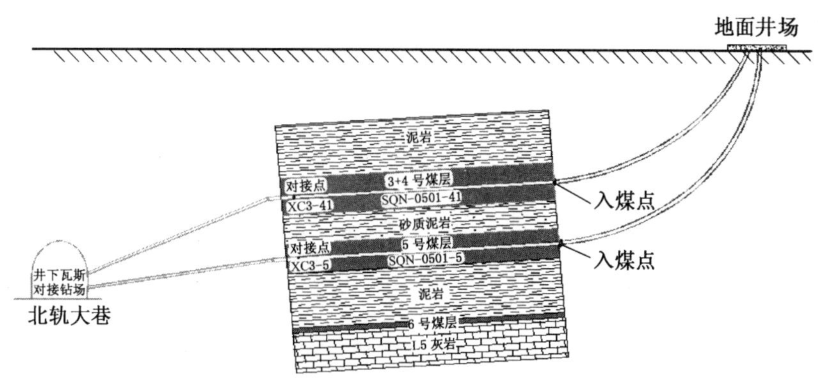

图 7-40 第二阶段地面多分支水平对接井示意图

7.4 多分支水平井煤与瓦斯共采效果评估及参数优化

7.4.1 第一阶段瓦斯抽采效果评估

1. 建立几何模型

根据水平对接井的实际工程布置，多分支水平井筒的影响范围为沙曲一矿 4307 工作面，约为一个长 1300 m、宽 350 m、高 4.5 m 左右的长方体区域，由于水平井筒的直径为 0.15 m，若以实际比例建立三维几何模型，过大的比例会为后期的网格划分等处理带来极大困难。考虑到本次数值模拟的主要目的是进行抽采的有效影响范围的预测，对煤层纵断面的属性要求并不高，因此将本模型简化为二维的平面模型，水平井筒则简化为可以满足气体自由流动的二维裂缝进行处理。

根据现场施工水平井的垂直投影、水平投影，对应出 2 个主支及 4 个分支在煤层中相对应的坐标点，建立多分支井筒的几何模型，如图 7-41 所示。

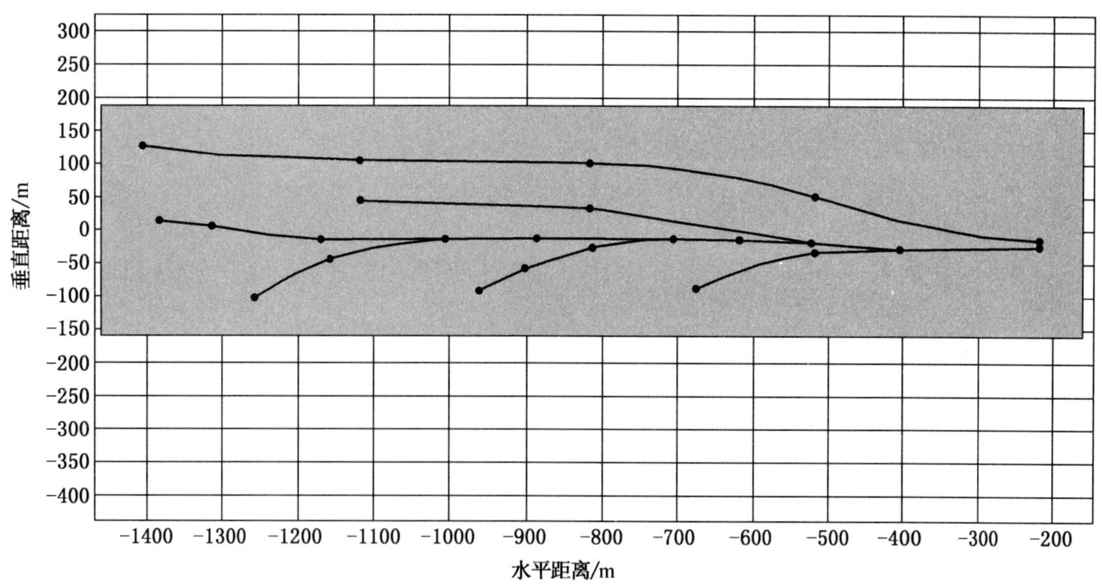

图 7-41 多分支井筒几何模型

其中含瓦斯煤层的各项物性参数见表 7-17。

表 7-17　模拟相关参数表

符　号	参数名称	数　值	单　位
P_0	煤层原始瓦斯压力	1.4	MPa
P_1	抽采负压	-15	kPa
a	煤的吸附常数	25.0	m^3/t
b	煤的吸附常数	0.514	MPa^{-1}
M	水分	0.80	%
A	灰分	14.26	%
k	煤层透气性系数	3.65	$m^2/(MPa^2 \cdot d)$
C	孔隙率	3.70	%
ρ_n	煤体的密度	1.42×10^3	kg/m^3
K	体积模量	8	GPa
G	剪切模量	4.78	GPa
φ	摩擦角	20	(°)
μ	瓦斯动力黏性系数	1.08×10^3	(Pa · s)

表 7-17 中，煤层原始瓦斯压力数据采用突出鉴定结论；煤的吸附常数 a、b 值、孔隙率、水分、灰分等数据选取 3 号、4 号煤层所取煤样的测定结果。体积模量、剪切模量、摩擦角、煤层透气性系数等数据选取实验室和井下实测结果；瓦斯动力黏性系数参考理想状态下气体黏性系数取值。抽采负压根据井下抽采管网观测记录统计得出。

2. 多分支井抽采影响半径的预测

根据现场抽采实际，为 2 条裂缝（2 个分支）加上时间约束。

$$p_{1XC02} = -15000\ \text{Pa}$$

$$p_{1XC01}\begin{cases}0 & 0<t<160[\text{day}]\\ -15000\ \text{Pa} & t\geqslant 160[\text{day}]\end{cases} \tag{7-2}$$

根据模拟计算，在煤层压力为 1.4 MPa，抽采负压为-15 kPa 条件下，不同抽采时间 t，煤层瓦斯压力的分布情况如图 7-42 ~ 图 7-46 所示。

瓦斯抽采的影响半径是衡量钻孔对周围煤体中瓦斯影响范围的衡量。该抽采半径一般可根据不同的目的分为瓦斯抽采影响半径和瓦斯抽采有效影响半径，瓦斯抽采有效影响半径可以简称为有效半径。影响半径主要用来衡量该钻孔进行瓦斯抽采时能够影响的最大范围，即在一定时间内煤层原始瓦斯压力开始下降的点到该抽采钻孔中心点的距离。有效影响半径主要是衡量在该钻孔抽采影响下能够达到消突作用或者满足其他相关要求的有效距离，即在一定时间内煤层瓦斯压力或含量降低到安全允许范围的点到该抽采钻孔中心点的最大距离。瓦斯抽采有效半径主要与煤层原始瓦斯压力、抽采时间、煤层透气性系数等有关。

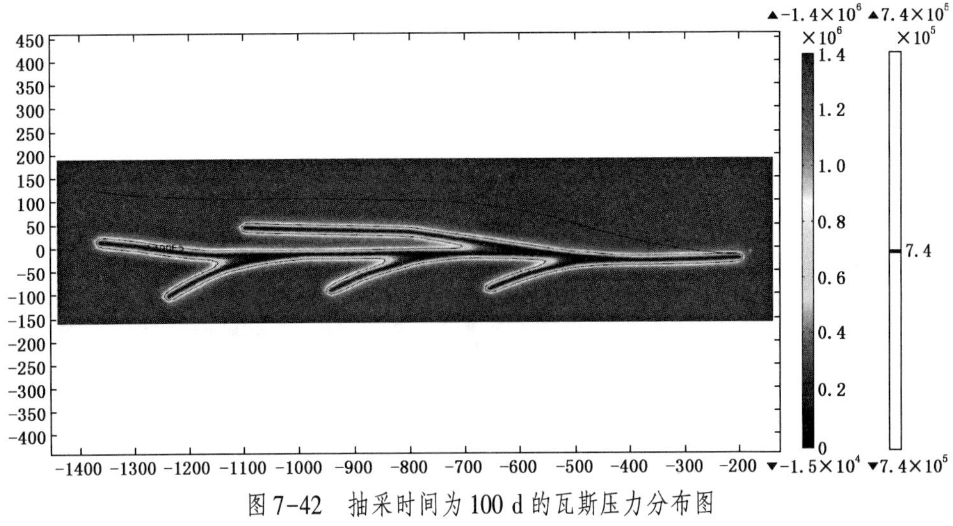

图 7-42 抽采时间为 100 d 的瓦斯压力分布图

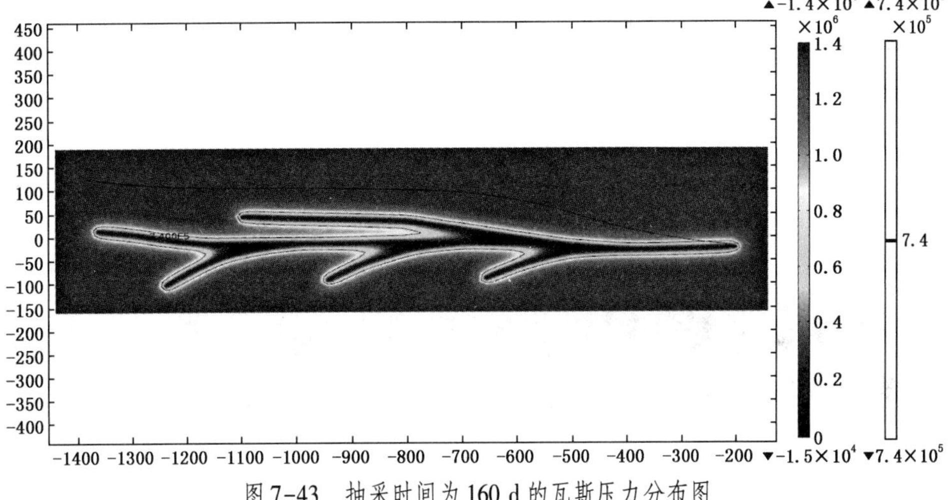

图 7-43 抽采时间为 160 d 的瓦斯压力分布图

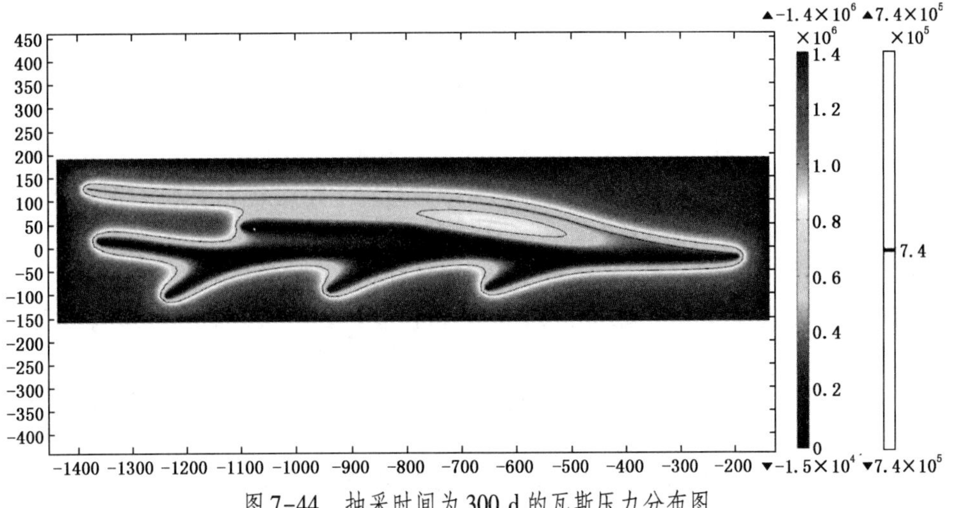

图 7-44 抽采时间为 300 d 的瓦斯压力分布图

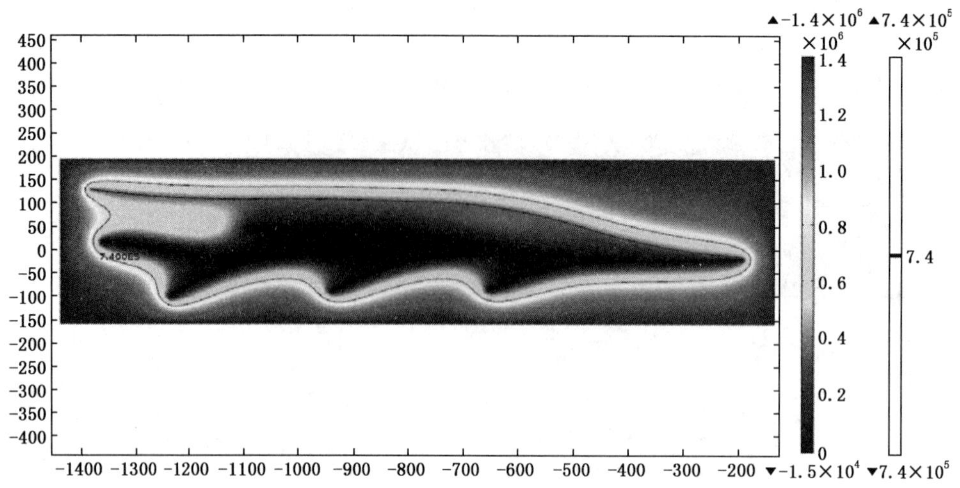

图 7-45　抽采时间为 500 d 的瓦斯压力分布图

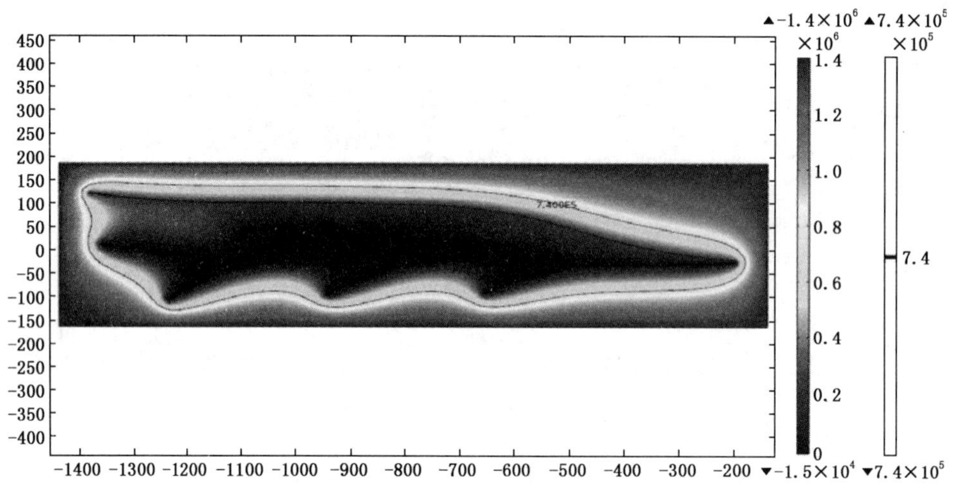

图 7-46　抽采时间为 700 d 的瓦斯压力分布图

由于沙曲一矿没有对瓦斯抽采的有效半径做单独的测试和规定，因此本次模拟采用《防治煤与瓦斯突出规定》中规定的 0.74 MPa 作为有效半径的判定依据，即周围煤体中的瓦斯压力降低至 0.74 MPa 的点到钻孔中心点的距离。

由图 7-42 和图 7-43 可知，当抽采时间 t 分别为 100 d 和 160 d 时，XC01 钻孔尚未贯通，仅 XC02 钻孔在进行抽采，瓦斯抽采的影响范围在不断扩大，而有效影响半径分别为 9 m 和 13 m。

从第 160 d 开始，XC01 钻孔开始进行抽采，前阶段 XC01 和 XC02 钻孔的抽采影响范围仅限制在各自的控制区域内不断扩大。从图 7-44 第 300 d 的抽采情况可以看出，两个钻孔的影响范围出现了明显的交叉，瓦斯压力整体下降，并且在两钻孔相距较远的地方形成了瓦斯压力较高的孤岛区域，此时 XC01 和 XC02 钻孔的有效影响半径分别为 15 m 和

24.5 m。

从图7-45第500 d的抽采情况可以看出，随着抽采时间的增加，两钻孔间的孤岛区域面积在不断缩小直至消失。此时，两钻孔间的区域实现均匀卸压，而XC01和XC02钻孔外延方向的有效影响半径分别达到26 m和41 m。

从图7-46第700 d的抽采情况可以看出，两个钻孔间的相互影响更加深刻，抽采影响范围向外延方向整体扩展，此时两个钻孔的有效影响半径分别达到36 m和54 m。

3. 瓦斯抽采产能预测

瓦斯抽采产能的预测是本次多分支水平井模拟的重要内容之一。数值模拟的历史拟合是一个耗时、复杂的过程，因为既要考虑到各个参数的现实合理性，又要考虑到多物理场参数之间的相互耦合关系。由于无法直接绘制出钻孔的产气量，模拟采用对速度场积分的方法进行产气量的计算。首先将井筒沿程的速度场对裂缝长度进行积分，得到筒身一条基线上的流量值，然后再对井筒周长进行积分，得到整个井筒上的流量，即总产气量。

由于施工分支井时钻井液和煤层中水的存在，会导致钻孔在抽采初期有较大的水量，对瓦斯的产量会有较大的影响，因此在对煤层相关物性参数进行调整的基础上，进一步调整煤层中水的饱和度，以满足拟合需要。抽采产能历史拟合及预测曲线如图7-47所示，累计产气量预测曲线如图7-48所示。

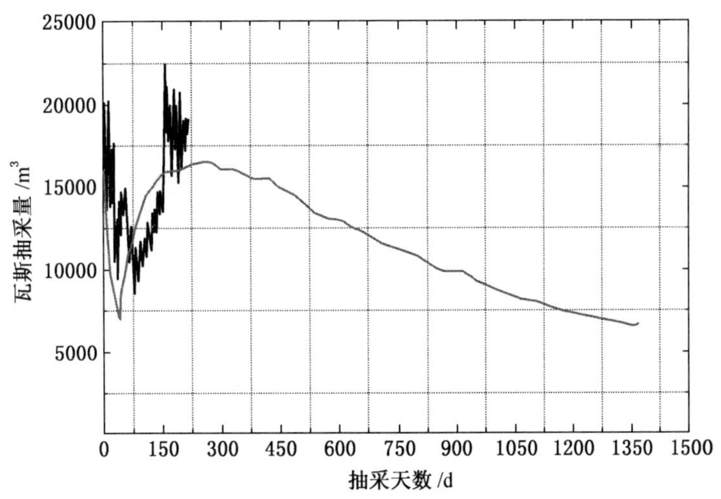

图7-47　抽采产能历史拟合及预测曲线图

由于图7-48中的产能预测曲线是通过对数值模型中煤层的相关物性参数进行调整而得到的，不同于对井下抽采钻孔实测数据的直接拟合。数值模拟的预测结果更适用于累计产量的相似度，而非具体时间点的偏差。因此选用预测的累积量与井下抽采钻孔前216 d的实测数据进行对比，用以评价模拟结果的准确性。

根据数值模拟的累计产气量曲线可知，当抽采时间为216 d时模拟的累计产气量为2895530 m^3，而井下钻孔实测的累计产气量为3136125.75 m^3，模型误差率为

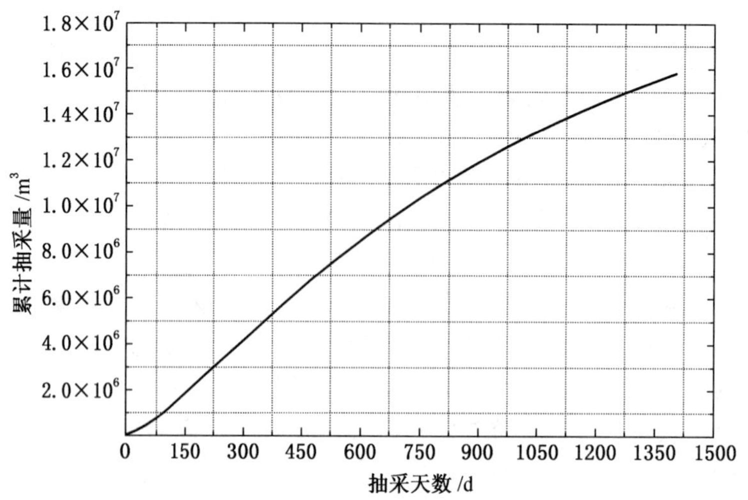

图 7-48　累计产气量预测曲线图

$$\text{模型误差率} = \frac{\text{真实值} - \text{预测值}}{\text{真实值}} = \frac{3136125.75 - 2895530}{3136125.75} \times 100\% = 7.67\%$$

通过计算可知本次模型的误差率为 7.67%，模型基本可靠。

根据图 7-48 中产气量的变化曲线可知，多分支水平对接井的产气可分为以下 4 个阶段：

快速下降阶段：由于在多分支水平井的施工过程中造成了钻孔扰动影响范围内的煤体部分卸压，解吸出来的瓦斯大量存留在煤体的较大裂隙和井筒中，当井下对接钻孔贯通并开始排采时，瓦斯会随着钻井液及煤层水快速涌出。此时煤体中的压力较大，吸附瓦斯尚未大量解吸，没有后续的瓦斯补给，瓦斯的流量会快速下降。

上升阶段：随着煤层中水的排放，煤基质所存在的周边环境压力逐渐降至煤体解吸压力以下，打破了煤体中瓦斯吸附-解吸的平衡状态，吸附瓦斯开始大量解吸，气体饱和度随之增加，气相渗透率进一步提高，钻孔的产气量呈现增加的趋势。

稳定阶段：这一阶段的产气量会保持在较高的水平，钻孔有效控制范围内的煤体实现整体卸压，瓦斯均匀解吸，为钻孔瓦斯的抽采提供稳定的瓦斯源。

缓慢下降阶段：钻孔有效控制范围内的瓦斯不断解吸，煤体间的环境压力开始逐渐下降，瓦斯解吸速度随之减缓，而卸压圈则向煤体更深部扩展，气体扩散、运移的阻力加大，产气量开始缓慢下降，这一阶段会维持相对较长的时间。

根据上述数值模拟的产能预测，当抽采时间为 700 d 时，瓦斯抽采总量约为 $986.23\times10^4\ m^3$。

根据现场测定的 3 号、4 号煤层的平均瓦斯含量为 11.23 m^3/t，则模型区域内平均每吨煤的残余瓦斯含量随时间的变化如图 7-49 所示。

根据《防治煤与瓦斯突出细则》要求，突出煤层的瓦斯预抽应将煤体瓦斯含量降低至突出指标以下，即应降低至 8 m^3/t 以下。因此本区域内煤体消突指标的抽采率为 28.76%。由模拟结果可知，当抽采时间为 700 d 时，本区域内的平均残余瓦斯含量降为 7.84 m^3/t，瓦斯抽采率有望达到 30.21%，已满足《防治煤与瓦斯突出细则》中要求的消突条件。

4. 4307 工作面瓦斯抽采效果

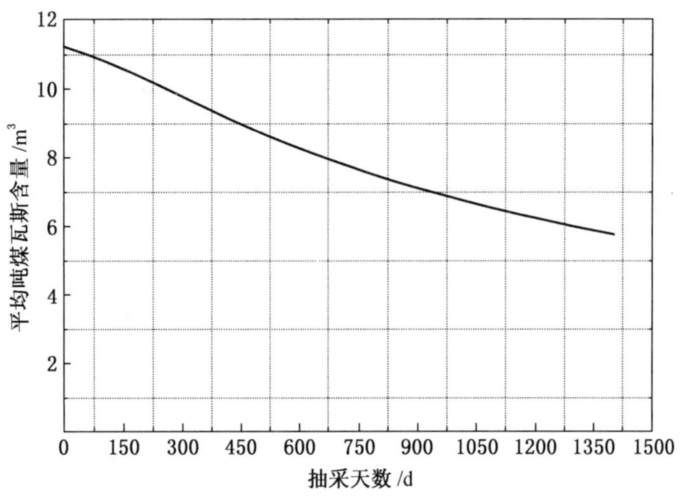

图 7-49 吨煤残余瓦斯含量预测曲线图

跟踪并考察多分水平分支井与井下千米钻孔对接抽采方式的瓦斯抽采效果，与多分支水平井两个分支 DS01、DS02 分别对接的为 XC01 和 XC02 钻孔，其中 XC02 钻孔于 2012 年 12 月 17 日完成孔口控制设备安装并开始抽采，截至目前孔口产气量大、瓦斯浓度高，实现了预期的抽采目标。而 XC01 钻孔于 2012 年 4 月 2 日与 DS01 对接连通，于 2013 年 3 月 15 日完成孔口控制设备安装并开阀试气，开阀后没有气体产出；但关闭井下阀门，开启地面井口球阀后，孔口有瓦斯溢出，浓度达 95%，因此判断 XC01 钻孔系由于对接连通后长期停待，DS01 井眼内残余钻井液携带的煤粉等固体物质沉积并最终将 XC01 孔堵塞，经过通井作业，于 2013 年 5 月 24 日实现贯通产气，截至 7 月 20 日，连续抽采 58 d，瓦斯抽采平均日产量为 4122.72 m^3，瓦斯浓度在 80% 以上。多分支水平对接井的瓦斯抽采量如图 7-50 所示，XC02 和 XC01 钻孔瓦斯抽采浓度如图 7-51、图 7-52 所示。

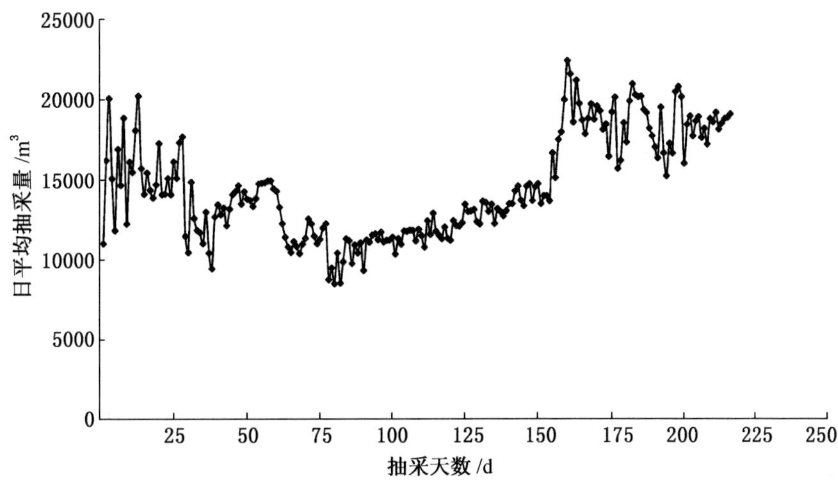

图 7-50 多分支水平对接井日均产气量曲线图

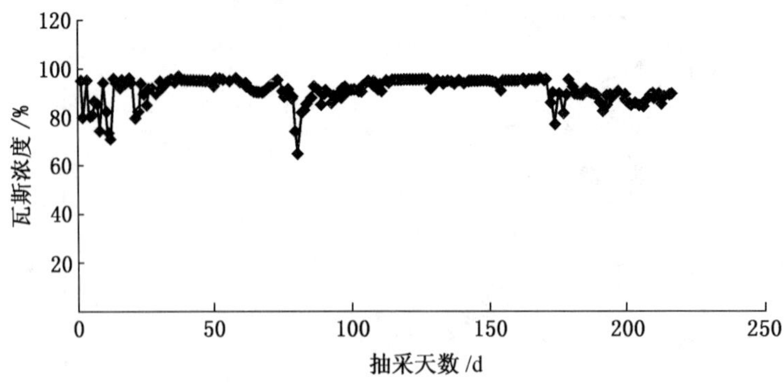

图 7-51　XC02 钻孔瓦斯抽采浓度曲线图

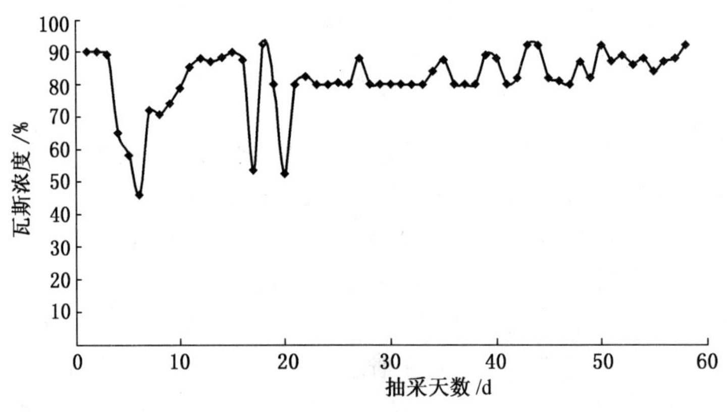

图 7-52　XC01 钻孔瓦斯抽采浓度曲线图

7.4.2　第二阶段瓦斯抽采效果评估及参数优化

7.4.2.1　3+4 号煤层水平井钻孔布置参数优化

1. 布置方案

根据第二阶段实施计划和目标，首先，3+4 号煤层钻孔水平段参数设计的首要任务是对工作面巷道区域消突，要力求对水平井控制区域的煤层均匀卸压，避免局部存在突出危险点。其次，基于 4307 工作面多分支水平对接井抽采试验取得的经验，水平井轨迹与巷道轨迹应保持适当间距，以便在巷道掘进期间仍能保持有效抽采，避免喷孔隐患。

参照 4307 工作面多分支水平井抽采效果和钻井设备技术条件，结合叶脉仿生原理，分别以羽状叶脉、平行叶脉和它们的混合叶脉特征为基础，构建沙曲矿 3+4 号煤层 4501 工作面多分支水平井布置方案如图 7-53 所示，具体布置参数见表 7-18。

2. 抽采效果对比分析

根据煤层及瓦斯赋存条件，建立不同抽采方案钻孔布置模型，采用数值模拟方法对 3 种钻孔布置方案抽采效果进行考察。通过对不同钻孔布置方案抽采过程进行模拟，获取了不同抽采时间的煤层瓦斯压力分布情况（图 7-54）图中黑色实线为瓦斯压力达标（<0.74 MPa）分界线，黑色虚线为工作面巷道布置区域。

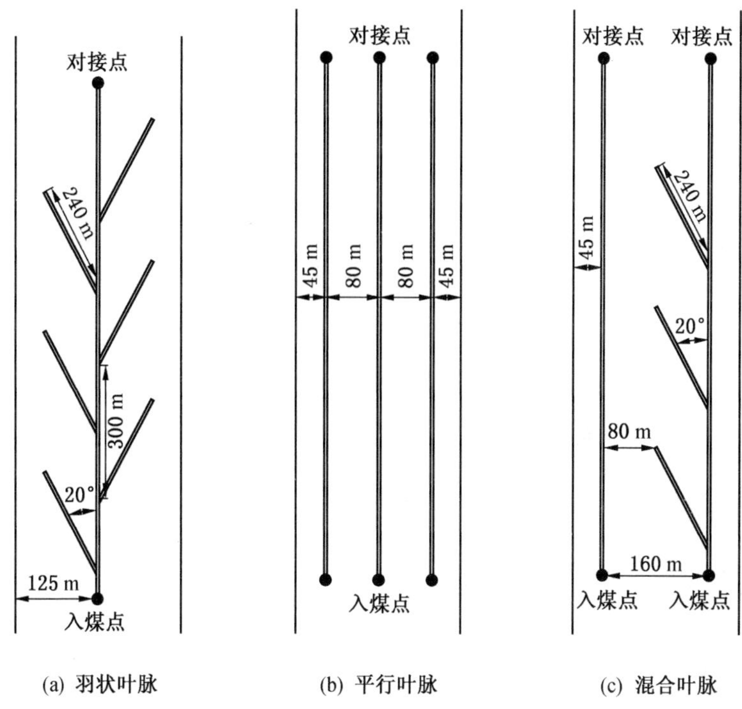

(a) 羽状叶脉　(b) 平行叶脉　(c) 混合叶脉

图 7-53　3+4 号煤层仿生叶脉多分支水平井布置方案

表 7-18　多分支水平井钻孔布置方案参数

多分支水平井煤层段布置方案	羽状叶脉	平行叶脉	混合叶脉
主支长度/m	1100	1100	1100
主支数量/个	1	3	2
主支间距/m		80	160
分支数量/个	6		3
分支间距/m	150		300
分支角度/(°)	20		20
分支长度/m	240		240

如图 7-54 所示，当瓦斯抽采时间为 240 d 时，各方案中距钻孔 22 m 以内的煤层瓦斯压力值都达到了 0.74 MPa 以下。不同方案对整个煤层瓦斯的卸压程度不同，平行叶脉多分支水平井对煤层整体瓦斯卸压效果最好，其两主孔之间煤体瓦斯压力降至 0.8 MPa 以下；羽状叶脉多分支水平井对煤层瓦斯卸压效果最差，其两分支钻孔之间煤体瓦斯压力仍高达 1.05 MPa。平行叶脉和混合叶脉多分支水平井所作用的工作面回采巷道处瓦斯压力降至 0.95 MPa 左右，而羽状叶脉多分支水平井所作用的巷道区域煤体瓦斯卸压不均匀，部分区域瓦斯压力达到了 1.15 MPa。

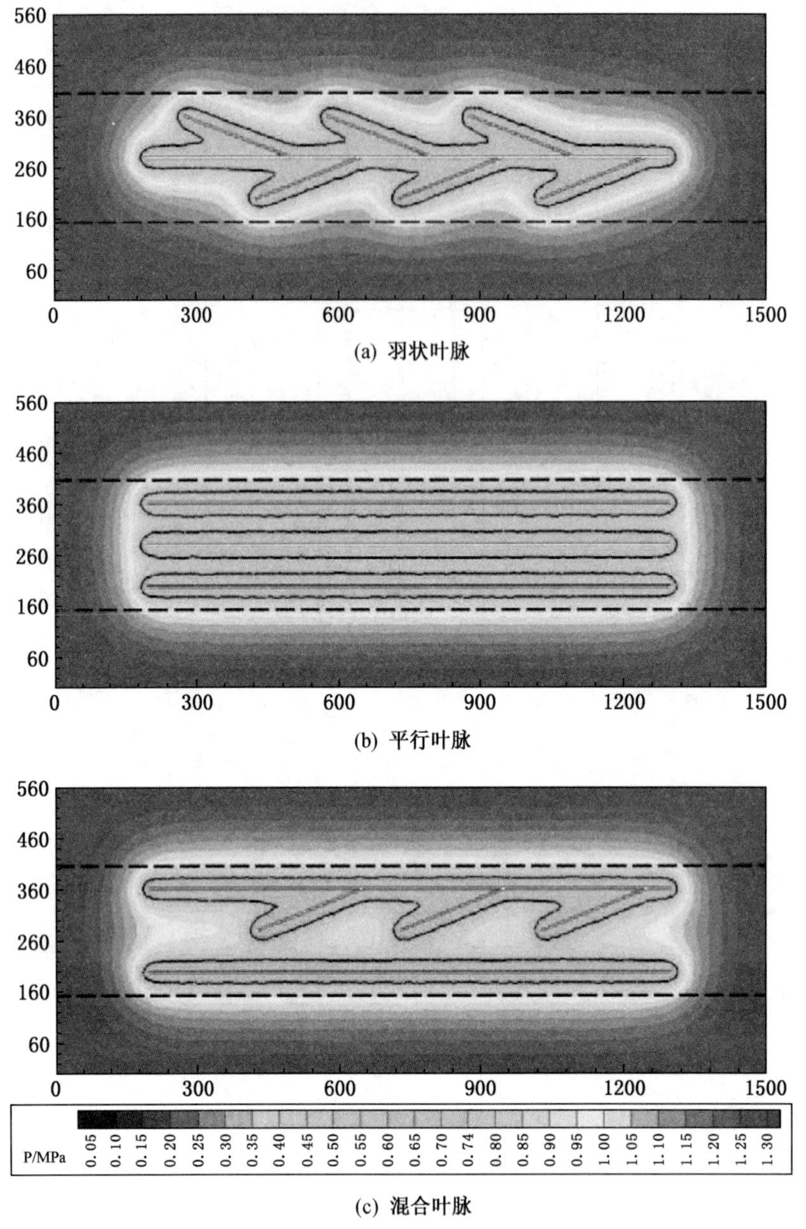

(a) 羽状叶脉

(b) 平行叶脉

(c) 混合叶脉

图 7-54　抽采时间为 240 d 煤层瓦斯压力图

如图 7-55 所示为抽采时间达到 730 d 时 3 种方案的煤层瓦斯压力分布图，可以看出，随着时间的增加，3 种钻孔布置方案所产生的消突范围进一步扩大为一个整体，钻孔瓦斯抽采有效影响半径达到 52 m；采用平行叶脉和混合叶脉钻孔布置方案的煤层，其两侧有长约 1100 m 巷道进入有效消突范围内；由于羽状叶脉自身结构特点，采用羽状叶脉多分支水平井的煤层，其回采巷道处瓦斯压力仍大于 0.74 MPa；在消突区域内平行叶脉多分支水平井对煤体的卸压程度最大，羽状叶脉多分支水平井对煤体卸压最不均匀。

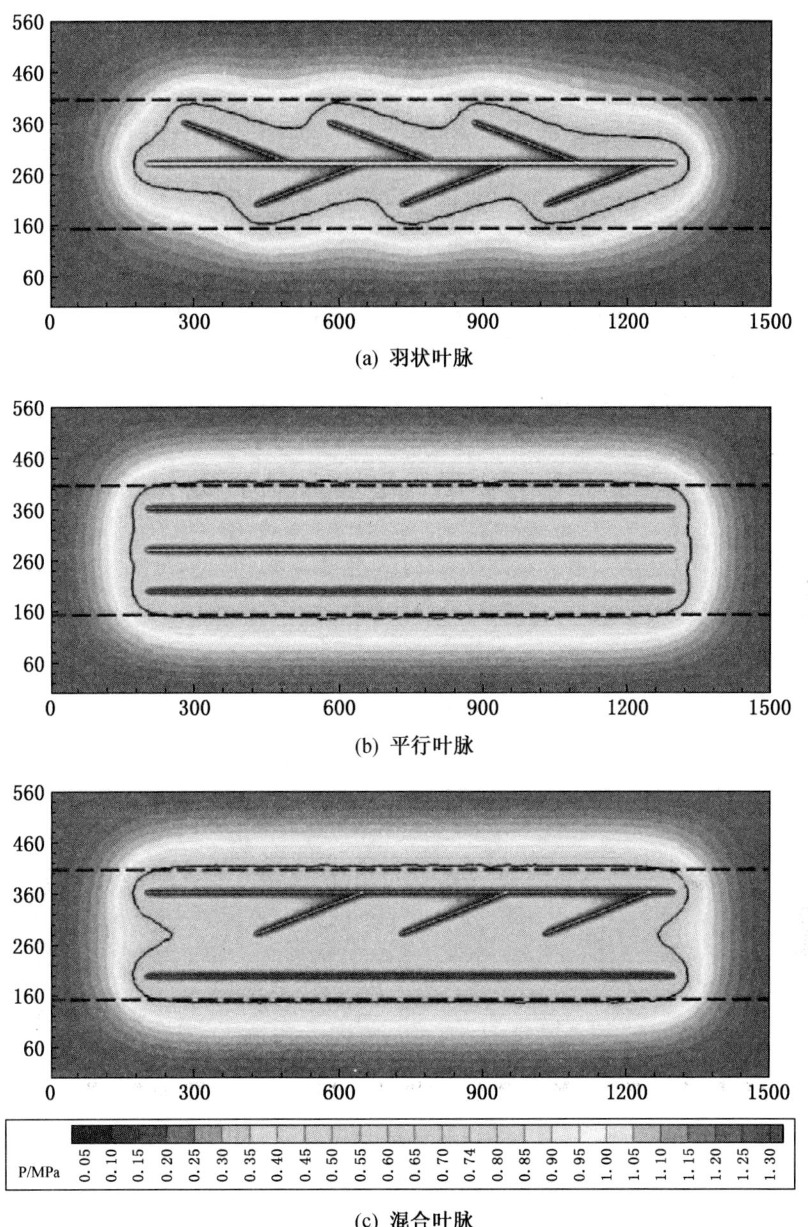

(a) 羽状叶脉

(b) 平行叶脉

(c) 混合叶脉

图 7-55　抽采时间为 730 d 煤层瓦斯压力图

如图 7-56 所示，随着瓦斯抽采继续进行，煤层消突区域增大趋势逐渐放缓。当抽采时间达到 1095 d，钻孔有效卸压半径均达到 65 m 左右，平行叶脉瓦斯抽采所产生的有效消突区域和混合叶脉瓦斯抽采所产生的有效消突区域范围大体相同，而羽状叶脉最小。平行叶脉多分支水平井和混合叶脉多分支水平井所作用的煤层消突范围已扩展至巷道外侧 15 m。由于羽状叶脉瓦斯抽采钻孔特殊的结构形式，主钻孔距离两巷远，分支钻孔最远端到两巷的距离为 125 m，以至于在此时只有部分回采巷道达到消突效果。

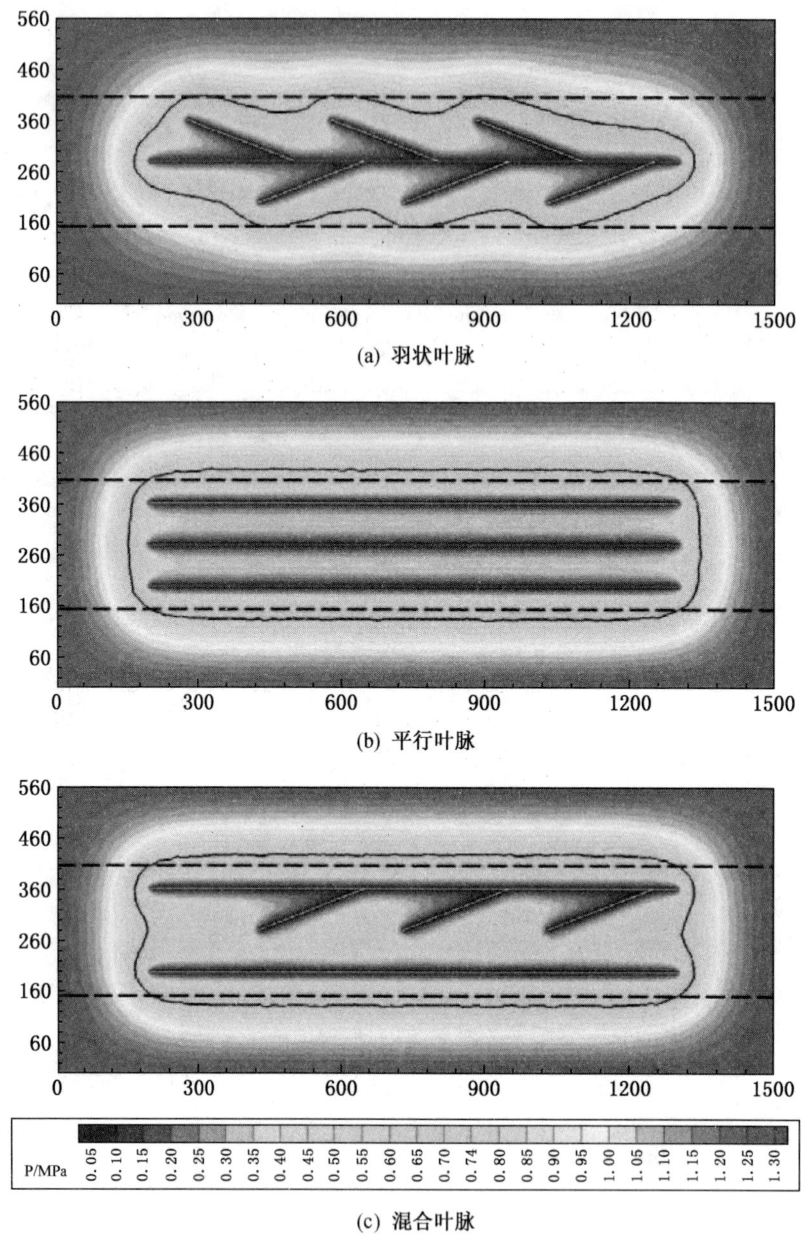

(a) 羽状叶脉

(b) 平行叶脉

(c) 混合叶脉

图 7-56 抽采时间为 1095 d 煤层瓦斯压力图

从煤层瓦斯卸压程度角度分析，平行叶脉多分支水平井效果最好，当抽采时间为 1095 d 时，其有效影响区域瓦斯压力均值能降到 0.4 MPa；混合叶脉多分支水平井次之，其消突区域瓦斯压力均值在 0.5 MPa 左右；羽状叶脉多分支水平井卸压效果最差，大部分消突区域瓦斯压力达到了 0.65 MPa。从煤层消突面积角度分析，平行叶脉多分支水平井和混合叶脉多分支水平井所产生的有效消突面积大小近乎相同，约为 $1100\times290\ m^2$，羽状叶脉多分支水平井产生的有效消突面积最小，约为 $945\times250\ m^2$。

3. 工程投入对比分析

对于多分支水平井井上下对接井而言，不同的多分支水平井的布置方案不仅对整个钻井水平段工程量有影响，还因为不同方案主支数目的不同影响着直井至入煤点弯曲段工程量和井下对接钻孔的数目。以当前同行业市场价格收费情况为标准，设每个直井段、弯曲段、对接孔的施工费用相同，对不同多分支水平井的布置方案所对应的多分支水平井井上下对接钻孔井工程投入进行初步分析，见表7-19。

表7-19　多分支水平井工程投入

多分支水平井布置方案	羽状叶脉			平行叶脉			混合叶脉		
项目	单价/万元	数目	价格/万元	单价/万元	数目	价格/万元	单价/万元	数目	价格/万元
直井段	33.83	1	33.83	33.83	1	33.83	33.83	1	33.83
弯曲段	80.01	1	80.01	80.01	3	240.03	80.01	2	160.02
主支	363	1	363	363	3	1089	363	2	726
分支	79.2	6	475.2				79.2	3	237.6
对接钻孔	65	1	65	65	3	195	65	2	130
合计			1017			1557.8			1287.4

由以上分析可得，不同多分支水平井布置方案工程费用存在较大差距，其中平行叶脉型钻井工程费用最高，较混合叶脉型及羽状叶脉型钻孔布置方案分别增加270.4万元和540.8万元。

4. 布置参数确定

综合以上各方案的数值模拟结果和不同方案的工程投入可知：平行叶脉型钻井对工作面回采巷道区域和工作面内部煤体瓦斯卸压都有很好的效果，但工程投入最高；羽状叶脉多分支水平井工程投入最低，但不能使工作面回采巷道煤层瓦斯压力均匀卸压，部分区域仍具有突出危险性；混合叶脉型多分支水平井工程投入介于两者之间，其在2～3a抽采期内对煤层回采巷道区域处瓦斯压力能达到消突要求，工作面有效消突面积和平行叶脉钻孔大体相同。

因此，选择采用混合叶脉型多分支水平井布置方案（图7-57）对3+4号煤层14501工作面极其领域进行瓦斯治理。

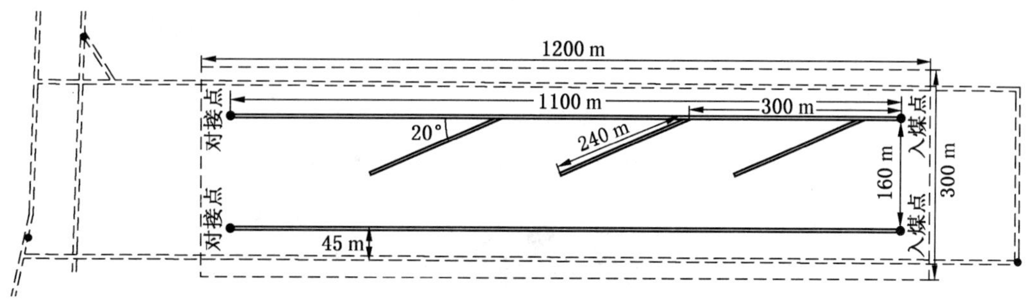

图7-57　3+4号煤层瓦斯抽采钻孔布置图

7.4.2.2 5号煤层多分支水平井钻孔布置参数优化

1. 布置方案

沙曲一矿北五采区3+4号煤层与5号煤层间距为3.12～4.47 m，属于近距离煤层群。实践表明，3+4号煤层回采过程中，5号煤层的卸压瓦斯大量涌入3+4号煤层工作面，影响回采效率。为“牵制”5号煤层卸压瓦斯，同时对5号煤层进行超前抽采，将直井段进一步延伸，在5号煤层中布置主分支钻孔，位置对应14501工作面中部区域，根据羽状叶脉分布规律，设定钻孔布置方案具体参数及示意图如图7-58所示。

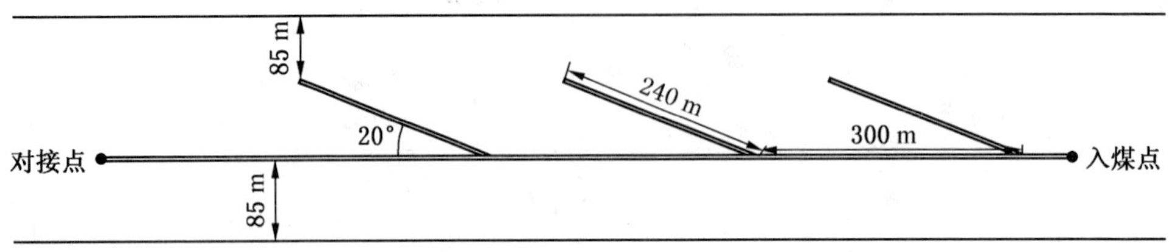

图7-58 5号煤层仿生叶脉多分支水平井布置方案

2. 抽采效果模拟分析

根据沙曲一矿5号煤层实际条件建立数值模型，对5号煤层钻孔布置方案预抽瓦斯效果进行模拟分析，获得了不同抽采期对应的5号煤层瓦斯压力分布，如图7-59所示。

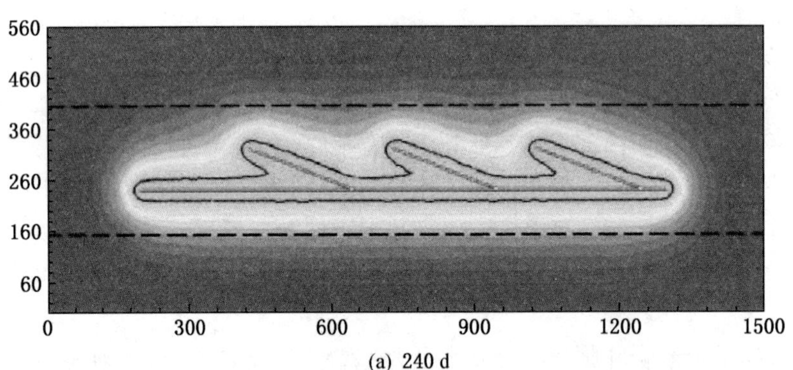

(a) 240 d

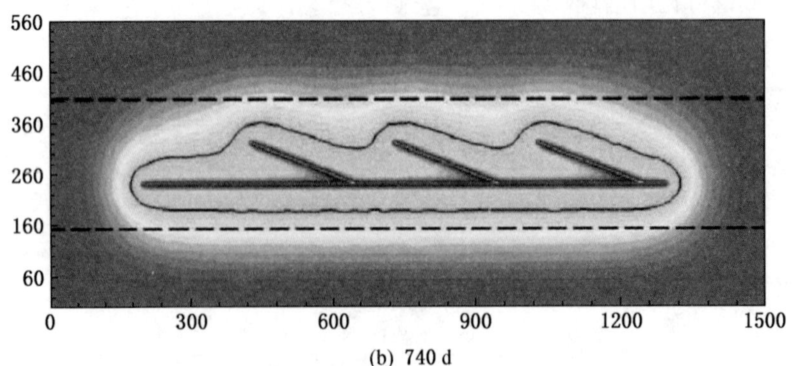

(b) 740 d

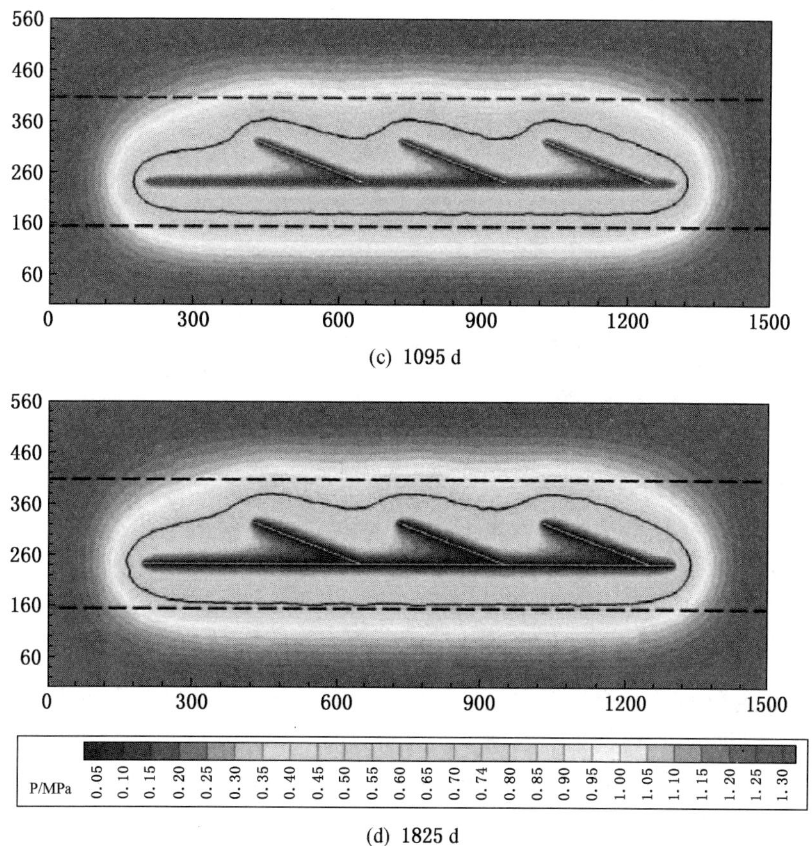

(c) 1095 d

(d) 1825 d

图 7-59　不同抽采期 5 号煤层瓦斯压力分布

根据模拟结果，5 号煤层瓦斯卸压规律与 3+4 号煤层基本一致。随抽采时间增加，煤层有效预抽范围增加，当抽采期为 1095 d 时，有效预抽范围宽度达到 170 m 左右。当抽采期达到 1825 d 时，有效预抽范围宽度达到 220 m 左右。

3. 布置参数确定

按照矿井采掘规划，4501 工作面 3+4 号煤层回采结束后，经过 2 ~ 3 a 的塌陷稳定期方才进行 5501 工作面的回采工作，因此能够保证 5 号煤层钻孔有足够长的预抽期；而且，5 号煤层与上覆 4 号煤层距离为 3.12 ~ 4.47 m，4501 工作面回采过后，下部 5 号煤层发生变形和位移、地应力减小、透气性大幅增加，钻孔有效预抽范围会进一步扩展，能够实现对 5501 工作面的有效预抽。根据模拟结果，抽采期达到 1825 d 时，钻孔分支有效抽采范围约为终孔位置外侧 55 m，主支有效抽采半径约为 78 m，为保证 4501 工作面下部 5 号煤层均匀卸压，将分支长度延长至 250 m，并调整分支角度为 25°，得到最终 5 号煤层多分支水平井钻孔布置方案如图 7-60 所示。

7.5　小结

(1) 分析井上、井下的瓦斯抽采技术现状，重点介绍了井上下联合抽采技术，提出了规划区实施地面钻井区域超前预抽，抽采时间 5 ~ 10 a，准备区实施井上下联合抽采，抽

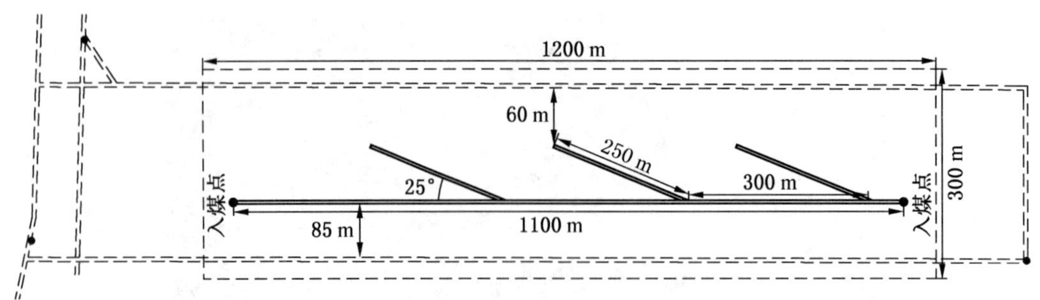

图 7-60　5 号煤层瓦斯抽采钻孔布置图

采时间 3 ~5 a，生产区实施井下抽采满足煤层瓦斯抽采效果达标，最终实现煤与瓦斯共采的时空协同、三区联动。

（2）提出并成功实现地面多分支水平井与井下钻孔定向对接新技术，通过提高 PDC 钻头深孔造穴能力和采用近钻头电磁测距法（RMRS）克服施工过程中的定向钻井与井下钻孔准确对接等技术难题，形成了一整套完善的施工工艺，并在沙曲一矿 4207 工作面成功实现定向对接。

（3）地面多分支水平井与井下钻孔对接高效抽采技术继承了多分支水平井的控气量大、抽采浓度高等优点，回避了地面抽采工程投入大、破坏地表环境等问题，巧妙地利用井下现有抽采系统进行瓦斯抽采，实现了投入少、效率高的目标。通过基础理论分析，研究了煤体中瓦斯的解吸、运移规律，提出了控压瓦斯抽采的方法，并对气水渣分离器进行改进，较好地提高了瓦斯抽采效果。

8 近距离煤层群资源安全高效开采与利用综合效果评价

8.1 沙曲矿围岩控制技术效果评价

8.1.1 沿空留巷围岩控制效果评价

8.1.1.1 表面位移特征分析

(1) 巷道周边变形速度分布。图8-1~图8-4为沙曲一矿4208沿空留巷的围岩变形速度随着距工作面长度变化的分布情况。巷道表面位移测站布置在各个周边的中部，因此变形速度基本代表了围岩变形速度的最大值（与应力分布特征有所不同）。充填墙体侧帮的变形速度为0~59 mm/d，普遍小于6 mm/d；实体煤帮的变形速度为0~20 mm/d，普遍小于10 mm/d，大于墙体侧帮；顶板下沉速度为0~27 mm/d，普遍小于8 mm/d；底板鼓起速度为0~17 mm/d，普遍小于10 mm/d。从具体的位置看，实体煤帮与底板的变形速度值普遍较大，而巷旁充填墙体的变形速度较小。

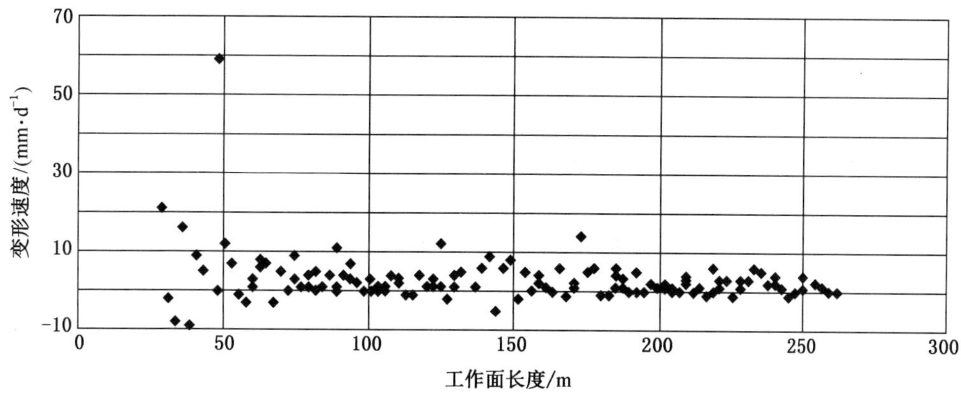

图8-1 4208沿空留巷墙体侧帮变形速度分布图

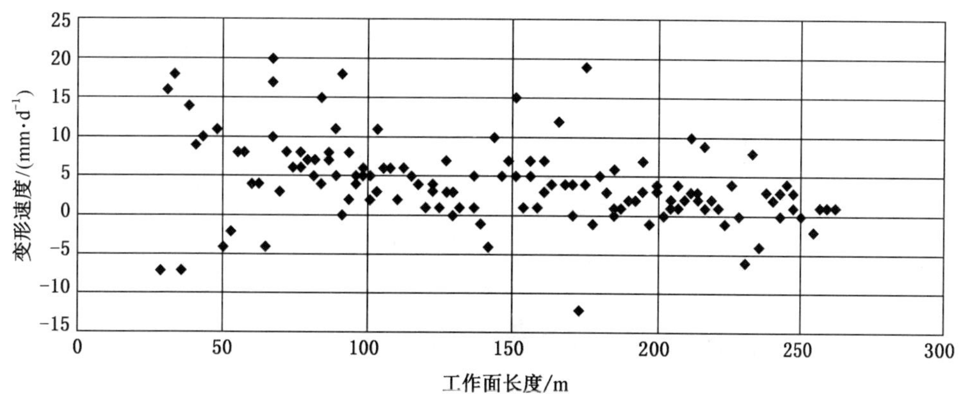

图8-2 4208沿空留巷实体煤帮变形速度分布图

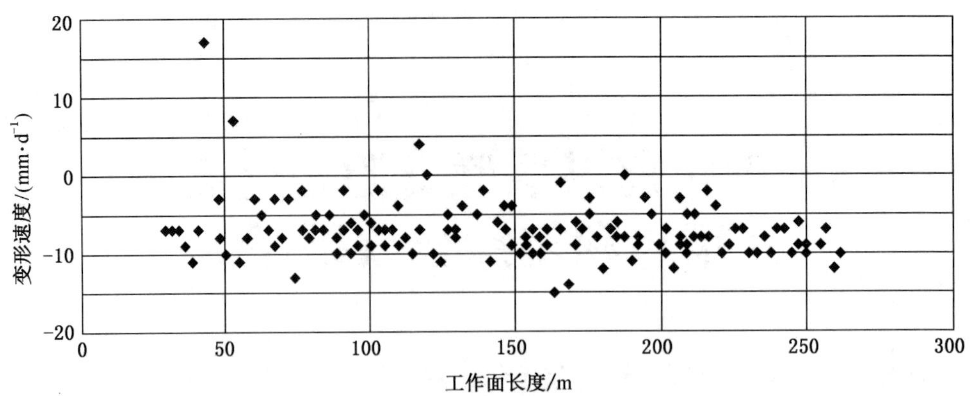

图 8-3　4208 沿空留巷顶板下沉速度分布图

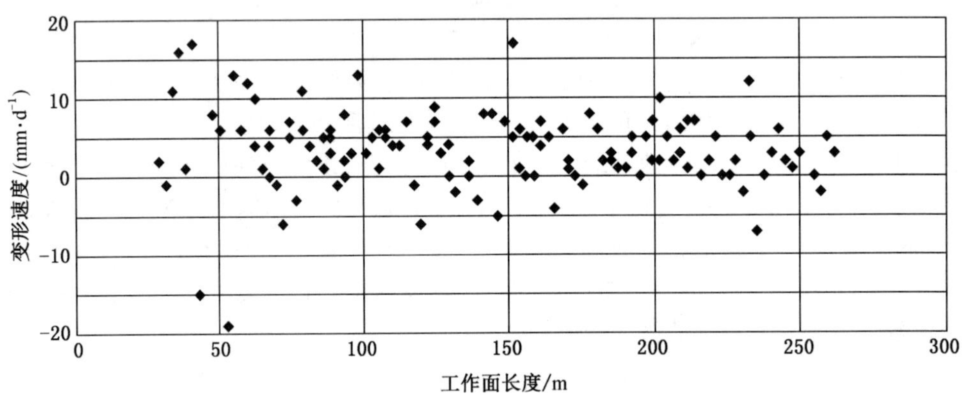

图 8-4　4208 沿空留巷底鼓变形速度分布图

（2）巷道围岩变形特征。根据统计学原理对观测数据进行筛选、处理和分析，图 8-5、图 8-6 分别为得到的沿空留巷两帮变形速度和变形量曲线。从图 8-5 中可以看出，两帮变形速度的较大值分布在工作面煤壁后方 30～60 m 以及工作面后方 135～180 m 两段。前段的最大变形速度为墙体侧 29 mm/d、实体煤帮侧 18 mm/d、两帮 35 mm/d（注意：墙体侧与实体煤帮侧的最大变形速度值并不发生在同一断面）。后段的最大变形速度为墙体侧 14 mm/d、实体煤帮侧 12 mm/d、两帮 20 mm/d。在工作面后方 190 m 以外，巷道两帮变形逐渐减小，至工作面后方 247～261 m，巷道两帮变形速度仅为 0～2 mm/d，两帮围岩趋于稳定。

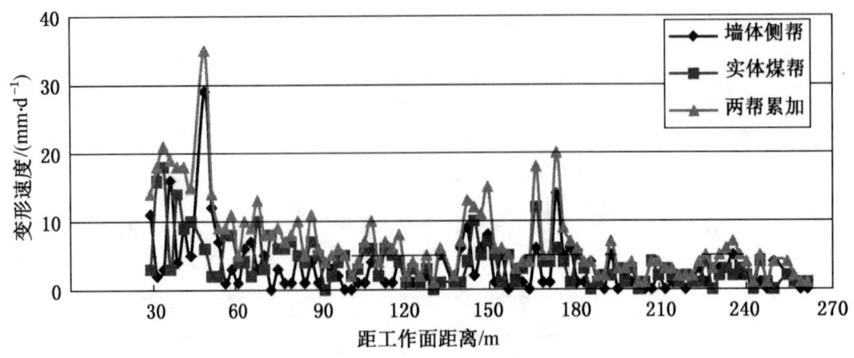

图 8-5　4208 沿空留巷两帮变形速度-距工作面距离（v-L）曲线

两帮的最终变形量为墙体侧帮 300 mm、实体煤帮 365 mm、两帮 665 mm，两帮围岩变形过程曲线如图 8-6 所示。

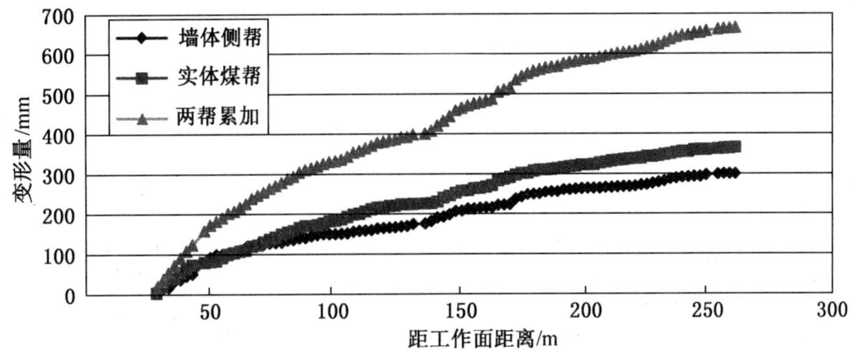

图 8-6 4208 沿空留巷两帮变形量-距工作面距离（S-L）曲线

由以上分析可以得出：①沿空留巷围岩变形有“二次大变形”的现象，这应该与巷道底板大量积水及单体支柱支撑力不足有关。②实体煤帮变形量大于墙体侧帮，占两帮变形总量的 55%，巷旁墙体整体保持了较好的完整性，其变形主要受顶板回转下沉的影响。③两帮的最终变形量为 665 mm，是指围岩中部最大的变形值，而在远离两帮中点的地方，变形量小于此数值。④在工作面平均采高为 4.17 m 的较高开采强度下，实体煤帮保持了良好的维护形态，这得益于留巷前的高强度、高刚度、高预紧力的锚带支护形式。

图 8-7、图 8-8 分别为顶底板变形速度和移近量曲线。由图中可知，顶底的变形情况较两帮更为复杂，变形稳定的周期也更长。从图 8-7 可以看出，留巷初期顶底移近量还处于 5 mm/d 的水平，但随后迅速增加，且变形速度长时间高居不下，并且在工作面煤壁后方出现多处极值，如工作面后方 36m、43m 时达到 17 mm/d，41m 时达到 20 mm/d，98 m 时达到 18 mm/d 等，但其变形剧烈程度未超过 20 mm/d，略低于两帮的变形程度。顶底板最大变形速度为顶板 14 mm/d、底板 17 mm/d、顶底 20 mm/d。工作面煤壁后方 245 m 以后，巷道顶底变形情况趋缓，稳定在 1 ~ 3 mm/d。最终顶底板的变形量为顶板下沉 251 mm、底板鼓起 346 mm、顶底移近 597 mm。

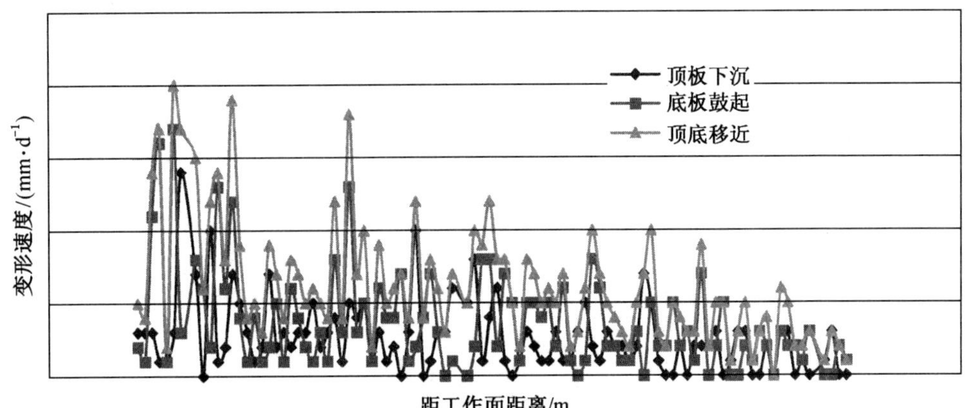

图 8-7 4208 沿空留巷顶底变形速度-距工作面距离（v-L）曲线

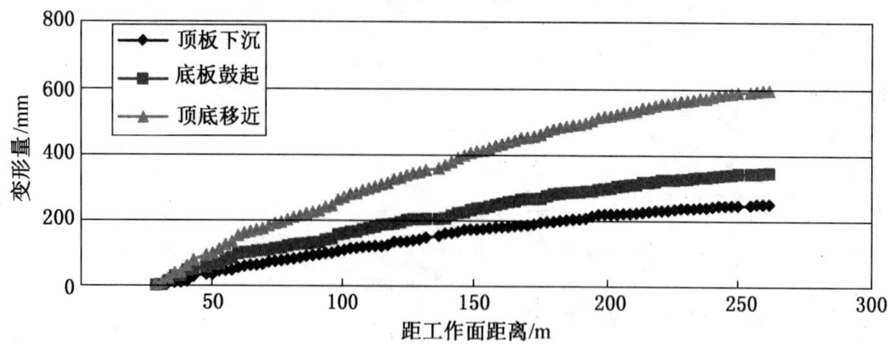

图 8-8 4208 沿空留巷顶底移近量-距工作面距离（S-L）曲线

由以上分析可以得出：①顶底变形持续周期大于两帮，但剧烈程度小于两帮。这是因为留巷的跨度较小（<3 m），且顶底板采取了“三位一体”的强化控制手段，有效缓解了顶底板的变形。②底鼓量大于顶板下沉量，底鼓量占顶底移近总量的58%，符合沿空留巷的围岩变形规律。③顶底最大移近量为 597 mm，顶板未出现剧烈下沉和明显开裂，底板也未出现过大底鼓，表明“三位一体”的强化控制技术能够适应此类开采条件下的沿空留巷工程。

巷道周边变形情况总体为两帮的最终变形量为 665 mm、顶底最大移近量为 597 mm，变形稳定后巷道断面可维持在 7.9m^2 以上。

8.1.1.2 顶板离层特征分析

根据沙曲一矿 4208 沿空留巷顶板离层监测数据（表 8-1、表 8-2），从 1 号、3 号、5 号测站的情况看，顶板锚固区内外基本没有发生离层，其最大监测离层值仅为 3 mm。7 号测站离层值为负值，可能是由于钢绞线松弛或深基点脱钩导致。

表 8-1 1 号、3 号测站顶板离层监测情况 m

1 号测站						3 号测站					
距工作面	S 深	变化值	S 浅	变化值	Δ	距工作面	S 深	变化值	S 浅	变化值	Δ
—	—	—	—	—		64	31		10		
28	22		12			68	31	0	10	0	0
31.5	22	0	12	0	0	71.5	31	0	10	0	0
34	22	0	12	0	0	74	32	1	10	0	1
36.4	23	1	13	1	0	76.4	33	1	10	0	1
39.1	23	0	13	0	0	79.1	33	0	10	0	0
41.1	23	0	13	0	0	81.1	34	1	10	0	1
43.1	23	0	13	0	0	83.1	34	0	10	0	0
45.9	23	0	13	0	0	85.9	34	0	10	0	0
47.1	23	0	13	0	0	87.1	34	0	10	0	0

表 8-1(续) m

1 号测站						3 号测站					
距工作面	S 深	变化值	S 浅	变化值	Δ	距工作面	S 深	变化值	S 浅	变化值	Δ
49	23	0	13	0	0	89	34	0	10	0	0
51	23	0	13	0	0	91	34	0	10	0	0
53	23	0	13	0	0	93	34	0	10	0	0
54. 5	24	1	14	1	0	94. 5	34	0	10	0	0
56. 7	24	0	14	0	0	96. 7	34	0	10	0	0
58. 8	24	0	14	0	0	98. 8	34	0	10	0	0
60. 2	24	0	14	0	0	100. 2	34	0	10	0	0
61. 8	24	0	14	0	0	101. 8	34	0	10	0	0
64	24	0	14	0	0	104	34	0	10	0	0
66. 5	24	0	14	0	0	106. 5	34	0	10	0	0
68. 9	24	0	14	0	0	108. 9	34	0	10	0	0
69. 9	24	0	14	0	0	109. 9	34	0	10	0	0
总计		2		2	0	总计		3		0	3

表 8-2 5 号、7 号测站顶板离层监测情况 m

5 号测站						7 号测站					
距工作面	S 深	变化值	S 浅	变化值	Δ	距工作面	S 深	变化值	S 浅	变化值	Δ
114	32		16			162	22		13		
118	33	1	16	0	1	166	23	1	14	1	0
121. 5	33	0	16	0	0	169. 5	23	0	14	0	0
124	33	0	16	0	0	172	23	0	15	1	−1
126. 4	33	0	16	0	0	174. 4	23	0	17	2	−2
129. 1	33	0	18	2	−2	177. 1	23	0	18	1	−1
131. 1	33	0	19	1	−1	179. 1	23	0	20	2	−2
133. 1	34	1	19	0	1	181. 1	23	0	22	2	−2
135. 9	34	0	20	1	−1	183. 9	24	1	22	0	1
137. 1	34	0	20	0	0	185. 1	24	0	22	0	0
139	34	0	20	0	0	187	24	0	24	2	−2
141	35	1	20	0	1	189	24	0	24	0	0
143	35	0	20	0	0	191	24	0	26	2	−2
144. 5	35	0	20	0	0	192. 5	24	0	27	1	−1
146. 7	35	0	20	0	0	194. 7	24	0	27	0	0
148. 8	35	0	20	0	0	196. 8	24	0	27	0	0

表 8-2(续) m

5 号测站						7 号测站					
距工作面	S 深	变化值	S 浅	变化值	Δ	距工作面	S 深	变化值	S 浅	变化值	Δ
150.2	35	0	20	0	0	198.2	24	0	27	0	0
151.8	35	0	20	0	0	199.8	24	0	27	0	0
154	35	0	20	0	0	202	24	0	30	3	−3
156.5	35	0	20	0	0	204.5	25	1	32	2	−1
158.9	35	0	21	1	−1	206.9	25	0	32	0	0
159.9	35	0	21	0	0	207.9	25	0	33	1	−1
总计		3		5	−2			3		20	−17

顶板未发生明显离层的原因分析：①顶板向上 14 m 范围内为泥岩、砂质泥岩或煤层，属于复合基本顶条件，顶板下沉协调。②留巷针对顶板采取包括巷旁支撑、顶板支护及巷内辅助的“三位一体”强化控制技术，有效阻止了顶板的大幅下沉并控制了顶板离层。③留巷宽度较小，设计宽度为 3 m，事实上宽度都在 3 m 以下，局部地段宽度仅有 1.6 m，在多层支护下，顶板不具备离层条件。

8.1.1.3 顶板压力特征分析

根据《煤矿安全规程》第一百零一条规定，单体液压支柱的初撑力，柱径为 100 mm 的不得小于 90 kN，柱径为 80 mm 的不得小于 60 kN。沙曲一矿 4208 工作面所用单体柱径为 80 mm，初撑力应不低于 12 MPa。表 8-3 为采集的单体支柱支撑阻力，显然尚有 40% 的单体未能达到要求。

表 8-3 顶板压力监测情况简表 MPa

测站编号	1 号		2 号		3 号		4 号		5 号	
观测位置	左	右	左	右	左	右	左	右	左	右
安装初期	3.3	2.4	2.4	11	3	13	2.4	3.6	4.2	8.1
观测结束	9.3	6	4.8	15	4.5	17	3.3	6.3	4.2	8.7
变化数值	6	3.6	2.4	3.9	1.5	4.2	0.9	2.7	0	0.6
测站编号	6 号		7 号		8 号		9 号		10 号	
观测位置	左	右	左	右	左	右	左	右	左	右
安装初期	2.7	16	6	19	3.3	26	16	14	7.8	3
观测结束	6	17	4.5	26	5.4	29	19	12	13	3.9
变化数值	3.3	1.2	−2	6.9	2.1	3	3.3	−2	5.1	0.9

按照多断面连续观测原理将各个测站的数据拟合成为阻力增量-距离（$\Delta P-L$）曲线，如图 8-9、图 8-10 所示。

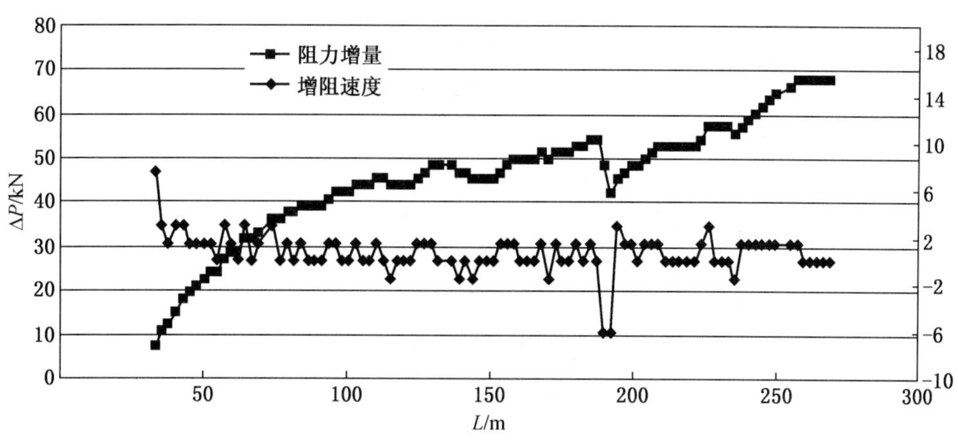

图 8-9　4208 沿空留巷墙体侧顶板压力增速增量与距工作面距离关系曲线

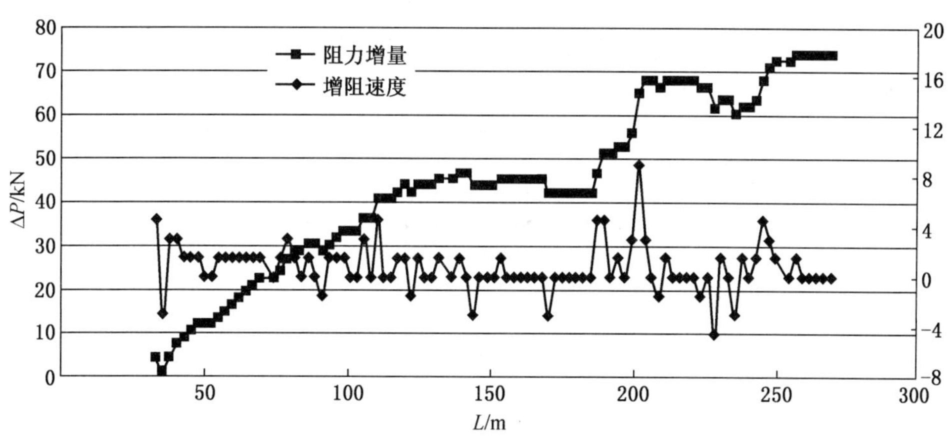

图 8-10　4208 沿空留巷实体煤侧顶板压力增速增量与距工作面距离关系曲线

由图中可以分析得出，随着工作面推进，沿空留巷的顶板压力不断增加，且增阻减小的趋势并不明显，这是留巷顶底板长期变形及围岩蠕变导致的。同时，单体阻力有负增长的现象，即支柱阻力增长又短期回落，这种异常现象原因在于：①单体顶梁采用的是木块，甚至直接支撑顶板，当直接顶岩块破碎掉落后，单体支柱失去部分支撑点，导致阻力降低。②底板大量积水，导致岩层松软，单体没有配备底鞋，造成插底，阻力下降。

在工作面煤壁后方 33.6～268.8 m 范围内，单体支护阻力增长幅度最大值为墙体侧 7.5 kN/d（工作面煤壁后方 33.6 m），实体煤侧 9.04 kN/d，增长总量为墙体侧 67.82 kN、实体煤侧 73.85 kN。

观测结果表明：①巷内单体初撑力普遍不足，未能充分发挥主动支撑的性能，在顶板发生整体下沉时，单体才被动实现增阻。②单体支柱的配套附件准备不足，单体实际上处于不良承载状态，插顶插底的现象较多。③留巷支护管理尚存缺口，对于支护阻力不足的单体未能及时注液，而留巷内的积水也未能及时排出。

8.1.1.4　墙体变形特征分析

墙体变形观测是考察充填墙可缩性的重要指标，对于墙体的让压及承载性能具有重要的意义。

通过对工作面煤壁后方 28.8～129.6 m 范围内沿空留巷充填墙体的观测，分析充填墙体变形情况与距工作面距离之间的关系，如图 8-11 所示。从图中可以看到，墙体在充填凝固后短期内发生了较大的变形，至工作面后方 36 m 时累积变形量已达 31.11 mm，最大的变形速度达到 12.35 mm/d，而之后的累积变形量仅有 7.16 mm。这说明充填墙受工作面的前两次周期来压的影响较大，而之后随着上覆岩层活动的稳定，墙体的变形已不明显。需要注意的是，由于周期来压引发复合基本顶断裂或二次断裂后墙体的减压反弹现象，墙体的变形出现负增长，属于正常的工程现象。距离工作面煤壁距离达到 72 m 后，墙体变形趋缓，变形速度逼近 0，墙体的最终变形量为 38.27 mm，即达到了墙体可缩量的极限。

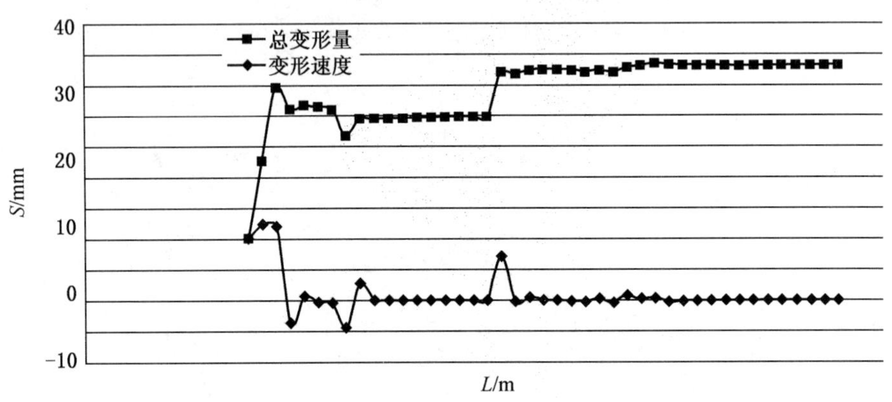

图 8-11　4208 沿空留巷充填墙体变形与距工作面距离关系曲线

8.1.1.5　墙体承载特征分析

墙体承载监测主要考察墙体不同位置的应力演化与工作面推进距离以及工作面周期来压的关系，受观测技术和仪器的限制，其测量的应力是变化值而非绝对值。

图 8-12、图 8-13 分别为巷旁充填墙体内部应力及各个测点应力变化曲线图。从横断面方向看（图 8-12），1 号测点的应力变化最小，说明其与顶板岩层运动的相关度较小，而②号测点及④号测点的应力变化幅度较大，③号测点在第二次应力变化中表现最强烈。从横断面方向看（图 8-12），1 号测点虽然出现了两次应力跳跃，但其数值较低，分别为 4 MPa 和 2 MPa；2 号测点的两次应力峰值都较高，分别为 6 MPa 和 4 MPa；3 号测点是唯一的首次应力峰值相对低、二次应力峰值相对高的测点，但数值上两次都是 5 MPa；4 号测点只在前一次出现峰值，为 7 MPa，之后变化值为 0。从巷道轴向看（图 8-13），由于顶板岩层的分层垮落以及顶板持续累加变形，4 个测点应力的趋势基本相同，即随着所测墙体位置远离工作面，各测点分别出现了两次应力先增高再降低的过程，出现的位置分别为工作面煤壁后方 20～40 m 和工作面煤壁后方 53～70 m，且变化幅度逐渐减小。其中：1 号测点的应力变化最小，说明其与顶板岩层运动的相关度较小；2 号测点及 4 号测点的应力变化幅度较大；3 号测点在第二次应力变化中表现最强烈。

研究表明：①充填墙体的承载增长主要受工作面前两次周期来压的影响。②4208 工作

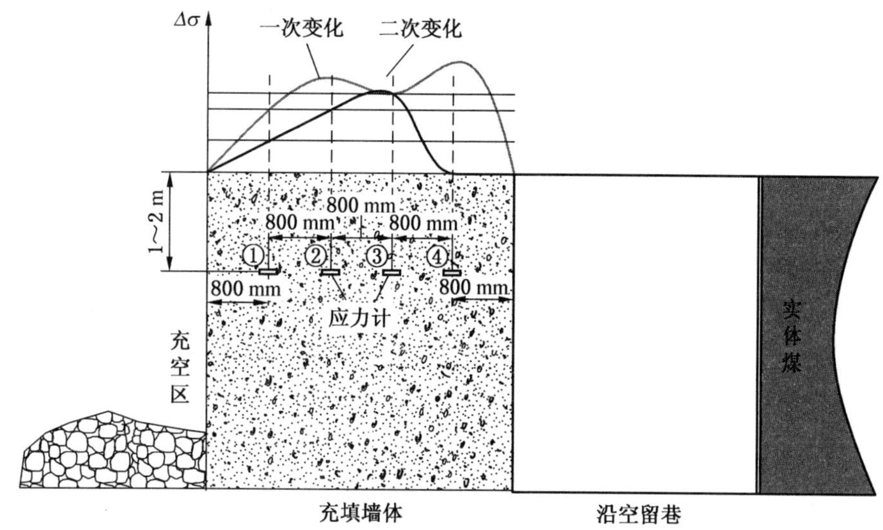

①—1 号测点；②—2 号测点；③—3 号测点；④—4 号测点

图 8-12 4208 沿空留巷充填墙体内应力变化示意图

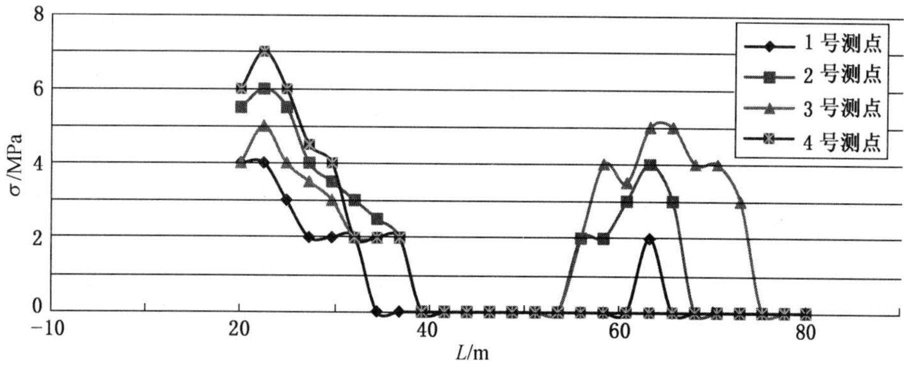

图 8-13 充填墙体内各个测点应力变化情况

面的复合基本顶有分层垮落的现象，同时巷道及墙体顶板变形能的不断积蓄，会引发墙体应力的二次变化。③靠近巷道一侧的 3 m 宽度的墙体承载应力较高，且其应力变化幅度往往在 4 MPa 以上。

8.1.1.6 沿空留巷稳定性评价

基于对沿空留巷连续系统的矿压观测和分析，总结了 4208 工作面沿空留巷的围岩变形、顶板离层、顶板压力、墙体承载及变形等规律，掌握了沿空留巷的相关特征，可以为实施沿空留巷提供依据。

（1）沿空留巷帮部变形主要范围为工作面后方 0 ~ 190 m，而顶底变形为 0 ~ 245 m，顶底变形持续周期大于两帮，但剧烈程度小于两帮；实体煤帮变形量大于墙体侧帮，占两帮变形总量的 55%，底鼓量大于顶板下沉量，底鼓量占顶底移近总量的 58%；两帮最大移近量为 665 mm，顶底最大移近量为 597 mm，变形稳定后巷道断面可维持在 7.9 m^2 以上；留巷的两帮保持了较好的完整性，顶板未出现剧烈下沉和明显开裂，底板也未出现过大底鼓，表明“三位一体”的强化控制技术能够较好地控制巷道围岩的变形，适应于沿空留巷布置和支护方式。

（2）沿空留巷顶板锚固区内外离层很小，最大监测离层值为 3 mm，其原因为①顶板向上 14 m 范围内为泥岩、砂质泥岩或煤层，属于复合基本顶条件。②巷旁支撑、顶板支护及巷内辅助的“三位一体”强化控制技术，有效阻止了顶板的大幅下沉并控制了顶板离层。③留巷宽度 3 m，在多层支护下，顶板不具备离层条件。

（3）在工作面推进过程中，留巷顶板的压力不断增加，且增阻减小的趋势并不明显。单体阻力有负增长的现象；在工作面煤壁后方 33.6～268.8 m 范围内，单体支护阻力增长幅度最大值为墙体侧 7.5 kN/d（工作面煤壁后方 33.6 m），实体煤侧 9.04 kN/d；支护阻力的增长总量为墙体侧 67.82 kN、实体煤侧 73.85 kN。

（4）墙体的主要变形发生在工作面煤壁后方 36 m 范围以内，这一阶段变形量占总变形量的 81.26%；充填墙体受工作面的前两次周期来压的影响较大，而之后随着上覆岩层活动的稳定，墙体的变形已不明显；距离工作面煤壁 72 m 时，墙体变形值出现一次跳跃；墙体的变形也出现了负增长的情况，这是由于周期来压引发复合基本顶断裂或二次断裂后墙体的减压反弹现象，距离工作面煤壁距离达到 72 m 后，墙体变形趋缓、变形速度逼近 0，墙体的最终变形量为 38.27 mm。

（5）充填墙体的承载增长主要受工作面前两次周期来压的影响。4208 工作面的复合基本顶有分层垮落的现象，同时巷道及墙体顶板变形能的不断积蓄，引发了墙体应力的二次变化。靠近巷道一侧的 3 m 宽度的墙体承载应力较高，且其应力变化幅度往往在 4 MPa 以上。

综上所述，实施沿空留巷无煤柱煤与瓦斯共采关键是解决围岩的稳定和控制问题。

8.1.2 经济效益评价

（1）掘进期间巷道支护成本（表 8-4）。根据表 8-4 分析可得，掘进期间材料成本为 1736.25 元/m，加上人工成本 425 元/m，掘进期间巷道支护成本为 2161.25 元/m。

表 8-4 巷道掘进期间支护材料消耗

材 料	规 格	每排用量	排距/m	单价/元	每米用量	每米成本/元
顶板锚索	ϕ17.8 mm×6300 mm	1.5 根	0.8	200/根	1.875 根	375
顶板锚杆	ϕ20 mm×2400 mm	6 根	0.8	38/根	7.5 根	285
帮锚杆	ϕ16 mm×2000 mm	8 根	0.8	28/根	10 根	280
W 钢带	3600 mm	1 根	0.8	252/根	1.25 根	315
树脂药卷	Z2360	24.5 根	0.8	8/卷	30.625 根	245
金属网		4.2 m^2	0.8	45/m^2	5.25 m^2	236.25
总计	—	—	—	—	—	1736.25

（2）留巷补强支护成本（表 8-5）。根据表 8-5 分析可得，留巷补强材料成本为 2713.75 元/m，加上人工成本 960 元/m，留巷期间巷道加固成本为 3673.75 元/m。

表 8-5 沿空留巷补强支护材料消耗

材料	规格	每排用量	排距/m	单价/元	每米用量	每米成本/元
顶板锚索	ϕ22 mm×6300 mm	3.5 根	0.8	240/根	4.375 根	1050
平钢板	(2500×350×12) mm	1 根	0.8	490/根	1.25 根	612.5
帮锚杆	ϕ20 mm×2000 mm	5 根	0.8	50/根	6.25 根	312.5
W 钢带	3600 mm	1 根	0.8	252/根	1.25 根	315
托盘	(200×200×12) mm	5 块	0.8	35/块	6.25 块	218.75
树脂药卷	Z2360	20.5 根	0.8	8/卷	25.625 根	205
总计	—	—	—	—	—	2713.75

(3) 巷旁充填空间顶板支护成本（表 8-6）。根据表 8-6 分析可得，待充填空间顶板支护材料成本为 1027.5 元/m，加上人工成本 960 元/m，待充填空间支护成本为 1987.5 元/m。

表 8-6 巷旁待充填空间顶板支护材料消耗

材 料	规 格	每排用量	排距/m	单价/元	每米用量	每米成本/元
顶板锚杆	ϕ20 mm×2400 mm	4 根	0.8	38/根	5 根	190
W 钢带	3000 mm	1 根	0.8	150/根	1.25 根	187.5
托盘	(200×200×12) mm	4 块	0.8	35/块	5 块	175
锚索	ϕ22 mm×6300 mm	1 根	1.6	240/根	0.625 根	150
托盘	(300×300×12) mm	1 块	1.6	80/块	0.625 根	50
树脂药卷	Z2360	9.5 根	0.8	8/卷	11.875 根	95
金属网		3.2 m^2	0.8	45/m^2	4 m^2	180
总计	—	—	—	—	—	1027.5

(4) 巷旁充填费用（表 8-7）。根据表 8-7 分析可得，巷旁充填材料（含材料内配筋）成本为 13490.4 元/m，加上充填人工成本 1875 元/m，巷旁充填的成本为 15365.4 元/m。

表 8-7 巷旁充填成本核算

项 目	每米用量/m^3	单价/元	每米成本/元
充填材料	15.4	876	13490.4
充填人工费			1875
总 计	—	—	15365.4

(5) 沿空留巷成本。综合以上分析，沿空留巷的总成本为掘进期间巷道支护成本为 2161.25 元/m+留巷期间巷道加固成本为 3673.75 元/m+待充填空间支护成本为 1987.5 元/m+巷旁充填的成本为 15365.4 元/m=23187.9 元/m。

(6) 综合经济效益计算。4208 工作面在 2014 年 8 个月累计进尺 507.6 m，平均日进尺 2.4 m，最大日进尺 3.9 m，最大日产量 5200t，累计生产原煤 67.7 万 t，抽采瓦斯累计 1166.95 万 m^3。在 4208 工作面回采期间，平均瓦斯涌出量为 42.35 m^3/min，瓦斯抽采总量在 9.14 ~ 66.51 m^3/min 之间，平均 30.81 m^3/min，工作面正常回采期间工作面瓦斯抽采率平均为 72. 71% 。

由此计算，4208 工作面实施沿空留巷煤与瓦斯共采技术可抽采瓦斯 3678. 33 万 m^3，瓦斯民用价格按 2. 1 元/m^3 计算，成果应用后，可产生经济效益 7724. 49 万元。此外，4208 工作面实施无煤柱沿空留巷可节省煤柱 45 m，每米可回收煤柱 45×4. 2×1×1. 36 = 257. 04(t)，按照售价 1300 元/t 计算，可产生经济效益 53464. 32 万元。同时少掘进一条回采巷道，可节省 345. 8 万元。扣除沿空留巷成本 3710 万元（总长度 1600 m）。利润按产值的 30% 计算，税收按利润的 13% 计算，合计新增利润 17347. 38 万元，新增税收 2255. 16 万元，节支总额为 19602. 54 万元。

8.2　沙曲矿瓦斯治理和防突效果评价

华晋焦煤有限公司针对沙曲矿独特的近距离煤层群煤层赋存开采技术条件、瓦斯地质条件和采掘部署等特点，建立了近距离突出煤层群瓦斯综合治理技术体系及模式，提出了“一矿一策、一区一策、一面一策”的瓦斯治理理念，各项指标明显好转，基本实现了近距离突出煤层群的安全高效开采。

8.2.1　瓦斯治理效果评价

1. 矿井瓦斯涌出量变化情况

2016—2018 年矿井瓦斯等级情况详见表 8-8，表 8-8 客观反映了沙曲一矿、沙曲二矿近 3 年矿井绝对瓦斯涌出量总体平稳，而相对瓦斯涌出量呈现逐步减少趋势。

表 8-8　2016—2018 年矿井瓦斯等级情况

项目	绝对瓦斯涌出量/(m^3 · min^{-1})			相对瓦斯涌出量/(m^3 · t^{-1})		
矿井	2016 年	2017 年	2018 年	2016 年	2017 年	2018 年
沙曲一矿	172. 6	180. 23	177. 19	61. 61	26. 17	28. 17
沙曲二矿	122. 76	134. 11	135. 51	64. 52	70. 42	50. 06

2. 矿井风量变化情况

2016—2018 年矿井通风情况详见表 8-9，表 8-9 反映了沙曲一矿、沙曲二矿近 3 年进风量呈现逐渐增加趋势，通风富裕系数增加。

表 8-9　2016—2018 年矿井通风情况表

项目	矿井总进风量/(m^3 · min^{-1})			矿井总回风量/(m^3 · min^{-1})		
矿井	2016 年	2017 年	2018 年	2016 年	2017 年	2018 年
沙曲一矿	26267	26876	27956	26478	27100	28178
沙曲二矿	41439	23426	23083	41732	23669	23319

3. 矿井瓦斯抽采参数变化情况

2016—2018 年瓦斯抽采量及钻孔进尺完成情况详见表 8-10，表 8-10 说明瓦斯治理投入力度逐年增加。

表 8-10　2016—2018 年瓦斯抽采量及钻孔进尺完成情况

项目	瓦斯抽采量/亿 m^3			钻孔进尺/万 m		
矿井	2016 年	2017 年	2018 年	2016 年	2017 年	2018 年
沙曲一矿	0.8528	0.8534	0.8570	25.0953	28.8462	33.2695
沙曲二矿	0.7321	0.7079	0.7102	24.24	28.21	29.92

4. 矿井瓦斯利用变化情况

2016—2018 年矿井瓦斯抽采率、抽采浓度及利用情况详见表 8-11、表 8-12，从表 8-12 可以看出近 3 年矿井瓦斯利用量和瓦斯利用率逐年增加。矿井瓦斯抽采率达到 70%，瓦斯利用率达到 50% 以上。

表 8-11　2016—2018 年瓦斯抽采率及抽采浓度完成情况

项目	抽采率/%			抽采浓度/%		
矿井	2016 年	2017 年	2018 年	2016 年	2017 年	2018 年
沙曲一矿	72.43	70.18	70.47	高浓利用 35	高浓利用 36	高浓利用 37
				低浓利用 14	低浓利用 15	低浓利用 17
沙曲二矿		65.7	70.58	高浓利用 32	高浓利用 34	高浓利用 35
				低浓利用 13	低浓利用 15	低浓利用 17

表 8-12　2016—2018 年矿井瓦斯利用情况

年份	2016 年	2017 年	2018 年
瓦斯利用量/万 m^3	4375.22	4434.53	5412.58
瓦斯利用率/%	51.30	51.96	63.1

5. 矿井产量变化情况

随着瓦斯治理工程投入力度增加，矿井产量呈逐年上升趋势，2017 年、2018 年原煤产量相比 2016 年分别增长 52.1% 和 65%。

8.2.2　消突效果评价

1. 4 号煤层开采后 5 号煤层工作面瓦斯含量变化

5 号煤层原始瓦斯含量为 12.06 m^3/t，4 号煤层的开采后，在 5201 工作面进行了瓦斯含量测定，结果为 5.12 m^3/t，降低了近 60%。对 5 号煤层起到了卸压作用，煤层中吸附的瓦斯得到了大量释放，煤层瓦斯压力和含量都得到了大大降低，详见表 8-13。

表 8-13　沙曲二矿 5 号煤层工作面瓦斯含量变化

煤层	煤层瓦斯含量/($m^3 \cdot t^{-1}$)	
	4 号煤层开采前	4 号煤层开采后
沙曲二矿 5 号	12.06	5.12

根据原始瓦斯含量预测 5 号煤层回采工作面在未得到解放时，工作面瓦斯涌出量为 40.382 m^3/min（产量 1800 t/d），4 号煤层开采后，5201 工作面回采期间的瓦斯涌出量平均在 14 m^3/min 左右，平均日产量超过了 2000 t/d，相比预测值下降了近 58%。

2. 沙曲二矿 4208 工作面区域预抽后瓦斯含量变化

4208 工作面储量为 2684980 t，实施区域预抽后，瓦斯抽采总量达到 6387803 m^3，则吨煤瓦斯含量下降了 2.379 m^3/t。从瓦斯预抽量随时间变化曲线来看，仍为稳定抽采期，在达到设计预抽期后，煤层瓦斯含量可降至 8 m^3/t 以下。通过采取区域性瓦斯治理措施，煤层瓦斯含量明显降低，有效地降低了工作面回采时的瓦斯涌出量和井下的瓦斯灾害事故的发生的几率，提高矿井安全生产的可靠程度。达到消突目的，实现了高瓦斯煤层变为低瓦斯煤层，高瓦斯工作面变为低瓦斯工作面。

3. 沙曲矿矿井瓦斯超限事故发生率

（1）2016—2018 年矿井瓦斯超限次数统计见表 8-14，从表 8-14 可以看出，3 年来沙曲一矿和沙曲二矿两煤与瓦斯突出矿井瓦斯超限次数得到有效遏制，分别实现两年瓦斯“零超限”。

表 8-14 2016—2018 年超限次数统计表

项目	超限次数			备注
矿井	2016 年	2017 年	2018 年	
沙曲一矿	0	0	1	
沙曲二矿	0	2	0	

（2）矿井监控系统中断、误报警情况。通过加强监控人员培训，加大监控系统传输中断原因分析、责任考核，监控系统传输中断、异常报警实现逐年大幅度降低。

①监控系统中断情况：2016 年 23 次；2017 年 16 次；2018 年 3 次。

②监控系统误报警：2016 年 48 次；2017 年 36 次；2018 年 18 次。

（3）沙曲一矿 K_1 值验证及超限次数变化。经过三年不懈地努力，2018 年沙曲一矿和沙曲二矿的 K_1 值实现零超标，表明区域防突措施已逐步落实到位。详见表 8-15。

表 8-15 2016—2018 年沙曲矿 K_1 值验证及超限次数统计表

时间	效检次数	K_1 值超限次数	超限次数比例
2016 年	26854	0	0
2017 年	33527	1	0
2018 年	37057	0	0

8.3 瓦斯综合利用效益分析

8.3.1 瓦斯抽采成本

沙曲矿瓦斯抽采吨煤层成本平均为 51.14 元，抽采 1 m^3 瓦斯的成本平均为 1.62 元。3 年瓦斯抽采成本详细见表 8-16。

表 8-16 沙曲矿 3 年瓦斯抽采成本统计表

名 称	项 目	2016 年	2017 年	2018 年	备注
沙曲矿区	产量/万 t	300	276	270	
	安全吨煤费用标准/元	100	60	60	
	瓦斯实际费用/万元	16171	14919	12280	
	瓦斯抽采吨煤费用/元	53.90	54.05	45.48	
	瓦斯抽采钻孔费用/元	85	79	75	国产
		164	158	153	奥钻
	瓦斯抽采运行费用/元	19	17	12	
	瓦斯抽采钻孔/个	3796	3026	2617	国产
		724	949	676	奥钻
	瓦斯抽采费用合计/万元	675	617	466	
	瓦斯抽采泵站建设/万元	6134	1457	1538	
	保护层开采/万元	5522	9497	6736	
	底抽巷/万元	3840	3348	3540	
	瓦斯抽采量/万 m^3	8341	9128	9439	标量
	抽采 1 m^3 瓦斯成本/元	1.94	1.63	1.30	

8.3.2 瓦斯利用成本

（1）华晋公司瓦斯发电共有 4 座电厂，总装机规模为 69 MW。其中，沙曲高浓瓦斯电厂项目建设总规模为 76 MW，目前已建成 45 MW。计划分两期建成，其中沙曲瓦斯发电一期规模 14 MW 已经建成，沙曲瓦斯发电二期规模 62 MW 现首批建设装机容量 31 MW；沙曲低浓瓦斯发电项目总规模为 18 MW。其中，高家山低浓瓦斯发电站装机规模为 8 MW 和白家坡低浓瓦斯发电站装机规模为 10 MW。

（2）华晋沙曲选煤厂锅炉房原有 5 台 10 t（额定蒸发量为 10 t/h）的燃煤锅炉，目前改造为 5 台，型号为 WNS-8.1.25.1Q 瓦斯锅炉，额定蒸发量为 10 t/h，主要用于厂区、矿井的风井以及办公楼的供暖，沙曲矿选煤厂洗澡用水，食堂做饭用蒸汽以及沙曲二号矿井井下供热。

（3）沙曲矿区利用 1 m^3 瓦斯的收益平均为 1.39 元，利用 1 m^3 瓦斯的成本平均为 0.92 元。3 年沙曲矿区瓦斯利用成本详细见表 8-17。

表 8-17 沙曲矿区 3 年瓦斯利用成本

	项 目	2016 年	2017 年	2018 年
沙曲矿区	瓦斯发电利用量/万 m^3	3182	3254	4164
	瓦斯民用利用量/万 m^3	860	873	853
	合计瓦斯利用量/万 m^3	4042	4127	5017
	瓦斯发电量/万 kW · h	9340	9000	12890
	瓦斯民用利用成本/万元	68	69	68
	瓦斯发电利用成本/万元	3691	3941	4226

表 8-17（续）

	项　目	2016 年	2017 年	2018 年
沙曲矿区	合计瓦斯利用成本/万元	3759	4010	4294
	瓦斯发电收入/万元	4763.4	4590	6573.9
	瓦斯民用总收入/万元	23.8	24.15	23.8
	发电和民用收入合计/万元	4787.2	4614.15	6597.7
	合计利用总收入/万元	5646.2	5337.15	7547.7
	瓦斯利用补贴/万元	859	723	950
	瓦斯利用纯收入/万元	1887.2	1327.15	3253.7
	利用 1 m^3 瓦斯的收益/元	1.40	1.29	1.50
	利用 1 m^3 瓦斯的成本/元	0.93	0.97	0.86

通过上述可计算得抽采 1 m^3 瓦斯的成本为 1.62 元，利用 1 m^3 瓦斯的成本为 0.92 元，1 m^3 瓦斯的总成本为 2.54 元；利用 1 m^3 瓦斯的收益为 1.39 元；抽采和利用 1 m^3 瓦斯亏损 1.15 元。如果不考虑瓦斯抽采成本，2018 年瓦斯利用总收益可达 6973.6 万元。

8.4　煤与瓦斯共采关键技术效果评价

8.4.1　沿空留巷煤与瓦斯共采应用评价

1. 工作面配风情况

4208 工作面轨道巷、带式输送机运输巷和回风巷风量变化如图 8-14 所示，由图 8-14 可知，在 4208 工作面回采初期，工作面配风量大，轨道巷风量为 1974 ~ 2774 m^3/min，带式输送机运输巷风量为 1692 ~ 875 m^3/min，轨道巷与带式输送机运输巷进风量之比为 1.17 ~ 3.17，回风巷风量为 3875 ~ 4032 m^3/min；随着工作面的正常推进，工作面配风量下降，轨道巷进风量在 1306 ~ 2380 m^3/min 间变化，带式输送机运输巷进风量为 500 ~ 963 m^3/min，回风巷的总回风量为 3612 ~ 2100 m^3/min，轨道巷与带式输送机运输巷风量之比为 1.97 ~ 2.96；由于靠近原开切眼的沿空留巷里段巷道底鼓、变形较大，严重影响了通风断面，导致工作面风量减少，轨道巷风量减至 1306 m^3/min，带式输送机运输巷风量减至 625 m^3/min，总回风减至 2380 m^3/min；经过多次巷道卧底维护后，工作面风量大幅增加，轨道巷风量增至 1736 ~ 1868 m^3/min，带式输送机运输巷进风量增至 960 ~ 1296 m^3/min，轨道巷与带式输送机运输巷风量之比为 1.80 ~ 1.44，回风巷的总回风量为 2696 ~ 3164 m^3/min。

4208 工作面回采期间，根据生产情况和煤层赋存情况，及时调整轨道巷和带式输送机运输巷较大风量，风量之比在 1.17 ~ 3.17 间变化，工作面回风量达 2100 ~ 4032 m^3/min。

2. 工作面空间瓦斯浓度

（1）工作面风流瓦斯浓度。4208 综采工作面在 10 号、30 号、50 号、70 号、90 号架安设 Ta、Tb、Tc、Td、Te 共 5 个架间甲烷传感器；沿空留巷段距工作面后方小于或等于 10 m 范围内安设甲烷传感器 T1；由于回风巷长度大于 1000 m，因此在回风巷中部安设甲烷传感器 T2；在回风斜巷距风流会合点 10 ~ 15 m 范围内安设混合探头 T3，进行工作面瓦斯浓度安全监测监控。

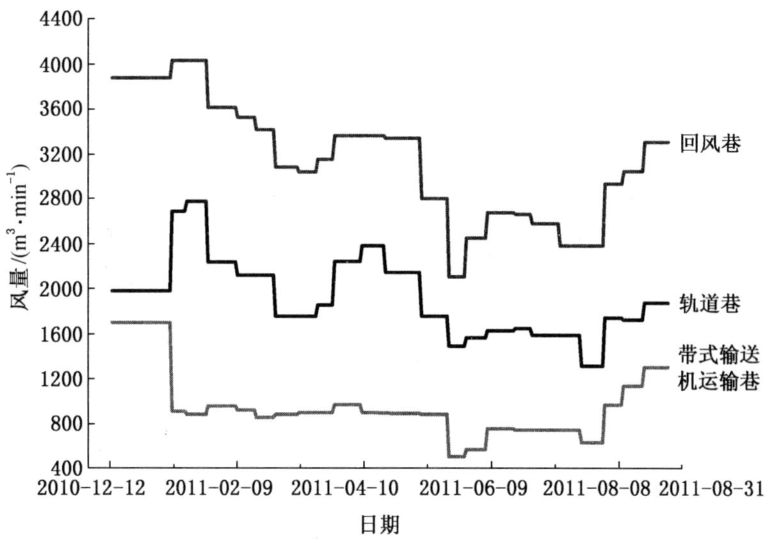

图 8-14　4208 工作面轨道巷、带式输送机运输巷和回风巷风量变化图

图 8-15 显示了 4208 工作面瓦斯监控探头 T1、T2 和 T3 随时间变化情况。一般情况下，瓦斯探头监控值为 T1＜T2＜T3。实施 Y 形通风后，部分出现 T2 的瓦斯浓度大于 T3 瓦斯浓度，这是因为工作面邻近横贯的部分排风，导致留巷段风量降低，而使局部位置 T2 的瓦斯浓度升高；而在工作面回风末端，由于横贯的部分排风掺入，回风流 T3 的瓦斯浓度明显降低。4208 工作面回采期间，T1 平均为 0.38%，T2 和 T3 平均都是 0.49%，均小于 0.8%。

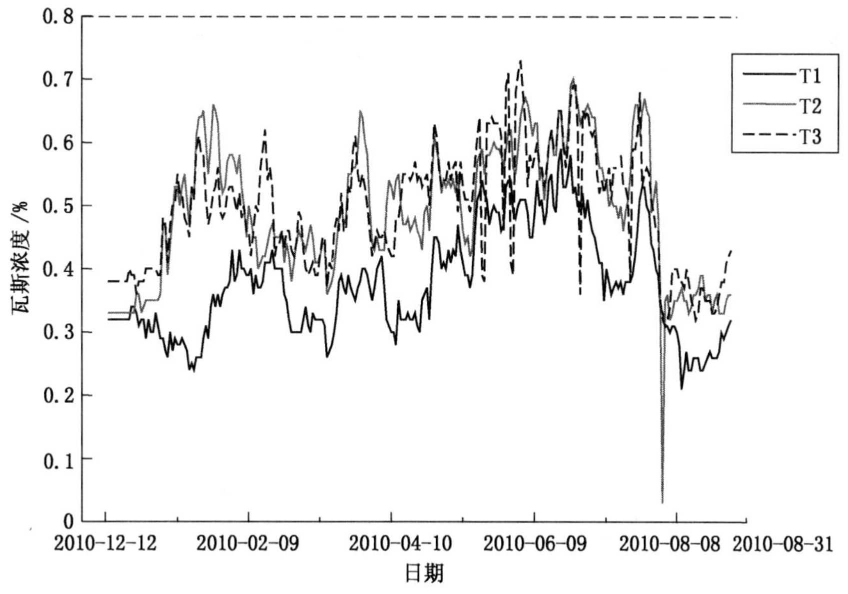

图 8-15　4208 工作面瓦斯监控探头 T1、T2、T3 随时间变化图

（2）工作面架间瓦斯浓度。自带式输送机运输巷（沿空留巷回风侧）在工作面 10

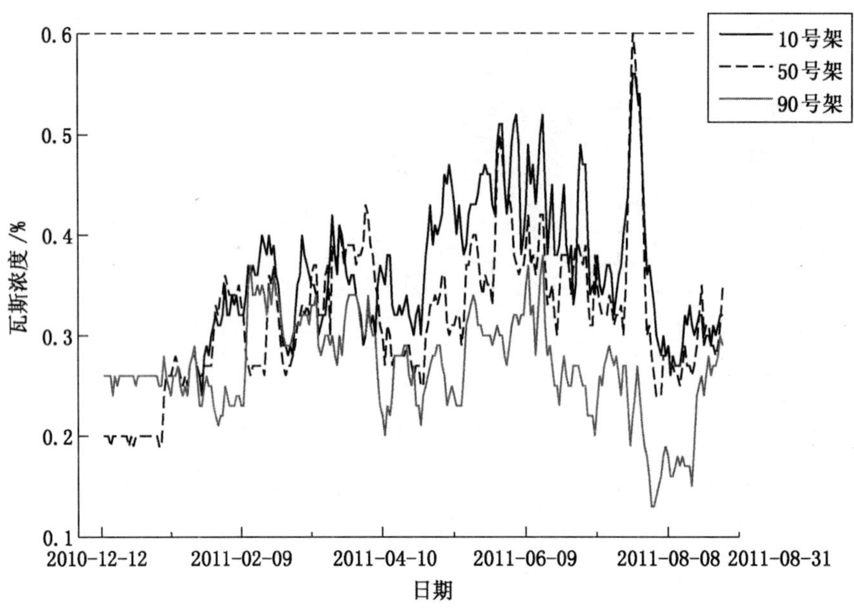

图 8-16　4208 工作面 10 号、50 号、90 号架间瓦斯监控探头随时间变化图

号、50 号、90 号架处设置瓦斯传感器，瓦斯浓度随时间变化曲线如图 8-16 所示。4208 工作面上距 2 号煤层平均在 20 m 左右，2 号煤层平均厚度为 1.04 m，2 号煤层原始瓦斯含量为 8.65 m^3/t，工作面正常回采期间 2 号煤层瓦斯全部向工作面涌出。4208 工作面实施 Y 形通风，采用轨道巷顶板走向钻场、倾向高抽巷、德钻钻场、采空区埋管抽采等瓦斯综合治理技术后，工作面架间瓦斯浓度大大减少，次序为 10 号>50 号>90 号，即沿着工作面开切眼风流切线方向，瓦斯浓度逐渐增大；10 号架间瓦斯浓度平均为 0.37%，50 号架间瓦斯浓度平均为 0.32%，90 号架间瓦斯浓度平均为 0.27%，均小于 0.6%。

3. 工作面风排瓦斯量

图 8-17 显示了 4208 工作面风排瓦斯量随时间变化情况。图中表明实施有效的瓦斯综合治理技术后，4208 工作面的风排瓦斯量在 6.33 ~ 15.69 m^3/min 之间，平均为 11.53 m^3/min，小于设计的风排量。一般情况下，随着回风巷中风量的增加，回风流中瓦斯浓度减少，而风排瓦斯量受风量和瓦斯浓度综合的影响，同时工作面实际瓦斯涌出量、生产进度、瓦斯抽采等情况均影响风排瓦斯量。故应根据回采期间实际瓦斯涌出量和采空区瓦斯抽采情况进行调整进回、风流的风量，并严格执行“以风定产”方针。

4. 工作面瓦斯涌出情况

图 8-18 是 4208 工作面瓦斯涌出随时间变化情况。从图可知，4208 工作面初采期间，瓦斯总涌出量平均为 26.32 m^3/min，其中，风排瓦斯量平均为 12.34 m^3/min，抽采总量平均为 13.98 m^3/min，即初采期间，4208 工作面风排瓦斯量与抽采总量基本相当，风排瓦斯量占总涌出量的 47.10%；随着工作面的推进，抽采总量逐渐增加，工作面瓦斯抽采率逐渐增大。

整个工作面回采期间，总瓦斯涌出量为 20.76 ~ 78.52 m^3/min，平均为 42.35 m^3/min。其中，风排瓦斯量为 6.33 ~ 15.69 m^3/min，平均为 11.53 m^3/min；瓦斯抽采总量为 9.14 ~ 66.51 m^3/min，平均为 30.81 m^3/min。

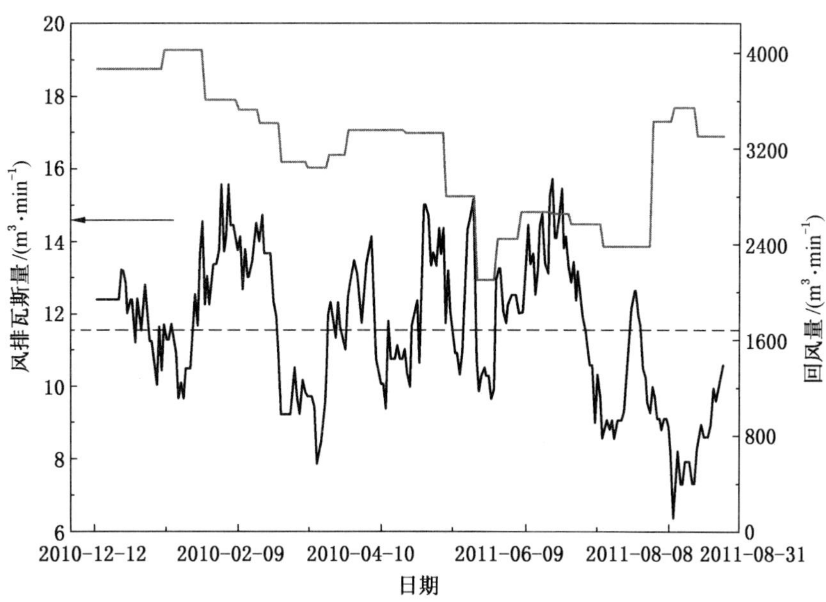

图 8-17 4208 回风巷中风量与风排瓦斯量关系

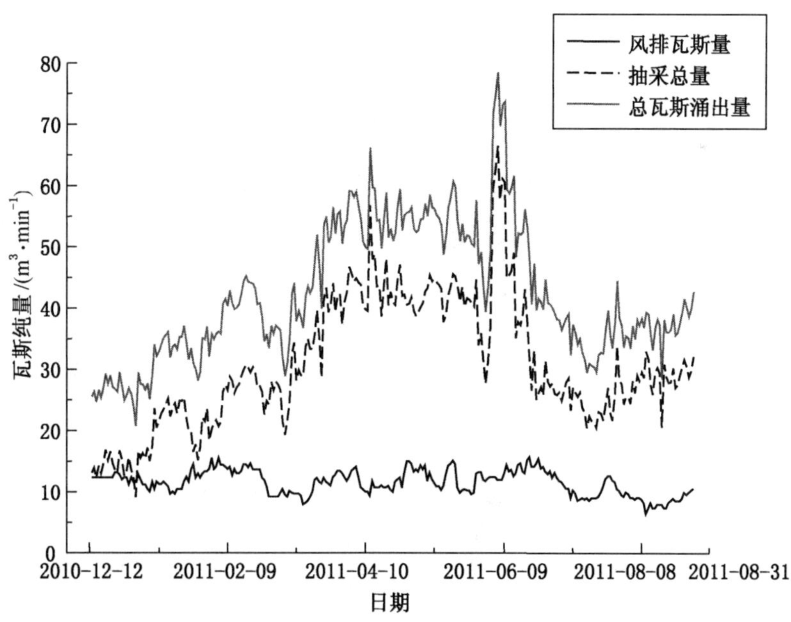

图 8-18 4208 工作面总瓦斯涌出量及其组成随时间变化图

4208 工作面按设计采用 4 趟管路进行瓦斯抽采：轨道巷管路抽采本煤层顺层钻孔和顶板走向钻孔瓦斯；带式输送机运输巷管路抽采本煤层顺层钻孔瓦斯；回风巷 2 趟管路，一趟专门用于采空区埋管抽采，另一趟用于倾向高抽巷和大直径德钻钻孔抽采裂缝带卸压瓦斯。4208 瓦斯抽采总量组成汇总见表 8-18。瓦斯抽采纯量组成如图 8-19 所示。

表 8-18　4208 工作面瓦斯抽采总量组成汇总

序号	管　路	浓度/%	混合量/($m^3 \cdot min^{-1}$)	瓦斯纯量/($m^3 \cdot min^{-1}$)	瓦斯纯量占总量比例/%
1	轨道巷 (顺层钻孔+顶板钻场)	33. 83	26. 66	9. 28	29. 81
2	带式输送机运输巷 (顺层钻孔)	12. 91	16. 73	2. 22	7. 15
3	回风巷 (高抽巷+德钻+穿层钻孔)	28. 53	51. 33	16. 02	51. 45
4	采空区埋管	2. 63	129. 93	3. 61	11. 59
	合计		224. 65	31. 13	100

4208 工作面抽采瓦斯总混合量为 34. 73 ~ 258. 79 m^3/min，平均为 177. 97 m^3/min，纯量为 9. 14 ~ 66. 51 m^3/min，平均为 30. 81 m^3/min。4 趟抽采管路瓦斯纯量大小顺序：回风巷>轨道巷>采空区埋管>带式输送机运输巷。瓦斯抽采总量主要以回风巷管路（高抽巷+大直径钻孔）和轨道巷管路（顺层钻孔+顶板走向钻孔）为主，两者占总量的 81. 27%。

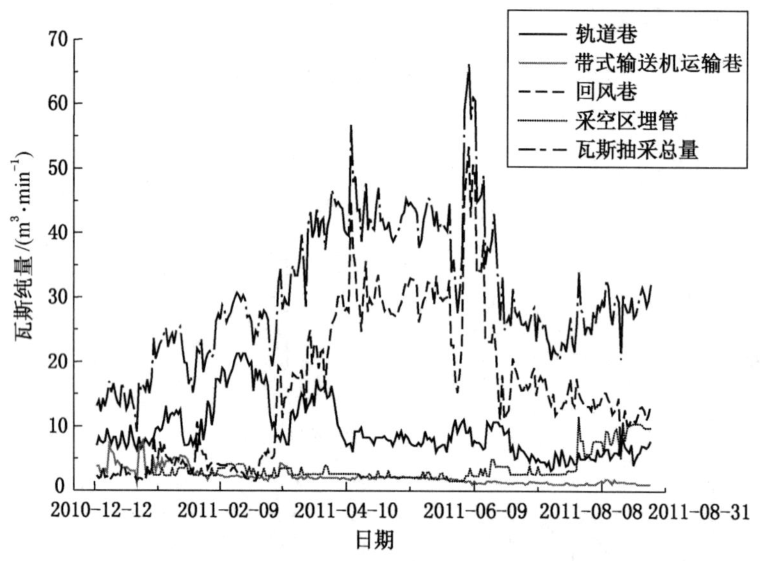

图 8-19　4208 工作面瓦斯抽采总量组成随时间变化图

回风巷管路是抽采裂缝带卸压瓦斯，包括倾向高抽巷和大直径钻孔，是抽采总量中比重最大的管路。瓦斯浓度为 5% ~71%，平均为 28. 53%，混合量为 8. 44 ~ 142. 89 m^3/min，平均为 51. 33 m^3/min，瓦斯抽采纯量为 1. 56 ~ 53. 45 m^3/min，平均为 16. 02 m^3/min，占瓦斯抽采总量的 51. 45%。

轨道巷管路瓦斯浓度为 20% ~50%，平均为 33. 83%，混合量为 16. 08 ~ 43. 50 m^3/min，平均为 26. 66 m^3/min，瓦斯抽采纯量为 3. 21 ~ 21. 32 m^3/min，平均为 9. 28 m^3/min，占瓦斯抽采总量的 29. 81%。在 24208 工作面回采初期，轨道巷管路主要预抽本煤层瓦斯，平均约为 7. 2 m^3/min；随着回采距离的增加，顶板裂缝带瓦斯开始聚集，轨道巷顶板走向钻场开始发挥作用，此时轨道巷管路除了预抽本煤层瓦斯外，还抽采上邻近层卸压瓦斯，纯量平均达

13 m³/min，最高达 21.32 m³/min；随着回采时间的进一步增加，顺层钻孔数量和瓦斯抽采纯量逐渐减少，轨道巷管路抽采瓦斯逐渐以卸压瓦斯为主，纯量平均在 8 m³/min 左右。

带式输送机运输巷管路是预抽本煤层瓦斯，随着回采进尺的增加，顺层钻孔数量和瓦斯抽采纯量逐渐减少，导致总管路瓦斯抽采纯量逐渐降低。带式输送机运输巷瓦斯浓度为 9%～25%，平均为 12.91%，混合量为 8.52～37.45 m³/min，平均为 16.73 m³/min，瓦斯抽采纯量为 0.95～7.73 m³/min，平均为 2.22 m³/min，占瓦斯抽采总量的 7.15%。

采空区埋管抽采的是本煤层和上、下邻近层涌出采空区的瓦斯，工作面累计推进 15 m 才开始进行采空区埋管抽采瓦斯。由于大直径钻孔抽采瓦斯的高效性，导致涌出采空区的瓦斯量较小，埋管抽采的瓦斯纯量平均仅在 2.5 m³/min 左右；由于 4 号大直径德钻钻场抽采瓦斯效果下降，导致采空区埋管的量大幅提高，抽采瓦斯平均在 9 m³/min 左右。总体而言，采空区埋管瓦斯浓度为 2%～7%，平均为 2.63%，混合量为 77.29～171.71 m³/min，平均为 129.93 m³/min，瓦斯抽采纯量为 1.55～11.58 m³/min，平均为 3.61 m³/min，占瓦斯抽采总量的 11.59%。

5. 瓦斯抽采率

图 8-20 是 4208 工作面瓦斯抽采率随时间变化图。由图可知：①工作面初采期间，工作面仅轨道巷（顺层钻孔+顶板走向钻孔）、回风巷（高抽巷+大直径钻孔）和带式输送机运输巷（顺层钻孔）3 趟抽采管路，并且 3 趟抽采管路主要是预抽，抽采量小，工作面瓦斯治理主要以风排为主，故瓦斯抽采率低，在 44.00%～58.21% 间变化，平均为 52.90%；②随着工作面的推进，工作面增加了 1 趟采空区埋管抽采管路，同时轨道巷和回风巷管路相继开始抽采裂缝带卸压瓦斯，使得抽采瓦斯量逐渐增大，工作面瓦斯综合治理逐渐以抽采为主，其中回风巷管路和轨道巷管路占抽采瓦斯量最大，此时工作面瓦斯抽采率提高，为 53.21%～85.79%，平均为 72.71%。

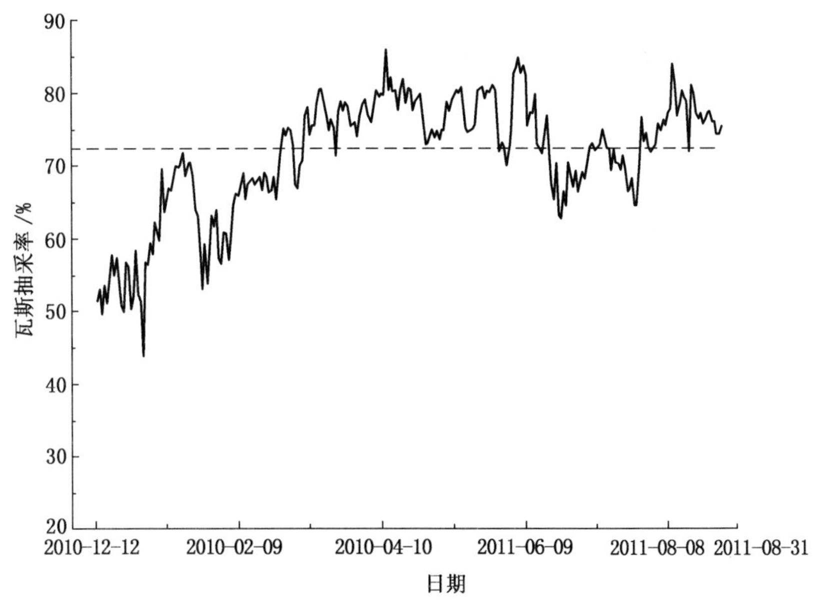

图 8-20　4208 工作面瓦斯抽采率随时间变化图

从整个回采期间看，工作面瓦斯平均抽采率为 71. 20% 。其中，回风巷管路的瓦斯抽采率为 4. 06% ~ 69. 33% ，平均为 34. 26% ；轨道巷管路的瓦斯抽采率为 9. 55% ~ 52. 87% ，平均为 22. 88% 。

6. 工作面产量

图 8-21 是 4208 工作面开始回采至统计截止时的日产量和累计进尺变化情况。从图可知，4208 工作面最大日进尺为 3. 9 m，最大日产量为 5200 t，平均日进尺为 2. 4 m，4208 工作面累计总进尺为 507. 6 m，累计生产原煤为 67. 7 万 t，实现煤与瓦斯共采。

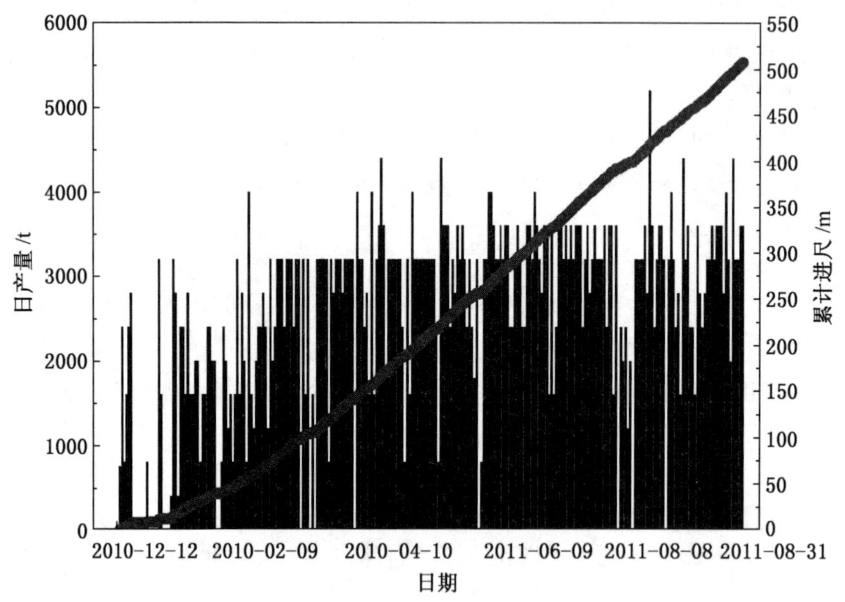

图 8-21 4208 工作面日产量与累计进尺随时间变化图

8. 4. 2 保护层开采煤与瓦斯共采应用评价

8. 4. 2. 1 保护层工作面初采期间瓦斯抽采效果分析

根据瓦斯报表，沙曲一矿 2201 工作面的平均风量、工作面瓦斯平均浓度、回风巷瓦斯平均浓度、平均风排瓦斯量、平均瓦斯抽采总量（包括沙曲一矿 2201 工作面本煤层抽采和沿空留巷埋管抽采）、绝对瓦斯涌出量、平均日产量、平均瓦斯抽采率和 4208 带式输送机运输巷 *R* 抽采管路抽采量（为抽采沙曲一矿 2201 工作面下部 3+4 号煤层的瓦斯）见表 8-19。

表 8-19 初采期间 2201 工作面综合情况表

日　期	推进度/m	平均风量/($m^3 \cdot min^{-1}$)	工作面瓦斯平均浓度/%	回风巷瓦斯平均浓度/%	平均风排瓦斯量/($m^3 \cdot min^{-1}$)	平均瓦斯抽采总量/($m^3 \cdot min^{-1}$)	绝对瓦斯涌出量/($m^3 \cdot min^{-1}$)	平均日产量/t	平均瓦斯抽采率/%	4208 带式输送机运输巷 *R* 管路抽采量/($m^3 \cdot min^{-1}$)
12 月 11 日	1	2006	0. 21	0. 42	8. 43	6. 69	15. 12	580	44. 26	18. 65
12 月 18 日	3	2016	0. 25	0. 42	8. 47	6. 34	14. 81	650	42. 82	20. 87

表 8-19（续）

日　期	推进度/m	平均风量/($m^3 \cdot min^{-1}$)	工作面瓦斯平均浓度/%	回风巷瓦斯平均浓度/%	平均风排瓦斯量/($m^3 \cdot min^{-1}$)	平均瓦斯抽采总量/($m^3 \cdot min^{-1}$)	绝对瓦斯涌出量/($m^3 \cdot min^{-1}$)	平均日产量/t	平均瓦斯抽采率/%	4208 带式输送机运输巷 R 管路抽采量/($m^3 \cdot min^{-1}$)
12 月 25 日	4	2016	0.26	0.42	8.47	6.65	15.12	631	43.99	21.63
1 月 1 日	12	1914	0.22	0.56	8.72	7	17.72	690	39.51	19.99
1 月 7 日	33	1870	0.28	0.62	8.47	9.86	20.33	698	48.49	20.42
1 月 15 日	53	2310	0.27	0.56	12.94	12.41	25.35	710	54.23	25.90
1 月 17 日	55	2310	0.26	0.46	8.39	11.40	21.79	701	52.33	25.67
总平均值		2063	0.25	0.49	9.98	8.62	18.60	665.7	46.52	21.88

2201 工作面在试采初期，工作面推进速度慢，工作面日产量低，但随着开采的进行，工作面推进速度逐步加快，其相应的瓦斯涌出量和瓦斯浓度也在逐步增加，此阶段的平均风量为 2063 m^3/min，回风巷瓦斯平均浓度为 0.49%，平均风排瓦斯量 9.98 m^3/min，平均瓦斯抽采总量 8.62 m^3/min。

采煤工作面瓦斯抽采率规定见表 8-20。

表 8-20　采煤工作面瓦斯抽采率规定

工作面绝对瓦斯涌出量 Q/($m^3 \cdot min^{-1}$)	工作面抽采率/%	风排瓦斯量/($m^3 \cdot min^{-1}$)
$5 \leqslant Q < 10$	≥20	4～8
$10 \leqslant Q < 20$	≥30	7～14
$20 \leqslant Q < 40$	≥40	12～24
$40 \leqslant Q < 70$	≥50	20～35

1. 瓦斯浓度分析

根据表 8-19 的数据，做出 2201 工作面在初采期间的瓦斯浓度变化图，如图 8-22 所示。

从表 8-19 和图 8-22 可以看出，沙曲一矿 2201 工作面回风巷瓦斯浓度变化较大，从 12 月 18 日开始工作面及其回风巷瓦斯浓度开始升高，至 1 月 15 日开始出现下降。并且这段时间是工作面直接顶和基本顶的垮落时间段。因此工作面的瓦斯变化主要分为直接顶垮落阶段、基本顶垮落阶段和基本顶垮落后 3 个阶段。

工作面推进 5 m 后，83 号、84 号顶板开始局部垮落，工作面推进 8.8 m 后，开始沿空留巷注浆；工作面推进 12 m 后，1～97 号支架后部采空区顶板全部垮落，此阶段为伪顶和直接顶的垮落阶段，绝对瓦斯涌出量基本不变，说明瓦斯主要来自本煤层产生的瓦斯，下部煤层还没受到保护层开采的影响而卸压。

由于采空区顶板垮落，造成 30 号架探头由 0.24% 升高到 0.5%，最高至 0.59%；50

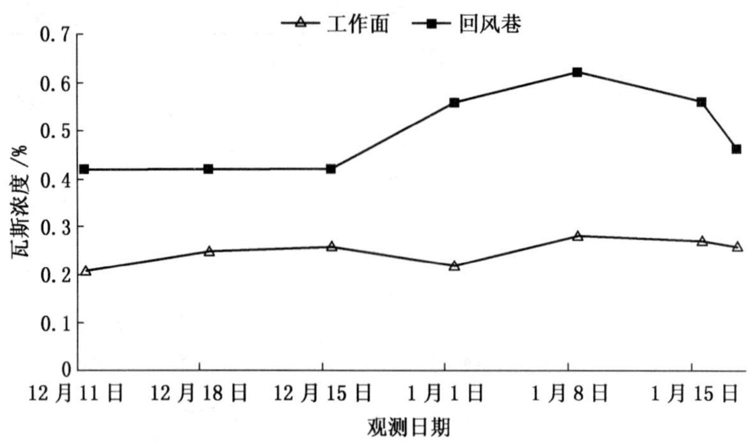

图8-22　沙曲一矿2201工作面初采期间瓦斯浓度

号架探头由0.22%升高到0.46%，最高至0.75%；70号架探头由0.21%升高到0.36%，最高至0.65%；工作面探头平均瓦斯浓度为0.46%，7日上升到0.82%，回风巷瓦斯平均为0.62%，瓦斯浓度达到最大，说明此阶段为初次来压，导致基本顶垮落，支架压力增大，导致采空区裂隙增多，瓦斯浓度增大。当工作面推进33 m时，验证了前面对基本顶初次来压的分析。

2. 抽采情况分析

沙曲一矿2201工作面在初采期间的各瓦斯抽采量和4208带式输送机运输巷 R 管路抽采量见表8-21，做出沙曲一矿2201工作面在初采期间的各瓦斯抽采量变化图，如图8-23所示。

表8-21　初采期间各瓦斯抽采量

日　期	采空区平均抽采量/($m^3\cdot min^{-1}$)	本煤层平均抽采量/($m^3\cdot min^{-1}$)	平均抽采总量/($m^3\cdot min^{-1}$)	4208带式输送机运输巷 R 抽采管路抽采量/($m^3\cdot min^{-1}$)
12月11日	4.05	2.64	6.69	18.65
12月18日	4.00	2.34	6.34	20.87
12月25日	4.01	2.64	6.65	21.63
1月1日	4.11	2.89	7	19.99
1月7日	7.54	2.32	9.86	20.42
1月15日	8.25	2.16	12.41	25.90
1月17日	9.68	1.72	11.4	25.67
平均值	6.23	2.39	8.62	21.88

(1) 沿空留巷抽采情况。2201工作面推进8.8 m后，沿空留巷开始充填注浆。留巷每间隔2个柔模袋（约4 m）压设1根4英寸管带抽，连接到 ϕ320 mm抽采管路。12月18日至1月7日期间平均负压为3～10 mmHg，浓度为3%～10%。从1月7日开始至1月17日，沿空留巷抽采增加到10～20 mmHg，浓度增加至30%左右。初采期间采空区瓦斯

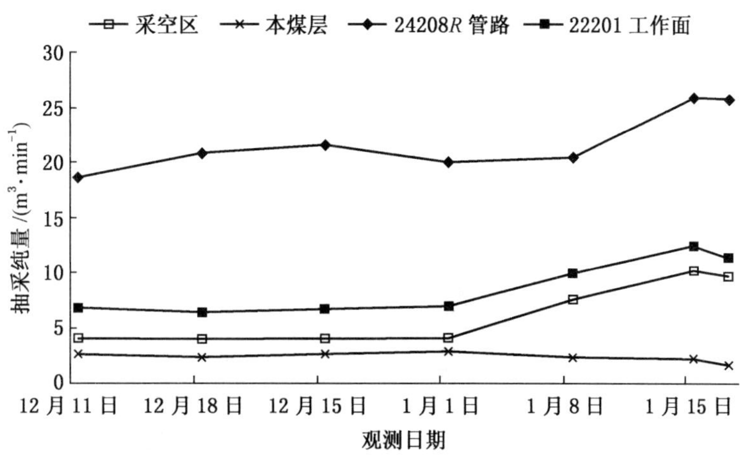

图 8-23 初采期间各瓦斯抽采量

平均抽采量为 6.23 m^3/min，对采空区瓦斯抽采效果有限。

（2）本煤层抽采情况。本煤层抽采主要是 2201 工作面在机轨合一巷 1400 m 和 1450 m 的第 24、第 25 钻场。从抽采情况看，1450m 处的钻孔，负压在 25 mmHg 左右，节流在 45 mmH_2O 左右，浓度在 25% 左右，纯量在 0.20 m^3/min 左右，处于高浓期。1400 m 处的钻孔，负压在 10 mmHg 左右，节流在 25 mmH_2O 左右，浓度在 20% 左右，纯量在 0.15 m^3/min 左右，正在进入高浓期。初采期间本煤层的瓦斯平均抽采量为 2.39 m^3/min，对本煤层瓦斯抽采效果有限。

（3）被保护层预抽情况。在 4208 带式输送机运输巷布置澳钻钻场，利用澳钻向 4208 带式输送机运输巷右方向施钻进行 2201 下部 3+4 号煤层瓦斯抽采。初采期间该预抽钻孔负压在 90 mmHg 左右，浓度为 30% ~45%，流量为 20 mmH_2O。初采期间 4208 带式输送机运输巷平均 R 管路的抽采量为 21.88 m^3/min，对下部煤层瓦斯抽采效果比较好。

2201 保护层工作面主要采用通过控制工作面风量和综合抽采进行瓦斯治理。初采期间，工作面风排瓦斯量达到 8.4 ~ 12.94 m^3/min 之间；2201 工作面的抽采量由 7 m^3/min 增加到 12.41 m^3/min 左右，占瓦斯涌出总量的 46.52%。基本顶垮落压实后，工作面瓦斯浓度稳定在 0.24%，回风巷瓦斯浓度稳定在 0.46%。瓦斯得到了有效治理，工作面产量显著增加，实现了工作面的安全生产。

8.4.2.2 保护层工作面正常回采期间瓦斯抽采效果分析

沙曲一矿 2201 工作面截至 2012 年 7 月 22 日，累计推进 602.6 m。根据瓦斯报表，2201 工作面在这期间的平均风量、工作面瓦斯平均浓度、回风巷瓦斯平均浓度、平均风排瓦斯量、平均瓦斯抽采总量（包括 2201 工作面本煤层抽采和沿空留巷埋管抽采）、绝对瓦斯涌出量、平均日产量、平均瓦斯抽采率和 4208 带式输送机运输巷 R 抽采管路抽采量（为抽采 2201 工作面下部的煤层瓦斯）见表 8-22。

2201 工作面在正常回采期间，工作面推进速度加快，工作面日产量增加，平均风量 2471 m^3/min，回风巷瓦斯平均浓度为 0.52%，平均风排瓦斯量为 12.79 m^3/min，平均瓦斯抽采总量为 16.76 m^3/min，绝对瓦斯涌出量为 29.55 m^3/min，平均日产量为 1077 t，平均瓦斯抽采率为 55.77%，大于 40%，满足采煤工作面瓦斯抽采率的规定。

表 8-22　正常回采期间 2201 工作面综合情况表

日　期	推进度/m	平均风量/(m^3 · min^{-1})	工作面瓦斯平均浓度/%	回风巷瓦斯平均浓度/%	平均风排瓦斯量/(m^3 · min^{-1})	平均瓦斯抽采总量/(m^3 · min^{-1})	绝对瓦斯涌出量/(m^3 · min^{-1})	平均日产量/t	平均瓦斯抽采率/%	24208 带式输送机运输巷 *R* 管路抽采量/(m^3 · min^{-1})
1 月 22 日	61	2300	0.27	0.55	12.65	8.55	21.2	988	40.33	25.19
1 月 29 日	75	2310	0.28	0.56	12.94	9.44	22.38	990	42.19	25.72
2 月 5 日	91	2420	0.26	0.46	11.13	16.83	27.96	1011	60.19	23.61
2 月 12 日	106	2420	0.24	0.5	12.10	15.89	27.99	1021	56.77	62.43
2 月 19 日	124	2420	0.26	0.52	12.58	16.04	28.62	1033	56.04	62.08
2 月 26 日	140	2409	0.22	0.57	8.12	18.68	28.80	1052	64.87	63.68
3 月 4 日	165	2430	0.27	0.55	13.37	19.01	32.38	1063	58.72	62.02
3 月 11 日	193	2678	0.23	0.51	13.66	21.05	34.71	1167	60.65	66.56
3 月 18 日	220	2598	0.24	0.49	13.77	20.56	34.33	1153	59.89	64.67
3 月 24 日	247	2732	0.24	0.42	15.57	21.54	37.11	1289	58.04	63.49
总平均值		2471.7	0.25	0.51	12.79	16.76	29.55	1077	55.77	51.95

1. 瓦斯浓度分析

根据表 8-22 的数据，做出 2201 工作面在正常回采期间的瓦斯浓度变化图，如图 8-24 所示。

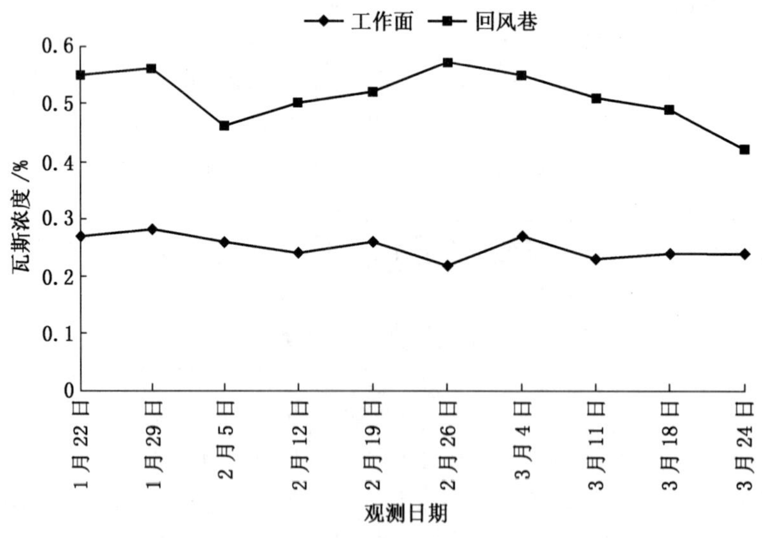

图 8-24　2201 工作面正常回采期间瓦斯浓度

可以看出，在回采过程中，工作面与回风巷瓦斯浓度均出现不同程度的下降。工作面平均瓦斯浓度由 0.28% 下降到 0.22%，回风巷瓦斯浓度由 0.56% 下降到 0.42%。

从正常回采期间的风排量和抽采量看，正是由于采空区顶板充分垮落，沿空留巷进行了密闭处理，提高了被保护层瓦斯抽采效果，工作面及其回风巷瓦斯浓度有了明显的下降。

2. 抽采情况分析

2201 工作面在正常回采期间的各瓦斯抽采量和 4208 工作面 R 管路抽采量见表 8-22，做出 2201 工作面在正常回采期间的各瓦斯抽采量变化图，如图 8-25 所示。

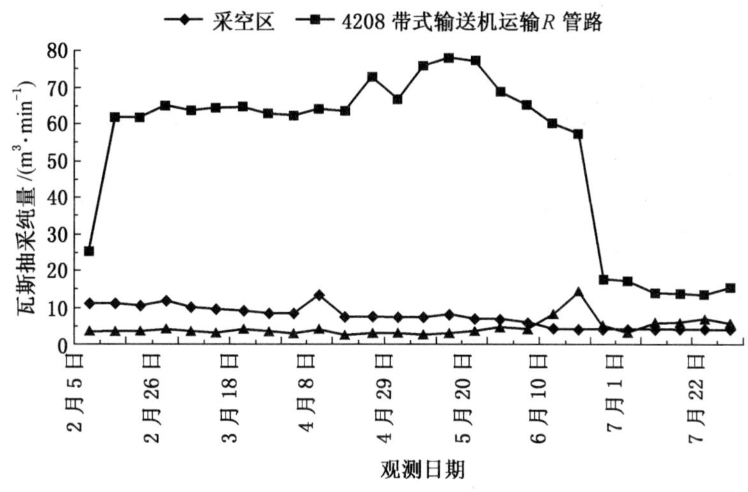

图 8-25 正常回采期间各瓦斯抽采量

(1) 沿空留巷抽采情况。从沿空留巷埋管的观测站数据看，沿空留巷支管抽放负压普遍在 2～3 mmHg 之间，浓度为 2%～3%，没有节流，对采空区缺乏有效牵制，这也是造成回风巷瓦斯大的一个原因。造成这样的主要原因是工作面抽采管路长，沿途负压损耗大，导致抽采效果不好。主要采取针对留巷负压低、流量小、管路积水多的问题，要调整负压、定期放水处理，并对抽放管路进行逐段排查，寻找衰减原因。对沿空留巷段 80% 瓦斯浓度衰减的埋管进行关闭，提高留巷负压使用率，确保留巷开切眼 20 m 范围内的埋管负压。正常回采期间采空区瓦斯平均抽采量为 8.65 m^3/min，对采空区瓦斯抽采进一步得到提高。

(2) 本煤层抽采情况。沙曲一矿 2201 工作面现已推进到机轨合一巷 1269 m 处，主要是 1290 m 和 1230 m 处的钻孔抽采。从抽采情况看，1290 m 处的钻孔，负压在 22 mmHg 左右，节流在 45 mmH_2O 左右，浓度在 40% 左右，纯量在 0.22 m^3/min 左右，处于高浓期。1230 m 处的钻孔，负压在 19 mmHg 左右，节流在 35 mmH_2O 左右，浓度在 31% 左右，纯量在 0.148 m^3/min 左右，正在进入高浓期。正常回采期间本煤层的瓦斯平均抽采量为 8.89 m^3/min，对本煤层瓦斯抽采效果比较明显。

(3) 被保护层预抽情况。被保护层瓦斯抽采主要是通过 4208 带式输送机运输巷向 2201 工作面下部的 3+4 号煤层施工预抽钻孔（1340 m 和 1220 m 处钻场），该区域负压在 80 mmHg 左右，浓度为 20%～87%，流量为 5～10 mmH_2O，纯量在 62 m^3/min 左右。正常回采期间 4208 带式输送机运输巷平均 R 管路的抽采量为 51.95 m^3/min，对下部煤层抽采效果比较明显。

2201 工作面在正常回采期间，主要采用通过控制工作面风量和综合抽采进行瓦斯治理。正常回采期间，工作面风排瓦斯量达到 11.13 ~ 15.57 m^3/min 之间；抽采量由 8.55 m^3/min 增加到 21.54 m^3/min 左右，占瓦斯涌出总量的 55.77%。工作面瓦斯浓度稳定在 0.25%，回风巷瓦斯浓度稳定在 0.51%。

8.4.2.3　经济效益分析

在沙曲一矿 2 号薄煤层 2201 保护层工作面进行了保护层工作面煤与瓦斯共采技术现场工业性试验，对工作面技术理论进行了验证，并通过对现场工业性试验后取得的经济效果进行分析。

（1）通过理论分析及数值模拟确定了上保护层的保护层范围，其中沿倾向方向上，卸压角 $\delta_1=76°$、$\delta_2=77°$；沿走向方向上，卸压角 $\delta_3=57°$；在垂向方向上，上保护层的最大有效距离 $S'_{上}=47.4$ m，因此得出被保护的 3+4 号煤层、5 号煤层处在卸压保护区内。计算得出保护层 2201 工作面对应可解放的 3+4 号煤层、5 号煤层资源总量约为 $Q=227.64$ 万 t，原煤价格按普通煤炭价格 600 元/t 计算，解放的下部煤量合为 13.66 亿元。

（2）虽然 2 号煤层为薄煤层，但将 2 号煤层作为保护层开采时，在 2201 工作面开采过程中，平均日产 870 t，合为 52 万元，回采的煤炭资源总量为 30.56 万 t，合 1.83 亿元，从而可知，进行 2 号薄煤层开采也具有良好的经济效益。

（3）沙曲一矿 2 号薄煤层采用煤与瓦斯共采技术措施后，可有效地减少工作面瓦斯涌出量，减轻通风负担，提高矿井安全生产程度和原煤产量。矿井瓦斯抽放系统建成后，可降低工作面的供风量，从沙曲一矿 2 号煤层 2201 首采工作面的观测数据分析，抽出的平均瓦斯量按 36.43 m^3/min 计算，年可抽出纯瓦斯 18.89 Mm^3。按 1 m^3 纯瓦斯相当于 1.5 kg 煤计算，18.89 Mm^3 的瓦斯折合原煤 28.34 kt，可直接获利 1700.4 万元。

8.4.3　大孔径千米定向钻机煤与瓦斯共采应用评价

8.4.3.1　大直径钻孔抽采实际效果分析

沙曲一矿 4208 工作面采用德国鲁尔矿山咨询与商贸有限公司生产的 ADR250 型钻机在 4208 回风巷施工大直径钻孔，以期代替倾向高抽巷实现顶板裂缝带卸压瓦斯的高效抽采。

1. 大直径钻孔施工参数

沙曲一矿 4208 工作面 9 组大直径钻孔钻场，每个钻场 5 个钻孔，终孔在同一水平、间距均为 15 m、直径为 250 mm，抽采上邻近层卸压瓦斯和采空区瓦斯。大直径钻孔钻场在回风巷中相对位置见表 8-23。

表 8-23　4208 工作面回风巷中德钻钻场相对位置

位　置	开切眼 ~1 号	1 ~2 号	2 ~3 号	3 ~4 号	4 ~5 号
距离/m	138	100	70	60	108
位置	5 ~6 号	6 ~7 号	7 ~8 号	8 ~9 号	9 号 ~ 联巷
距离/m	370	160	150	100	260

2. 大直径钻孔钻场替代倾向高抽巷的抽采效果

图 8-26 为 4208 德钻钻场总抽采效果与采空区埋管抽采量、回风流中瓦斯浓度变化关系图。

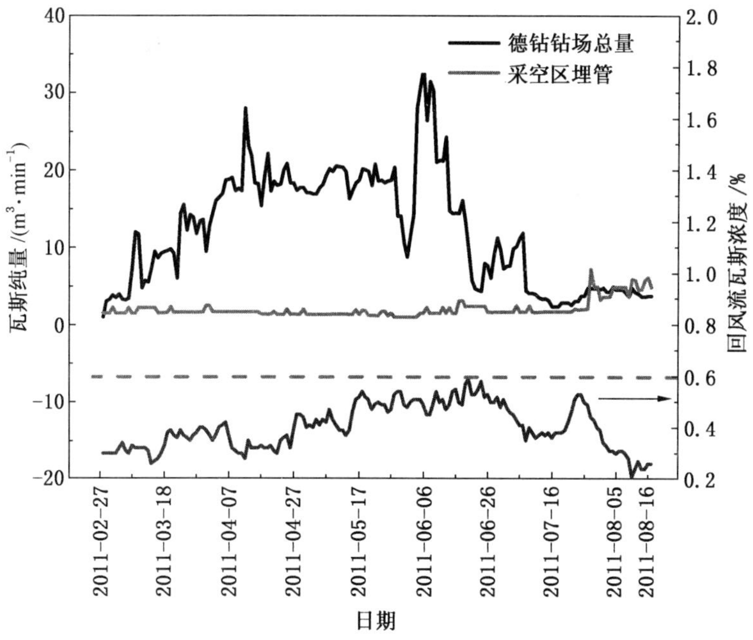

图 8-26　德钻钻场总抽采纯量与采空区埋管、回风流瓦斯浓度变化关系

由图 8-26 可以看出：4208 工作面回采期间，德钻钻场抽采瓦斯效率高，总瓦斯抽采纯量平均为 12.13 m³/min，最高达 33.14 m³/min，远大于单一 1 号倾向高抽巷抽采瓦斯的最大值 6.18 m³/min；在有效抽采范围内，德钻单孔平均抽采瓦斯为 1.5 m³/min，平均抽采浓度超过 20%；上邻近层和裂缝带向采空区涌出的瓦斯大大减小，导致采空区埋管抽采的瓦斯纯量大幅降低，实测采空区埋管抽采的瓦斯浓度平均为 3%，纯量平均为 1.5 m³/min；德钻钻场倾向钻孔和采空区埋管的结合，高效抽采采空区顶板裂缝带富集瓦斯和采空区的瓦斯，有效控制采动（空）区瓦斯涌入采煤工作面和回风流中，工作面回风流中瓦斯浓度均在 0.6% 以下，瓦斯综合治理效果显著。

3. 大直径钻孔钻场抽采影响有效范围分析

根据对 1 号钻场的 1 号、2 号、3 号和 4 号德钻钻场的瓦斯抽采效果考察，瓦斯抽采纯量和浓度随时间和工作面相对距离如图 8-27 所示。

（1）工作面超前 1 号德钻钻场 39.6 m，此时才打开 1 号德钻钻场进行全负压抽采，抽采瓦斯浓度为 20%，混合量为 4.73 m³/min，瓦斯纯量为 0.95 m³/min。工作面周期来压后，德钻钻场即可抽采顶板裂缝带富集区的卸压瓦斯。

（2）随工作面的推进，1 号德钻钻场抽采的瓦斯浓度和纯量迅速增加，工作面累计推进了 18.4 m（工作面分别过 1 号德钻钻场的 1 号、2 号、3 号钻孔终孔 32.4 m、17.4 m 和 2.4 m），1 号德钻钻场抽采瓦斯浓度增至 45%，混合量达 7.41 m³/min，瓦斯纯量增至 3.5 m³/min 左右；随着工作面的进一步推进，工作面过 1 号德钻钻场并超前钻场 50 m，1 号德钻钻场抽采的瓦斯浓度平均在 40% 左右，混合量高达 30 m³/min，瓦斯纯量在 11.5 m³/min 左右。

由于 1 号和 2 号德钻钻场间距仅 100 m，当工作面推过 1 号德钻钻场 50 m 时，工作面已过 2 号德钻钻场 1 号钻孔 10 m，此时 2 号德钻钻场布置的抽采瓦斯钻孔已发挥作用，1

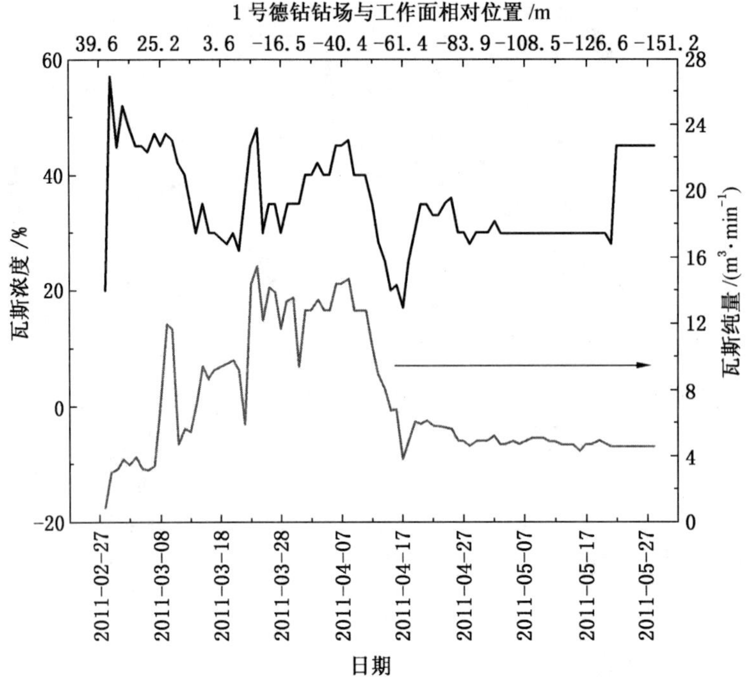

图 8-27 1 号德钻钻场大直径倾向钻孔抽采瓦斯与工作面相对位置变化情况

号德钻钻场抽采瓦斯量有一定的衰减，但 1 号德钻钻场仍然保持较高的抽采浓度和纯量，至 5 月 28 日工作面滞后 1 号德钻钻场 153.6 m 时，抽采的瓦斯浓度仍达 45%，抽采瓦斯纯量为 4.55 m^3/min，占工作面瓦斯总涌出量抽采率的 11.17%。

考察结果表明，在工作面推至在 1 号钻场前（1 号钻场德钻控制范围为 5 个德钻钻孔平均距离为 60 m）。单一德钻钻场抽采浓度高，纯量为 6.10 m^3/min，工作面瓦斯抽采率为 22.36%；在工作面推过 1 号钻场 50 m 时，1 号钻场仍有较好的抽采瓦斯效果，1 号德钻钻场抽采的瓦斯浓度为 40%，抽采瓦斯纯量为 12.50 m^3/min，抽采率为 33.00%；因此，本设计施工的 1 个钻场 5 个倾向德钻的布置方式完全可以替代倾向高抽巷，钻场的有效抽采半径超过 50 m，德钻钻场间距可按 100 m 布置。

（3）随工作面的持续推进，钻场抽采钻孔逐渐远离采空区的瓦斯富集区，单一钻场抽采瓦斯纯量逐渐下降，呈现衰减态势。图 8-28 为 4208 德钻 1 ~4 号钻场抽采瓦斯纯量随时间变化和工作面推进位置的变化情况。

①2 号、3 号德钻钻场抽采瓦斯浓度和纯量与工作面相对的关系与 1 号德钻钻场基本一致。

②当工作面推至超前 50 m 时（4 月 12 日），2 号德钻钻场抽采的瓦斯纯量迅速增大，并维持在较好的抽采效果至推过工作面 70 m（6 月 4 日），抽采的瓦斯纯量平均为 13.43 m^3/min，最大达 17.37 m^3/min，2 号德钻钻场保持较好抽采效果的距离达到 120 m。

③3 号德钻钻场由于和 2 号德钻钻场间距仅 70 m，其与 2 号德钻钻场抽采相互影响大，尽管抽采瓦斯纯量高，最大高达 30.16 m^3/min，但保持较高抽采效果的间距是 40 m。

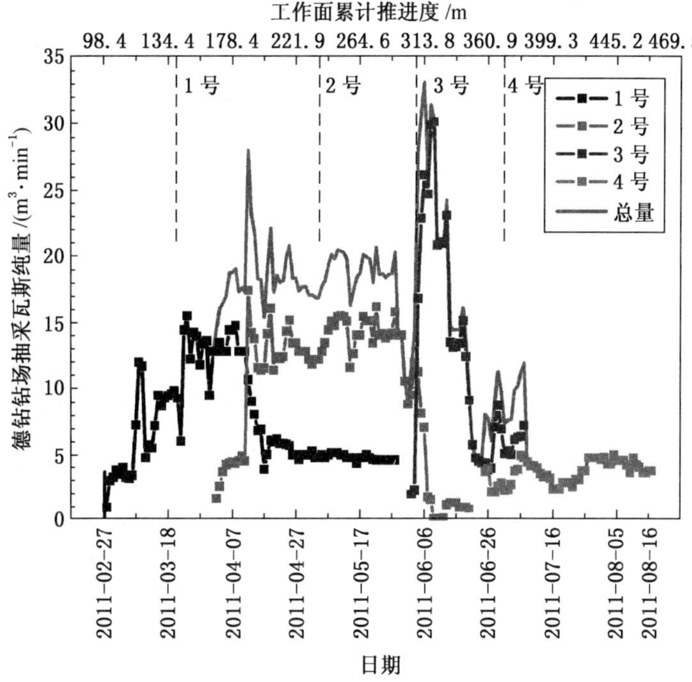

图 8-28 4208 德钻 1~4 号钻场抽采瓦斯纯量随时间变化趋势

④4 号德钻钻场尽管与 3 号德钻钻场距离更小，但对 3 号德钻钻场影响较小。这很可能是煤层瓦斯赋存不均匀或由于现场钻孔施工、钻孔塌孔、封孔不严等原因，导致 4 号德钻钻场在考察期内抽采瓦斯纯量稳定在 4 m^3/min 左右。

综上所述，沙曲一矿 4208 工作面单个大直径德钻钻场有效抽采范围为 100 m 左右，其中高效抽采距离大约 80 m，钻场间距可布置为 100 m。

4. 大直径单孔抽采影响有效范围分析

为了分析大直径单孔的抽采效果，对 3 号大直径德钻钻场 5 个单孔分别进行单独计量。

3 号德钻钻场 5 个钻孔直径均为 250 mm，钻孔呈扇形布置，1~5 号钻孔按工作面推进方向依次排开，孔长 80~100 m，倾角 27°~37°，终孔位置均在同一水平，到煤层顶板的法距为 40 m，水平间距 15 m，1 号钻孔与工作面初采位置间距 248 m，5 号钻孔与工作面初采位置间距 308 m。同时，2 号德钻钻场 5 号钻孔距 3 号德钻钻场 1 号钻孔 10 m，4 号德钻钻场 1 号钻孔与 3 号德钻钻场 5 号钻孔部分交叉。

图 8-29 为 3 号德钻钻场 3 号钻孔瓦斯抽采浓度与纯量随时间、工作面相对位置变化趋势。由图可知，3 号钻孔变化趋势大致相同，2011 年 6 月 4 日，工作面刚推过 3 号德钻钻场，超前 3 号钻孔 30.1 m（工作面累计推进 308.1 m），3 号钻孔瓦斯浓度为 20%，混合量为 6.39 m^3/min，瓦斯纯量为 1.28 m^3/min；随着工作面的推进，3 号钻孔抽采的瓦斯浓度和纯量先迅速增加（瓦斯浓度由 20% 增至 90%，纯量由 1.28 m^3/min 增加到 15.40 m^3/min）持续 8d 左右，距离 17.7 m；然后，受相邻钻孔的影响，钻孔的瓦斯浓度和纯量逐渐减少，至工作面超前 3 号钻孔 65.5 m，浓度减至 23%，纯量为 3.29 m^3/min。

故单个德钻钻孔有效抽采半径为 10~15 m，钻孔合理间距 20~30 m。为保持有足够的重叠距离，确定德钻钻孔间距为 20 m。

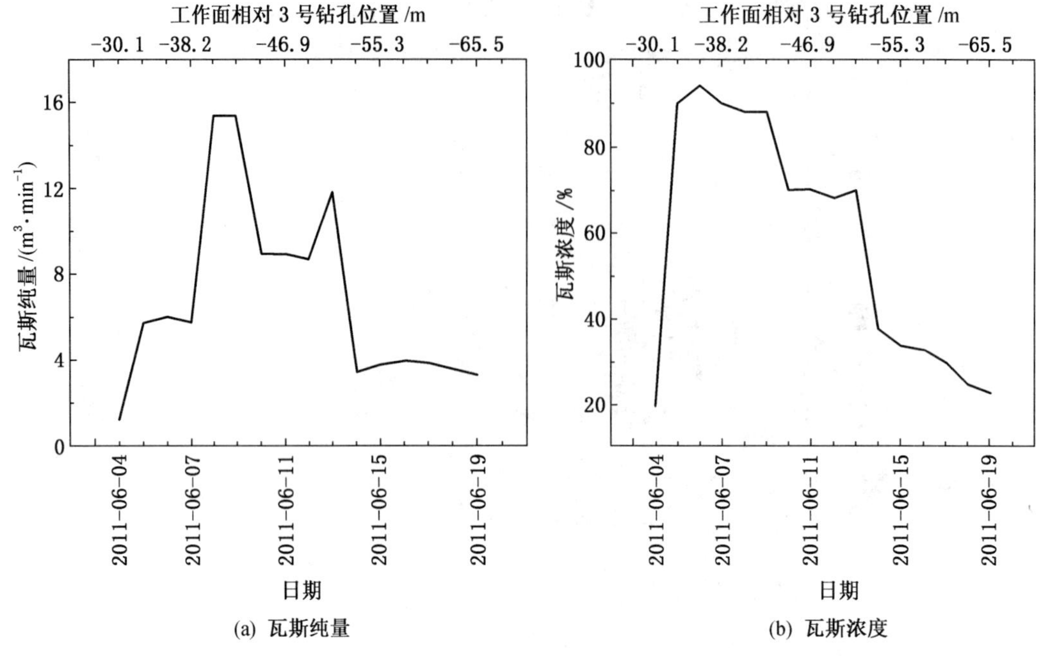

(a) 瓦斯纯量 (b) 瓦斯浓度

图 8-29 3 号德钻钻场 3 号钻孔瓦斯抽采随时间和工作面相对位置变化趋势

8.4.3.2 轨道巷顶板高位走向钻场抽采效果

由于沙曲一矿 4208 工作面煤层为近水平煤层，在开采方向上为仰采，工作面较采空区位置高，由于瓦斯的浮力作用，采空区瓦斯易在工作面附近的采空区积聚，为治理轨道巷（主进风巷）侧采空区顶板裂缝带富集的卸压瓦斯，使用 ZDY4000L 型钻机沿轨道巷施工了 15 组顶板走向钻场，每个钻场 5 个钻孔。15 组轨道巷顶板走向钻场的施工参数、钻场间距和布置分别如图 8-30 和表 8-24。

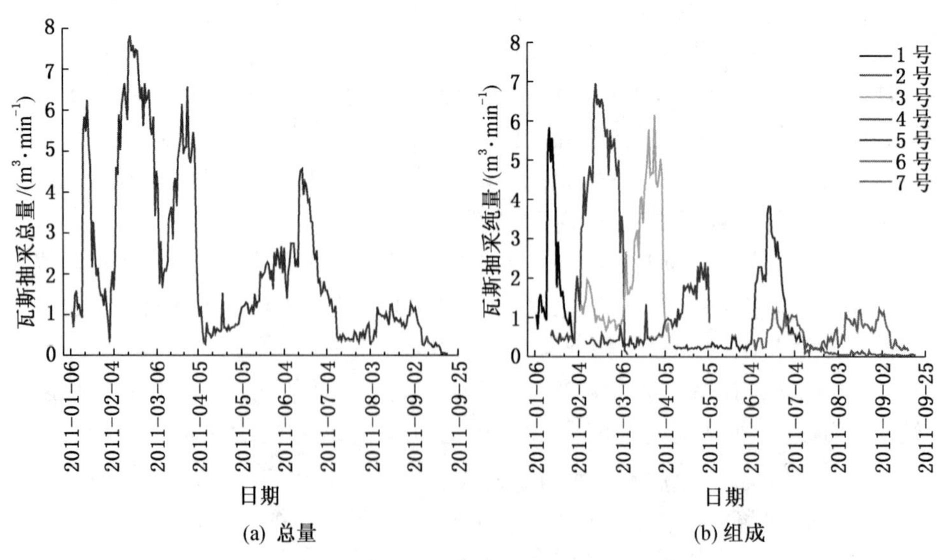

(a) 总量 (b) 组成

图 8-30 1 ~7 号轨道巷顶板走向钻场瓦斯抽采纯量与总量随时间变化趋势

表 8-24 24208 工作面轨道巷中顶板走向钻场相对位置

位置	开切眼～1号	1～2号	2～3号	3～4号	4～5号	5～6号
距离/m	60	75	55	105	100	130
位置	6～7号	7～8号	8～9号	9～联巷	联巷～10号	10～11号
距离/m	85	85	100	105	100	100
位置	11～12号	12～13号	13～14号	14～15号	15～终采线	
距离/m	100	100	100	90	80	

图 8-30 为 1～7 号顶板走向钻场瓦斯抽采纯量及总量随时间变化图。1 号顶板走向钻场开始进行全负压抽放单独计量以来，1～7 号顶板走向钻场相继发挥抽采作用。一般情况下，只有两个相邻的钻场同时起作用。走向钻场瓦斯抽采总量在 0.04～7.82 m^3/min 间变化，平均为 2.20 m^3/min。

其中，5 号顶板走向钻场距工作面初采位置（原开切眼）395 m，距 4 号、6 号钻场分别为 100 m、130 m，钻场内 5 个钻孔长 121～129 m，仰角 13°～17°，方位角 18°～27°，终孔距离工作面顶板 28 m（7 倍采高）或 35m（约 9 倍采高），深入工作面平距相等，即分别离轨道巷的投影水平距离为 36 m、42 m、48 m、54 m、60 m。

图 8-31 为 5 号钻场抽采的瓦斯浓度和纯量随时间变化情况。由图 8-31 可知，考察初期，工作面滞后 5 号顶板走向钻场 110 m 以上，顶板走向钻孔是预抽 2 号煤层瓦斯，浓度低，约 20%，流量小，瓦斯纯量约 0.2 m^3/min；随着工作面的推进，工作面与顶板走向钻场的间距逐渐减小，当工作面与 5 号钻场的间距小于 83.9 m 时，1 号顶板走向钻孔距工

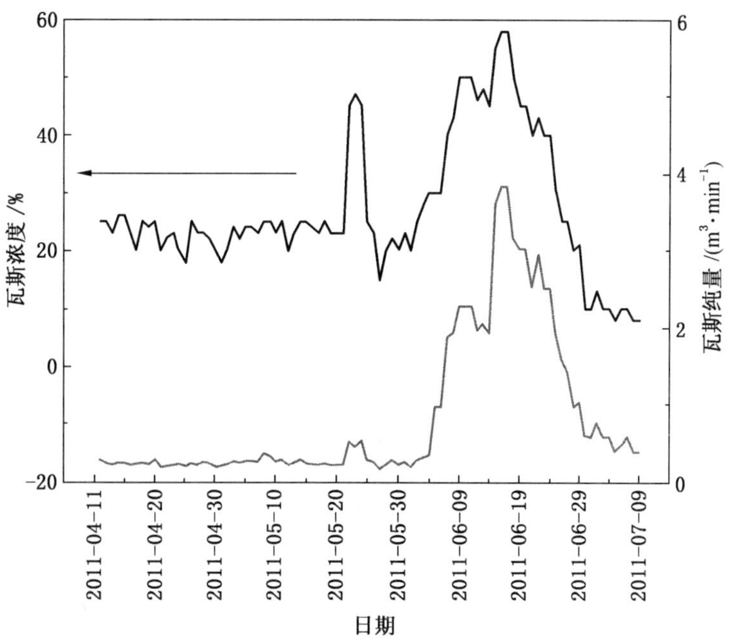

图 8-31 轨道巷 5 号钻场瓦斯浓度和纯量随时间变化趋势

作面垂高小于26.7 m，部分顶板走向钻孔前段到达受采动影响的顶板裂隙区，瓦斯浓度和纯量持续增加，瓦斯浓度达最高58%，瓦斯纯量至最大3.83 m^3/min（6月16日工作面累计推进336.0 m，滞后5号钻场59.0 m，1号钻孔距工作面垂高18.8 m）；随着工作面与顶板走向钻场的距离进一步减小，顶板走向钻孔在顶板裂隙区的长度逐渐减小，瓦斯浓度和纯量均逐渐减少，当工作面相对5号顶板走向钻场间距达3.2 m时，1号钻孔距工作面垂高1.0 m，5号钻场5个顶板走向钻孔全部远离顶板裂隙区，最终瓦斯浓度减至8%，瓦斯纯量减至0.38 m^3/min。

8.4.4 井上、下联合煤与瓦斯共采应用评价

根据第7章中对井上下联合抽采的理论研究成果，采用井下实测和数值模拟相结合的方法，考察和评价井上下联合抽采区域抽采效果。

1. 水平井区域井下实测评价

井下考察采用瓦斯含量和瓦斯压力测定。沙曲一矿4307工作面多分支水平井抽采可能覆盖的区域，在对接抽采钻孔布置瓦斯含量和压力测定钻孔，水泥注浆进行封孔，封孔长度不小于20 m。

测定时将沙曲一矿4307工作面多分支水平井抽采钻孔关闭，关闭1 h后读取压力表数值，测定值为0.1 MPa和0.15 MPa。该值比煤体实际残余瓦斯压力偏小，原因是在关闭抽采负压前，钻孔内为负压，从负压到正压，在短短1 h内距离钻孔较远的煤体内部瓦斯还未到达钻孔内，钻孔内瓦斯压力尚未稳定。此外，由于在瓦斯含量测定钻孔测定残余瓦斯压力时，其周围的其他瓦斯含量测定钻孔已经接上抽采管路开始抽采，抽采钻孔与测压钻孔距离近，裂隙相互导通造成压力降低，故该钻孔测得残余瓦斯压力为0 MPa。

综上所述，单靠现场实测的方法无法准确评价多分支水平井区域治理瓦斯的效果，因此，须采用计算机数值模拟分析和评价该区域的瓦斯抽采效果。

2. 计算机数值模拟分析水平井区域抽采效果

煤层气数值模拟模型与常规数值模拟模型最大的区别在于煤层气模型需要模拟煤层气从煤基质的解吸以及煤层气在煤基质的扩散。如果假定煤层气瞬间解吸，那么可以利用业界应用较好的黑油模型近似模拟煤层气的产出规律。为此采用comet3煤层气模拟专用软件，模拟分析沙曲一矿4307工作面多分支水平井的产出情况，进而评价区域抽采效果。

（1）建立数值模拟模型。结合现场工程背景，建立comet3数值模拟分析模型（图8-32），通过水平井射孔的方式，建立井下产气点，在基于历史数据拟合良好的基础上，较真实反映多分支水平井各分支的瓦斯抽采情况，历史拟合数据如图8-33所示。

（2）水平井区域抽采瓦斯压力变化分析。基于模拟分析多分支水平井抽采煤层瓦斯压力变化云图（图8-34～图8-39），多分支水平井覆盖4307工作面所在区域，较直观的反应抽采后的瓦斯压力变化情况。抽采达标区域参照《防治煤与瓦斯突出细则》中煤层瓦斯压力为0.74 MPa的限定，通过压力云图变化分析可知，小于0.74 MPa的区域主要是图中中间区域，该区域随着抽采时间的延长，也在向工作面两巷以及采煤工作面方向逐渐扩大，通过1 a预抽后，基本可以控制水平井分支周围为100 m×1000 m的区域，煤层瓦斯压力下降明显。由于4307工作面面积为220 m×1200 m，多分支水平井预抽3 a可使其煤层瓦斯压力下降到许可范围。

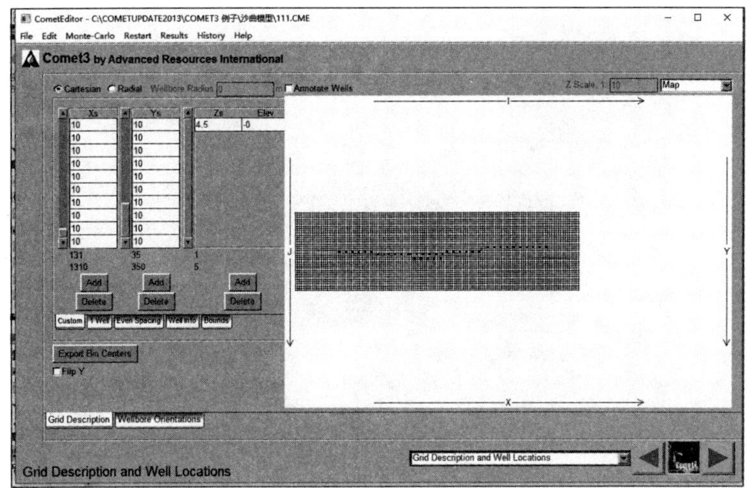

图 8-32　建立基本分析模型示意图

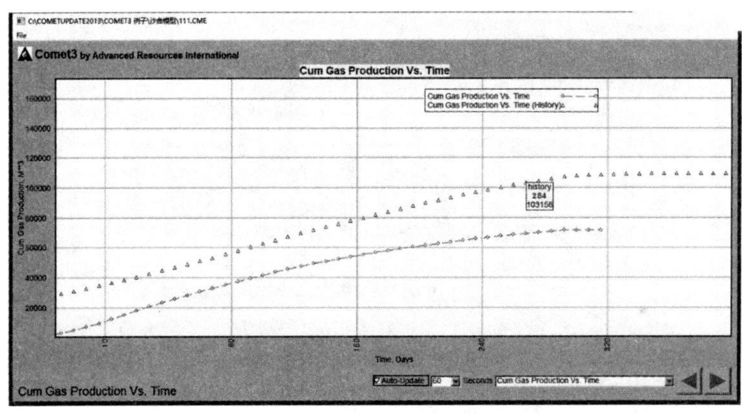

图 8-33　煤层气产气率历史拟合示意图

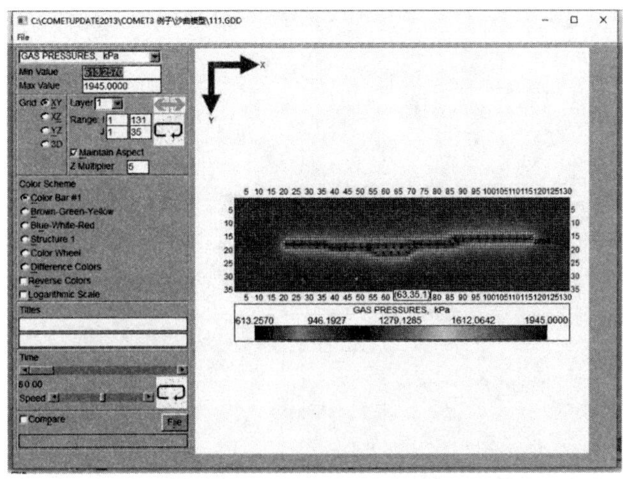

图 8-34　预抽 50 d 煤层瓦斯压力变化云图

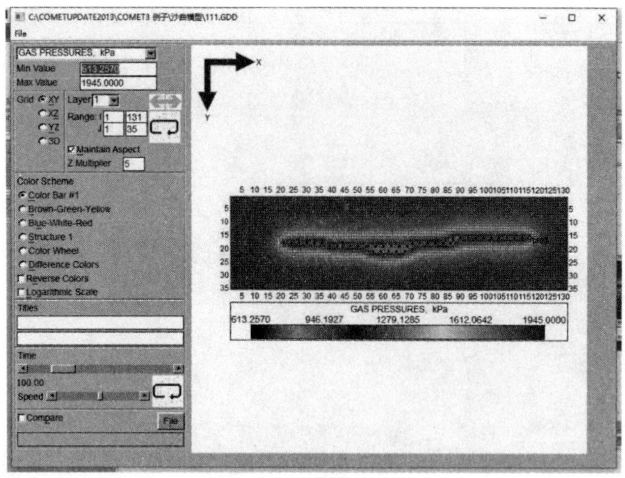

图 8-35　预抽 100 d 煤层瓦斯压力变化云图

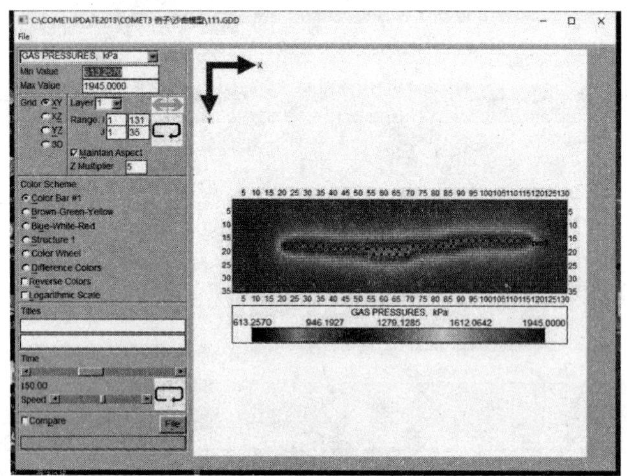

图 8-36　预抽 150 d 煤层瓦斯压力变化云图

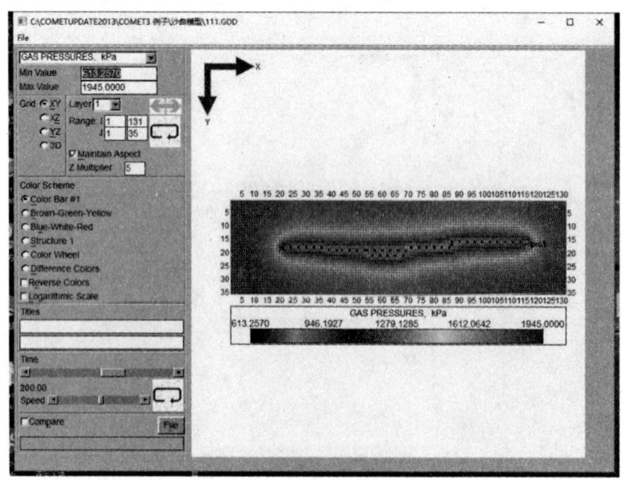

图 8-37　预抽 200 d 煤层瓦斯压力变化云图

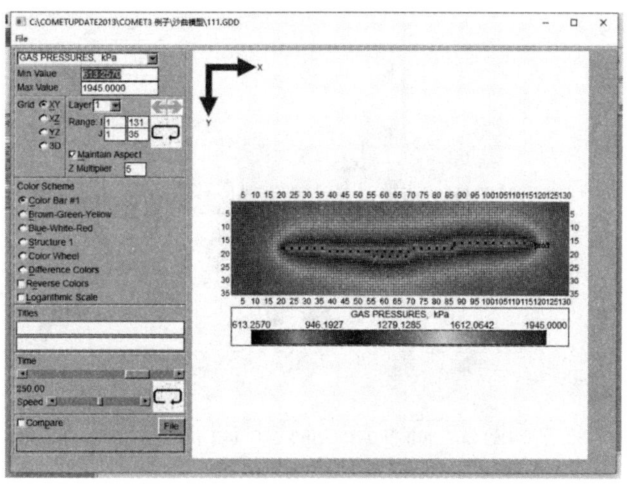

图 8-38　预抽 250 d 煤层瓦斯压力变化云图

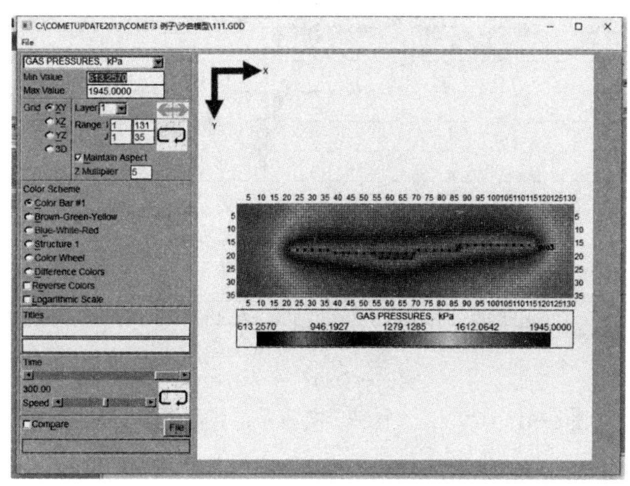

图 8-39　预抽 300 d 煤层瓦斯压力变化云图

（3）水平井控制煤量。多分支水平对接井控制 4307 工作面的有效长度为 1000 m，有效宽度为 220 m，煤层厚度为 4.3 m，视密度按 1.4 g/cm^3 计算。因此，预抽后控制煤量=有效长度×有效宽度×煤层厚度×视密度=1000 m×220 m×4.3 m×1.4 g/cm^3=132.4 万 t。

（4）控制区域抽采率分析。2012 年 12 月 17 日完成孔口控制设备安装并开始抽采，截至 2015 年 5 月 21 日，共抽采 885 d，累计抽采量为 11755067 m^3（标态下瓦斯纯量，下同），平均日产气 13282 m^3。其中，最大值为 28872 m^3（2013 年 9 月 2 日），最小值为 5145 m^3（2015 年 2 月 28 日）。抽采情况如图 8-40～图 8-42 所示。

多分支水平对接井控制 4307 工作面控制煤量为 132.4 万 t，累计抽采量为 11755067 m^3，控制气量即 4307 工作面原始瓦斯储量为 1872 万 m^3，控制区域抽采率达到 62.7%。

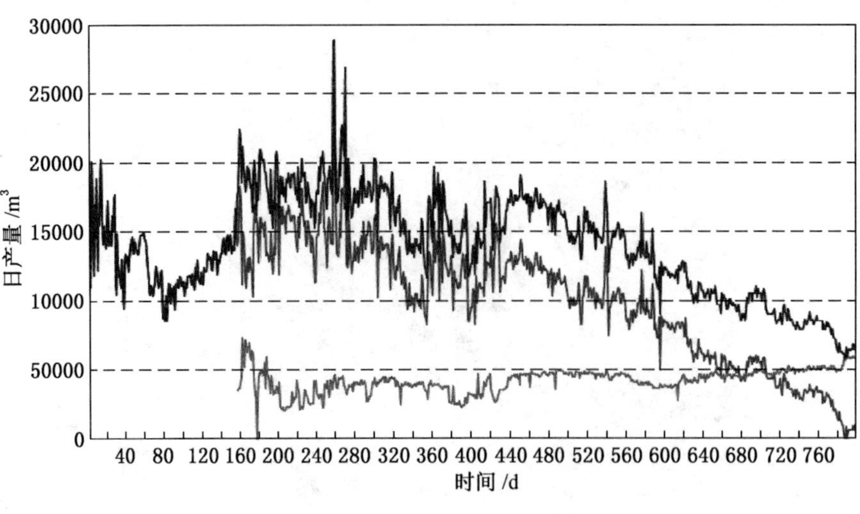

图 8-40　4307 工作面多分支水平对接井日产气量曲线

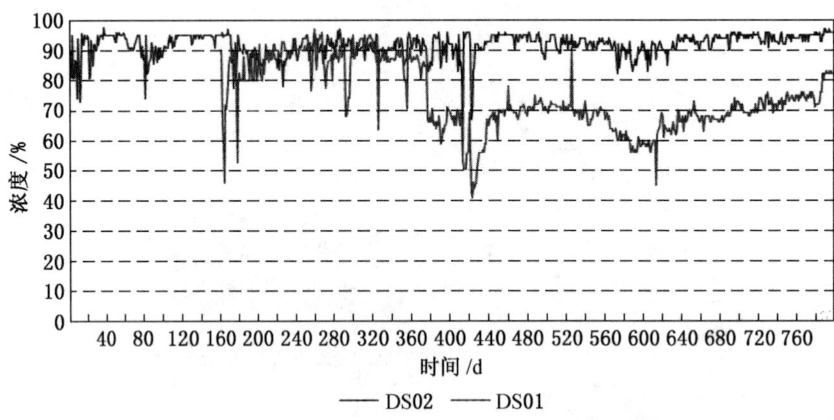

图 8-41　4307 工作面多分支水平对接井采气浓度曲线

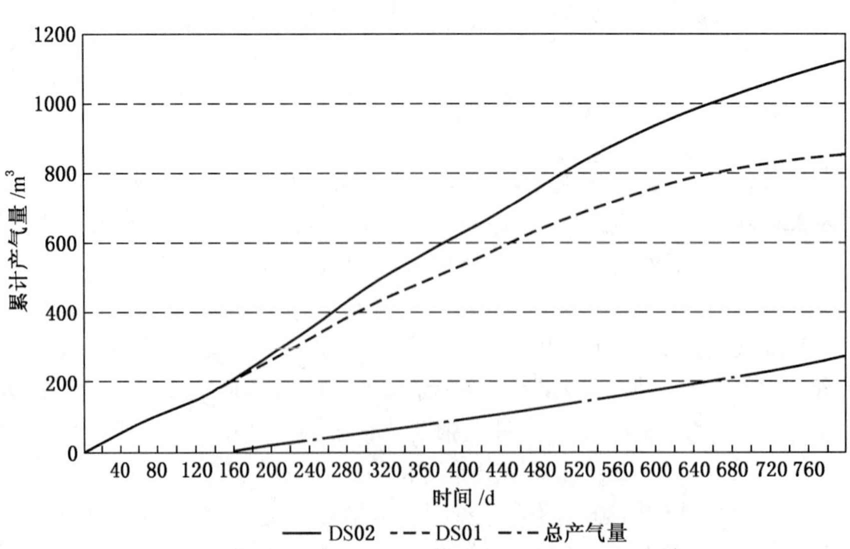

图 8-42　4307 工作面多分支水平对接井累计产气量曲线

8.5 煤与瓦斯共采技术指标体系与评价模型应用

目前，煤与瓦斯共采技术已在我国晋城、阳泉、松藻、两淮等矿区取得成功，但仍面临着一个理论难题，即在要求开采煤炭资源服务于经济、社会发展的同时，缺少一套跟煤与瓦斯共采技术相适应的煤与瓦斯共采评价理论和技术来指导煤炭企业科学合理地开采煤炭资源和瓦斯（煤层气）资源，为此，本节将围绕煤与瓦斯共采实践开展煤与瓦斯共采控制参数指标体系与评价模型研究。

8.5.1 煤层群煤与瓦斯共采指标体系与量化研究

建立煤与瓦斯共采评价体系，能够为煤炭开采和瓦斯抽采提供相应的理论支撑，进而指导开采煤炭和抽采瓦斯，但是，建立煤与瓦斯共采评价体系，是一项系统工程，需要对煤与瓦斯共采过程中各个影响因素进行分析、筛选，而对于多因素影响下的研究对象，使用有限个数据明显不能满足我们所需，还需要通过试验和数值模拟的方法来辅助完成煤与瓦斯共采影响因素分析。通过对煤层群保护层开采实例的调研，开展了煤与瓦斯共采影响因素辨识方法的探索，并建立影响煤与瓦斯共采的指标体系，提出指标量化标准。

8.5.1.1 煤与瓦斯共采指标体系

1. 煤与瓦斯共采评价影响指标分析

煤与瓦斯共采经济评价是一个多因素、多层次的复杂系统。构成系统的因素众多，因素与因素之间具有关联关系，在建立煤与瓦斯共采经济评价系统之前，首先要对影响瓦斯抽采经济评价的因素进行分析、研究。

在众多的影响因素中，根据煤与瓦斯共采评价的特点，主要归纳为地质因素、安全因素、工艺技术因素等、共采效果和经济因素等，这些因素又可划分为不同层次的各种因素。

（1）地质因素：分为赋存特征和地质特征。影响瓦斯抽采开发的赋存特征因素主要包括资源储量、储层几何条件、储层物性条件、含气性条件、盖层条件、煤质特征；地质特征因素主要包括地质构造特征、水文地质情况、环境地质及环境保护。

①赋存特征影响因素：

资源储量：矿井煤炭储量、瓦斯资源储量。

储层几何条件：煤层面积、煤层厚度、煤层稳定性和埋藏深度等。

储层物性条件：渗透性、吸附解吸性、孔隙性、临界解吸压力等。

含气性条件：资源丰度、含气饱和度、含气量、瓦斯涌出量和瓦斯抽放难易程度等。

盖层条件：顶、底板岩性，顶、底板厚度，顶、底板物性等。

煤质特征：煤的物理性质、工艺性能、可选性分析和煤质评价等。

②地质特征影响因素：

地质构造特征：断层、褶皱等井田构造复杂程度对共采的影响程度。

水文地质特征：含水层、隔水层、水文地质类型、充水因素分析、涌水量预计、井田供水水源等是否有突水危险。

环境地质及环境保护：地震与井田稳定性、地质灾害、有害物质等。

（2）安全因素：不仅要考虑煤炭开采中存在的危险，还要进行瓦斯构成的威胁的评价。主要考虑瓦斯涌出、煤与瓦斯突出、采空区遗煤自燃、煤尘爆炸、回采对地面的影响等。

(3) 工艺技术因素：分为开采技术条件和抽采技术条件。瓦斯抽采开发过程中的工艺技术是瓦斯抽采经济评价所要考虑的重要方面，主要包括生产规模、开采工艺及开采设备。

(4) 资源回收率：采出率和抽采率是衡量共采效果的最直接指标，其高低直接反映了项目实施效果的好与坏。

(5) 经济因素：为了综合评价瓦斯抽采项目的经济效益，把开发环境条件、投入产出条件、国民经济评价和财务评价作为经济因素来考虑。通过对这几个方面因素的分析及从国家和企业的不同角度，综合考察瓦斯抽采的经济合理性。

开发环境条件：市场需求分析、地理位置基础设施条件、周边地区经济环境。

投入产出评价：总投资、生产成本、瓦斯抽采价格。

国民经济评价：经济净现值、经济内部收益率、经济外部收益率、经济外汇净现值、社会效益和环境效益。

2. 煤与瓦斯共采评价指标体系

基于上述影响因素的系统分析、层级划分，并建立煤与瓦斯共采的评价指标体系，见表8-25。

表8-25 共采指标体系

<table>
<tr><td rowspan="18">地质因素</td><td rowspan="2">资源储量</td><td>矿井煤炭可采储量</td></tr>
<tr><td>瓦斯资源储量</td></tr>
<tr><td rowspan="4">煤层几何条件</td><td>煤层面积</td></tr>
<tr><td>煤层埋藏深度</td></tr>
<tr><td>煤层厚度</td></tr>
<tr><td>煤层稳定性</td></tr>
<tr><td rowspan="2">煤质评价</td><td>煤的工业分析</td></tr>
<tr><td>可选性分析</td></tr>
<tr><td rowspan="2">含气性条件</td><td>瓦斯含量</td></tr>
<tr><td>瓦斯抽放难易程度</td></tr>
<tr><td rowspan="3">煤层物性条件</td><td>渗透率</td></tr>
<tr><td>煤储层压力</td></tr>
<tr><td>煤临界解吸压力</td></tr>
<tr><td rowspan="2">顶、底板条件</td><td>对支护的影响</td></tr>
<tr><td>对储集气的影响</td></tr>
<tr><td rowspan="2">地质特征</td><td>地质构造复杂程度</td></tr>
<tr><td>水文地质情况</td></tr>
<tr><td>瓦斯涌出</td></tr>
<tr><td rowspan="5">安全因素</td><td rowspan="5">—</td><td>煤与瓦斯突出</td></tr>
<tr><td>采空区遗煤自燃</td></tr>
<tr><td>煤尘爆炸</td></tr>
<tr><td>回采对地面的影响</td></tr>
</table>

表 8-25（续）

工艺技术因素	—	共采生产规模
		共采工艺
		共采设备
资源回收率	煤炭开采、瓦斯抽采	采出率
		抽采率
经济因素	开发环境条件	市场需求
		地理位置基础设施条件
		周边地区经济环境
	投入产出条件	总投资
		生产成本
		瓦斯价格
		煤炭价格
	国民经济评价	经济净现值
		经济内部收益率
		经济外汇净现值
		社会效益
		环境效益

8.5.1.2　煤与瓦斯共采评价指标量化

1. 地质因素

（1）资源储量。

①矿井煤炭储量。资源储量分为探明储量、远景储量、可采储量，也就是说是一个全部大概的整体。而煤炭储量只是目前发现的。通常按矿区的设计或生产能力将矿区规模分为3个类型，即特大型矿区：1000万~3000万t；大型矿井：500万~1000万t；小型矿井：≤300万t。

②瓦斯资源量。瓦斯资源量的大小，决定了瓦斯开发规模和开采年限。根据我国煤层气资源量分布状况和聚气区规模，来考察我国煤层气开采利用现状及前景。煤层气资源量指标具体等级划分见表8-26。

表 8-26　煤层气资源量等级划分依据

等　级	变化范围/亿 m^3	程　度
A级	$Q \geqslant 1000$	极大
B级	$600 < Q \leqslant 1000$	大
C级	$200 < Q \leqslant 600$	较大
D级	$50 < Q \leqslant 200$	中等
E级	$Q \leqslant 50$	小

（2）储层几何条件。

①煤层面积。煤层面积的大小，决定了煤层气资源量、资源丰度，决定了瓦斯抽采的开发规模。根据《天然气储量规范》中对天然气储量、气田规模划分的标准，在前人的基础之上，把煤层气目标区的煤层面积指标等级划分具体见表8-27。

表8-27 煤层面积等级划分

等　级	变化范围/km^2	程　度
A级	$S>900$	极大
B级	$600<S\leqslant 900$	大
C级	$400<S\leqslant 600$	较大
D级	$200<S\leqslant 400$	中等
E级	$S\leqslant 200$	小

②埋藏深度。埋藏深度对煤层气藏的作用表现在两个方面。其一，是煤层中的气体组分和含量表现出垂向分带性；其二，煤层对应力的反应很敏感，随着上覆地层静压力（深度）的增加，煤层的孔隙体积、渗透率发生显著变化。因此，埋藏深度的大小，决定了煤层气含量和渗透率的大小。在收集大量资料的基础上，根据埋藏深度指标等级划分具体见表8-28。

表8-28 埋藏深度等级划分

等　级	变化范围/m	程　度
A级	$H<300$	很合理
B级	$300\leqslant H<600$	合理
C级	$600\leqslant H<1000$	较合理
D级	$1000\leqslant H<1500$	一般
E级	$1500<H$	不合理

③可采煤层总厚度。煤层厚度的大小，决定了煤层气含量和采出率，直接影响煤层气抽采的经济效益。在参考大量资料的基础上，根据煤层气开采的特点，煤层厚度及可采厚度指标具体等级划分见表8-29。

表8-29 煤层厚度与煤层可采厚度等级划分

等　级	煤层厚度		煤层可采厚度	
	变化范围/m	程度	变化范围/m	程度
A级	$D>16$	极大	$D>6$	特厚
B级	$12<D\leqslant 16$	大	$3.5<D\leqslant 6$	厚
C级	$18<D\leqslant 12$	较大	$1.3<D\leqslant 3.5$	中厚
D级	$4<D\leqslant 8$	中等	$0.8<D\leqslant 1.3$	薄
E级	$D\leqslant 4$	小	$D<0.8$	极薄

（3）储层物性条件。

①煤层渗透率。煤层渗透率的大小对煤层气井的产量、采出率等关系非常密切，是进行煤与瓦斯共采评价的重要指标（表8-30）。

表8-30 煤储层渗透率等级划分

等 级	变化范围/μm^2	程 度
A级	$\mu>4$	极高
B级	$0.5<\mu\leq4$	高
C级	$0.1<\mu\leq0.5$	较高
D级	$0.01<\mu\leq0.1$	中等
E级	$\mu\leq0.01$	低

②煤层压力。煤层压力不仅对煤层气含气性和开采地质条件的评价十分重要，同时也可为完井工艺提供重要参数。在总结我国对瓦斯储层物性条件研究成果的基础上，根据瓦斯开采的特点和对煤储层压力的要求，煤储层压力指标具体等级划分见表8-31。

表8-31 煤层压力等级划分

等 级	变化范围/(kPa·m^{-1})	程 度
A级	$P>14.7$	超压
B级	$8.3<P\leq14.7$	高压
C级	$9.7<P\leq8.3$	正常
D级	$8.3<P\leq9.7$	欠压
E级	$P\leq8.3$	低压

（4）煤质评价。煤质既指煤炭质量，又包含煤的性质。根据煤炭的煤化程度由低到高，可以将煤炭分为褐煤、烟煤和无烟煤。习惯上，将具有一定的黏结性，在湿式焦炉炼焦条件下可以结焦，用于生产一定质量焦炭的原料煤统称为炼焦煤。根据我国的煤炭分类标准，烟煤中的气煤、肥煤、气肥煤、1/3焦煤、焦煤、瘦煤和贫瘦煤都属于炼焦煤，而褐煤、无烟煤以及烟煤中的长焰煤、不黏煤和贫煤都属于非炼焦煤。

通过对煤的物理性质、工艺性能和可选性的分析，对煤质进行评价，再根据煤的种类来确定煤的工业用途。煤炭质量的好坏、煤的性质如何，均需通过不同的煤质标准来评价。通过工业分析可以初步了解煤的性质，大致判断煤的种类和用途。参照国家和煤炭行业标准，分别依据煤的全水分、灰分、挥发分、固定碳、发热量、硫分、可磨性、煤灰熔融性等主要煤质指标并按全国煤炭资源的实际情况对煤进行了分级。

①煤的工业分析。煤质指标能表征煤炭质量最基本也是最主要的指标有水分、灰分、挥发分、固定碳、硫分和发热量等几个指标。

②煤的可选性（GB/T 16417—2011）。煤的可选性反映按要求的质量指标从原煤中分选出合格产品的难易程度，它是评价煤质的重要指标之一。按照分选的难易程度，把煤炭可选性划分为5个等级，采用“分选密度±0.1含量法”（简称“$\delta\pm0.1$含量法”），各等级的名称及$\delta\pm0.1$含量指标见表8-32。

表 8-32　煤的可选性分级

等　级	δ±0.1 含量%	程　度
A 级	≤8.0	易选
B 级	8.1～20.0	中等可选
C 级	20.1～30.0	较难选
D 级	30.1～40.0	难选
E 级	>40.0	极难选

（5）煤层顶、底板条件。顶底板对储集气的影响因素包括岩性、厚度、渗透率、突破压力、稳定性等，关系到瓦斯的保存条件，对含气性有重要的控制作用。在整个盖层“系统”中，煤储层的直接顶板对瓦斯保存条件的影响最为显著，在常规煤层气藏中往往数十厘米的低渗透性岩层（如泥岩、膏岩体）就可以形成有效盖层。详见表 8-33。

表 8-33　不同岩性盖层性能参数及其分级

等　级	岩性	孔隙度/%	孔隙集中		比表面/($m^2 \cdot g^{-1}$)	孔隙流体能/($J.R^{-1}$)
			范围/nm	百分比		
A 级	铝土岩	5.21	2.4	54	18.3	1.26
B 级	泥岩	2.05	1.8	55.7	5.0	0.60
C 级	粉砂质泥岩	1.14	1.6	54.6	7.1	0.49
D 级	泥灰岩	1.62	2.5	53.5	0.58	0.04
E 级	生物碎屑灰岩	0.86	4.1	68	0.59	0.04
F 级	细砂岩	1.42	2.6	50.6	0.27	0.02

（6）含气性条件。

①瓦斯含量。含气量是瓦斯单位含气强度。根据煤层气资源量评价的标准，煤层气含气量指标具体等级划分见表 8-34。

表 8-34　瓦斯含量等级划分

等　级	变化范围/($m^3 \cdot t^{-1}$)	程　度
A 级	$Q>14$	极富气
B 级	$12<Q\leq 14$	富气
C 级	$8<Q\leq 12$	较富气
D 级	$4<Q\leq 8$	含气
E 级	$Q\leq 4$	贫气

②瓦斯抽采难易程度见表 8-35。

表 8-35 煤层瓦斯抽放难易程度划分

分 类	钻孔流量衰减系数（α）	煤层透气性系数/($m^2 \cdot MPa^{-2} \cdot d^{-1}$)
容易抽放	<0.003	>10
可以抽放	0.003~0.05	0.1~10
较难抽放	>0.05	<0.1

表征钻孔自然瓦斯涌出特征的参数有两个，即钻孔自然初始瓦斯涌出强度 q_0 和钻孔自然瓦斯流量衰减系数 α，其中钻孔瓦斯流量衰减系数 α 是评价煤层瓦斯预抽难易程度的一个重要指标。q_0 和 α 值是通过测定不同时间的钻孔自然瓦斯涌出量，并按下式回归分析求得的：

$$q_t = q_0 e^{-\alpha t} \tag{8-1}$$

式中 q_t——百米钻孔经 t 日排放时的瓦斯流量，$m^3/(min \cdot hm)$；

q_0——百米钻孔初始（$t=0$）瓦斯流量，$m^3/(min \cdot hm)$；

α——钻孔自然瓦斯流量衰减系数，d^{-1}；

t——钻孔自然排放瓦斯时间，d。

煤层透气性系数是衡量煤层中瓦斯流动难易程度的重要指标，是评价煤层瓦斯能否实行预抽的基本参数。其物理意义是在 1 m 长的煤体上，当压力平方差为 1 MPa 时，每日流过 1 m^2 煤层断面的瓦斯量（m^3）。

（7）地质特征。

①地质构造。依据地质构造形态、断层和褶曲的发育情况，以及受火成岩影响程度井田（勘探区）的地质构造复杂程度划分为 4 类，即简单构造，区内含煤地层沿走向、倾向的产状变化不大，断层稀少，没有或很少受火成岩的影响；中等构造，区内含煤地层沿走向和倾向的产状有一定变化，断层较发育，有时局部受火成岩的一定影响；复杂构造，区内含煤地层沿走向、倾向的产状变化很大，断层发育，有时受到火成岩的严重影响；极复杂构造，区内含煤地层的产状变化极大，断层级发育，有时受火成岩的严重破坏。

②水文地质情况。矿井水文地质划分为简单、中等、复杂、极复杂 4 种类型（表 8-36）。

表 8-36 水文地质情况等级划分

类别分类依据		简 单	中 等	复 杂	极复杂
受采掘破坏或影响的含水层	含水性质及补给条件	受采掘破坏或影响的孔隙、裂隙、岩溶含水层，补给条件差，补给来源少或极少	受采掘破坏或影响的孔隙、裂隙、岩溶含水层，补给条件一般，有一定的补给水源	受采掘破坏或影响的主要是岩溶含水层、厚层沙砾岩石含水层、老空区、地表水，其补给条件好，补给水源充沛	受采掘破坏或影响的主要是岩溶含水层、老空区、地表水，其补给条件很好，补给来源及其充沛，地表泄水条件差
	单位涌水量 $q[L \cdot (s \cdot m)^{-1}]$	$q \leq 0.1$	$0.1 < q \leq 1$	$1 < q \leq 5$	$q > 5$

表 8-36（续）

类别分类依据		简　单	中　等	复　杂	极复杂
矿井及周边老空区水分布情况		无老空区积水	存在少量老空区积水，位置、范围、积水量清楚	存在少量老空区积水，位置、范围、积水量不清楚	存在大量老空区积水，位置、范围、积水量不清楚
矿井涌水量	年平均 Q_1	$Q_1 \leqslant 180$（西北地区 $Q_1 \leqslant 90$）	$180 < Q_1 \leqslant 600$（西北地区 $90 < Q_1 \leqslant 180$）	$600 < Q_1 \leqslant 2100$（西北地区 $180 < Q_1 \leqslant 1200$）	$Q_1 > 2100$（西北地区 $Q_1 > 1200$
	大 Q_2	$Q_2 \leqslant 300$（西北地区 $Q_2 \leqslant 210$）	$300 < Q_2 \leqslant 1200$（西北地区 $210 < Q_2 \leqslant 600$）	$1200 < Q_2 \leqslant 3000$（西北地区 $600 < Q_2 \leqslant 2100$）	$Q_2 > 3000$（西北地区 $Q_2 > 3000$）
矿井突水量 Q_3/（$m^3 \cdot h^{-1}$）		无	$Q_3 \leqslant 600$	$600 < Q_3 \leqslant 1800$	$Q_3 > 1800$
开采受水害影响程度		采掘工程不受水害影响	矿井偶有突水，采掘工程受水害影响，但不威胁矿井安全	矿井时有突水，采掘工程、矿井安全受水害威胁	矿井突水频繁，采掘工程、矿井安全受水害严重威胁
防治水工作难易程度		防治水工作简单	防治水工作简单或易于进行	防治水工程量较大，难度较高	防治水工程量大，难度高

注：1. 单位涌水量以井田主要充水含水层中有代表性的为准；2. 在单位涌水量 q，矿井涌水量 Q_1、Q_2 和矿井突水量 Q_3 中，以最大值作为分类依据；3. 同一井田煤层较多，且水文地质条件变化较大时，应分煤层进行矿井水文地质类型划分。

2. 安全因素

（1）瓦斯涌出。主要是矿井和工作面的相对瓦斯涌出量、绝对瓦斯涌出量和瓦斯涌出形式。

（2）煤与瓦斯突出。煤与瓦斯突出是井工矿井中较为严重的灾害事故，它是煤矿中一种极其复杂的动力现象，在很短时间内，大量的瓦斯和碎煤由煤体向采场或巷道突（喷）出，有明显的动力效应，如推倒矿车、破坏支架等，突（喷）出的粉煤可以充填数百米长的巷道，突（喷）出的瓦斯—粉煤流有时带有暴风般的性质，瓦斯甚至可以逆风流运行，充满数千米长的巷道，因此，煤与瓦斯突出除了自身造成的动力灾害事故外，还易形成连锁的瓦斯爆炸等灾害事故，它严重威胁煤矿的安全生产，制约着煤矿的高产高效和经济效益。

根据《基于灰靶决策模型的煤与瓦斯突出可能性评价》《智能加权灰靶决策模型在煤与瓦斯突出评价中的应用》的研究成果，建立的煤与瓦斯突出危险性评价的多目标智能加权灰靶决策模型进行突出预测预报，量化了突出情况下的突出强度等级和非突出情况下具有突出危险性的等级，定性与定量相结合，针对预测出的突出强度的不同对应采取防突措施，对未达到突出，但具有突出危险性的区域进行不同程度的预防工作，减少防突措施实施的盲目性。

（3）采空区遗煤自燃危险性。煤自燃倾向性等级分类。《煤矿安全规程》（2016）第二百六十条规定，煤的自燃倾向性分为容易自燃、自燃、不易自燃3类。煤的自燃倾向性等级分类见表8-37。

表8-37　煤的自燃倾向性等级分类　℃

煤种类别	着火温度	煤的自燃倾向等级 ΔT			
		易自燃	自燃	可能自燃	不自燃
褐煤、长焰煤	<305	>20	>12	—	—
长焰煤、气煤	305～345	>40	40～25	25～12	<12
气煤、肥煤、焦煤	345～385	>50	50～35	35～20	<20
贫煤、瘦煤	380～410	—	>40	40～25	<25
无烟煤	>400	—	>45	45～25	<25

注：ΔT 为煤样氧化前后的着火温度差，$\Delta T=T_0-T_1$；T_0 为未经氧化的煤样的着火温度，称“还原 T_0”；T_1 为煤样表面全部氧化了的着火温度，称“氧化 T_1”。

（4）煤尘爆炸性。一般使用火焰长度来衡量煤尘的爆炸性。煤尘云燃烧着火以加热器为中心传播的火焰长度，当火焰长度超过3 mm即有爆炸性。

3. 工艺技术因素

（1）共采规模。根据煤与瓦斯共采的特点，对于共采的生产规模，按照煤田储量、采煤生产能力、采气能力来划分。共采规模过大或过小都不能体现资源合理利用和投资效益最大化。投资利润率是指生产达到设计能力后的一个正常生产年份的年利润总额与生产总投资的比率。投资利润率与行业平均利润率对比，可以判断生产单位投资盈利能力是否达到本行业的平均水平，从而确定生产规模在市场需求、原材料供应、基础设施及投资等约束条件下的合理性。根据该行业的要求和特点，参照相关资料，共采投资利润率指标具体等级划分见表8-38。

表8-38　投资利润率等级划分

等　级	变化范围/%	程　度
A级	$\eta>28$	很高
B级	$18<\eta\leq 28$	高
C级	$10<\eta\leq 18$	较高
D级	$6<\eta\leq 10$	中等
E级	$\eta\leq 6$	低

（2）共采工艺。煤与瓦斯共采的主要开采工艺、技术方案的选用是否先进、适用、经济、合理与共采项目的整体规划紧密相关。根据行业的要求和特点，将开采工艺指标定性地划分，见表 8-39。

表 8-39 开采工艺等级划分

等　级	划分依据	程　度
A 级	工艺、技术方案很先进、合理	很合理
B 级	工艺、技术方案先进、合理	合理
C 级	工艺、技术方案较先进、合理	较合理
D 级	工艺、技术方案一般	一般
E 级	工艺、技术方案落后	落后

（3）共采设备。主要评价煤炭开采和瓦斯抽采设备的选择是否合理，选用的重点设备与多采用的生产工艺是否适应，技术性能是否先进；设备的配套性如何，设备的维护、管理能力如何。将开采设备指标定性地划分，见表 8-40。

表 8-40 开采设备等级划分

等　级	划分依据	程　度
A 级	主要设备的选择很合理	很合理
B 级	主要设备的选择合理	合理
C 级	主要设备的选择较合理	较合理
D 级	主要设备的选择一般	一般
E 级	主要设备的选择不合理	不合理

（4）经济因素。对煤与瓦斯共采进行经济评价，归根结底是要评价项目的产出效益和经济合理性。此次主要考虑开发环境条件、投入产出条件、财务评价和国民经济评价等几个方面。

①开发环境条件。开发环境因素是共采经济评价所要考虑的重要方面，它所包括的内容多而广泛，诸如市场需求、地理位置与交通、供水供电条件、周边地区经济环境、生态与环境因素。

（a）市场需求。市场需求是指国家或地区对煤炭或煤层气资源的需求程度的高低。煤层气作为一种洁净能源，是未来我国能源的重要补充，市场需求和潜力非常巨大。作为一种非常规天然气，煤层气具有的广泛的用途也是其市场需求的前提。

（b）地理位置基础设施条件。煤炭和瓦斯产地的地理位置、交通条件、供电供水条件以及瓦斯输送管道等基础设施是进行煤炭开采和瓦斯抽采的主要限制因素。根据我国目前煤炭开采和瓦斯抽采发展的特点，将矿区的地理位置、供电供水和基础设施指标进行具体等级划分，见表 8-41。

表 8-41　地理位置基础设施等级划分

等　　级	划分依据	程　　度
A 级	地理位置、基础设施条件极好	极好
B 级	地理位置、基础设施条件好	好
C 级	地理位置、基础设施条件较好	较好
D 级	地理位置、基础设施条件一般	一般
E 级	地理位置、基础设施条件差	差

（c）周边地区经济环境。一方面，经济环境对能源的需求量大，煤和瓦斯的开发和利用就迫切，价格就高，可以减少能源的输送距离；另一方面，经济环境可以为气产地提供各种各样设施、技术帮助和原材料的供应等，对生产和发展将起到巨大的促进作用。矿区周边地区的经济环境指标具体等级划分见表 8-42。

表 8-42　周边地区的经济环境指标具体等级划分

等　　级	划分依据	程　　度
A 级	周边地区经济很发达	极好
B 级	周边地区经济发达	好
C 级	周边地区经济较发达	较好
D 级	周边地区经济一般	一般
E 级	周边地区经济落后	差

②投入产出条件。

（a）总投资。一般地，投资越合理，经济效益就越好；否则经济效益就差，甚至无法收回投资。总投资指标具体等级划分见表 8-43。

表 8-43　总投资等级划分

等　　级	划分依据	程　　度
A 级	总投资很合理，经济效益很好	很合理
B 级	总投资合理，经济效益好	合理
C 级	总投资较合理，经济效益较好	较合理
D 级	总投资不大合理，经济效益不大好	一般
E 级	总投资不合理，经济效益不好	不合理

（b）生产成本。共采生产成本包括采煤、采气成本、销售费用和财务费用等生产过程中发生的全部消耗。在一定的条件下，单位生产成本越低，经济效益就越好，单位生产成本越高，经济效益就越差。生产成本指标具体等级划分见表 8-44。

表 8-44 生产成本指标具体等级划分

等级	划分依据	程度
A 级	总成本很低，经济效益很好	很高
B 级	总成本低，经济效益好	高
C 级	总成本较低，经济效益较好	较高
D 级	总成本中等，经济效益中等	中等
E 级	总成本高，经济效益差	低

（c）瓦斯价格。在共采经济评价中，气价不仅关系到项目的经济合理性，而且还影响到一些技术经济指标的确定。参考目前常规天然气价格及煤层气的特点，适当考虑价格的变动，终端用户平均价格指标划分为 5 个等级。具体划分等级见表 8-45。

表 8-45 瓦斯价格等级划分

等级	变化范围/(元 · m^{-3})	程度
A 级	$s>2$	很高
B 级	$1.5<s\leqslant 2$	高
C 级	$0.9<s\leqslant 1.5$	较高
D 级	$0.6<s\leqslant 0.9$	中等
E 级	$s\leqslant 0.6$	低

③经济效益。

（a）经济净现值。经济净现值指标是反映不同地区的不同项目，即使具有相同的投资，净现值也不会完全一样。参照其他矿区煤层气开发试验项目经济评价，来确定瓦斯抽采和煤炭开采经济净现值等级划分，见表 8-46 和表 8-47。

表 8-46 瓦斯抽采经济净现值等级划分

等级	变化范围/万元	程度
A 级	$ENPV>500$	很好
B 级	$400<ENPV\leqslant 500$	好
C 级	$0<ENPV\leqslant 400$	较好
D 级	$ENPV=0$	中等
E 级	$ENPV<0$	差

表 8-47 煤炭开采经济净现值等级划分

等级	变化范围/万元	程度
A 级	$ENPV>15000$	很好
B 级	$9000<ENPV\leqslant 15000$	好

表 8-47（续）

等　级	变化范围/万元	程　度
C 级	$0 < ENPV \leqslant 9000$	较好
D 级	$ENPV = 0$	中等
E 级	$ENPV < 0$	差

（b）经济内部收益率。经济内部收益率是项目在计算期内的经济净现值累计等于零时的折现率。根据《建设项目经济评价方法与参数》（国家计划委员会，1995）规定，天然气开采业的社会折现率 $i_c = 12\%$（仅用于高价气项目），煤炭开采的社会折现率 $i_c = 10\%$。参照此规定，来确定煤炭和煤层气经济内部收率等级划分，见表 8-48 和表 8-49。

表 8-48　瓦斯抽采经济内部收益率

等　级	变化范围/%	程　度
A 级	$EIRR > 22$	很好
B 级	$18 < EIRR \leqslant 22$	好
C 级	$14 < EIRR \leqslant 18$	较好
D 级	$10 < EIRR \leqslant 14$	中等
E 级	$EIRR \leqslant 10$	差

表 8-49　煤炭开采经济内部收益率

等　级	变化范围/%	程　度
A 级	$EIRR > 20$	很好
B 级	$16 < EIRR \leqslant 20$	好
C 级	$12 < EIRR \leqslant 16$	较好
D 级	$8 < EIRR \leqslant 12$	中等
E 级	$EIRR \leqslant 8$	差

（c）经济外汇净现值。经济外汇净现值是反映项目实施后对国家外汇收支的直接或间接影响的重要指标，用以衡量项目对国家外汇真正的净贡献（创汇）或净消耗（用汇）。经济外汇净现值可通过经济外汇流量表计算求得。具体等级划分见表 8-50。

表 8-50　经济外汇净现值等级划分

等　级	变化范围/万美元	程　度
A 级	$ENPVF > 20$	很好
B 级	$50 < ENPVF \leqslant 60$	好
C 级	$0 < ENPVF \leqslant 50$	较好
D 级	$ENPVF = 0$	中等
E 级	$ENPVF < 0$	差

④社会效益。煤炭开采和瓦斯抽采项目建设对国家、地区和部门经济发展产生的效果，包括提高国家地区或部门的科学技术水平、促进社会进步、提高人民物质文化生活水平及提供就业机会等方面的内容。记 S=项目建设对社会的贡献/项目建设对社会的危害，则可根据 S 的大小来定量描述社会效益的好坏。社会效益等级划分见表 8-51。

表 8-51　社会效益等级划分

等　级	变化范围	程　度
A 级	$S>9$	很好
B 级	$6<S\leq 9$	好
C 级	$3<S\leq 6$	较好
D 级	$1<S\leq 3$	中等
E 级	$S\leq 1$	差

⑤环境效益。瓦斯的开发和利用对改变我国的能源结构，减少煤矿生产危害、减少向大气层排放有害气体及保护大气环境都具有十分重要的意义。当然，在煤矿瓦斯开采过程中同时产出的水的处理和利用天然气压缩发动机噪声污染问题等对环境的负面影响也必须同时考虑。同理，记 e=对环境的贡献/对环境的危害，根据 e 可把瓦斯抽采对环境的影响做定量的描述。环境效益等级划分见表 8-52。

表 8-52　环境效益等级划分

等　级	变化范围	程　度
A 级	$e>9$	很好
B 级	$6<e\leq 8$	好
C 级	$3<e\leq 6$	较好
D 级	$1<e\leq 3$	中等
E 级	$e<1$	差

8.5.2　煤与瓦斯共采评价体系与评价模型

煤与瓦斯共采是一个多因素、多层次的复杂系统，因此借用“层次分析法”思想建立多层次结构模型，将评价系统分为 3 部分，分别为采前经济预评价、整个共采过程中的安全评价、共采效果（资源回收率和经济效益）评价。

8.5.2.1　煤与瓦斯共采指标体系

1. 前期经济预评价

前期对工作面煤与瓦斯共采进行经济预评价，即对煤与瓦斯共采可能带来的经济效益、社会效益、环境效益等多方面综合评价。

基于上节煤与瓦斯共采影响因素分析和指标遴选，采用层次分析法，建立煤与瓦斯共采评价指标体系，见表 8-53。

表 8-53　共采经济预评价指标体系

一级指标	二级指标	三级指标	一级指标	二级指标	三级指标
地质条件	资源储量	煤炭可采储量（工作面）	资源回收率	煤炭开采	采出率
		瓦斯资源储量（工作面）			
	煤层基础参数	煤层面积		瓦斯抽采	抽采率
		煤层埋藏深度			
		煤层厚度	经济因素	外部环境	市场需求
		煤层稳定性			地理位置基础设施条件
	煤质评价	煤的工业分析			周边地区经济环境
		可选性分析		投入产出条件	总投资
	含气性	瓦斯含量			生产成本
		瓦斯抽放难易程度			瓦斯价格
	煤层物性	渗透率			煤炭价格
		煤储层压力		国民经济评价	经济净现值
		煤层气临界解吸压力			经济内部收益率
	顶、底板作用	对支护的影响			经济外汇净现值
共采工艺技术		共采生产规模			社会效益
		共采工艺			环境效益
		共采设备			

2. 煤与瓦斯共采的安全评价

因煤层赋存条件、瓦斯赋存条件及所选取的开采工艺不同，工作面回采和瓦斯抽采方法的选取也会在时间和空间不尽相同，煤与瓦斯共采评价类型按工作面是否采动可以分为采前安全评价、共采现状安全评价及采后采空区安全评价。

安全评价中只考虑瓦斯危险，将评价内容分为危险等级、预防及治理措施、设备和人员管理 3 部分，分别建立评价指标。在共采过程中，记录各指标数据，不论是在采前、采中，还是采后，安全指标的监测监控和评价要实时进行，以保证正常生产。

（1）危险程度评价。

①瓦斯等级。瓦斯等级划分实质上是对矿井瓦斯危险性的分类。根据矿井工作面相对瓦斯涌出量、绝对瓦斯涌出量和瓦斯涌出形式，对瓦斯指标具体等级划分见表 8-54。

表 8-54　瓦斯等级划分

等　级	划分依据	程　度
A 级	相对瓦斯涌出量≤10 m^3/t 且绝对瓦斯涌出量≤40 m^3/t	低瓦斯
B 级	相对瓦斯涌出量>10 m^3/t 且绝对瓦斯涌出量>40 m^3/t	高瓦斯
C 级	进行煤与瓦斯突出鉴定	突出

②瓦斯涌出情况。矿井瓦斯涌出情况是煤矿新井或生产矿井新水平通风设计、瓦斯抽

放工程设计、瓦斯防治工作不可缺少的重要环节，在很大程度上影响着煤矿生产过程中的安全可靠性。

③是否突出。根据《煤矿安全规程》，对新建矿井或原来非突出矿井发生煤与瓦斯突出动力现象，需要进行突出鉴定。利用智能加权灰靶决策模型进行矿井煤与瓦斯突出预测，将突出强度或可能突出的危险程度通过数学手段进行量化，用以指导突出预防工作。

$$r_i = \sum_{k=1}^{s} a_i r_i^{(k)} \tag{8-2}$$

式中　r_i（$i=1，2，\cdots，m$）——综合测度值；

a_i——归一化后的权重系数；

$r_i^{(k)}$——无量纲化后的指标值；

$i=1，2，\cdots，m$——指标个数；

$k=1，2，\cdots，s$——样本数。

（2）采取防治措施。针对前面危险程度分析结果采取瓦斯治理措施，主要包括抽采巷道设计、抽采钻孔布置、抽采系统规划、瓦斯参数监测记录，还有工作面通风系统设施，建立指标体系见表8-55。

表8-55　瓦斯治理措施实行情况

一级指标	二级指标	指　标　内　容
瓦斯抽采	抽采巷道布置	开采煤层群时的邻近层卸压瓦斯抽采，可设置专用瓦斯抽采巷道布置钻场和钻孔
	钻孔	考虑钻场控制范围、钻场钻孔布置、钻孔成孔率等参数
	封孔	封孔方法的选择根据抽采方法及孔口所处煤（岩）层位、岩性、构造等因素综合确定，封孔长度、材料等参数要依据《煤矿瓦斯抽采工程设计规范》进行封孔参数选取
	抽采管网	要符合管网设计规范
	抽放泵	考虑台数型号与设计相符性、泵站位置选择、抽放泵安全情况
	实时监测瓦斯参数	瓦斯参数包括：煤层原始瓦斯含量、瓦斯压力、煤层透气性系数、钻屑瓦斯解吸值 K_1、最大钻屑量、涌出初速度、压差、放散初速度等多种参数。瓦斯抽采参数测定有抽采负压、抽采浓度、抽采压差，主要用来计算瓦斯抽采纯量
	矿井通风	要完全按照《煤矿安全规程》中规定采取通风管理，通风设施要齐全
	防突措施	根据《防治煤与瓦斯突出细则》，防突工作坚持区域防突措施先行、局部防突措施补充的原则

（3）管理系统评价。对设备、人员的管理及其管理制度，分别对开采和抽采的相关设备仪器、安全管理制度、人员素质培训建立系统的评价指标体系，见表8-56。

表 8-56 瓦斯治理管理系统

一级指标	二级指标	三级指标				
瓦斯监测及抽采	瓦斯抽采泵情况	台数型号与设计相符性	泵站位置选择	抽放泵安全情况		
	抽采巷道管理	日常管理	维修率			
	瓦斯抽采管理制度	瓦斯监察制度	局部瓦斯的积聚和处理制度			
	机电设备管理	日常管理	维修率			
	栅栏管理	日常管理	维修率			
	通风管理	通风系统是否符合规定	隐患排查	通风机管理		
	安全监控监测	监测设备是否齐全	监测设备可靠性	传感器布设合理性	班监	监测监控设备的完好率
	安全管理	安全生产责任制	安全管理制度	隐患整改		
	工作人员素质（检查员、维修员）	管理机构是否健全	安全教育与培训	人员素质		

（4）瓦斯治理效果综合评价。根据上面制订的防治方案、管理措施情况，结合治理效果，最终进行综合评价。评价后改进薄弱或者不规范环节。各个指标控制情况，分控制得很好、好、较好、一般、差5个等级，见表8-57。

表 8-57 瓦斯治理效果等级划分

等级指标	很好	好	较好	一般	差
矿井绝对瓦斯涌出量	在极限内	多数在极限内，有1次超限	多数在极限内，有2.4次超限	一般在极限内，有5次超限	超限5次以上
矿井相对瓦斯涌出量	在极限内	多数在极限内，1次超限	多数在极限内，有2.4次超限	一般在极限内，有5次超限	超限5次以上
上隅角瓦斯治理	上隅角瓦斯浓度不超限	多数在极限内，超限1次	多数在极限内，超限2.4次	一般在极限内，超限5次	超限5次以上
月均采掘面瓦斯超限次数	0	1次	2.4次	5次	5次以上
月均采掘面瓦斯聚集次数	0	1次	2.4次	5次	5次以上
突出情况	无	无	无	无	1次以上

3. 共采效果评价

对共采进行综合实际效益评价（经济效益、环境效益、社会效益）、实际采出率进行评价。

(1) 综合经济评价。在经济评价的因素中，不仅要对共采的经济效益进行评价，还要对共采所带来的社会效益、环境效益等进行多方面综合评价。

(2) 资源采出率评价。将实际煤炭采出率和瓦斯抽采率与经济预评价中的理论值进行对比，若实际值高于或等于理论预计值，则共采效果为好，否则为不理想，据此对共采模式进行改进、优化。

①采出率：2006 年 1 月 1 日开始执行的《煤炭工业矿井设计规范》中规定矿井采区采出率：厚煤层不应小于 75%；中厚煤层不应小于 80%；薄煤层不应小于 85%。

②抽采率：在《煤矿瓦斯抽采基本指标》中规定矿井瓦斯抽采率要求应达到指标，见表 8-58。

表 8-58　矿井瓦斯抽采应达到的指标

工作面绝对瓦斯涌出量 $Q/(m^3 \cdot min^{-1})$	工作面抽采率/%
$5 \leq Q < 10$	≥20
$10 \leq Q < 20$	≥30
$20 \leq Q < 40$	≥40
$40 \leq Q < 70$	≥50
$70 \leq Q < 100$	≥60
$100 \leq Q$	≥70

8.5.2.2　煤与瓦斯共采评价模型的建立

定性与定量相结合的综合集成的方法是一种综合运用多学科知识，定性与定量相结合、科学理论与经验知识相结合、宏观研究与微观研究相结合的研究方法。

1. 综合评价方法

综合评价方法主要有人工神经网络技术、灰色系统理论、聚类分析方法、回归分析法、不确定分析方法等。

评价瓦斯抽采项目的经济效果时，每种数学评价方法都存在各自的优缺点和适用性，用单一的评价方法无法达到客观评价的目标，因此，选取几种适合的评价方法结合起来进行评价。针对影响瓦斯抽采经济评价因素，采用一定的综合评价方法（如层次分析、模糊数学等），经过综合的评判分析，按不同可采性级别，对评价区煤层气的可采性做出定性评价。

2. 权重确定

(1) 层次分析法主观赋权。层次分析法（AHP）是美国运筹学家匹茨堡大学教授萨蒂（T. L. Saaty）于 20 世纪 70 年代初，为美国国防部研究“根据各个工业部门对国家福利的贡献大小而进行电力分配”课题时，应用网络系统理论和多目标综合评价方法，提出的一种层次权重决策分析方法。

①层次分析法的基本原理。层次分析法根据问题的性质和要达到的总目标，将问题分解为不同的组成因素，并按照因素间的相互关联影响以及隶属关系将因素按不同层次聚集组合，形成一个多层次的分析结构模型，从而最终使问题归结为最低层（供决策的方案、措施等）相对于最高层（总目标）的相对重要权值的确定或相对优劣次序的

排定。

②层次分析法的步骤和方法。在此次瓦斯抽采经济评价中，运用层次分析法来构造系统模型。将决策的目标、考虑的因素（决策准则）和决策对象按它们之间的相互关系分为最高层、中间层和最低层，绘出层次结构图。最高层：决策的目的、要解决的问题。中间层：考虑的因素、决策的准则。最低层：决策时的备选方案。对于相邻的两层，称高层为目标层，低层为因素层。

将决策问题分为3个或多个层次。最高层：目标层。表示解决问题的目的，即层次分析要达到的总目标。通常只有一个总目标。中间层：表示采取某种措施、政策、方案等，来实现预定总目标所涉及的中间环节；一般又分为准则层、指标层、策略层、约束层等。最低层：方案层。表示将选用的解决问题的各种措施、政策、方案等。通常有几个方案可选。每层有若干元素，层间元素的关系用相连直线表示。

（a）建立层次分析结构模型将因素自上而下分层：分为目标—准则—子准则。

（b）构造成对比较阵，用成对比较法和1～9尺度，构造各层对上一层每一因素的成对比较阵。

（c）计算权向量并做一致性检验，对每一成对比较阵计算最大特征根和特征向量，做一致性检验，若通过，则特征向量为权向量 w_i。

（2）模糊层次分析法客观赋权。假定有元素 b_1，b_2，…，b_n，则优先关系矩阵为 $K=\{r_{ij},\ i=1,\ 2,\ \cdots,\ n;\ j=1,\ 2,\ \cdots,\ m\}$。其中，元素 r_{ij} 表示元素 b_i 和元素 b_j 进行比较时，二者具有的模糊关系的隶属度，可用0.1～0.9九标度给予定量描述。显然，优先关系矩阵 $K=(r_{ij})_{n\times m}$ 是模糊互补矩阵。将其转换为模糊一致矩阵，对模糊一致判断矩阵采用行和归一法求得排序向量 $w'_i=(w_1,\ w_2,\ \cdots,\ w_n)^T$：

$$w'_i=\frac{\sum_{j=1}^{m} r_{ij}+\frac{n}{2}-1}{n(n-1)}\quad (i=1,\ 2,\ \cdots,\ n) \tag{8-3}$$

（3）组合权重。层次分析法确定权重主观性强，过于倚重专家的经验，而模糊层次分析法是依照目标区实际指标之间相对于目标的优劣等级的隶属程度来确定权重，各有利弊，通过组合赋权法既可以将专家多年积累的经验与数据本身体现的客观现象的优点得以正常发挥，而且又弥补了两种方法各自的局限，从而使求得的权重更加合理。

设 w_i 为两种赋权法组合后指标权重。将 w'_i 和 w''_i 线性组合（$i=1,\ 2,\ \cdots,\ n$），即 w_i 为

$$w_i=\theta w'_i+(1-\theta)w''_i \tag{8-4}$$

式中 θ——AHP法求得权重占组合权重的比例，取0.5；

w'_i——AHP法计算的各指标权重；

$(1-\theta)$——FAHP法求得权重所占比例；

w''_i——FAHP法计算的指标权重。

3. 评价模型的构建

建立模型综合评价结构图（图8-43）。

建立各层次共采模糊综合评判模型：

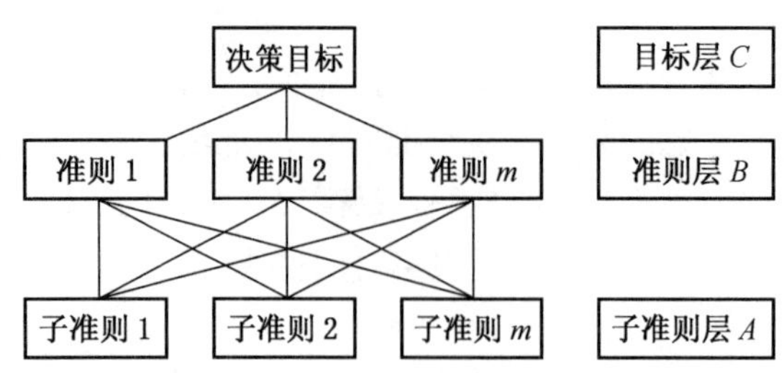

图 8-43　模糊综合评价结构

$$C = B \cdot w_{\mathrm{i}}^{(2)} = \begin{bmatrix} C_1 \\ C_2 \\ \vdots \\ C_{\mathrm{n}} \end{bmatrix} = \begin{bmatrix} B_1 \cdot w_1^{(2)} \\ B_2 \cdot w_2^{(2)} \\ \vdots \\ B_{\mathrm{n}} \cdot w_{\mathrm{n}}^{(2)} \end{bmatrix} B = A \cdot w_{\mathrm{i}}^{(1)} = \begin{bmatrix} B_1 \\ B_2 \\ \vdots \\ B_{\mathrm{n}} \end{bmatrix} = \begin{bmatrix} A_1 \cdot w_1^{(1)} \\ A_2 \cdot w_2^{(1)} \\ \vdots \\ A_{\mathrm{n}} \cdot w_{\mathrm{n}}^{(1)} \end{bmatrix} \tag{8-5}$$

式中　A——三级（子准则层）指标评判集隶属度构成的矩阵；

B——二级（准则层）指标模糊综合评价集；

C——一级（目标层）指标模糊综合评价集；

$w_{\mathrm{i}}^{(1)}$——三级指标权重集；

$w_{\mathrm{i}}^{(2)}$——二级指标权重集；

$i=1，2，\cdots，n$——指标个数。

4. 煤与瓦斯共采综合评价步骤

（1）输入目标区煤与瓦斯共采各个阶段评价指标数据，分析数据。

（2）咨询 10 名专家，将主观经验借助 AHP 法体现在指标权重赋值上，确定 w'_{i}，再利用 FANP 法将目标区指标实际情况确定 w''_{i}，再进行权重组合，确定 w_{i}。

（3）确定指标隶属度，构建目标区煤与瓦斯共采模糊综合三级、二级、一级指标评判矩阵 A、B、C，将步骤（1）确定的组合权重与评判矩阵建立模糊综合评价模型。

（4）利用模糊综合评判法进行共采经济预评价、安全评价、共采效果评价，得到评价结果。

（5）根据最大隶属度原则 $X=\max\{x_1，x_2，\cdots，x_5\}$，判断评价结果隶属等级。

8.5.3　煤与瓦斯共采评价模型应用

将建立的煤与瓦斯共采评价系统与模型应用于沙曲矿煤与瓦斯共采实践，以从理论上说明沙曲矿煤与瓦斯共采的合理性及有效性。

8.5.3.1　评价区域 1 现状

沙曲井田煤系地层为石炭系上统太原组和二叠系下统山西组，总厚 157.02 m，共含煤 17 层，煤层总厚 19.42 m，含煤系数为 12.4%；其中可采及局部可采煤层为 8 层，分别是山西组的 2 号、3 号、4 号、5 号煤层和太原组的 6 号、8 号、9 号、10 号煤层，煤层以焦煤为主，总厚度为 15.4 m。根据工作面邻近钻孔资料分析，北翼 2 号煤层鉴定为不突出煤层，厚度为 0.25 ~2.20 m，平均 0.89 m，作为保护层进行开采。24208 工作面为北二采区第 7 个沿煤层倾向布置的长壁式采煤工作面，布置有轨道巷、配风巷、带式输送机运输巷、回风巷，工作面整体呈单斜构造，煤层走向为 330°，倾向 SW，倾角为 4° ~7°，平均倾角为5°，工作面地质条件相对复杂，局部地段发育有陷落柱。

瓦斯抽采主要包括：本煤层顺层钻孔抽采、裂缝带高位钻孔抽采、大孔径钻孔抽采、采煤工作面采空区压管抽采。

8.5.3.2 评价煤与瓦斯共采评价指标权重

以地质因素中的储层几何条件为例，进行组合赋权计算。

（1）AHP法计算权重（表8-59）。

表8-59 指标判断矩阵及权重分配

指标	面积/m^2	埋深/m	厚度/m	稳定性/%	w'_i
面积/m^2	1	1/2	1/7	1/5	0.060
埋深/m	2	1	1/4	1/3	0.110
厚度/m	7	4	1	4	0.584
稳定性/%	5	3	1/4	1	0.246
一致性检验	$\lambda=4.1509$，$CR=CI/RI=0.0559<0.1$，通过一致性检验				

（2）FAHP法计算权重。结合沙曲矿的实际指标数据影响煤与瓦斯共采的重要程度，根据指标之间对共采影响的隶属程度，通过0.1～0.9九标度给出地质因素中的储层几何条件的模糊互补矩阵K。

$$K=\begin{bmatrix}0.5 & 0.862 & 0.675 & 0.675\\ 0.138 & 0.5 & 0.1 & 0.138\\ 0.325 & 0.9 & 0.5 & 0.561\\ 0.325 & 0.862 & 0.439 & 0.5\end{bmatrix} \tag{8-6}$$

根据式（8-6）得到地质因素中储层几何条件下三级指标权重$w''_i=(0.309, 0.156, 0.271, 0.264)$。

（3）组合权重：

$$w_i=0.5\times w'_i+0.5\times w''_i=(0.185, 0.133, 0.428, 0.255) \tag{8-7}$$

8.5.3.3 煤与瓦斯共采模糊综合评价

1. 经济预评价

经济预评价以经济效益为考察指标。将煤与瓦斯共采经济预评价结果划分为很好、好、较好、一般、差5级，根据指标在各个等级的隶属程度，建立隶属度矩阵R。应用多层次模糊综合评价方法，对目标区经济合理性进行综合评判。

根据多层次模糊综合评判，分别对地质因素准则层下的储层几何条件、含气性条件、储层物性条件和盖层条件做二级模糊综合评判，得到二级模糊评判矩阵。地质因素总的模糊综合评判结果为$B=w_i^{(1)}\cdot A=(0.0981, 0.2086, 0.2732, 0.2103, 0.2099)$。

因为$\max\{B_i\}=0.2732$，因此根据最大隶属度原则，判断沙曲矿区煤层气项目地质因素准则层模糊综合评价结果为地质因素较好。

最终经济预评价目标矩阵$C=w_i^{(2)}\cdot B=(0.2506, 0.2985, 0.2349, 0.1351, 0.0803)$。

因为 max $\{C_i\}$ =0.2985，因此根据最大隶属度原则，判断沙曲矿区煤与瓦斯共采经济预评价模糊综合评判结果为经济效益好。

2. 安全评价

（1）瓦斯危险程度的模糊综合评估。确定权重 w_i =（0.221，0.300，0.260，0.219）。将危险等级划分为安全、基本安全+有隐患、基本安全+隐患较大、比较危险、低危险、中等危险、极大危险，经 $B=w_i \cdot A$ =（0.077，0.0263，0.0526，0.1578，0.285，0.1425）计算得到安全危险状态为中等危险。

（2）预防治理实施情况、管理系统评价、瓦斯治理效果评价分别利用模糊综合评判的结果为好、好和比较好。

3. 共采效果评价

（1）地理位置基础设施和周边地区经济环境。沙曲矿地处经济不发达地区，人口较少。煤炭生产是当地的支柱产业，随着煤层气的开发，可以服务矿区的周边居民日常用电和供暖。

（2）投入产出条件和财务评价。共采成本包括材料、动力、人员、折旧、井下作业、修理等项费用。计算得到沙曲一矿 4208 共采工作面瓦斯抽采内部收益率 TRR=12.52%，大于基准收益率 i_C=12%，煤炭开采内部收益率 TRR=18.98%，大于基准收益率 i_C=10%。

（3）资源回收率评价。根据生产数据的统计，得到沙曲矿 24208 工作面采出率为 92%，抽采率为 53%。

综上，通过利用煤与瓦斯共采评价指标体系及评价模型进行目标区共采评价结果，证明沙曲矿煤与瓦斯共采技术是合理可行的。

8.5.3.4　煤与瓦斯共采协调度

为了量化煤与瓦斯共采评价系统之间的有序性，利用协调度函数量化煤与瓦斯共采之间的协同性。

1. 指标等级区间

将煤与瓦斯共采评价指标类型分为两种：

（1）成本型指标（样本值越小越好，指标有瓦斯危险程度）。

（2）效益型指标（样本值越大越好，除了瓦斯危险程度外其他所有指标）。

根据文献资料，我国煤炭采出率平均不足 30%，低于 30% 即为差等级，将采出率下限定为 30%，上限不超过 100%。瓦斯抽采率处于安全角度确定，因此下限应定为理论值，上限不超过 100%。

沙曲一矿 4208 工作面的采出率理论值为 85%，抽采率理论值为 40%（也是下限值），指标等级分为很好、好、较好、一般、差 5 个等级，等级区间见表 8-60。

表 8-60　目标区共采评价指标等级区间

项　目	很好	好	较好	一般	差
效益型指标区间	[90，100)	[80，90)	[70，80)	[60，70)	(0，60)
成本型指标区间	(0，60)	[60，70)	[70，80)	[80，90)	[90，100)
采出率	[95，100)	(80，95]	(60，80]	(30，60]	(0，30)
抽采率	[80，100}	[60，80)	[50，60)	[40，50)	<40

2. 协调度

协调度模型分为3部分：功效函数、协调度函数和煤与瓦斯共采协调度指标体系。

（1）功效函数。设变量u_k（$k=1, 2, \cdots, l$）是煤与瓦斯共采系统序参量，其值为X_k（$k=1, 2, \cdots, l$）。因此，共采系统序参量对系统有序的功效（有序度）可表示为

$$U_{M(u_k)}=\begin{cases}\dfrac{x_k-b_k}{a_k-b_k} & (\text{当 } U_{M(u_k)} \text{ 具有正功效时}) \\ \dfrac{b_k-x_k}{b_k-a_k} & (\text{当 } U_{M(u_k)} \text{ 具有负功效时})\end{cases} \tag{8-8}$$

式中　$U_{M(u_k)}$——指标u_k对系统有序的功效；

x_k——序参量实际值；

a_k、b_k——系统稳定临界点上的序参量的上、下限值。

以上的功效函数为分段函数。

①当序参量对共采系统有序化具有正功效时，对应效益型指标，选用正功效函数形式。

②当序参量对系统有序化具有负功效时，对应成本型指标，选用负功效函数形式。

③而对于采出率和抽采率这类具有阈值的指标，则采用第三段功效函数形式。

（2）协调度函数。$U_{M(u_k)}$体现的是单一指标对共采系统的有序功效，为将所有指标联系反映系统的整体功效，建立总功效函数，即协调度函数$C=C(U_{M(u_k)})$。计算系统协调度的方法主要有算术平均法和几何平均法。算术平均值对个别极端值的影响非常敏感，而几何平均值可消除这种不利影响而反映变化的综合水平，因此选用后者。

$$C=\sqrt[l]{U_{M(u_1)}\times U_{M(u_2)}\times\cdots\times U_{M(u_l)}}=\sqrt[l]{\prod_{k=1}^{l}U_{M(u_k)}} \tag{8-9}$$

根据前面模糊综合评价结果，结合表8-54的指标等级区间划分，量化指标。得到表8-61中沙曲一矿4208工作面各个评价阶段有序度，由式（8-9）得到协调度为0.65，说明该工作面煤与瓦斯共采系统处于初级协调状态。

表8-61　煤与瓦斯共采协调度

一级指标	二级指标	模糊评价	分值（取中间值）	有序度	协调度
经济预评价	—	好	85	0.85	0.65
安全评价	危险程度	中等危险（一般）	55	0.55	
	治理措施	好	85	0.85	
	管理系统	好	85	0.75	
	治理效果	较好	70	0.7	
共采效果评价	采出率	好	90	0.94	
	抽采率	较好	55	0.30	
	经济效益	较好	75	0.75	

通过沙曲矿评价应用，说明所构建的煤与瓦斯共采评价系统、评价指标体系以及评价

模型能够实现煤与瓦斯共采评价，突破了以往只进行煤炭开采系统或者瓦斯抽采系统单一评价的局限性，能够对煤与瓦斯共采模式进行分析评价，具有较好应用价值。根据建立的煤与瓦斯共采指标体系，利用系统协调度函数计算得到沙曲一矿 4208 工作面煤与瓦斯共采协调度为 0.65，证明该工作面煤与瓦斯共采达到初级协调有序。

8.6　小结

（1）随着瓦斯综合治理技术体系的建立，沙曲矿年瓦斯抽采量从 2006 年的 0.64 亿 m^3 到 2010 年的 1.59 亿 m^3，抽采率达到了 61%，瓦斯超限次数由 2006 年的 3635 次降到 2010 年的 94 次，效果较为显著。

以沙曲一矿 4208 工作面为例，该工作面区域预抽瓦斯浓度平均为 38.3%，抽采混合量平均为 15.5 m^3/min，抽采纯量平均为 5.55 m^3/min；其裂缝带钻孔瓦斯抽采量可达到 30 m^3/min，抽采浓度高，基本保持在 80% 以上；该采空区在压管抽采期间，瓦斯抽采浓度平均为 13.8%，瓦斯抽采纯量平均为 2.54 m^3/min。

以沙曲一矿 4307 工作面的千米钻孔 XC01 于 2012 年 4 月 2 日与地面钻井 DS01 分支井对接连通，于 2013 年 5 月 24 日实现贯通产气，连续抽采 58 d，瓦斯抽采平均日产量为 4122.72 m^3，瓦斯浓度在 80% 以上。

通过钻孔抽采效果跟踪考察，得出预抽钻孔的合理封孔深度以 8～10 m 为宜；每个工作面的千米钻孔个数应大于 3，单孔的长度大于 450 m；钻孔以水平钻孔为主；抽采负压采用 13～30 kPa 为宜；裂缝带钻孔的层位应该布置在采动裂隙较发育的位置，需要进行数值模拟和现场实测，以 4301 工作面为例，该工作面裂缝带钻孔应布置在距开采煤层顶板垂高 22～24 m 处。

（2）随着近距离煤层群瓦斯综合治理技术体系的建立和实施，矿井瓦斯量和抽采浓度逐渐提高，2011 年矿井瓦斯抽采率达到了 62.67%，平均瓦斯抽采浓度提高到了 35%，瓦斯利用量达到了 5047 万 m^3，发电消耗瓦斯 3135 万 m^3，民用瓦斯 1912 万 m^3。

（3）对煤与瓦斯共采过程中各个影响因素进行分析、筛选、通过对煤层群保护层开采实例的调研，开展了煤与瓦斯共采影响因素辨识方法的探索，并建立影响煤与瓦斯共采的指标体系，提出指标量化标准。

9 展　望

本书基于华晋焦煤公司20多年的沙曲矿煤与瓦斯共采的工程实践，针对近距离煤层群开采的特点，实施了保护层开采煤与瓦斯共采、超突变高度沿空留巷煤与瓦斯共采、大孔径定向长钻孔煤与瓦斯共采以及多分支水平井与千米钻孔定向对接高效抽采的4项关键技术，为国内外其他具有相似开采条件的矿井开展煤与瓦斯共采提供了成功的案例及技术支撑，但书中所涉及的一系列煤与瓦斯共采关键技术仍需从以下几方面进行创新和丰富。

（1）保护层的多次卸压导致下覆煤层内部结构将发生改变，而本书是基于达西定律得到的近距离保护层开采卸压瓦斯渗流场分布特征，而事实上，不同应力状态下的渗流场是不同的，处于层流状态时符合达西定律，而紊流状态时不符合达西定律。因此，需开展不同应力状态下渗流场分布特征的研究，科学构建煤体卸载损伤本构模型，对不同应力状态下的渗流场赋予不同的渗流方程。

（2）采用充填沿空留巷煤与瓦斯共采技术，虽实现了无煤柱开采，但充填材料本身的性质对临近工作面煤体上方应力集中，可能诱发沿空留巷的动压显现，对下组煤开采造成严重影响。采用了切顶卸压无煤柱自成巷共采技术，应深入开展不同矿区地质条件、煤层的多次卸压开采裂缝扩展规律研究，凝练出一套科学合理的现场聚能张拉爆破顶板预裂切缝参数确定方法。

（3）大孔径千米定向长钻进煤与瓦斯共采技术对强化抽采瓦斯、瓦斯抽出率、消除工作面瓦斯事故隐患、缩短预抽期及缓和采掘接续紧张的矛盾效果显著，下一步应加大大孔径千米定向钻孔推广，形成适合及近距离煤层群井下定向钻井“三位一体”立体式煤与瓦斯共采技术体系和成熟工艺。

（4）煤与瓦斯共采技术控制参数指标体系与评价模型，能够为煤炭开采和瓦斯抽采提供相应的理论支撑，进而指导开采煤炭与抽采瓦斯，但是评价指标受限于不同的开采条件、不同的开采环境及不同开采时间的影响，需要不断地探索潜在的影响因素，丰富煤与瓦斯共采评价指标体系。

参考文献

[1] 许家林，钱鸣高．岩层采动裂隙分布在绿色开采中的应用［J］．中国矿业大学学报，2004，33（20）：141-144.

[2] 钱鸣高，许家林，缪协兴．煤矿绿色开采技术［J］．中国矿业大学学报，2003，32（1）：343-347.

[3] 许家林，钱鸣高，金宏伟．基于岩层移动的“煤与煤层气共采”技术研究［J］．煤炭学报，2004，29（2）：129-132.

[4] 钱鸣高，缪协兴．岩层控制中关键层的理论研究［J］．煤炭学报，1996，21（3）：225-230.

[5] 钱鸣高，缪协兴，许家林，等．岩层控制的关键层理论［M］．徐州：中国矿业大学出版社，2000.

[6] 钱鸣高，缪协兴．采场上覆岩层结构的形态与受力分析［J］．岩石力学与工程学报，1995，14（2）：97-106.

[7] 钱鸣高，许家林．关键层运动对覆岩及地表移动影响的研究［J］．煤炭学报，2000，25（2）：122-126.

[8] 周世宁，孙辑正．煤层瓦斯流动理论及其应用［J］．煤炭学报，1965，2（01）：26-39.

[9] 周世宁，何学秋．煤和瓦斯突出机理的流变假说［J］．中国矿业大学学报，1990，12（2）：1-8.

[10] 周世宁，林柏泉．煤层瓦斯赋存与流动理论［M］．北京：煤炭工业出版社，1997.

[11] 袁亮．松软低透煤层群瓦斯抽采理论与技术［M］．北京：煤炭工业出版社，2004.

[12] 袁亮．淮南矿区现代采矿关键技术［J］．煤炭学报，2007，32（1）：8-12.

[13] 袁亮．低透气煤层群首采关键层卸压开采采空侧瓦斯分布特征与抽采技术［J］．煤炭学报，2008，38（12）：1362-1367.

[14] 袁亮．留巷钻孔法煤与瓦斯共采技术［J］．煤炭学报，2008，33（8）：898-902.

[15] 袁亮．低透气性煤层群无煤柱煤与瓦斯共采理论与实践［M］．北京：煤炭工业出版社，2008.

[16] 袁亮．低透气性高瓦斯煤层群无煤柱快速留巷Y型通风煤与瓦斯共采关键技术［J］．中国煤炭，2008，34（6）：9-13.

[17] 袁亮．卸压开采抽采瓦斯理论及煤与瓦斯共采技术体系［J］．煤炭学报，2009，34（1）：1-18.

[18] 袁亮．瓦斯治理理念和煤与瓦斯共采技术［J］．中国煤炭，2010，36（6）：5-12.

[19] 袁亮，薛俊华．低透气性煤层群无煤柱煤与瓦斯共采关键技术［J］．煤炭科学技术，2013，41（1）：5-11.

[20] 袁亮．煤与瓦斯共采　领跑煤炭科学开采［J］．能源与节能，2011，（04）：9-12+19.

[21] 袁亮，薛俊华，张农，等．煤层气抽采和煤与瓦斯共采关键技术现状与展望［J］．煤炭科学技术，2013，41（9）：6-11.

[22] 袁亮．我国深部煤与瓦斯共采战略思考［J］．煤炭学报，2016，41（01）：1-6.

[23] 谢和平，周宏伟，薛东杰，等．我国煤与瓦斯共采：理论、技术与工程［J］．煤炭学报，2014，39（8）：1391-1397.

[24] 谢和平，王金华，申宝宏，等．煤炭开采新理念—科学开采与科学产能［J］．煤炭学报，2012，（07）：3-13.

[25] 谢和平，高峰，周宏伟，等．煤与瓦斯共采中煤层增透率理论与模型研究［J］．煤炭学报，2013，38（7）：1101-1107.

[26] 许家林，钱鸣高．绿色开采的理念与技术框架［J］．科技导报，2007，25（7）：61-64.

[27] 缪协兴，钱鸣高．中国煤炭资源绿色开采研究现状与展望［J］．采矿与安全工程学报，2009，26（1）：13-14.

[28] 缪协兴，巨峰，黄艳利，等．充填采煤理论与技术的新进展及展望［J］．中国矿业大学学报，2015，44（3）：391-399+429.

[29] 袁亮．高瓦斯矿区复杂地质条件安全高效开采关键技术［J］．煤炭学报，2006，31（2）：174-178.

[30] 袁亮. 复杂特困条件下煤层群瓦斯抽放技术研究 [J]. 煤炭科学技术, 2003 (11).

[31] 卢平, 袁亮, 程桦, 等. 低透气性煤层群高瓦斯采煤工作面强化抽采卸压瓦斯机理及试验 [J]. 煤炭学报, 2010, 35 (4): 580-585.

[32] 袁亮, 郭华, 沈宝堂, 等. 低透气性煤层群煤与瓦斯共采中的高位环形裂隙体 [J]. 煤炭学报, 2011, 36 (3): 357-365.

[33] 俞启香, 程远平, 蒋承林, 等. 高瓦斯特厚煤层煤与卸压瓦斯共采原理及实践 [J]. 中国矿业大学学报, 2004, 33 (2): 128-131.

[34] 李树刚, 李生彩, 林海飞, 等. 卸压瓦斯抽取及煤与瓦斯共采技术研究 [J]. 西安科技学院学报, 2002, 22 (3): 247-249.

[35] 程远平, 俞启香, 袁亮等. 煤与远程卸压瓦斯安全高效共采试验研究 [J]. 中国矿业大学学报, 2004, 33 (2): 132-136.

[36] 程远平, 俞启香. 煤层群煤与瓦斯安全高效共采体系及应用 [J]. 中国矿业大学学报, 2003, 32 (3): 471-475.

[37] 程远平, 俞启香, 袁亮. 上覆远程卸压岩体移动特性与瓦斯抽采技术 [J]. 辽宁工程技术大学学报: 自然科学版, 2003, 22 (4): 483-486.

[38] 程远平, 付建华, 俞启香. 中国煤矿瓦斯抽采技术的发展 [J]. 采矿与安全工程学报, 2009, (02): 127-139.

[39] 俞启香. 矿井瓦斯防治 [M]. 徐州: 中国矿业大学出版社, 1992.

[40] 俞启香, 王凯, 杨胜强. 中国采煤工作面瓦斯涌出规律及其控制研究 [J]. 中国矿业大学学报, 2000, 29 (1): 9-14.

[41] 袁亮, 刘泽功. 淮南矿区开采煤层顶板抽放瓦斯技术的研究 [J]. 煤炭学报, 2003, 28 (2): 149-152.

[42] 薛俊华. 近距离高瓦斯煤层群大采高首采层煤与瓦斯共采 [J]. 煤炭学报, 2012, (10): 84-89.

[43] 梁冰, 秦冰, 孙福玉, 等. 煤与瓦斯共采评价指标体系及评价模型的应用 [J]. 煤炭学报, 2015, (4): 14-21.

[44] 梁冰, 秦冰, 孙维吉. 基于灰靶决策模型的煤与瓦斯突出可能性评价 [J]. 煤炭学报, 2011, 36 (12): 1974-1978.

[45] 梁冰, 秦冰, 孙维吉, 等. 智能加权灰靶决策模型在煤与瓦斯突出危险评价中的应用 [J]. 煤炭学报, 2013, 8 (9): 1611-1615.

[46] 康红普, 牛多龙, 张镇, 等. 深部沿空留巷围岩变形特征与支护技术 [J]. 岩石力学与工程学报, 2010, 29 (10): 1977-1987.

[47] 王家臣, 范志忠. 厚煤层煤与瓦斯共采的关键问题 [J]. 煤炭科学技术, 2008 (2): 6-10+54.

[48] 王家臣, 刘峰, 王蕾. 煤炭科学开采与开采科学 [J]. 煤炭学报, 2016, (11), 2652-2660.

[49] 王家臣. 煤炭科学开采的内涵及技术进展 [J]. 煤炭与化工, 2014, 37 (1): 5-9.

[50] 王宏图, 范晓刚, 贾剑青, 等. 关键层对急斜下保护层开采保护作用的影响 [J]. 中国矿业大学学报, 2011, 40 (1): 23-28.

[51] 卫修君, 林柏泉. 煤岩瓦斯动力灾害发生机理及综合治理技术 [M]. 北京: 科学出版社, 2009.

[52] 谢生荣, 武华太, 赵耀江, 等. 高瓦斯煤层群“煤与瓦斯共采”技术研究 [J]. 采矿与安全工程学报, 2009, (02): 51-56.

[53] 舒彦民, 赵益, 孙建华, 等. 薄煤层群煤与瓦斯共采技术研究 [J]. 矿业安全与环保, 2011, (04): 6+53-55.

[54] 谢和平, 钱鸣高, 彭苏萍, 等. 煤炭科学产能及发展战略初探 [J]. 中国工程科学, 2011, (06): 46-52.

[55] 郑西贵, 张农, 袁亮, 等. 无煤柱分阶段沿空留巷煤与瓦斯共采方法与应用 [J]. 中国矿业大学学

报，2012，(03)：56-62.

[56] 薛东杰，周宏伟，唐咸力，等．采动工作面前方煤岩体积变形及瓦斯增透研究 [J]．岩土工程学报，2013，35 (2)：328-336.

[57] 薛东杰，周宏伟，孔琳，等．采动条件下被保护层瓦斯卸压增透机理研究 [J]．岩土工程学报，2012，(10)：152-158.

[58] 武华太．煤矿区瓦斯三区联动立体抽采技术的研究和实践 [J]．煤炭学报，2011，(08)：70-74.

[59] 吴财芳，曾勇，秦勇．煤与瓦斯共采技术的研究现状及其应用发展 [J]．中国矿业大学学报，2004，(02)：13-16.

[60] 胡国忠，许家林，王宏图，等．低渗透煤与瓦斯的固-气动态耦合模型及数值模拟 [J]．中国矿业大学学报，2011 (01)：5-10.

[61] 张农，高明仕．煤巷高强预应力锚杆支护技术与应用 [J]．中国矿业大学学报，2004，33 (5)：524-527.

[62] 薛飞．无煤柱煤与瓦斯共采中抽采钻孔采动破坏机理研究 [D]．中国矿业大学，2015.

[63] 包剑影，苏燧，李贵贤，等．阳泉煤矿瓦斯治理技术 [M] 北京：煤炭工业出版社，1996.

[64] 杨永国，王桂梁，秦勇，等．煤层气项目经济评价方法及应用研究 [J]．中国矿业大学学报，2001，30 (2)：126-129.

[65] 屈庆栋，许家林，钱鸣高．关键层运动对邻近层瓦斯涌出影响的研究 [J]．岩石力学与工程学报，2007，26 (7)：1478-1483.

[66] 李宏艳，王维华，齐庆新，等．煤与瓦斯共采覆岩应力及渗透耦合特性实验研究 [J]．煤炭学报，2013，38 (6)：942-947.

[67] 王旭锋，张东升，李国君，等．铁法矿区高瓦斯低透气性煤层群卸压煤层气抽采钻孔布置 [J]．煤炭学报，2011，(08)：54-59.

[68] 方新秋，耿耀强，王明．高瓦斯煤层千米定向钻孔煤与瓦斯共采机理 [J]．中国矿业大学学报，2012，(06)：26-33.

[69] 刘彦伟，李国富．保护层开采及卸压瓦斯抽采技术的可靠性研究 [J]．采矿与安全工程学报，2013，30，(3)：426-431.

[70] 谢广祥，胡祖祥，章立清，等．深部高瓦斯工作面控制煤体扩容主动防控方法 [J]．中国矿业大学学报，2014，(3)：415-420.

[71] 张农，薛飞，韩昌良．深井无煤柱煤与瓦斯共采的技术挑战与对策 [J]．煤炭学报，2015，40 (10)：2251-2259.

[72] Liang Bing，Sun Weiji，Qi Qingxin，et al. Technical evaluation system of co-extraction of coal and gas [J]. Mining Science and Technology，2012，22 (6) ：891-894.

[73] Romeo M Flores. Coal bed methane：from hazard to resource [J]. International Journal of Coal Geology，1998，35：3-26.

[74] Carol J Bibler，James S Marshall，Raymond C Pilcher. Status of worldwide coal mine methane emissions and use [J]. International Journal of Coal Geology，1998，35：283-310.

[75] Ren T X，Balusu R. CFD modelling of goaf gas migration for control of spontaneous combustion in long walls [J]. Journal of the Australa-sian Institute of Mining and Metallurgy，2005，6：55-58.

[76] Guo H，Ishihara N，Fujioka M，et al. Integrated simulation of deep coal seam mining-optimisation of mining and gas management Australia-Japan Technology Exchange Workshop in Coal Mining2001 [C]. Hunter Valley，Australia，2001.

[77] Guo H，Mallett C，Xue S，et al. Predevelopment studies for mine methane management and utilization [R]. Brisbane，Australia，2000.

[78] Guo H, Adhikary D P, Craig M S. Simulation of mine water in flow and gas emission during long wall mining [J]. Rock Mechanics and Rock Engineering, 2009, 42 (1) : 25-51.

[79] VonBelow M A. Sustainable mining development hampered by low mineral prices [J]. Resources Policy, 1993, 19 (3) : 177-183.

[80] AllanR. Sustainable mining in the future [J]. Journal of Geochemical Exploration, 1995, 52 (1) : 57-63.

[81] Cowell S J, Wehrmeyer W, Argust P W, et al. Sustain ability and the primary extraction industries: theories and practice [J]. Resources Policy, 1999, 25 (4): 277-286.

[82] Jack A, Caldwell. Sustainable mine development: stories&perspectives [J]. Mining Intelligence&Technology, 2008, (8) : 3-5.

[83] Suwala W. Modelling adaptation of the coal industry to sustainability conditions [J]. Energy, 2008, 33 (7): 1015-1026.

[84] Botin J A. Sustainable management of mining operations [M]. Littleton: Society for Mining Metallurgy& Exploration, 2009.

[85] GoodlandR. Responsible mining: the key to profitable resource development [J]. Sustainability, 2012, 4 (9): 2099-2126.

[86] Brady B H G, Brown ET. Rock mechanics for underground mining [M]. London: Klumer Academic Publishers, 2004.

[87] Karacan C Ö, Ulery J P, Goodman G V R. A numerical evaluation on the effects of impermeable faults on degasification efficiency and methane emissions during underground coal mining [J]. International Journal of Coal Geology, 2008, 75 (4): 195-203.

[88] Zhang Y, Zhang X, Li C, et al. Methane moving law with long gas extraction holes in goaf [J]. Procedia Engineering, 2011, 26: 357-365.

[89] Yuan S C, Harrison J P. Development of a hydro-mechanical local degradation approach and its application to modelling fluid flow during progressive fracturing of heterogeneous rocks [J]. International Journal of Rock Mechanics and Mining Sciences, 2005, 42: 961-984.

[90] Maleki K, A P. Numerical simulation of damage-permeability relationship in brittle geomaterials [J]. Computers and Geotechnics, 2010, 37: 619-628.